海外钻修井作业手册

中原工程海外工程公司　组织编写

中国石化出版社
·北京·

内 容 提 要

本书结合中原石油工程海外市场的作业要求和特点，系统介绍了国际市场钻修井作业工艺技术、钻修井工具、操作要点等内容。主要包括钻井作业、修井作业、钻修井特殊工艺和设备、固井、钻井液、复杂与处理、附录，共七章，内容全面、取材广泛、实用性强，是中原石油工程海外市场钻修井业务30年实践经验和智慧的结晶，也是一本供广大钻修井技术人员、管理人员和现场操作人员使用的工具书。同时，还可作为勘探、开发等业务关系密切行业相关人员的参考书。

图书在版编目(CIP)数据

海外钻修井作业手册 / 中原工程海外工程公司组织编写. —北京:中国石化出版社,2024.9
ISBN 978-7-5114-7471-1

Ⅰ.①海… Ⅱ.①中… Ⅲ.①油气钻井-手册②修井-手册 Ⅳ.①TE2-62②TE358-62

中国国家版本馆CIP数据核字(2024)第062956号

中国石化出版社出版发行
地址:北京市东城区安定门外大街58号
邮编:100011 电话:(010)57512500
发行部电话:(010)57512575
http://www.sinopec-press.com
E-mail:press@sinopec.com
宝蕾元仁浩(天津)印刷有限公司印刷
全国各地新华书店经销

*

787毫米×1092毫米16开本29.75印张672千字
2024年9月第1版 2024年9月第1次印刷
定价:188.00元

《海外钻修井作业手册》
编　委　会

前　言

20 世纪 90 年代初，中原石油工程抓住国家大力实施“走出去”的战略机遇，逐步走向海外市场，是我国石油石化行业最早走向国际市场的石油工程队伍之一。扬帆海外 30 年来，通过与国际标准全面接轨，不断总结与创新，中原石油工程逐渐形成了具有自身特色的钻修井作业规范和标准，为海外市场高质量发展奠定了坚实的基础，本书就是在这样的背景下组织编写的。

随着中原石油工程海外市场规模不断扩大，石油钻修井领域新技术、新工艺、新装备不断投入使用，迫切需要一本较为系统、全面、科学、实用的作业指导书来指导现场生产，以达到规范作业、提高效率、控制风险、提升业绩的目的。

本书结合了中原石油工程海外市场的作业要求和特点，系统介绍了国际市场钻修井井场建设、设备搬迁、设备安装、常规作业、非常规作业、固井工艺、钻井液工艺等领域使用的新工艺、新设备和与之相适应的作业规范，是中原石油工程海外市场钻修井业务 30 年实践经验和智慧的结晶，也是一本供广大钻修井技术人员、管理人员和现场操作人员使用的工具书。同时，还可作为勘探、开发等业务关系密切行业人员的参考书。

本书由多年从事海外工作的专业技术人员编写与审稿，具体由马登峰、王乐乐、王金掌、王建勋、王恩群、艾华英、刘文启、孙雪彦、李艳民、史自虎、杨锋、吴敬波、宋玉祥、张光、张培强、周德荣、赵兵兵、胡国旗、茹志强、高西强、郭俊凯、禄强、毛春鹏、付铭、刘亚荣、李建锋、李保锋、吴坚、张立、张斌、宁强、陈小新、孟祥东、祝换磊、曹满党、马海涛、王建昌、黄兴明、熊波、黄永鑫、李守峰、吴泽勇、杨长波、毕泗义、李翔、翟卫亮、胡云锋、柯勇、李存瑞、韩海超编写，由杨国涛、余红波、张学亮、艾华英、郭建光、陈治中、牛跃进、吴修国、李大勇、张文龙、王军现、王世英、刘森彪审校，由董集斌负责绘图。

本书由邱传俊、程献彬审定，在编写过程中得到了广大专家学者的大力支持和帮助，在此一并表示诚挚的谢意。

由于编者水平有限，加之时间仓促，书中难免有错误和不妥之处，敬请广大读者提出宝贵意见。

编者

目 录

第一章 钻井作业 …………………………………… (1)
第一节 钻前工程 …………………………………… (1)
第二节 设备搬迁 …………………………………… (7)
一、常规设备搬迁 …………………………………… (7)
二、井架底座整体搬迁 …………………………………… (13)
三、平移搬迁 …………………………………… (18)
第三节 设备安装 …………………………………… (21)
一、穿大绳 …………………………………… (21)
二、井架起升 …………………………………… (24)
三、底座起升 …………………………………… (26)
四、顶驱安装 …………………………………… (28)
五、导流器安装 …………………………………… (32)
六、冲鼠洞 …………………………………… (35)
第四节 常规作业 …………………………………… (37)
一、组合 BHA …………………………………… (37)
二、PDC 钻头使用 …………………………………… (42)
三、单点测斜 …………………………………… (45)
四、短起下 …………………………………… (49)
五、起下钻 …………………………………… (53)
六、套管准备 …………………………………… (56)
七、下套管作业 …………………………………… (59)
八、焊接式井口安装 …………………………………… (63)
九、防喷器安装 …………………………………… (66)
十、更换闸板 …………………………………… (71)
十一、防喷器试压 …………………………………… (73)
十二、井口防磨套取放 …………………………………… (77)
十三、插入法固井 …………………………………… (79)
十四、常规固井 …………………………………… (83)
十五、双级固井 …………………………………… (85)
十六、钻水泥塞 …………………………………… (91)
十七、地层破裂压力试验 …………………………………… (93)
十八、低泵速试验 …………………………………… (95)

十九、取心作业 …… (96)
二十、无线随钻 …… (100)
二十一、开窗侧钻 …… (105)
二十二、下尾管 …… (110)
二十三、尾管固井 …… (113)
二十四、钻具传输测井 …… (116)
二十五、滑/割大绳 …… (120)
二十六、甩钻具 …… (124)
二十七、拆甩防喷器 …… (126)
二十八、安装采油树 …… (128)
二十九、BPV/TWCV/Lubricator 操作 …… (130)
第五节　非常规作业 …… (134)
一、划眼操作 …… (134)
二、中途测试 …… (137)
三、泡解卡剂(酸)操作 …… (141)
四、使用随钻震击器 …… (144)
五、使用卡瓦打捞筒 …… (147)
六、使用可退式卡瓦打捞矛 …… (149)
七、使用反循环打捞篮 …… (151)
八、使用强磁打捞器 …… (153)
九、使用磨鞋 …… (156)
十、使用随钻打捞杯 …… (158)
十一、穿心打捞 …… (160)
十二、电缆打捞 …… (164)
十三、爆炸松扣 …… (166)
十四、倒扣作业 …… (170)
十五、套铣作业 …… (172)
十六、溢流观察 …… (177)
十七、压井作业 …… (178)
十八、大绳跳槽 …… (181)
十九、大绳打扭 …… (182)
第六节　设备拆卸 …… (183)
一、拆甩顶驱 …… (183)
二、底座下放 …… (187)
三、井架下放 …… (189)
四、井场恢复 …… (191)
五、附件 …… (193)
第二章　修井作业 …… (206)
第一节　钻前工程 …… (206)

第二节　设备搬迁 …………………………………………………………………（208）
第三节　井架起升 …………………………………………………………………（214）
第四节　常规作业 …………………………………………………………………（216）
一、拆甩采油树……………………………………………………………………（216）
二、防喷器安装……………………………………………………………………（218）
三、防喷器试压……………………………………………………………………（223）
四、解封封隔器……………………………………………………………………（225）
五、起下油管………………………………………………………………………（227）
六、起下抽油杆……………………………………………………………………（230）
七、套管找漏………………………………………………………………………（233）
八、挤水泥作业……………………………………………………………………（236）
九、更换油管头……………………………………………………………………（238）
十、通井刮管………………………………………………………………………（241）
十一、反循环冲砂…………………………………………………………………（243）
十二、电测射孔……………………………………………………………………（245）
十三、TCP 射孔……………………………………………………………………（247）
十四、下电泵………………………………………………………………………（249）
十五、下螺杆泵……………………………………………………………………（253）
十六、调防冲距……………………………………………………………………（255）
十七、拆甩防喷器…………………………………………………………………（256）
十八、安装采油树…………………………………………………………………（258）
第五节　非常规作业 ………………………………………………………………（260）
一、尾管回接………………………………………………………………………（260）
二、电缆坐桥塞……………………………………………………………………（263）
三、起下双油管……………………………………………………………………（265）
四、钢丝作业………………………………………………………………………（271）
五、连续油管作业…………………………………………………………………（274）
六、铅模打印………………………………………………………………………（277）
七、抽汲作业………………………………………………………………………（278）
八、防砂……………………………………………………………………………（281）
九、测试求产………………………………………………………………………（283）
第六节　设备拆卸 …………………………………………………………………（288）
一、井架下放………………………………………………………………………（288）
二、井场恢复………………………………………………………………………（289）
第三章　钻修井特殊工艺和设备 ………………………………………………（291）
第一节　特殊工艺 …………………………………………………………………（291）

一、套管钻井技术……（291）
二、欠平衡钻井技术……（294）
三、狮虎兽复合钻头……（301）
四、PBL多次开关旁通阀……（303）
第二节　特殊设备……（306）
一、铁钻工……（306）
二、动力猫道……（309）
三、二层台排管机……（312）
四、自动化一键联动……（315）
五、柴油发电机组尾气净化装置（DPF）……（316）
六、储能装置……（317）
七、发电机控制系统……（321）
第四章　固井……（324）
第一节　油井水泥实验操作规程……（324）
一、总体要求……（324）
二、取样……（324）
三、水泥和药品称量……（325）
四、制备水泥浆……（325）
五、测定水泥浆密度……（326）
六、水泥浆稠化试验……（327）
七、水泥浆的滤失试验……（330）
八、水泥石抗压强度测定……（333）
九、流变性试验……（335）
第二节　固井设备操作规程……（336）
一、固井水泥车操作和保养……（336）
二、压风机和水泥立罐……（340）
三、固井设备搬迁……（342）
第三节　固井作业流程……（342）
一、常规固井……（342）
二、分级固井……（345）
三、尾管固井……（348）
四、插入式固井……（350）
五、挤水泥……（352）
六、打水泥塞……（355）
第五章　钻井液……（358）
第一节　钻井液的组成和功用……（358）

一、钻井液组成成分…………………………………………………………………………（358）
二、钻井液的功用……………………………………………………………………………（360）
第二节　水基钻井液现场检测程序 …………………………………………………………（361）
一、钻井液密度………………………………………………………………………………（361）
二、马氏漏斗黏度……………………………………………………………………………（362）
三、塑性黏度、表观黏度和动切力 …………………………………………………………（363）
四、室温中压滤失量…………………………………………………………………………（363）
五、高温高压滤失量…………………………………………………………………………（364）
六、用 pH 试纸的测定步骤 …………………………………………………………………（366）
七、钻井液水、油和固相含量 ………………………………………………………………（366）
八、钻井液含砂量……………………………………………………………………………（368）
九、钻井液亚甲基蓝容量……………………………………………………………………（368）
十、氯离子含量………………………………………………………………………………（369）
十一、钻井液碱度与石灰含量………………………………………………………………（370）
十二、水或滤液的总硬度……………………………………………………………………（370）
十三、钙离子含量与镁离子含量……………………………………………………………（371）
十四、钾离子含量……………………………………………………………………………（372）
第三节　油基钻井液现场检测程序 …………………………………………………………（374）
一、电稳定性…………………………………………………………………………………（374）
二、油基钻井液水相活度……………………………………………………………………（375）
三、油基钻井液碱度和石灰含量……………………………………………………………（376）
四、油基钻井液氯离子含量…………………………………………………………………（377）
五、油基钻井液钙离子含量…………………………………………………………………（378）
六、油基钻井液固相水润湿判断试验………………………………………………………（378）
七、油基钻井液抗黏土承受量测定…………………………………………………………（379）
八、钻屑黏附油测定…………………………………………………………………………（379）
第四节　钻井液体系 …………………………………………………………………………（380）
一、膨润土浆…………………………………………………………………………………（381）
二、盐水钻井液………………………………………………………………………………（382）
三、KCl 聚合物钻井液 ………………………………………………………………………（383）
四、硅基钻井液………………………………………………………………………………（384）
五、油基钻井液………………………………………………………………………………（385）
六、近油基钻井液……………………………………………………………………………（386）
第五节　固控设备使用要点 …………………………………………………………………（388）
一、振动筛的使用要点………………………………………………………………………（388）
二、除气器的使用要点………………………………………………………………………（388）
三、水力旋流器的使用要点…………………………………………………………………（389）

四、钻井液清洁器的使用要点 …………………………………………………………… (390)
五、离心机的使用要点 …………………………………………………………………… (390)
第六节 复杂情况的钻井液处理要点 ……………………………………………………… (390)
一、堵漏处理要点 ………………………………………………………………………… (390)
二、卡钻的处理要点 ……………………………………………………………………… (396)
第七节 钻井液污染的预防和处理 ………………………………………………………… (402)
一、钙、镁污染和处理 …………………………………………………………………… (402)
二、盐污染 ………………………………………………………………………………… (403)
三、碳酸根/碳酸氢根(CO_3^{2-}/HCO_3^-)污染 …………………………………………… (403)
四、硫化氢污染 …………………………………………………………………………… (404)
第六章 复杂与处理 ……………………………………………………………………… (406)
第一节 井下复杂表现形式 ………………………………………………………………… (406)
一、井下复杂情况诊断 …………………………………………………………………… (406)
二、井下故障情况诊断 …………………………………………………………………… (407)
第二节 卡钻故障 …………………………………………………………………………… (407)
一、卡钻概述 ……………………………………………………………………………… (407)
二、粘吸卡钻 ……………………………………………………………………………… (412)
三、坍塌卡钻 ……………………………………………………………………………… (415)
四、缩径卡钻 ……………………………………………………………………………… (418)
五、键槽卡钻 ……………………………………………………………………………… (422)
第三节 钻具失效 …………………………………………………………………………… (424)
一、钻具失效发生的原因 ………………………………………………………………… (424)
二、钻具失效的表现形式 ………………………………………………………………… (426)
三、钻具失效的预防 ……………………………………………………………………… (429)
四、钻具失效特征 ………………………………………………………………………… (431)
第四节 浅层气 ……………………………………………………………………………… (432)
一、浅层气特征 …………………………………………………………………………… (432)
二、浅层气钻井问题 ……………………………………………………………………… (432)
三、浅层气失控原因 ……………………………………………………………………… (432)
四、浅层气钻井技术 ……………………………………………………………………… (433)
第七章 附录 ……………………………………………………………………………… (435)
一、滑/割大绳计算 ……………………………………………………………………… (435)
二、辐射防护及 NORM 井施工指南 ……………………………………………………… (438)
三、开钻验收 ……………………………………………………………………………… (442)
四、钻修井常用数据表 …………………………………………………………………… (447)
参考文献 ………………………………………………………………………………… (464)

第一章　钻井作业

第一节　钻前工程

（一）安全要点

① 井口与周边公共设施距离应符合当地政策和甲方规定。油、气井井口距高压线及其他永久性设施不小于75m，距民宅不小于100m，距铁路、高速公路不小于200m，距学校、医院和大型油库等人口密集型、高危型场所不小于500m。

② 参与井场建设人员需持有甲方和公司要求的有效证件。

③ 现场安全及其他配置主要包含但不限于：

a. 当心塌方、紧急集合点、劳动防护、停车场、下有电缆等安全标识牌，标识牌应耐用、防反光和防风雨，且使用英文及当地官方语言注明相关提示，从远处清晰可见；

b. 灭火器；

c. 员工庇护所；

d. 垃圾桶（垃圾桶应有相关标识，区分有害垃圾和无害垃圾）；

e. 车辆第三方检测的证件和甲方许可证件；

f. 停车场；

g. 风向标；

h. 设备日检查表；

i. 气体检测仪；

j. 开工许可；

k. 急救包（急救包应根据现场作业人数的上限配备相应的急救物资，并考虑备份）。

④ 现场勘察和开挖期间应注意未引爆的爆炸物、对人体有危害的材料、毒蛇、蝎子等危险生物，如果发现以上情况，应立即逐级上报，严禁擅自处置。

⑤ 动土作业期间，注意地层出水、塌方等风险，制定并落实防护措施和应急措施。

⑥ 具有下列情况之一的，经专业勘察和评估存在严重地质灾害风险且现有技术条件和能力无法治理的区域，严禁选为井场和营地：

a. 泥石流的形成、冲击、沉积区域；

b. 50年一遇行洪的河床、河滩；

c. 山沟、溪流、河流交汇口下游100m以内的高风险区域；

d. 存在明显滑坡风险的地段；

e. 有明显战争痕迹及地面残留未引爆的爆炸物区域。

（二）环保要求

① 施工中应采取措施降低噪声排放，以达到国家或地方噪声控制标准。

② 施工过程产生的废弃物可能会对环境造成影响，应减少材料浪费，控制无毒、无害

不可回收利用废弃物的产生量；严格控制有毒、有害废弃物的排放量；提高各类无毒、无害可回收利用物资的使用率，防止环境污染。

③ 遇有四级以上大风等恶劣天气不得进行土方回填、转运以及其他可能产生扬尘污染的施工。

④ 钻井设备布置应符合自然环境、钻机类型及钻井工艺要求，尽量利用原有地形，减少对原始地貌及地面生态环境的破坏，节约用地。

⑤ 污水坑应选择在地表水不能流入且不易渗透至地下水层的地方。

⑥ 最大限度地保护井场周围原有树木、灌木、农作物、草原、耕田、生态植被、动物栖息地等。

⑦ 修筑井场和道路时应防止堵塞原有排水途径，井场四周及道路两边应根据地形开挖合适的排水沟，但不能与井场内的污水坑相连通。

（三）工前准备

1. 复核井位坐标

收到甲方释放信号及开工通知后，施工现场负责人及技术人员应组织实地踏勘，根据坐标参数确定井位桩或井口位置，使用 GPS、罗盘或 Auto CAD 软件对井场四个角坐标进行确认，根据井场图纸找出区域布置的轮廓线并做好标桩。

2. 地面勘察

根据各施工区域轮廓布置情况，观察并确认所在范围内是否有油田设施、地表管线、废弃物等影响井场建设的表面障碍物，并在标准井场图纸上详细标注障碍物名称、方位、距离、尺寸和走向。

3. 地下勘察

① 使用专业的管线、电缆、金属、爆炸物探测仪等探测地下情况，并详细记录区域内地下障碍物的名称、方位、距离、尺寸和走向。

② 禁止测试人员携带金属制品进入现场。

③ 探测时应尽可能减少探测区域内的震动与机械冲击。

④ 打开探测设备，设置参数，戴上耳机(根据不同产品及现场需求设置相应的参数)。

⑤ 使用测试块进行试测，可将已知金属埋至预知的深度及地点，检测仪器的准确性和灵敏度。

⑥ 进入检测区域，正确手持检测仪，保持仪器在前方，均匀、慢速推进探测。每次探测宽度不超过 2m，探测路径呈 S 形，探测回合的重叠宽度控制在 50cm 左右。探测过程中，若听到报警声音，立即停止向前，及时插杆标注。

4. 记录汇报

根据地面及地下勘察情况，将影响井场布置障碍物的因素汇总，向甲方提交正式报告，申请移除障碍物。

5. 地层穿透实验

① 会同甲方和有资质的第三方测试公司人员一同去井场做地层穿透测试，在井口中心 1m 半径范围内按要求深度取样(样品深度为 0.5m、1m、2m、3m、4m、5m、6m、7m、8m、9m、10m、11m、12m、13m、14m、15m)。

② 测试过程中，如遇到地下水，记录水面深度。

③ 取得的地层样品应马上放置在密封的袋子内，为后续实验室测试分析保存好样品。

④ 除非另有说明，所有的样品都应进行测试分析。

⑤ 完成取样后，需对钻挖孔进行回填。

6. 开挖许可

根据穿透实验结果、地下探测情况，进行施工安全风险分析，由获得甲方授权的井建人员前往甲方相关部门申请办理开挖许可。

7. 工作相关工具、设备

工作相关工具、设备见表 1-1。

表 1-1　工作相关工具、设备

序号	名称	型号规格	单位	数量
1	钢筋棍(放线用)	50~60cm	根	50
2	警戒带(放线用)	红白	卷	3
3	潜水泵	3kW	台	1
4	电焊机	2. 5kW	台	1
5	打夯机	3kW	台	1
6	水泵	2kW	台	1
7	发电机	30kW	台	1
8	混凝土振动棒	1kW	台	1
9	钢卷尺	5m	把	1
10	钢卷尺	50m	把	1
11	水准仪	32CⅡ	台	3
12	塔尺	5m	把	3
13	金属探测仪	KTS-GPA500	台	1
14	电子全站仪	RTS112SR6	台	1
15	防渗膜	250μm	m^2	2500
16	导管	$40^{\#}$	m	不低于 10m
17	对讲机	3km	个	3
18	靠尺	1m	把	1
19	手持 GPS	Garmin72H	台	2

8. 放线(校正)、清表、扫线

① 根据井场标准图纸，以井口为中心放样出各施工区域的边线，并使用钢筋棍固定，使用警戒带或其他醒目的绳子做出标识，使得各施工区域轮廓清晰可见。

② 根据井场原始地貌情况，使用水准仪测量 4 个角水平面的标高，然后确定井场高程，并做记录，进而在井场以外引出临时水准高程(TBM)桩，周围使用 3 根钢筋棍围绕，并用警戒带加以保护，开工前告知现场施工人员及操作人员。

③ 根据 TBM，结合铺料厚度，在井场及其他施工区域边界(井场可结合现场原始地貌

实际情况，尽可能多地固定钢筋棍进行标注）以间隔8~10m固定钢筋棍，并使用水准仪结合警戒带标注出平整高程及铺料后的完工高程。

④ 固定的钢筋棍需呈一条线，绑扎及敲击钢筋棍时需保证其稳定性。

9. 技术交底

主管人员组织全体现场人员进行技术交底，告知放样和施工的区域、边界轮廓及高程，未经测量人员的许可，不得对固定的钢筋棍进行挪动和破坏。

（四）工作流程

1. 导管施工

（1）常规施工——挖掘机开挖

使用推土机在圆井导管区域表层应推出约长×宽×深为20m×5.5m×3m的区域，建立一个供挖掘机施工的作业斜坡和平台，使用挖掘机挖至井场基准线地面以下9~9.5m，所挖井眼尺寸应能满足30in直径的导管（导管壁厚17.5mm）下入要求。

（2）特殊施工——旋挖钻机开挖

根据前期GPS放样位置，指挥旋挖钻机钻杆对中井口位置。旋挖机操作手保持均匀转动进行钻孔，钻孔挖出的地下土及时清理，直至钻孔至井场基准线地面以下9.5m处。根据SPT报告，在钻孔过程中如遇到地下水，一般采用潜水泵抽取地下水。

（3）导管放置

导管吊装前，需在导管顶端进行打孔，以便钢丝绳正常穿入。吊车将导管放入开挖好的导管洞，稳固导管，使用铅锤和全站仪分别重新校对垂直度和同心度，导管必须与井口位置完全吻合。导管位置确认后，填充50cm蜡土固定导管，确保精准稳定。

（4）浇筑混凝土

根据导管固定进度，提前1~2天通知混凝土供应公司准备，使用抗硫酸盐（SRC）D1级C30或普通（OPC）E2级C15混凝土，环空厚度不小于100mm，浇筑混凝土时使用振动棒振实，浇筑到圆井基座底层面。

2. 圆井施工

（1）圆井坑开挖

在导管浇筑混凝土固定后，围绕导管区域使用挖掘机挖长×宽×深为10.4m×10.4m×2.6m的方坑（斜率为1：2），靠近导管附近可采用人工挖掘方式，避免导管受到挖掘机碰撞。

（2）圆井基座施工

① 基座面平整。采用人工方法，使用铁锹对基座底层面进行平整、使用打夯机压实处理，铺上塑料膜保养。

② 基座支模。使用钢模支圆井基座，尺寸为3.04m×3.04m×0.4m（长×宽×深）。

③ 绑扎钢筋网。横筋直径为16mm，保持钢筋间距20cm，使用扎丝对钢筋进行绑扎，使其牢固。

④ 焊接角铁。在圆井基座中间至导管4个方位处焊接4根角铁[尺寸为50mm×50mm×8mm（宽×高×厚）]。

⑤ 放置内圈钢模。使用吊车将内模板放置于预先准备好的位置并进行固定。

⑥ 绑扎钢筋网。绑扎圆井墙体单层钢筋网（纵向直径16mm螺纹钢，横向直径8mm螺纹圆钢，间距200mm），绑扎的钢筋应确保后期浇筑混凝土保护层厚度不小于40mm，绑扎

的扎丝保证钢筋牢固，钢筋网墙体上下保持同一竖直面。绑扎钢筋网时要预留 4 个吊环(钢筋直径 16mm)，分别位于 4 个不同方向。钢筋搭接长度不得小于 30cm。

⑦ 放置外圈钢模。使用吊车将外模板放置于预留位置，并使用限位装置进行固定。保持最终内外模空隙为 15cm(圆井厚度)。

⑧ 浇筑商砼。根据钢模施工进度，提前与混凝土供应公司沟通，混凝土使用 SRC D1 级 C30。浇筑混凝土时，保持匀速，浇筑分 3 次进行，每次浇筑后使用振动棒进行振捣密实，不得漏振，最后浇筑到设计高度后，使用木抹子进行表面平整。浇筑时注意在两个相对方向留两个 300mm×300mm(厚 150mm)的凹槽。

⑨ 混凝土养护。混凝土浇筑 2h 达到初凝(稳固不塌陷，刚失去塑性)时，开始浇水养护，养护使用水为淡水，水温不宜过高，养护期一般不少于 7 天，浇水次数应以能保持混凝土有足够的润湿状态为准。

⑩ 拆模处理。拆模主要分两步。第一步，混凝土养护达到初凝时，可将内模拆除；第二步，混凝土养护到 24~48h 后，可将外模拆除。拆模后的圆井需保证钢筋不外露，混凝土表面不得有缺棱掉角、表面裂缝、起沙、蜂窝、露筋、麻面、孔洞等现象，养护 28 天后的混凝土最低抗压强度不得低于 $30N/mm^2$。

(3) 圆井回填

圆井周围区域使用质量合格的材料进行回填，每层控制在 20cm，每层压实度必须经过甲方认可的第三方公司检测，压实度不得低于 95%。

3. 污水池、清水池、油基泥浆池建造

① 以井口为中心，根据设计图纸中相对尺寸长度放样出各池体的边线，并在池体的 4 个角使用钢筋棍(8mm 的螺纹钢，长度 70 ~ 80cm 即可)进行标定，缠绕警戒带标出高程。

② 根据放线标注的钢筋棍，对现场的操作手(挖掘机、推土机)及施工员进行技术交底，交底内容主要包括但不限于开挖的深度、长度、宽度以及其他注意事项。

③ 推土机或挖掘机根据放线的边线，扫出开挖的轮廓线。如果地层较为松软，则使用挖掘机进行挖掘，如果遇上坚硬的地层，可使用破碎机以及带有坚硬犁钩推土机，挖掘深度到达要求深度(有 2m、2. 5m 不同的规格)后便可停止。如果挖掘出的土质可作为用料使用，及时卸在备料区或需要的铺料区域。

④ 边坡修整主要包含池体的坡度以及池底的平整度。根据要求坡度(高宽比一般为 2 : 1)，使用挖掘机(如果遇到坚硬地层则使用破碎机)对斜坡进行修整，以保证坡面平整度。

⑤ 一般情况时，可使用推土机对池底进行平整；特殊要求时，可使用平地机对底面进行刮平。

⑥ 开挖完成并清理边坡后，应及时恢复桩号、坐标、高程等，并做出醒目的标识。

⑦ 根据生产计划铺设防渗膜。

4. 井场、道路、化学药品区、爬犁区等区域的建造

① 根据原始地貌，对井场区域进行高程测量，根据平均值法，确定需要平整的高度，尽可能地减少初平的土方工作量。

② 以井口为中心，根据设计图放出各场地的边线，并在各施工区域的 4 个角使用钢筋棍(8mm 的螺纹钢，长度 70~80cm 即可)进行标定，缠绕警戒带进行标注；同时在施工边线

外引出3~5个高程基准点，确定基准面，记录相对高程及坐标，并加以保护。

③ 根据放线桩情况，组织现场的操作手及质量控制员进行技术交底，交底内容主要包括长度、宽度、平整的高程、场平的方向(高程高处往高程低处推平)。

④ 根据施工时原地貌实际情况及技术交底内容，用推土机、装载机对施工区域进行地貌平整，完工后用水准仪测量平整度，保证高差控制在±5cm范围内。

⑤ 使用带有洒管或喷管的洒水车在平整好的场地面上洒水，保证基底面的湿润度。取水处可根据井场位置，在就近的水站取水。

⑥ 使用从池体挖掘出的可使用的蜡土填铺到井场等施工区域(井场铺垫厚度为40cm，需分两层铺垫)。为保证摊铺的平整度及均匀度，节省后期刮平时间，在卸料时需控制卸土厚度($18m^3$蜡土可控制在10m长度左右)。

⑦ 铺料完成后，可用推土机或装载机进行初始摊铺。

⑧ 当一个作业区段填筑、初平全部完成后，使用带有洒管或喷管的水车洒水，洒水结束大约30min，待表面无积水(用手抓感觉不黏或成团不掉为参考)，此时为刮平和压实作业的最佳时机(含水量正常控制在7%~12%)。

⑨ 设置参考面/段。为加快刮平进度，精平前可根据高程面，标定出2行(30m宽度)钢筋棍，记录精平面与高程面的相对高差。在平地机刮平过程中，由2名施工人员使用不易拉断的塑料细线拉直，用钢卷尺测量细线与蜡土面的高度，随时告知平地机操作手需要刮平的厚度，直至将30m宽度的高程参考面刮好为止。如需更为精确，可并行使用拉线刮平和水准仪测平两种方法。

⑩ 场地精平。根据刮平好的参考面，使用平地机对其他剩余区域铺垫的蜡土面进行精平，同时测量员使用水准仪测量，保证最终高差不超过3cm。

⑪ 场地刮平后，使用压路机碾压相应的区域，碾压速度保持在2km/h，压路机操作手要严格遵循碾压程序，先静压1遍，后振动2遍，再静压2遍。压实度试验不合格时要重新压实再做试验，直至压实度达到甲方要求(不低于95%)。

⑫ 采用机械配合人工切土或补土的方法进行零星修整，使其表面没有松散、软弹、翻浆及不平整现象，完工后的表面光洁无浮土。

(五) 工后闭环

① 清理、存放工具和设备。

② 清理、恢复工作场所。

a. 井队组织人员到现场检查验收签字；

b. 在圆井、泥浆坑、水坑周边安装护栏。

③ 收集、归档工作相关资料。

a. 甲方井位确认函；

b. 甲方开挖许可单；

c. 地层穿透实验报告；

d. PTW；

e. 井场压实报告；

f. 井场完工验收单。

第二节　设备搬迁

一、常规设备搬迁

(一) 安全要点

① 严格执行关于拆搬安作业风险防控有关要求。

② 井队安全官或HSE监督根据车辆检查表、人员证件要求等，对到井车辆、操作人员证件、吊装设备等进行检查。

③ SCR房、顶驱、柴油机、泥浆泵、泥浆罐、撬装营房等重要设备应使用低平板车辆运输。

④ 车辆离开井场前，安排专人对装车设备的固定进行检查并落实是否超限(高>4.5m，宽>3m，长突出>0.3m，参考当地交通相关规定)，对超限和特殊设备要安排有经验的人员押车领路。

⑤ 搬迁期间运输设备车辆必须按照预先勘察确认的道路行驶，载货车辆不允许沿地面油气管线行驶(搬迁土路控制车速不超25km/h，柏油路不超60km/h)。

⑥ 搬迁车队穿越、途经高速公路或交通要道前，应预先对接甲方，取得封路函；搬迁公司车队负责人预先联系交管部门处理封路相关事宜。

⑦ 严禁在夜间进行搬迁作业，如搬迁车队不能在天黑前到达新井场，车队应停靠在安全地带，车队前后应设置警示(闪灯)，超宽设备在最宽处安装警示装置，留人值守防止设备被盗。

⑧ 两台吊车配合作业时，每台吊车的载荷不得超过其额定起重载荷的80%。

⑨ 吊车不得靠近架空输电线路作业，当必须在线路旁作业时，应设专人监护或进行隔离防护，吊臂或吊物与架空输电线的安全距离应符合表1-2规定。

表1-2　物体与输电线路间的最小距离

电压/kV	<1	10	35	110	220	330	500
安全距离/m	2	3	4	5	6	7	8.5

⑩ 钢丝绳的选用必须与吊物自重匹配，起吊重物自重不得超过钢丝绳额定载荷，实际应用中可用下面的经验公式进行估算：钢丝绳破断拉力(kN)=0.5×钢丝绳直径的平方(mm^2)，钢丝绳安全系数见表1-3。

表1-3　钢丝绳安全系数

用途	安全系数	用途	安全系数
缆风绳用	3.5	吊索无弯曲	6~7
手动起重设备	4.5	捆绑	8~10
机动起重设备	5~6	载人升降机	14

(二) 环保要求

① 设备搬迁过程中应采取措施保护搬迁道路周边和井场周围生态环境。

② 转运泥浆药品等散装物料时应做好防护，如加装篷布，避免物料散落造成二次扬尘

等环境污染。

③ 保持车辆清洁卫生，控制车速，降低井场设备搬迁过程中产生的扬尘和噪声(特别在途经居民区和公共设施区时)。

④ 设备在搬迁前，应对所有设备进行检查排空和管线封堵，确保在运输过程中不发生流体泄漏。

⑤ 井场应提供移动式卫生厕所并保持干净，安装废物处理装置或污水处理装置。

(三) 工前准备

1. 道路勘察

① 工作相关工具、设备的准备和检查见表 1-4。

表 1-4　道路勘察相关工具及设备

序号	工具设备名称	型号规格	单位	数量
1	红外测距仪	手持式	件	1
2	GPS	手持式	台	1
3	卷尺	30m	把	1
4	铁锹	1.3m	把	1

② 搬迁前 4~7 天，生产协调部门、搬迁公司车队负责人及施工井队应联合对确定的搬迁路线进行全程勘察，绘制行车路线图(标明路线名称、里程、地名和重点标志)。

③ 常规搬迁道路、桥涵应满足通过各类搬迁车辆的要求，道路沿途上所有线路、障碍物和桥涵应高于 5m。

④ 山地、丘陵地区搬迁道路应避开滑坡、泥石流等不良地段。

⑤ 沙漠、草原、海滩等特殊地区的搬迁道路应能满足运输通行要求。

⑥ 搬迁道路路面宽度应大于 6m，拐弯处加宽 1~2m，转弯半径不小于 18m，道路纵坡坡度不大于 8°(不考虑底座井架整搬情况下)。

⑦ 雨季泥泞的道路应采取必要的防滑、防陷措施，如铺设钢管排、砖渣、煤矸石等，确保路况良好。

2. 水井勘察

① 根据生产进度提前安排服务商从水井连接水管线到井场。

② 检查和试运转水井柴油机和油料储备情况。

③ 预搬期间应启动水井观察供水情况，根据供水量提前做好生产用水储备；同时对水井水质进行取样化验(泥浆工程师负责化验)，确保水井水质满足泥浆配制要求。如水质不能满足泥浆配制要求，应提前和甲方现场监督结合。

3. 搬迁计划

① 基层队根据生产进度制订搬迁计划。

② 搬迁前 2~3 天，应以电子邮件方式将搬迁计划发送到搬迁公司和公司生产协调部门；如果需要推迟或提前搬迁，应提前以邮件和电话的方式通知搬迁公司。

③ 搬迁计划中应包含钻机释放时间、预搬迁时间、搬迁开始时间、预计完成时间、装车顺序、需求车辆类型和数量、总装车车次等内容，具体见“附件 1-1 搬迁计划”。

4. 井场画线和井口法兰焊接

① 申请 PTW。

② 工具及设备的准备和检查见表 1-5。

③ 预搬迁前 1~2 天，按照设备摆放图，对底座、机房、泵房、循环罐、储水罐、井场营房、材料房、爬犁区摆放位置等在新井场进行放线标识。

④ 底座井架整搬时，钻机的正前、正后方向和左右方向放出垂直井口中心线，前后方向线至少距井口前 50m，井口后 50m。

表 1-5 井场画线及井口焊接相关工具和设备

序号	工具设备名称	型号规格	单位	数量
1	水平尺	800mm	把	1
2	GPS	手持式	台	1
3	皮卷尺	30m	把	1
4	钢卷尺	5m	把	1
5	榔头	8lbs	把	1
6	铁钉	100mm	盒	1
7	尼龙绳	2mm	m	500
8	焊接法兰	29½in 500psi	个	1
9	1502 焊接由壬	2"	个	1
10	氧气瓶		个	1
11	乙炔瓶		个	1
12	气割枪设备		套	1
13	柴油电焊机	移动式	台	1
14	焊工工具		套	1
15	焊条		包	1
16	梯子	2m	个	1
17	铁锹	1. 3m	把	1
18	气体检测仪	便携式	个	1
19	合成纤维吊带	2t	根	1
20	井口盖板		个	1
21	卸扣	2t	个	2
22	吊车或叉车		台	1

⑤ 焊接井口法兰前应用便携式气体检测仪对圆井进行气体检测，同时观察圆井内是否有毒蛇、蝎子等有毒生物；焊接过程中，按要求进行气体检测，确保氧气充足，无高浓度有害气体聚集。

⑥ 根据一开井口四通出口高度确定焊接法兰高度，进行导管切割打磨。

a. 焊接法兰前应核对法兰螺杆孔朝向，确保安装的导流器出口朝向正确；

b. 如果是钻机平移井场，焊接法兰高度需要考虑滑轨高度；

c. 焊接法兰高度不应影响底座就位。

⑦ 井口焊接结束后，安装井口盖板防止物品落井。

⑧ 清理圆井内残余杂物。

⑨ 清理、存放工具和设备。

⑩ 关闭 PTW，归档工作相关资料。

5. 预搬迁

① 申请 PTW。

② 工具、设备的准备和检查见表 1-6。

③ 组织召开预搬迁风险分析会议，进行安全交底，对人员进行合理分工，明确工作任务和要求。

表 1-6　预搬迁相关工具及设备

序号	工具设备名称	型号规格	单位	数量
1	信号服		套	4
2	牵引绳	15m	条	4
3	对讲机		台	4
4	钢丝绳套	25mm	副	4
5	钢丝绳套	22mm	副	4
6	合成纤维吊带	3t	根	4
7	合成纤维吊带	5t	根	4
8	警示带		卷	1
9	卸扣	3t	个	4
10	卸扣	5t	个	4
11	榔头	24lbs	把	2
12	榔头	18lbs	把	2
13	撬杠	1m	把	2
14	吊车	50t	台	5
15	叉车	5t	台	2
16	低平板	60t	台	10
17	高平板	40t	台	5

④ 结合作业情况，将后续作业用不到的钻具、工具爬犁、甲方材料和泥浆药品、储备水罐等设备转运到新井场。

a. 安排 2 人在老井场负责安全监督和指挥装车，登记装车情况。

b. 安排 2 人在新井场负责安全监督和指挥卸车；按照要求摆放泥浆罐和爬犁；新井人员应携带通信工具，保持与老井人员的沟通联系，处理突发情况，掌握搬迁车辆动态，确保搬迁安全高效率。

⑤ 检查井架、底座整搬装置及轮胎状况，检测轮胎气压。
⑥ 营房经理准备搬迁期间的饮用水、食品、防暑御寒物资，安排和协调后勤车辆。
⑦ 搬迁期间如需转运柴油，应提前联系公司生产协调部门。

（四）工作流程

1. 申请 PTW

2. 工具及设备准备

搬迁相关工具及设备见表 1-7。

表 1-7　搬迁相关工具及设备

序号	工具设备名称	型号规格	单位	数量
1	信号服		套	4
2	牵引绳	15m	条	4
3	对讲机		台	4
4	钢丝绳套	25m	副	4
5	钢丝绳套	22m	副	4
6	合成纤维吊带	3t	根	4
7	合成纤维吊带	5t	根	4
8	警示带		卷	1
9	卸扣	3t	个	4
10	卸扣	5t	个	4
11	榔头	24lbs	把	2
12	榔头	18lbs	把	2
13	撬杠	1m	把	2
14	管钳	24in	把	2
15	活动扳手	12in	把	2
16	吊车	50t	台	5
17	叉车	5t	台	1
18	低平板	60t	台	10
19	高平板	40t	台	5

3. 召开作业前安全会

开展作业前安全分析，明确作业人员职责，告知作业步骤、作业风险及风险防控措施。

4. 搬迁装车优先顺序

泥浆罐区→底座区→机房区→泵房→井架底座整搬→井场营房区→其他设备。

① 泥浆大班和泥浆工负责指挥监督泥浆罐区设备的装车，条件允许的情况下，先吊装沉砂罐和强冷罐（如还有 $2m^3$ 左右水罐替换），然后从配浆罐方向依次吊装配浆罐→储备罐→清水罐→消防罐→循环罐。泥浆罐区吊装完毕后，泥浆大班押送车队到新井进行摆放安装。

② 场地工长负责指挥监督底座区设备的装车，依次吊装远控房→液控管排→电梯→顶驱房，钢木基础→二层台→高支架，同时负责指挥监督其他设备的装车。

③ 司机长负责指挥监督机房区设备的装车，由油罐方向依次吊装柴油罐→柴油机组→SCR 房→电缆桥架及电缆排。

④ 副司钻负责指挥监督泵房区设备的装车。

⑤ 带班队长负责指挥监督井架底座整搬。

⑥ 营地经理负责指挥监督井场营房区的装车，由井架前方向依次吊装井场营房→生活污水罐→应急发电机→生活水罐→气瓶房(若单独存放)→公共厕所(若单独存放)。

5. 搬迁卸车优先顺序

泥浆罐区→底座整搬→底座钢木基础→泵房→机房区→井架整搬→井场营房区→其他设备。

① 泥浆大班和泥浆工负责指挥监督泥浆罐区设备的卸车、就位和设备安装，条件允许的情况下，优先就位沉砂罐，然后依次就位强冷罐→循环罐→储备罐→配浆罐→清水罐→消防罐；就位的同时安装各罐间的连接管线、走道板、梯子、栏杆；安排水罐车卸水到强冷水罐；连接储备水罐到清水罐。

② 带班队长负责指挥监督井架底座整搬就位。

③ 副司钻负责指挥监督泵房区设备的就位，就位的同时安装泥浆泵与循环罐的上水管线、低压管线、安全阀泄压管线、地面高压管线和泥浆泵高压管线。

④ 司机长负责指挥监督机房区设备的就位，由底座方向依次就位 SCR 房→柴油机组→柴油罐→电缆桥架及电缆排→顶驱房。柴油机组就位后安装柴油罐和柴油机组的上油管线、压风机的管线以及柴油机组、SCR 房、电缆桥架、泥浆泵和钻机间的电缆。

⑤ 柴油罐就位后，安排油罐车卸油到柴油罐。

⑥ 司机长试启动柴油机组，电气师检查测试 SCR 房工作情况，正常后开始供电，机械师试运转钻机。

⑦ 营地经理负责指挥监督井场营房区的就位，由井架前方向依次就位井场营房→生活污水罐→应急发电机→生活水罐；就位的同时连接污水管线、生活水管线和电缆，安排水罐车卸水到生活水罐。

⑧ 按程序起升井架和底座。

6. 开钻前准备

① 泥浆罐供电及设备试运转；泥浆罐供水及检查管线连接情况。

② 根据泥浆工程师的指令准备一开泥浆。

③ 安装钻台两侧飘台、钻台梯子、逃生滑道等。

④ 安装钻台左右两侧气动绞车。

⑤ 固定井架起升大绳。

⑥ 安装顶驱。

⑦ 安装和测试导流器及放喷管线。

⑧ 安装大门坡道、猫道、钻具管排架。

⑨ 根据甲方指令准备一开钻工具和井口工具。

⑩ 安装远控房、液控管排、电梯、立管和高架槽。

⑪ 安装和调试泥浆罐、泵房、钻台、办公室的仪表。

⑫ 标定和测试 H_2S 报警系统。

7. 开钻验收

开钻验收见“第七章 附录三 开钻验收”。

(五) 工后闭环

① 清理、存放工具及设备。

② 清理、恢复工作场所。

③ 关闭 PTW，收集、归档工作相关资料。

a. PTW 和 JSA；

b. 预搬迁和搬迁期间的安全会记录；

c. 搬迁计划；

d. 设备车辆装运清单；

e. 搬迁中存在的问题记录；

f. 搬迁评价反馈。

二、井架底座整体搬迁

(一) 安全要点

① 吊装井架过程中，要平稳操作，不得使井架侧倾和前后倾。吊起的井架下方禁止人员停留或穿行；底座离开地面后，严禁人员身体任何部位处于钻机底座、牵引架、牵引桥、承载桥下方。

② 井架整体起吊必须使用第一节井架设计的起吊点和最上一节井架靠近天车的起吊点。

③ 作业中使用的绳套、卸扣等吊具索具状况良好，额定载荷满足作业要求，在有效期内，卸扣使用防退销式。

④ 多台吊车联合作业，必须由有资质的吊车指挥员指挥。

⑤ 人员在井架上作业时，需全程佩戴安全带并配合生命线在井架上移动。

⑥ 井架、底座移运前牵引车与井架和底座之间必须挂上并拉紧安全牵引绳。

⑦ 井架底座整搬装置连续行驶超过 1h 后，应检查轮胎情况，发现轮胎发热严重，应停止行驶 30min；发现轮胎鼓包、裂纹现象，应立即停止行驶，更换轮胎，继续行驶时应控制行驶速度。

⑧ 井架底座整搬装置行驶途中，无关人员和车辆应远离整搬系统。

⑨ 检修轮胎、轮辋时，必须将轮胎内气体放尽，防止轮胎内气压泄漏伤人。

⑩ 严禁在液压站压力表开关关闭、压力表损坏或液压起升缸运行中未达到行程端点等情况下调节系统压力，系统压力出厂前已经调好。

⑪ 牵引销、连接耳板、连接销等关键部位每半年进行一次磁粉探伤检查。

⑫ 整体搬迁的井架和底座质量和性能满足 GB/T 23505—2017《石油天然气工业　钻机和修井机》的要求；整体搬迁装置的结构件满足 GB 50017—2017《钢结构设计标准》的要求；整体搬迁装置的液压系统满足 GB/T 3766—2015《液压传动系统及其元件的通用规则和安全要求》的要求。

(二) 环保要求

① 设备搬迁过程中应采取措施保护搬迁道路周边和井场周围生态环境。

② 保持车辆清洁卫生，控制车速，降低搬迁过程中产生的扬尘和噪声（特别在途经居民区和公共设施区时）。

③ 液压站、液压千斤顶在工作中存在液压油泄漏风险，应采取防范措施，防止污染土壤。

④ 设备在搬迁前，应检查、排空和封堵管线，确保在运输过程中不发生流体泄漏。

（三）工前准备

1. 整搬路况踏勘

① 检查搬迁道路是否平整结实、无泥泞，路基宽度、最小转弯半径是否满足要求，弓形路面根据底座离地高度和轴距测量底座能否通过，见"附件 1-2 井架底座整体移运装置的主要技术参数"。

② 检查道路坡度不大于 8°；如果上坡坡度大于 3°应考虑用重型卡车、拖拉机等向前牵引；下坡坡度大于 3°，且坡道长度大于 20m，应考虑用重型卡车或拖拉机向后拖拽制动。

③ 检查道路两旁有无障碍物，确定底座运输是否需要拆除钻台偏房；确定井架转弯时，井架后部不会碰及障碍物，井架能顺利通过。

④ 检查道路上方电线、电缆等障碍物的高度是否允许钻台、泥浆罐等超高设备通过，设备的最高点与电线的距离应满足安全距离要求，见表 1-2。

⑤ 检查路基下面桥梁、涵洞的承载能力；检查路基下面是否有油气水管线、通信电缆等。

⑥ 确认行驶路线是否横穿高速公路，如果需要横穿高速公路必须提前征得当地交通管理部门的同意，采取临时交通管制。

2. 整体搬迁工具和设备准备

① 工作相关工具及设备准备和检查见表 1-8。

表 1-8　整搬相关工具及设备

序号	工具设备名称	型号规格	单位	数量
1	钢丝绳套	$\Phi=38$mm $L=3$m	副	4
2	钢丝绳套	$\Phi=22$mm $L=6$m	副	2
3	捆绑链	5t 2m	条	6
4	捆绑链	2t 2m	条	4
5	铁链	3t 2m	条	8
6	紧链器	3t	个	8
7	榔头	24lbs	把	2
8	撬杠	1m	把	1
9	钢丝刷		把	1
10	2# 锂基润滑脂		袋	1
11	底座起升专用液压站		台	1
12	底座千斤顶垫板	厚 20mm Φ1m	个	4
13	井架承载轮桥		套	1

续表

序号	工具设备名称	型号规格	单位	数量
14	底座牵引轮桥		个	4
15	牵引桥撑杆及销子		套	1
16	倒车锁销		个	4
17	底座牵引车	550kW	台	2
18	井架牵引车	500kW	台	1
19	信号服		套	4
20	牵引绳	15m	条	4
21	对讲机		台	4
22	高处作业安全带		套	2

② 检查井架承载轮桥、底座承载轮桥、底座牵引轮桥、底座牵引架，焊缝无裂口，连接销子、别针齐全。

③ 检查井架承载轮桥、底座承载轮桥、底座牵引轮桥，轮胎气压不足600kPa时补充气；轮胎无裂纹、鼓包现象。

④ 检查井架牵引架，在井架上固定牢靠；井架、底座牵引销无变形、无裂纹，锁帽无松动、锁销齐全；牵引桥上的牵引鞍座锁止装置灵活好用。

⑤ 检查底座与整体移运装置连接耳板焊缝无裂纹，销子齐全完好。

⑥ 检查液压站、液压管线、液压千斤顶工作良好，无渗漏。

⑦ 监督搬家公司检查井架、底座牵引车轮胎气压是否符合要求，牵引鞍座锁止装置灵活好用，车况良好。

⑧ 检查井架牵引车鞍座，高度满足不需要拆除井架天车吊架的要求。

⑨ 清除底座周围物件，保持场地结实平整，底座前后场地高度不高于底座下场地高度，无污水泥浆。

3. 新井场准备

在验收合格的新井场，按照钻机的正前、正后方向和左右方向放出垂直井口的中心线，在井口前后方向各放线50m。

4. 搬迁方案制定

根据实际情况制定搬迁方案，包括但不限于：整搬路线确定，整搬应急预案，钻台偏房是否需要拆除，井架人字架是否需要放倒等。

（四）工作流程

1. 申请PTW

2. 井架移运操作

① 井架下放前将井架承载桥摆放到位，并在指定位置摆放合适厚度的枕木（枕木放置在井架承载桥的四个角上，枕木厚度的选择以牵引车前行时井架尾部不刮蹭底座为宜）。

② 井架下放后，将井架起升大绳固定在井架上，拆除或折回二层台并固定，折叠或拆除油管台并固定；如果井架承载桥位置不合适，通过吊车调整井架承载桥位置以使井架完全落于枕木上。

③ 将游车用 3 条 5t 带钩链子双股固定到游钩过渡梁上，吊车吊起游钩过渡梁，用 3 条 5t 带钩链子双股将游钩悬挂到井架背梁的游钩悬挂梁上；将天车与游车之间的游动大绳用 3~4个捆绑链兜起挂在井架背梁上(如果井架承载桥带游车台，步骤⑦后将游车吊放在游车台上，用 2 条 3t 铁链和紧链器固定在游车台上)。

④ 从最上节井架靠近天车的井架吊装点吊起井架，从高支架上下放井架到比牵引车鞍座高 1~5mm 时，牵引车缓慢后倒使牵引销与鞍座连接，检查自动锁止机构是否到位，或进行人工锁止；穿上牵引安全绳并拉紧。

⑤ 用 50t 吊车 4 台，分别从最下节井架两侧的吊装位置吊起井架，拆除井架与底座的连接销，指挥吊车和牵引车向前方将井架移出底座(如果井架承载桥是带液压支撑的，则不需要吊车，可直接操作液压支撑顶起井架，拆除井架与底座的连接销，忽略步骤⑥)。

⑥ 指挥吊车缓慢将井架放到井架承载桥上。井架在承载桥上共四个支撑点，支撑点的位置应选择在第一节和第二节井架有工字横梁位置附近下面，且支撑点下应垫方木。

⑦ 用 3t 以上链子和紧链器在以上四个支撑点位置将井架牢固捆绑在承载桥上。

⑧ 将大绳倒绳机和大绳放到井架承载桥的平台上，并做适当的固定；抽出的大绳按先后顺序盘好并捆扎，悬挂在顶驱反扭矩梁上。

⑨ 缓慢启动牵引车前移，井架脱离底座后，运行到井场外，进行一次全面检查，以确保井架与承载桥的链子拉紧、井架所有附件固定牢靠、井架与牵引架及牵引架与牵引车连接正常。

⑩ 缓慢启动牵引车，观察各系统无异样后进行井架运移。

⑪ 指挥车开道，控制运移速度不高于 15km/h，移运井架到新井场；移运途中每 15km (或者经过急转弯、多个转弯后)应检查轮胎气压、轮胎温度、轮毂温度、井架在承载桥上有无滑动或错位、各连接销是否移动等。

⑫ 经过车流量较大路段或高速公路前，应联系当地交通运输部门在该路段实施交通管制后方可通行。

3. 底座移运操作

① 吊车配合两台牵引车缓慢倒车，使牵引桥上的牵引销进入牵引车的鞍座并自动锁止。

② 液压站固定在底座后部横梁上或放置到钻台上，将液压管线与底座液压千斤顶连接，启动液压站，调节液压泵的排量在 4~6mL/r，溢流阀的压力为 16. 6MPa。

③ 操作液压换向阀，同步举升四个液压千斤顶，使底座离地 75cm，举升过程中左右千斤顶的行程差始终应不大于 3cm，前后千斤顶的行程不大于 5cm。

④ 叉车配合吊车安装底座前方承载桥轮胎，穿剪切销和别针。同步回缩相应的两个千斤顶，至千斤顶和承载桥轮胎各承重约 1/2 底座重量。

⑤ 指挥已连接牵引桥的牵引车行进到底座牵引区域，倒车方向与底座前后方向一致，操作液压换向阀适当缩回相应千斤顶，牵引车缓慢后倒，保持牵引架与牵引桥鞍座刚好接触，使牵引架上销孔对准牵引桥销孔后插入牵引销，按照同样步骤安装另一台牵引桥和牵引架。

⑥ 同步缩回底座牵引端两个千斤顶和承载端两个千斤顶，在千斤顶缩回过程中应边回缩边检查轮胎和连接耳板有无异常，挂好四个千斤顶安全链。

⑦ 拆除底座前部组合横梁；用厚度约 20mm 钢板盖住大小鼠洞。

⑧ 启动两台牵引车，缓慢牵引底座离开井口。牵引车应调节方向，使牵引车、牵引桥和底座保持前后方向一致。

⑨ 安装底座前部组合横梁；安装牵引桥上带万向节的撑杆；对整个连接进行一次全面检查。

⑩ 缓慢启动牵引车，观察各系统无异样后进行底座运移。

⑪ 指挥车开道，控制运移速度不高于15km/h，移运底座到新井场。移运途中车队负责人全程指挥两台牵引车的速度与方向；通过弯道时应缓慢行驶并检查各个鞍座与牵引销是否正常，通过弯道后检查插入式牵引销是否回位；每15km（或者经过急转弯、多个转弯后）应检查轮胎气压、轮胎温度与轮毂温度、井架在承载桥上有无滑动或错位、各连接销是否移动等。

⑫ 经过车流量较大路段或高速公路前，应联系当地交通运输部门在该路段实施交通管制后方可通行。

4. 底座就位操作

① 从井场前部进入井场，底座中心线尽量对准井口中心线，在底座中心线上挂上坠砣，牵引车调节好方向，使牵引车、牵引桥和底座保持前后方向一致后插入牵引桥与牵引架的4个倒车锁销（如果是修井井场，底座到达井场后需要先拆除底座前部组合横梁）。

② 底座前后缓慢移动，使底座中心线对准井口中心线，误差不大于2°，底座井口中心对准圆井井口中心，误差不大于10mm（井口有采油树的修井井场按照基准点就位）。

③ 拆除底座中心线上的坠砣；拆除牵引架、牵引桥、承载桥上的撑杆；拆除千斤顶的安全链；在千斤顶下面垫钢木基础，启动液压站。

④ 操作液压换向阀，同步举升四个液压千斤顶，至千斤顶和承载桥各承重1/2底座重量时，继续举升牵引架部位的两个千斤顶，使牵引架离开牵引车鞍座约1~5mm，抽出四个倒车锁销和2个牵引架与牵引桥之间的牵引销，牵引车拉牵引桥离开牵引架。

⑤ 继续同步举升承载桥部位的两个千斤顶，待承载桥轮胎完全不受力后，移走两个承载桥轮胎。

⑥ 吊车配合叉车垫底座下面的钢木基础（如果是修井井场，安装底座前部组合横梁，穿剪切销与别针）。

⑦ 同步缩回四个液压千斤顶下放底座，下放过程中左右千斤顶的行程差始终不大于3cm，前后千斤顶的行程差不大于5cm；底座就位后，千斤顶全部缩回。

⑧ 拆除液压系统；将承载桥、液压系统、牵引架放置到井场指定地点做好防护。

5. 井架就位操作

① 井架牵引车将井架移至底座正前方，对正方向并尽量靠近底座。

② 井架牵引车在车队负责人的指挥下缓慢倒车，使井架的两个支腿缓慢进入与底座连接的销孔座内。

③ 安排两台70t吊车就位井架两侧，吊开承载桥上大绳倒绳机等设施，拆去井架与井架承载桥的捆绑链子。

④ 两台70t吊车使用井架专用吊装绳套，分别从最下节井架两侧的吊装位置吊起井架（如使用的是液压井架整搬装置，可以不用吊车，直接通过液压系统调整井架大腿销孔对准底座销孔），调整井架大腿销孔对准底座销孔，穿上井架与底座的连接销、剪切销与别针

(如销孔无法对准，可通过两台 50t 吊车从天车端起升井架，左右调整，对准销孔，销定井架与底座)。

⑤ 在最上节井架靠近天车的井架吊装点吊起井架，使井架离开牵引车鞍座 1~5mm，手动打开鞍座锁销，摘掉井架牵引安全绳，牵引车缓慢驶离井架，吊车继续起升井架到合适位置，在井架下放置高支架，缓慢下放井架至高支架上。

⑥ 打开折叠的油管台和二层台，或使用叉车就位放在拖盘上的油管台和二层台。

⑦ 去大绳兜绳器；吊起游车大钩梁，放下游车，穿井架起升大绳，装活绳头，排钻井大绳。

⑧ 完成起升井架和底座的其他准备工作。

(五) 工后闭环

① 清理、存放工具和设备。

② 清理、恢复工作场所。

a. 清理老井底座区域；

b. 填平、压实大小鼠洞；

c. 包裹整搬设备的油、气等管路接口；

d. 整搬设备转运到井场外围安全区域，做好防晒防雨防风沙措施。

③ 关闭 PTW，收集、归档工作资料。

a. PTW；

b. 安全会记录；

c. 作业中存在的问题记录。

三、平移搬迁

以宝鸡石油机械厂设计的专用平移装置为例，该装置采用棘爪步进式机械结构，利用液缸、棘爪推动钻机向前或向后整体平移，满足钻机进行纵向丛式井作业需要。钻机整体平移时，仅需拆除影响钻机整体移动的附属设备，不需要下放底座和井架。

平移搬迁的优点：

① 节省投资，降低开发成本：陆上丛式井可以节约大量的道路建设、井场建设投资，节省地面空间，便于采油集中建站、集中管理，有利于油田的自动化设施使用，从而降低整个油田的开发成本。

② 降低搬迁安全风险，提高搬迁工作效率：避免了井架底座的起放作业，大大降低了作业安全风险；提高了搬迁速度，缩短了单井平移搬迁时间。

(一) 安全要点

① 钻机平移应由专人指挥，无关人员应远离工作区，钻台面不允许有人。

② 钻机由后向前平缓推移，如有卡阻现象，必须停止平移进行检查，原因消除后方可继续移动。

③ 推移中需保持两液缸同步，不同步时应及时用同步阀进行调整。

④ 推移中需观察牵引车牵引的电缆桥架前移是否灵活，必要时用叉车辅助其伸展前移。

⑤ 推移中需注意压力表的变化，如有异常(如压力突然升高等)必须立刻停止推移。

⑥ 对已安装采油树的井口安装明显安全标识，建立相应的事故应急预案。

（二）环保要求

① 底座在移动过程中应采取措施降低噪声排放，以达到国家或地方噪声控制标准。

② 平移液压系统有可能出现液压油溢出，应采取回收措施，防止环境污染。

③ 设备平移前，应封堵油水、钻井液等管线，确保在平移搬迁过程中不发生流体泄漏。

④ 设备清洗保养过程中产生的废液和固体废物，要按相关规定处置，减少对环境的影响。

（三）工前准备

1. 平移井场的修建

① 井场修建通用标准要求见本书“第一章 钻井作业/钻前工程”。

② 平台井每平移一口井，井口前方距离增加 10m(实际数据由甲方设计决定)，以此类推，其他方面尺寸不变。

③ 平台排井导管中心在同一条直线上，左右偏差不大于 10mm。各导管和圆井在井场施工时逐个一次性施工完成，按甲方要求对圆井平台和圆井骨架施工。

④ 做好圆井和导管的保护工作及相应的安全标识工作。当施工第一口井时，用 20mm 厚的钢板盖好其他圆井及导管；圆井口上部和导管顶部高度应低于地平面 20mm；当施工第二口井时，采取措施保护第一口井，以此类推，完成全部排井建设任务。

⑤ 根据排井施工井口数量 $N(N=1\sim15)$，另外增加一个泥浆池。当排井数量是 2~4 口时，新增泥浆池尺寸：长×宽×深＝47.5m×40m×2.5m，中间隔开一个油基泥浆池，尺寸：长×宽×深＝47.5m×10m×2.5m；当排井数量是 5~7 口时，新增泥浆池尺寸：长×宽×深＝60m×47.5m×2.5m，在新增泥浆池边隔开第二个油基泥浆池，尺寸：长×宽×深＝47.5m×10m×2.5m，以此类推，按计划做好全部泥浆池和油基泥浆池。在增加的泥浆池靠近水池方向隔开一个 20m×35m 的池子，中间建 5m 宽的土坝，使该泥浆池成为另外一个泥浆池和一个油基泥浆池，全部泥浆池施工一次性完成，并按要求铺单层 0.3~0.6mm 厚的防渗薄膜，周边用土压实整平，防止泥浆渗漏。

⑥ 在距离井口中心 100m 处建一个放喷池，在井场与放喷池之间修建一条压实的道路，路面宽 6m，高度与井场平齐。

2. 平移装置的预装(首次安装)

① 平移装置安装前应对各构件进行检查，对受损构件，如焊缝开裂、材料有裂纹、锈蚀严重的构件应按制造厂的有关要求修复合格后方能安装。

② 组装前先清除各构件销孔中的油漆等杂物，涂润滑脂，以利于销轴的安装并防止销轴腐蚀。

③ 根据钻机总体基础图，在预先摆放好的基础上进行安装，其基础面的平面度允差为≤3mm。

④ 轨道主体组装完成后，其上面平面度公差为±4mm；两节轨道接口水平偏差±1.5mm，上下偏差±1mm。

⑤ 在轨道上安装钻机底座，钻机基座上铺设滑板及导向板。

3. 平移循环流程准备

① 第一口井的循环流程和正常单井施工流程一致。

② 第二口井的循环流程：泥浆沉砂罐不动，通过加长架空槽和改变架空槽的走向连接

沉砂罐来建立循环通道。

③ 第三口井的循环流程：首先增加一个预处理罐(预处理罐上安装三个振动筛对泥浆进行初筛后流向沉砂罐振动筛再处理)，预处理罐安装在钻机刹车强冷罐上，强冷罐放在单井锥形罐坐落的位置(下面设计有 2 根 8in 的气胎由壬连接)。另外增加一个中转罐放在锥形罐处和锥形罐上的泥浆管路进行连接，下面有 2 根 8in 的管线接口(气胎由壬连接)，在预处理罐略高于锥形罐泥浆管汇入口处开口直接连接到锥形罐。

④ 第四口及后续井泥浆流程，通过加长泥浆循环管排和预处理罐直通到沉砂罐的管线来完成，如管线过长流动阻力过大而影响泥浆流动，可启动中转罐或强冷罐下的混浆泵进行助力。

4. 其他准备工作

① 平移前最后一次起钻时，要把钻杆立柱平均分配在钻台两侧。

② 平移前 2 天，清理下口井圆井，并焊接一开井口法兰。

③ 清理井架、底座移动方向处的障碍物，清理钻台面杂物，固定活动件，防止其滑动或晃动。完成钻台面准备工作后，人员全部撤离至地面。梯子在地面的入口处加警示带，禁止人员上钻台。

④ 检查井架底座各关键构件的连接是否可靠，是否变形。

⑤ 拆除不参加移动的油水电接头、接口。

⑥ 拆除不参加移动的大门坡道、猫道、安全滑道、斜梯、旋转斜梯等。

⑦ 拆除不参与移动的高架泥浆槽、液气分离器、BOP 控制房及管线排、固井罐及管线排和预处理罐等设备及管汇并运移到新井相应的位置。

⑧ 安装专用液压站及液路管线，按液压系统技术要求调试各项技术参数。

⑨ 拆除原钻机 SCR 系统与钻台的连接电缆接头及水、气管线，插入一套电缆转接箱和一组折叠电缆桥架(如果是有收纳功能的储藏式电缆架可以忽略本步骤)。

⑩ 平整新井底座区域的地面，铺设钢木基础，接导轨至新井位置，导轨和钢木基础之间不能有空隙，钢木基础与地面之间保持压实状态。

(四) 工作流程

1. 底座井架整体平移

① 申请 PTW。

② 召开钻机平移会，开展作业前安全分析，进行安全交底和人员分工，再一次检查平移前的准备工作。

③ 机械师操作液压控制箱，底座两侧各安排两人观察底座的移动状态，另外安排两人观察电缆槽的移动状态，发现异常情况及时停止作业。功能测试正常后，平台经理下令开始平移。

④ 启动液压站，缓慢操作手柄，井架底座开始移动。可调节液压缸使其同步，两边的棘爪应该同时同角度地进入导轨上的棘槽里，井架和底座应该平稳缓慢地向前移动。

⑤ 平移过程中应时刻检查液压缸移动是否同步，在导轨上的移动是否为两条直线，如果不是，应立即查明原因，操作偏移控制手柄调整到同步。一个平移行程(500mm)结束时，可能存在两个平移液缸不同步的现象(主要是液压平衡系统的允许误差造成的)，必须通过操纵补油移动手柄来进行同步补偿，同时保持同步移动手柄在工作位置，否则会造成多次平移后误差偏移量的累计，影响平移甚至造成事故。

⑥ 钻机同步平移每次步进500mm为一行程，然后松掉棘爪，并用液缸前移棘爪500mm固定后，再进行第二个行程的钻机平移，如此反复，直至钻机平移到目的位置。

⑦ 每移动5m，将后面露出不用的轨道拆下并用吊车挪到前方，与前方轨道连接，始终保证钻机底座在轨道上平移，直至达到下一井口。

⑧ 平移到位后，将底座与导轨通过相应的装置进行固定。

2. 地面安装

① 液压站系统泄压，拆除平移液压站，液压缸留在导轨上待下次使用，各个液压管线拆除后将接头处防尘包裹。

② 拆除底座后的导轨，表面清理后防尘存放。

③ 将顶驱变频房向前方运移相应井口平移间距就位。

④ 连接地面高压泥浆管线，连接泥浆、水、油管排，安装出水管及延长管线。

⑤ 连接延长电缆排内的电缆、顶驱动力及控制电缆、仪表电缆、防硫化氢设施的电缆。

⑥ 安装上口井的采油树护罩。

3. 开钻前准备

① 安装、测试导流器和放喷管线。

② 安装大门坡道、猫道、钻具管排架。

③ 准备、组合一开钻具。

④ 对地面高压管线及管排上的油、水、泥浆管线试压。

(五) 工后闭环

① 清理、存放工具和设备。

a. 平移装置部件应放在排水好的干燥场地，摆放整齐，在构件下加垫枕木，使构件高出地面100mm以上，防止积水长期浸泡而加快腐蚀；

b. 轨道封存前要仔细清除尘土、脏物及吸水性物质，积水必须排净；

c. 露天存放时，所有未使用的移动装置部件需用防雨水篷布遮盖。

② 清理、恢复工作场所。

a. 清理底座区域，保持整洁；

b. 吊车移动到安全区域；

c. 清洁、防锈和保养平移导轨，铺设塑料膜。

③ 关闭PTW，收集、归档工作相关资料。

a. PTW和JSA；

b. 工作中发现的问题记录。

第三节　设 备 安 装

一、穿大绳

(一) 安全要点

① 工作区域无障碍物，避免绊倒、滑倒。

② 牵引绳与大绳连接可靠，过滑轮时要缓慢通过，注意防卡。

③ 穿绳过程中井架下方禁止站人。

④ 高空作业人员必须正确佩戴并挂好安全带。

⑤ 禁止在夜间进行穿大绳作业。

⑥ 在外界环境恶劣，影响高空施工安全时禁止穿大绳作业。

⑦ 要避免新大绳与井架或底座摩擦刮碰，不能让新大绳落地，以防沾上沙子或脏物。

⑧ 在穿大绳之前，要检查天车滑轮的磨损情况。

⑨ 带班队长必须监管整个作业过程。

(二) 环保要求

① 施工过程中应采取措施降低噪声排放，以达到国家或地方噪声控制标准。

② 按相关规定处置施工过程中产生的废液和固体废弃物，减少对环境的影响。

(三) 工前准备

1. 穿大绳前的准备

① 检查井架上下及周边，确保不存在安全隐患。

② 将倒绳架放于钻台大门前方合适位置，并接通电源进行试运转。

③ 检查大绳及引绳。

④ 工具准备：引绳、黄油、钢丝刷、榔头、撬杠、液压切绳器、扳手、管钳、对讲机等。

2. 穿大绳前的检查

① 检查井场供电系统。

② 检查井场动力及传动系统。

③ 检查绞车传动、离合及刹车系统。

④ 检查倒绳机(动力绞车)传动部分及离合系统、刹车系统。

⑤ 检查天车、游车各滑轮的转动情况及轴向摆动间隙。

⑥ 检查高处作业的安全带。

⑦ 检查引绳及穿绳器。

(四) 工作流程

1. 申请 PTW

2. 召开作业前安全会

对工作进行分工及对安全风险进行分析。

3. 穿大绳(顺穿法)

① 游车滑轮编号自下而上为 1#、2#、3#、4#、5#……天车滑轮编号自下而上分别为 A、B、C、D、E、F(快绳轮)。

② 引绳过地面导向滑轮从井架左侧二层操作台内至天车 A 轮从左向右穿入，然后穿入死绳扶绳器，从二层操作台支梁上方拉下与大绳头穿绳器连接。

③ 启动穿大绳倒绳机(动力绞车)，牵引大绳平稳穿入天车 A 轮，大绳活头至游车处停止，摘下引绳与穿绳器连接。

④ 地面工作人员拉引绳从二层操作台左内侧穿过，并沿第一股大绳外侧至天车 B 轮从左至右穿入滑轮内，从第一股大绳内侧拉下至游动滑车。

⑤ 引绳从游车 1#轮由右至左穿入，拉出后与第一股大绳活端穿绳器连接好。

⑥ 启动穿大绳动力绞车牵引大绳穿入游车 1#轮，天车 B 轮，大绳活端头至游车处停止，摘下引绳与大绳穿绳器连接，并将活端头大绳放在 1#轮大绳外侧。

⑦ 重复④~⑥的操作方法，穿好游车 2#、3#、4#……天车 C、D、E、F。

⑧ 引绳由井架左上方拉至钻台，经人字架导向轮(或起井架导向轮)，由下至上穿过后从井架上面拉至天车快绳轮穿下，然后从井架内过二层操作台拉至游车处。

⑨ 引绳由右至左从游车 5#轮内引出与大绳活端头穿绳器连接。

⑩ 启动穿大绳倒绳机，牵引大绳穿入游车 5#轮和天车快绳轮，经过人字架导向轮(或起井架导向轮)拉出所需长度。

⑪ 大绳穿过天车快绳轮后暂停，固定盘绳器，然后拉紧大绳，检查每股大绳顺序是否正确。

⑫ 也可以准备一根长的引绳，一次或分几次按顺序把引绳穿好，用气、电、液动绞车缓慢拉引绳带动钢丝绳。

⑬ 大绳绳头穿过绞车滚筒，按要求固定活绳头。

⑭ 转动绞车滚筒，将大绳在滚筒上缠至规定圈数。

⑮ 按要求将大绳固定在死绳固定器上。

4. 穿大绳(新大绳换旧大绳)

① 摘防碰天车。

② 用游车悬吊绳，把游车挂住绑好。

③ 留出够穿蛇皮接绳器的长度之后，用液压切绳器切掉旧储备筒上多余的大绳。

④ 从旧储备筒上倒下多余的大绳，把旧大绳储备筒从底座上卸下来，装上新储备筒。

⑤ 用蛇皮接绳器把新、旧两个绳头接起来，要保证把足够长的绳头穿入接绳器内。

⑥ 为了增加抗拉强度，可在新旧绳头上各钉 4 颗钉子；再用铁丝和胶带把整个蛇皮接绳器包住。

⑦ 卸掉死绳固定器卡子，取出旧大绳。

⑧ 在死绳固定器上，或在旁边装一个适当尺寸的开口滑轮，把从死绳固定器内取出的旧大绳装到开口滑轮内。

⑨ 司钻启动绞车，倒转滚筒拉出 5~6 圈钢丝绳，用液压切绳器切断大绳。

⑩ 把绞车滚筒的旧大绳从滚筒上退出，用液压切绳器从最后一圈处切断，退出的旧大绳转运到场地上。

⑪ 卸掉活绳头卡子，清洗并检查。

⑫ 旧大绳重新缠绕到滚筒 2~3 圈，司钻启动绞车正转，开始更换新大绳。

⑬ 钻工配合滚筒的转动将带出的旧大绳顺着大门坡道滑下；场地工在场地上对旧大绳进行盘绕；井架工在天车处观察，当蛇皮接绳器接近通过天车轮时，及时通知司钻降低滚筒转速；副司钻在游车处观察，当蛇皮接绳器接近通过游车轮时，及时通知司钻降低滚筒转速；两名钻工看守在新大绳储备筒旁边，及时放出大绳，当大绳被拉紧时，用对讲机及时通知司钻；司钻要谨慎操作，不能把大绳拉得太紧，避免拉断蛇皮接绳器。

⑭ 待新大绳到达滚筒，留够方便穿入滚筒活绳头入口的长度，司钻停止绞车。

⑮ 把蛇皮接绳器从大绳上卸下来。

⑯ 检查新大绳的活绳头，把新大绳穿到绞车滚筒活绳头入口后，拉出适合安装卡子的长度，在根部安装活绳头卡子。活绳头要按照规定进行固定，防止绳头松散脱落。

⑰ 拉紧大绳，把活绳头卡入绞车滚筒边上活绳头卡槽内。

⑱ 启动绞车，滚筒上缠绕新大绳，留够足够的圈数(游车处于最低位时，带槽滚筒最少9圈，非带槽滚筒最少1层)。司钻必须在大绳处于拉伸状态下缠绳，使大绳与滚筒排绳槽吻合，缠到滚筒上的大绳不能有任何间隙和松动。

⑲ 把新大绳盘到死绳固定器上，装上压板和死绳卡子并上紧，安装好挡绳杆。所有绳卡的鞍座应坐在钢丝绳的主绳段上，U形螺栓扣在短绳段上。

⑳ 安装防碰天车并进行功能测试。

(五) 工后闭环

① 清理、存放工具和设备。

② 清理、恢复工作场所。

a. 倒绳机移动到合适的位置并采取遮阳防雨措施；

b. 旧大绳转运到井场相关区域。

③ 关闭PTW，收集、归档工作相关资料。

a. PTW和JSA；

b. 大绳使用记录；

c. 工作中发现的问题记录。

二、井架起升

本部分参照JJ585/48-K3《井架操作手册》，与其他井架参数不尽相同。

(一) 安全要点

① 井架起升时风速不得大于5级，环境温度不低于-40℃，雨天、雾天、大雪天、沙尘暴、能见度小于100m和夜间禁止起放井架。

② 井架检测探伤报告有效日期必须符合安全规定和甲方要求(推荐1年关键部位Ⅲ类探伤，5年Ⅳ类探伤)。

③ 起放井架钢丝绳必须符合安全规定和甲方要求。

④ 井架起放必须专人指挥、专人操作、专人观察，主要职责分工见表1-9。

表1-9 井架起升人员分工

岗位	人数	职责
平台经理	1	居中指挥司钻和机械师操作，并保持和钻台下面的沟通
司钻	1	负责司钻房内的操作
带班队长	1	负责监督配合司钻的操作
机械师	1	负责缓冲装置的操作
井架工	1	负责观察起升大绳绳轮运转、缓冲油缸的伸缩、接触及井架、底座的到位情况

⑤ 钻台井场前方70m及两侧20m内不准站人，起升期间禁止车辆在附近通行。

⑥ 钢丝绳处于拉紧状态时，无槽钻机滚筒上缠绳量不少于一层，有槽滚筒缠绳不少于9圈。

⑦ 井架起升全过程要求起升速度缓慢平稳，而且随时注意指重表的变化，如果在起升过程中指重表读数突然增加或井架构件出现干涉等异常现象，应停止起升，并将井架放下，仔细检查排除故障后再起升。

⑧ 井架起升附带顶驱导轨时，导轨自重不得大于 9t，同时不能附带大钩、顶驱本体及顶驱电缆等附件。

（二）环保要求

① 作业过程中应采取措施降低噪声排放，以达到国家或地方噪声控制标准。

② 按规定处置设备清洗保养过程中产生的废液和固体废弃物，减少对环境的影响。

（三）工前准备

① 申请 PTW，组织人员按照起井架安全检查表项点进行检查签字。

② 准备和检查工具及设备，见表 1-10。

③ 井架工对各起放导绳轮加注黄油至挤出新黄油为止，导绳轮必须灵活好用。

④ 平台经理组织召开安全会，进行安全交底和工作分工，安全监督、基地装备管理人员、平台经理、机械师、电气师、司机长、班组人员等按要求就位。

表 1-10　井架起升相关工具及设备

序号	工具设备名称	型号规格	单位	数量
1	信号服		套	2
2	牵引绳	15m	条	2
3	对讲机		台	3
4	缓冲油缸操作箱及管线		套	1
5	2#锂基润滑脂		袋	1
6	钢丝刷		把	1
7	经纬仪		套	1
8	高处作业安全带		套	2
9	载人吊篮		件	1
10	吊车	50t	台	1
11	榔头	24lbs	把	2
12	撬杠	1m	把	1
13	管钳	24in	把	2
14	敲击扳手	65	把	2
15	敲击扳手	55	把	2
16	校井架液压千斤顶	50t	个	2

⑤ 试起升井架，缓慢拉紧钻井大绳，当井架离开高支架约 200～300mm 时，驻车 5min 后缓放回位，检查以下内容：

a. 记录并对比指重表显示的悬重读数是否与设计一致；

b. 起升大绳灌锌的绳头有无滑移现象，是否牢靠；

c. 死绳固定器固定钢丝绳的压板是否压紧，死绳有无滑动；

d. 起升人字架前后腿支脚、支座、井架大支脚、起升导向轮支座等有无变形，焊缝有无开裂等现象。

（四）工作流程

① 准备就绪，平台经理发出开始指令，司钻操作绞车低速挡平稳起升井架，游车提升速度不大于0.2m/s，当井架逐渐升起超过45°后，游车提升速度不大于0.1m/s。

② 井架离开高支架升至与地面约75°时，机械师操作缓冲装置伸出油缸至全部行程的2/3左右。

③ 当井架与缓冲油缸接近时，通知司钻和机械师井架与缓冲缸之间的距离，用刹车降低绞车速度（小于0.02m/s），使井架缓慢靠上缓冲油缸。

④ 当指重表读数小于游吊系统自重（约17t）时，脱开绞车动力、刹车，井架靠自身惯性将油缸压回。当指重表读数突然增加，机械师手动收缸的同时，司钻配合平稳起升游车直到井架就位，让井架平稳地靠在支架上。

⑤ 吊车就位，井架工乘坐载人吊篮到井架体与人字架之间连接处，固定U形螺栓压板总成，紧固螺栓并涂抹2#锂基润滑脂，使井架和人字架的连接可靠牢固。

⑥ 井架的校正应在底座起升后和顶驱安装前进行。

a. 井架顶部的天车中心应与钻台井口中心对正，尺寸偏差应小于±20mm，否则应进行校正；

b. 推荐用经纬仪来检查天车梁上正、侧面的井口中心标志与转盘中心的对中情况。也可以用游动系统上吊重物（如一柱钻铤等）的办法，检查井架中心与井口中心的对中情况；

c. 井架左右前后方向的调整均通过增减井架下段和中下段之间的垫板数量来进行（松开连接处的螺栓，但螺母不得退掉，用千斤顶顶起井架调节座即可增减调节垫片进行调整）；

d. 左右方向每增减2mm垫片，井架顶部偏移约9.1mm；

e. 前后方向每增减2mm垫片，井架顶部偏移约34.3mm。

（五）工后闭环

① 清理、存放工具和设备。

② 清理、恢复工作场所。

a. 井架整搬托板、二层台托盘、井架高支架（定位并记录）转运到井场外围指定位置；

b. 吊车移动到安全区域。

③ 关闭PTW，收集、归档工作相关资料。

a. PTW和JSA；

b. 起放井架前检查表；

c. 起放井架大绳使用次数记录；

d. 起放井架前会议记录；

e. 工作中发现的问题记录。

三、底座起升

本部分参照DZ585/12-X4《底座操作手册》，与其他底座参数不尽相同。

（一）安全要点

① 底座起升时风速不得大于5级，环境温度不低于-40℃，大雨、大雾、大雪、沙尘

等恶劣天气、能见度小于40m和夜间禁止起放底座。

② 底座检测探伤报告有效日期必须符合安全和甲方要求(推荐1年关键部位Ⅲ类探伤,5年Ⅳ类探伤)。

③ 起放底座钢丝绳必须符合安全规定和甲方要求。

④ 底座起放必须专人指挥、专人操作、专人观察,职责分工见表1-11。

表1-11　底座起升人员分工

岗位	人数	职责
平台经理	1	居中指挥司钻和机械师操作,并保持和钻台下面的沟通
司钻	1	负责司钻房内的操作
带班队长	1	负责监督配合司钻的操作
机械师	1	负责缓冲装置的操作
井架工	1	负责观察起升大绳绳轮运转、缓冲油缸的伸缩、接触及井架、底座的到位情况

⑤ 底座前方及两侧20m内不准站人,起升期间禁止车辆在附近通行。

⑥ 底座起升整个过程要求起升速度缓慢平稳,而且随时注意指重表的变化,如果指重表读数突然增加或井架构件出现干涉等异常现象,应停止起升并将底座放下,仔细检查排除故障后再起升。

(二) 环保要求

① 作业过程中应积极采取措施降低噪声排放,以达到国家或地方噪声控制标准。

② 按规定处置设备清洗保养过程中产生的废液和固体废弃物,减少对环境的影响。

(三) 工前准备

① 申请PTW。

② 准备和检查工作相关工具及设备,见表1-12。

表1-12　底座起升相关工具及设备

序号	工具设备名称	型号规格	单位	数量
1	对讲机		台	3
2	缓冲油缸操作箱及管线		套	1
3	$2^{\#}$锂基润滑脂		袋	1
4	钢丝刷		把	1
5	撬杠	1m	根	1
6	榔头	24lbs	把	2

③ 底座关键部位检查。

a. 所有滑轮正确安装挡绳杆;

b. 所有滑轮及其他转动部位注满润滑脂;

c. 起放导绳轮加注黄油至挤出新黄油为止，导绳轮必须灵活好用；

d. 井架人字架顶丝退到最后位置；

e. 绞车盘刹和辅助刹车及紧急停车工作测试正常。

④ 平台经理组织召开安全会，进行安全交底和工作分工，安全督查人员、基地装备管理人员、平台经理、机械师、电气师、司机长、班组人员等按要求就位。

⑤ 待井架完成固定后，拆掉上座与基座之间的连接销轴，司钻操作绞车继续拉动游车大钩，使起升大绳绷紧。

⑥ 预起升，游车提升速度不大于0.2m/s，缓慢增加钢丝绳拉力，当底座钻台部分距离下底座100~500mm时，驻车5min缓放回位，检查以下内容：

a. 记录并对比指重表显示的悬重读数是否与设计一致；

b. 起升大绳灌锌的绳头有无滑移现象，是否牢靠；

c. 死绳固定器固定钢丝绳的压板是否压紧，死绳有无滑动；

d. 起升导向轮支座，起升大耳、起升滑轮、底座各立柱和斜柱等有无目测变形，焊缝有无开裂等现象。

（四）工作流程

① 准备就绪，平台经理发出开始指令，司钻操作绞车低速挡平稳起升底座，游车提升速度不大于0.2m/s，当底座逐渐升起超过45°后，游车提升速度不大于0.1m/s。

② 当底座立柱与地面夹角约75°时，机械师操作缓冲装置伸出油缸至全部行程的3/4左右。

③ 当底座快接触缓冲器时，司钻控制起升速度小于0.02m/s，通知司钻和机械师底座与缓冲油缸活塞杆之间的距离，司钻及时降低绞车速度，使底座缓慢靠上缓冲油缸，以确保底座平稳接触活塞杆。

④ 当指重表读数突然增加，司钻及时通知机械师手动缓慢收缸。

⑤ 当底座起升到工作位置时，在人字架后腿上端与上座之间，穿入涂抹润滑脂的销轴并装抗剪销固定。

⑥ 将起升大绳从起升三脚架上拆下，挂到井架内侧横梁的悬绳器上。

（五）工后闭环

① 清理、存放工具和设备。

② 清理、恢复工作场所。

a. 上座与基座之间的连接销轴检查清理润滑复位；

b. 起升大绳与井架或底座经常接触部位进行包裹保护。

③ 关闭PTW，收集、归档工作相关资料。

a. PTW和JSA；

b. 起放底座大绳使用次数记录；

c. 工作中发现的问题记录。

四、顶驱安装

（一）安全要点

① 遇有大风、大雾、雷电、雨雪等恶劣天气，应当停止安装作业。

② 顶驱检测探伤报告有效日期必须符合厂家和甲方要求。

③ 顶驱装置的安装调试，应当由具有相应资格和经验的人员进行。

④ 高空作业人员必须穿戴合适的安全带，手工具采取防坠落措施；高空作业期间，其他人员应处于安全区域。

⑤ 顶驱起放必须专人指挥、专人操作、专人观察，其他人员远离作业区域。

⑥ 工作开始前，应当切断电源开关，悬挂“严禁合闸”的标志牌。

⑦ 液压系统的安装和操作前，应当切断电力、压缩空气等动力源，关闭进出口的阀门并释放蓄能器的压力。

⑧ 顶驱上提下放过程应缓慢平稳，注意指重表的变化，指挥人员、操作人员保持沟通，防止挂碰现象。

⑨ 带班队长必须监管整个作业过程。

（二）环保要求

① 作业过程中应采取措施降低噪声排放，以达到国家或地方噪声控制标准。

② 按规定处置顶驱清洗保养过程中产生的废液和固体废弃物，减少对环境的影响。

（三）工前准备

1. 安装方案交底

① 顶驱装置安装前，召开工作安全分析会，确保所有参与安装的人员了解安装方案和相应的安全措施。

② 安装现场发生的任何变更，必须得到负责人的确认。

2. 相关设备准备

① 检查全部设备，确认设备及其附件已经到位并保持完好。

② 检查气动绞车、液压猫头，钻机、吊车、叉车工作状态及制动性能。

3. 相关工具准备

准备顶驱安装的专用钢丝绳套、卸扣、吊带、榔头、撬杠、对讲机、齿轮油等。

4. 地面和司钻房内准备

① 按顶驱装置的总体布置，电控房安放位置的地面垫平，将电控房放在规划位置上；电控房应与热源保持一定的距离，同时四周留有足够的出入空间和散热空间；接地极保证与地表下的水分接触。

② 司钻操作台摆放在司钻房内易于操作的位置。

③ 液压源摆放在井架左后侧易于接近的地方，液压源的摆放应当靠近井架，避免液压管线从车辆通道上穿过；液压源的摆放位置应通风良好，避免接近其他设备的散热装置，有利于液压系统的散热；将接地极按要求钉入地面（接地极必须与地表下的水分接触）。

（四）工作流程（北石顶驱）

1. 申请 PTW

2. 组织召开安全会

带班队长进行安全交底和工作分工，指挥人员、司钻、吊车司机、装载机司机、班组人员按指定要求就位。

3. 顶驱导轨安装

① 顶驱装置第一次在井架上安装时，需要在井架顶部安装导轨吊耳。将导轨顶部连接

总成(导轨吊耳顶板)牢固安装在井架顶部的天车底梁上，用焊接方式或直接用螺栓将吊耳固定在顶板上。

② 将上部连接总成中的调节板和U形环安装在导轨顶部连接总成上，并穿上安全销。

注：①和②两项适应顶驱首次安装，立井架之前安装。

③ 将第一节导轨吊上钻台并与导轨安装架连接，钢丝绳挂在大钩侧耳上。

④ 依次连接中间导轨。

⑤ 上提游车，将第一节导轨和调节板相接，按照井架高度(最下一节导轨的底面距离钻台平面的高度为2.0~2.8m)将导轨挂在调节板孔上，装上螺栓、螺母和安全销。

⑥ 下放游车与导轨安装架到钻台面，将导轨安装架吊离钻台。

4. 吊装顶驱装置至钻台

① 方案一：将钢丝绳挂于本体运移架两侧的吊装点上，用吊车直接将顶驱装置本体吊至钻台面。

② 方案二：顶驱装置放于猫道上，大钩方向朝向井口。下放游车，将钢丝绳一端挂于运移架上部的吊装位置，另一端固定在提环大钩销或两侧耳上，用吊车吊住运移架下部，起辅助作用。将运移架沿大门坡道送至钻台面并立起运移架，正对游车下方。

5. 顶驱本体安装

① 将大钩挂在顶驱装置本体的提环上，拆掉运移架上对顶驱装置的支撑。

② 去掉顶驱装置导轨与运移架下部的连接销，将本体从运移架中吊起，与运移架分离。将运移架移下钻台。

③ 上提游车将本体上最后一节导轨与上一节导轨相接，用气动绞车挂住最后一节导轨背面的运输孔，使两节导轨处于一条直线上，上提安装导轨销。

④ 拆掉滑车与导轨连接的销轴。

6. 导轨反扭矩梁安装

对正主轴与井口中心，安装导轨反扭矩梁。反扭矩梁总成的限位块为随机备件，待现场安装位置确定后与反扭矩支座可靠固定。

7. 平衡系统安装

① 在液压系统未通压的情况下安装平衡系统。

② 北石顶驱的平衡系统分为两种：

a. 无平衡油缸悬挂梁，此时平衡油缸带有卸扣，安装时只需将卸扣连接在大钩两侧的吊耳即可实现平衡系统功能；

b. 有平衡油缸悬挂梁，此时平衡油缸不带卸扣，而是通过销子直接安装在平衡油缸悬挂梁上，安装时只要将提环和平衡油缸悬挂梁直接装入游车即可实现平衡系统功能。

8. 吊环倾斜机构安装

待液压系统调试完成后，安装吊环倾斜机构。建议吊环倾斜机构的安装应满足前倾最大时，吊卡至鼠洞处距离可方便抓取钻杆；在此前提下，后倾越大越好，以便在钻进时，使顶驱装置更靠近钻台面。

9. 电缆和管线安装

安装顶驱装置需要连接的电缆和管线，包括电源电缆、控制电缆、司钻操作台电缆、液压源电缆、液压管线、水龙带、接地电缆。

注：与电控房相连的连接器必须在设备全部安装完成后才能连接，避免安装期间发生意外触电事故。

10. 全面检查

顶驱装置安装完成后，需要进行一次彻底的检查，确认各项工作已经正确完成，为开机调试做好准备，检查项目包括：

① 所有运输用的固定支撑已经全部取下。

② 所有紧固件不得有松动破损。

③ 所有管线连接正确，电缆接头采取了密封或防雨水措施。

④ 顶驱装置是否会与井架有干涉。

⑤ 按要求加注液压油、润滑油。选择与工作环境相适应的润滑油、液压油，否则将对设备造成损坏。

11. 功能调试

检查完成后，给顶驱系统送电，进行功能调试。

(五) 工作流程(景宏顶驱)

① 申请 PTW，组织召开安全会进行安全交底和工作分工，指挥人员、司钻、吊车司机、装载机司机、班组人员按指定要求就位。

② 使用吊车把导轨吊运到钻台上，摆放在游车大钩的下方适宜导轨安装的位置。

③ 将安装小车的吊装锁具和安全钢丝绳与游车大钩连接。用安全钢丝绳和 U 形环将安装小车与游车大钩连接固定。

④ 缓慢上提游车，使七节导轨全部吊起并到达天车下连接板的下方。在导轨最后一节起升过程中，用吊车小钩吊起尾端，辅助最后一节导轨起升并脱离运输架，防止来回摆动造成碰撞。

⑤ 当七节导轨全部吊起至天车下连接板时，使用随机配备的 U 形环将导轨与导轨调节板连接，并穿上别针。

⑥ 确认连接完毕后缓慢下放游车，导轨安装小车下移，使导轨调节组件承受导轨的自重，此时导轨利用自身的重力向下滑动，导轨接头伸缩在导轨的内部，使全部导轨对接呈直线状态，每节导轨之间无缝隙。

⑦ 指挥吊车把导轨运输架移出钻台至地面。

⑧ 待导轨垂直后，测量导轨安全距离(导轨底部至钻台平面距离为 2~2.2m)，不合适再次上提小车，重新调整调节板高度；合格后下放游车大钩，使安装小车下移至底部导轨。

⑨ 使用气动绞车和钢丝绳等辅助工具将安装小车拆卸并移出钻台。

⑩ 安装导轨反扭矩梁。首先将反扭支座与井架横梁连接，然后使用固定销将反扭矩钳与底部导轨进行连接，穿上别针(此时所有连接螺栓暂时不需要锁紧，以便下一步调整井口中心使用)。

⑪ 通过调整丝杠来调节反扭矩架前后伸缩距离。根据井架的位置，初步调整导轨的中心，使其达到安装导轨中心距。

⑫ 用吊车将顶驱吊放到钻台上(导轨的正前方)，下放游车大钩到适宜的高度。

⑬ 用钢丝绳与游车大钩连接顶驱运输架，用吊车吊顶驱运输架底部。

⑭ 游车大钩与吊车两者配合，缓慢立起安装架，并且将安装架后侧与已安装的导轨对正，保证运输架凹槽处平面与导轨面靠平。立起安装架时，吊车与大钩必须相互协调动作，防止设备磕碰。

⑮ 拆下底部导轨定位销，调整底部导轨丝杆，使底部导轨与运输架导轨在同一垂直面上。

⑯ 将游车大钩与提环连接，拆下导轨滑车锁销，使运输架与顶驱本体连接解除。

⑰ 缓慢上提游车带动顶驱本体滑入导轨。

⑱ 顶驱本体完全脱离运输架后，调整底部导轨丝杠，使底部导轨回位。安装导轨定位销，穿上别针。

⑲ 再次调整反扭矩架，使顶驱主轴中心与井口中心一致。紧固所有螺栓，穿上别针。

⑳ 在导轨全长范围内，缓慢上提和下放顶驱装置，观察顶驱滑动是否正常。顶驱上下滑动时，保证滑动时无卡阻现象。

㉑ 连接顶驱房各根电缆、地线，保证连接无松动。

㉒ 按要求加注液压油、润滑油。选择与工作环境相适应的润滑油、液压油，否则将对设备造成损坏。

㉓ 全面检查确认后，给顶驱系统送电，功能调试。

（六）工后闭环

① 清理、存放工具和设备。

② 清理、恢复工作场所。

③ 顶驱电缆箱、导轨安装架、导轨运移架、本体运移架、叉车、吊车等设备挪离安装现场。

④ 关闭 PTW，收集、归档工作资料。

a. PTW 和 JSA；

b. 安装顶驱前的会议记录；

c. 工作中发现的问题记录。

五、导流器安装

目前在用大多数导流器的最大工作压力为 500psi。防喷器液压控制系统设有联动装置（导流器关闭的同时液动放喷阀被打开）。

（一）安全要点

① 遇有大风、大雾、雷电、雨雪等恶劣天气，应当停止安装作业。

② 防喷器、节流管汇及所有关联设备执行甲方和 API 相关认证规定。

③ 工作区域应清洁、无杂物，并用警戒带进行隔离，无关人员禁止入内。

④ 钻台上下不可进行交叉作业，防止落物伤人。

⑤ 圆井铺设盖板，防止人员坠落。

⑥ 防喷器组安装期间井口采取措施防止手工具、螺栓、螺母等物品落入井内。

⑦ 四通、导流器、喇叭口下放对正期间，禁止接触法兰连接部位，防止手部伤害。

⑧ 防喷器组各部件之间的密封钢圈不可重复使用。

⑨ 高处作业人员必须正确佩戴安全带并使用防坠落设施。

⑩ 提吊和悬挂设备必须标明有效的安全色，探伤合格报告应在有效期内。

⑪ 起吊和移动导流器必须专人指挥、专人操作、专人观察，其他人员远离作业区域。

⑫ 检查敲击扳手的尺寸符合作业要求并系有安全绳。

⑬ 带班队长必须监管整个作业过程。

（二）环保要求

① 安装及拆卸液压管线时，管线内的液压油有可能溢出，要采取措施防止污染土壤。

② 施工过程中应采取措施降低噪声排放，以达到国家或地方噪声控制标准。

③ 按规定处置设备清洗保养过程中产生的废液和固体废弃物，减少对环境的影响。

（三）工前准备

1. 地面准备

① 吊车、叉车处于良好工况。

② 防喷器吊移装置压力正常，测试上提、移动和刹车工作正常，起升绳套目视检查合格。

③ 运移轨道、钢丝绳套、吊带、敲击扳手（扭矩扳手）、牵引绳、卸扣、安全带、梯子、井口盖板、紧链器、钢丝刷、黄油、棉纱、螺纹密封带等工具和用品准备就位。

④ 焊接法兰、升高短节、钻井四通、导流器规格型号符合井控设计要求。

⑤ 导流器附件钢圈、螺栓、高压弯头、高压控制管线、压井管线等准备到位。

2. 井口准备

① 一开井口焊接质量合格。

② 装井口盖板防止落物入井。

3. 导流器检查

① 检查导流器和四通是否有残留水泥或者砂石块，确定内腔无杂物并保养到位。

② 检查导流器及四通上下钢圈槽有无刮痕，环槽是否完好；检查法兰平面，不允许有凸出点，连接时使用 R95 型号钢圈。

③ 检查导流器胶芯磨损情况。

（四）工作流程

1. 申请 PTW

2. 召开作业前安全会

明确作业人员职责，告知作业步骤、作业风险及风险防控措施。

3. 安装四通

① 使用 BOP 提吊装置或游车吊起四通并移动到焊接法兰上方。

② 清洁井口焊接法兰钢圈槽，放入新的 R95 钢圈。

③ 对齐螺孔和球阀方向后，下放四通（注意导流器四通上 10in 球形阀方向和高度，是否与放喷管线连接位置合适）。

④ 将 28 条 M42×3×330 螺栓带齐，余扣均在 2~3 扣，用敲击扳手按顺序上紧扭矩，先对角线上，然后 90°角上，最后 45°角上（法兰螺栓的上紧扭矩推荐值是 2695ft · lb）。

⑤ 使用合适的敲击扳手或扭矩扳手，确保法兰间的间隙一致，上下螺母暴露的丝扣数相等。当使用扭矩扳手时，确保使用适当的扭矩值和润滑油。

4. 安装导流器

① 使用BOP悬吊系统或游车吊起导流器并平稳移动到四通上方。

② 清洁四通上法兰钢圈槽，放入新的R95钢圈。

③ 缓慢下放导流器确保进油口在朝后方中间位置，对齐螺栓孔后，下放导流器。

④ 将28条M42×3×330螺栓带齐，余扣均在2~3扣，用敲击扳手按顺序上紧扭矩，先对角线上，然后90°角上，最后45°角上(法兰螺栓的上紧扭矩推荐值是2695ft·lb)。

⑤ 使用合适的敲击扳手或扭矩扳手，确保法兰间的间隙一致，上下螺母暴露的丝扣数相等。当使用扭矩扳手时，确保使用适当的扭矩值和润滑油。

5. 安装压井管线、放喷管线、排气管线

6. 安装喇叭口，连接架空槽和灌浆管线

7. 调整和校准导流器

使导流器和转盘中心线误差不大于5cm，用16mm的钢丝绳在井架底座的对角线上加反正螺栓将导流器绷紧固定牢靠，以减少在钻井中振动的影响。

8. 连接远控房液压管线

① 使用三通联动式连接(在关闭导流器的同时打开液动放喷球阀)。

② 关闭时，从控制系统输来的高压油从壳体油口进入活塞下部，关闭腔推动活塞向上运动，迫使胶芯向心运动，支承筋相互靠拢，将其间的橡胶挤向井口中心，实现密封钻具，同时通过三通高压油进入10in球形阀开位，井内流体从四通侧出口连接的球阀经放喷管线输送到井场外下风口安全的地方。

③ 打开时卸掉关闭腔液压，液控油通过三通快速分流腔内液压油，活塞靠自重回落，胶芯在本身弹力作用下复位将井口打开，同时10in球形阀关闭。

9. 功能测试导流器组

① 在司钻台和远程控制台上，对导流器试开关各两次，以检查开关是否与实际一致，管线连接是否正确，并将油路中的空气排干净(非特殊情况，导流器不得用作封闭空井)。

② 进行整套井口装置静水压试验，检验各连接部位的密封性能。

10. 导流器故障判断及排除方法

① 导流器密封不严导致井压渗漏。

a. 第一种情况，新胶芯关闭不严，可通过反复开关数次导流器来解决。

b. 第二种情况，对于旧胶芯有严重磨损、脱块，已影响胶芯使用，则应更换胶芯；若支承筋已全部靠拢仍不能密封，也应及时更换。

c. 第三种情况，若胶芯长时间未活动，杂物沉积于胶芯槽及其他部位，应清洗胶芯，并按规程活动胶芯。

② 导流器关闭后打不开。

长时间关闭后胶芯产生永久变形、老化或胶芯下有凝固水泥而造成的(固井后清理不够)，这种情况可清洗或更换胶芯。

③ 导流器开关不灵活。

油路有漏失，导流器长时间不活动有脏物堵塞油路等均会影响开关的灵活性。预防措施：液控管线在连接前，应用压缩空气吹扫，接头要清洗干净等。

(五) 工后闭环

① 清理、回收工具和设备。

② 清理、恢复工作场所。

a. 圆井和底座区域杂物清理；

b. 吊车、叉车挪离安装现场。

③ 关闭 PTW，收集、归档 工作相关资料。

a. PTW；

b. 安装导流器前的会议记录；

c. 井口 BOP 布置及尺寸标识图；

d. 工作中发现的问题记录。

六、冲鼠洞

（一）安全要点

① 钻台面封闭良好，临边有防护，孔洞有盖板，整洁无杂物，防止工具掉落；底座区域用警戒带进行隔离，禁止人员入内。

② 冬季施工时应采取防冻保温措施，钻台面减少用水，防止人员滑跌。

③ 冲钻鼠洞前应对地面高压管线进行试压。

④ 使用螺杆冲鼠洞时，应使用 7/8in 钢丝绳连接滚子方补心作为背钳以克服螺杆的反扭矩，防止倒转。

⑤ 为保证鼠洞便于使用，冲钻小鼠洞时应接一根钻铤进行冲钻。

⑥ 松软地层不可用清水冲钻鼠洞，防止井口垮塌、底座基础下沉。

⑦ 钻具各处连接必须紧扣，防止刺漏、倒开脱落。

⑧ 鼠洞管与钻台面和地面间隙应使用盖板进行封闭，防止人员踏入扭伤或工具掉落。

（二）环保要求

① 按规定处置施工过程中产生的废液和固体废弃物，减少对环境的影响。

② 施工过程中应采取措施降低噪声排放，以达到国家或地方噪声控制标准。

③ 鼠洞周围应围堰或挖排水沟，及时回收所用钻井液，防止环境污染。

（三）工前准备

1. 工具准备

（1）井口工具

① 钻铤卡瓦 2 只，其中 1 只作为备用。

② 钻铤安全卡瓦 2 只。

③ 钻具配合接头。

④ 钻具回压阀 2 只，方钻杆上下旋塞各 1 只。

⑤ 钻铤提升短节 1 只。

⑥ 方补心 1 套。

⑦ 小补心 1 只。

⑧ 刮泥器 2 个。

⑨ 钻杆钩子长、短各 2 个。

⑩ 钻头盒 1 套。

（2）手工具

① 大、小榔头各 2 把。

② 最大开口45mm的活动扳手1把。

③ 相应规格的链钳、管钳各2把。

④ 撬杠1根。

(3) 专用工具

① 钻头喷嘴钳1套，钻头规1个(如需接钻头冲钻)。

② 直螺杆1根(硬地层时可能使用)。

2. 地面准备

① 挖圆(或方)井，安装自吸泵管线。

② 泥浆罐内配制足量且符合设计要求的钻井液。

③ 封堵鼠洞周围，以便冲鼠洞的泥浆能回流到圆井，防止泥浆流至底座外面。

④ 准备清水，圆井内架泵，接回水管线。

⑤ 检查及丈量钻具并记录。大鼠洞管的长度应比方钻杆长出2~3m，上口一般高出钻台面30~50cm。

⑥ 准备合适的吊索吊具。

3. 井口准备

① 装吊环，并拴保险绳。

② 挂水龙头，连接水龙带并装保险绳。

③ 根据施工区域地表情况，选配冲鼠洞的钻头。

④ 接冲鼠洞钻具，下放钻头至圆井或方井底面。

⑤ 上提方钻杆，用B型大钳把方钻杆上部螺纹上紧，上提钻具至钻头高出转盘面，盖好井口。

⑥ 对钻台设备、泥浆泵、泥浆净化设备进行试运转，仔细检查并对存在的问题进行整改。

(四) 工作流程

1. 召开作业前安全会

明确作业人员职责，告知作业步骤、作业风险及风险防控措施。

2. 松软地层冲鼠洞

① 接8½in钻头(冲小鼠洞时应接一根6¼in或7in钻铤)，钻头不装喷嘴。

② 下放方钻杆，当钻头接近地面时，由专人扶正对准合适位置后，钻头压至地面。

③ 缓慢开泵下放钻具，冲到位置后(实际冲入深度比理论计算数据小0.3~0.5m)，上提方钻杆变换角度，再下放冲一次。

④ 冲小鼠洞到底后应尽快提起，不可长时间循环，以免小鼠洞与圆井联通。

⑤ 提出方钻杆，用气动绞车吊起鼠洞管，快速放入刚冲好的鼠洞内。

⑥ 如果鼠洞管放不到位或鼠洞太高，应拔出鼠洞管，用方钻杆变换方向再加冲一次后，再次放入鼠洞管。

3. 胶结性较好的地层冲鼠洞

① 接10¾in钻头(冲小鼠洞时应接一根6¼in或7in钻铤)，钻头装3只等径喷嘴。

② 下放方钻杆，当钻头接近地面时，由专人扶正对准鼠洞位置后钻头压至地面。

③ 缓慢开泵下放钻具，每冲2m上下活动一次，冲到位置后(实际冲入深度比理论计算数据小0.2~0.3m)，上提方钻杆变换角度后，再下放冲二次。

④ 提出方钻杆，用气动绞车吊起鼠洞管，快速放入刚冲好的鼠洞内。

⑤ 如果鼠洞管放不到位或鼠洞太高，应拔出鼠洞管，用方钻杆变换方向再加冲一次后，再次放入鼠洞管。

4. 表层岩石钻鼠洞

① 把一根 6¼in 直螺杆接到方钻杆上，提起螺杆，把丝扣部分上紧。

② 螺杆下接 10¾in 钻头，钻头装 3 只等径喷嘴。

③ 下放方钻杆，当钻头接近地面时，扶正对准鼠洞位置后钻头压至地面。

④ 用钢丝绳连接滚子方补心作为背钳控制螺杆，两端分别固定在井架底座上，防止螺杆钻具倒转。

⑤ 冲钻至计算好的冲入深度，上下活动几次，提出方钻杆。

⑥ 用气动绞车吊起鼠洞管，慢速放入刚冲好的鼠洞内。

⑦ 如果鼠洞管放不到位或鼠洞太高，应拔出鼠洞管，用螺杆再加冲一次后，再次放入鼠洞管。

（五）工后闭环

① 清理、存放工具和设备。

② 清理、恢复工作场所。

a. 对钻台进行清理；

b. 使用的钻头、钻铤和吊具等清洗保养后妥善存放；

c. 对冲鼠洞产生的岩屑和废水进行清理回收；

d. 用清水冲洗螺杆旁通阀，上下活动阀芯，用清水从主轴接头内螺纹冲洗螺杆钻具，向钻具中注入少量矿物油以防止锈蚀，并避免阳光照射。

③ 收集、归档工作资料。

a. JSA；

b. 大小鼠洞长度及方入记录表；

c. 地面试压记录表；

d. 螺杆使用保养记录表。

第四节　常 规 作 业

一、组合 BHA

（一）安全要点

① 作业前根据施工情况准备内防喷工具，做好井控风险预案。

② 无探伤合格报告及超过探伤周期的钻工具一律不能入井。钻工具推荐探伤周期如下：

a. 钻杆及短钻杆每 6 个月或纯钻时间(800±25)h；

b. 钻铤每开使用后或纯钻时间(275±25)h；

c. 稳定器等井下钻工具每开使用后或纯钻时间(275±25)h；

d. 方钻杆每 6 个月或纯钻时间(675±25)h。

③ 丈量钻工具只允许使用标准的钢卷尺，不允许使用皮质卷尺。

④ 与钻铤连接的配合接头的内径不应小于钻铤的内径。

⑤ 设计复合钻柱结构时，相邻钻铤外径相差不应大于254mm，与钻杆（加重钻杆）相连的钻铤外径应与钻杆（加重钻杆）接头外径接近。

⑥ 禁止在钻具上进行电气焊作业，禁止将钻具作为焊接搭铁线。严禁钻工具自由下落。

⑦ 钻工具上下钻台戴好护丝，不应硬拖或碰撞钻具。

⑧ 钻工具使用前必须彻底清除丝扣表面夹杂的泥沙、石屑、砂砾等影响螺纹连接质量的杂物，避免紧扣时磨损丝扣。

⑨ 必须使用专用的钻具螺纹脂，禁止用套管螺纹脂替代。井底温度超过 100℃时，应使用抗高温螺纹脂。钻具螺纹脂应加盖存放，避免落入杂物，不应向螺纹脂内添加稀释剂。

⑩ 钻台上使用的钻具螺纹脂油刷应带安全绳或采取其他防落井措施。

⑪ 禁止将安全卡瓦随钻具带至高处。

⑫ 使用提升短节时，所提钻具在井口上扣过程中必须安排专人负责观察提升短节是否有退扣现象。

⑬ 禁止使用钢丝绳绳套扼圈吊装钻工具上钻台，应使用专用工具吊篮、提丝或其他认可的方式。刹把操作人员要和吊车司机、自动猫道操作手密切配合，平稳操作，避免使用高速挡上提钻具。

⑭ 钻头上、卸扣应使用装卸器，禁止用转盘紧扣、松扣。

⑮ 组合 BHA 期间，钻台人员禁止站在吊起钻具的正下方，场地人员禁止站在猫道上和大门坡道附近，防止高空落物伤人。

⑯ 使用 B 型钳时，B 型钳应安装钳尾绳，人员离开尾绳或钳柄可能打击的范围。

⑰ 起下钻过程中，人员应保持警惕，避开顶驱导轨下方和井口转盘区域，时刻做好突发事件的应对工作。

⑱ 起下钻铤时，二层台上应安排两人作业。

⑲ 带班队长必须监管整个作业过程。

（二）环保要求

① 作业过程中应采取措施降低噪声排放，以达到国家或地方噪声控制标准。

② 清洗钻具丝扣使用的溶剂和其他清洗剂可能含有害物质，应采取措施防止污染土壤。

③ 应选择环保、安全的钻具螺纹脂，避免使用含铅螺纹脂，剩余螺纹脂应密封保存并加以标记，用过的空容器应按照有关规定进行存储和处理。

（三）工前准备

1. 钻工具准备

① 根据甲方指令或钻井设计将需要入井的钻头、稳定器、钻铤、浮阀接头及浮阀等钻工具摆放在管架上和钻台附近。

② 检查需要入井的钻工具的探伤报告和证书，确保符合钻具使用规定。

③ 对需要入井的钻工具的螺纹、耐磨带、本体、水眼、内涂层的状况进行检查、清洗、通径（钻铤通径规外径=钻铤内径-3.2mm，钻铤通径规长度=3.05m）。

④ 钻铤螺纹台肩宽度和钻铤管体伤痕检查要求见“附件 1-3 钻铤外观检查表”。

⑤ 带台肩钻铤和钻铤吊卡检查要求见“附件 1-4 带台肩钻铤和钻铤吊卡数据表”。

⑥ 对需要入井的钻工具按入井顺序排列并编号。

⑦ 对需要入井的钻铤、配合接头及特殊工具(如减震器、随钻震击器、稳定器及打捞工具等)测量内外径、长度及打捞部位尺寸，并画出草图(拍照留存)；如钻具档案中已有草图，可与钢印号对应参照，入井后记录井下工作时间；测量的数据再次核对无误后，填写钻具数据表。

⑧ 编制 BHA 数据表并报甲方审核。

⑨ 入井的钻工具如果需要在场地上预配装，需要在技术人员监督下进行，没有紧扣的丝扣连接处必须明确标示出来。

⑩ 安装钻头喷嘴时，先把喷嘴洗干净，涂上润滑油，再轻微压入，禁止用金属工具敲击打入，以防损坏密封圈。

2. 工具的准备和检查

① 钻工具提丝、护丝。

② 整体式提升短节。

③ 全开式安全阀及相应配合接头。

④ 钻头盒、补芯内衬(钻铤尺寸)。

⑤ 吊卡、卡瓦、安全卡瓦及扳手。

⑥ 钻杆吊钳及钳头(测量吊钳的有效长度)。

⑦ 钻杆吊钳扭矩仪。

⑧ 12in 链钳 2 把。

⑨ 钻具丝扣油 1 桶。

⑩ 螺纹脂油刷 1 把。

⑪ 5t 吊带 2 根。

⑫ 牵引绳 20m。

⑬ 钢丝刷 1 把。

⑭ 榔头 1 把。

⑮ 15m 钢卷尺、钻头规、内外卡尺、3m 钢卷尺。

⑯ 粉笔、油漆笔。

⑰ 通径规。

3. 设备的准备和检查

① 检查、准备吊车或自动猫道。

② 检查、准备液压猫头、气动绞车。

③ 检查防碰天车。

④ 检查、准备 B 型大钳或铁钻工。

4. 作业人员准备

井队值班干部、班组人员、吊车司机或猫道操作人员、甲方或第三方技术人员。

5. 钻具数据表准备

根据甲方指令或作业程序，编制钻具数据表(钻具数据表中若有第三方工具，需要与第三方技术人员进行沟通)并报监督审核。

6. 清理钻台

井口周围只摆放即将使用的设备和井口工具，暂时不用的设备和井口工具从井口移开，确保有足够的作业空间。

(四) 工作流程

1. 召开作业前安全会

明确作业人员职责，告知作业步骤、作业风险及风险防控措施。

2. 钻工具上钻台

① 使用吊车配合工具吊篮将小尺寸钻工具如钻头、接头等吊至钻台面。

② 使用自动猫道或吊车将大尺寸钻工具平稳输送至大门坡道处，挂吊卡，使用游车将其提至垂直位置，或用气动绞车将其放置到小鼠洞内再由游车提至垂直位置。

③ 当作业涉及甲方或第三方仪器、钻工具时，甲方或第三方技术人员必须在现场指导作业。

3. 组合钻工具

① 司钻参照钻具结构表，以立根高度为一个单元，按照从上到下的顺序，依次连接特殊入井钻工具。尽可能减少更换吊卡或坐卡瓦、打安全卡瓦的次数；卡瓦距钻具母扣端面约 50cm，安全卡瓦距卡瓦约 5cm；钻铤安全卡瓦节数现场经验公式：钻铤安全卡瓦节数=钻铤尺寸+3。

② 涂抹丝扣油。上扣前检查密封台肩面和螺纹部位是否完好，应将内外螺纹全长的2/3均匀涂抹螺纹脂，涂抹量以螺纹旋紧后台肩和缝处有少量螺纹脂均匀溢出为宜。

③ 对扣。要缓提拉稳、轻放对中，不允许将钻具外螺纹端部冲击到内螺纹台肩面上，推荐使用螺纹对扣器。

④ 上扣。上扣前必须保证钻具内外螺纹对中，钻铤及钻头上扣时必须用先链钳引扣，确认引上扣后方可用大钳继续上扣；用液压大钳上扣时，先用高速挡旋转约 4~5 圈上扣，观察钻杆内、外吻合面是否均匀，如均匀则用低速挡上紧旋合；小尺寸钻工具如钻头、配合接头等，可以多人配合，用徒手方式先对扣。

⑤ 紧扣。根据钻具的上扣扭矩上扣，上紧扣后要检查台肩面的结合情况，如不合缝，应卸开检查；不同规格钻具之间使用转换接头，要及时根据钻具规格调整紧扣扭矩，严禁不同规格的钻具使用同一紧扣扭矩。如果使用双钳紧扣的时候，注意扭矩上到位时大钳钳柄和钳尾绳要处于90°夹角。

⑥ 组合完一个单元后，打开全封闸板，钻具下入井内，注意盖好井口卡瓦缝隙及钻具接箍防止落物。

4. 钻工具地面测试

① 如果钻具结构中有螺杆钻具或定向工具等特殊工具仪器，配合第三方技术人员进行地面测试，并记录相应参数。

② 测试时，按照技术人员指令，进行相应的操作，但要确保相应操作不会对井队设备产生不良影响。

③ 测试时，确保井口内外盖好，防止井下落物。

5. 钻工具入井

① 井架工上二层台，检查绳索、钩子及保险带固定情况。

② 司钻合低速，上提吊卡离井口 2m 时，换高速，游车上升到合适位置摘离合器，接到井架工信号后刹车。

③ 内钳工检查井口钻铤母扣并涂密封脂。

④ 井架工使用二层台气动绞车配合兜绳拉出钻铤，扣吊卡，确认吊卡扣好后，给司钻发出上提信号。

⑤ 司钻上提钻铤立柱出钻杆盒，内外钳工使用兜绳拉住钻铤缓慢送到井口，待立柱公扣下端面高出井口钻铤母扣上端面 0.2~0.3m 时刹车，井架工松钻铤兜绳，配合井口人员对扣，下放游车至合适位置，用链钳引扣。

⑥ 用 B 型大钳或液压大钳紧扣，井架工注意观察提升短节是否倒扣。

⑦ 拉紧大钩，卸安全卡瓦，上提钻具的同时内外钳工拉卡瓦出转盘。

⑧ 司钻目视井口缓慢下放钻具，上单根母扣端面距转盘面 0.5m 时坐卡瓦。确认卡瓦坐死后，内外钳工打安全卡瓦，安全卡瓦距卡瓦 0.05~0.10m，用敲击工具轻敲安全卡瓦各铰链，使卡瓦牙与钻铤完全接触，并用专用扳手上紧。

⑨ 提升短节用 B 型大钳或液压大钳松扣，链钳卸扣。

⑩ 内外钳工打开吊卡，配合司钻将吊卡提离井口，使用气动绞车将提升短节吊起并放到安全位置。

⑪ 重复上述操作下完钻铤。

注：如果使用的钻铤带吊卡槽和卡瓦槽，下钻铤过程参考“四、短起下/（四）工作流程/2. 常规短起下钻操作（一吊一卡模式）”部分描述。

⑫ 接钻铤与加重钻杆转换接头。参考“四、短起下/（四）工作流程/2. 常规短起下钻操作（一吊一卡模式）”中下钻部分，下加重钻杆。

⑬ 钻铤和加重钻杆尽可能配成整立柱，方便起下钻。

⑭ 如果 BHA 结构内有随钻震击器，应在入井前拆去防护罩，防止震击器在钻具自重作用下意外击发。

⑮ 钻具入井时应操作平稳，钻头、特殊工具通过防喷器或套管内分级箍、尾管口等特殊位置时，应提前放慢速度，防止钻头及钻工具台阶刮碰。

⑯ 使用起下钻罐监测返浆情况，与理论排替量进行对比，发现异常情况必须停止下钻，查清原因后再恢复作业。

⑰ 所有 BHA 入井后，接循环头开泵顶通一次，记录并核对实际泵压和 BHA 重量与理论计算的差值。

⑱ 带班队长必须在钻台值守，监督重要工序及技术、安全要求落实情况，如上扣扭矩是否达到等。如果钻具结构内有浮阀接头，要确保安装到位，并测试浮阀是否工作正常。

（五）工后闭环

① 清理、存放工具和设备。

② 清理、恢复工作场所。

a. 清扫猫道和钻台下场地；

b. 钻工具护丝收集到工具箱并转运到井场爬犁区；

c. 吊叉车移动到井场指定停车区。

③ 收集、归档工作相关资料。

a. JSA；

b. 钻具数据表；

c. 钻工具长度登记表；

d. 特殊工具证书、绘制的技术草图、照片；

e. 甲方相关技术指令。

二、PDC 钻头使用

（一）安全要点

① 坚硬的裂缝或破碎地层不适合使用 PDC 钻头。

② 井下有坍塌掉块，特别是有金属落物时(如钻头牙齿、弹子等)不能使用 PDC 钻头。

③ 井眼不通畅、井下有复杂情况不能使用 PDC 钻头。

④ 若起出的钻头与新入井的 PDC 钻头直径之差大于 2~3mm，应考虑通井。

⑤ 正常钻进时，钻井液排量必须保持在推荐范围内，以确保岩屑能及时排出，以及 PDC 切削齿进行充分冷却。

⑥ 不允许采用堵钻头喷嘴的办法钻进，防止降低 PDC 切削齿的冷却效果。

⑦ 在定向井中，严禁在井口进行动力钻具试运转，以防止损坏 PDC 切削齿。

⑧ 采用双心 PDC 钻头进行套管开窗侧钻时，确保钻头下过窗口后，再开始加压钻进，防止套管碰伤 PDC 切削齿。

（二）环保要求

① 作业过程中应采取措施降低噪声排放，以达到国家或地方噪声控制标准。

② 清洗钻具丝扣使用的溶剂和其他清洗剂可能含有害物质，应采取预防措施防止污染土壤。

③ 工业废水、钻屑排放到甲方指定的岩屑池。工业废水和清洗用水应采取相应措施回收处理，并再次使用到钻井液循环系统中，减少废物的处理总量。

（三）工前准备

1. PDC 钻头选型

① 岩石抗压强度与内摩擦角在 PDC 钻头选型中的应用见表 1-13。

表 1-13　PDC 钻头选型

抗压强度/psi	内摩擦角/(°)	地层强度	地层强度级别	PDC 钻头 IADC 编码	刀翼数量	切削齿尺寸/mm
<4000	<10	极软	1~2	M/S112~M/S223	≤5	≥19
4000~8000	10~20	软	3	M/S222~M/S333	5~6	19，16
8000~12000	20~30	软-中硬	4	M/S323~M/S433	6~7	16，13
12000~16000	30~41	硬	5	M/S333~M/S443	7~8	13
16000~32000		硬	6	M/S432~M/S444	>8	13，8

② PDC 钻头的 IADC 编码标准见表 1-14。

表 1-14　PDC 钻头 IADC 编码

钻头体材料		布齿密度代号（当量齿数）	PDC 齿直径代号		PDC 钻头冠部形状高度代号			
胎体	钢体		分级代号	尺寸/mm	鱼尾形	短<58mm	中 58～114mm	长>114mm
M	S	1 稀(≤30)	1	>24	1	2	3	4
			2	14～24				
			3	<14				
			4	≤8				
		2 中(30<齿数≤40)	1	>24				
			2	14～24				
			3	<14				
			4	≤8				
		3 密(40<齿数≤50)	1	>24				
			2	14～24				
			3	<14				
			4	≤8				
		4 高密(>50)	1	>24				
			2	14～24				
			3	<14				
			4	≤8				

2. PDC 钻头入井前的检查

① PDC 钻头的尺寸型号符合要求。

② 钻头内流道无异物堵塞，PDC 钻头切削及保径齿完好。

③ 喷嘴直径符合要求，优先选用等径喷嘴或差别不大的不等径喷嘴。

④ 胎体和丝扣部分无损坏，绘图标出有关尺寸。

⑤ 在钻头下铺设木板或胶皮，防止翻滚钻头时钻头与金属面磕碰损伤牙齿。

3. 井眼要求

① 井下无异常，起下钻畅通无阻。

② 井底干净，无金属落物。仔细检查前一只钻头的使用情况，了解钻头外径的磨损情况，检查钻头本体上是否有缺落性的损坏(缺落部分如掉齿等会对即将入井的钻头造成伤害)。

③ 钻井液符合钻井设计要求，净化设备运转正常。

4. 钻杆滤清器准备

钻杆滤清器最大孔径应小于钻头最小喷嘴的直径。

（四）工作流程

1. 召开作业前安全会

明确作业人员职责，告知作业步骤、作业风险及风险防控措施。

2. PDC 钻头连接

① 在钻头螺纹上涂抹螺纹密封脂。

② 使用与钻头配套的专用上扣器进行紧扣，推荐的钻头紧扣扭矩见表 1-15。

表 1-15　钻头紧扣扭矩

钻头直径/mm	连接螺纹类型	上扣扭矩/N·m
93.7~114.3	2⅜REG	4067~4745
117.5~127.0	2⅞REG	8135~9491
127.8~187.3	3½REG	9491~12202
188.1~238.1	4½REG	16270~21693
238.9~363.3	6⅝REG	37962~43396
369.9~469.9	7⅝REG	46093~54233
471.5	8⅝REG	54233~81349

3. 下钻

① 扶正钻柱，使钻头缓慢通过转盘、防喷器、套管头(过防喷器时要居中，防止碰坏PDC钻头切削齿)。钻头通过井眼中的台阶、狗腿度大的井段、缩径段、套管鞋、尾管口时，应放慢下钻速度。

② 下钻遇阻划眼时，划眼钻压应控制在20kN以下(钻头直径小于215.9mm时，要低于10kN)，转速低于50r/min。严禁大段划眼和不循环钻井液划眼。

③ 下钻接近井底时应提前开泵。

④ 钻头离井底0.5m以上，应缓慢上下活动和转动钻具，充分循环钻井液；待井底清洁、泵压正常后，校正指重表，方可井底造型。

4. 井底造型

确认钻头接触井底后，采用50r/min左右的转速和5~20kN的钻压参数磨合井底，进尺0.5~1.0m。

5. 钻进

① 钻速试验：井底造型后，可在推荐钻井参数范围内，选用不同的钻压、转速进行钻速试验，直到找到一个最优钻速为止。正常钻进时若遇地层变化，可再做钻速试验。

② 钻速试验完毕后，可按最优参数正常钻进。

a. 钻进中要确保排量满足要求，送钻均匀；

b. 若钻遇泥岩井段时，钻速会明显下降，可适当提高钻压，降低转速，但钻压不宜过大，一般提高10~30kN为宜；

c. 若钻遇硬夹层发生轻微蹩钻现象时，可适当降低钻压，同时降低钻速，等钻穿后再采用PDC钻头推荐钻井参数钻进，推荐钻井参数见表1-16。

表 1-16　PDC钻头推荐钻井参数

钻头尺寸/mm	钻井参数		
	排量/(L/s)	转速/(r/min)	钻压/kN
117.5	6~10	60~300	10~40
152.4	10~18	60~300	10~60
215.9	20~35	60~300	10~120
311.15	38~60	60~300	20~160

③ 由于PDC钻头钻进时井径扩大率较小，为保证井眼畅通以便正常起下钻，每钻进

200~300m 要进行一次短起下钻（双心 PDC 钻头除外）。

④ 钻头使用后期，PDC 切削齿的磨损平面加大，降低了 PDC 切削齿切入地层的深度，因此可适当提高钻压以维持较高的机械钻速。

6. 起钻

遇到下列情况之一应考虑起钻：

① 地层岩性变化不大，机械钻速和转盘扭矩明显降低。

② 有连续蹩钻现象且没有进尺。

③ 立管压力明显上升或降低。

7. 钻头分析

钻头起出后要分析磨损情况，评价钻头使用情况，即该型号 PDC 钻头是否适应所钻地层。

（五）工后闭环

① 清理、回收工具和设备。

② 清理、恢复工作场所。

③ 收集、归档工作相关资料。

a. JSA；

b. 钻具数据表；

c. PDC 钻头使用记录；

d. PDC 钻头入井前后照片；

e. 甲方相关技术指令。

④ 工作完成用时不确定。

三、单点测斜

钻进过程中因井眼轨迹控制需要，通常会通过单点测斜获取井斜方位等数据。单点测斜仪按工作原理可分为：照相式单点测斜仪、电子式单点测斜仪。按测斜方式可分为：自浮式测斜仪、吊测式测斜仪。

（一）安全要点

① 单点测斜期间应严格遵守井控相关要求。

② 单点吊测期间井口滑轮周围及吊测房至井口测斜钢丝周围严禁人员穿行，防止钢丝断裂发生安全事故。

③ 在测斜钢丝上做好标记，以防计数器不起作用。

④ 仪器定时要根据测点位置调整，留足时间但不宜过长。

⑤ 仪器入井后要控制好仪器下入速度，避免仪器由于下入过快撞击损坏。

⑥ 仪器起出钻具前，应遮盖井口，防止仪器落井。

⑦ 洗像时勿将洗像液溅到仪器上，以免腐蚀仪器。

（二）环保要求

① 仪器起出过程应采取有效的清洁方式，避免钢丝上附带的钻井液掉落到场地上，污染土壤。

② 使用过的显影液应妥善储存并按相关规定进行处理，不得随意处置。

③ 按规定处置施工过程中产生的废液和固体废弃物，减少对环境的影响。

（三）工前准备

1. 井眼准备

① 测斜前充分循环，若泵压下降或不稳定不能测斜。

② 井下不正常，上提下放钻具悬重有阻卡显示不能测斜。

③ 悬重下降不能测斜。

④ 有溢流显示不能测斜。

⑤ 有严重井漏及其他不适合测斜的情况不能测斜。

2. 选择单点测斜仪时应考虑

① 最高地层温度。

② 钻具水眼尺寸。

③ 井底压力和测斜方式。

④ 预计的最大井斜角度。

⑤ 参考“附件 1–5 电子单点测斜仪技术参数”“附件 1–6 单点照相测斜仪技术参数”进行测斜仪器的选择。

3. 单点测斜仪的检查

① 照相式单点测斜仪的检查：

a. 检查电池电量，如电池电量不足，连接专用充电器进行充电，红灯显示为正在充电，绿灯显示电池已充满；

b. 检查照相机，照相机片包按钮灵活，不卡不阻，可看到片包按钮下端的红线，胶片打入口不阻卡胶片，照相机灯泡全部完好等；

c. 检查定时器，同时按下时间设定按钮中“定时”和“启动”按钮，使时间设定初始化，时间显示屏上正常显示状态为“88”，待显示屏熄灭后，再定时，启动定时器，当照相机灯泡在设定时间正常照亮则定时器工作正常，如果定时器工作不正常，则可小心卸下灯泡座并仔细再次安装，以进行调整；

d. 检查罗盘，罗盘在校验周期内，罗盘内无气泡，阻尼液无混浊，罗盘吊丝环晃动正常，磁性罗盘转动灵活，镜头干净。

② 电子式单点测斜仪的检查：

a. 检查电池电量，如电池电量不足，连接专用充电器进行充电，红灯显示为正在充电，绿灯显示电池已充满。

b. 测试电子测斜仪探管，先关闭探管电源，数据处理仪关机，换上新电池。用探管通信电缆将探管与数据处理仪的串口连接，然后打开探管电源、数据处理仪开机，打开测斜仪软件，选择探管测试，改变探管的方位和角度，观察井斜和方位变化是否正常。完成探管测试。

c. 电子测斜仪探管的设置，探管测试完成后，在测斜仪软件中选择探管设置，根据井下实际情况对测斜仪参数进行设置，设置完成后关闭探管电源，拔下通信电缆（不同厂家的电子测斜仪探管的测试与设置会有所不同，可按照操作手册上的步骤进行操作）。

③ 检查仪器保护总成：

a. 仪器保护总成本体要求平直不能弯曲变形，且密封性能良好，密封面与密封接头配合处螺纹不能有损伤，密封接头处密封胶圈不能破损，仪器舱内要清洁干净无杂物；

b. 保护总成减震器减震弹簧要完好，如有问题及时更换；

c. 仪器悬挂胶棒无老化裂纹，如有发现立即更换。

4. 单点测斜辅助设备的检查

① 检查测斜绞车：

a. 电源正常，电机转向正常，齿轮泵油压、油质正常；

b. 测斜钢丝无锈蚀及打扭情况；

c. 绞车计数器灵活，计数归零；

d. 排绳器灵活好用；

e. 连接头正常无折痕、无锈蚀。

② 检查辅助工具：

a. 摩擦管钳尺寸合适，灵活好用；

b. 井口测斜滑轮灵活，固定牢靠；

c. 吊装仪器吊带完整；

d. 钢丝刮泥器完整；

e. 测试确保外筒丝扣连接正常、丝扣正常无磨损。

(四) 工作流程

1. 召开作业前安全会

明确作业人员职责，告知作业步骤、作业风险及风险防控措施。

2. 单点测斜仪测量机构总成的组装与启动

(1) 照相式单点测斜仪测量机构总成组装与启动

① 在暗袋中将适量胶片装入打片器中。

② 将打片器的定位销插入照相机的定位槽中，用打片器将胶片装入照相机的片盒内，若片盒按钮底端的红线隐没，说明胶片已装入，否则胶片装入不正确，需要重新装片。

③ 根据仪器下行时间加组装仪器总成时间再附加一定余量，即为仪器定时时间。

④ 定时器定时设置：时间显示屏设定初始化后，按下时间设定中的“定时”按钮，设定测斜所需时间。

⑤ 按下“启动按钮”启动仪器。

(2) 电子式单点测斜仪测量机构总成组装与启动

① 先关闭探管电源，数据处理仪关机，换上新电池。用探管通信电缆将探管和数据处理仪的串口连接，然后打开探管电源、数据处理仪开机，在测斜仪软件中选择探管设置，根据井下实际情况对测斜仪参数进行设置，定时完成后关闭探管电源，拔下通信电缆(不同厂家的电子测斜仪探管的测试与设置会有所不同，可按照操作手册上的步骤进行操作)。

② 按下“启动按钮”启动仪器。

3. 单点测斜仪测量操作步骤

(1) 自浮式单点测斜仪测量操作步骤

① 将启动的测斜仪挂入悬挂胶棒，送入仪器舱内。

② 用专用仪器摩擦钳将引导矛、仪器舱、浮力舱以及减震器拧紧。

③ 卸开方钻杆或顶驱，将自浮式测斜仪投入钻具水眼内。

④ 接上方钻杆或顶驱，开泵循环，司钻可长距离上下活动钻具，也可以最低转速间断转动钻具，不可长时间连续转动钻具，防止仪器接扣甩脱。

⑤ 待距离仪器设定时间 2~3min 前停止活动钻具，到达设定时间延迟 1min 停泵，使仪

器完成正常测量。

⑥ 仪器开始上浮，待仪器快到达井口时，提前卸开方钻杆或顶驱。提离井口适当的距离防止撞坏上浮测斜仪（钻具内液面较低时可灌水或泥浆使仪器浮出井口）。

⑦ 取出仪器，接方钻杆或顶驱恢复正常作业。

（2）吊测式单点测斜仪测量操作步骤

① 将启动的测斜仪挂入悬挂胶棒，送入仪器舱内。

② 用专用仪器摩擦钳将引导矛、仪器舱、加重杆以及减震器拧紧。

③ 卸开方钻杆或顶驱，方钻杆入鼠洞，安装井口吊测滑轮。

④ 将测斜仪吊装入钻具水眼，吊测钢丝挂入测斜滑轮中，扣钻具吊卡，上下活动钻具。

⑤ 用测斜绞车控制仪器下放，待仪器接近钻具底部测点时，减慢下放速度缓慢到底防止震坏仪器。待距离仪器设定时间 2~3min 前停止活动钻具，到达设定时间延迟 1min 后再活动钻具，使仪器完成正常测量。

⑥ 将测斜钢丝装入深度计数器滚轮槽内，将计数器清零，操纵测斜绞车起出仪器，待仪器距井口 100m 时，摘掉吊卡上提游车至合适高度，降低测斜绞车速度，缓慢起出测斜仪。

⑦ 拆卸井口测斜滑轮，取出仪器，接方钻杆或顶驱恢复正常作业。

4. 读取测斜数据

（1）读取照相式单点测斜仪测斜数据

① 将罗盘与相机一同拧下，注意：不要拧动罗盘与相机的接口，以免胶片曝光。

② 在显影罐中加入适当的显影液盖紧，打开显影罐槽口，将照相机胶片打入口与槽口对接好，按下相机片仓按钮，使胶片进入显影罐，关闭显影罐槽口，移开相机，观察相机片盒按钮，若底部红线显露证明胶片已进入显影罐。

③ 转摇显影罐，消除附着在胶片上的气泡，使胶片显影均匀，显影时间约为 3~5min，（气温太低时可适当加温）显影结束后取出胶片。

④ 将胶片放入读片器底部，利用目镜读取胶片上的井斜方位数据（根据不同测量范围胶片选用相应的读取方法）。

（2）读取电子式单点测斜仪测斜数据

① 先关闭探管电源，数据处理仪关机，换上新电池，用探管通信电缆将探管与数据处理仪的串口连接。

② 打开探管电源，数据处理仪开机，在测斜仪软件中选择读取数据。根据设定的仪器工作时间选定测斜数据进行存储打印，读取数据完成后关闭探管电源，拔下通信电缆（不同厂家的电子测斜仪探管的数据读取会有所不同，可按照操作手册上的步骤进行操作）。

5. 维护保养单点测斜仪

（1）单点测斜仪保护总成的维护与保养

① 将仪器舱、浮力舱、加重杆、引导矛等清洗干净并晾干，各处丝扣清理干净涂上专用丝扣油，再放入仪器箱内。

② 严禁坚硬物体碰砸保护总成，清洗干净后，检查总成各个部位是否存在凹痕及裂纹，各连接丝扣是否完好，密封面是否完好，密封胶圈是否完好，如有问题及时检修更换。

③ 保护总成减震器是否存在卡死、锈死现象，及时保养和更换。

(2) 照相式单点测斜仪测量总成的维护与保养

① 仪器使用后，需用棉纱蘸取适量酒精仔细擦拭照相机、定时器、罗盘、电池及连接丝扣、香蕉插头及插芯部位，保证仪器接触良好，导电可靠。

② 罗盘要保持清洁，严禁用手或粗布擦拭镜头，应使用专用镜头纸。定期对罗盘进行精度校验，更换阻尼液。

③ 仪器使用后，电池要及时充电，防止因电量不足影响仪器使用。

(3) 电子式单点测斜仪测量总成的维护与保养

① 探管部分是仪器的核心，不允许拆卸，容易造成测量不准或损坏。

② 仪器使用完后要把电源关闭。

③ 仪器拆开后，涂好专用丝扣油。

④ 仪器长时间不用，必须卸下电池筒存放于干燥处。

⑤ 仪器使用后，电池要及时充电，防止因电量不足影响仪器使用。

(五) 工后闭环

① 清理、回收单点测斜仪保护总成，分解、清洗、保养后妥善存放。辅助工具进行保养存放。

② 测斜钢丝收回吊测房，钢丝进行涂油防锈。

③ 装箱后的照相式单点测斜仪应放在干燥通风的库房内，其环境温度为-5~40℃，相对湿度不大于85%，不允许接触腐蚀性气体。

④ 清理、恢复工作场所。

a. 对钻台进行清理；

b. 对工作所产生的油污、污水进行清理回收。

⑤ 收集、归档工作相关资料。

a. JSA；

b. 井眼轨迹数据表；

c. 测斜数据；

d. 班报表。

四、短起下

钻井施工过程中，出于清砂和修整井壁的目的，或钻开油气层后起钻前测油气上窜速度等需要进行短起下钻作业。

(一) 安全要点

① 禁止在视线不清、大雾、大雪、冰雹、雷雨、六级及以上大风等恶劣天气情况下起下钻作业。

② 温度在0℃以下时，严禁使用高速提升游动系统。游车每上行30ft左右，应活动1~2次气控开关，防止气路冻结。

③ 不推荐使用双吊卡模式进行起下钻，避免单吊环情况的发生，建议使用吊卡配合卡瓦的模式。

④ 电子防碰天车的上碰下砸、绞车过卷阀和重锤式防碰天车应灵活可靠。起下特殊超长钻柱，防碰装置需要采取临时调整措施时，在起下超长钻柱后，应立即调整设置防碰天车后方可继续作业。

⑤ 禁止使用转盘进行绷扣、卸扣。

⑥ 推荐使用排绳器，保证大绳排列整齐，禁止在大绳缠乱的情况下继续起下钻作业。

⑦ 起钻过程中应及时清理钻柱上的泥块，防止未清理的泥块由于震动等原因下落造成物体打击伤害。

⑧ 带顶驱起放空游车前，必须收回顶驱吊环倾斜液缸，使吊环处于自由状态，防止挂压猴台、拉压断兜绳，造成二层台及钻台作业人员伤害。

⑨ 禁止使用有损坏或与钻具规范不相符的井口工具。

⑩ 操作液压大钳时，不得将手放在设备旋转部位，无关人员撤离到安全位置，关闭安全门框后方可操作液压大钳。

⑪ 液压大钳不用或修理时，切断动力源并用保险绳固定牢固，上锁挂牌，防止窜气、误操作伤人。

⑫ 必须使用标准钻具螺纹脂，上扣时应做到不磨扣、不顿扣。

⑬ 油层井段及油层以上 300m 应用低速起钻。短起下钻过程中，准确计量灌入量及返出量，灌入量与返出量异常，要停止起下钻查找原因。

⑭ 卸立柱前必须把下单根起出 1m 以上，上下活动无阻卡显示后方可坐卡瓦卸立柱。若通过多次活动不能解除阻卡时，应卸一单根(或接一单根)，严禁带阻卡强行卸立柱。

⑮ 下钻过程中，无阻卡显示方可接下一立柱，如遇阻且通过活动不能解除阻卡时，立即起出接一单根(或卸一单根)，严禁带阻卡强行接立柱。

⑯ 拉送立柱进钻杆盒时，必须使用钻杆钩子，作业人员的脚部不得处在立柱公接头正下方，头和手不能伸进立柱之间，禁止用肩推钻杆。

起下钻过程中，人员应保持警惕，避开顶驱导轨下方和井口转盘区域，时刻做好突发事件的应对工作。

（二）环保要求

① 施工过程中应采取措施降低噪声排放，以达到国家或地方噪声控制标准。

② 按规定处置施工过程中产生的废液和固体废弃物，减少对环境的影响。

③ 作业中钻具内液体有可能喷洒到钻台下，应采取措施减少污染。

④ 应选择环保、安全的钻具螺纹脂，避免使用含铅螺纹脂，剩余螺纹脂应密封保存并加以标记，用过的空容器应按照有关规定进行存储和处理。

（三）工前准备

1. 井眼准备

① 短起下钻前充分循环钻井液，将井底岩屑携带干净，保持井眼清洁，调整好钻井液性能，保持井壁的稳定。

② 井下存在异常情况时，如溢流、井壁有掉块等，要处理好异常后再进行短起下钻。

2. 设备工具和安全设施的检查

① 检查井口工具是否符合井下钻具及工具的规格、尺寸及重量要求。使用自动化设备的顶驱钻机还应检查液压吊卡、液压卡瓦等工具。

② 检查钻机各传动部分及大绳的使用情况。

③ 检查专用灌浆罐及灌浆泵的运转情况，灌浆管线畅通情况。

④ 检查钻机刹车系统及辅助刹车系统。

⑤ 检查二层台气管线和摄像头工作情况。

⑥ 检查电子防碰天车、重锤式防碰天车、过卷阀等是否符合要求。

⑦ 检查安全带是否符合要求，二层台防坠落器是否灵活，二层台逃生装置是否处于正确的待命状态。

（四）工作流程

1. 召开作业前安全会

明确作业人员职责，告知作业步骤、作业风险及风险防控措施。

2. 常规短起下钻操作(一吊一卡模式)

① 司钻上提钻具，待钻杆接头出转盘面05m时刹车，停泵，按要求进行溢流检查。

② 内外钳工放入钻杆卡瓦，司钻下放钻具坐卡瓦，卸方钻杆入大鼠洞，打开大钩定位销，挂吊卡插入吊卡销。司钻低速上提至合适位置刹车，内外钳工扣合井口钻杆，并检查吊卡扣合情况，发出上提信号。

③ 司钻两次挂合低速离合器，平稳拉紧大钩弹簧，上提钻具，内外钳工配合提出井口钻杆卡瓦，上提钻具时司钻应密切注意悬重变化。

④ 起钻时井口内外钳工刮钻杆外泥浆并检查起出钻具，待立柱下单根接箍出转盘，及时提醒司钻。

⑤ 立柱下接头出转盘面0.5m摘刹车，内外钳工配合放入钻杆卡瓦，司钻缓慢下放钻具坐于卡瓦上，放松悬重待吊卡离开母接头台阶，刹住滚筒。

⑥ 内外钳工配合用液压大钳卸扣。

⑦ 司钻低速提出立柱，公扣下端面高出母扣上端面0.2~0.3m时刹车，外钳工用钻杆钩拉钻具同时内钳工推钻具，司钻慢抬刹把平稳下放立柱入钻杆盒，摆放整齐并编号。

⑧ 在下放立柱进钻杆盒的同时，井架工用兜绳拉立柱至操作台，并迅速将兜绳固定于操作台U形卡槽内。

⑨ 当吊卡下行至适当位置时，井架工发出信号，司钻刹车。

⑩ 井架工打开吊卡活门，拉立柱进指梁，按顺序排好钻柱。

⑪ 空吊卡下行距转盘面3m左右，司钻减速慢放，内外钳工双手推拉吊环，配合将空吊卡扣合于井口钻杆上，并检查扣合情况。

⑫ 重复以上步骤进行起钻。

a. 以清砂和修整井壁为目的的短起下钻，按实际情况确定起钻柱数；

b. 以测油气上窜速度为目的的短起下钻，通常起10~15柱。

⑬ 司钻上提游车，游车起至适当高度后，摘高速，游车速度减缓，收到井架工信号后刹车，将游车停在二层台上合适的位置。

⑭ 井架工准备并拉出钻杆立柱。

⑮ 内钳工检查井口钻杆丝扣并涂抹丝扣油。

⑯ 井架工将钻柱放入吊卡内扣合吊卡，确认吊卡扣好后发出信号。

⑰ 司钻收到井架工上提信号后，低速上提钻柱出钻杆盒，内外钳工用钻杆钩子拉住钻柱缓慢送至井口，待钻柱公接头高出井口母接头0.2~0.3m时刹车，井架工松兜绳配合对扣。司钻下放钻柱对扣，放松吊卡后刹车。

⑱ 内外钳工配合用液压大钳上扣。

⑲ 司钻上提钻具，并在内外钳工提出井口钻杆卡瓦后刹车，待卡瓦拉离井口，慢抬刹

把，目视指重表下放钻具。

⑳ 下放过程中，接头过转盘点刹一次，上单根剩余 4~5m 处时，逐渐减速、慢放。吊卡距转盘 0.5m 时刹车，内外钳工配合放入钻杆卡瓦。缓慢下入钻具将钻具坐于卡瓦上。

㉑ 放松大钩，内外钳工配合打开井口吊卡，拉吊环将空吊卡拉离井口。司钻低速上提空吊卡离开井口钻杆母接头。

㉒ 重复以上步骤进行下钻。

最后一柱下完后，接方钻杆小排量顶通水眼，返出正常后逐步增加至正常循环排量。

3. 顶驱装置短起下钻操作(液压吊卡液压卡瓦模式)

① 司钻上提钻具停泵，待第一柱钻杆下接头出转盘面 0.8m 时刹车，溢流观察。

② 司钻操作液压卡瓦至关位，待卡瓦闭合到位，下放钻具释放悬重至顶驱重量，司钻将顶驱设置成起下钻模式。

③ 内外钳工配合用液压大钳卸扣。

④ 司钻低速提出立柱，公扣下端面高出母扣上端面 0.2~0.3m 时刹车，外钳工用钻杆钩拉钻具同时内钳工推钻具，慢抬刹把平稳下放立柱入钻杆盒，摆放整齐并编号。

⑤ 在下放立柱进钻杆盒的同时，井架工绕好兜绳并迅速将兜绳固定于操作台 U 形卡槽内。

⑥ 当吊卡下行至适当位置时，井架工发出信号，司钻刹车。

⑦ 司钻在顶驱控制面板将液压吊卡“控制开关”打至开位，打开液压吊卡，井架工拉立柱进指梁，按顺序排好。

⑧ 司钻下放顶驱，待空吊卡下行距转盘面 3m 左右减速、慢放，同时操作顶驱使吊卡后倾，待下放至合适高度刹车，操作顶驱使吊卡扣向井口钻杆，到位后将液压吊卡打至关位。司钻操作液压卡瓦至开位，待指示灯亮起，上提钻具。液压卡瓦打开，上提钻具时司钻观察指重表悬重变化。

⑨ 上提钻具时井口内外钳工检查起出钻具，待立柱下单根接箍出转盘，及时提醒司钻。

⑩ 立柱下接头出转盘面 0.8m 摘离合器刹车，司钻操作液压卡瓦至关位，待卡瓦闭合到位，下放钻具释放悬重至顶驱重量。

⑪ 重复步骤②~⑨完成起钻。

a. 以清砂和修整井壁为目的的短起下钻，按实际情况确定起钻柱数；

b. 以测油气上窜速度为目的的短起下钻，通常起 10~15 柱。

⑫ 司钻上提游车起至适当高度后，摘高速，游车速度减缓，收到井架工信号后刹车，将游车停在二层台上合适的位置。

⑬ 井架工准备并拉出钻杆立柱。

⑭ 内钳工检查井口钻杆丝扣并涂抹丝扣油。

⑮ 井架工将钻柱放入液压吊卡内，司钻关闭液压吊卡，井架工确认吊卡扣好后发出信号。

⑯ 司钻收到井架工信号后，低速上提钻柱出钻杆盒，内外钳工用钻杆钩子拉住钻柱缓慢送至井口，待钻柱公接头高出井口母接头 0.2~0.3m 时刹车，井架工松兜绳配合对扣。司钻下放钻柱对扣，放松吊卡后刹车。

⑰ 内外钳工配合用液压大钳上扣。

⑱ 司钻操作液压卡瓦至开位，待指示灯亮起，司钻上提钻具，液压卡瓦打开，慢抬刹把，目视指重表下放钻具。

⑲ 下放过程中，接头过转盘点刹一次，上单根剩余4~5m处时，逐渐减速、慢放。待液压吊卡离液压卡瓦0.2~0.3m时刹车，司钻操作液压卡瓦至关位，待指示灯亮起，卡瓦闭合到位，下放钻具释放悬重至顶驱重量并放松吊卡，司钻打开液压吊卡，操作顶驱使吊卡后倾，上提顶驱，待吊卡过钻杆接头后，将吊卡回中位。

⑳ 重复以上操作完成下钻作业。

㉑ 待最后一柱钻杆上接头对扣紧扣完毕后，缓慢下放顶驱将钻杆母接头套入顶驱喇叭口内进行引扣，扣引满后用顶驱上扣，顶驱进入钻进模式，司钻操作液压卡瓦至开位，待指示灯亮起，上提钻具，液压卡瓦打开，小排量顶通水眼，返出正常后逐步增加至正常循环排量。

（五）工后闭环

① 清理、回收井口工具和辅助工具。

② 清理、恢复工作场所。

a. 对钻台进行清理；

b. 对工作产生的油污、污水进行清理回收。

③ 收集、归档工作相关资料。

a. JSA；

b. 钻具数据表；

c. 班报表。

④ 工作完成需用时间由实际钻井施工需求决定。

五、起下钻

（一）安全要点

① 禁止在视线不清、大雾、大雪、冰雹、雷雨、六级及以上大风等恶劣天气下进行起下钻作业。

② 温度在0℃以下时，严禁使用高速提升游动系统。游车每上行30ft左右，应活动1~2次气控开关，防止气路冻结。

③ 不推荐使用双吊卡模式进行起下钻，避免单吊环情况的发生，建议使用吊卡配合卡瓦模式。

④ 电子防碰天车的上碰下砸、绞车过卷阀和重锤式防碰天车应灵活可靠。起下特殊超长钻柱，防碰装置需要采取临时调整措施时，在起下超长钻柱后，应立即调整设置防碰天车后方可继续作业。

⑤ 禁止使用转盘进行绷扣、卸扣。

⑥ 推荐使用排绳器，保证大绳排列整齐，禁止在大绳缠乱的情况下继续起下钻作业。

⑦ 起钻过程中应及时清理钻柱上的泥块，防止未清理的泥块由于震动等原因下落造成物体打击伤害。

⑧ 带顶驱起放空游车前，必须收回顶驱吊环倾斜液缸，使吊环处于自由状态，防止挂压猴台、拉断兜绳，造成二层台及钻台作业人员伤害。

⑨ 禁止使用有损坏或与钻具规范不相符的井口工具。

⑩ 操作液压大钳时，不得将手放在设备旋转部位，无关人员撤离到安全位置，关闭安

全门框后方可操作液压大钳。

⑪ 液压大钳不用或修理时，切断动力源并用保险绳固定牢固，上锁挂牌，防止窜气、误操作伤人。

⑫ 使用 B 型钳上卸扣时，B 型钳应安装钳尾绳，人员离开尾绳或钳柄可能打击的范围。

⑬ 必须使用标准钻具螺纹脂，上扣做到不磨扣、不顿扣。

⑭ 油层井段及油层以上 300m 应用低速起钻。短起下钻过程中，准确计量灌入量及返出量，灌入量与返出量异常，要停止起下钻查找原因。

⑮ 卸立柱前必须把下单根起出 1m 以上，上下活动无阻卡显示后方可坐卡瓦卸立柱。若通过多次活动不能解除阻卡时，应卸一单根(或接一单根)，严禁带阻卡强行卸立柱。

⑯ 下钻过程中，无阻卡显示方可接下一立柱，如遇阻且通过再次活动不能解除阻卡时，立即起出接一单根(或卸一单根)，严禁带阻卡强行接立柱。

⑰ 拉送立柱进钻杆盒时，必须使用钻杆钩子，作业人员的脚部不得处在立柱公接头正下方，头和手不能伸进立柱之间，禁止用肩推钻杆。

⑱ 起下钻过程中，人员应保持警惕，避开顶驱导轨下方和井口转盘区域，时刻做好突发事件的应对工作。

⑲ 禁止将安全卡瓦随钻具带至高处。

⑳ 起下钻铤时，二层台上应安排两人作业。

㉑ 如使用提升短节，在井口上扣时必须安排专人负责观察提升短节是否有退扣现象。

㉒ 带班队长必须监管溢流观察、起下 BHA、起前 3 柱、下后 3 柱作业过程。

(二) 环保要求

① 施工过程中应采取措施降低噪声排放，以达到国家或地方噪声控制标准。

② 按规定处置施工过程中产生的废液和固体废弃物，减少对环境的影响。

③ 作业中钻具内液体有可能喷洒到钻台下，应采取措施减少污染。

④ 应选择环保、安全的钻具螺纹脂，避免使用含铅螺纹脂，剩余螺纹脂应密封保存并加以标记，用过的空容器应按照有关规定进行存储和处理。

(三) 工前准备

1. 井眼准备

① 起钻前充分循环钻井液，将井底岩屑携带干净，保持井眼清洁，调整好钻井液性能，保持井壁的稳定。

② 钻开油气层的井起钻前，还应进行短起下钻，测油气上窜速度，使油气上窜速度满足井控管理规定和设计的井控要求，如不能满足条件，需要重新调整泥浆性能，重测油气上窜速度，满足要求后方可起钻。

③ 井下存在异常情况的，如溢流、井壁有掉块等，要处理好异常后方可起钻。

2. 设备工具和安全设施的检查

① 检查吊卡、卡瓦、安全卡瓦等井口工具是否满足作业需要。使用自动化设备的顶驱钻机还应检查液压吊卡、液压卡瓦等工具。

② 检查钻机各传动部分及大绳的使用情况。

③ 检查专用灌浆罐及灌浆泵的运转情况，灌浆管线畅通情况。

④ 检查钻机的刹车系统及辅助刹车系统是否灵活好用。

⑤ 检查二层台各连接是否牢固。

⑥ 检查电子防碰天车、重锤式防碰天车、过卷阀等是否符合要求。

⑦ 检查安全带是否符合要求，二层台防坠落器是否灵活，二层台逃生装置是否处于正确的待命状况。

⑧ 核查井下钻具结构和钻具参数。

（四）工作流程

1. 召开作业前安全会

明确作业人员职责，告知作业步骤、作业风险及风险防控措施。

2. 常规起下钻操作（一吊一卡模式）

（1）起钻杆

作业步骤参考“四、短起下/（四）工作流程/2. 常规短起下钻操作（一吊一卡模式）”部分。

（2）起 BHA

① 起至最后一柱钻杆，待第一根钻铤母接头出转盘面 0.5m 时刹车。

② 溢流观察。

③ 内外钳工配合放入钻铤卡瓦，司钻缓慢下放钻铤坐于卡瓦上。确认卡瓦坐牢后，内外钳工打安全卡瓦，安全卡瓦距卡瓦 0.05～0.10m，用敲击工具轻敲安全卡瓦各铰链使卡瓦牙与钻铤完全接触，并用专用扳手上紧。

④ 用液压大钳或 B 型大钳卸扣，司钻与内外钳工配合，将最后 1 柱钻杆放入指梁。

⑤ 用气动绞车吊提升短节至井口。井口操作人员扶正与井口钻铤对扣，并手动引扣旋扣。

⑥ 司钻放游车在内外钳工的配合下，拉吊卡，扣上提升短节。

⑦ 用液压大钳或 B 型大钳对提升短节紧扣。

⑧ 司钻两次挂合低速离合器，平稳拉紧大钩弹簧，刹车。卸掉安全卡瓦后，上提钻具，井口人员配合提出卡瓦，立柱下接头出转盘面摘离合器刹车（接头距转盘面 0.5m）。

⑨ 司钻配合井口人员坐卡瓦，安全卡瓦所卡部位至卡瓦 0.05～0.10m，并卡平、卡紧。大钩弹簧放松 2/3 左右，刹住滚筒。

⑩ 内外钳工用液压大钳卸扣或用 B 型大钳松扣后用链钳卸扣。

⑪ 司钻合低速提出立柱，公扣下端面高出母扣上端面 0.2～0.3m，内外钳工使用气动绞车配合滑轮导向将钻铤拉入钻杆盒，司钻慢抬刹把，平稳下放钻铤立柱入钻杆盒，摆放整齐并编号。

⑫ 下放钻铤立柱的同时井架工适时拉兜绳或使用二层台气动绞车拉钻铤，使钻铤立柱靠近操作台，迅速固定兜绳。

⑬ 吊卡下放至适当位置，井架工发出停车信号，司钻刹车，井架工打开吊卡，拉钻铤立柱进入指梁，固定牢靠。

⑭ 重复上述操作起完钻铤。

注： 如果使用的钻铤带吊卡槽和卡瓦槽，起钻铤过程参考上文“四、短起下/（四）工作流程/2. 常规短起下钻操作（一吊一卡模式）”部分描述。

⑮ 起甩钻头和其他井下工具。

⑯ 溢流观察。

⑰ 关闭全封或剪切闸板，盖井口防止落物，检查钻头磨损情况。

(3) 组合 BHA

参考“ 一、组合 BHA” 部分描述。

(4) 下钻杆

参考“ 四、短起下/(四)工作流程/2. 常规短起下钻操作(一吊一卡模式)” 部分描述。

3. 顶驱装置起下钻操作(液压吊卡液压卡瓦模式)

① 起钻杆:

参考“ 四、短起下/(四)工作流程/3. 顶驱装置短起下钻操作(液压吊卡液压卡瓦模式)” 部分描述。

② 起钻铤参考“(3)起钻铤” 部分描述。

③ 起甩钻头和其他井下工具。

④ 溢流观察。

⑤ 关闭全封或剪切闸板, 做好井口防落物, 检查钻头磨损情况。

⑥ 组合 BHA:

参考“一、组合 BHA”部分描述。

⑦ 下钻:

参考“四、短起下/(四)工作流程/3. 顶驱装置短起下钻操作(液压吊卡液压卡瓦模式)”部分描述。

(五) 工后闭环

① 清理回收井口工具, 清洗、保养后妥善存放。辅助工具进行保养存放。

② 清理、恢复工作场所。

a. 对钻台进行清理;

b. 对工作产生的油污、污水进行清理回收。

③ 收集、归档工作相关资料。

a. JSA;

b. 入井钻具组合表;

c. 班报表。

六、套管准备

(一) 安全要点

① 套管卸车、吊装和排列时, 不准对套管猛击、猛撞, 不准将套管直接从车上撬到地面。

② 排放套管时人员站位应注意防止砸伤、挤伤。

③ 套管按规格分类存放在离地面 0.5m 以上的管架上, 应保证至少有 2 个支撑点, 套管两端探出不超过 1.5m, 管排架上末端应安装挡销, 防止套管滚落地面。

④ 必须使用专用的套管丝扣油, 不能用钻杆丝扣油替代, 每个丝扣连接前必须将螺纹清洗干净。

⑤ 不能使用高压气体推动通径规的方式进行套管通径作业, 通径作业时, 两侧人员要保持良好的视线和明确的沟通手势; 严禁人员在套管上部走动, 通径规到达公扣或者母扣一端时, 作业人员要注意站位, 严禁将脚立于套管公扣或母扣正下方, 避免通径规落地对作业人员造成伤害。

(二) 环保要求

① 套管通径过程中应采取措施降低噪声排放, 以达到国家或地方噪声控制标准。

② 清洗套管丝扣使用的溶剂和其他清洗剂可能含有有害物质，应采取措施防止污染土壤。

③ 应选择环保、安全的套管螺纹脂，避免使用含铅螺纹脂，剩余螺纹脂应密封保存并加以标记，用过的空容器应按照有关规定进行存储和处理。

（三）工前准备

① 根据钻井设计要求，督促甲方至少在钻到下套管井深前 2 天将套管送到井场(一开套管必须在开钻前到井)，并至少有 3%的备用套管量。

② 套管送井后，带班队长和甲方监督双方按货物清单进行检查验收，无误后安排场地工长按入井顺序卸车，把套管排放到管架上，套管母接头朝井架方向。

③ 工作相关的工具及设备准备和检查见表 1-17。

表 1-17　套管检查相关工具及设备

序号	工具设备名称	型号规格	单位	数量
1	钢卷尺	15m	把	1
2	粉笔	白色	根	若干
3	马克笔	白色	根	1
4	卡尺		把	1
5	套管螺纹脂		桶	按需
6	铅油刷		把	2
7	棉纱			按需
8	清洗剂			按需
9	套管浮箍		个	1
10	套管浮鞋		个	1
11	套管附件		个	按需
12	短套管		根	按需
13	套管通径规		个	1
14	油漆	红色	桶	1

（四）工作流程

1. 套管外观检查

① 管体存在的结疤、折叠、裂纹、蚀坑等缺陷，任一缺陷从管体测量的深度，无论其面积大小，不得大于规定厚度的 12. 5%。

② 管体外径公差见表 1-18。

表 1-18　套管外径公差

管体外径 D/mm	公差
<114. 3	±0. 79mm
≥114. 3	(1. 00%~0. 50%)D

③ 检查管体弯曲度，将套管置于平直的管架台上，采用直尺或拉线进行弯曲度检查，套管对直线的偏离(即弦高)不应超过管子总长的 0. 2%；两端管体 1500mm 范围内，不应超过 3mm。

④ 检查管体上壁厚标记，套管任何部分的壁厚，不得少于公称壁厚的 87.5%。

2. 套管钢级检查

① 检查接箍端或内螺纹端，应有漆印或钢印标记出钢级，接箍涂色标记表示钢级。

② 检查管体漆印标记，对钢印不清、漆印脱落，无法识别的套管，按照“六、套管准备/(四)工作流程/5. 未通过上述检查要求的套管转运到其他区域单独存放”的规定进行处理。

3. 套管丝扣检查

① 组织人员拆卸套管公母扣护丝并用清洗剂清洁全部套管丝扣(清洗时应当把接水盘放到适当的位置，避免污染土壤)。

② 丝扣撕破、断扣、损伤等缺陷，从管端算起，在完整扣的最小长度内不得有长度大于 15mm 或明显地破坏了丝扣的缺陷存在。

③ 损伤在完整扣范围内的任何一扣，不得有深度大于 0.5mm、长度大于 5mm 或影响丝扣紧密距的缺陷存在，不得存在明显毛口、飞刺。

④ 在有效丝扣范围内，若有锈蚀现象，不得有深度大于 0.5mm 或造成断扣的现象。

4. 套管通径检查

① 每根套管都应进行全长通径检查，用符合表 1-19 要求的圆柱形通径规。

表 1-19　通径规规格

套管尺寸/mm	通径规尺寸	
	长度/mm	最小直径/mm
<244.5	152	d-3.18
244.5~339.7	305	d-3.97
>339.7	305	d-4.76
备注	d 表示套管内径	

② 套管单根公母扣侧各站一个人，把柔性金属线从套管的公扣端穿到母扣端，用柔性金属线把通径规从套管中拉过去，在拉通径规时，把柔性金属线穿到下一个套管单根内。重复该步骤，完成套管通径。

③ 通径规累计检验 500 根套管以后应重新测量通径规的尺寸。

④ 当通径规不能通过套管全长时，应取出并清洁通径规，清洗套管检查凹凸缺欠；尝试从套管另一端再进行通径检验，如果第二次不能通过套管全长，则判断为“通径不过”。

⑤ 通径不过的套管应该在套管上明确标记。

a. 尽可能靠近接箍、内螺纹或鉴定过的一端绕管子画一圈红色漆带；

b. 在通径规不能通过的位置两侧绕管子画一圈红色漆带；

c. 在通径规不能通过的位置上，用白漆标明“通径不过”。

5. 未通过上述检查要求的套管转运到其他区域单独存放

6. 长度丈量

① 逐根丈量套管长度，丈量时用钢卷尺，沿套管轴线放平拉直，根据套管丝扣类型或特定要求从公扣端测量到接箍的外侧端面，读数精确到厘米，测量所得数据，用粉笔写于套管管体。

② 每根套管调头复测一次，复测无误后，套管公扣上 300mm 附近漆书编号，带班队长将套管规格和长度数据登记到套管数据表中。

7. 套管附件检查预装

① 浮鞋浮箍外观和丝扣检查。检查单流阀的密封和工况情况(灌满清水检查单流阀的密封性,然后使用木棒下压阀芯以确定单流阀工作正常,将套管附件与套管进行合扣试验,确保扣型正确无异常)。

② 检查套管扶正器的送井数量和规格是否与设计一致。

③ 按照上述套管检测标准检查短套管准备情况。

④ 按照套管下入数据表对场地上的套管进行检查排序,并核查备用套管和未通过检查的套管数量。

⑤ 按照套管下入数据表在场地上预装浮鞋、浮箍,预装后在该套管公母扣安装护丝并做封口处理,防止外物进入管内。

⑥ 按照套管下入数据表在场地上安装套管扶正器。

(五) 工后闭环

① 清理、存放工具和设备。

② 清理、恢复工作场所。

a. 捆扎套管的钢带或纤维带、套管公母扣护丝收集整理到井场相关区域;

b. 管架上套管以母扣端为准对齐排放。

③ 收集、归档工作相关资料。

a. 套管及附件送井单据;

b. 套管长度丈量登记表。

七、下套管作业

(一) 安全要点

① 作业前,根据施工情况准备好扣型匹配的内防喷工具或套管丝扣转换接头,并做好井控风险预案。

② 套管对扣时,严禁人员扶套管公扣和母扣上端,防止手指受到伤害。

③ 套管吊装过程中防范套管滑脱掉落,要求吊车吊装套管上钻台时必须使用专用吊装带,吨位符合要求,吊带至少在套管上缠绕两圈,避免吊带打滑;严禁使用钢丝绳吊装套管。

④ 作业所需的井口手工具要系保险绳,防范套管内落物导致无法循环和固井失败。

⑤ 员工拉套管钳过程中手扶套管位置不要与套管钳平齐,以防钳体、套管挤伤手指;在套管上卸扣过程中,套管钳周围严禁站人,防止摆动伤人;严禁非专业人员操作套管钳,防止误操作。

⑥ 下套管过程中按照甲方要求使用顶驱或 CRT(Casing Running Tool)对套管内进行灌浆,如用泥浆泵通过灌浆管线灌浆,则必须对灌浆管线严格采取固定措施,并控制泥浆泵的排量,以防灌浆管线从套管内脱出造成人身伤害。

⑦ 控制套管下放速度,避免因下放过快导致的激动压力过大造成地层漏失,下放遇阻严禁多压;避免套管长时间在裸眼内静止,防止卡套管。

⑧ 扶正台操作人员要正确佩戴安全带,保持精力高度集中,扶正套管后及时收回操作台(操作台前倾长度使操作人员操作时头部位置不能碰到顶驱任何部件),不要向前探望,

避免操作人员身体与顶驱相碰撞，造成人员受伤。

⑨ 严禁从钻台直接向场地扔套管护丝，防止高空落物伤人的风险。

⑩ 场地人员站位要合理，避开套管可能滑落区域，防止物体滑落伤人。

⑪ 钻台上工作人员严禁站在吊起套管的正下方，防止套管坠落伤害。

（二）环保要求

① 下套管过程中，应采取措施降低噪声排放，以达到国家或地方噪声控制标准。

② 清洗套管丝扣使用的溶剂和其他清洗剂可能含有有害物质，应采取措施防止污染土壤。

③ 应选择环保、安全的套管螺纹脂，避免使用含铅螺纹脂，剩余螺纹脂应密封保存并加以标记，用过的空容器应按照有关规定进行存储和处理。

④ 按规定处置施工过程中产生的废液和固体废弃物，减少对环境的影响。

（三）工前准备

1. 井眼准备

① 井身质量符合设计要求。

② 下套管前应进行通井，循环钻井液不少于两周，进出口密度差小于 0.02g/cm^3。

③ 调整好钻井液性能，达到井口无溢流和井筒不漏失，油水井上窜速度不大于 10m/h，气井上窜速度不大于 15m/h。

④ 电测井径小于钻头名义直径井段、起下钻遇阻卡井段、全角变化率超过设计规定的井段见“附件 1-7 常用套管下入最大允许全角变化率”，应重点扩划眼和短起下。

2. 套管及套管下入表准备

① 参考“第一章 第四节/常规作业/六、套管准备”部分内容。

② 制作套管数据表时注意，联顶节下第一根套管的接箍位置不应影响套管头内坐卡瓦和关闭半封闸板的要求，同时转盘面以上联顶节的高度应方便挂吊卡或气动吊卡，以及连接水泥头。

③ 套管数据表应与甲方监督和服务商进行核对。

3. 井口工具准备

① 检查长吊环、套管吊卡、单根吊卡、套管卡瓦、安全卡瓦、链钳、气动套管卡盘、全开式安全阀及配合接头、套管循环头、套管螺纹脂、套管螺纹胶、吊带、套管护丝、快卸护丝等。

② 套管卡瓦节数经验公式：套管卡瓦节数 = 套管尺寸(in)+5。

4. 下套管设备准备

检查吊车或自动猫道、套管举升车、气动绞车、套管扶正台、套管下入工具(CRT)、套管钳、B 型大钳及扭矩仪。

5. 人员准备

带班队长、班组人员、电焊工、吊车司机或猫道操作人员、套管举升车操作人员、套管队人员、甲方或第三方技术人员到位。

6. 场地准备

① 如果使用套管举升车，需要提前在场地上摆放好，并进行功能测试。

② 清理钻台，将暂时不用的设备和井口工具移开，确保足够的作业空间。

7. 其他准备

① 根据套管柱理论悬重校核最大钩载是否在安全范围内。

② 校正井架，天车中心应与钻台井口中心对正，尺寸偏差应小于±20mm。

③ 计算大绳做功吨英里，避免在下套管过程中滑割大绳。

④ 如果套管头内装防磨补心，应提前取出。

⑤ 根据井控要求，更换与套管尺寸适配的闸板并试压合格。

（四）工作流程

1. 申请 PTW

2. 召开作业前安全会

明确作业人员职责，告知作业步骤、作业风险及风险防控措施。

3. 套管上钻台

① 套管上钻台时必须戴好护丝或快卸护丝，防止损坏丝扣。

② 使用两根吊带在套管两端约 2m 处绕两圈并用卸扣固定好，拴牵引绳，吊车在信号指挥人员（穿信号马甲）的指挥下起吊，将第一根带预装浮鞋的套管平稳输送至大门坡道处（如使用自动猫道或套管举升车，按照相关要求操作输送套管上钻台）。

③ 井口操作人员扣合单根吊卡，插安全销，检查安全锁销到位后，司钻方可上提游车（第一根套管直接扣套管吊卡，防止套管落井，严禁使用单根吊卡送第一根套管入井）。

④ 指挥人员指挥吊车配合将母口端吊带固定松开，将吊带顺放在坡道上，同时摆动吊车并放松公扣端吊带，使套管逐渐进入钻台。

⑤ 缓慢上提套管至钻台面合适位置，大门坡道人员用兜绳控制套管，避免碰撞钻台面，同时防止套管向井口方向移动过快伤人。

⑥ 继续上提套管至公扣高于钻台面 0.5m 后刹车。

⑦ 按井控规定打开防喷器。

⑧ 扶正套管对正井口，下放游车，坐好套管卡瓦并扣上单根吊卡（单根吊卡应使用到套管悬重至少 7.5t 后）。

⑨ 重复②~⑥操作套管上钻台。

4. 套管对扣和紧扣

① 井口操作人员对正套管，司钻缓慢下放游车，井架工在套管扶正台扶正套管。

② 套管钳操作人员观察套管居中后，操作套管钳旋转套管 2~3 扣，确认没有错扣后，先高速后低速进行上扣，套管上扣扭矩要符合设计要求。

a. 标准圆螺纹上扣的实际扭矩达到推荐扭矩时，进扣和余扣在两扣范围内，则认为螺纹配合及旋紧程度合适；

b. 偏梯形螺纹上扣的实际扭矩达到推荐扭矩时，套管接箍未超过标记“△”顶界或与“△”底界余两扣范围内，则认为螺纹配合及旋紧程度合适；

c. 浮箍浮鞋及分级箍紧扣时需要注意，由于套管螺纹胶的摩擦系数比常规套管密封脂大，因此上扣扭矩要比正常推荐扭矩大，但不应超过最大扭矩的25%。

5. 套管附件安装

① 在地面已安装且焊接的浮鞋及浮箍，需要在入井前进行测试，以确保功能正常，方可入井。

② 在地面已安装的扶正器，需要在入井前检查位置是否符合设计要求，固定销钉是否

牢固可靠。

③ C75及以上钢级的套管，由于焊接受热会严重改变钢材机械性能，不允许焊接。浮箍及浮鞋只能在入井前连接，并需要在浮箍浮鞋所在的2或3个单根丝扣上涂抹专用套管螺纹胶再上扣，以保证连接牢固。

④ 如果需要下入固井分级箍，需要在其上下单根丝扣上涂抹专用套管螺纹胶。

⑤ 跨接箍套管扶正器需要入井前在井口安装，注意盖好井口，防止井下落物。

⑥ 出于井控安全考虑，不推荐使用自动灌浆装置，操作人员需要按规定灌浆并顶通。

6. 套管入井

① 套管紧扣后，下放游车到合适高度，井架工在套管扶正台摘掉单根吊卡。

② 继续下放游车到合适位置，井架工扣上吊卡或气动吊卡。

③ 游车上行提起套管(上提高度以刚好打开吊卡或提出套管卡瓦为宜)，打开单根吊卡并提出套管卡瓦或打开气动卡瓦。

④ 下放套管到方便操作套管钳高度为宜，坐套管卡瓦并扣合单根吊卡。

⑤ 下完带浮箍的套管或第3根套管后，应按要求灌浆，检查套管内液面变化情况，确认浮鞋、浮箍工作正常后方可继续下套管。

a. 套管附件如浮箍、浮鞋及扶正器等过井口时，要控制下放速度，以防刮碰井口或防喷器、套管头内部台阶。

b. 按照下套管技术措施和固井设计要求及时向套管内灌浆，推荐在套管上钻台期间，采取每根灌浆方式进行灌浆(套管下入裸眼后，如灌浆时间超过3min，应活动套管)。

c. 下套管过程中，应缩短静止时间，如套管静止时间超过3min，应活动套管，套管活动距离应不小于套管柱伸缩量的两倍。上下活动时，上提负荷不能超过套管抗拉强度的70%。

d. 按规定控制套管柱下放速度，避免猛放、猛刹对井下产生激动压力。

e. 下套管时应专人观察和记录钻井液返出情况，记录灌钻井液后悬重变化情况，如发现异常情况，应采取相应措施。

f. 直径244.5mm及以上的大尺寸套管悬重达到100t或出上层套管鞋时，推荐采用气动套管卡瓦。

⑥ 套管柱下至预定深度后，复查套管入井根数和未入井根数与送井套管总数是否相符。

⑦ 下完套管后，先灌满泥浆，上下活动套管柱的同时先小排量顶通，排量由小到大，确认泵压无异常变化和井下无漏失后，将排量逐渐提高到固井设计要求。

(五) 工后闭环

① 清理、存放工具和设备。

② 清理、恢复工作场所。

③ 关闭PTW，收集、归档工作相关资料。

a. PTW和JSA；

b. 套管数据表；

c. 套具长度丈量登记表；

d. 特殊工具证书及绘制的技术草图；

e. 甲方相关技术指令。

④ 工作完成，根据套管尺寸预计每小时下5~14根。

八、焊接式井口安装

（一）安全要点

① 开始割表层套管前，确保表层套管处于不受力状态，与井口防喷器组无接触。

② 井口焊接期间，禁止进行钻台上下交叉作业。

③ BOP 吊装装置和吊装绳索检验报告必须在有效期内。

④ 拆甩 BOP 组期间，人员必须站在安全且便于撤离的位置。

⑤ 作业期间做好井口防落物措施，井口焊接完成到下个作业前必须盖好井口。

⑥ 焊接和切割作业期间，参与人员做好个人防尘、有毒气体及电光辐射的防护。

⑦ 电焊机接地良好，焊钳与把线绝缘良好、连接牢固，更换焊条应戴手套。在潮湿地点工作，应站在绝缘胶板或木板上。

⑧ 气割设备操作必须由取得操作证件的人员操作，严禁无证上岗。

⑨ 使用前检查橡胶软管接头、氧气表、减压阀等，应紧固牢靠、无泄漏。严禁油脂、泥垢沾染气焊工具、氧气瓶。

⑩ 氧气瓶、乙炔瓶的使用间距不应小于 5m，距离明火不应小于 10m。

（二）环保要求

① 清洗套管头使用的溶剂和其他清洗剂可能含有有害物质，应采取措施防止污染土壤。

② 按规定处置清洗过程中产生的废液和固体废弃物，减少对环境的影响。

③ 切割和焊接作业结束后，应及时清扫场地卫生，将废料收集统一处理，以免污染环境。

（三）工前准备

1. 工具准备

① 焊机和焊工面罩、割枪、烤枪、氧气、乙炔、磨光机、电源线滚子、卷带、水平尺、焊条、焊条加热桶、方钢、1in 水管线 2m（放浆用）、气动隔膜泵及管线、气体检测仪、安全带、梯子。

② 对需要割套管位置的尺寸进行丈量。

③ 焊条需要提前加热烘干，一般情况下，需要提前 24h 将焊条保存在焊条加热筒内维持温度在 300℃，确保焊接井口使用的焊条充分干燥。

2. 数据计算

① 准确测量各个套管头的有效长度，根据甲方钻井设计，计算一开套管割开的具体深度，计算方法如下，以三开式井口为例：Section A、Section B、Section C 的有效长度为 A、B、C，那么从割套管的位置到圆井上端水平面的距离为 $A+B+C-D$，在这里所提到的有效高度是指：

a. 高度 A：Section A 下端内台阶面至顶部的高度；

b. 高度 B：整个套管头高度；

c. 高度 C：Section C 下端法兰面至平板阀中心的高度；

d. 高度 D：甲方设计要求的 Section C 平板阀中心高于地平面的数值，一般为 18in。

以上是一开套管割开位置距离地面的高度，实际操作过程中需要先割导管，割导管的长度还需要加上托盘的高度和表层套管嵌入套管头的长度。

② 对于常规三开式井口，以 Delta 井口为例，Section A、Section B、Section C 的有效高度分别为 20in、29in、13in、托盘高度为 9in、表层套管嵌入套管头的长度为 3in，那么从粗割导管的位置到地面的距离为 20+29+13+9+3−18=56(in)，从割导管的位置向上测量 12in，即是所需割表层套管的位置。

③ 计算示意图见图 1−1。

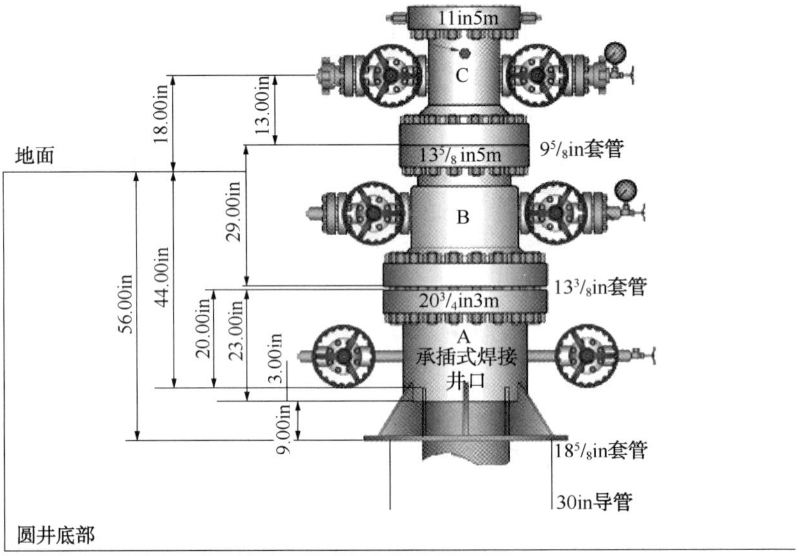

图 1−1　井口示意图

④ 计算结果应和甲方监督进行复核，确保准确无误。

(四) 工作流程

1. 申请 PTW

2. 召开作业前安全会

明确作业人员职责，告知作业步骤、作业风险及风险防控措施。

3. 拆甩井口套管和导流器

① 固井候凝结束之后，放松井口套管处于不受力状态。

② 先在导管两侧开两个窗口(高于 Section A 套管头托盘底部)，再粗割断 $18\frac{5}{8}$in 套管(高于 Section A 套管头与 $18\frac{5}{8}$in 套管套入部分顶部)。

③ 甩掉割断的 $18\frac{5}{8}$in 套管，操作 BOP 提升装置轻微上提导流器，割断导管，甩出导流器。

④ 清理圆井内的钻井液和杂物，确保圆井内的作业环境干净。

4. 焊接部位预热

对焊接井口的焊接部位进行预热，温度到 200℃ 左右(加热前拆掉焊接井口上的丝堵，防止丝堵受热损坏)。

5. 定位找平粗割导管

① 用水平尺找到地面和表套的水平点并做标记，从水平点向下丈量提前计算好的长度(以井队实际井口情况为准)，然后用卷带圈一圈画线。

② 用割枪按画线进行切割，保持切割线的平整。

6. 定位找平粗割表层套管

① 用4根方钢焊接在导管上，支撑表套进行固定(此项工作应在表套未切割前完成，确保井口与转盘中心线一致，预防水泥没有凝固好表套不居中)。

② 支点焊完后，向导管注水达到割掉的位置，利用水面的水平性，从水面向上丈量提前计算好的长度，然后用卷带在表套上圈一圈画线。

③ 在计算好的位置以上2cm处割洞把表套里面的泥浆放掉。

④ 放完泥浆后，在计算好的位置割断表层套管，割的时候要确保平整。

⑤ 甩掉割断的表层套管。

7. 打磨倒角

表层套管找平后割出倒角，打磨确保倒角光滑。

8. 井口焊接

① 用BOP提升装置平稳提起焊接井口并移动到井口表套上面。

② 根据甲方监督的要求找正焊接井口闸门和手柄方向后，缓慢下放套入表层套管。

③ 用水平尺找平焊接井口后，先焊8个点进行固定，每个点焊接长度不得少于6cm。

④ 固定完焊接井口后再次对焊接位置进行加热，加热焊接部位温度至300℃左右，一般需要30~40min。

⑤ 开始使用烘干后的焊条焊接，现场一般使用7018型3.2mm焊条。

⑥ 焊接位置内外各焊两遍。焊内部的时候注意焊条不要在焊接井口上面引弧和灭弧，焊接外部的时候要把固定焊接井口的焊接点用磨光机进行处理，防止焊接的时候出现夹渣和气孔，同时保持焊点清洁，避免试压不成功。

9. 焊接位置保温

井口焊接完成后对焊接位置进行保温2~3h。

10. 井口试压

试压前焊接位置进行温度测试，温度测试合格后，由试压孔处连接试压枪，试压500psi。

11. 套管头托盘焊接

① 套管头托盘就位焊接前应注意试压孔和高压截止阀的位置，不要影响试压接头的安装和截止阀的开关操作。

② 套管头托盘焊接完成示意图见图1-2。

(五) 工后闭环

① 清理、存放工具和设备。

② 清理、恢复工作场所。

清理圆井内的焊接残余物等。

③ 关闭PTW，收集、归档工作相关资料。

a. PTW和JSA;

b. 焊接井口高度计算记录;

c. 套管头法兰距离转盘补心高度;

d. 绘制的套管头技术草图和照片;

e. 甲方相关技术指令。

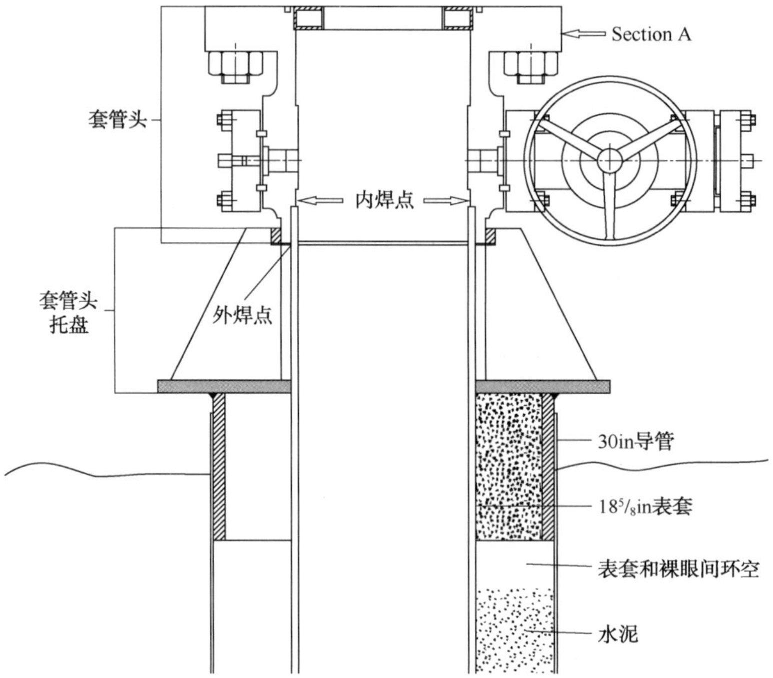

图 1-2　套管头托盘焊接完成示意图

九、防喷器安装

(一) 安全要点

① 遇有大风、大雾、雷电、雨雪等恶劣天气，应当停止安装作业。

② 工作区域应清洁、无杂物，并用警戒带进行隔离，无关人员禁止入内。

③ 钻台上下不可进行交叉作业，防止落物伤人。

④ 圆井铺设盖板，防止人员坠落。

⑤ 防喷器组安装期间井口采取防落物措施，防止手工具、螺栓、螺母等物品落入井内。

⑥ 四通、导流器、喇叭口下放对正期间，禁止接触法兰连接部位，防止手部伤害。

⑦ 防喷器组各部件之间的密封钢圈不可重复使用。

⑧ 高处作业人员必须正确穿戴安全带并使用转盘下的防坠器。

⑨ 提吊和悬挂设备必须标明有效的安全色，探伤报告应在有效期内。

⑩ 起吊和移动防喷器组必须专人指挥、专人操作、专人观察，其他人员远离。敲击扳手的尺寸应符合作业要求并系有安全绳。

⑪ 检查敲击扳手的尺寸恰当好用并系有安全绳。

⑫ 带班队长必须监管整个作业过程。

(二) 环保要求

① 施工过程中应采取措施降低噪声排放，以达到国家或地方噪声控制标准。

② 按规定处置设备清洗过程中产生的废液和固体废弃物，减少对环境的影响。

③ 安装及拆卸液压管线时，管线内的液压油有可能溢出，要做好回收工作，防止污染

土壤。

（三）工前准备

1. 防喷器组准备及检查

防喷器设备需满足如下要求：

① 所有防喷器设备(环形、闸板、阀门、节流阀、四通、节流管线、软硬管线等)满足API6A、API16A、API16C、API16D或其他API规范要求并打上相应的标识。

② 所有主要设备包括(但不限于)环形BOP、闸板BOP、四通、闸板总成、阀门、节流管汇、节流压井管线、液气分离器等必须有单独的序列号或出厂编号，必须清晰地标记在设备本体上，该序列号或出厂编号必须在合格证中明确标识。

③ BOP设备在维修、更换配件时必须是原厂配件或原厂授权认可的可更换件，文件必须是原厂出具的。

④ 防喷器组、套管头以及转换法兰的通径要能通过下步作业所需最大尺寸的钻头、刮管器、尾管悬挂器、封隔器、试压塞、试压杯、防磨补心等井下工具。

⑤ 压力控制设备(防喷器、阀门、管线等)的额定压力应高于最大预期井口压力。

⑥ 井间搬迁期间拆除BOP与四通组合连接，检查法兰、螺栓的腐蚀磨损情况。

⑦ 现场应保存BOP元件安装原理图及厂家说明书，应包含闸板总成、顶密封、前密封及环形修理包、侧门密封圈的序列号、尺寸图解及生产日期。

⑧ 防喷器及关联设备必须满足NACE MR-0175/ISO 15156，API6A或API16A中关于防硫化氢的规定(如有需要)。

⑨ BOP、节流管汇(包括节流阀)及所有关联设备的OEM认证或再认证周期必须符合甲方规定和井控要求。

a. ≤3000psi：油、气井，五年OEM认证或再认证；

b. ≥5000psi：油井，五年OEM认证或再认证；气井，三年OEM认证或再认证。

2. 工具及设备准备

① 个人劳保用品：安全帽、安全眼镜、手套、工鞋、安全带、防坠落装置、信号服。

② 工具：绳套，卸扣，防喷器安装所需的螺栓、垫圈、扳手、套筒、榔头、液压扭矩扳手、棉纱、黄油。

③ 设备和仪器：吊车、叉车、对讲机、气体检测仪。

3. 其他准备

① 防喷器提升装置的载荷测试报告及吊装绳套检测报告在有效期内。

② 防喷器提升装置的导轨固定牢固，滑轮灵活好用。

③ 防喷器吊装耳板、吊装卸扣完好无损(检测证书、涂有正确的季度色)。

④ 根据现场情况确定是否需要把大门跑道移开。

⑤ 检查、清洗转换法兰、钻井四通及单闸板(双闸板)的钢圈槽。

⑥ 检查所用闸板与使用管具是否匹配。

（四）工作流程

1. 申请PTW

2. 召开作业前安全会

明确作业人员职责，告知作业步骤、作业风险及风险防控措施。

3. 安装四通

① 使用防喷器悬吊系统吊起四通并移动到套管头法兰上方。

② 清洁四通下法兰和套管头法兰钢圈槽，放入新钢圈。

③ 对齐螺孔和闸门出口方向后，下放四通。

④ 将准备好的螺栓带齐，余扣均在 2~3 扣，用敲击扳手按顺序上紧扭矩，先对角线上，然后 90°角，最后 45°角。

a. 使用合适的锤击扳手或扭矩扳手，从而确保法兰间的间隙一致，上下螺母暴露的丝扣数相等。当使用扭矩扳手时，确保使用适当的扭矩值和润滑油。

b. 防喷器连接螺栓上紧扭矩见“附件 1-8 防喷器连接螺栓、钢圈及上扣扭矩表”。

4. 安装防喷器

① 使用防喷器悬吊系统吊起防喷器并平稳移动到四通上方。

② 清洁防喷器底法兰和四通上法兰钢圈槽，放入新的钢圈。

③ 缓慢下放防喷器确保进油口方向符合甲方规定或井控要求（推荐机房方向），对齐螺栓孔后，下放防喷器。

④ 将准备好的螺栓带齐，余扣均在 2~3 扣，用敲击扳手按顺序上紧扭矩，先对角线上，然后 90°角，最后 45°角。

a. 使用合适的锤击扳手或扭矩扳手，从而确保法兰间的间隙一致，上下螺母暴露的丝扣数相等。当使用扭矩扳手时，确保使用适当的扭矩值和润滑油。

b. 防喷器连接螺栓上紧扭矩见“附件 1-8 防喷器连接螺栓、钢圈及上扣扭矩表”。

c. 在 BOP 工作台上工作时，戴好安全带和速刹。

5. 安装节流及压井管汇

① 节流和压井管线安装首选钻井四通，在特殊情况下（例如空间受阻），闸板防喷器侧出口也可代替四通使用。

② 所有防喷器侧出口直径至少要与节流管汇管线的直径一致。

③ 节流和压井管线的内侧手动平板阀正常情况下（除非做压力测试）不允许关闭。

④ 单流阀应安装在压井和应急压井管线上。

⑤ 节流管汇所有的阀门应挂牌标识编号，并标明开关状态。

⑥ 应在节流管汇处放置关井压力提示牌，同时将关井压力提示牌内容打印张贴在节流控制箱箱盖内侧。

⑦ 将准备好的螺栓带齐，余扣均在 2~3 扣，用敲击扳手按顺序上紧扭矩，先对角线上，然后 90°角，最后 45°角。

6. 安装喇叭口

① 场地上的气动绞车配合钻台上的气动绞车缓慢把喇叭口提升到防喷器上面。

② 检查清洁喇叭口法兰和防喷器上法兰钢圈槽。

③ 将准备好的螺栓带齐，余扣均在 2~3 扣，用敲击扳手按顺序上紧扭矩，先对角线上，然后 90°角，最后 45°角。

④ 没有上栽丝螺栓的螺孔必须做好清洁和润滑并装上丝堵。

7. 安装泥浆伞

8. 安装泥浆返流槽

依次安装泥浆返流槽的安全绳和支架、连接灌浆管线和泥浆回收管线、连接流量计信号线。

9. 安装液控管线

① 从防喷器主体开始，依次连接液控管路。

② 连接液控管路时，要按照远程控制台上三位四通阀标识牌上所示全封、半封、环形、放喷等对应连接，同时远程控制底座后槽钢上所标示的“开”和“关”与防喷器本体的“开”和“关”相一致。

③ 所有油、气管线接头在安装之前都要用压缩空气吹扫干净。

④ 液控管排：配置最少6m长管排，内装1in钢管16根(为减少环形防喷器的关闭时间建议配置1½in钢管2根，根据远控出口管线尺寸配置)。

⑤ 液控管线：液控管线和活动弯头应满足承压、防火(在2000℉±100℉火焰下维持操作压力3min不渗漏)、防爆要求。

⑥ 所有液控管线连接处必须有安全绳。

⑦ 车辆行驶处应装过桥盖板，不应在管排架上堆放杂物或以其作为电焊接地线或在其上进行焊割作业。

10. 安装闸板防喷器手动锁紧装置

11. 防喷器固定

用16mm钢丝绳和花篮螺栓在井架底座的对角线上固定绷紧防喷器，避免钻具与防喷器组的接触与磨损。

12. 安装液气分离器

① 液气分离器安装在泥浆罐边地面上，地面要求水平、坚实，液气分离器安装时要固定牢靠，防止气量过大引起震动。

② 排气管线接到井场外的燃烧池，管线出口距离井口应不少于110m，并且距泥浆坑远边不少于35m。

③ 排液管线接至循环罐上的振动筛前的分配箱上，悬空长度超过6m应支撑固定；不应将管口埋于箱内液体中，出口处固定牢固。

④ 液气分离器钻井液进出口管线、排气管线应采用法兰连接，通径不应小于设计进出口尺寸，转弯处应有预制铸(锻)钢弯头，各管线出口处应固定牢固。

⑤ 液气分离器绷绳、防喷器绷绳等按设备的使用说明书执行。

⑥ 抗震压力表安装方向应与井架正面一致，垂直安装，选用低量程(0~250psi)便于读取，严禁安装在液气分离器顶部及排气管线上。

⑦ 安装完成后，应对8in排气管线进行密封性测试。

⑧ 液气分离器的压力表和安全阀每年应校验一次。

⑨ 液气分离器每5年要经过全面检查和测试。检查包括：表观检查、压力测试、磁粉或渗透探伤和超声波检查壁厚。

13. 安装真空除气器

① 真空除气器进液管线应安装在泥浆液面以下。

② 真空除气器排气管线上应安装一只单流阀，该单流阀应在低压时能顶开，防止因顶不开单流阀造成气体回流，推荐使用挡板式单流阀。

③ 真空除气器装在泥浆罐的顶部，要能够处理经过沉砂罐后第一隔舱的泥浆。

14. 安装钻台控制系统

① 连接司钻节流控制箱立套压传感器信号线，连接节流阀控制管线并进行功能测试。

② 连接气管束从远控房到司钻控制台，使用内径为16mm的软管作为气管线从机房连接到司钻控制台供气。

15. 安装远程控制台

① 连接电源。系统连接电源前，确认电控箱上的电源开关已经断开，并确认控制装置可靠接地。

② 远程控制台气源使用内径为32mm的软管连接。

③ 配置应急电源：准备一条从应急发电机到远控房的电缆，在主发电机停机的情况下便于立即切换电源。

④ 防喷器远程控制台安装在面对井架左侧、距井口不少于25m的专用活动房内，并在周围留有宽度不少于2m的人行通道、周围10m内不得堆放易燃、易爆、易腐蚀物品。

⑤ 远程控制台的电源线、气源管线要从配电房和气瓶房单独接出、单独控制。

⑥ 远程控制台报警系统：远程控制台与司钻控制台分别配备4个防爆指示灯，用于指示下述功能：a. 低蓄能器压力（黄色，有声）；b. 低气压（黄色，有声）；c. 低液位（黄色，有声）；d. 电动泵运转（绿色）。

⑦ 远控房内安装两个防爆应急照明灯和两个防爆照明灯。

⑧ 防误操作装置：在远控房、司钻控制台和辅助控制台三处安装全封（剪切）闸板防误操作装置。

16. 安装辅助控制台

辅助控制台应安装在平台经理或者监督值班房附近便于操作的位置。

17. 全面检查

设备安装完毕后，仔细检查所有的连接管路是否有误，各种接头是否紧固。

18. 远程控制台功能测试

① 接通电源和气源。

② 测试各处报警灯、电铃是否正常工作；测试电机正反转。

③ 检查气源压力（75~115psi），检查压力变送器输入压力（50psi）。

④ 打压前，油箱液位应距离油箱顶部200mm左右；打压后油箱液位应高于油标下限的100~150mm。

⑤ 打开管汇泄压阀，电泵控制开关打到自动位置，试运转几分钟，待电机运转正常后再关闭泄压阀。检查各处压力表是否正常升压。

⑥ 司钻控制台、辅助控制台显示的蓄能器压力与远程控制台蓄能器压力表显示压力的误差应不大于85psi。

⑦ 司钻控制台、辅助控制台显示的管汇压力和环形压力与远程控制台管汇压力表和环形压力表显示压力的误差应不大于28psi。

19. 防喷器和液压放喷阀功能测试

检查液控管线密封情况和开关方向，确保各项功能符合要求。

20. 绘制防喷器组高度图

测量转盘面到万能、双闸板、单闸板和套管头的距离，绘制防喷器组草图见“附件1-9 防喷器组Space Out图”并张贴于司钻房内，便于在关井时钻具的接头位置避开闸板关闭时的位置。

21. 安装放喷管线和排气管线

① 放喷管线及液气分离器排气管线布局要考虑当地季节风向、居民区、道路、油罐

区、电力线及其他设施等。

② 放喷管线及液气分离器排气管线均要求用水泥基墩固定，水泥基墩推荐尺寸为：0.8m×0.8m×0.8m。每隔10~15m、拐弯处、出口处放置一个水泥基墩，在水泥基墩上面放管线，用卡板固定。

③ 弯脖和活动弯管易受冲蚀，因此放喷管线及液气分离器排气管线要尽可能平直，在转弯处根据需要使用铸(锻)钢弯头或缓冲方块三通。

④ 放喷管线及液气分离器排气管线的出口处应有防沙堵措施，确保管线通畅，出口处严禁增设阀门。

（五）工后闭环

① 清理、存放工具和设备。

② 清理、恢复工作场所，各闸门及开关手柄挂牌。

③ 关闭PTW，收集、归档工作相关资料。

a. PTW和JSA；

b. 工前会议记录；

c. 防喷器组高度图；

d. 甲方相关技术指令。

十、更换闸板

（一）安全要点

① 如果在夜间进行更换闸板总成的工作，必须确保良好的照明。

② 所有闸板密封胶皮严格按照甲方要求使用周期更换，如果在使用中发现磨损或者损坏，即使使用时间不到甲方规定的周期，也必须更换。

③ 当打开或者关闭侧门时，所有人员必须远离防喷器组。

④ 高处作业必须使用正确的安全带并挂好速刹。

⑤ 只允许具有操作气动绞车经验的人操作气动绞车。

⑥ 如在井口更换闸板，全封闸板应处于关位。

⑦ 严禁使用气动扭矩扳手拆装闸板防喷器侧门固定螺栓，防止损坏闸板防喷器侧门内螺纹和固定螺栓。

⑧ 带班队长必须在现场监管作业过程。

（二）环保要求

① 清洗侧门腔内腔时，使用的溶剂和其他清洗剂可能含有有害物质，应遵守相关废弃物品处理规定，采取防落地措施，防止污染土壤。

② 闸板清洗保养过程中产生的废液和固体废弃物，要按相关规定选择处置方法，减少对环境的影响。

（三）工前准备

1. 个人劳保用品准备

安全帽、安全眼镜、手套、工鞋、安全带、防坠落装置。

2. 所需工具准备

通信工具、气动绞车、吊装绳套、闸板专用吊装螺栓、吊装卸扣、闸板密封、侧门密封、安装所需的螺栓、垫圈、和螺栓相对应的扳手、套筒、榔头、液压扭矩扳手、平口起子、棉纱、黄油。

3. 需要准备安装的闸板

(四) 工作流程

1. 申请 PTW

2. 召开作业前安全会

明确作业人员职责，告知作业步骤、作业风险及风险防控措施。

3. 打开闸板防喷器侧门

① 检查防喷器主体和远程控制台液压管线的连接，确保远程控制底座后槽钢上所标示的“开位”和“关位”与防喷器本体的“开位”和“关位”相一致。

② 操作远程控制台上三位四通控制阀手柄处于中位。

③ 关闭全封闸板。

④ 使用敲击扳手或者液压扭矩扳手卸松侧门螺栓后，应手动拆掉侧门螺栓，避免螺栓损坏。

⑤ 操作三位四通阀换向手柄放在关位，液压关井，闸板则从侧门腔内伸出。

a. 直开式侧门：当液压关井时，侧门自动打开；

b. 旋开式侧门：固定螺栓去掉后可以直接旋开。

4. 拆除原闸板

① 检查闸板侧门腔内是否有水泥块及各种堆积物，并清理干净侧门腔，检查侧门腔油缸密封圈和卡簧是否完好无损，检查侧门腔的密封处是否有损伤。

② 吊装螺栓安装到闸板本体上，用气动绞车的钩子挂在吊环螺栓上，并拴好尾绳。

③ 司钻指挥气动绞车操作人员操作气动绞车，缓慢上提闸板，同时闸板更换人员引导闸板脱离闸板腔。把闸板放到远离圆井区域比较安全的地方。

④ 根据同样的程序把另一个闸板拆下来。

5. 安装更换闸板

① 吊装螺栓固定到准备好的替换闸板上，气动绞车的钩子挂到吊装螺栓上，系好尾绳。

② 司钻指挥气动绞车操作人员操作气动绞车，缓慢上提闸板，闸板更换人员引导闸板进入侧门腔并安装好。

③ 根据同样的程序，更换另一个闸板。

6. 关闭闸板防喷器侧门

① 闸板更换好后，闸板腔和闸板涂上黄油。

② 清洗侧门腔和密封处，更换侧门密封圈(如有必要)。

③ 把三位四通阀换向手柄放在开位，液压开井，关上侧门。

a. 直开式侧门：液压开井时，侧门自动关闭；

b. 旋开式侧门：直接旋关。

④ 安装侧门固定螺栓，先手动上紧，再用敲击扳手或液压扭矩扳手上紧到额定扭矩。

⑤ 在远控房操作三位四通换向阀手柄，检查闸板能否正常开关。

⑥ 打开全封闸板。

7. 侧门密封压力测试

按照防喷器试压的要求进行试压。

（五）工后闭环

① 清理、存放工具和设备。

② 清理、恢复工作场所，各闸门、开关手柄挂牌并处于待命工况。

③ 关闭 PTW，收集、归档工作相关资料。

a. PTW 和 JSA；

b. 试压记录。

十一、防喷器试压

本部分适用于双闸板+万能防喷器组合在井口安装后的全套试压。

（一）安全要点

① 防喷器试压应从试压单元的上游方向（井内压力出来的方向）建立压力。

② 防喷器组试压应从上至下使用清水进行测试。

③ 防喷器试压应先试低压再试高压，禁止先试高压，然后泄压到低压。

④ 禁止使用泥浆泵打压，禁止带压倒闸门，禁止紧固或卸松任何带压的连接。

⑤ 打开封井器的过程中，禁止人员在井口处观察。

⑥ 使用试压塞对防喷器组进行压力测试前，必须打开套管头阀门，避免因可能的泄漏压裂套管。

⑦ 试压泵打压期间，试压泵操作人员禁止离开试压操作台，无关人员禁止靠近高压设备。

⑧ 试压工作全部完成后，根据正常作业要求倒闸门，使各闸门处于正确开位或关位，符合井控要求。

⑨ 带班队长必须监护该作业的全过程。

（二）环保要求

① 按规定处置，清洗保养过程中产生的废液和固体废弃物，减少对环境的影响。

② 从套管头环空闸门放出的泥浆要回收到锥形罐内，试压期间井控装备连接处出现刺漏时要做好防护，避免泥浆落地造成土壤污染。

③ 试压期间操作液控闸门及防喷器开关过程中，液压管线可能发生刺漏，管线内的液压油有可能溢出，要做好回收工作，防止污染土壤。

（三）工前准备

1. 准备个人防护用品

安全帽、安全眼镜、手套、工鞋、安全带、防坠落装置。

2. 准备相关工具

转换接头、试压塞（或试压杯）及密封件、安全链（或警示带）、榔头、链钳、B 型吊钳、平口起子、内六方扳手、棉纱、黄油。

3. 准备相关设备

① 试压泵及试压记录仪进行功能测试，保证试压期间能够正常打压和记录压力曲线。

② 检查试压单元的开关状态，检查立管及节流、压井管汇压力表。

③ 检查试压塞是否与当前的套管头相匹配（应使用相同生产厂家的），如使用试压杯试压要确保试压杯尺寸适合当前最内层套管。

④ 如果防喷器为初次安装，应进行功能测试，测试防喷器及液动阀的开关是否与远控房三位四通换向阀控制手柄的开关位置相对应。

⑤ 如防喷器试压作业在夜间进行，应准备好照明设备。

⑥ 用吊卡扣好试压单根并提出小鼠洞，组合转换接头(如有需要)、试压塞(或试压杯)，在试压塞下部接两柱加重钻杆，按厂家或API标准推荐的扭矩上扣，如果使用试压塞则需卸掉试压塞上的丝堵。

⑦ 从压井管线泵入清水，清洗防喷器组、节流管汇、液气分离器及放喷管线。

(四) 工作流程

1. 申请PTW

2. 召开作业前安全会

明确作业人员职责，告知作业步骤、作业风险及风险防控措施。

3. 下入试压工具

① 打开节流阀，泄去可能存在的圈闭压力，放掉四通以上的钻井液。

② 打开全封闸板(或剪切闸板)，完成开井作业。

③ 根据套管头高度，计算方入并在试压单根上做好标记。如使用试压塞，当试压塞坐到位时，标记应与转盘面平齐。如使用试压杯，则试压杯的坐封深度约30m。

④ 下入试压钻具组合，由上至下分别是：试压头+试压接头+试压钻杆+试压塞，将试压塞准确坐入套管头内，将压力源连接到钻台试压单根上。

⑤ 打开套管头一侧闸门。

4. 环形防喷器试压

① 环形防喷器试压见图1-3。深灰表示关闭状态，黑色表示试压空间，浅灰色表示打开状态。

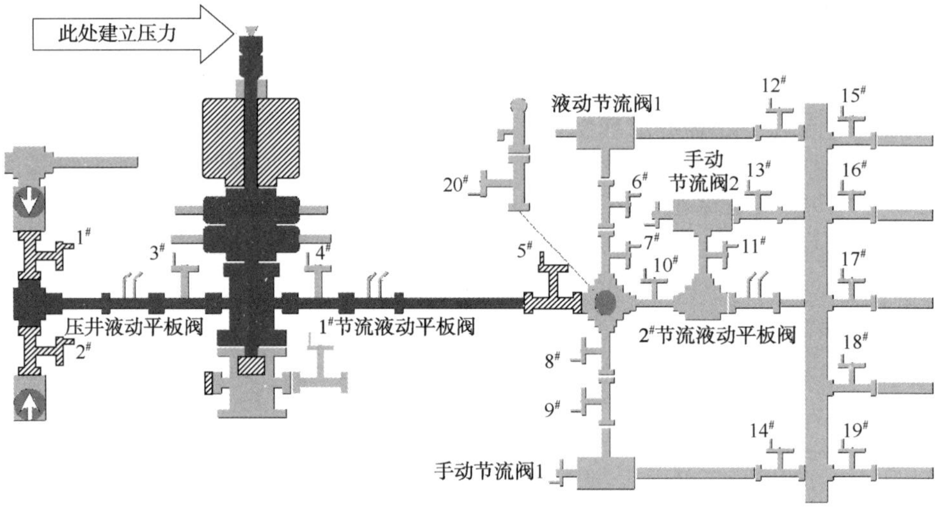

图1-3 环形防喷器试压示意图

② 关闭1#、2#、5#闸门，拆掉压井管汇单流阀的阀芯，将防喷器内灌满清水。

③ 关闭环形防喷器。

④ 低压测试：启动试压泵缓慢打压至300psi，保持10min，观察是否有压降或泄漏。如有渗漏，泄压到0psi，解决渗漏后再次测试。

⑤ 高压测试：低压测试合格后，逐步打压至环形防喷器额定压力的70%，保持10min，观察是否有压降和泄漏。如有泄漏，泄压到0psi，解决渗漏后再次测试。

⑥ 试压结束后，从试压泵高压截止阀处缓慢泄压至0psi，关闭泄压阀。

⑦ 打开环形防喷器。

5. 上半封闸板、1[#]、2[#]、5[#]闸门试压

① 上半封闸板、1[#]、2[#]及5[#]闸门试压图见图 1-4。深灰色表示关闭状态，黑色表示试压空间，浅灰色表示打开状态。

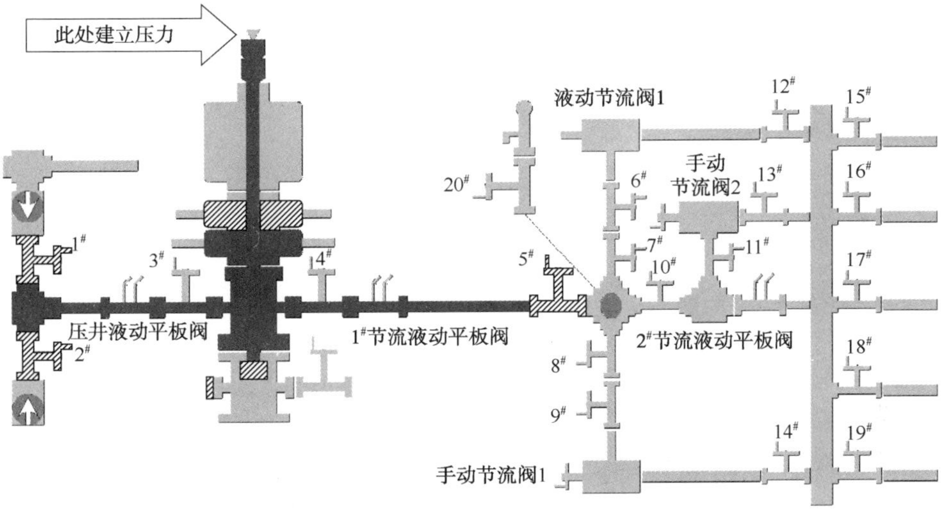

图 1-4　上半封闸板、1[#]、2[#]及5[#]闸门试压示意图

② 关闭上半封闸板。

③ 低压测试：启动试压泵缓慢打压至 300psi，保持 10min，观察是否有压降或渗漏。如有渗漏，泄压到 0psi，解决渗漏后再次测试。

④ 高压测试：低压测试合格后，逐步打压至防喷器组额定压力，保持 10min，观察是否有压降和渗漏。如有渗漏，泄压到 0psi，解决泄漏后再次测试。

⑤ 试压结束后，从试压泵高压截止阀处缓慢泄压至 0psi，关闭泄压阀。

6. 压井 HCR 及节流 HCR1 试压

① 压井 HCR 及节流 HCR1 试压见图 1-5。深灰色表示关闭状态，黑色表示试压空间，浅灰色表示打开状态。

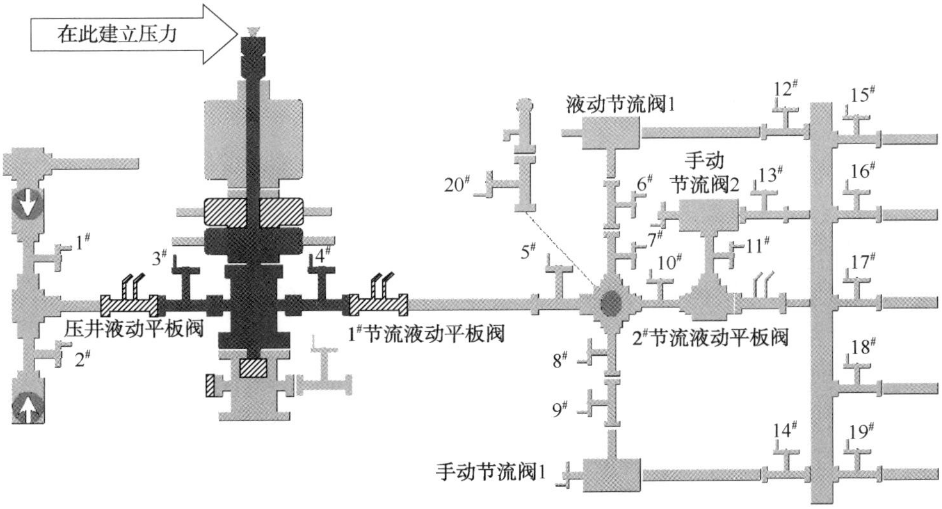

图 1-5　压井 HCR 及节流 HCR1 试压示意图

② 关闭压井管线 HCR 阀和节流管线 HCR1 阀，打开 1#、2#、5#闸门。

③ 低压测试：启动试压泵缓慢打压至 300psi，保持 10min，观察是否有压降或渗漏。如有渗漏，泄压到 0psi，解决渗漏后再次测试。

④ 高压测试：低压测试合格后，逐步打压至防喷器组额定压力，保持 10min，观察是否有压降和渗漏。如有渗漏，泄压到 0psi，解决泄漏后再次测试。

⑤ 试压结束后，从试压泵高压截止阀处缓慢泄压至 0psi，关闭泄压阀。

7. 试压 3#阀和 4#阀

① 阀门 3#和 4#试压见图 1-6。深灰色表示关闭状态，黑色表示试压空间，浅色表示打开状态。

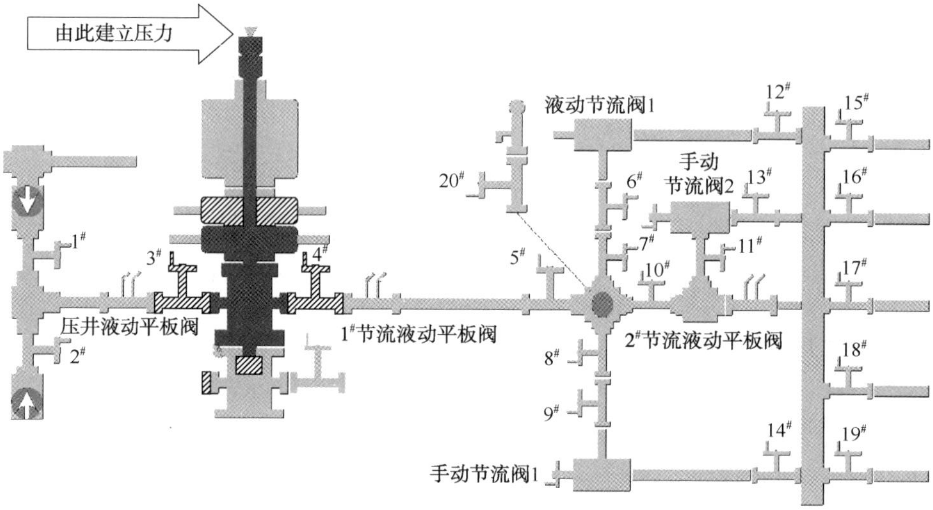

图 1-6　3#阀和 4#阀试压图

② 关闭 3#阀和 4#阀，打开压井管线 HCR 阀和节流管线 HCR1 阀。

③ 低压测试：启动试压泵缓慢打压至 300psi，保持 10min，观察是否有压降或渗漏。如有渗漏，泄压到 0psi，解决渗漏，再次测试。

④ 高压测试：低压测试合格后，逐步打压至防喷器组额定压力，保持 10min，观察是否有压降和渗漏。如有渗漏，泄压到 0psi，解决泄漏后再次测试。

⑤ 试压结束后，从试压泵高压截止阀处缓慢泄压至 0psi，关闭泄压阀。

⑥ 打开上半封闸板。

8. 下闸板(剪切或全封)、单流阀、7#阀、8#阀及 10#阀试压

① 下闸板(剪切或全封)、单流阀、7#阀、8#阀及 10#阀试压图见图 1-7。深灰色表示关闭状态，黑色表示试压空间，浅灰色表示打开状态。

② 使用链钳倒出并甩掉试压单根，安装单流阀阀芯。

③ 关闭 7#、8#、10#阀门，打开 3#、4#阀门。

④ 试压管线连接到节流管汇五通上的试压头，防喷器内灌满清水。

⑤ 关闭下闸板。

⑥ 低压测试：启动试压泵缓慢打压至 300psi，保持 10min，观察是否有压降或渗漏。如有渗漏，泄压到 0psi，解决渗漏后再次测试。

⑦ 高压测试：低压测试合格后，逐步打压至防喷器组额定压力，保持 10min，观察是

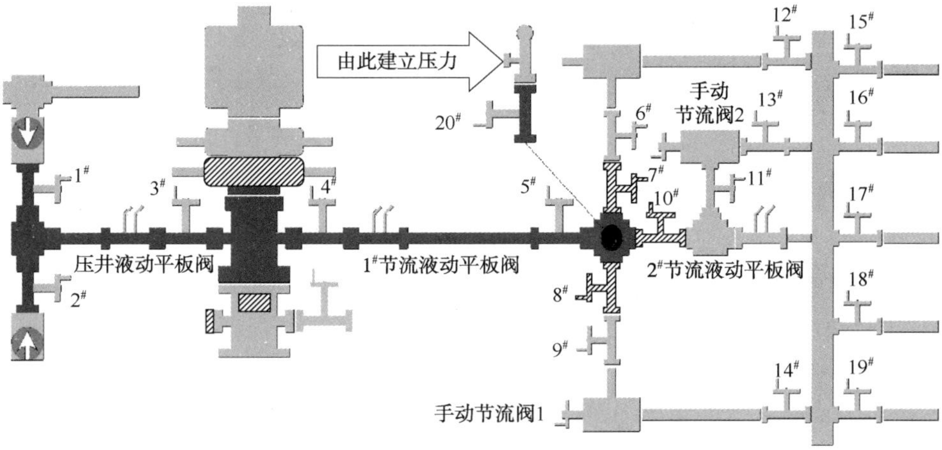

图 1-7　下闸板(剪切或全封)、单流阀、7#阀、8#阀及 10#阀试压示意图

否有压降和渗漏。如有渗漏，泄压到 0psi，解决渗漏后再次测试。

⑧ 试压结束后，从试压泵高压截止阀处缓慢泄压至 0psi，关闭泄压阀。

⑨ 打开下闸板，关闭套管头侧面闸门。

⑩ 取出试压塞，安装套管头防磨套。

(五) 工后闭环

① 清理、存放工具和设备。

② 清理、恢复工作场所各闸门开关手柄挂牌，处于待命工况。

③ 收回警示牌及安全链(或警示带)。

④ 当班司钻、带班队长和监督在试压曲线上签字，填写试压报告。

⑤ 关闭 PTW，收集、归档工作相关资料。

十二、井口防磨套取放

(一) 安全要点

① 溢流观察无异常后方可进行取放防磨套作业。

② 防磨套坐放到位后必须上紧套管头锁紧螺栓和备帽，否则将造成钻具、防磨套、套管头磨损。

③ 防磨套的下入和取出时必须轻提慢放，避免损坏取放工具销钉。

④ 做好井口防护工作，防止井下落物。

⑤ 连接和卸下防磨套时，注意手部的防护。

(二) 环保要求

① 清洗防磨套及送取工具使用的溶剂和其他清洁剂可能含有有害物质，应采取措施防止污染土壤。

② 套管头侧面闸门放出的泥浆必须回收到锥形罐内，避免泥浆落地造成土壤污染。

③ 清洗用水应回收处理并再次使用到钻井液循环系统中，减少废物的处理总量。

(三) 工前准备

1. 准备个人劳保用品

安全帽、安全眼镜、手套、工鞋。

2. 准备安装所需要的工具

防磨套、防磨套取放工具、气动绞车、链钳、大补心取出工具、扳手、井口盖板、单根吊卡、短钻杆、配合接头（如取放工具扣型与钻杆扣型不一致，需准备配合接头）、棉纱、黄油、清洁剂。

3. 其他相关准备

① 提前丈量转盘面至防磨套锁紧螺栓高度、防磨套取放工具与防磨套长度。

② 检查防磨套尺寸合适无损坏，且与在用套管头相匹配。

③ 如防磨套取放作业需要在夜间进行，准备好照明设备。

（四）工作流程（安放防磨套）

1. 召开作业前安全会

明确作业人员职责，告知作业步骤、作业风险及风险防控措施。

2. 组合防磨套取放工具

① 钻具组合由下至上：取放工具+配合接头（如需）+钻杆+短钻杆（如需）。

② 将取放工具放入防磨套J形槽，逆时针旋转防磨套30°左右，取放工具销钉挂住防磨套J形槽。

3. 放入防磨套

① 打开井口盖板，用气动绞车取出转盘补心并放在合适位置。

② 打开关闭状态的闸板并检查闸板打开情况。

③ 打开套管头侧面的环空闸门，把防喷器内的泥浆放掉，闸门保持开位。

④ 检查锁紧螺栓，保证锁紧螺栓都已缩回到位。

⑤ 确认防喷器全部打开。

⑥ 在防磨套外圈均匀涂抹一层黄油或钻杆丝扣油等润滑油，司钻缓慢下放接有防磨套总成的钻杆，以防刮碰防喷器。

⑦ 下放防磨套时丈量钻杆长度。

⑧ 防磨套坐在套管头内后，核对钻杆下入深度，确保防磨套坐入到位。

⑨ 上紧套管头法兰周边的锁紧螺栓，以防止钻进时防磨套旋转，锁紧螺栓不宜上得太紧，防止顶坏防磨套，上紧后，将背帽上紧。

⑩ 关闭套管头侧面的环空闸门。

4. 起出防磨套取放工具

① 司钻下放游车，释放悬重。

② 钻工做好井口保护后，使用链钳逆时针方向旋转钻杆30°左右，将防磨套从取放工具中退出。

③ 钻杆母扣上连接提丝，操作气动绞车缓慢上提钻杆的同时司钻配合上提游车（吊卡保持距钻杆接箍以下40cm左右）。

④ 操作气动绞车缓慢地上提钻杆，避免挂碰防喷器。

⑤ 起出取放工具到转盘面上，关闭全封闸板，装上转盘方瓦，盖上井口。

⑥ 把取放工具从钻杆上卸下来并妥善保管，甩掉单根和短钻杆。

（五）工作流程（取出防磨套）

1. 召开作业前安全会

明确作业人员职责，告知作业步骤、作业风险及风险防控措施。

2. 组合防磨套取放工具

钻具组合由下至上：取放工具+配合接头(如需)+钻杆+短钻杆(如需)。

3. 下放防磨套取放工具

① 用气动绞车吊出转盘补心并放在合适位置。

② 打开关闭状态的闸板并检查闸板打开情况。

③ 打开套管头侧面的环空闸门，把防喷器内的泥浆放掉，闸门保持开位。

④ 确认防喷器全部打开。

⑤ 缓慢下入取放组合通过防喷器，观察指重表，防止刮碰，取放工具到达防磨套上，核对钻杆下入深度。

⑥ 继续下放游车，缓慢释放悬重至吊卡离开钻杆台阶 1cm 左右。

⑦ 做好井口保护，使用链钳顺时针方向旋转钻杆，使取放工具销钉对准防磨套J 形槽(钻杆突然下降 1cm 左右，表明销钉对准 J 形槽入口)，继续下放钻杆 6cm 左右。

⑧ 顺时针方向旋转钻杆 30°左右直到旋转不动，表明销钉完全进入 J 形槽中。

4. 起出耐磨套

① 松开套管头上锁紧螺栓背帽，退出锁紧螺栓，保证锁紧螺栓退出到位。

② 钻杆母扣上连接提丝，操作气动绞车缓慢上提钻杆的同时司钻配合上提游车(吊卡保持距钻杆接箍以下 20cm 左右)。

③ 操作气动绞车缓慢地上提带着耐磨套的钻杆，避免刮碰防喷器。

④ 缓慢起出耐磨套到转盘面上，关闭全封闸，装上转盘方瓦，盖上井口。

⑤ 卸掉耐磨套，把取放工具从钻杆上卸下来，将单根和短钻杆卸开甩掉，妥善保管耐磨套和取放工具。

⑥ 将套管头锁紧螺栓背帽上紧。

⑦ 关闭套管头侧面的环空闸门。

(六) 工后闭环

① 清理、存放工具和设备。

② 清理、恢复工作场所。

③ 收集、归档工作相关资料，司钻把防磨套放入或取出日期记在交接班记录本上。

十三、插入法固井

一般应用于大直径油气井表层套管固井。

(一) 安全要点

① 气温低于-5℃时，应避免夜间施工，如夜间施工要保证照明良好，使施工人员能准确分辨施工信号。

② 如遇大雪、大雾、暴风雨、六级及以上大风时不准强行施工。

③ 钻台作业区域保持干净有序，避免出现人员绊倒及滑倒等事故。

④ 试压或施工期间，作业区域隔离并拉警示带，非工作人员禁止入内。

⑤ 试压或施工期间，如果出现高压管汇或由壬刺漏，必须在泄压后方可处理。

⑥ 钻台留有足够长的固井管线，确保活动套管有足够的距离；在活动套管时，用气动

绞车吊起固井管线避免连接部分承受载荷。

⑦ 易漏井固井前，隔离液中加入堵漏纤维，提高入井流体的预堵漏能力。

⑧ 如果固井发生井漏，固井结束后及时从井口打帽子、吊灌水泥浆或反挤水泥，关闭防喷器，消除溢流或井喷风险。

⑨ 如需憋压候凝，井口安装压力表和泄压阀，安排专人观察和控制套管内压力，使其在设计范围内。

⑩ 固井前应采取措施避免水泥浆返出地面后进入防喷器组和泥浆罐，如水泥浆进入防喷器组和泥浆罐，固井结束后应立即进行清洗。

（二）环保要求

① 固井作业过程中采取措施避免干水泥灰泄漏，保护灰罐车周围区域的土壤。

② 返出的水泥混浆及前置液全部用射流泵或隔膜泵泵送至泥浆坑，保护圆井周围的土壤。

③ 清洗固井管线返出的水泥混浆全部通过专用的清洗管线放至固井坑，保护固井车周围的土壤。

④ 配制水泥浆时，应避免水泥浆外溢；倒换固井管线时，应避免水泥浆外流；添加药品后，不能将盛装药品的桶倒放，以免残余药品外流。

⑤ 施工完毕后，不得用固井药品水在井场冲洗水泥车，并且不得随意倾倒固井药品水。

（三）工前准备

1. 准备插入式固井钻具表

① 根据套管下入深度制作插入式固井钻具表。

② 原则上最后一根钻杆接箍位置适中，既要方便安装固井循环头，又有足够的空间扣钻杆吊卡，可以使用短钻杆调节接箍位置。

2. 准备相关工具及设备

相关工具及设备见表 1-20。

表 1-20　插入法固井相关工具及设备

序号	工具设备名称	型号规格	单位	数量
1	虚拟转盘	1m	台	1
2	5in 钻杆吊卡		个	2
3	固井循环头	5in 转 2in1502 由壬	个	1
4	钻杆扶正器	24in 或 $18\frac{5}{8}$in	个	1
5	插入式固井头		个	1
6	胶塞		个	1
7	警示带		卷	1
8	榔头	12lbs	把	2
9	对讲机		台	6

续表

序号	工具设备名称	型号规格	单位	数量
10	固井车		台	1
11	灰罐车		台	1
12	钢丝绳套	13mm	根	1
13	切克森管线	2in1502	圈	3
14	射流泵		台	1
15	圆井泵		台	1
16	高压胶管		根	2
17	链钳		把	2
18	液压大钳		台	1

（四）工作流程

1. 申请 PTW

2. 召开作业前安全会

明确作业人员职责，告知作业步骤、作业风险及风险防控措施。

3. 安装虚拟转盘

虚拟转盘安装至套管接箍之上，固定牢靠。

4. 组合插入式固井头

① 钻具结构：插入头+5in 短钻杆（如需）+5in 钻杆 1 根+扶正器（套管内径尺寸相符的弹性扶正器）+5in 钻杆。按照井深提前准备插入式固井钻具表，尽量缩短插入后钻具顶端到钻台的距离，以方便固井作业。如果需用 5in 短钻杆，将短钻杆接在插入头上，扶正器安装在 5in 短钻杆和第一根钻杆之间，尽量缩短扶正器到插入头的距离。

② 上提一根立柱，检查插入式固井头上的橡胶密封圈，用手带扣安装插入式固井头，使用液压大钳或 B 型大钳上紧插入式固井头，插入头涂抹黄油。

③ 上提钻杆立柱直到插入式固井头高于表层套管接箍并位于套管中央，缓慢下放钻杆通过套管接箍位置。

④ 在第一根钻杆和第二根钻杆接箍处安装扶正器。

5. 下钻

① 缓慢下放钻具直至钻杆吊卡接触虚拟转盘面，钻工打开吊卡吊耳两侧的固定螺杆，缓慢下放吊环的同时两名钻工分别向两侧推动吊环，把吊环推至虚拟转盘上备用的另一根钻杆吊卡的吊耳内，上紧固定螺栓。

② 司钻缓慢上提顶驱把备用吊卡提离虚拟转盘，提升顶驱至二层台位置，井架工扣合下一柱钻具，司钻上提顶驱把钻柱提离立根盒区域，钻工清理干净钻杆公扣端丝扣，涂抹钻杆丝扣油。两名钻工协助钻杆对扣。

③ 使用液压大钳上紧两柱钻杆连接，重复上述作业步骤，按钻具表依次下入钻具立柱。

6. 插入头插入浮鞋

① 当插入式固井头下入深度接近插入式浮鞋 15ft 以上时，控制游车下放速度。

② 在甲方监督的见证下缓慢把插入式固井头插入套管鞋内孔，下压 3~5t，并在井口做好标记。

③ 使用灌浆软管往套管内灌浆直到灌满套管与钻具之间的环空，查看导管与套管之间的环空液面是不是上返(不上返为正常)，查看表套与钻杆之间环空液面是不是下降(不下降为正常)。

④ 接循环头开泵循环，验证插入式固井头完全插入且密封良好，套管内液面无变化则正常。

⑤ 使用铁链或绳套把钻具向下牢牢固定在钻台面上，防止固井期间插入式固井头脱开。

7. 循环

循环处理泥浆性能并观察是否存在漏失和溢流现象，同时固井作业人员连接和冲洗地面固井管线并按要求试压。

8. 固井

① 管线流程转至固井模式，第三方固井作业人员开始按作业计划进行固井作业。

② 开始固井作业后，打开圆井泵将圆井内液体泵送至振动筛筛管，泥浆工在圆井附近待命，测量圆井处液体比重(如井口装有防喷器，应打开井口四通两侧闸门)。

③ 一旦确认隔离液返出，停圆井泵，打开自吸泵，水泥浆及混浆直接泵入泥浆坑。

④ 顶替水泥浆。

a. 如需要投胶塞，固井车停泵，钻台人员卸开固井循环头，投入替浆用的胶塞并下压胶塞，重新安装固井循环头，按计划替浆，直到胶塞压入套管鞋内孔，碰压至 800~1000psi，稳压 10min；

b. 如不需要投胶塞，固井车转清水或泥浆顶替(顶替量要计算准确，约留 50m 钻杆内容积量不顶替)。

⑤ 从固井车端缓慢泄压至 0psi，并观察有无返流。

a. 如有返流，评估返出流体体积，重新开泵顶回相应的体积，带压开始候凝；

b. 如无返流，开泵给胶塞施加 200psi 压力，与此同时，上提插入式固井钻柱，使之从套管鞋内孔中脱离。

9. 起钻候凝

① 上提钻具 5~10ft 开始循环冲洗钻柱。

② 冲洗完毕后，卸开固井管线，卸掉固井循环头，起出插入式固井钻具，钻具立回井架，卸掉钻杆扶正器及插入式固井头，盖好井口，开始候凝。

(五) 工后闭环

① 清理、存放工具和设备。

② 清理、恢复工作场所。

a. 钻台清理干净无杂物；

b. 固井车周围清理干净，地面无散落的水泥灰；

c. 圆井周围清洗干净，圆井残余水泥浆全部抽走。

③ 关闭 PTW，收集、归档工作相关资料。

a. PTW；

b. JSA。

十四、常规固井

（一）安全要点

① 气温低于-5℃时，应避免夜间施工，如夜间施工要保证照明良好，使施工人员能准确分辨施工信号。

② 如遇大雪、大雾、暴风雨、六级及以上大风时禁止强行施工。

③ 钻台作业区域保持干净有序，避免出现人员绊倒及滑倒等事故。

④ 试压或施工期间，作业区域隔离并拉警示带，非工作人员禁止入内。

⑤ 试压或施工期间，如果出现高压管汇或由壬刺漏，必须在泄压后方可处理。

⑥ 钻台留有足够长的固井管线，确保活动套管有足够的距离；在活动套管时，用气动绞车吊起固井管线避免连接部分承受载荷。

⑦ 油气层打开后，固井候凝期间，应充分考虑水泥浆失重带来的井控风险，做好井口观察，水泥浆凝固前不能开始井口作业。

⑧ 易漏井固井前，隔离液中加入堵漏纤维，提高入井流体的预堵漏能力。

⑨ 为防止固井漏失，固井优先考虑部分低密度水泥浆体系，降低静液柱压力和施工压力，确保固井模拟的施工压力低于漏失和破裂压力。

⑩ 固井期间，严格控制施工排量，要求排量缓慢平稳过渡，杜绝骤升骤降。根据前置液及低密度水泥浆返出情况、常规密度水泥浆进入裸眼情况、实际泵压和稠化时间，及时调整替浆排量。

⑪ 如果固井期间发生井漏，固井结束后及时从井口打帽子、吊灌水泥浆或反挤水泥，关闭防喷器，消除溢流或井喷风险。

⑫ 如需憋压候凝，井口安装压力表和泄压阀，安排专人观察和控制套管内压力，使其在设计范围内。

⑬ 固井前应采取措施避免水泥浆返出地面后进入防喷器组和泥浆罐，如水泥浆进入防喷器组和泥浆罐，固井结束后应立即进行清洗。

（二）环保要求

① 固井作业过程中采取措施避免干水泥灰泄漏，保护灰罐车周围区域的土壤。

② 返出的水泥混浆及前置液全部用射流泵或隔膜泵泵送至泥浆坑，保护圆井周围的土壤。

③ 清洗固井管线返出的水泥混浆全部通过专用的清洗管线放至固井坑，保护固井车周围的土壤。

④ 配制水泥浆时，应避免水泥浆外溢；倒换固井管线时，应避免水泥浆外流；添加药品后，不能将盛装药品的桶倒放，以免残余药品外流。

⑤ 施工完毕后，不得用固井药品水在井场冲洗水泥车，并且不得随意倾倒固井药品水。

（三）工前准备

1. 工具和设备准备

相关工具及设备见表 1-21。

表 1-21　固井相关工具及设备

序号	工具设备名称	型号规格	单位	数量
1	固井循环头		个	1
2	胶塞		个	1
3	警示带		卷	1
4	榔头	12lbs	把	2
5	对讲机		台	4
6	切克森管线	2in1502	圈	按需
7	撬杠		根	2

2. 其他准备

① 检查指重表、泵压表是否灵活、准确。

② 检查泥浆泵，保证上水正常，并实测上水系数。

③ 泥浆罐应准备足够的空间储备水泥浆替换出的钻井液。

④ 准备足够长的管线从井口四通连接到振动筛钻井液分配器。

⑤ 储备固井设计水泥化验用水两倍的淡水用量。

⑥ 带班队长应计算循环、固井时上提套管的悬重，以便确认大钩载荷和立根盒承载能力。

⑦ 带班队长应计算碰压所需的泥浆用量和冲数，并和第三方的计算结果对比。

3. 循环洗井

在固井之前至少循环两倍井眼容积，直到泥浆进出口相对密度一致，振动筛处无明显岩屑；在保证井眼安全的前提下，降低黏度、切力为提高顶替效率和界面胶结创造良好的条件；记录核对泥浆泵上水效率和泵压。

（四）工作流程

1. 申请 PTW

2. 召开作业前安全会

明确作业人员职责，告知作业步骤、作业风险及风险防控措施。

3. 安装固井循环头及试压

① 循环结束后，班组人员协助第三方固井人员卸掉套管循环头，将固井循环头安装到套管接箍上。

② 固井队人员启动固井车并用清水冲洗固井管线，冲洗干净后停泵，在钻工的协助下将固井管线连接到固井循环头。

③ 关闭固井循环头上的低扭矩阀，使用固井车对固井管线进行高低压测试，检查管线有无刺漏。

4. 固井

（1）注入隔离液和冲洗液

① 试压通过后，井口人员倒好闸门，使用泥浆泵或泵车按固井作业计划泵送准备好的隔离液和冲洗液。

② 在泵送规定体积的隔离液和冲洗液后停泵，倒管线流程，固井车开始泵送水泥浆。

（2）注入水泥浆

① 按照设计数量和密度泵注领水泥浆、中间水泥浆、尾水泥浆。

② 泥浆工配合固井队进行水泥浆密度测量。

③ 司钻安排专人观察返浆情况。

（3）压胶塞

① 水泥浆注入完毕后停泵，固井作业人员打开固井循环头上胶塞的锁定旋钮，泵车泵入 $2m^3$ 顶替液推动胶塞下行后停泵，井口人员观察胶塞指示器，核对胶塞是否落井。

② 如果胶塞确定落井，关闭上下挡销，继续替浆。

③ 如果无法判断胶塞是否落井，及时向甲方汇报，必要时可打开水泥头进一步验证。

（4）替浆

① 井口人员倒换闸门，司钻泵冲清零，启动泥浆泵，按照设计排量和数量开始顶替水泥浆。

② 开泵前期由于水泥浆重力原因，基本没有泵压，井内液柱压力逐渐平衡后，泵压开始逐渐升高，司钻和固井工程师注意观察泵压情况。

③ 替浆期间，从振动筛处观察返浆情况，发现混浆或隔离液出来后，应立即打开锥形罐排放闸门，混浆及水泥浆直接通过排放管线流入泥浆坑。

④ 替浆期间，顶替液存放泥浆罐应只出不进，安排专人核对顶替液使用量，检查上水效率并与司钻保持沟通。

⑤ 如果顶替量达到设计允许最大值，无论是否碰压，都应停止替浆，避免替空。

⑥ 如有水泥浆返出，记录泵冲并计算返出水泥浆量。

（5）碰压

泥浆泵泵入设计泥浆体积后，转固井车使用低排量替浆直到胶塞接触阀座，开始碰压，泵压曲线可见大幅上升，停泵稳压或增加至设计压力后稳压。

（6）候凝

① 稳压一段时间后，从固井车泄压，观察有无返流。

② 如有返流，评估返出流体体积，重新开泵顶回相应的体积，带压开始候凝。

③ 如无返流，拆卸掉固井循环头和固井管线，盖好井口，清理钻台区域。

（五）工后闭环

① 清理、存放工具和设备。

② 清理、恢复工作场所。

a. 钻台清理干净无杂物；

b. 固井车周围清理干净，地面无散落的水泥灰；

c. 圆井周围清洗干净，圆井残余水泥浆全部抽走。

③ 关闭 PTW，收集、归档工作相关资料。

a. PTW 和 JSA；

b. 固井安全会记录。

十五、双级固井

双级固井工艺技术是指通过一种特殊固井工具(分级箍也称 DV)及其各种配套的塞子来

实现较长的水泥封固井段，分两级进行封固。

双级固井工艺技术的应用范围：

① 一次注水泥封固段太长，压差过高，一般注水泥设备难以满足施工要求。

② 低压易漏失井，由于一次封固段太长，压差过高，容易引起固井漏失。

③ 封隔特殊层位，油气分布不均匀，不连续并且中间间隔距离太长。

④ 预防固井后环空气窜。

⑤ 封固段上下温差大，水泥浆性能不易调节。

分级箍安放位置的确定原则：

① 全井封固的井，一般安放位置在井深 1/2 处，同时考虑地层、井径、井斜方位及垮塌情况。

② 主要油气层间隔距离较大时，其位置选择在上部油气层底界以下 40～60m 处。易漏失地层，一般选在漏失层以上 50～80m 处。

③ 分级箍以下必须有足够长度的套管，一般不少于 450m，以保证分级箍顺利打开。

（一）安全要点

① 气温低于-5℃时，应避免夜间施工，如需夜间施工要保证照明良好，使施工人员能准确分辨施工信号。

② 如遇大雪、大雾、暴风雨、六级及以上大风时不准强行施工。

③ 钻台作业区域保持干净有序，避免出现人员绊倒及滑倒等其他事故。

④ 试压或施工期间，作业区域隔离并拉警示带，非工作人员禁止入内。

⑤ 试压或施工期间，如果出现高压管汇或由壬刺漏，必须在泄压后方可处理。

⑥ 钻台留有足够长的固井管线，确保活动套管有足够的距离；在活动套管时，用气动绞车吊起固井管线避免连接部分承受载荷。

⑦ 油气层打开后，固井候凝期间，应充分考虑水泥浆失重带来的井控风险，做好井口观察，水泥浆凝固前不能开始井口作业。

⑧ 易漏井固井前，隔离液中加入堵漏纤维，提高入井流体的预堵漏能力。

⑨ 为防止固井期间发生漏失，固井优先考虑部分低密度水泥浆体系，降低静液柱压力和施工压力，确保固井模拟的施工压力低于漏失和破裂压力。

⑩ 固井期间，严格控制施工排量，要求排量缓慢平稳过渡，杜绝骤升骤降。根据前置液及低密度水泥浆返出情况、常规密度水泥浆进入裸眼情况、实际泵压和稠化时间，及时调整替浆排量。

⑪ 如需憋压候凝，井口安装压力表和泄压阀，安排专人观察和控制套管内压力在设计范围内。

⑫ 固井前应采取措施避免水泥浆返出地面后进入防喷器组和泥浆罐，如水泥浆进入防喷器组和泥浆罐，固井结束后应立即进行清洗。

（二）环保要求

① 固井作业过程中采取相应措施避免干水泥灰泄漏，保护灰罐车周围区域的土壤。

② 返出的水泥混浆及前置液全部用射流泵或隔膜泵泵送至泥浆坑，保护圆井周围的土壤。

③ 清洗固井管线返出的水泥混浆全部通过专用的清洗管线放至固井坑，保护固井车周

围的土壤。

④ 配制水泥浆时，应避免水泥浆外溢；倒换固井管线时，应避免水泥浆外流；添加药品后，不能将盛装药品的桶倒放，以免残余药品外流。

⑤ 施工完后，不得用固井药品水在井场冲洗水泥车，并且不得随意倾倒固井药品水。

（三）工前准备

1. 工作相关工具和设备准备

相关工具及设备见表 1–22。

表 1–22　双级固井相关工具及设备

序号	工具设备名称	型号规格	单位	数量
1	固井循环头		个	1
2	替浆胶塞		个	1
3	分级箍开启器		个	1
4	分级箍关闭塞		个	1
5	警示带		卷	1
6	榔头	12lbs	把	2
7	对讲机		台	4
8	切克森管线	2in1502	圈	按需
9	撬杠		根	2

2. 其他准备

① 检查指重表、泵压表是否灵活、准确。

② 检查泥浆泵，保证上水正常，并实测上水系数。

③ 泥浆罐应准备足够的空间储备水泥浆替换出的钻井液。

④ 准备足够长的管线从井口四通连接到振动筛钻井液分配器。

⑤ 储备固井设计水泥化验用水两倍的淡水用量。

⑥ 带班队长应计算循环、固井时上提套管的悬重，以便确认大钩载荷和立根盒承载能力。

⑦ 带班队长应计算碰压所需的泥浆用量和冲数，并和第三方的计算结果对比。

⑧ 检查固井循环头，替浆胶塞及分级箍附件。

3. 固井队准备

（1）固井设计和水泥浆实验

① 收集地质数据、井下复杂情况及钻井参数等，进行固井模拟计算，制作固井设计。

② 取固井用水、泥浆、水泥和添加剂样品，进行水泥浆初试、复试和混浆污染实验。必要时提高温度和密度做扩展实验。

（2）水泥及添加剂

① 严格按照化验室配方干混或者水混添加剂材料。

② 固井水泥、添加剂必须和取样做实验的材料属于同一批次。

③ 固井队应做好油井水泥储存、混拌及运输各个环节的防潮工作。

④ 对送到井上的水泥、添加剂和药品水，进行抽样复试。

(3) 固井设备

① 固井设备状况良好，满足施工要求，并且有备用设备。

② 施工前检查柱塞泵上水效果，排出泵内空气，避免柱塞泵上水不良造成管线振动，导致退扣影响管线密封效果和产生安全隐患。

③ 对固井管线由壬连接处进行细致的清洁、维护保养，连接后必须砸紧。

④ 检查固井头闸门开关是否灵活，以及胶塞安装情况。

4. 循环洗井

固井之前至少循环两倍井眼容积，直到泥浆进出口相对密度一致，振动筛处无明显岩屑。在保证井眼安全的前提下，降低黏度、切力为提高顶替效率和界面胶结创造良好的条件。记录核对泥浆泵上水效率和泵压。

(四) 工作流程

1. 申请 PTW

2. 召开作业前安全会

明确作业人员职责，告知作业步骤、作业风险及风险防控措施。对人员进行合理分工，要求见表 1-23。

表 1-23　双级固井人员分工

岗位	人数	职责
带班队长	1	全面负责固井作业工作，人员分工，突发情况处理
安全官	1	负责监督固井作业过程的风险管理
第三方固井人员	3	操作固井车及灰罐车，安装固井循环头
分级箍工程师	1	负责投放固井分级箍打开器及关闭塞
班组人员	5	负责操作固井管线和排污管线流程，协助测量水泥浆相对密度
泥浆工	2	负责计量隔离液和替浆液，测量水泥浆相对密度
医生	1	负责现场突发意外伤害的应急处置

3. 安装固井循环头和试压

① 循环结束后，班组人员协助第三方固井人员卸掉套管循环头，将固井循环头安装到套管接箍上。

② 固井队人员启动固井车并用清水冲洗固井管线，冲洗干净后停泵，在钻工的协助下将固井管线连接到固井循环头。

③ 关闭固井循环头上的低扭矩阀，使用固井车对固井管线进行高低压测试，检查管线有无刺漏。

4. 一级固井

(1) 注入隔离液和冲洗液

试压通过后，井口人员倒闸门，使用泥浆泵或泵车按固井作业计划泵送准备好的隔离液和冲洗液。在泵送规定体积的隔离液和冲洗液后，停泵倒管线，固井车准备注入水泥浆。

（2）注入水泥浆

① 按照设计数量和密度泵注领水泥浆、中间水泥浆、尾水泥浆。

② 固井队配合泥浆工进行水泥浆密度测量。

③ 司钻安排专人观察返浆情况。

（3）压胶塞

① 水泥浆注入完毕后停泵，固井作业人员打开固井循环头上胶塞的锁定旋钮，泵车泵入 $2m^3$顶替液推动胶塞下行后停泵，井口人员观察胶塞指示器，核对胶塞是否落井。

② 如果胶塞确定落井，关闭上下挡销，继续替浆。

③ 如果无法判断胶塞是否落井，及时向甲方监督员汇报，必要时可打开水泥头进一步验证。

（4）替浆

① 井口人员倒换闸门，司钻泵冲清零，启动泥浆泵，按照设计排量和数量开始顶替水泥浆。

② 开泵前期由于水泥浆重力原因，基本没有泵压，井内液柱压力逐渐平衡后，泵压开始逐渐升高，司钻和固井工程师注意观察泵压情况。

③ 替浆期间，从振动筛处观察返出是否正常。

④ 替浆期间，顶替液存放泥浆罐应只出不进，安排专人核对顶替液使用数量，检查上水效率并及时与司钻保持沟通。

⑤ 如果顶替量达到设计允许最大值，无论是否碰压，都应停止替浆，避免替空。

（5）碰压

泥浆泵泵入设计体积后，转固井车使用低排量替浆直到胶塞接触阀座，开始碰压，泵压曲线可见大幅上升，停泵稳压或增加至设计压力后稳压。

（6）候凝

稳压一段时间后，从固井车泄压，观察有无返流。如有返流，评估返出流体体积，重新开泵顶回相应的体积，带压开始候凝。

5. 二级固井

（1）投放分级箍打开器

观察如无返流，第三方固井人员打开固井循环头顶盖，DV 工程师在班组人员的协助下投放 DV 打开器，开始计时，等到理论下落时间后，上紧固井循环头顶盖。

（2）坐封

司钻根据分级箍工程师的指令缓慢开启泥浆泵，密切关注泵压曲线变化，泵压升至规定压力，固井分级箍上的封隔器膨胀封隔井眼。

（3）打开分级箍循环孔

稳压 10min 左右，继续提高泵压直到达到固井分级箍循环孔开启压力，剪断打开滑套销钉，迫使滑套下行露出循环孔，可见泵压曲线大幅下降，振动筛处出现返流。

（4）循环泥浆

① 循环 2 倍固井分级箍以上套管内容积，直到干净泥浆返出后停泵。

② 循环期间，泥浆工在振动筛处测量返出液体相对密度，一旦确认隔离液返出，关闭振动筛，打开振动筛筛管旁通阀门，混浆及水泥浆直接通过排放管线流入泥浆坑。

③ 如有水泥浆返出，记录泵冲并计算返出水泥量。

（5）候凝

按照设计候凝时间候凝(6h 左右，样品水泥浆达到一定强度)，候凝期间每 30min 开泵顶通循环一次。

（6）安装套管头卡瓦

拆开防喷器与套管头之间的连接螺栓，拆掉两端管线连接，提起防喷器，安装套管头卡瓦，开泵用不同的排量进行循环，测试套管卡瓦的密封情况，下放防喷器。

（7）安装返浆管线

从套管头两侧闸门连接管线到振动筛钻井液分配器处(液体返出通道)。

（8）组织二级固井协作会

明确工作步骤，分析作业风险，制定风险防范措施，对人员进行合理分工，明确工作任务和要求。

（9）注入隔离液和冲洗液

试压通过后，井口人员倒闸门，使用泥浆泵或泵车按固井作业计划泵送准备好的隔离液和冲洗液。在泵送规定体积的隔离液和冲洗液后停泵，倒管线，固井车准备注入水泥浆。

（10）注入水泥浆

① 按照设计数量和密度泵注领水泥浆、中间水泥浆、尾水泥浆。

② 固井队配合泥浆工进行水泥浆密度测量。

③ 司钻安排专人观察返浆情况。

（11）投放分级箍关闭塞

① 第三方固井作业人员打开固井循环头顶盖，分级箍工程师在班组人员的协助下投放分级箍关闭塞，上紧顶盖，泵车泵入 $2m^3$ 顶替液推动分级箍关闭塞下行，停泵，井口人员观察胶塞指示器，核对分级箍关闭塞是否落井。

② 如果分级箍关闭塞确定落井，继续替浆。

③ 如果无法判断分级箍关闭塞是否落井，及时向甲方监督汇报，必要时可打开水泥头进一步验证。

（12）替浆

① 井口人员倒换闸门，司钻泵冲清零，启动泥浆泵，按照设计排量和数量开始顶替水泥浆。

② 开泵前期由于水泥浆重力原因，基本没有泵压，井内液柱压力逐渐平衡后，泵压开始逐渐升高，司钻和固井工程师注意观察泵压情况。

③ 替浆期间，从振动筛处观察返出是否正常。

④ 替浆期间，顶替液存放泥浆罐应只出不进，安排专人核对顶替液使用数量，检查上水效率并及时与司钻保持沟通。

⑤ 如果顶替量达到设计允许最大值，无论是否碰压，都应停止替浆，避免替空。

（13）关闭分级箍循环孔

① 在接近计算碰压体积之前，降低排量，缓慢使用低排量替浆直到分级箍关闭塞坐入分级箍内，当关闭塞坐于分级注水泥器上滑套后，继续加压至设计压力，上滑套销钉剪断并下行，上滑套推动下滑套一起坐于挡块上，在压力作用下，上、下滑套及挡块带关闭套一起下行，止于下接头，分级箍循环孔关闭。

② 当泵压达到固井分级箍关闭压力后，可见泵压曲线大幅上升，振动筛处停止返流。

(14) 候凝

① 稳压一段时间后，从固井车泄压，观察有无返流。

② 如有返流，评估返出流体体积，重新开泵顶回相应的体积，带压开始候凝。

③ 如无返流，砸开固井管线由壬，拆卸掉固井循环头，盖好井口，开始候凝，清理钻台区域。

(五) 工后闭环

① 清理、存放工具和设备。

② 清理、恢复工作场所。

a. 钻台清理干净无杂物;

b. 固井车周围清理干净，地面无散落的水泥灰;

c. 圆井周围清洗干净，圆井残余水泥浆全部抽走。

③ 关闭 PTW，收集、归档工作相关资料。

a. PTW 和 JSA;

b. 固井安全会记录。

十六、钻水泥塞

(一) 安全要点

① 各类钻井参数仪表状况应良好，标定在有效期内，工作正常。

② 吊车或自动猫道、气动绞车在检测合格期内，使用正常。

③ 所有井口工具应在检测合格期内，额定工作能力满足施工要求。

④ 电子防碰天车、重锤式防碰天车、过卷阀三种防碰天车设置应正确，工作正常。

⑤ 顶驱防碰二层台装置应设置正确，工作正常。

⑥ 组合 BHA 期间，场地人员禁止站在猫道上和大门坡道附近，防止高空落物伤人。

⑦ 观察地面水泥样品凝固后才可探水泥。

⑧ 提前 100m 控制下钻速度下探水泥面，至少提前 1 柱钻杆小排量开泵，防止堵水眼。

⑨ 钻水泥塞期间核对钻具与井深，做到正确无误。

(二) 环保要求

① 生产过程中应采取措施降低噪声排放，以达到国家或地方噪声控制标准。

② 作业中钻井液有可能喷洒到钻台下，应采取措施防止污染。

③ 工业废水、钻屑排放到甲方指定的岩屑池。工业废水和清洗用水应采取相应措施回收处理后再次使用到钻井液循环系统中，减少废物的处理总量。

(三) 工前准备

1. 井下钻工具准备

钻头(或磨鞋)、随钻震击器、浮阀接头、浮阀等其他钻工具。

2. 井口工具准备

提丝、护丝、提升短节及相应尺寸的钻头盒、吊卡、卡瓦、安全卡瓦、链钳、钻具丝扣油、吊装绳套。

3. 设备准备

吊车(或自动猫道)、气动绞车、液压大钳、B 型大钳及扭矩仪。

4. 人员准备

带班队长、班组人员、吊车司机或猫道操作人员、甲方或第三方技术人员。

(四) 工作流程

1. 召开作业前安全会

明确作业人员职责，告知作业步骤、作业风险及风险防控措施。

2. 下钻塞管柱

① 根据设计准备相对应的钻具组合，认真检查钻头的每个牙轮及转动情况，测量水眼和喷嘴的尺寸，测量出浮阀、旋转刮削器、配合接头等工具的内外径和长度。

② 用叉车或吊车将井底钻具组合移至猫道或钻台。

③ 根据钻具数据表组合钻具下钻。

3. 探水泥面

① 根据水泥入井的时间和地面灰样的凝固情况，取得监督许可后方可下钻探水泥面。

② 下钻期间核查钻具的长度，下钻至预计水泥面以上 30m 左右。

③ 连接方钻杆或顶驱。

④ 检查确认地面管汇及立管闸门组流程。

⑤ 启动泥浆泵，小排量循环至返出正常，调整指重表，记录钻具悬重。

⑥ 开泵循环缓慢下放探水泥面，探得准确水泥面后加压 3~5klbs，重复 3 次，量出准确方入长度，并记录水泥面深度。

4. 钻塞作业

① 循环洗井，启动转盘或顶驱低速运转 5~10min 正常后，加压钻进(钻压控制在 6~8klbs，转速 60~80r/min 排量和泵压按要求)。

a. 钻塞过程中随时观察泵压、出口排量及返出物，特别是无进尺后，出口处放置一块磁铁，以便观察返出物是否有铁屑并分析原因；

b. 钻进时若出现蹩钻、跳钻现象，及时调整钻压，分析原因，密切观察管柱扭矩变化情况。

②接单根前充分洗井，做好准备工作，人员分工明确，停泵时间控制在 5min 以内，每钻进一根单根，泵入 5~10bbls 的高黏泥浆以提高钻井液的携砂能力，大排量洗井 20min 以上，同时上提下放钻具划眼 2 次，速度不能过快，划眼后停泵，接单根或立柱，开泵钻进。

a. 由专人在振动筛处观察返浆情况，将水泥岩屑和稠浆及时排往近坑。钻塞过程中不能随意停泵，需停泵则必须将管柱上提 10m 以上。

b. 套管内如装有分级箍，钻穿分级箍后，上下多划眼几次，以确保分级箍位置畅通。

c. 按设计对套管和分级箍进行试压，稳压 15min。

③ 重复上述步骤，继续钻水泥塞，钻穿浮箍再次核对井深无误后，继续钻水泥塞至距浮鞋以上 10m。

④ 再次对套管按设计进行试压，稳压 15min。

⑤ 钻剩余水泥塞和 2m 的新地层，同时井内置换成所需钻井液。

5. 地层破裂压力实验

上提钻具进套管鞋，做低泵冲和溢流检查，进行地层破裂压力实验。

6. 起钻或继续钻进新地层

（五）工后闭环

① 清理、存放工具和设备。

② 清理、恢复工作场所。

③ 收集、归档工作相关资料。

a. JSA；

b. 钻具数据表；

c. 甲方相关技术指令。

十七、地层破裂压力试验

（一）安全要点

① 作业前确保井控设施工况良好，处于待命状态。

② 如使用第三方固井车进行地破压力试验，带班队长对第三方操作人员证件和承压设备检测证书等进行检查。

③ 在高压区设置警示标识，试验期间所有人员应远离泥浆泵、地面高压管线、防喷器等高压区域。

④ 循环罐区人员应处于待命状态，试验过程中监测实际泵入量。

（二）环保要求

① 地层破裂压力试验过程应控制好压力，避免压力过高造成设备刺漏，从而造成钻井液外泄，污染环境。同时应避免试验压力过高导致井漏，引起泥浆药品材料浪费。

② 施工过程中应采取措施降低噪声排放，以达到国家或地方噪声控制标准。

（三）工前准备

① 带班队长根据作业指令制订作业计划。

② 所有的压力表工况正常，所有闸门完好、开关灵活、不刺不漏；检查防喷器液压、手动装置完好，阀门灵活；泥浆泵（或者固井水泥车）性能良好，上水通畅；高压闸门组的闸门开关灵活，不刺不漏；钻台、泵房、地面信号联系畅通。

③ 在钻完水泥塞后，钻出一小段裸眼（二开后一般是见到砂层，技术套管一般是钻 3～6m 新井眼），循环钻井液，将井筒清洗干净，进出口密度一致。

④ 可将钻井泵作为试验用泵，也可以将固井车用作试验泵。

⑤ 需要调整钻井液性能，保证均匀稳定，满足试验要求。

（四）工作流程

① 申请 PTW。

② 组织所有参与作业人员召开作业前安全会，明确作业人员职责，告知作业步骤、作业风险及风险防控措施。

③ 上提钻头到套管鞋以上，打开立管闸门、泵房高压闸门，关闭回水闸门。井内灌满钻井液，关闭相应尺寸的防喷器，关闭放喷、节流管汇闸门（如用水泥车，将水泥车的高压管线连接到钻具上端，水泥车使用的高压固井管线在作业前需要先试压，确保各处连接稳压正常）。

④ 缓慢开泵，向井内泵入钻井液。当裸眼长度在 3m 以内时宜选用 0.7～1L/s 的排量；

超过 3m 时宜选用 2～4L/s 的排量。用相同的钻井液体积(40～80L)分阶段逐步泵入井内，确保每个阶段压力稳定(约 2min)。在图上绘出相对于泵入的钻井液累计泵入量的压力值。从图 1-8 上可以获得(压力)分布点，(连接起来)可能近似一条直线。当分布点明显地偏离以前的线性趋向时，继续泵入压力会缓慢上升然后突然下降，这个最高压力点即地层破裂(漏失)压力(p_f)。试验数据记录格式见表 1-24。

表 1-24　地层破裂(漏失)压力试验数据

________井地层破裂(漏失)压力试验数据			
试验时间	年 月 日	套管直径/mm	
井深/m		套管钢级	
地层岩性		套管壁厚/mm	
钻井液密度/(g/cm^3)		套管下深/m	
泵型号		防喷器额定压力/MPa	
试验方式	钻具内加压口　　环空内加压口		

时间—泵入量—压力记录				
时间(h：min)	总泵入量/L	立管压力/MPa	套管压力/MPa	备注

⑤ 当试验压力不再随注入量的增加而增大，或当试验压力随着注入量的增加而下降时，终止试验。

⑥ 试验完成后，泄压(无论有无浮阀或单流阀，都应通过节流管线阀门进行泄压，确保开井操作安全)。

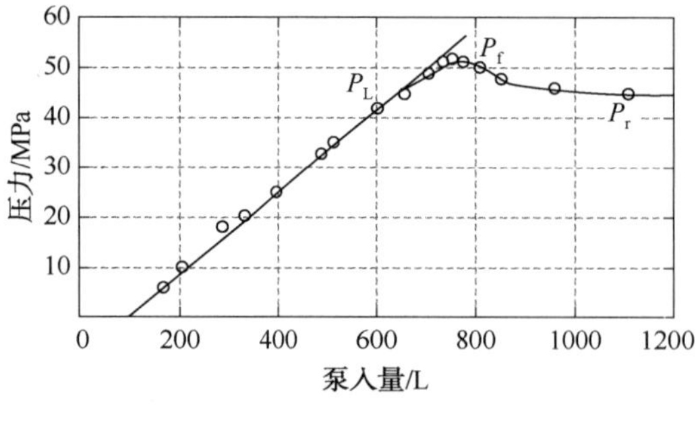

图 1-8　地层破裂(漏失)压力试验曲线

注：P_L——漏失压力，MPa，指试验曲线开始偏离直线的点的压力值，此点之后的压力仍有所上升，但有偏离直线趋势；P_f——破裂压力，MPa，指试验曲线上最大压力值点的压力，此点之后压力随泵入量下降；P_r——传播压力，MPa，指试验曲线上压力随泵入量下降并趋于平缓时的压力。

⑦ 人员远离井口，打开半封防喷器。

⑧ 试验结束，工况恢复到试验前的状态，严禁倒错闸门，各项工作检查无误后再进行后续施工。

⑨ 将整个过程记录在班报表和地层破裂(漏失)压力试验施工单上。

⑩ 绘制泵入量-压力关系图。典型的泵入量随试验压力的变化关系曲线形式如图 1-8所示。

⑪ 地层破裂(漏失)压力的计算公式如下：

$$P_f = P_L + 0.00981\rho_m \times H_L$$

式中　P_f——地层破裂压力，MPa；

P_L——漏失压力，MPa；

ρ_m——钻井液密度，g/cm^3；

H_L——试验地层深度，m。

⑫ 按照上述方法计算所得地层破裂压力，对于砂岩或硬的泥页岩地层，一般称为破裂压力。对于易漏失的裂缝性地层，一般称为漏失压力。

（五）工后闭环

① 清理、存放工具和设备。

② 清理、恢复工作场所。

③ 关闭 PTW，收集、归档工作相关资料。

a. PTW 和 JSA；

b. 地破压力试验数据表；

c. 地破压力试验曲线图；

d. 地层破裂(漏失)压力计算报告。

十八、低泵速试验

（一）安全要点

① 作业前确保井控设施工况良好、井下无复杂情况。

② 试验前检查所有钻井液通路的闸门是否在正确的工作位置。

③ 一次低泵速试验只能用一台泥浆泵，两台泥浆泵需分别测试。

④ 如在裸眼段内进行，钻具长时间静止有粘卡风险，低排量循环可能会造成钻屑聚集，导致井下复杂。

（二）环保要求

① 施工过程中应采取措施降低噪声排放，以达到国家或地方噪声控制标准。

② 钻井液循环系统进行防渗漏检查，防止污染土壤。

（三）工前准备

① 以下几种情况需要获取低泵速数据：

a. 每班；

b. 泥浆密度发生变化；

c. 钻头水眼或钻具组合改变的情况下；

d. 每钻进新地层 500ft(±50ft)；

e. 钻、完井液体系改变后；

f. 钻、完井液各性能有重大变化；

g. 钻套管鞋或套管开窗之前。

② 带班队长结合甲方监督及第三方人员(如定向井服务人员、泥浆工程师等)，根据作业指令制订作业计划。

③ 检查司钻房内泵压表、参数仪泵压显示、节控箱立压表，立管管汇泵压表等，各压力表显示误差在±50psi 之内；所有闸门完好、灵活、不刺不漏；泥浆泵上水良好，缸套活塞无刺漏；泥浆泵与节控箱的泵冲计数器显示一致；各参与人员之间的信号联系畅通。

④ 试验前确保井下无复杂情况，降低循环排量不会造成井下仪器工作不正常，在钻头距离井底 3~10ft 的位置进行试验。

⑤ 确保两台泥浆泵处于良好工况，试验时两台泥浆泵都应做试验。

⑥ 钻井液经过充分循环，井内钻井液体系及性能均匀一致。

(四) 工作流程

① 试验前，检查钻井液性能是否均匀稳定，是否满足试验要求。

② 确定井内钻井液经充分循环，进出口性能一致，井眼畅通，井下正常后，钻头提离井底，刹绞车，以关井时母接箍要求的位置(Space Out)为准，停泵停转盘或顶驱(裸眼段较长时，钻柱粘卡风险较高，建议保持钻柱低速旋转，15r/min 以内)。

③ 缓慢开泵，把泵速缓慢调至目标最低泵速并保持稳定，在节控箱的立压表读取相对应的泵压并记录。

④ 将泵速调至下一个目标泵速并记录相应的泵压，直至获取要求的各泵速的相关数据，更换泥浆泵做相同低泵速试验。

⑤ 如果甲方指令明确了泵速要求，以指令为准，如无要求以正常泵速的 1/3~1/2 为准。如果正常排量过大，建议采用 30~40r/min 泵速测试并记录，低泵速试验记录表见表 1-25。

表 1-25 低泵速试验记录

日期	钻头位置	钻头水眼	泥浆泵编号 (1#、2#、3#)	密度/ (g/cm^3)	黏度/ s	泵速/ (r/min)	泵压/ MPa	排量/ (L/s)	司钻

⑥ 记录泥浆泵、立管管汇、司钻房内及节控箱的立压并做对比，如果误差超过±50psi，应查找原因并及时整改。

⑦ 低泵速试验后，应将泵速提至正常泵速进行循环，同时上提下放钻柱，检查井下情况，如果各项参数都正常，则可以进行下一步作业。

⑧ 试验数据处理。将相关的试验数据填写在相应的压井施工单及钻井日报上，以备压井时，求取压井泵速下相应的初始循环立压和终了循环立压，达到压井过程中始终保持井底压力平衡，避免出现二次溢流和井漏的情况。

(五) 工后闭环

① 清理、存放工具和设备。

② 检查所有闸门确保恢复正常工作状态。

③ 收集、归档工作相关资料。

a. 低泵速试验数据记录表；

b. 压井施工单应在平台经理办公室、甲方办公室及司钻房各打印一份归档；

c. 将数据记录在 IADC 报表内。

十九、取心作业

本部分适用范围是单筒和中筒常规取心方式。

（一）安全要点

① 取心筒应水平摆放在钻杆架上，内外筒直线度公差值≤1.5/1000，且无其他变形，无裂纹，内筒内壁光滑，直径应符合设计要求。

② 取心工具上下钻台严禁拖拽，应使用吊车或游车配合气动绞车平稳抬放。

③ 禁止将安全卡瓦随取心筒带至高处。

④ 含硫化氢的井出心时应佩戴正压式呼吸器，使用便携式硫化氢检测仪检测硫化氢含量。

⑤ 禁止岩心在井口出筒，现场切割岩心时，要佩戴好防护面罩。

⑥ 取心工具运转200h后要对焊缝和丝扣部分进行磁粉探伤，并做好校直、查壁厚、查丝扣等检查工作。

⑦ 在常规小井眼取心要配备安全接头（如果岩心筒卡在井眼中，安全接头可以将内筒与岩心一起取出）。

⑧ 出心前必须做好溢流观察和应急预案，降低井控风险。

（二）环保要求

① 施工过程中应采取措施降低噪声排放，以达到国家或地方噪声控制标准。

② 钻井液循环系统进行防渗漏检查，防止污染土壤。

③ 内筒放置的地面要铺好防渗布，防止筒内钻井液流出污染地面。

④ 按规定处置清洗保养过程中产生的废液和固体废弃物，减少对环境的影响。

（三）工前准备

1. 井眼准备

① 取心起钻前充分处理好井内钻井液，钻井液应有良好的流变性和润滑性，保证井眼清洁、畅通、无垮塌、无沉砂。

② 井下应无漏失、无溢流、无落物，起下钻遇阻卡井段应采取措施消除阻卡。

2. 工具准备及检查

① 根据钻井设计，针对不同岩性、井眼尺寸、井型、邻井取心及录井资料，确定取心工具的型号、长度及取心钻头的型号。

② 取心钻头：丝扣完好、钻头体无裂缝、水眼畅通、焊缝牢固、钻头齿排列整齐且不偏心、内腔光滑、内外径尺寸符合要求。

③ 岩心爪：不变形、弹性好、尺寸类型相符；卡箍在短节斜坡内灵活、卡板伸缩灵活牢固；卡箍的自由状态内径应比取心钻头内径小2~3mm，完全收缩时内径以不出卡箍座为准，上下滑动灵活。

④ 内外岩心筒：无变形、无裂缝、无伤痕，外筒内部和内筒内外部无泥沙和杂物，丝扣完好；内岩心筒的内径至少大于取心钻头内径5~6mm。

⑤ 分水接头：分水水眼畅通，单流凡尔密封可靠，单流作用好。

⑥ 悬挂轴承：手转灵活，新轴承轴向间隙0.5mm，磨损后轴向间隙不超过3~4mm；悬挂总成需卸开清洗干净，加足黄油。

⑦ 连接悬挂总成和内筒，用链钳紧扣。

⑧ 丈量内外筒长度，使用调节环调整内外筒间隙在 8~12mm，连接内外筒并用链钳预紧扣。

3. 设备准备

① 检查保养设备，指重表、液压大钳、绞车、钢丝绳(死、活绳头)、转盘或顶驱、柴油机、各传动链条、离合器等，避免取心过程中检修设备。

② 全面检查检修泥浆泵，避免取心过程中检修泥浆泵。

4. 施工方案

① 与甲方和服务商沟通取心钻具组合和施工方案。

② 提前计算调整取心前方入，减少接单根次数，提高单次取心长度和效率。

(四) 工作流程

1. 召开作业前安全会

明确作业人员职责，告知作业步骤、作业风险及风险防控措施。

2. 组合取心筒

① 取心筒在场地上连接提升短节并用链钳上紧，连接处用马克笔或粉笔做好标识。

② 使用吊车或游车配合气动绞车缓慢将取心筒吊到钻台。

③ 吊卡扣合在提升短节上，上提游车，使用 B 型大钳按照厂家推荐扭矩上紧外筒和取心钻头以及悬挂总成连接。

④ 检查内外筒间隙、悬挂总成转动情况。

3. 取心筒下钻

① 根据钻具表，组合钻具按要求下钻。

② 所有钻具入井前按钻具通径要求进行通径。

③ 下钻一定要控制钻具下放速度，避免猛放、猛刹，操作应平稳，裸眼井段下钻速度应控制在 0.5m/s 以内。

④ 下钻遇阻应开泵循环，上下活动钻具，缓慢下放，下钻遇阻不应超过 40kN，否则应起钻通井，不应用划眼的方式强行下钻。

⑤ 下钻距井底 10m 左右，开泵，校对指重表，缓慢下放使钻头接近井底 0.5~1m，校对下入深度和方入，充分循环钻井液。

⑥ 卸开井口钻具，投球等待钢球自由落入球座，堵住内筒水眼。

4. 树心

① 缓慢开泵，将钻井液排量调整到钻进排量，转速调整到钻进转速，校对指重表。

② 缓慢下放钻具，让钻头接触井底，钻压 10~20kN(硬地层钻压可适当增加)，树心钻进 0.3~0.5m 后，逐渐调整到最优取心机械钻速的钻进参数。

③ 在疏松地层取心，应降低排量，钻头接触井底应及时送钻，并保持一定的钻压。

5. 取心钻进

① 中硬至硬地层，钻压为钻头直径(单位为 mm)乘以 0.14~0.59kN/mm，软地层钻压应降低 1/3；极软地层，应及时送钻，避免岩心冲蚀。

② 转速为 60~80r/min，软地层应降低 1/3。

③ 排量应根据井眼尺寸而定，软地层可适当降低。

④ 送钻均匀，钻压应缓慢增加，不应一次到位。如遇蹩钻、跳钻，可适当调整钻进参数予以消除。

⑤ 钻进中如无特殊情况，不停泵、不停转，钻头不提离井底，直到取心钻进完成。如遇井漏、气侵、溢流等复杂情况应立即停止取心作业，按井控规定执行。

⑥ 钻进中应做好钻时记录，观察钻时、钻压、立管压力与转盘扭矩的变化，发现参数异常应立即割心起钻。

⑦ 钻速快且有放空现象，一般为钻遇煤层或裂隙地层，应适当降低所有参数以防堵心。

⑧ 立压升高，钻速明显下降，上提钻具立压不变情况下一般为堵心。这时应降低钻压至 5~10kN 转动，或者将钻具下压至正常钻压的 2 倍循环，如现象仍未消失，要及时割心起钻。

⑨ 以地层预告、钻进记录、岩屑、泥浆性能变化为依据，随时分析和掌握井下情况，准备割心起钻。

6. 接单根

① 若采用双筒或多筒取心，钻完单根前 50cm 时开始每钻进 10cm 记录一次钻时点。接完单根后同样每钻进 10cm 记录一次钻时点，并对接单根前后的钻时进行对比分析。若偏差大则应立即割心起钻。

② 接单根程序：一提、二锁、三冲、四压。

a. 上提钻具割心，拔断负荷不应超悬重 15t(15000kgf)；

b. 上卸扣时锁紧转盘；

c. 开泵下放钻头距井底 0.5m 左右，冲洗 3~5min；

d. 停泵，下放钻头至井底，先用比原钻压大 50%的压力静压钻具，顶开岩心爪，再上提至钻压 10kN 后，开泵使用正常取心参数钻进。

7. 割心

① 割心一般在交界地层进行，以泥岩地层最佳。

② 在割心部位以上 0.5m 左右，钻压增加 10~20kN，形成粗心，有利于割心时岩心爪卡牢，即“穿鞋”。

③ 刹住刹把，核对井深，磨心 15~20min，恢复悬重。硬地层进尺慢，可直接割心。

④ 割心时上提钻具不得超过 1.5m，且拉力不得超过 20t(20000kgf)，可多次重复割心，但不要硬拔。

a. 注意观察指重表显示，一般悬重增加后又立即恢复原悬重值，表明岩心已割断；

b. 若悬重未恢复，应停止上提钻具，保持岩心受拉状态，采用开泵增大排量或转动钻具的方法，直到指重表恢复原悬重为止。

⑤ 割心完再下放钻具试探是否有余心。

⑥ 探心完毕，上提钻具 0.2~0.5m，循环泥浆 10min 左右起钻。

8. 起钻

① 起钻控制速度，操作平稳，不得猛刹、猛拉、猛顿及猛放，严禁使用转盘卸扣，防止岩心掉入井内。

② 如起钻遇阻，以开泵循环、上下活动钻具为主，严禁转动钻具倒划眼。

③ 起钻中要有专人负责及时向井内灌浆，保证井内充满钻井液。

④ 起钻完毕，立即盖好井口，防止掉心和井下落物。

9. 起出内筒

① 将取心筒外筒用卡瓦和安全卡瓦坐在转盘上。

② 卸开外筒接头。

③ 上提内筒到接箍处，用安全卡瓦卡住内筒，下放坐到外筒上。

④ 从内筒中卸下悬挂接头，用气动绞车提出移走。

⑤ 上提内筒到接箍处，卸开接箍，卡断接箍处岩心。

⑥ 把提出的岩心内筒固定到岩心专用滑车架上，使用气动绞车顺大门跑道下放到猫道上。

⑦ 重复⑤~⑥操作，直到取出所有岩心内筒。

⑧ 起出外筒，关闭全封闸板，卸掉取心钻头。

10. 岩心出筒

① 将内筒平稳地放到场地上，垫平，顶出岩心。

② 若岩心不易顶出，严禁猛击内筒，应用手压泵慢慢顶出，不要在内筒正前方操作和站人，避免伤人。

③ 取出的岩心顺序不得错乱，按顺序摆放到岩心盒内。

11. 计算取心收获率

① 取心收获率=(实际岩心长度÷取心进尺)×100%

② 每段地层最后一次取心，在计算岩心收获率时，应减去岩心爪以下进尺长度。

12. 取心异常情况分析

加强取心钻进过程中的异常现象和取出岩心的分析，对提高取心收获率是十分必要的。这两项分析的内容、方法及处理措施见“附件 1-10 取心钻进异常情况分析”“附件 1-11 起出岩心分析”。

(五) 工后闭环

① 清理、存放工具和设备。

a. 检查和分析取心钻头磨损情况；

b. 清洗保养内外筒和悬挂总成；

c. 组装取心筒。

② 清理、恢复工作场所。

a. 岩心盒转移到指定区域；

b. 取心筒转移到指定区域，应两头封口包扎，垫平存放，上方不得压重物。

③ 收集、归档工作相关资料。

a. JSA；

b. 钻具数据表；

c. 特殊工具证书及绘制的技术草图；

d. 甲方相关技术指令及取心情况记录；

e. 工作存在的问题记录。

二十、无线随钻

(一) 安全要点

① 所有仪器在运输、搬运过程中，必须使用仪器箱子包装好方可搬运。

② 安装压力传感器时，必须两人在场，先打开高压立管泄压阀门，确保立管内无压力后再安装压力传感器，压力传感器丝扣上缠好生料带。

③ 在井口安装作业时，一定要盖好井口。

④ 仪器上下钻台时，吊装要平稳，防止磕碰。

⑤ 现场尽量避免使用无线电设备，例如电台等，可能会影响到信号传输。

⑥ 根据现场情况设定泥浆泵安全阀工作压力，保证性能可靠。

⑦ 随钻测斜期间，注意控制钻具静止时间，避免卡钻。

⑧ 钻台上使用带安全绳或其他防落设计的钻具螺纹脂油刷。

⑨ 禁止将安全卡瓦随钻具带至高处。

⑩ 如使用提升短节，应做好标记并在井口上扣时安排专人负责观察提升短节是否有退扣现象。

⑪ 钻头上卸扣应使用装卸器，禁止用转盘紧扣、松扣。

⑫ 禁止使用钢丝绳套扼圈吊装钻工具上钻台，应使用专用工具吊篮或提丝。

⑬ 组合 BHA 期间，场地人员禁止站在猫道上和大门坡道附近，防止高空落物伤人。

⑭ 当井下工况异常时不得下入定向井仪器，要进行通井处理，正常后方可下入仪器。下钻如遇阻卡、漏、塌、上提拉力异常等情况应及时起出仪器。

⑮ 若调整钻井液性能，应提前通知定向仪器工程师做好准备（调整钻井液性能，避免造成井下仪器在一定时间内工作不稳定）。

（二）环保要求

① 作业中钻井液有可能喷洒到钻台下，应采取措施减少污染。

② 作业过程中应采取措施降低噪声排放，以达到国家或地方噪声控制标准。

③ 清洗钻具丝扣使用的溶剂和其他清洗剂可能含有有害物质，应遵守有关规定，采取措施防止污染土壤。

④ 应选择环保、安全的钻具螺纹脂，避免使用含铅螺纹脂，剩余螺纹脂应密封保存并加以标记，用过的空容器应按照有关规定进行存储和处理。

⑤ 无线随钻中如装有放射源，应按照相关规定采取有效的预防措施，减少辐射污染。

（三）工前准备

1. 无线仪器及工具准备

① 入井无线仪器及工具应探伤合格，且在有效期内。

② 检查无线仪器，确保提供电源的电池组电量充足。

③ 无线仪器的探管外观无损伤、变形，两端螺纹无损伤并配有保护帽，地面通电检查工作正常，短外筒与保护筒无过度冲蚀，无弯曲变形，两端螺纹无损伤有保护帽，扶正器外径与所用无磁钻铤内径相匹配。

④ 无线仪器脉冲发生器本体外观无损伤变形，丝扣无损坏，接线端子清洁完好，橡胶体完好无漏油现象，蘑菇头伸缩正常，测试电阻值在规定范围内。

⑤ 无线仪器悬挂短节本体完好，两端丝扣与端面无磨损，配有保护帽，内键完好，内孔清洁，无冲蚀，探伤合格。

⑥ 司钻阅读器及压力传感器与地面仪器连接，地面测试正常。

2. 泥浆泵和循环系统准备

① 仪器入井前，对泥浆泵进行彻底检修，更换存在问题的配件。

② 空气包充气压力应为立管压力的 30%～40%，压力范围在 550～850psi，最佳充气压力 650psi。严禁用其他气体替代氮气充入空气包。

③ 空气包在油基泥浆环境中使用超过半个月后，推荐更换空气包气囊，每天检查空气包压力情况，检查时应让定向工程师在场。

④ 清理泥浆泵与泥浆罐连接上水管线中的药品沉淀和沉砂。

⑤ 地面高压管线尽量使用硬管线，地面高压管线拐弯处推荐使用可缓冲压力的 T 形弯管，不推荐使用 L 形弯管。

⑥ 为了保证检测到井底传回的压力脉冲信号准确清晰，压力传感器一般安装在井架高压立管与水龙带之间。

⑦ 在振动筛泥浆槽处，放置条形磁铁，吸附泥浆中的碎铁屑。

3. 钻具表准备

定向井工程师、甲方监督和井队带班队长三方人员检查核对入井 BHA。

4. 井眼准备

使用无线仪器前，应保证井眼的通畅，必要时应进行通井。

5. 钻井液性能要求

① 使用 200 目以上的筛布，使用固控设备控制含砂量小于 0.5%。

② 钻井液中尽量避免加堵漏剂和玻璃球等大颗粒物质，如确实需要，根据情况每钻进 3～5 柱或打完高黏泥浆和堵漏剂后清洗泥浆泵上水及排水滤子，每次接立柱更换清洗好的钻杆滤子，保证泥浆清洁。

③ 保持钻井液的 pH 值大于 9，减少钻井液对仪器的腐蚀。

④ 在泥浆中加一些消泡剂，充分循环泥浆除气，避免泥浆中由于气泡过多造成密度不均匀、上水不好引起泵压不稳。

（四）工作流程

1. 召开作业前安全会

明确作业人员职责，告知作业步骤、作业风险及风险防控措施。

2. 地面测试

① 根据定向井工程师的要求按顺序组合定向钻具和工具（暂时不接钻头）。

② 将钻杆滤清器放入钻具中，接顶驱或方钻杆，将脉冲发生器使用的悬挂短节放入转盘面以下，开泵进行地面测试。

③ 观察地面仪器显示数据，并做好记录。

④ 检查螺杆旁通阀是否能完全关闭。

⑤ 观察螺杆传动轴是否转动，螺杆马达抖动是否正常。

⑥ 螺杆传动轴总成为泥浆润滑，正常情况下，有 4%～10%的泥浆流经传动轴与径向轴承间隙。

⑦ 观察记录螺杆在井口测试的压降是否与设计一致。

3. 下钻

① 测试完毕后，组合钻具下钻，避免测井仪器在套管内滞留时间过长，影响仪器电池单趟钻的有效工作时间。

② 控制下钻速度，要求下放速度控制在20m/min以内，严禁急刹急放，防止意外损坏测井仪器，定向工具通过防喷器、井口和尾管顶部时，要放慢速度、操作平稳。

③ 遇阻时，下放钻压不能超过50kN，严禁猛砸猛放，避免因大幅震动损坏井下仪器。

④ 每下20柱钻杆，钻具内要灌满钻井液，并做好中途循环。

4. 钻进

① 下钻距离井底30m左右，接顶驱或方钻杆缓慢开泵顶通水眼，井口钻井液返出正常后，逐渐加大排量至泵压达到设计值。

② 记录对比井下仪器测量数据，确保测量数据准确。

③ 按照定向井工程师指令进行钻进。

a. 在滑动钻进时螺杆负载压降一般应控制在300psi以内；

b. 在复合钻进时螺杆负载压降应控制在500psi以内；

c. 送钻要平稳，避免螺杆频繁憋死，造成螺杆提前损坏，严重时可能造成井下故障。

④ 钻进期间注意观察钻压、泵压，防止钻具托压、憋泵，发生上述情况及时上提活动钻具，待井下情况正常后继续钻进。

⑤ 滑动钻进完成后，上提钻具至复合钻进井眼井段，上下划眼修整井壁。

⑥ 落实井控措施，加强坐岗观察，每班组或钻进500ft或钻井液性能发生改变时，做低泵冲试验，并做好记录。

5. 测斜

（1）钻进过程中测斜

停止钻进，停止钻盘或顶驱转动，将钻具上提1m左右，刹车，停泵约1min开泵，一个迟到时间，测量点的数据就会传输到地面。

（2）钻完立柱测斜

停止钻进，停止钻盘转动，将钻具上提1m左右，刹车，停泵约1min开泵，接立柱，下放钻具尽量靠近井底，开泵，一个迟到时间，测量点的数据就会传输到地面。

6. 异常情况处理

① 螺杆常见的故障有定子橡胶磨损、老化、掉块，悬挂、止推轴承损坏，万向轴或传动轴卡死，旁通阀阻卡等。故障判断及处理方法见表1-26。

表1-26 螺杆钻具故障分析表

异常现象	可能原因	判断及处理方法
立压突然升高	螺杆失速	上提钻具0.3~0.6m，核对循环压力，逐步施加钻压，立压随之升高，螺杆恢复正常
	螺杆传动轴卡死 钻头水眼堵	钻头提离井底，立压仍很高，起钻检查，更换钻头或螺杆
马达轻易制动	马达轴承间隙过大 定子严重磨损	起钻更换马达

续表

异常现象	可能原因	判断及处理方法
立压缓慢增高（非深度增加而增大的循环压降）	钻头水眼堵	钻头提离井底，检查循环压力，如果压力仍然高于正常循环压力，可改变循环流量或上下活动钻具，如无效，起钻检查
	钻头磨损	维持钻压继续观察扭矩、泵压的变化，如地层无变化，仍无进尺或进尺慢，起钻检查、更换钻头
	地层变化	钻头提离井底，如果循环压力不变，可继续钻进
立压缓慢降低	循环压力损失变化	提离井底，如循环压力不变，检查钻井液性能和流量是否发生变化
	钻具刺漏	提起钻具，立压仍低于正常循环压力，起钻检查钻具
无进尺	地层变化	适当改变钻压和排量（必须在螺杆钻具允许范围内）
	马达失速	泵压偏高，将钻具提离井底，检查循环压力是否下降。从小钻压开始，逐步增大钻压，泵压应有小幅上升
	旁通阀处于“开位”	立压偏低，提起钻具，开启、停止钻井泵两次仍无效，则必须起钻检查更换旁通阀
	万向轴损坏	常伴有压力波动，稍提起钻具，压力波动范围小些，起出钻具，检查更换
	钻头损坏	更换新钻头

② 井下故障主要有造斜率低、托压、扭矩摩阻大、起下钻阻卡、出新井眼、卡钻等。故障判断及处理方法见表 1-27。

表 1-27　定向井常见异常情况产生原因及处理措施

异常类型	产生原因	处理措施
造斜率低	弯接头或弯螺杆的度数太小	更换较大度数的弯接头或弯壳体螺杆
	地层软，钻头水眼射流增大井眼直径	选择合适的钻头水眼，适当减小排量
	钻具刚性太强	减少钻铤的数量
	工具面频繁摆动	由专业人员平稳操作刹把，保持工具面相对稳定
	水泥塞太软	保证足够的候凝时间，控制侧钻机械钻速
	螺杆性能不好	螺杆本体太长，或者轴承横向间隙太大，更换螺杆
托压	井眼轨迹差，反扣，钻具刚性大	控制好井眼轨迹，避免全力降斜或全力扭方位，改变钻具结构，减小下部钻具的刚性
	井眼不干净，存在岩屑床	增大排量，改善钻井液流变性能、悬浮力和携砂能力，加强固控净化，定期短起下破坏岩屑床
	泥饼虚厚，摩阻大	控制固相含量，增加润滑剂投入量，改善泥饼质量。增加钻杆数量，减少钻具与泥饼的接触面积
扭矩摩阻大	定向井剖面设计不合理	尽量采用三段制，控制全角变化率。增加套管层次，控制裸眼井段长度
	钻井液润滑性差，含砂量高、泥饼质量不好、井壁不规则	采用润滑性良好、摩阻系数低的钻井液体系，提高钻井液的性能，控制钻井液含砂量
	钻具和井壁接触面积大、稳定器太多	更换钻具组合，减小接触面积，减少扶正器数量
	在可钻性差的地层和不均质的地层使用 PDC 钻头钻进	换成牙轮钻头钻进

异常类型	产生原因	处理措施
起下钻阻卡	井眼轨迹不好	修整井壁，改变工具面方向下入或换原钻具通井
	井眼下井壁产生了“岩屑床”	增加短起下钻次和短起下钻距离
	钻井液性能差，泥饼太厚	改善钻井液性能，降低固相含量
	钻具稳定器数量太多，钻头外径磨损	改变钻具结构，减少扶正器数量，及时检查更换
	停钻时间长，井底沉砂多	保持连续施工
	地层松软，井壁水化膨胀、垮塌、缩径	增强钻井液抑制性、防塌性能，控制失水量，适当提高密度
出新井眼	地层软，存在地层交接面	避免在松软地层划眼，划眼方式以上提为主
	井斜、方位变化大	反复划眼修整井壁，确保井眼光滑顺畅
	钻具刚性大	划眼无法通过时，起钻换刚性较小的钻具组合通井
卡钻	钻具长时间静止，钻井液比重过高	勤活动钻具，合理确定钻井液密度，减少井底压差
	井眼不干净，固相含量高	增强钻井液携砂能力，增大排量，及时清理砂床，防止长时间停泵
	井下存在键槽	保持良好的井眼轨迹，控制全角变化率
	井口落入硬物	加强井口工具检查，采取防落物措施
	井壁坍塌、水泥掉块	增强钻井液的防塌性能，减小口袋长度

(五) 工后闭环

① 清理、存放工具和设备。

② 清理、恢复工作场所。

③ 收集、归档工作相关资料。

a. JSA；

b. 工前会议记录；

c. 钻具表；

d. 螺杆测试记录；

e. 低泵冲试验记录；

f. 测斜数据。

二十一、开窗侧钻

斜向器套管开窗工艺分为两趟钻开窗和一趟钻开窗两种。

① 两趟钻开窗是指两次下钻完成套管开窗作业，即第一次单独下斜向器完成坐斜向器作业，第二次下磨铣工具完成磨铣套管开窗及修窗的作业。

② 一趟钻开窗是指一次下钻完成下斜向器并坐斜向器和套管开窗及修窗作业。一趟钻开窗相对于两趟钻开窗可以节省一次起下钻的作业时间，目前常用一趟钻的开窗工艺开窗。

斜向器开窗流程如图 1-9 所示。

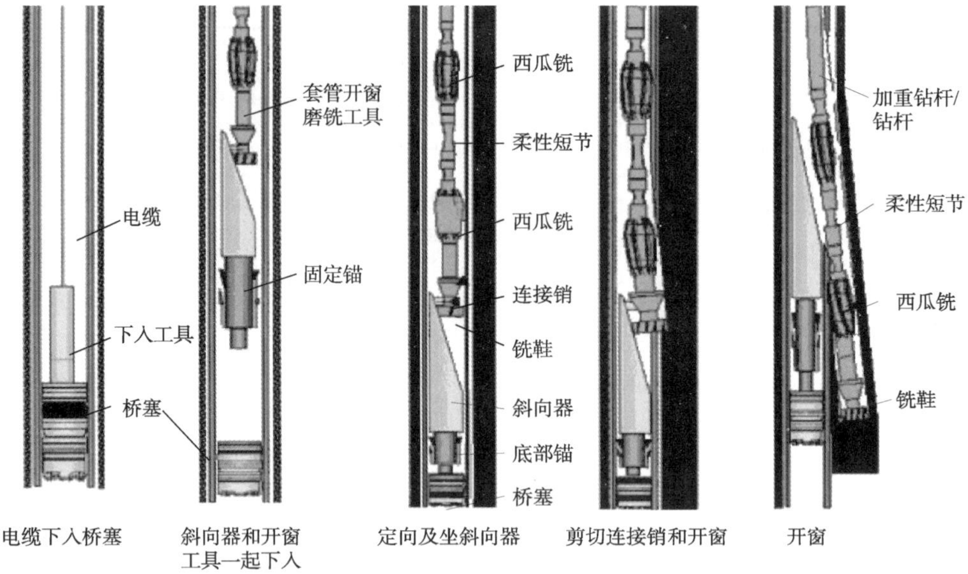

图 1-9 斜向器开窗流程示意图

本部分介绍的是 7in 尾管内一趟钻开窗方式。

（一）安全要点

① 作业前根据施工情况准备好扣型匹配的内防喷工具，并做好井控风险预案。

② 无探伤合格报告及超过探伤周期的钻工具一律不能入井。

③ 吊装斜向器上钻台使用的两条吊带应状态良好，吊装时使用双尾绳，专人穿信号服指挥吊车。

④ 钻工具上下钻台戴好护丝，严禁钻工具自由下落，不应硬拖或碰撞钻具。

⑤ 钻工具使用前必须彻底清除丝扣表面夹杂的泥沙、石屑、砂砾等影响螺纹连接质量的杂物，避免紧扣时磨损丝扣。

⑥ 安排有经验的班组人员操作气动绞车，大门坡道处安排专人穿信号服，向地面和司钻发出指挥信号。

⑦ 组合斜向器期间，场地人员禁止站在猫道上和大门坡道附近，防止高空落物伤人。

⑧ 下钻时所有接头和钻具需要通径，通径规上行期间，人员远离通径规下落风险范围，同时盖好井口防井下落物。

⑨ 斜向器下到坐深时，需要陀螺仪测井队下仪器坐到定向接头键槽内，灌浆时应提前把灌浆管线冲洗干净，泥浆泵上水滤子换成小滤子，涂抹铅油时只在公扣端少量均匀涂抹。

⑩ 钻具表上用不同颜色标出 BHA 和特殊工具过窗口的位置，降速通过，避免挂坏窗口，造成井下复杂。

⑪ 下钻过程中不能转动钻具和开泵，防止提前坐封。

（二）环保要求

① 生产过程中应采取措施降低噪声排放，以达到国家或地方噪声控制标准。

② 按规定处置施工过程中产生的废液和固体废弃物，减少对环境的影响。

③ 开窗时收集到的铁屑称重后应放到对应的垃圾回收箱中，避免散落污染环境。

④ 应选择环保、安全的钻具螺纹脂，避免使用含铅螺纹脂，剩余螺纹脂应密封保存并

加以标记。

(三) 工前准备

1. 通井刮管

① 所用钻具丝扣应冲洗干净，从场地接的钻具应每根通径。

② 组合6⅛in 牙轮钻头和7in 刮管器下钻通井，如果7in 尾管不到地面还需要加上9⅝in 刮管器，下钻时要对特殊位置(EZSV 和 Whipstock 座深)上下活动钻具多刮几遍，当钻头到所通最深井深时，9⅝in 刮管器应离 7in 尾管顶部以上 20ft 左右。

③ 下钻过特殊位置(7in 尾管顶部)时控制下钻速度。

2. 坐 EZSV 固井

(1) 分两种情况

① 如井漏需要下两趟，第一趟带浮阀，不装插入头，坐完 EZSV 后，起完钻把浮阀去掉，装上插入头，再下钻进行插入式固井。

② 如井没有漏失，不带浮阀下钻坐 EZSV 并固井。

(2) 关键点

① 固井需接水泥头，下钻之前要计算好方余，一般高出钻台面 5ft 左右。

② 带 EZSV 下钻需要控制下钻速度(每柱 2min)，下钻过程中锁好转盘，不能转动钻具，过特殊位置时(7in 尾管顶部)一定要小心，如果有任何遇阻都要停下检查原因。

③ 下钻之前确认好钻台和场地上钻具数量，在坐 EZSV 之前确认井内钻具与钻具表是否一致。

④ 固井完大排量反循环将钻具清洗干净。

3. 开窗点的选择

① 电测套管腐蚀度、套管接箍位置、套管外水泥质量，用于开窗点的选择。

② 应选择在稳定性地层，尽量避开膨胀性页岩或盐层等复杂地层。

③ 应避开套管接箍和扶正器，窗口段距套管接箍至少 2m。

④ 尽量避开全角变化率超过 3°/30m 的井段。

4. 井队地面设备和工具准备

① 提前检修好泥浆泵，把上水滤子换成小滤子。

② 所用入井钻具都应探伤合格并在有效期内。

③ 与陀螺仪测井人员确认备好合适的通径规。

④ 复核钻台和场地钻具的数量，结合斜向器工程师和现场监督编制钻具表。

⑤ 填写开窗钻进时井深的压井施工单。

⑥ 准备磁铁(放在振动筛和沉砂槽处)。

5. 服务商地面设备和工具准备

① 陀螺仪测井队准备测方位的工具并测试。

② 定向工程师确认投测工具与定向接头相匹配。

③ 斜向器工程师检查复核到井的斜向器工具是否合适，与监督复核斜向器坐深，准备钻具表和下钻开窗程序。

④ 泥浆工程师准备侧钻期间所需钻井液。

⑤ 定向工程师准备浮阀接头和定向接头。

（四）工作流程

1. 召开作业前安全会

明确作业人员职责，告知作业步骤、作业风险及风险防控措施。

2. 组合斜向器

① 推荐钻具组合：Whipstock+Lead Mill+Flex Mill+HWDP+浮阀接头+UBHO+转换接头+加重钻杆+钻杆。

② 先用 10ft 短钻杆从转换接头开始依次向下接，接完 Lead Mill 后调整座键接头与斜向器方位面一致，并功能测试陀螺仪，测井人员投测工具与定向接头相匹配并且方位合适，把钻具推到靠钻机一侧立到转盘的防滑垫上。

③ 关全封闸板防止组合斜向器时落物入井。

④ 用吊车和两根吊带将斜向器吊到钻台，然后用气动绞车缓慢提起斜向器上端，解开吊车吊装吊带，缓慢放入井中，用专用叉板将斜向器坐在转盘上。

⑤ 司钻缓慢提起之前接好的 BHA，配合服务商进行斜向器上的销钉与 Lead Mill 的对接，斜向器工程师上紧销钉上的螺帽，连接液压管线，测量斜向器和测斜仪器高边刻线偏移值。

⑥ 司钻上提 BHA 到钻台面做入井前的检查，确认没问题后打开全封闸板，将斜向器缓慢下放过防喷器和套管头(需要在井口扶正管串，避免碰到防喷器和套管头)。

3. 斜向器下钻

① 在钻具自重达到 10klbs 之前使用安全卡瓦。

② 下钻过程中需要用管线插入钻具内每柱或者每 5 柱灌浆，要确保钻具内部灌满泥浆，灌浆过程中不能起压，每 2000ft 开泵小排量(最大排量 100gal/min 或者最大泵压 200psi)顶通一次，确认钻具水眼畅通，灌浆时泥浆泵上水管线安装小滤子。

③ 控制下钻速度(每柱不超 3min)，不能猛顿、猛刹。

④ 过特殊位置(如 7in 尾管顶部)时斜向器工程师需在钻台指挥，提前降低钻具下放速度(0.2~0.3ft/s)。

⑤ 下钻时定向接头以上的所有转换接头和钻具都需要通径，通径规下落至钻杆盒过程中盖住井口和钻具，人员远离通径规下落的危险范围，司钻确认通径规通过后，钻工在公扣端少量均匀涂抹铅油后对扣接钻具。

⑥ 操作液压大钳要平稳，不能撞击钻具，井口人员在司钻停稳后再提、放卡瓦。

⑦ 下钻过程中仔细观察计量罐，确认灌浆罐返出量与钻具排代量一致。

⑧ 下钻过程中锁住转盘，不能转动钻具。

4. 测斜向器方位并调整

① 配合测井人员在二层台的主梁上安装天滑轮，在钻具母扣端安装一个劈开的塑料护丝(防磨丝扣)，组合测方位仪器并下入钻具内。

② 测井人员操作绞车下入电缆，仪器坐入定向接头键槽内，读取三次方位数据，三组方位数据应相同，方位数据如果与设计开窗斜向器方位不同，转动钻具调整斜向器的方位，转完之后司钻上下活动钻具三次，确保钻具上的扭矩完全释放，钻具处于自由状态，然后以同样的方法测三组方位数据，直到斜向器方位与设计方位一致为止。

③ 用白色漆在钻具和转盘上作记号，用于复核立柱接卸后钻具是否转动。

④ 起电缆并甩仪器和天滑轮。

5. 坐斜向器

① 坐斜向器前留出足够的方余，确保坐完斜向器还有余量进行开窗和磨 8ft 口袋的长度，此时通常会根据实际情况接上单根、双根或者 1 柱钻具，接钻具和接顶驱时打上背钳，确保钻具不会转动，接完后对照之前在转盘和钻具上的记号是否一致。

② 坐斜向器前再次复核钻台上和场地上剩余钻具数量，确保井内钻具与钻具表一致。

③ 根据现场斜向器工程师的指令确认钻具上提下放重量并记录。

④ 缓慢开泵，使斜向器上下活塞同时移动，推动卡瓦牙直径增大，直至与套管内部接触，泵压升至坐挂泵压，连续憋压三次以上，卡瓦牙与套管内壁卡死，斜向器完全坐挂在套管内壁上，封隔器胶皮扩张与套管实现密封。

⑤ 根据斜向器工程师指令下压 15~20klbs，确认斜向器坐住。

⑥ 根据使用的销钉不同，缓慢下压钻具 43klbs/36klbs/28klbs 左右剪断销钉(现场一般使用下压 43klbs 的销钉)，然后上提钻具 2~3ft 确认销钉剪断，下压 15klbs 再次确认斜向器是否坐住。

6. 套管开窗和钻口袋

① 探到斜向器顶部时在钻具上做好标记，校井深(原井深减去斜向器长度)，上提 4ft，分别记录开泵和停泵后上提下放的重量、钻具空转扭矩。

② 根据斜向器工程师指令开始开窗，推荐开窗参数见表 1-28。

表 1-28 开窗参数

Φ139.7mm 套管			Φ168.275~193.675mm			Φ219.075~244.475mm			Φ273.05~406.4mm		
磨铣长度/ft	钻压/klbs	转速/(r/min)	磨铣长度/ft	钻压/klbs	转速/(r/min)	磨铣长度/ft	钻压/klbs	转速/(r/min)	磨铣长度/ft	钻压/klbs	转速/(r/min)
0~1.0	1~3	50~80	0~1.0	1~4	50~80	0~2.0	2~4	50~80	0~2.0	5~10	50~80
1.0~4.0	2~4		1.0~4.0	2~4		2.0~5.0	2~5		2.0~7.0	8~18	
4.0~7.0	3~5	80~110	4.0~7.0	3~6	80~110	5.0~9.0	3~7	80~110	7.0~13.0	8~20	80~110
7.0~12.0	2~4		7.0~12.0	2~4		9.0~16.0	2~5		13.0~24.0	6~16	

a. 每半小时记录一下钻井参数；

b. 每半小时记录泥浆罐液面和测量泥浆性能；

c. 每半小时清理并收集振动筛和沉砂槽处的磁铁；

d. 每钻进 1ft 或者半小时打 10~15bbls 高黏泥浆；

e. 根据工程师指令定期上提钻具，清洗磨鞋周围铁屑。

③ 磨铣到窗底，根据斜向器工程师指令适当加压，磨进地层 8ft。

7. 修窗口

① 打完进尺后通过上下划眼使磨鞋多次通过窗口，直到每次通过窗口时没有明显的摩阻和扭矩。

② 与现场监督和定向工程师一起检查 BHA 过窗口情况，分别检查开泵开转、开泵停转、停泵开转和停泵停转四种工况下 BHA 通过窗口是否顺畅。

8. 循环起钻

(1) 打高黏泥浆循环

分别打两次 30bbls 带绒毛的高黏泥浆(便于地面识别)，在第一次高黏泥浆出钻头后打第二次高黏泥浆，同时在窗口之下上下活动钻具，在高黏泥浆出钻头时把钻头放到井底，高黏泥浆打完后，排量开到开窗工具所允许的最大值，尽可能把井底铁屑清理干净，高黏泥浆出完，泥浆进出口比重平衡后停泵。循环结束后要及时收集所有铁屑并称重，计算实际和理论铁屑重量差值。

（2）溢流检查

按照井控规定进行溢流检查和灌浆，第一次溢流检查时把钻具提到窗口之上以防卡钻，每次溢流检查都要使钻具接箍在液压大钳容易卸扣的位置，而且关井时不会关到钻具接箍。

（3）起钻检查磨鞋尺寸

开窗磨鞋起到钻台面要通知现场监督、定向井工程师和斜向器工程师检查磨鞋磨损量，如果磨损量大于1/8in，需要下入修理窗口磨鞋重新修理窗口。

9. 冲洗防喷器

开窗时产生的铁屑可能沉积到防喷器附近，起完钻后接上冲洗工具大排量冲洗防喷器和套管头内腔。

10. 下定向工具定向钻进

① 钻具组合：钻头+弯螺杆+定向工具+浮阀接头+加重钻杆+震击器+加重钻杆+钻杆。

② 在通过窗口前测螺杆方位，确保与之前的斜向器方位一致，调整完螺杆方位缓慢下放钻具通过窗口(不能开泵)，避免螺杆卡在窗口位置。

③ 到底后，根据定向井工程师指令开始钻进。钻进新地层时加大钻压，降低转速和排量，使新井眼尽快偏离老井眼，以免冲刷松动老井眼的水泥环。

（五）工后闭环

① 清理、存放工具和设备。

② 清理、恢复工作场所。

③ 收集、归档工作相关资料。

a. JSA；

b. 钻具数据表；

c. 特殊工具证书及绘制的技术草图；

d. 甲方相关技术指令。

二十二、下尾管

（一）安全要点

① 大门坡道处安排专人穿信号服，向地面和司钻发出指挥信号。

② 组合尾管和下钻具输送尾管时盖好井口，井口手工具系保险绳，防止尾管内和井内落物。

③ 作业前根据施工情况准备好扣型相匹配的内防喷工具或套管丝扣转换接头，并做好井控风险预案。

④ 尾管对扣时严禁人员扶尾管公扣和母扣上端，防止手指受伤。

⑤ 尾管吊装过程中防范尾管滑脱掉落，要求吊车吊装尾管上钻台时必须使用专用吊装带，吨位应符合要求，严禁使用钢丝绳吊装尾管。

⑥ 员工配合套管队拉套管钳过程中手扶套管位置不要与套管钳平齐，以防钳体、尾管挤伤手指；尾管上卸扣过程中，套管钳周围严禁站人，防止摆动伤人；严禁非专业人员操

作套管钳，防止误操作。

⑦ 禁止用泥浆泵通过灌浆管线灌浆，避免灌浆管线从尾管内脱出造成人身伤害(推荐通过灌浆罐的灌浆泵并打开回水阀门控制排量进行灌浆)。

⑧ 控制尾管下放速度，避免因下放激动压力过大造成地层漏失，下放遇阻严禁多压。

⑨ 严禁从钻台直接向场地扔尾管护丝，防止高空落物伤人风险。

(二) 环保要求

① 施工过程中应采取措施降低噪声排放，以达到国家或地方噪声控制标准。

② 清洗尾管丝扣使用的溶剂和其他清洗剂可能含有害物质，应采取措施防止污染土壤。

③ 应选择环保、安全的套管螺纹脂，避免使用含铅螺纹脂，剩余螺纹脂应密封保存并加标记，用过的空容器应按照有关规定进行存储和处理。

(三) 工前准备

1. 井眼准备

① 下尾管前通井刮管(重点对尾管坐挂处进行刮削清除异物)，调整好泥浆性能，保证尾管能顺利下到设计深度。

② 起钻到设计的尾管坐挂位置，记录钻具悬重，为坐挂提供数据参考。

③ 起通井钻具前做静止实验，测出静止安全时间，避免尾管长时间在裸眼内静止，防止卡尾管。

2. 尾管准备

参考本章第四节“钻井常规作业/六、套管准备”部分内容。

3. 尾管悬挂器准备

① 检查悬挂器及各附件是否齐全。应包含悬挂器本体、提升短节、回接筒、球座、铜球、大小胶塞，及选配的浮箍、浮鞋、通径规等。

② 对各部件认真进行检查、测量与记录。主要检查内容包括：部件外观是否正常，有无碰损，密封件是否完好；各部是否匹配，丝扣是否完好；内部是否有杂物；浮箍、浮鞋密封情况；丝扣、胶塞尺寸是否与使用的套管匹配；性能参数是否满足作业要求等。

4. 尾管下入表准备

① 校核尾管长度，仔细计算钻杆压缩距，配好送入钻具。为方便配钻具和投球时卸扣，准备 1~2 根短钻杆(5ft、10ft、15ft)，配好钻具后使短钻杆下接头在转盘面附近。

② 校核坐挂位置，悬挂器卡瓦应避开上层套管接箍。

③ 尾管与外层套管重叠段长度通常以产层性质和尾管类型来决定，一般生产尾管和封固低压油气层的尾管，重叠段不得少于 100m；技术尾管重叠段为 150m；高压气层尾管重叠段应大于 200m。

④ 甲方监督、尾管工程师、带班队长三方核对尾管下入数据表。

⑤ 下尾管前，带班队长应把备用套管区分开。

⑥ 装悬挂器前，带班队长应再次核对场地剩余尾管。

5. 设备准备

① 校核指重表和泵压表，保证灵敏准确。

② 检查测试套管钳，确保工作正常，扭矩表显示正确。

③ 检修泥浆泵，确保泥浆泵上水良好。

6. 井口工具准备

检查吊环、尾管吊卡、单根吊卡、尾管卡瓦、安全卡瓦、链钳、全开式安全阀及配合接头、尾管循环头、套管螺纹脂、套管螺纹胶、吊带、套管护丝、快卸护丝等。

7. 固井头准备

按照尾管工程师要求准备短钻杆、全开式安全阀与水泥头，在场地连接并紧扣置于钻台附近。减少钻台上连接时间，避免井下钻具静止时间过长。

(四) 工作流程

1. 申请 PTW

2. 召开作业前安全会

明确作业人员职责，告知作业步骤、作业风险及风险防控措施。

3. 常用尾管串组合

浮鞋+尾管+浮箍+尾管+尾管组合+尾管悬挂器总成+送入钻具+旋转水泥头。

4. 按顺序下入尾管及附件

① 连接浮鞋、浮箍后，应开泵或通过其他方式检查浮鞋、浮箍的畅通及防回压情况。

② 每下入 15 根尾管至少灌满泥浆一次。

③ 悬挂器下面的两根尾管连续加两个弹性扶正器。

④ 控制尾管下放速度不能大于 35m/min。

⑤ 接悬挂器之前需要灌满泥浆。

5. 接尾管悬挂器

① 提起整个悬挂器总成，先卸掉中心管接箍，再卸掉悬挂器下端的护丝，连接中心管接箍，并在中心管接箍上接尾管胶塞，用链钳或管钳上紧扣。

② 注意悬挂器倒扣部分有无松动。

③ 尾管胶塞及胶碗上涂丝扣油，小心插入尾管，然后连接悬挂器与尾管。

④ 尾管工程师对悬挂器做最后检查，确认正常后缓慢下放通过防喷器和套管头，注意保护好卡瓦及液缸。

6. 循环称重

① 更换为下钻具的井口工具，接 1 柱钻具和转换接头(转换接头需要通径)，用顶驱缓慢灌浆，循环 1.25 倍钻具内容积(最大排量或者泵压不能超过尾管工程师要求)。

② 测上提下放悬重并做好记录。

③ 锁住转盘，防止尾管转动。

7. 下送入钻具

① 控制下钻速度(一般是 3min/柱)。

② 所有入井钻具应按要求通径，钻具反编号，便于核对入井钻具数量。

③ 每下 10 个立柱必须灌满一次泥浆。

④ 下钻过程中注意保护井口，严防井下落物。

⑤ 若发生下钻遇阻，监督和尾管工程师都应在钻台上指挥，多上提少下放进行活动，如必须开泵循环，应将泵压控制在规定范围以内。

⑥ 将尾管下至预定深度(三方核对钻具下入深度)前一根单根时，先灌满泥浆(注意活动钻具，防止粘卡)，称重、测量摩阻，并做好记录。

⑦ 调整方余，小排量开泵循环泥浆，控制开泵压力不超过规定压力。待泥浆返出后可逐渐增加排量，循环压力稳定时再以正常排量循环 1~2 周。

8. 坐挂及倒扣

① 先进行试坐挂操作。受井下条件的限制，有时循环压力过高，未投球就将液缸剪钉剪断，在这种情况下，若无旋转水泥头或水泥头上无投球孔时，可直接坐挂。

② 如没有坐挂，则投球(注意：尾管规格不同，所配铜球尺寸也不同)，并以小排量泵送。密切注视泵压变化，当球到达球座后憋压到设计液缸剪断压力，稳压 2min，慢慢下放钻具，当总悬重=送入钻具总浮重+游车重量时(此时送入钻具回缩距等于或接近计算值)，即坐挂成功。

③ 继续下压 10~20t(10000~20000kgf)，检查坐挂的可靠性。

④ 坐挂成功后，继续憋压到尾管工程师要求的压力，憋通球座，建立正常循环。

⑤ 无异常时停泵，松开转盘，坐钻杆卡瓦，确保载荷支撑套承压 5~10t(5000~10000kgf)，然后正转进行倒扣，累计有效倒扣不少于 20 圈。

注意：正常情况下，用转盘倒扣时，正转 5 圈后放松转盘，转盘应几乎不回转。若回转严重，可能是载荷支撑套未受压或受压太多，此时应予以调整，切记必须剪掉球座建立循环后，才能倒扣。

⑥ 缓慢提钻具 1~2m，若悬重一直等于上部钻具浮重+游车重量，表明扣已倒开。

⑦ 倒扣成功后将钻具放回，下压悬挂器 5~10t(5000~10000kgf)，接入水泥头(钻杆胶塞应提前装入)，按固井要求循环后固井。

(五) 工后闭环

① 清理、存放工具和设备。

② 清理、恢复工作场所。

③ 关闭 PTW，收集、归档工作相关资料。

a. 尾管数据表；

b. 尾具长度丈量登记表；

c. 尾管悬挂器技术草图；

d. 甲方相关技术指令。

二十三、尾管固井

(一) 安全要点

① 气温低于-5℃时，应避免夜间施工，如夜间施工要保证照明良好，使施工人员能准确分辨施工信号。

② 如遇大雪、大雾、暴风雨、六级及以上大风时禁止强行施工。

③ 钻台作业区域应保持干净有序，避免出现人员绊倒或滑倒等其他事故。

④ 试压或施工期间，作业区域隔离并拉警示带，非工作人员禁止入内。

⑤ 试压或施工期间，如高压管汇或由壬刺漏，必须在泄压后方可处理。

⑥ 钻台留有足够长的固井管线，确保活动套管有足够的距离；活动套管时，用气动绞车吊起固井管线避免连接部分承受载荷。

⑦ 油气层打开后，固井候凝期间应充分考虑水泥浆失重带来的井控风险，做好井口观察，水泥浆凝固前不能开始井口作业。

⑧ 易漏井固井前，隔离液中加入堵漏纤维，提高入井流体的预堵漏能力。

⑨ 为防止固井漏失，固井优先考虑部分低密度水泥浆体系，降低静液柱压力和施工压力，确保固井模拟的施工压力低于漏失和破裂压力。

（二）环保要求

① 固井作业过程中采取相应措施避免干水泥灰泄漏，保护灰罐车周围区域的土壤。

② 返出的水泥混浆及前置液用射流泵或隔膜泵泵送至泥浆坑，保护圆井周围的土壤。

③ 清洗固井管线返出的水泥混浆全部通过专用的清洗管线流至固井坑，保护固井车周围的土壤。

④ 配制水泥浆时，应避免水泥浆外溢；倒换固井管线时，应避免水泥浆外流；添加药品后，不能将盛装药品的桶倒放，以免残余药品外流。

⑤ 施工完毕后，不得用固井药品水在井场冲洗水泥车，并且不得随意倾倒固井药品水。

（三）工前准备

1. 工作相关工具和设备准备

尾管固井相关工具及设备见表 1-29。

表 1-29　尾管固井相关工具及设备

序号	工具设备名称	型号规格	单位	数量
1	固井循环头		个	1
2	胶塞		个	1
3	警示带		卷	1
4	榔头	12lbs	把	2
5	对讲机		台	4
6	切克森管线	2in 1502	圈	按需
7	撬杠		根	2

2. 其他准备

① 检查指重表、泵压表是否灵活、准确。

② 检查泥浆泵，保证上水正常，并实测上水效率。

③ 泥浆罐应准备足够的空间储备水泥浆替换出的钻井液。

④ 储备固井设计水泥化验用水两倍的淡水用量。

⑤ 带班队长计算循环、固井时上提套管的悬重，以便确认大钩载荷和立根盒承载能力。

⑥ 带班队长计算碰压所需的泥浆用量和冲数，并和第三方的计算结果对比。

⑦ 准备雨衣，防止固井完内外压差不平衡钻具内反喷。

3. 固井队准备

（1）固井设计和水泥浆实验

① 收集地质数据、井下复杂情况及钻井参数等，进行固井模拟计算，制作固井设计。

② 取固井用水、泥浆、水泥和添加剂样品，进行水泥浆初试、复试和混浆污染实验。必要时提高温度和密度做扩展实验。

（2）水泥及添加剂

① 严格按照化验室配方干混或者水混添加剂材料。

② 固井水泥、添加剂必须和取样做实验的材料属于同一批次。

③ 固井队应做好油井水泥储存、混拌及运输各个环节的防潮工作。

④ 对送到井上的水泥、添加剂和药品水进行抽样复试。

（3）固井设备

① 要求固井设备状况良好，满足施工要求，并且有备用设备。

② 施工前检查柱塞泵上水效果，排出泵内空气，避免柱塞泵上水不良造成管线振动，导致退扣，影响管线密封效果和产生安全隐患。

③ 对固井管线由壬连接处进行细致的清洁、维护保养，按要求连接砸紧。

④ 检查固井头闸门开关是否灵活，胶塞安装情况。

4. 循环洗井

固井之前至少循环 2 倍井眼容积，使泥浆进出口相对密度一致，振动筛处无明显岩屑；在保证井眼安全的前提下，降低黏度、切力为提高顶替效率和界面胶结创造良好的条件；记录核对泥浆泵上水效率和泵压。

（四）工作流程

1. 申请 PTW

2. 召开作业前安全会

明确作业人员职责，告知作业步骤、作业风险及风险防控措施。

3. 管线试压

① 循环结束后，固井队人员启动固井车并用清水冲洗固井管线，冲洗干净后停泵，在钻工的协助下将固井管线连接到固井循环头。

② 关闭固井循环头上的低扭矩阀，使用固井车对固井管线进行高低压测试，检查管线有无刺漏。

4. 固井

（1）注入隔离液和冲洗液

试压通过后，井口人员倒好闸门，使用泥浆泵或泵车按固井作业计划泵送准备好的隔离液和冲洗液。在泵送规定体积的隔离液和冲洗液后停泵，倒管线流程，固井车开始泵送水泥浆。

（2）注入水泥浆

① 按照设计数量和密度泵注领水泥浆、中间水泥浆、尾水泥浆。

② 固井队配合泥浆工测量水泥浆密度。

③ 司钻安排专人观察返浆情况。

④ 取水泥浆样品，并留存到候凝结束。

（3）压胶塞

水泥浆注入完毕后停泵，打开固井循环头上胶塞的锁定旋钮，泵车泵入 $2m^3$ 顶替液推动胶塞下行后停泵，井口人员观察胶塞指示器，核对胶塞是否落井。

（4）替浆

① 井口人员倒换闸门，司钻泵冲清零，启动泥浆泵，泵入 $5m^3$ 隔离液，固井队按照设计排量和数量开始顶替水泥浆。

② 尾管固井，一般使用固井水泥车替浆，如水泥车替浆出现问题，则使用井队钻井泵替浆。

③ 给固井车供浆要提前检查供浆管线是否正常。

④ 供浆过程中，水泥车上固井人员和泥浆工做好沟通，防止出现问题。

⑤ 开泵前期由于水泥浆重力原因，基本没有泵压，井内液柱压力逐渐平衡后，泵压开始逐渐升高，司钻和固井工程师注意观察泵压情况。

⑥ 替浆期间，顶替液存放泥浆罐应只出不进，安排专人核对顶替液使用量，检查上水效率并及时与司钻和固井队保持沟通。

⑦ 如果顶替量达到设计允许最大值，无论是否碰压，都应停止替浆，避免替空。

⑧ 在钻杆胶塞到达尾管胶塞前 $2m^3$ 降低排量，观察压力变化。在钻杆胶塞碰到尾管胶塞时，注意观察压力的变化(泵压一般会升高 700psi 左右)。

⑨ 剪断尾管胶塞锁销，钻杆胶塞和尾管胶塞一起下行。

(5) 碰压

泵入设计体积后，固井车使用低排量替浆直到尾管胶塞接触浮箍阀座，开始碰压，泵压曲线可见大幅上升，停泵稳压或增加至设计压力后稳压。

(6) 观察返流

稳压 10min 左右，从固井车泄压，观察有无返流。如有返流，评估返出流体体积，重新开泵顶回相应的体积，带压开始候凝。

5. 起出中心管循环

① 按照尾管工程师指令上提中心管出尾管悬挂器顶部。

② 倒闸门，关环形封井器，反循环直至所有的水泥和混浆进泥浆坑，固井完清洗振动筛前管线。

③ 反循环结束，打开环形封井器，起 5~8 柱钻杆，开泵正循环冲洗送入钻具，防止在钻具接箍处有水泥残留。

6. 起钻

起送入管柱，起钻期间应保持灌满钻井液。

7. 候凝

(五) 工后闭环

① 清理、存放工具和设备。

② 清理、恢复工作场所。

a. 钻台清理干净无杂物；

b. 固井车周围清理干净，地面无散落的水泥灰；

c. 圆井周围清洗干净，圆井残余水泥浆全部抽走。

③ 关闭 PTW，收集、归档工作相关资料。

a. PTW 和 JSA；

b. 尾管下入数据表；

c. 固井安全会记录。

二十四、钻具传输测井

(一) 安全要点

① 井队必须配合测井队工作。

② 组合测井仪器前，井口周围收拾干净并做好遮盖，防止井下落物。

③ 悬挂测井天滑轮时，要固定牢靠，做好防坠落措施。

④ 检查通径规尺寸，吊卡带通径规上行时，钻台人员要站到安全区域。

⑤ 井口钻具母扣要遮盖好，防止钻具内落物。

⑥ 钻台人员和司钻要确认通径规从被通径的钻具水眼中出来后，方可进行下一步作业。

⑦ 接旁通阀时，要确认电缆固定牢靠。

⑧ 井口坐卡瓦时，注意不要挤坏井口电缆。

⑨ 在电缆入井过程中，转盘周围不应有人作业；钻台入口、测井车和大门口周围应当设置警戒线，确保无关人员远离作业现场；任何人不允许在距离测井车与井口之间电缆的1.8m范围内活动。

⑩ 钻具丝扣油只能涂抹在钻具公扣上，并尽可能地少。

⑪ 电测过程中，计量罐处安排专人坐岗，观察泥浆的返出和灌入量是否与钻具排代量一致。

⑫ 如进行放射性测井作业，应在作业区内设立明显标志，装卸放射源时，应通知非作业人员远离作业点20m以外。

⑬ 夜间作业应备有足够的防爆照明灯，保证施工安全。

⑭ 测井过程中绞车操作员应始终保持高度的责任心，集中精力，监视电缆张力变化，始终保持电缆速度与钻杆速度同步。

⑮ 上测过程中每次坐吊卡，不要提得过高，一般小于10cm，且应慢速平稳，如超过20cm，司钻应通知测井工程师关闭仪器推靠臂以后再下放吊卡，以免下放时损坏仪器。

⑯ 在测井过程中电缆张力一般应保持在2klbs左右，张力过大可能导致湿接头被拉脱，过小可能导致电缆缠绕钻柱从而损坏电缆。

⑰ 上测或下测期间要始终保持旁通电缆卡子以上的电缆张力大于1klbs，并注意张力的补偿，同时注意张力系数的设置。

⑱ 测井车到井口的距离应大于25m，作业开始前测井车轮胎下应放好掩木。

（二）环保要求

① 起井内电缆时要采取有效的清洁方式，避免电缆上附带的钻井液掉落，污染土壤。

② 井内电测仪器如装有放射源，应按照相关规定采取有效的预防措施，减少辐射污染。

（三）工前准备

1. 井眼准备

① 通井并充分处理钻井液，钻井液应有良好的流变性和润滑性，保证井眼清洁、畅通、无垮塌、无沉砂。

② 井下应无漏失、无溢流、无落物，起下钻遇阻遇卡井段应采取措施消除阻卡。起钻前应充分循环，不少于两个循环周。

2. 测井队准备

① 测井队作业中使用的各种设备、仪器和工具要进行强制保养、检查和调试。具有辐射性的仪器应有专人负责保养和维护，有条件的应在加温条件下进行模拟实验。

② 测井队伍应提前12h到达作业现场，细心检查、调试各种仪器设备。

③ 测井队、甲方监督、井队三方人员召开测井协调会，制定测井方案，进行技术

交底。

3. 井队准备

① 检查保养钻机，检查钻柱是否有变形、钻杆水眼是否干净，如有异常必须清理或更换钻柱，以保证作业过程中工具能顺利地通过钻柱水眼。

② 井队应向测井工程师详细说明井眼简况，测井队应向井队详细描述测井仪器的结构、长度。由测井队制订方案，带班队长负责计算钻柱深度，测井队复核。

a. 确定仪器串下放的底部临界深度，以便留有一定的安全距离，避免出现入井仪器串遇阻导致井下张力突然增大的现象；

b. 旁通短节不能出套管。

4. 天、地滑轮安装

① 天滑轮的安装应由测井队经验丰富的员工指挥，钻井队井架工负责安装，安装原则为：安全可靠，不影响起下钻和钻具摆放，方便井口人员作业。

② 用断裂强度大于150kN的钢丝绳或链条将天滑轮安装在天车底座的横梁上。

③ 用断裂强度大于150kN的钢丝绳或链条将地滑轮固定在转盘底座上或井架底座主梁上。

（四）工作流程

1. 申请PTW

2. 召开作业前安全会

明确作业人员职责，告知作业步骤、作业风险及风险防控措施。

3. 组合电测仪器

① 电缆穿过天、地滑轮，通过马笼头连接在仪器串上，供电检查仪器工作情况，对相关仪器做测前刻度。

② 在地面系统的电缆分配面板上，用万用表测量每根缆心及缆心之间的电阻值，作为湿接头对接成功与否的参考。

③ 在井口使用入井仪器组装台和卡盘，按顺序连接仪器串。

④ 仪器串连好后，接马笼头，供电检查仪器工作正常后断电。

⑤ 卸掉马笼头，在仪器串顶部接过渡短节，在过渡短节顶部接钻具。

4. 接钻具下钻

① 钻具入井前必须通径。

② 下钻要平稳均匀，不能猛刹、猛提、猛放；套管内起下速度控制在15m/min，裸眼中控制在9m/min，以便提供足够的遇阻反应时间，保证仪器串的安全，遇阻不能超过2t。

③ 清理钻杆丝扣上的杂物，丝扣油抹在公扣上。

④ 严格按设计的钻具输送程序下钻，由司钻对所下钻具编号和计数，确保深度的准确性。

⑤ 按规定每下10~15柱钻具开泵顶通水眼。

5. 接旁通短节

① 下钻到预定位置后，测井队井口操作员指挥将旁通短节吊至井口上方15m处。

② 指挥电测车操作员操作绞车将湿接头吊起悬停在井口上方，绞车深度面板置0，然后缓慢下放电缆，井口操作员将湿接头放入钻具水眼内。

③ 将旁通短节慢慢下放并安装在钻具上。

6. 湿接头对接

① 电测车操作员操作绞车以60~90m/min的速度下放电缆。

② 电缆湿接头下至离仪器顶150m时，司钻按电测队要求开泵，电测队高速下放电缆对接。

③ 对接成功后，尽量避免钻柱旋转。

④ 测井队应打开自然伽马仪，与上次测井深度校对以便核算仪器深度，如发现误差较大，应暂停下钻，重新核算钻柱深度，确认无误后方可下钻。

7. 继续下钻

① 仪器进入裸眼井段后，双方人员均应随时监视张力变化，如发现异常应立刻停止下钻。接近井底的最后1柱钻杆下钻时速度应尽量放慢。

② 每下10柱应向钻柱内灌泥浆一次，以确保钻柱内外压力平衡。

8. 上提测井

① 仪器串下至测量井段底部后，再次预置好仪器串底部深度，打开入井仪器推靠臂，操作系统进入上测状态。

② 司钻得到指令后操纵钻机以9m/min的速度平稳上提钻具，电测车操作员调整绞车扭力使电缆与钻具保持最佳同步运行状态。

9. 下放测井

① 检查电测车与井口通信情况，预置好入井仪器串底部深度，操作系统进入下测状态。

② 司钻接到指令后以大约9m/min的速度匀速下放钻具，同时严密监视井口张力显示器，发现遇阻立即停车并通知测井队。电测车操作员根据钻具下放情况，实时调整电缆张力，操作工程师也要严密监视地面系统井下张力显示情况，发现遇阻显示及时通知钻井队停止下钻。

③ 遇到井况不好或造斜率大的井段以及接近井底时应放慢下放速度。

④ 按设计将仪器串下到测量井段底部临界深度，停止下测。

10. 起钻卸旁通接头

① 起钻至旁通短节离井口大约1根立柱打电缆卡子的位置停止。电测车操作手停绞车，收拢入井仪器极板与推靠臂。

② 对相关仪器做测后刻度，然后断电。

③ 井口操作员卸掉电缆导向滑轮和电缆夹子，指挥电测车操作员操作绞车将电缆上提到电缆自重，卸电缆夹板。

④ 电测车操作员操作绞车拉开湿接头，以60~90m/min的速度上提电缆，直到湿接头离旁通短节50m时停止。

⑤ 井口操作员指挥钻井队卸掉旁通短节并用起吊设备吊起至离井口15m左右处，电测车操作员启动绞车拉出湿接头，井口操作员指挥将旁通短节和湿接头放到地面猫道上，测

井队拆卸旁通短节和湿接头。

11. 拆卸电测仪器

① 继续起钻，将仪器串起出井口。

② 测井队将仪器串分段卸开并放在地面支架上。

③ 协助测井队拆卸天、地滑轮。

（五）工后闭环

① 清理、存放工具和设备。

② 清理、恢复工作场所。

a. 对钻台面进行清洁，整理保养井口工具；

b. 对清洁保养产生的污泥、污水进行清理回收。

③ 关闭 PTW，收集、归档工作相关资料。

a. JSA；

b. 入井钻具组合表。

二十五、滑/割大绳

大绳在作业过程中受到拉、扭、挤压等应力而做功，导致大绳磨损和疲劳，主要又以拉应力做功为影响和考虑因素。从死绳头到活绳头之间的所有大绳中，在相同钻井作业情况下以快绳做功最多(因为所有绳段所受拉力相同，但快绳运动距离最长，因而做功最多)。为了安全起见，在大绳做功达到一定程度后，就需要将做功最多的那段快绳段缠绕在滚筒上(滑大绳)，或将靠近活绳头一定长度的快绳割掉(割大绳)。

滑绳和割绳的主要目的是不断分散关键磨损点，尽可能使整条大绳的磨损达到均匀，以避免关键磨损点长期作用于同一位置而造成大绳局部损伤，从而影响整条大绳的使用寿命。大绳关键磨损点主要有两点：

① 钢丝绳与滑轮之间的接触点(取决于井架高度与提升点)。

② 特殊拐点，即滚筒上两圈之间的转换点(取决于滚筒直径与宽度)。

滑/割大绳的时间：

① 下套管前、处理卡钻事故后(或前)应考虑滑割大绳；在进行重负荷作业前后根据情况考虑是否滑割大绳。

② 任何时候发现大绳有断丝、变形，应考虑滑/割大绳。

③ 根据钻井过程大绳做功计算结果即“吨英里”来滑/割大绳。见“第七章 附录一 滑/割大绳计算”。

国际通用标准是不推荐滑大绳，要求每次直接割大绳，因为滑大绳是将大绳缠绕在滚筒上，当滚筒上的大绳缠绕层数过多很容易使大绳产生变形，反而缩短了大绳的使用寿命。普遍做法是每两次割绳之间都进行滑绳作业，滑绳作业的次数不应大于两次。

（一）安全要点

① 严禁钻具在裸眼井段或空井时进行滑/割大绳作业。

② 沙尘暴、大风等恶劣天气，避免滑/割大绳作业，必须作业时应制定并落实针对性防范措施。

③ 任何情况下，对大绳进行肉眼检查的结果要优先于滑/割大绳程序决定的时机。

④ 确定无溢流的情况下方可进行滑/割作业，滑/割作业期间必须安排专人进行溢流观察。

⑤ 井口如有钻具，必须接好全开式安全阀，同时关闭闸板防喷器，打开节流阀。

⑥ 吊带、钢丝绳、卸扣等吊索吊具检测应在有效期内，额定载荷和工况符合作业要求，卸扣使用防退销式。

⑦ 高处作业人员必须使用全身式安全带，同时使用防坠落装置。

⑧ 当游车处于最低点时，绞车滚筒上的大绳圈数应符合绞车生产厂家的要求。

⑨ 排绳的人员要合理站位，扣好工服袖子，严禁直接用手部接触转动的滚筒和运动中的钢丝绳，作业期间避免设备转动伤人、滑动钢丝绳造成扎手、夹伤、砸伤，误操作造成设备损害。

⑩ 滑绳长度应该是滚筒整数圈再加上半圈，以改变绳的交叉点，交叉点的磨损大。

⑪ 当大绳做功达到割绳标准时，累计滑绳长度应该等于 API 推荐割绳长度。

⑫ 排大绳时，禁止用撬杠、铁锤直接撬动或捶击大绳，防止大绳受损，必要时可在大绳上垫硬木块。

（二）环保要求

① 按规定处置施工过程中产生的废液和固体废弃物，减少对环境的影响。

② 使用液压剪绳器时需要用到手压泵和液压油，液压管线或连接部位要采取防刺、防漏措施，一旦发生刺漏，要做好回收工作，防止污染土壤。

（三）工前准备

1. 个人劳保用品的准备

安全帽、护目镜、手套、工鞋、安全带。

2. 井口工具的准备和检查

液压剪绳器、手压泵、液压油、棉纱、套筒扳手、钢丝刷、清洁剂、吊装绳套、吊带、卸扣、榔头。

3. 工作场地的准备

① 移走工作场所无关的工具，保持场地整洁。

② 用警示带隔离施工区域，无关人员不能进入施工作业区域。

4. 其他准备

① 卸掉绞车滚筒护罩并放在合适位置。

② 计算需要滑割的钻井大绳的长度，折合成滚筒上的圈数。

③ 如滑割大绳作业需要在夜间进行，准备和检查好照明设备。

（四）工作流程（滑大绳）

1. 申请 PTW

2. 召开作业前安全会

明确作业人员职责，告知作业步骤、作业风险及风险防控措施。

3. 固定游车和顶驱

（1）无顶驱的情况

① 在井口钻具上接好全开式安全阀（无顶驱的情况），进行溢流检查，确认无溢流后，

关闸板防喷器。

② 盖好井口，清理钻台，井口工具放在合适的位置。

③ 井架工将游车用卸扣悬挂到游车悬吊绳上。

（2）有顶驱的情况

① 顶驱和井口钻具连接，溢流检查，确认无溢流后，关闸板防喷器。

② 清理钻台，井口工具放在合适的位置。

③ 井架工将游车用卸扣悬挂到游车悬吊绳上。

4. 卸松死绳

① 司钻缓慢下放游车，使游车的全部重量施加到悬吊绳上。

② 将过卷阀移开，同时关闭电子防碰系统，摘开重锤式防碰天车。

③ 钻工用套筒扭矩扳手卸松死绳固定器压板 6 个螺栓，注意不要将压板卸掉，卸掉死绳固定器下方卡在死绳上的防滑绳卡。

5. 滑绳

① 钻工站在死绳固定器前，通过死绳固定器向上送绳。

② 司钻根据吨英里计算滑割的长度正转绞车，缓慢将一定长度的大绳缠在滚筒上。

6. 固定死绳

① 滑大绳结束后，司钻停绞车，钻工用套筒扭矩扳手按规定扭矩上紧死绳固定器压板上的螺栓及卡在死绳上的防滑绳卡。

② 防滑绳卡数目一般不少于 3 个，绳卡应配套使用，绳卡之间的排列间距一般为钢丝绳直径的 6~8 倍，绳卡要一顺排列，应将 U 形环部分卡在绳头的一面，压板放在死绳的一面。

7. 恢复作业

① 司钻缓慢上提游车至合适位置，井架工将连接游车和游车悬吊绳的卸扣卸掉。

② 检查和校准死绳固定器上的指重表传感器间隙(传感器膜片压圈与下压盖之间的间隙应为 8~14mm)。

③ 恢复重锤式防碰天车，将过卷阀移回原位，重新设置、测试过卷阀，启动电子防碰系统，重新设定防碰并进行测试；达到良好待命状态。

④ 上提下放游车几次(有顶驱的，先卸开顶驱和井口钻具的连接)，确保游车和大绳运转良好。

⑤ 溢流检查，打开防喷器，关闭节流阀。

(五) 工作流程(割大绳)

1. 申请 PTW

2. 召开作业前安全会

明确作业人员职责，告知作业步骤、作业风险及风险防控措施。

3. 固定游车和顶驱

与滑大绳中“(四)工作流程(滑大绳)　3. 固定游车和顶驱”部分一致。

4. 倒出活绳

① 司钻缓慢下放游车，使游车的全部重量施加到悬吊绳上。

② 将过卷阀移开，同时关闭电子防碰系统，摘开重锤式防碰天车。

③ 根据滑割大绳程序规定长度，在钻井大绳上标记出要切割的位置。

④ 在快绳上卡一个绳卡和吊带，将大绳固定在绞车一侧。

⑤ 司钻缓慢倒转绞车，使大绳缓慢地从滚筒上倒出，直到标记位置到钻台上为止。

5. 切割大绳

① 司钻刹住绞车，按下驻车制动。

② 切割标记两侧大绳用铁丝绑好，使用液压剪绳器从标记处剪断钻井大绳。

③ 大绳割断后，把滚筒上余下的快绳倒出来并盘好。

④ 在滚筒上还剩 1~2 圈时，停绞车。

6. 卸装活绳头

① 卸开活绳头压板，将活绳头从滚筒上抽出，卸下活绳头卡子，抽走旧大绳并盘好。旧大绳应使用气动绞车吊到地面上。

② 用钢丝刷把大绳安装绳卡清洗干净，按规定上紧活绳头卡子。

③ 将活绳头装入滚筒绳窝，拉紧大绳后安装活绳头压板并上紧固定螺栓。

④ 司钻启动绞车正转，缓慢地把大绳缠到绞车滚筒上。

⑤ 确保大绳处于拉紧状态，均匀紧密地排在绞车滚筒的排绳槽内，不允许出现间隙。

7. 滑绳

① 钻工用套筒扭矩扳手卸松死绳固定器压板的 6 个螺栓，注意不要将压板卸掉，卸掉死绳固定器下方卡在死绳上的防滑绳卡。

② 钻工站在死绳固定器前，通过死绳固定器向上送绳。

③ 司钻根据吨英里计算滑割长度正转绞车，缓慢将一定长度的大绳缠在滚筒上，同时钻工继续通过死绳固定器压板送绳。

8. 固定死绳

① 缠绕大绳到位后，司钻停绞车，钻工用套筒扭矩扳手按规定扭矩上紧死绳固定器压板上的螺栓及卡在死绳上的防滑绳卡。

② 防滑绳卡数目一般不少于 3 个，绳卡应配套使用，绳卡之间的排列间距一般为钢丝绳直径的 6~8 倍，绳卡要一顺排列，应将 U 形环部分卡在绳头的一面，压板放在死绳的一面。

9. 恢复作业

与滑大绳中“(四)工作流程(滑大绳)　7. 恢复作业”部分一致。

(六) 工后闭环

① 清理、存放工具和设备。

② 清理、恢复工作场所。

a. 绞车上的前滚筒盖必须安装在原来的位置上；

b. 滑割下来的大绳存放到指定位置。

③ 关闭 PTW，收集、归档工作相关资料。

a. PTW 和 JSA；

b. 钻井参数系统吨英里记录归零；

c. 更新滑割大绳记录；

d. IADC 报表相关记录；

e. 工作中存在的问题记录。

二十六、甩钻具

（一）安全要点

① 雨天、雾天、大雪天、沙尘暴、六级及以上大风的天气、能见度小于 50m 不得进行甩钻具作业。

② 作业前认真检查刹车系统并测试紧急制动、电子防碰天车、重锤式防碰天车、机械式过卷阀，确保正常，防止上顶下砸。

③ 钻台清洁，无障碍物和泥浆，使用防滑垫，以避免滑倒。

④ 操作液压大钳和 B 型大钳期间，注意手指的防护和人员站位。

⑤ 气动绞车需安排熟练人员操作，并由专人指挥上提下放，钻具从鼠洞中上提时井口人员注意防止钻具转动；公扣端出鼠洞后及时戴好护丝，在戴护丝时气动绞车应刹好，防止钻具下滑砸伤手指。

⑥ 井架工按规定系好安全带，检查兜绳、钻杆钩是否安全、可靠。所用手工具必须系保险绳。

⑦ 甩立柱第一根单根时严禁使用高速提升，防止因上提速度过快碰天车。

⑧ 从钻台向大门坡道推钻杆时，人员应侧向站位，禁止站在钻杆的正下方。

⑨ 作业期间，钻杆由大门坡道下滑时，应观察场地情况，场地人员应站在安全便于逃生的位置。

⑩ 做好钻具防护工作，严禁不戴钻具公扣护丝进行甩钻具作业。

（二）环保要求

① 施工过程中应采取措施降低噪声排放，以达到国家或地方噪声控制标准。

② 按规定处置施工过程中产生的废液和固体废弃物，减少对环境的影响。

（三）工前准备

1. 个人劳保用品的准备

安全帽、护目镜、手套、工鞋、信号服、安全带。

2. 井口工具的准备和检查

3~5t 吊带 2 条、钻铤提升短节、钻铤钻杆提丝、撬杠、钻铤及钻杆护丝、5t 卸扣 2 个、钻杆吊卡和卡瓦、钻铤吊卡和卡瓦、安全卡瓦、B 型大钳。

3. 工作场地准备

① 移走钻台上与工作无关的工具，铺设防滑垫，畅通逃生路线，保持工作区域整洁。

② 用警示带隔离施工区域，无关人员不得进入施工作业区域。

4. 相关设备的检查和准备

① 如甩钻具作业需要在夜间进行，准备和检查好照明设备。

② 每班操作前必须检查、测试防碰天车，确保装置灵敏可靠。

③ 测试绞车电气油路及刹车系统，确保绞车运转正常。

④ 准备好尺寸合适的小鼠洞及小鼠洞调节板。

⑤ 作业前，司钻应检查所有的仪表和传感器，如扭矩表和指重表。

⑥ 气动绞车钢丝绳排列整齐，刹车可靠。

⑦ 井架上所有工具应使用安全绳做好二次防护。

⑧ 液压大钳工况正常。

（四）工作流程

1. 申请 PTW

2. 召开作业前安全会

明确作业人员职责，告知作业步骤、作业风险及风险防控措施。

3. 甩钻具

① 井架工穿戴安全带，使用助爬器和防坠落设施上井架至二层台后，把安全带系挂在专用速差器或合适的位置，把兜绳拴在二层台绳桩上，检查钻杆钩子及尾绳。

② 司钻上提游车，井架工在游车上升时，观察钢丝绳有无明显断丝，注意游车起升位置，及时发信号提醒司钻，司钻平稳操作游车至二层台井架工适宜操作的位置后刹车。

③ 井架工用钻杆钩子拉出立柱并使用兜绳防护，将立柱推入吊卡并扣合吊卡活门，井架工检查吊卡扣合后，发出起升信号。

④ 司钻上提立柱出钻杆盒，井架工缓慢松兜绳，井口人员使用钻杆钩配合司钻上提立柱，防止立柱摆动过大，司钻上提立柱至合适高度刹车。

⑤ 井口人员目测公扣状况并戴好公扣护丝，司钻操作刹把配合井口人员将钻杆立柱下放入小鼠洞，钻柱入小鼠洞后观察接头位置，避免多放压坏钻杆或是发生其他事故。当第一根钻杆接头连接处至液压大钳卸螺纹高度时，缓慢下放钻柱，轻触小鼠洞调节板，放松吊卡后刹车。

⑥ 井口人员平稳操作液压大钳卸钻具，收回液压大钳后，司钻上提游车至合适高度，提离下单根母接头 0.2~0.5m 刹车。

⑦ 井口人员检查母扣状况，气动绞车操作人员配合井口人员上提丝（或扣合单根吊卡），气动绞车人员按照指挥信号，平稳操作气动绞车至钻杆公扣端距小鼠洞上方 0.2~0.5m，刹住气动绞车。

⑧ 井口人员配合气动绞车操作人员将单根推至大门坡道，气动绞车操作人员配合井口人员下放公扣端至大门坡道后，操作气动绞车下放钻具。

⑨ 钻具单根下放至猫道合适位置后，放松气动绞车并刹车，场地人员卸掉提丝（或单根吊卡），发出气动绞车上起信号。

⑩ 场地人员将猫道单根滚动至钻杆架并戴好母扣护丝。保持猫道整洁，防止碰坏钻具。

⑪ 小鼠洞内单根甩出后，司钻配合钻台人员将立柱剩下部分放入小鼠洞，重复上述卸单根操作甩掉第二根。

⑫ 将剩余单根放入小鼠洞内，打开吊卡，起游车至二层台，在此期间钻台人员将鼠洞单根甩至场地。

⑬ 重复上述操作直至将钻杆全部甩完。

甩钻铤程序与甩钻杆基本相同，甩钻铤时二层台可根据情况安排两人作业，一人配合操作二层台气动绞车。

（五）工后闭环

① 甩至场地的钻具好坏分开，并做好标记。

② 检查上紧公母扣的护丝，将状况好的钻具转运至钻具爬犁，每层铺垫好垫杠，方便下次使用。长期存放的钻具做好防尘、防锈。

③ 清理、存放工具和设备。

④ 关闭 PTW，收集、归档工作相关资料。

a. PTW 和 JSA；

b. 工作中存在的问题记录。

二十七、拆甩防喷器

（一）安全要点

① 拆甩防喷器前必须保证井口无压力，油管悬挂器内已安装 BPV，无油管悬挂器的井口需要有效的机械屏障。

② 拆甩防喷器前必须泄掉远控房系统压力及控制管线内压力。

③ 选择合适的设备、吊具、工具并状况良好，使用的钢丝绳禁止有打扭、断丝等不符合要求的现象。

④ 环形防喷器的吊装耳板仅用于提升环形防喷器，不能用于防喷器组的整体吊装。

⑤ 严禁将防喷器液缸位置用作吊点。

⑥ 高处作业正确使用安全带及速刹装置。

⑦ 起吊、移动防喷器时应专人指挥、手势规范明确，起吊操作平稳，使用牵引绳，不得多人指挥。

⑧ 在起吊和移动防喷器时，人员要远离防喷器组。

⑨ 应做好小鼠洞拔出后的空洞遮盖，防止人员踏入和工具掉落。

⑩ 拆甩的防喷器要保持卫生清洁，所有的进出油孔都需要使用专用的堵头，防止风沙及异物进入。

⑪ 带班队长必须监管整个作业过程。

（二）环保要求

① 按规定处置施工过程中产生的废液和固体废弃物，减少对环境的影响。

② 拆卸、清理液压管线时，管线内的液压油有可能溢出，要做好回收工作，防止污染土壤。

（三）工前准备

1. 个人劳保用品准备

安全帽、安全眼镜、手套、工鞋、安全带、防坠落装置。

2. 设备及工具准备

绳套、卸扣、敲击扳手、榔头、液压扭矩扳手、牵引绳、吊带、吊车、叉车。

3. 井口准备

① 如果井口已经坐好油管悬挂器，应安装 BPV。

② 如果井口未坐油管悬挂器，井内需坐封隔器或采取其他封闭措施。

③ 关闭全封闸板，防止落物入井。

4. 其他准备

① 检查防喷器航吊的载荷测试报告及吊装绳套检测期限是否有效。

② 检查防喷器航吊导轨固定，滑轮是否灵活好用。

③ 检查防喷器吊装耳板、吊装卸扣是否完好无损。

④ 准备防喷器转运底座及固定的螺栓、螺帽。

（四）工作流程

1. 申请 PTW

2. 召开作业前安全会

明确作业人员职责，告知作业步骤、作业风险及风险防控措施。

3. 拆远控房、司控台、辅助控制台

① 断开远控房内电泵电源，气泵气源。

② 泄远控房系统压力及控制管线内压力。

③ 拆卸司控台和辅助控制台气管束、通信报警电缆、气源管线，并使用专用堵头及挡板防护，拆除后存放并固定。

④ 拆液压控制管线，用油桶接住控制管线内的液压油，所有连接处拆开后使用专用的堵头防止进沙子及异物，液压控制管线存放并固定。

4. 拆卸防喷器两侧

① 拆除压井管汇侧仪表法兰上的压力表。

② 拆除手动锁紧装置，并移至工具爬犁内存放。

③ 拆除固定防喷器的 4 条正反螺丝及连接卸扣。

④ 拆除主压井管线、应急压井管线、节流管线。

5. 拆甩喇叭口

① 拆除灌浆管线、出水管线（安装挡泥伞的先拆除挡泥伞）。

② 使用气动绞车吊喇叭口，拆除喇叭口固定螺栓，上提喇叭口，在场地气动绞车配合下将喇叭口甩至大门坡道下。

6. 拆甩万能防喷器和双闸板防喷器

① 用防喷器提升装置悬挂防喷器专用提升卡盘，吊装绳套拴系牢固后微微上提不带负荷，拆除双闸板与钻井四通连接螺栓（测量底座高度及 BOP 航吊液缸长度，用于确定提升防喷器绳套的长度，避免万能防喷器拆装时的空间不足）。

② 缓慢上提万能防喷器及双闸板防喷器，保持防喷器居中、水平，直至提离连接的螺栓，脱开防喷器。

③ 使用防喷器提升装置平移万能防喷器及双闸板防喷器至钻井底座前端。

④ 防喷器放置处铺放木板，操作防喷器提升装置缓慢下放万能防喷器及双闸板防喷器至地面；确定防喷器稳定后，防喷器提升装置悬挂万能防喷器，拆除万能防喷器与双闸板防喷器之间的连接螺栓。

⑤ 缓慢上提万能防喷器，保持防喷器居中、水平，直至提离连接的螺栓，脱开防喷器。将防喷器提升装置及万能防喷器移动至底座后端。

⑥ 使用吊车将双闸板防喷器移出底座，固定在防喷器运输底座上。

⑦ 将防喷器提升装置及万能防喷器移动至底座前端，下放万能防喷器至地面，放松防喷器提升装置，确定防喷器稳定，拆掉防喷器提升装置与万能防喷器之间的连接卸扣。移动防喷器提升装置至井口上方。

⑧ 使用吊车将万能防喷器移出底座，固定在防喷器运输底座上。

7. 拆甩钻井四通和单（双）闸板防喷器

① 用防喷器提升装置悬挂钻井四通、单（双）闸板防喷器，确保吊装绳套拴系牢固，拆除单（双）闸板与油管头之间的连接螺栓。

② 缓慢上提四通及单(双)闸板防喷器，保持防喷器居中、水平，直至提离连接的螺栓，脱开防喷器。

③ 使用防喷器提升装置平移钻井四通及单(双)闸板防喷器至钻井底座前端。

④ 操作防喷器提升装置缓慢下放钻井四通及单(双)闸板防喷器至地面，确定防喷器稳定后，拆掉防喷器提升装置与钻井四通之间的连接卸扣。防喷器提升装置移动至底座后端。

⑤ 使用吊车将钻井四通及单(双)闸板防喷器移出底座，固定在防喷器运输底座上。

8. 拆甩其他

拆甩点火装置、移除放喷管线固定，拆放喷管线、节流管汇。

(五) 工后闭环

① 清理、存放工具和设备。

② 清理、恢复工作场所，拆卸的防喷器附件存放到指定位置。

③ 关闭 PTW，收集、归档工作相关资料。

④ 检查防喷器状况及万能胶芯的使用情况。

二十八、安装采油树

(一) 安全要点

① 作业时，盖井口盖板，钻台上禁止进行其他作业，避免落物伤人。

② 安装采油树前，必须安装好 BPV 或做好其他井控安全措施。

③ 防喷器提升装置及吊索吊具等的探伤报告必须在有效期内。

④ 采油树运移过程中，所有人员必须远离采油树倾倒可能触及的范围。

⑤ 吊装过程由专人指挥，作业区域做好隔离防护。

⑥ 所有敲击扳手应系安全尾绳，人员站位合适，穿戴合适的 PPE，使用符合安全要求的工具。

⑦ 带班队长必须监管整个作业过程。

(二) 环保要求

① 按规定处理清洗钢圈槽使用的溶剂和其他清洗剂，采取措施防止污染土壤。

② 按规定处置施工过程中产生的废液和固体废弃物，减少对环境的影响。

(三) 工前准备

1. 地面准备

① 吊车、叉车就位，处于正常工况。

② 防喷器提升装置压力正常，测试上提、移动和刹车工作正常，起升绳套目视检查合格。

③ 钢丝绳套、吊带、敲击扳手、牵引绳、卸扣、安全带、底座速差器、梯子、气动试压泵、手动试压泵等工具工况正常。

2. 井口准备

① 油管悬挂器内装 BPV 或采取其他井筒封闭措施。

② 井口用盖板封闭。

3. 采油树检查

① 采油树规格型号符合设计要求，各部分、螺栓螺母、钢圈齐全。

② 采油树各阀门开关灵活，目视检查完好无损。

③ 采油树原厂资料、配件清单及检测报告齐全。

4. 采油树地面试压

① 隔离试压区域，无关人员禁止进入。

② 在采油树底部法兰上连接对应规格的由壬法兰和试压堵头，连接气动试压泵。

③ 按要求对采油树各处连接和闸门进行试压。

④ 试压完毕，拆除气动试压泵、试压管线及试压由壬法兰。

（四）工作流程

1. 申请 PTW

2. 召开作业前安全会

明确作业人员职责，告知作业步骤、作业风险及风险防控措施。

3. 安装转换法兰

① 防喷器吊装轨道固定牢靠，测试吊装系统工作正常，移动过程中不能碰到井口四通手轮，必要时可以将手轮拆除。

② 用吊车将转换法兰吊运到底座下方。

③ 通过防喷器提升装置，将转换法兰运移至井口正上方。

④ 移除井口盖板，清洁井口法兰平面和钢圈槽，放上合适规格的钢圈。

⑤ 在转换法兰下法兰上穿满一端带有螺母的螺栓，操作防喷器提升装置下放转换法兰置于井口，使螺栓穿过对应的法兰孔，如果是电泵井，注意保护好电缆接头。

⑥ 转换法兰螺栓对角紧固到规定扭矩。

4. 转换法兰内部密封试压

① 检查转换法兰边缘的堵头等是否松动，卸下试压口堵头。

② 手动试压泵内加入清洁的液压油，连接试压泵管线。

③ 打压至 250psi，稳压 10min；继续打压至额定工作压力的 80%，稳压 10min，然后泄压。

④ 拆除手动试压泵和管线，上好法兰盘试压堵头。

5. 安装采油树

① 用吊车或叉车把采油树送到底座前端下方。

② 防喷器提升装置移动至底座前端，将绳套和卸扣连接到采油树上。

③ 操作防喷器提升装置上提采油树至合适高度，平稳地将采油树移向井口。

④ 移除法兰盖板，清洁法兰平面和钢圈槽，放上合适规格的钢圈。

⑤ 在采油树下法兰上穿满一端带有螺母的螺栓，操作防喷器提升装置下放采油树，螺栓穿过对应的法兰孔后继续下放采油树坐在转换法兰上。

⑥ 采油树螺栓对角紧固到规定扭矩。

6. 采油树整体试压

① 操作 lubricator 将井口的 BPV 更换为 TWCV。

② 隔离试压区域，无关人员禁止入内。

③ 在采油树顶部法兰上连接对应规格的由壬法兰和试压堵头，连接气动试压泵。

④ 按要求对采油树各处连接和闸门进行试压。采油树的闸门应处于全关或者全闭状态，禁止半开。

⑤ 拆除气动试压泵、试压管线及试压由壬法兰。

⑥ 操作 lubricator 取回井口的 TWCV，采油树各闸门开关状态恢复到交井状态。

（五）工后闭环

① 清理、存放工具和设备。

② 清理、恢复工作场所。

③ 关闭 PTW，收集、归档工作相关资料。

a. PTW 和 JSA；

b. 安装采油树的施工安全会记录；

c. 采油树地面试压报告；

d. 采油树整体试压报告。

二十九、BPV/TWCV/Lubricator 操作

BPV 的作用是坐在悬挂器上，承受来自井内或油管内的压力，BPV 顶端的母扣是正扣，和安装取出工具连接，外部的公扣是反扣，和悬挂器相连。BPV 和悬挂器之间的密封靠 BPV 外部的唇形密封圈，这种密封圈的密封效果与上紧扭矩无关。

TWCV 只用于防喷器和采油树试压，拆防喷器和安装采油树必须使用 BPV。

Lubricator 由上下连接体、截止阀、光杆、盘根、压力表等组成，能够在油井带有压力的情况下进行取装 BPV/TWCV，以达到对井底压力的安全可靠控制，Lubricator 结构见图 1-10，A、B、C、D 为四个针形阀。

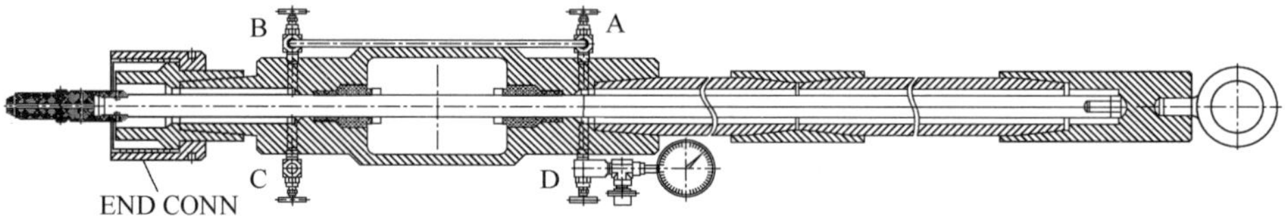

图 1-10　Lubricator 结构示意图

（一）安全要点

① 禁止未经专业培训操作 Lubricator 或者 T-bar。

② 井内有压力时，严禁使用 T-bar 取 TWCV/BPV。

③ 两人操作摩擦钳或者 T-bar 费力时，应查明原因，禁止强行增大扭力粗暴操作。

④ 禁止使用普通螺杆代替送取头的连接销和抗剪销。

⑤ 禁止通过建立 Lubricator 上下腔的压力差来推动光杆移动。

⑥ 禁止使用普通管钳代替摩擦钳。

⑦ TWCV 仅限试压用，禁止长时间坐封井口（不超过 1h）。

⑧ 油管内与环空没有建立通路前禁止座封 BPV/TWCV。

⑨ 含硫气井施工，应配备充足的硫化氢检测仪器、防护器具和消防器材，作业前和作

业期间应监测井口硫化氢气体的含量。

（二）环保要求

① 工作过程中使用的棉纱、手套等废弃物要及时回收处理，减少对环境的影响。

② 含硫气井施工，应制定应急预案，防止硫化氢等有毒、有害气体泄漏造成环境污染及人员伤害。

（三）工前准备

1. 工具准备和检查

① 查阅设计，落实作业井口悬挂器内安装的 BPV 厂家、尺寸等。

② 检查 BPV 和 TWCV 内部、丝扣、O 形圈有无损坏。

③ 检查 Lubricator 光杆的平直度、腐蚀、光度、光杆盘根密封等；重点检查取送头抗剪销及连接销的固定情况。

④ 检查 BPV 下入/取出工具，将 BPV 或 TWCV 连接到下入/取出工具上（顺旋到位，回旋至扭矩销同 BPV 的凹槽呈 90°）。

⑤ 检查 Lubricator 与采油树顶端连接的配合接头是否正确。

⑥ 检查 Lubricator 下端由壬密封是否完好。

⑦ 检查 Lubricator 光杆顶端有无防脱装置。

⑧ 检查摩擦管钳、增强摩擦用的抹布、六方扳手、硫化氢检测仪、榔头、活动扳手、升降车、试压泵。

2. 井口检查

① 检测井口周围是否存在有毒、有害气体，做好安全防护（硫化氢检测仪、空气呼吸器等）；充分评估井内压力、可能存在的圈闭压力以及可能存在的风险（BPV 阻卡、抗剪销断裂、定位销松脱、采油树力闸门刺漏等）。

② 安装 Lubricator 前务必释放采油树内圈闭压力。

③ 测量采油树顶部到油管头距离，确定 Lubricator 的中心杆长度是否合适。

④ 新装井口在场地上提前用 BPV/TWCV 对将安装的采油树进行通径。

⑤ 测试和记录采油树主阀门完全打开或者关闭的圈数。

⑥ 关闭侧翼阀门，打开采油树各主阀门，通过顶盖的压力表检查采油树内压力。

3. Lubricator 地面试压

① 检查试压泵是否工作正常，试压区周围拦上警戒带。

② 用试压泵连接 Lubricator 由壬端，关闭针形阀 C 与针形阀 D，打开针形阀 A 与针形阀 B，利用试压泵打压至 3000psi 或者甲方监督指定压力。

③ 观察 Lubricator 由壬密封、盘根密封及顶盖密封，针形阀、管汇等各处是否有漏失。稳压 10min，若无漏失，通过试压泵泄压。

④ 关闭针形阀 B 与针形阀 C，打开针形阀 A 与针形阀 D，打压至 3000psi，若针形阀 D 处有漏失，则针形阀 B 失效。稳压 10min，若无漏失，泄压。

⑤ 关闭针形阀 A 与针形阀 C，打开针形阀 B 与针形阀 D，打压至 3000psi，若针形阀 D 处有漏失，则针形阀 A 失效。稳压 10min，若无漏失，泄压。

⑥ 通过试压泵卸掉 Lubricator 内所有压力，打开针形阀 A 后，关闭针形阀 D。

(四) 工作流程(安装 BPV)

1. 申请 PTW

2. 召开作业前安全会

明确作业人员职责，告知作业步骤、作业风险及风险防控措施。

3. 硫化氢检测

用硫化氢检测仪检测井口周围是否有硫化氢。

4. 安装 BPV

① 关掉采油树最下面的主阀门，通过侧翼阀卸采油树上部的剩余压力，注意泄压时可能会放出有毒气体。采油树悬挂器之上第一主阀门应关闭，其上主阀门全开，侧翼阀门一开一关。

② 卸采油树顶部压盖，将 Lubricator 吊在采油树上方，安装 Lubricator。

③ Lubricator 与采油树连接由壬试压：将试压泵与采油树侧翼阀连接，关闭针形阀 C 与针形阀 D，打开针形阀 A 与针形阀 B，用试压泵打压至 3000psi，稳压 10min，检查由壬及各处密封情况。

④ 试压完毕，通过试压泵缓慢释放 Lubricator 内压力降至原采油树顶盖记录的压力，使得 Lubricator 内压力与井内压力相等。

⑤ 缓慢打开采油树最下面的主阀门，让 Lubricator 内部与采油树内部逐渐接通，达到压力平衡，最后完全打开该主阀门。

⑥ 使用摩擦管钳，下放光杆，如果摩擦钳打滑，垫上抹布增加摩擦。如果光杆下放比较困难，可以在保证密封的情况下，适当地卸松盘根盒。如果光杆下入的长度与估计的差别较大，检查采油树各个主阀门是否完全打开。

⑦ 继续下入光杆直至到达油管悬挂器。

⑧ 在光杆上做标记(便于记录 BPV 转动的圈数及确认光杆是否下降)，缓慢顺时针旋转光杆进行引扣，观察光杆突然下降约 0. 5in，说明扭矩销落入 BPV 的凹槽中。

⑨ 逆时针转动光杆 6~8 圈(观察光杆是否下降，随着丝扣的旋入，光杆约有 1in 的下降)，直至扭矩增大。试着上提光杆，检查 BPV 是否安装成功。

⑩ 当 BPV 安装完成时，上提光杆约 0. 5in(扭矩销提离 BPV 凹槽)，继续逆时针转动 8~10 圈，工具从 BPV 上退出。轻提光杆，确认下入/起出工具已从 BPV 上退出，如果提不出来，则继续逆旋，直至起出/下入工具可以完全从 BPV 上退出。

5. 拆甩 Lubricator

① 打开针形阀 D，泄 Lubricator 和采油树内压力。

② 打开一个侧翼阀，确认采油树内没有余压。

③ 从采油树顶端卸 Lubricator，上提 Lubricator 及送入杆离开采油树(此时应注意防止送入杆滑脱)。

④ 安装采油树顶盖。

(五) 工作流程(取出 BPV)

1. 申请 PTW

2. 召开作业前安全会

明确作业人员职责，告知作业步骤、作业风险及风险防控措施。

3. 硫化氢检测

用硫化氢检测仪检测井口周围是否有硫化氢。

4. 取出 BPV

① 关闭采油树侧翼阀，打开所有主阀门，检查采油树顶端的压力，通过采油树侧翼阀卸采油树内剩余压力，注意可能释放有毒气体。

② 卸采油树顶盖，采油树油管悬挂器之上的主阀门全开，侧翼阀全关。若待取出的 BPV 非我方安装，用同一尺寸的 BPV 进行通径，确定 BPV 可以顺利通过采油树内腔。

③ 将 Lubricator 吊在采油树上方，连接取出工具，安装 Lubricator。

④ 对 Lubricator 与采油树连接由壬试压：将试压泵与采油树侧翼阀连接，关闭针形阀 C 与针形阀 D，打开针形阀 A 与针形阀 B，用试压泵打压至 3000psi，稳压 10min，检查由壬及各处密封情况。

⑤ 试压完毕，通过试压泵缓慢释放 Lubricator 内压力。

⑥ 缓慢打开采油树最下面的主阀门，使得 Lubricator 内部与采油树内部接通，达到压力平衡，最后完全打开该主阀门。

⑦ 使用摩擦管钳，如果摩擦管钳打滑，使用抹布增加摩擦。下放光杆，如果光杆下入的长度与估计的差别较大，检查采油树各个主阀门是否完全打开。

⑧ 继续下入光杆直至油管悬挂器。

⑨ 缓慢逆时针旋转光杆，直至光杆有轻微跳动，如果没有跳动，继续下放光杆。如果发生跳动，再顺时针转动光杆。

⑩ 在光杆上做标记，以便于记录 BPV 转动的圈数及确认光杆是否下降。顺时针旋转 4~6 圈，可试着上提，确保 Lubricator 取出工具与 BPV 已经带上扣。将扭矩销压入 BPV 的凹槽中继续顺时针旋转 6~7 圈，并观察光杆是否上升。

⑪ 上提光杆，确认 BPV 已经从油管悬挂器上退出，如果没有，继续下放至 BPV 槽中顺时针旋转。

⑫ 当 BPV 从油管悬挂器上脱开后，关闭针形阀 A 或针形阀 B，轻轻打开针形阀 D 释放压力，让井内压力推着光杆慢慢上升，用摩擦钳控制光杆，防止光杆上冲。

⑬ 当光杆不能再上升时，完全关闭采油树底部主阀门，打开针形阀 A 与针形阀 B，通过针形阀 D 释放采油树及 Lubricator 压力。打开采油树侧翼阀，确认采油树内没有圈闭压力。

5. 拆甩 Lubricator

① 从采油树顶端卸 Lubricator（小心光杆滑落）。

② 安装采油树顶盖。

（六）工后闭环

① 清理、存放工具和设备。

② 清理、恢复工作场所。

a. 井口清洁和井口周围杂物清理；

b. Lubricator 要恰当地存放或者运输，按要求进行清理保养维护，放在阴凉通风的地方，防止盘根暴晒时间过长、橡胶老化。

③ 关闭 PTW，收集、归档工作相关资料。

a. PTW 和 JSA；

b. 工前会议记录；

c. BPV 和 TWCV 安装/取出作业前检查表；

d. 工作中发现的问题记录。

第五节 非常规作业

一、划眼操作

（一）安全要点

① 划眼期间严格遵守井控规定要求。

② 检查指重表，确保灵活好用。

③ 长井段的划眼或扩眼时应采用铣齿牙轮钻头，如用镶齿钻头划眼时，转速应控制在60r/min 以下。

④ 划眼时应控制好钻压和扭矩，保持上部井眼畅通。

⑤ 倒划眼时不能多提，应保持下部井眼畅通。

⑥ 在疏松地层，特别是造浆性强的地层，遇阻划眼时应保持足够的流量，防止钻头泥包。

（二）环保要求

① 施工过程中应采取措施降低噪声排放，以达到国家或地方噪声控制标准。

② 钻井液循环系统进行防渗漏检查，防止污染土壤。

③ 钻井液固控处理设备应运行良好，排出的岩屑应采取不落地措施，减少环境污染。

④ 清洗岩屑用水应回收再次使用到钻井液循环系统中，减少废物处理总量。

（三）工前准备

1. 工具准备

(1) 井口工具

① 钻杆卡瓦 2 只，其中 1 只作为备用。

② 钻具配合接头根据钻具结构的需要备全。

③ 钻杆钩子长、短各 2 个。

④ 钻头盒 1 套。

(2) 手工具

① 大、小榔头各 2 把。

② 撬杠 1 根。

2. 地面准备

① 动力设备、提升系统、循环系统和刹车系统运转正常。

② 指重表灵敏可靠、检定合格。

③ 照明及电力系统正常，泥浆罐固控设备运转正常。

④ 检查井口偏磨情况，如有偏磨，校正井口。

⑤ 准确校正井深，确定划眼井段。

⑥ 按设计要求准备钻具。

3. 其他准备(单独下钻划眼)

① 调整泥浆性能，保证携砂能力。配备足够的钻井液，对有漏失的井，加足随钻堵漏剂，保证足够的泥浆排量。

② 简化钻具结构，用钢齿新钻头或尖刮刀钻头，加大钻头水眼或不装喷嘴。

③ 井下如带有 PDC 钻头、稳定器、螺杆及定向仪器等，应先起钻甩掉。

④ 向参与划眼施工作业人员进行施工安全风险分析和技术交底。

(四) 工作流程

1. 常规划眼

在起下钻中，对于阻卡现象，采用一通、二冲、三划眼的方法。

① 一通：上下活动钻具，使钻头上下刮掉一部分泥饼而通过。下钻时采用少压多提，如下压 50kN，上提 50~60kN 能提出，同时再次下压 50kN 时，钻头下行，可多次采用上述方法。起钻时采用少提多放，若通不下去就开泵。

② 二冲：开泵上提下放，方法同“一通”，不转转盘，同时注意泵压变化，防止蹩泵。若还不行，则采用划眼。

③ 三划眼：接顶驱或方钻杆，开泵旋转钻具，视地层情况上提下放。为了防止在软地层划出新井眼，采用加压 10~20kN，转几圈后，如悬重恢复可重复上述操作。严禁持续转转盘进行下划，如划眼困难，可换成单翼尖刮刀下划。对硬地层，可间断地加压 10~20kN 进行划眼。下钻划眼操作相对容易；起钻划眼，则需多提 10~20kN。

④ 下钻遇阻不应强行硬压，防止卡钻，应上提钻具，开泵循环划眼。

⑤ 划眼时控制好钻压(推荐 10~30kN)、转速(推荐 40~60r/min)、排量满足井眼的清洗要求。

⑥ 划眼过程中，防止憋泵和打倒车，有蹩跳不能硬压，应减压试划，蹩跳严重应起钻检查。

⑦ 划眼时应注意防止出新眼(特别是在斜井段和软地层)。

⑧ 划眼时不应使用动力钻具。

⑨ 倒划眼时，应控制好上提距离、吨位和扭矩，防止憋泵和打倒车，时刻注意转动扭矩大小，分析判断井下情况。若打倒车严重，应正转紧扣后，再进行操作。

2. 沉砂井段划眼

造成沉砂的原因：泥浆性能差，悬浮能力弱，有流沙层或地层出水等。一般发生在上部地层的下钻中，有时离井底几个单根。

① 调整泥浆性能，提高黏度、切力，改变流动性能。

② 先开泵上下冲，如仍不能通过则进行划眼。

③ 控制下放速度，防止蹩泵。

④ 快速接单根，早开泵晚停泵，防止泥浆返灌入钻具内，造成沉砂堵钻头水眼等复杂情况。

3. 缩径井段划眼

缩径的原因：地层渗透性好，泥浆性能差，使泥饼增厚，如砂岩等。岩层的塑性流动，如软泥岩，盐层。主要通过地层对比及岩性分析来判断是砂岩缩径，还是岩层的塑性流动造成的缩径。

① 采用一通、二冲、三划眼的方法。

② 调整泥浆性能。

a. 砂岩缩径应控制泥浆失水，适当降低泥浆密度；

b. 塑性流动造成的缩径应提高泥浆密度来平衡地层的侧压力，划眼采用倒划眼，每隔20~30min 提放一次。

③ 如上提下放困难：下钻划眼时应大力上提或强转；起钻划眼时应下砸或强转。

4. 取心后的扩眼

加 20~30kN 的钻压进行扩眼，控制扩眼速度，每米不能低于 10min，防止划成螺旋形井眼而造成卡钻，同时防止因刹车不好造成顿入小井眼卡钻。

5. 井塌井段划眼

井塌的原因：泥浆密度低、起钻未灌好泥浆、失水大拔活塞等。井塌的划眼比较复杂：一是找不到原井眼；二是划眼困难。

① 换成单翼尖刮刀或牙轮钻头下划。

② 对上部地层极小掉块，可用在软地层划眼的方法来处理。

③ 硬地层划眼易憋钻，如划眼困难，可加 20~30kN 钻压，若钻速慢，可提高钻压。

④ 保证足够的排量，划眼 3~5 个单根，循环一周。

6. 井漏后划眼

① 划眼的钻具结构要简化，井下有 PDC 钻头、稳定器、螺杆时划眼很危险，应起钻甩掉。

② 上部划眼，防止划出新井眼，用单翼尖刮刀钻头。下部划眼，防止憋漏地层，要用钢齿新钻头，不装水眼。

③ 加强坐岗，观察好环空及泥浆液面。

④ 保证设备运转正常。

⑤ 准备足够的钻井液，黏度、切力要高，加足随钻堵漏剂。

⑥ 下钻速度要慢，两分钟下一柱。

⑦ 划眼时接好单根开泵后，先冲下去，上提钻具转动方位再通下去，最后划下去。冲、通困难时可采用“拨放点划”法：先加压 1~2t(1000~2000kgf)启动转盘，悬重回升后停转盘，再加压1~2t(1000~2000kgf)，重复操作。绝不允许划眼时加压连续转转盘。

⑧ 划眼时早开泵、迟停泵，大排量划眼，划眼过程中注意观察返出岩屑和间断放空现象。划眼时要注意缩径井段不能硬压，防憋泵。

⑨ 划眼时钻具丝扣要上紧，防止钻具打倒车，避免井下钻具故障。

⑩ 倒划眼甩单根时不要关下旋塞。

⑪ 划眼下钻时上提困难不要抢接方钻杆或顶驱，要上下活动，使钻杆接头处于自由状态，转动转盘正常后再接方钻杆或顶驱。上下活动、旋转正常后由小排量逐渐增大排量下划。

⑫ 划眼要步步为营，划 3~5m 要上提至正常井段，划完一个单根后要多提一个单根，停泵后上提无阻卡，可下放到底，停转无倒车，不返喷泥浆，方可接单根。

⑬ 每划眼 5~6 个单根，要大排量循环泥浆一周，以便携砂和巩固井壁。

⑭ 强化防卡操作，钻具静止前恢复原悬重，静止时间不超过 3min。

⑮ 遇阻划眼，专人观察泵压，泵压升高马上停泵，同时上提钻具。起至正常井段，用小排量开泵正常后，逐渐加大排量，恢复划眼。

⑯ 划眼过程中如设备出现故障，长时间无法循环时要起钻。

7. 预防划出新眼

发生严重遇阻、进行长井段划眼时，应十分慎重，钻出新眼后再找老眼十分困难。划眼时，宜采取以下措施。

① 选用领眼钻头，尽可能采用钻该井段时用的底部钻具组合。

② 小钻压，慢转速，大排量划眼。

③ 尽量少划眼，多冲、多通，冲、通困难时，可采用轻压、慢拔、点划的方法下划，一个单根划完后，应再通一次。严禁连续转动划眼。

④ 划眼时早开泵，晚停泵。

⑤ 通井划眼井段，其长度视井眼复杂情况而定，分段循环处理钻井液，巩固井壁，稳定已划井段。

⑥ 划眼钻具连接应按规定扭矩双钳紧扣，避免钻具事故。

⑦ 划眼过程中要注意观察返出岩屑和间断放空现象。

⑧ 划眼时要注意避免憋泵以及缩径井段不能硬压、硬提等不适当操作。如发现泵压升高、悬重下降应及时停泵，有回压的情况下应该谨慎放回水，活动钻具，调整钻井液性能，提高黏度，并有适当的切力，保证上部井眼无阻卡现象，重新由小逐渐增大排量下划。

(五) 工后闭环

① 清理、存放工具和设备。

② 清理、恢复工作场所。

a. 对钻台进行清理，划眼使用的钻头和钻具等清洗保养后妥善存放；

b. 对划眼产生的岩屑和废水进行清理回收；

c. 配制泥浆所用的药品袋子、废桶等化学残留物专门分类回收。

③ 收集、归档工作相关资料。

a. 相关作业 JSA；

b. 划眼期间钻井参数记录表；

c. 泥浆性能记录表；

d. 划眼井段记录表；

e. 钻具组合表。

④ 划眼所需时间由实际情况决定。

二、中途测试

(一) 安全要点

① 测试期间严格遵守井控工作规定，按井控规定和测试设计的相关要求进行操作。

② 测试管柱应配备主循环阀和备用循环阀。

③ 测试工具在井口紧扣时，应防止上部倒扣。

④ 工具起出井口时，工作人员不要站在滑阀、密封塞、安全塞等的对面。

⑤ 含硫化氢的“三高”气井，不允许进行裸眼封隔中途测试。

⑥ 钻台作业区域保持干净有序，避免出现人员绊倒或滑倒等其他事故。

⑦ 施工期间，作业区域隔离并拉警示带，非工作人员禁止入内。

⑧ 施工期间，如出现高压管汇或由壬刺漏，要泄压后方可处理。

（二）环保要求

① 施工过程中应采取措施降低噪声排放，以达到国家或地方噪声控制标准。

② 按规定处置施工过程中产生的废液和固体废弃物，减少对环境的影响。

（三）工前准备

1. 施工设计准备

① 中途测试施工设计经批准后实施，各施工作业队伍严格按设计进行施工。

② 施工设计包括但不仅限于以下内容：

a. 测试井基础资料、测试目的；

b. 测试工具及测试工艺、封隔器坐封位置及要求；

c. 测试压差的确定、开关井工作制度及时间分配；

d. 地面流程和测试管柱结构；

e. 施工参数设计计算、测试施工工序及技术要求；

f. 对含硫气井测试专门标注说明；

g. 安全应急预案、HSE 要求。

③ 探井或重点井的中途测试层位应纳入钻井设计。对于探井，无论钻进中是否有油气显示，均应按设计测试。

④ 一般井在钻进中若发现新的显示层段，可根据地质、综合录井、测井等资料经综合分析、研究确定测试层位。

⑤ 确定测试层位时，应在钻完一个新显示层位后及时进行测试，避免钻开多个油、气、水层后才进行中途测试。

⑥ 如有以下情况之一则不宜进行中途测试：

a. 井喷、井漏和井涌未处理平稳；

b. 裸眼坐封测试时，裸眼段存在井壁易垮塌、缩径盐岩层和井径过大的；

c. 井底压力高，又无符合测试要求的测试工具、配套管柱和地面测试流程的；

d. 地层流体内含有硫化氢，又无符合的抗硫测试工具、管柱和地面测试流程的；

e. 井口、测试管柱和套管的强度不能满足测试工艺要求的；

f. 井身质量和井眼其他条件不能满足测试要求的。

2. 井眼准备

（1）裸眼井

① 进行电测，取得井径、井斜和分层数据等资料。

② 通井划眼至井底，要求井眼畅通，确保测试工具的顺利起下。

③ 若需打水泥塞进行支撑式测试时，水泥塞的质量应满足要求。

（2）套管井

① 套管未回接到井口的，应用铣锥对喇叭口进行修磨。

② 用套管刮管器刮管，并在封隔器坐封处上下 30m 反复刮管至少 3 次。

③ 用通径规通井至套管鞋，通径规的长度不短于封隔器长度。

（3）钻井液或压井液

① 钻井液或压井液应充分循环一周半以上，性能达到设计要求、稳定均匀、含砂量小于 0.5%、静止 24h 井底无沉砂。

②裸眼测试应加入适当的液相防卡剂。

③ 按井控和设计要求配备钻井液或压井液。

（4）通井

下钻通井至井底，要求井底无沉砂。

3. 地面准备

① 对动力设备、提升系统和循环系统进行全面检查，达到性能合格、运转正常，井口工具齐全完好。

② 检查井控设施。

③ 指重表灵敏可靠、检定合格。

④ 照明及电力系统应符合要求。

⑤ 检查井口偏磨情况，并按设计对井口套管和防喷器试压。

⑥ 按设计要求接好中途测试地面测试流程，并试压合格、固定牢靠。地面应采用降压保温流程，并至少安装一条应急放喷管线。

a. 若地层流体含有 H_2S，应做好监测地层流体和空气中 H_2S 含量的准备。地面测试流程应全部采用抗 H_2S 材料，测试管线严禁焊接连接。

b. 安装固定好测试管线，并按设计逐级试压。

c. 放喷、测试管线的安装要求既能放喷、测试，又能进行正、反循环压井和回收压井液。

⑦ 检查钻具(油管)与接头，探伤检查合格，内径畅通，且承压符合设计要求。

⑧ 准确丈量入井钻具(油管)、工具、短节和接头的长度、内径、外径，工具、短节和接头要绘制草图。

⑨ 按设计要求准备钻铤。

4. 工具准备

按设计要求，配齐所需工具、设备和仪器仪表，并调试、检验合格。

(四) 工作流程

1. 申请 PTW

2. 召开作业前安全会

明确作业人员职责，告知作业步骤、作业风险及风险防控措施。

3. 连接测试管柱

配合测试施工人员连接测试管柱。

4. 下测试管柱

① 按设计顺序下入测试工具，按照规定坐卡瓦、打安全卡瓦，各连接处要涂好密封脂，严格按规定扭矩紧扣。

② 记录封隔器、测试阀、伸缩接头以及整个测试管柱上提、下放和静止时的悬重。

③ 下钻平稳操作，每个立柱的下放时间以 40~60s 为宜。下放遇阻吨位不能超过 50kN，如发现遇阻，立即上提管柱至原悬重，排除遇阻因素后再下管柱，严禁硬压、猛刹。

④ 封隔器管柱入井后，严禁转动井内管柱，并严防落物入井。

⑤ 下管柱前井筒内灌满钻井液或压井液，下管柱中要由专人密切观察、记录环空返出量，如出现异常应查明原因、采取相应的措施。

⑥ 若管柱中需加液垫，加液垫前应先灌入 0.2~0.5m^3隔离液，每下 3 柱灌满一次液垫，直至灌满设计的液垫高度。

5. 坐封准备

① 提前配好方余，裸眼支撑测试管柱的最后一根单根，应在小鼠洞内接好旋转控制头及活动管线后，再接在测试管柱上。

② 对装防喷器的井，坐封前试关半封和环形防喷器一次，做好反灌压井液的准备工作，并试灌一次压井液。

③ 支撑式测试时，用2/3的尾管悬重探井底一次。

④ 按设计连接地面测试流程，并仔细检查，试压合格后才能坐封。

⑤ 按设计要求，做好随时压井的准备工作。

6. 坐封与验封

（1）裸眼井段机械压缩式封隔器坐封技术要求

① 根据电测、钻时及录井资料，选择坐封井段。

② 坐封井段的井径与封隔器胶筒外径之差不大于25mm。

③ 可供封隔器坐封井段长度：井深3000m在3m以上、井深4000m在5m以上、井深5000m在7m以上。

④ 支撑尾管长度一般不大于20m。

⑤ 支撑尾管长度大于20m时，宜采用选层锚进行悬挂测试。

（2）膨胀式封隔器坐封技术要求

① 井内钻井液密度一般不大于1.70g/cm^3。

② 双封隔器之间的跨隔距离一般不大于30m。

③ 支撑尾管长度一般不大于20m。

④ 封隔器承受压差不超过35MPa。

（3）套管封隔器坐封技术要求

封隔器坐封位置应尽量靠近测试层顶部，并避开套管接箍。

（4）坐封与验封

① 按施工设计要求坐封封隔器，并进行验封工作。

② 封隔器坐封后，密切观察环空有无漏失现象，如发现环空液面迅速下降，则应立即关闭测试阀，并向环空灌满钻井液或压井液。

7. 开关井测试

① 开井求产和关井测压按设计要求进行。

② 裸眼测试时间：对于岩性疏松的砂泥岩等测试总时间控制在6h以内，岩性致密的灰岩等测试总时间控制在8h以内。

③ 测试时，应按设计要求将井口压力控制在管柱、井口和套管强度允许的承压能力范围内。

④ 测试压差：一般推荐为碳酸盐岩地层小于35MPa，砂泥岩地层小于20MPa。

⑤ 测试期间有天然气时，应立即点火。

⑥ 测试期间，钻井队和测试队均应由专人坐岗观察环空液面或套压变化情况，出现异常，应及时按应急预案进行处理。

⑦ 开井流动期间，应控制回压放喷。

⑧ 开井后，若发现地层流体内含有 H_2S，而管柱或地面流程又不抗硫，且又无相应防护工艺措施时，应立即关井、压井、解封起钻。

⑨ 测试期间动力设备应保证运转正常。

8. 循环压井与解封

① 自喷井，先反循环排出管柱内地层流体，然后解封，进行正循环压井。

② 非自喷井，根据情况可先解封、起管柱，起管柱见液面后再进行反循环。

③ 解封后循环压井时，应充分活动管柱，防止管柱被卡。

④ 裸眼井内循环时，应注意循环阀的位置，避免循环孔正对易垮塌层段循环。

⑤ 解封时，先提起封隔器以上管柱的悬重，再对管柱施加 50~80kN 的拉力，停留 5~8min，同时向环空灌注压井液。

⑥ 换装井口或起测试管柱前，应充分循环至少一周半以上，返出的压井液过筛、除气，并连续测定压井液性能，要求进出口性能一致，密度相差小于 $0.02g/cm^3$，井内压井液性能稳定，并压稳地层。

⑦ 高压、高产、含 H_2S 气井起测试管柱前，观察时间应达到起下管柱时间，确保压稳地层，井内稳定，不喷、不溢、不漏。

9. 起测试管柱

① 严禁转动井内管柱，严防落物入井。

② 平稳操作，控制速度，严防抽喷。

③ 及时向环空灌满压井液，派专人密切观察、记录灌入量和循环的总量变化。

(五) 工后闭环

① 清理、存放工具和设备。

② 清理、恢复工作场所。

a. 对施工现场进行清理、恢复；

b. 对测试工作产生的油污、污水进行回收。

③ 关闭 PTW，收集、归档工作相关资料。

a. PTW 和 JSA；

b. 测试现场报告；

c. 测试成果报告。

三、泡解卡剂(酸)操作

(一) 安全要点

① 泡解卡剂(酸)期间严格遵守井控规定和设计的相关要求。

② 打开产层的井，在泡解卡剂和泡酸施工前，要计算控制好液柱当量密度，应确保压稳油气层，对可能发生井涌或井漏的井，按要求储备足量的钻井液。

③ 泵车注入解卡剂(酸)前，应对作业程序各个环节进行安全分析，施工人员佩戴护目镜，穿戴正确的劳动保护用品，做好防护措施，降低作业风险。

④ 在冬季施工中，应注意防冻保温，防止泵车连接管线堵塞。

⑤ 钻台作业区域保持干净有序，避免出现人员被绊倒或滑倒等其他事故。

⑥ 施工期间，作业区域隔离并拉警示带，非工作人员禁止入内。

⑦ 施工期间如高压管汇或由壬刺漏，必须泄压后方可处理。

（二）环保要求

① 施工过程产生的废弃物可能会对环境造成影响。应减少材料浪费，严格控制有毒、有害废弃物的排放量，提高各类无毒、无害可利用物资的使用量，防止环境污染。

② 解卡剂(酸)泵入井内期间，应及时观察管线连接处及管线本体有无泄漏点，防止管线泄漏造成酸液喷溅。施工完毕拆除管线时，应回收残留液体，防止泄漏。

③ 排替解卡剂(酸)期间，排替出的解卡剂(酸)应进行无害化回收处理，防止污染土壤。油基解卡液亦可按井下具体情况混入井内钻井液中，经乳化处理后使用。

④ 含硫气井施工，井场应配备充足的硫化氢检测仪器、防护器具和消防器材，制定应急预案，防止硫化氢等有毒、有害气体泄漏造成的环境污染和人员伤害。

（三）工前准备

1. 确定卡点

① 在安全负荷内上提钻具。

② 根据钻具的伸长量计算卡点位置。

③ 反复上提钻具三次，根据其平均值确定卡点。

2. 循环洗井

① 在保证井下安全的情况下，以大于钻进时的排量充分循环，清洗井眼。

② 循环时根据泵压和迟到时间检查钻具是否出现短路。

3. 其他准备

① 检查井控装置、消防设施、气防设施，以便发生意外情况时控制井口或灭火。

② 检查钻井泵、高压管汇和动力设备，确保工况正常。

（四）工作流程

1. 申请 PTW

2. 召开作业前安全会

明确作业人员职责，告知作业步骤、作业风险及风险防控措施。

3. 泡解卡剂工作流程

泡解卡剂主要针对压差卡钻。

(1) 解卡液的配制

① 根据卡点的位置计算所需解卡液的体积。

② 所需的解卡液体积要比卡钻或可能卡钻的渗透性井段的环空容积大 1.5 倍。

③ 将要配制解卡剂的泥浆罐用清水清理干净。

④ 将柴油(或原油)按配方注入罐内。

⑤ 按配方加入解卡剂。

⑥ 按配方加入清水。

⑦ 加重晶石，使解卡液的密度等于或稍大于钻井液密度 $0.02g/cm^3$。

⑧ 准备 $8\sim16m^3$ 的低屈服值隔离液，根据地层情况，隔离液可以是基础油、盐水或是

海水。

（2）解卡液的替入

① 检查泥浆泵的上水是否良好。

② 以最大排量替入隔离液。

③ 以最大排量将解卡液泵入井内。

④ 将解卡液泵至卡钻的位置，并泡至卡点上方 100m，要在钻杆内留有足够量的解卡液，以便能间断向外泵送。

（3）解卡液的浸泡

① 让解卡液对地层进行浸泡，直到钻具解卡或决定放弃。

② 浸泡过程中要持续活动钻具。下放悬重 10t（10000kgf），给钻具施加正转扭矩（大约是每 300m0.75 圈）并使之向下传递，然后释放扭矩并上提钻具。这样活动钻具会使卡点向下移动，每次活动可能使卡点下移几厘米或几十厘米，持续活动钻具直到钻具突然上提解卡。

③ 环空解卡液流动会增加解卡液的效能，一般的做法是每小时向外泵出 0.5m^3。

（4）注意事项

① 解卡液应该在卡钻后的 4h 内泵入，以便得到最佳的效果。

② 解卡液浸泡时间通常是最少 20h、最多 40h，由于解卡液浸泡最初数小时解卡的可能性最大，随着浸泡时间的延长，解卡的可能性逐渐降低，因此浸泡时间最多不超过 40h。

4. 泡酸操作规程

（1）酸液的配制

① 根据卡点的位置计算所需酸液的体积。

② 所需酸液的体积应能覆盖卡钻的层位。

③ 所需酸液的浓度为 10%~30%。

④ 将要配制酸液的泥浆罐用清水清理干净。

⑤ 按配方先将需要的清水注入罐内。

⑥ 按配方加入所需酸液，在加酸的过程中，注意防护，防止酸液腐蚀伤害。

⑦ 准备 8~16m^3 的隔离液，一般情况下隔离液是清水。

（2）酸液的替入

① 用水泥车将酸液泵入井内。

② 以最大排量替入隔离液。

③ 以最大排量将酸液泵入井内，并密切注意施工泵压。

将酸液泵至卡钻的位置，并泡至卡点上方 50m，且在钻杆内应留有足够量酸液，以便能间断向外泵送。

（3）酸液的浸泡

① 让酸液对地层进行浸泡，直到钻具解卡或决定放弃。

② 浸泡过程要持续活动钻具。下放悬重 10t（10000kgf），给钻具施加正转扭矩（大约是每 300m 0.75 圈）并使之向下传递，然后释放扭矩并上提钻具。这样活动钻具会使卡点向下移动，每次活动可能使卡点下移几厘米或几十厘米，持续活动钻具直到钻具突然上提解卡。

③ 每小时向外泵出 $0.5m^3$ 酸液，由于酸液反应迅速钻具应该在数分钟内解卡，酸液应在 5min 后循环出来。

（4）注意事项

① 一般使用浓度为 10%～30%的盐酸，砂岩地层可使用浓度为 3%～10%的氢氟酸，所用钻井液密度在 $1.50g/cm^3$ 以下。

② 泡酸过程中要注意井控风险防范，并注意防腐蚀、防伤害，尤其是在替出酸液出井口时，操作人员要站在上风口，并远离井口，以免被溅出的酸液烫伤。

③ 尽量使用关闭防喷器通过液气分离器的方法排酸，防止大量气泡涌出，避免人员中毒。

（五）工后闭环

① 清理回收施工管线、工具，严格执行危化品运输管理规定，对解卡剂(酸)液进行封装、回收。

② 清理、恢复工作场所。

a. 对施工现场进行清理恢复。

b. 对工作产生的油污、污水进行清理。

③ 关闭 PTW，收集、归档工作相关资料。

a. PTW 和 JSA；

b. 测卡点数据表；

c. 泵入解卡剂(酸)液压力曲线图；

d. 浸泡段数据表；

e. 浸泡期间井控坐岗记录表；

f. 班报表。

四、使用随钻震击器

（一）安全要点

① 吊装随钻震击器时不允许使用心轴部位作为吊点，以防损坏心轴。

② 随钻震击器在入井前不允许取掉卡箍。

③ 随钻震击器上部的钻铤和其他工具的外径都不允许大于随钻震击器的外径。

④ 随钻震击器下部钻铤的悬重应大于预定的钻压，使随钻震击器处于受拉状态。

⑤ 随钻震击器应安装在井下易卡钻具的上端，并尽量靠近可能发生的卡点，以便震击时卡点受到较大震击力。

⑥ 随钻震击器在井下工作时，上提或下放吨位不允许超过随钻震击器设计所能承受的最大工作载荷。

（二）环保要求

① 施工过程中应采取措施降低噪声排放，以达到国家或地方噪声控制标准。

② 工业废水和清洗用水应采取相应措施回收处理后再次使用到钻井液循环系统中，以减少废物的处理总量。

③ 作业中应采取措施减少钻井液对环境的污染。

（三）工前准备

① 随钻震击器必须经过地面试验，合格后方可投入使用。

② 检查震击器是否处于锁紧状态。

③ 绘制随钻震击器草图，并注明尺寸。

（四）工作流程（机械式随钻震击器）

1. 起下钻

① 推荐的钻具组合：钻铤（外径不得小于震击器外径）+随钻震击器+加重钻杆（外径不得大于震击器外径）+钻杆。

② 震击器下部钻铤的自重应大于设计钻压，震击器在井内始终处于拉开状态。

③ 控制下钻速度，防止缩径处突然遇阻，使下击器释放而产生下击作用。

④ 起钻遇卡，快速下放钻具（当上部自重超过下击器预设吨位时），下击。

⑤ 下钻遇阻，慢压钻具使上击器回位，上提钻具（过提吨位超过震击器释放吨位），上击。

2. 正常钻进

① 正常钻进过程中，随钻震击器呈受拉状态，有时也可处于受压状态，但压力不得超过下击器入井前预调震击力的1/2。

② 无论随钻震击器在受拉还是受压状态下钻进，都必须送钻均匀，严防溜钻和顿钻。

③ 钻进过程中遇卡，可以启动上击器解卡。

④ 钻进时，随钻上击器有可能关闭，上提钻柱时，有可能产生轻微震击。

⑤ 记录随钻震击器在井内旋转时间及其工作情况。

3. 震击解卡

（1）向上震击

① 如震击器不在锁紧状态，下放钻具直到指重表读数小于震击器以上钻具悬重3~5t（3000~5000kgf），使震击器回位（位于锁紧位置）。进行本步骤操作时，可在井口钻杆上画一刻线，下放一个上击行程可确认震击器回到锁紧位置。

② 以拉力G上提钻柱使震击器释放压力，产生震击。震击强弱由提升速度决定。开始应用低速度产生比较低的震击力，以后逐渐增加，在一个调整吨位上多次震击后再调整效果较好。最大震击力不允许超过震击器以上钻柱自重与上击器最大释放吨位之和。

（2）上击作业时拉力G的计算

一般的计算方法是，震击器上部的钻柱悬重加上调定的上击吨位。但实际上影响这一负荷的因素较多，考虑到井壁摩擦阻力、泥浆阻力、开泵效应、指重表误差的影响，可用下式计算：

1）定向井

$$G=G_1-G_2+G_3+G_4+G_5+G_6-G_7$$

式中 G——上提拉力；

G_1——原悬重（井内钻具）；

G_2——震击器以下钻柱悬重；

G_3——地面调定的上击吨位；

G_4——泥浆阻力（约为上提拉力的5%）；

G_5——摩擦阻力（约为上提拉力的10%~20%）；

G_6——指重表误差；

G_7——开泵力(G_7=泵压×开泵面积)。

2)直井

可忽略部分阻力：

$$G=G_1-G_2+G_3+G_4+G_6$$

(3)向下震击

① 向下震击时，需要在拉开状态下，下放钻柱，当上部自重超过下击器预调吨位时，震击器将产生下击。

下压力=预设下击吨位+钻井液阻力+摩擦阻力

② 震击后，提升钻柱超过震击器上部钻柱自重3~5t使下击器回位。

③ 下击器下击时，上击器自动回位。因此，上提负荷不能超过回位负荷或延续时间过长，以免引起上击器释放，对下击解卡不利。

(五)工作流程(液压式随钻震击器)

1. 起下钻

参考“机械式随钻震击器　1. 起下钻”。

2. 正常钻进

参考“机械式随钻震击器　2. 正常钻进”。

3. 震击解卡

(1)上击解卡

① 震击器释放时上提吨位=震击器上部钻具悬重+预设震击吨位+摩擦阻力。

② 下放钻具对震击器施加5~7t(5000~7000kgf)左右的压力，使震击器“上击阻尼机构”回位。

③ 上提钻具使震击器释放震击，震击强度由提升吨位控制，由小到大逐渐增加提升吨位(每次上击前，必须下放钻具，使震击器“上击阻尼机构”回位)。

(2)下击解卡

① 下击力大小与震击器上方钻具自重有关，重量越大，下击力也就越大。

② 下放钻具对震击器施加5~7t(5000~7000kgf)左右的压力，使震击器“上击阻尼机构”回位。

③ 上提钻具，超过震击器上部钻具自重的5~7t(5000~7000kgf)，使震击器“下击阻尼机构”回位(每次下击前都必须回位，震击器才能储能工作)。在钻具上做一刻度测量拉开行程(通常在350mm左右)。

上提吨位=震击器上部钻具悬重+震击器拉开力(5~7t)(5000~7000kgf)+摩擦阻力

④ 立即下放钻具，直到震击器关闭发生撞击。

(六)工后闭环

① 清理、回收随钻震击器及相应工具，保养后妥善存放。

a. 随钻震击器起出井口，冲洗心轴、排气孔，表面清洗干净，心轴露出部分涂抹钙基润滑脂，安装卡箍，安全甩下钻台；

b. 随钻震击器按周期规定使用，到期更换；

c. 停用期间排气孔内注入机油，并用塑料布包扎孔眼，防止泥沙进入；

d. 两端螺纹处戴好护丝，严防撞击。

② 清理、恢复工作场所。

a. 对钻台进行清理；

b. 对工作产生的钻屑、污水进行清理回收。

③ 收集、归档工作相关资料。

a. 钻具组合表；

b. 随钻震击器草图；

c. 随钻震击器工作记录表；

d. 随钻震击器出入井情况照片。

五、使用卡瓦打捞筒

卡瓦打捞筒是从落鱼外部打捞落鱼的工具，可打捞钻铤、钻杆、油管、接头、接箍和其他管材。外筒由上接头、筒体、引鞋组成，内部装有打捞卡瓦、盘根和铣鞋或控制环(卡)。

该工具抓住落鱼后可进行钻井液循环，若需要释放也可很容易退出来。打捞卡瓦分为螺旋卡瓦和篮状卡瓦两类。进行打捞时，可选用一种适合落鱼外径的卡瓦装入筒体内。篮状卡瓦带有铣鞋，能有效修理鱼顶，便于落鱼顺利进入捞筒。

(一) 安全要点

① 组装打捞筒时大钳不得咬本体两端螺纹处，以免损坏丝扣。

② 下打捞钻具前，落鱼以上的井眼应畅通，若井眼复杂应先通井处理。

③ 打捞筒起下钻应控制速度，平稳操作，严防顿钻、卡钻及井下落物。

④ 打捞落鱼上提过程中，人员应远离井口，上提拉力逐渐缓慢增加，避免超拔，防止卡瓦打捞筒突然松脱造成人员伤害。

⑤ 打捞起钻时，禁止使用转盘卸扣。

(二) 环保要求

① 施工过程中应采取措施降低噪声排放，以达到国家或地方噪声控制标准。

② 工业废水和清洗用水应采取相应措施回收处理后再次使用到钻井液循环系统中，减少废物的处理总量。

③ 作业中应采取措施减少钻井液对环境的污染。

(三) 工前准备

1. 工具选择

① 根据落鱼尺寸选用适当捞筒，配相应尺寸的卡瓦和盘根等。视井下情况和井径，选择合适的引鞋(标准引鞋、加大引鞋、壁钩)，以及加长节(如果需要)。

② 卡瓦内径一般应小于鱼顶打捞部位外径 1~3mm。

③ 当需要增大打捞面积时，可选择加大引鞋；当鱼顶偏移井壁时，可选择壁钩；当打捞部位距鱼顶较远时，可选择使用加长节。

2. 打捞筒拆装检查

① 拆卸时，将筒体夹紧，卸下引鞋，取出控制卡。然后顺时针旋转拿出螺旋卡瓦，再卸开上接头，取出 V 形密封圈。

② 检查上接头、V 形密封圈、筒体、控制卡、螺旋卡瓦、标准引鞋(或加大引鞋)及壁钩和加长节，外观应无缺陷(选用篮状卡瓦时，则相应部件为篮状卡瓦、密封控制环、R 形

密封圈及O形密封圈)。

③ 检查打捞筒接头丝扣应符合钻具丝扣检验标准，本体无变形，无电气焊痕迹，盘根和盘根座完整，通道无堵塞。

④ 组装顺序和拆卸时相反，注意卡瓦到位后，用手推动灵活，V形密封圈唇口向上，各道螺纹上紧。使用螺旋卡瓦应配装A形盘根；使用篮状卡瓦应配装R形盘根和O形密封圈。

⑤ 绘制卡瓦打捞筒及附件草图，并注明尺寸。

3. 钻具组合

① 计算鱼顶深度和打捞方入。

② 视井下情况合理选择钻具组合，推荐常用钻具组合如下：

a. 井下情况一般时：卡瓦打捞筒+钻杆；

b. 井下情况复杂时：卡瓦打捞筒+下击器+上击器+钻铤+震击加速器+钻杆。

(四) 工作流程

1. 申请PTW

2. 召开作业前安全会

明确作业人员职责，告知作业步骤、作业风险及风险防控措施。

3. 组合钻具

按照钻具组合表和卡瓦打捞筒装配顺序组合打捞钻具，鱼顶方入、打捞方入应在钻具表上做出标记。

4. 循环探鱼头

① 下钻至鱼顶0.3~0.5m处，开泵冲洗鱼头，记录泵压。以固定的低泵冲下探鱼顶，悬重变小，立即刹住刹把。记录遇阻或泵压升高时的井深，即鱼顶位置。

② 停泵校核打捞方入和悬重。

5. 打捞操作

① 间断性转动钻具并缓慢下放钻具，试探鱼顶。

② 根据打捞方入及打捞钻具悬重变化，判断卡瓦进入鱼顶打捞部分后，停止转动并施加压力30~50kN的钻压，使落鱼进入卡瓦。

③ 缓慢上提钻具，若悬重增加、泵压增加则表明抓住落鱼，打捞成功，否则按上述步骤重复打捞。

④ 将落鱼上提0.5~0.8m，猛刹两次，若悬重未降，证明落鱼卡牢即可起钻。

⑤ 在鱼顶方入找不到鱼顶，如打捞钻具长度校对无误，可在打捞筒上带加大引鞋或壁钩，亦可加肘节或弯钻杆再次打捞。

⑥ 如需要退出落鱼，下放钻柱给打捞筒加压20~50kN(或用下击器向下击)，使卡瓦松开落鱼，然后正转钻具，同时慢慢上提钻柱，直到卡瓦全部退出落鱼。

⑦ 铣鞋进入鱼头时遇阻，说明鱼顶有毛刺或变形，应修整鱼头后再进行打捞。

6. 起钻

① 打捞成功，起钻时应控制起钻速度、平稳操作、严禁转动钻具。

② 落鱼退出打捞筒时，应先固定落鱼，用链钳卡住打捞筒，顺时针转动。

③ 将落鱼和卡瓦打捞筒甩下钻台。

④ 检查起出落鱼情况。

（五）工后闭环

① 清理、回收卡瓦打捞筒及附件。

a. 清除卡瓦打捞筒泥污，检查各零件的安全性，然后涂防锈油，佩戴护丝，并存放于干燥通风处，每季度进行一次保养；

b. 引鞋、加大引鞋、壁钩、加长节上的丝扣戴上护丝；

c. 如卡瓦打捞筒 18 个月未使用，使用前应更换全部橡胶密封件。

② 清理、恢复工作场所。

a. 对钻台面进行清洁，整理保养井口工具；

b. 对清洁保养卡瓦打捞筒产生的污泥、污水进行清理回收。

③ 关闭 PTW，收集、归档工作相关资料。

a. PTW 和 JSA；

b. 卡瓦打捞筒及附件草图；

c. 入井钻具组合表；

d. 卡瓦打捞筒使用保养记录表；

e. 卡瓦打捞筒出入井照片。

六、使用可退式卡瓦打捞矛

卡瓦打捞矛是从落鱼内孔打捞的一种工具。主要用于打捞钻具、油管、套管等。可以与内割刀、震击器等工具配合使用。如果需要释放，也可以退出。打捞矛由心轴、卡瓦、释放环、引锥等组成。

（一）安全要点

① 连接打捞矛时，大钳不得咬本体两端螺纹处，以免损坏丝扣。

② 为了避免打捞后卡钻，打捞矛以上一般不接钻铤。

③ 打捞作业起下钻应控制速度，平稳操作，严防顿钻、卡钻及井下落物。

④ 捞获落鱼上提过程中，人员应远离井口，上提拉力逐渐缓慢增加，避免超拔，防止可退式卡瓦打捞矛突然松脱造成人员伤害。

⑤ 捞获起钻时，禁止使用转盘卸扣。

（二）环保要求

① 施工过程中应采取措施降低噪声排放，以达到国家或地方噪声控制标准。

② 工业废水和清洗用水应采取相应措施回收处理后再次使用到钻井液循环系统中，减少废物的处理总量。

③ 作业中应采取措施减少钻井液对环境的污染。

（三）工前准备

① 根据落鱼内径选择打捞矛的规格，一般卡瓦外径大于落鱼内径 1~3mm。

② 绘制打捞矛草图，并注明尺寸。

③ 检查可退式卡瓦打捞矛。

a. 拆卸检查，各零部件必须齐全完好，螺纹无损伤；

b. 卡瓦有效打捞尺寸比落鱼水眼尺寸大 3mm；

c. 卡瓦在芯轴上转动灵活；

d. 检查完毕后重新组装。将卡瓦旋至接头位置，用细棕绳捆住。

④ 视井下情况合理选择钻具组合，推荐常用钻具组合如下：

a. 井下情况一般时：打捞矛+钻杆；

b. 井下情况复杂时：打捞矛+安全接头+下击器+加重钻杆+震击加速器+钻杆。

⑤ 计算鱼顶深度，打捞方入。若鱼顶变形或有毛刺时，应磨铣平整后再打捞。

(四) 工作流程

1. 申请 PTW

2. 召开作业前安全会

明确作业人员职责，告知作业步骤、作业风险及风险防控措施。

3. 组合钻具

按照钻具组合表和卡瓦打捞筒装配顺序组合打捞钻具，鱼顶方入、打捞方入应在钻具表上做出标记。

4. 循环探鱼头

① 下钻至鱼顶 2m 左右开泵循环，记录泵压悬重。以固定的低泵冲下探鱼顶，悬重变小，立即刹住刹把。记录遇阻或泵压升高时的井深，即鱼顶位置。

② 停泵校核打捞方入和悬重。

③ 若探不到鱼顶，可旋转钻具下探，但不得下过鱼顶 1.0m，若无效应起出打捞矛，换弯钻杆等辅助工具下钻找鱼头。

5. 打捞操作

① 缓慢下放钻具至打捞矛进入鱼顶，反转钻具 1~1.5 圈/1000m，上提钻具，若悬重增加表明捞住落鱼，打捞成功，否则按上述步骤重复打捞。

② 将落鱼上提 0.5~0.8m，猛刹两次，若悬重未降，证明落鱼卡牢即可起钻。

③ 若落鱼被卡，需要释放打捞矛时，可下放钻具给打捞矛加压 20~50kN(或用下击器向下击)，使卡瓦松开落鱼，然后正转 1~1.5 圈/1000m，上提钻具即可退出。

6. 起钻

① 打捞成功，起钻时应控制起钻速度、平稳操作、严禁转动钻具。

② 落鱼退出打捞矛时，应先固定好落鱼，下放钻具，然后右旋 1~1.5 圈即可释放打捞矛。

③ 将落鱼和卡瓦打捞矛甩下钻台。

④ 检查起出落鱼情况。

(五) 工后闭环

① 清理、回收卡瓦打捞矛及附件。

a. 使用后的打捞矛，应及时清洗，并仔细检查各零件的安全性，尤其是卡瓦和心轴，应探伤检查；

b. 重新组装后，进行防锈处理，佩戴护丝存放于干燥通风处，以备下次使用；

c. 每季度进行一次保养；

d. 卡瓦为一次性使用件，损坏后不允许修复使用。

② 清理、恢复工作场所。

a. 对钻台面进行清洁，整理保养井口工具；

b. 对清洁保养打捞矛产生的污泥、污水进行清理回收。

③ 关闭 PTW，收集、归档工作相关资料。

a. PTW 和 JSA；

b. 卡瓦打捞矛及附件草图；

c. 入井钻具组合表；

d. 卡瓦打捞矛使用保养记录表；

e. 卡瓦打捞矛出入井照片。

七、使用反循环打捞篮

反循环打捞篮是利用钻井液在靠近井底处的局部反循环将井下小落物收入篮筐内的一种打捞工具，适用于软和中硬地层打捞，也可用于打捞落井的钻头牙轮、钻头巴掌、钻头轴承、卡瓦牙、钳牙、手工具和各种螺栓、螺母及碎铁块等。

（一）安全要点

① 连接反循环打捞篮时，大钳不得咬本体两端螺纹处，以免损坏丝扣。

② 入井钻具必须通径(通径规直径大于钢球直径)。

③ 起下钻应控制速度，平稳操作。若下钻遇阻，需划眼时，钻压不超过 10kN，时间不超过 30min，否则起钻通井。

④ 起钻时操作平稳，禁止使用转盘卸扣，禁止转动井下钻具，在遇有卡阻时不可猛提猛放，以防撞掉落物。

（二）环保要求

① 施工过程中应采取措施降低噪声排放，以达到国家或地方噪声控制标准。

② 工业废水和清洗用水应采取相应措施回收处理后再次使用到钻井液循环系统中，减少废物的处理总量。

③ 作业中应采取措施减少钻井液对环境的污染。

④ 打捞篮打捞出碎片应妥善处置，施工中严格控制有毒、有害固体废弃物的排放量，提高各类无毒、无害可利用物资的使用量，防止环境污染。

（三）工前准备

1. 工具准备

根据井眼尺寸、落物形状和大小、地层软硬，选择相应的打捞篮、岩心爪、铣鞋。反循环打捞篮的选择见表 1-30。

表 1-30　反循环打捞篮选择表

反循环打捞篮外径/mm	适用井眼直径/mm	打捞落物最大外径/mm
95	98~108	60
102	107~114. 3	64. 5
114	117. 5~127	78
121	130~139. 7	81
130	142. 9~152. 4	92. 5
142	155. 6~165. 1	109
159	168. 2~187. 3	119

续表

反循环打捞篮外径/mm	适用井眼直径/mm	打捞落物最大外径/mm
165	172~190.5	119
178	190.5~209.5	130
200	212.7~241.3	153
215	232~244.5	166
225	244.5~269.9	175
245	273~295.3	190
257	273~295.3	195.5
281	298.5~317.5	228
330	349.3~406.4	255
381	406.4~444.5	315

2. 入井前检查

① 钢球与球座应吻合。

② 所选钢球必须能通过钻具和配合接头水眼。

③ 筒体的上、下水眼畅通。

④ 篮筐总成完好灵活，用手指或工具轻顶篮爪可以自由转动，回位及时灵活。

⑤ 铣鞋螺纹连接处要用吊钳上紧。

⑥ 打捞篮的上、下水眼应畅通，岩心爪上紧，岩心卡板活动灵活，卡板弹簧完好，准备钢球。

3. 钻具组合

① 绘制反循环打捞篮草图并注明尺寸。

② 推荐的钻具组合如下：

a. 反循环打捞篮+钻铤+钻杆；

b. 反循环打捞篮+打捞杯+钻铤 50~80m+加重钻杆+钻杆。

(四) 工作流程

1. 申请 PTW

2. 召开作业前安全会

明确作业人员职责，告知作业步骤、作业风险及风险防控措施。

3. 组合钻具

按照钻具表和反循环打捞篮装配顺序组合打捞钻具，探底方入应在钻具表上做出标记。

4. 循环探底

下钻到离井底 1~2m，大排量循环洗井，将井内泥砂冲洗干净。然后边循环边缓慢下放钻具探井底，确认井底方入正确无误。上提钻具离开井底 0.3~0.5m，循环和转动钻具，将井底落物周围岩屑清除干净，并记下当时的泵压。停泵，上提钻具准备投球。

5. 投球

① 卸顶驱或方钻杆，投入钢球。

② 接顶驱或方钻杆开泵送钢球到球座，通常钢球落入球座后，泵压增加 1~3MPa。

6. 打捞落物

① 边循环边转动钻具，将反循环打捞篮下放到距井底 0.1~0.2m，把落物冲到爪盘内或冲到井底中间位置。

② 反循环 15~20min。待全部落物被冲入筒内后，开始套铣取心，以此保存捞住的落物和被顶入的落物。

7. 套铣取心

① 套铣参数：钻压 10~40kN，转速 50~60r/min，排量大于钻进排量。

② 套铣进尺 0.3~0.5m。套铣过程中不可上提钻具，应一次完成。

③ 当套铣进尺接近完成时，刹住刹把同时停泵，继续钻进 1~3min，然后上提钻具拔断岩心。

④ 割心上提钻具后，再向下探方入。

a. 如方入等于割心方入，则岩心割断；

b. 如方入减少，甚至减少到打捞时的井底方入，则判断岩心未割断或岩心掉落，应重复以上操作重新打捞。

8. 起钻

① 打捞结束，起钻应控制起钻速度、平稳操作、严禁转动钻具。

② 反循环打捞篮起到转盘面后，应立即关闭全封闸板并盖好井口。

③ 卸下反循环打捞篮，取出落物，再用清水冲洗干净。

④ 根据打捞到的落物情况，制订下一步工作计划。

（五）工后闭环

① 清理、回收反循环打捞篮及附件。

a. 取出钢球，清洗后涂上黄油放入提环内；

b. 检查各部件有无损坏，若有损坏应立即更换；

c. 螺纹部位涂上防腐脂并装配好，涂漆后平放在干燥处备用。

② 清理、恢复工作场所。

a. 对钻台面进行清洁，整理保养井口工具；

b. 对清洁保养打捞篮产生的污泥、污水进行清理回收。

③ 关闭 PTW，收集、归档工作相关资料。

a. PTW 和 JSA；

b. 反循环打捞篮及附件草图；

c. 入井钻具表；

d. 反循环打捞篮使用保养记录表；

e. 反循环打捞篮出入井照片。

八、使用强磁打捞器

强磁打捞器是打捞井内可被磁化的金属碎物的一种工具，按磁铁类型分为永磁式和充磁式两种，按循环方式分为正循环式和反循环式两种，按产品类型可分为普通式、圆弧式和侧开式等。强磁打捞器主要由上接头、打捞筒、缓冲垫、压盖、磁钢、环压盖、磁头、钢套等组成。

强磁打捞器主要用于打捞落井的钻头牙轮、巴掌、大钳牙以及手工具等磁吸性小件落物。具有结构简单、操作方便、性能可靠、体积小、重量轻等特点。

（一）安全要点

① 运输、装卸过程中避免剧烈震动和摔碰。

② 存放和运输过程中，不能将两个强磁打捞器底部相对，以防磁场迅速削弱。

③ 打捞器入井前，必须用木板或胶皮同其他铁磁性设备隔开。

④ 正循环强磁打捞器不允许开泵打捞，反循环强磁打捞器可以开泵打捞。

⑤ 捞获起钻时操作要平稳，低速、轻提轻放，禁止转动井下钻具，严禁剧烈震动与撞击，以防将落物甩脱。

⑥ 取下护磁板及被吸住的落物时，操作者的施力方向应与工具中心线垂直。

⑦ 强磁打捞器底部磁场很强，在维修过程中应注意安全。

⑧ 不准持铁磁性工具接近磁铁打捞器底部，以防伤人。

（二）环保要求

① 施工过程中应采取措施降低噪声排放，以达到国家或地方噪声控制标准。

② 工业废水和清洗用水应采取相应措施回收处理后再次使用到钻井液循环系统中，减少废物的处理总量。

③ 作业中应采取措施减少钻井液对环境的污染。

④ 强磁打捞器应倒立（磁场底部向上）放在阴凉、干燥、无人居住的地方，防止长期磁辐射影响人员健康。

（三）工前准备

① 根据井眼直径及落物特点选定合适的强磁打捞器，其最大外径应比井眼小 10~25mm。

② 选定强磁打捞器后，找落物实样，试验其磁性和吸附效果。

③ 根据落物大小，确定是否带引鞋，落物外径大于引鞋内径的则不能带引鞋。

④ 引鞋分为平鞋、拨鞋和铣鞋，引鞋的选择可根据井下情况和引鞋适用范围来确定。

a. 平鞋：它的底面与磁芯底位于一平面，与井下落物接触面积大，因而吸力也大。适用于尺寸较大、数量多、分布较分散的井下落物打捞，但对于锥形井底或落物压入井底的情况不宜采用。

b. 拨鞋：它具有高出磁芯底部用于拨动落物的拨鞋环，适用于落物被泥饼粘住或压入井底的落物打捞，但落物大于拨鞋内径时不宜采用。

c. 铣鞋：它有一个高出磁芯底部的铣鞋环，适用于井径不规则或井眼呈锥形，磁芯无法接触落物的情况，具有修整井壁、井底和切碎较大井下落物的作用，以便捞取。

⑤ 检查强磁打捞器外观、螺纹及水眼情况。使用反循环强磁打捞器应确保其钢环与球座相吻合，钢球必须能通过全部钻具和配合接头水眼。

⑥ 测量各部位尺寸，并绘制草图。

⑦ 钻具组合宜采用：强磁打捞器+钻铤（加重钻杆）+钻杆。

⑧ 根据强磁打捞器的长度，计算方入。

（四）工作流程

1. 申请 PTW

2. 召开作业前安全会

明确作业人员职责，告知作业步骤、作业风险及风险防控措施。

3. 组合强磁打捞器

① 检查磁芯吸力、外观、螺纹及水眼情况。

② 连接钻柱时，把强磁打捞器放入预先放好木板的转盘上(不允许把工具直接放在转盘上，防止强磁打捞器与转盘吸附住)，不允许在搬运和连接过程中猛烈震击磁力打捞器，以防失磁。

③ 充磁式磁力打捞器，入井以前必须先给磁芯充磁，并注意充磁极性，不得接反。

④ 强磁打捞器的引鞋螺纹连接应按规定扭矩上紧。

4. 下钻打捞

① 下钻到井底0.5m处开泵循环冲洗，然后停泵打捞。

② 按计算的打捞方入，在一个圆周内的不同方位上多次下放打捞。加压5~10kN，如果各个方向上都一致，证明落物已捞住，可起钻。如果多次下放的方入不一致，证明落物未捞上，可轻转转盘拨动后再捞，直到捞住落物。

③ 如果落物小，地层松软可以开小排量，轻压慢转，再停泵打捞。

5. 捞获起钻

① 起钻时操作要平稳，低速、轻提轻放，禁止转动井下钻具，禁止采用转盘卸扣，在遇阻时不可猛提猛放，以防碰掉落物。

② 严禁剧烈震动与撞击，以保护磁芯和防止落物甩脱。

6. 根据引鞋类型采取不同的打捞方法

① 采用平鞋时，必须边循环边缓慢下放钻具，与井底落物接触，钻压不大于5kN。然后边循环边上提钻具0.3~0.5m，停泵，把打捞器转换方位，再缓慢下放钻具，使打捞器与落物接触，这样反复几次，方入最少时即可起钻。

② 采用拨鞋时，必须边循环、边间断转动、边下放钻具，使磁力打捞器底部与落物接触，接触时严禁转动钻具。然后边循环边上提钻具0.3~0.5m，用同样的方法停泵、转换方位、下放与落物接触，反复几次，落物被磁芯吸住即可起钻。

③ 采用铣鞋时，操作方法与采用拨鞋时相同，只需把间断转动钻具变为连续转动钻具。在软地层打捞时，应特别注意转动下放深度和所加的钻压，防止将落物压入地层导致打捞失败。

④ 若条件许可，可用电缆+磁性定位器+磁力打捞器连接进行打捞。

(五) 工后闭环

① 清理回收强磁打捞器。

a. 强磁打捞器每次使用后，应选择一块没有铁屑和杂物的地方，将强磁打捞器放在木板或橡胶板上，先把吸附在强磁打捞器表面的金属颗粒、铁屑粉末清除干净，然后从引鞋部位向筒内注入清水彻底清洗，掏通水眼，盖上护磁板，螺纹涂上防腐脂，外表除锈涂漆；

b. 在井下使用多次，或在恶劣条件下工作后，应进行维护修理，全部拆开检查、重新装配；

c. 强磁打捞器应存放在通风干燥处。摆放时磁钢向上，盖上护磁板，禁止两个磁钢对放。

② 清理、恢复工作场所。

a. 对钻台面进行清洁，整理保养井口工具；

b. 对清理强磁产生的金属颗粒和铁屑粉末进行回收。

③ 关闭 PTW，收集、归档工作相关资料。

a. PTW 和 JSA；

b. 强磁打捞器及附件草图；

c. 入井钻具组合表；

d. 强磁打捞器使用保养记录表；

e. 强磁打捞器出入井照片。

九、使用磨鞋

(一) 安全要点

① 下磨鞋前，井眼要通畅。

② 起、下磨鞋要控制速度，以防阻卡或产生过大的波动压力。

③ 磨铣中要控制蹩钻，保持平稳操作，防止倒车，作业过程中不得停泵。

④ 磨铣过程中，要每隔 15min 取一次砂样，分析铁屑含量，上提遇卡时，应下放转动钻柱，不得硬拔。长时间单点无进尺，应及时分析原因，采取措施，防止磨坏套管。

⑤ 套管内使用的磨鞋外侧不得有硬质合金。

(二) 环保要求

① 施工过程中应采取措施降低噪声排放，以达到国家或地方噪声控制标准。

② 工业废水和清洗用水应采取相应措施回收处理后再次使用到钻井液循环系统中，减少废物的处理总量。

③ 作业中应采取措施减少钻井液对环境的污染。

(三) 工前准备

① 根据落物的形状大小和井眼尺寸，选择相应的磨鞋，一般磨鞋应比井眼小 15～30mm。

② 磨掉井下落物选用平底或凹底磨鞋；磨铣井下钻具、套管、油管和套铣筒等选用引子磨鞋；磨铣井下钻具、油管、接头等不规则内径和进行侧钻作业选用锥形磨鞋。

③ 检查连接螺纹是否完好，水眼是否通畅，台肩面有无损坏。

④ 检查磨鞋硬质合金块是否镶嵌完好，硬质合金或耐磨材料外径应小于本体直径 2～3mm。

⑤ 绘制磨鞋草图，并注明尺寸。

⑥ 将磨鞋连接在钻具结构最下端入井。钻具组合：磨鞋+钻铤(50～80m)+钻杆。

⑦ 磨铣作业前，调整好钻井液性能，通常与钻进时的性能一致。

⑧ 钻井液的出口槽内放置磁性体，用于吸附铁屑和分析井下情况。

(四) 工作流程

1. 申请 PTW

2. 召开作业前安全会

明确作业人员职责，告知作业步骤、作业风险及风险防控措施。

3. 平底或凹底磨鞋磨铣

① 下钻至离井底 5m 左右，用钻进排量循环洗井 30min，然后边循环边快速转动并下放钻具至井底 0.3m 止，如此反复 2～3 次。

② 停泵上提钻具1~2m，等井口不返出钻井液后，慢放钻具，使平底或凹底磨鞋压住落物，开泵循环并磨铣。每磨铣30min左右，再采取停泵，上提、下放、压住、循环和磨铣的措施。

③ 磨铣参数：钻压5~50kN，转速40~100r/min，排量与钻进时相同。

④ 磨铣过程中送钻要均匀。若出现严重蹩钻，应停转、上提钻具，经分析并采取相应措施后，方可继续磨铣。

⑤ 磨铣中如发现速度变慢时，可上提钻具，使磨鞋离开落物0.2~0.3m，下顿1~2次（顿力不大于30kN）后继续磨铣，直到无铁屑返出或泵压上升，即可起钻。

⑥ 起钻至套管鞋时，应慢起，以防碰挂。

4. 引子磨鞋磨铣

① 下钻至离鱼顶0.5m左右，用钻进排量循环洗井30min，然后采用边循环边慢放或间断转动相配合的方法，使引子部分进入落鱼水眼。

② 磨铣开始时应用轻压慢转的方法，先磨铣破损的部分，然后才能正常磨铣。磨铣参数：钻压5~30kN，转速60~100r/min，排量与钻进时相同。磨铣中送钻要均匀。若出现蹩钻，应减压或调整转速，待正常后继续磨铣。每磨铣30min左右，可稍上提磨鞋（不得将引子部分提出落鱼水眼），下顿1~2次（顿力不得大于20kN）后继续磨铣，直到磨铣完预计长度后起钻。

③ 起钻至套管鞋时，应慢起，以防碰挂。

④ 分析起出的引子磨鞋，决定下一步措施。

5. 锥形磨鞋工作流程

① 下钻至离鱼顶0.3m左右，用钻进排量循环洗井30min，然后采用边循环边慢放或与间断转动相配合的方法，使锥形磨鞋插入落鱼水眼。

② 选用钻压5~20kN，转速40~50r/min，排量5~10L/s参数磨铣。

③ 磨铣时钻压由小到大，转速由慢到快，正常后送钻均匀。严防蹩钻，直到磨铣至预计长度或磨铣完毕。

6. 对井下不稳定落鱼的磨铣方法

当井下落鱼处于不稳定的可变状态时，在磨铣中落物会转动、滑动或者跟随磨鞋一起做圆周运动，这将大大降低磨铣效果，因而应采取一定的措施使落物于一段时间内暂时处于固定状态，以便磨铣。其方法是经常顿钻，将其顿到井底，可按下列步骤进行：

① 确定钻压的零点（磨铣工具刚离开落鱼的位置），然后在钻具上做好标记。

② 将钻具上提1.2~1.8m（浅井1.8m，深井1.2m），以此为参照数据，具体应根据井深情况、钻具、钻井液情况进行设计。

③ 向下溜钻。当钻具标记离转盘面0.4~0.5m时突然猛刹车，使钻具因惯性伸长，冲击井底落物，使落物顿紧压实。

④ 顿钻后转动60°~90°再次冲顿。如此进行3~4次，即可继续往下磨铣。

a. 不要让金属碎块卡在磨鞋一边不动，要下顿磨鞋将其捣碎，若扭矩增大是好现象，表明碎片都靠在磨鞋旁边；

b. 不要让平底磨鞋在落鱼上停留的时间太长（这样会在磨鞋表面形成很深的磨痕），要不断将磨鞋提起，边转动边下放到落鱼上，以便改变磨鞋与落鱼的接触位置，保证均匀磨铣；

c. 磨铣铸铁桥塞时，磨鞋直径要比桥塞小3~4mm。

7. 对钻具蹩跳的处理

① 磨铣套管时出现的跳钻，尤其是使用领眼磨鞋时的跳钻，往往表明套管由于固定不牢而产生摆动，一般降低转速可以克服这种情况。

② 当磨鞋磨铣平稳时，证明工作性能最佳。

a. 产生跳钻时必须把转速降低到50r/min左右，钻压降低到大约10kN以下，1~2h以后再逐渐加压；

b. 若磨铣运转平稳，磨铣速度理想，转速保持不变；

c. 若磨铣速度偏低，可提高转速；

d. 若重新出现跳钻，应恢复到原转速直到磨鞋运动平稳后再加速，并保持这一转速。

③ 当钻具被蹩卡，产生周期性突变时(转速由快变慢，到一定圈数时，钻具突然快速转动，并发出较大声响)，表明磨鞋在井下有蹩钻现象。

a. 蹩钻的原因：一是落鱼偏靠套管；二是落鱼碎块；三是钻屑沉积。

b. 无论什么原因，均应上提钻具，排出磨鞋周边的卡阻物或改变磨铣工具与落鱼的相对位置，并加大排量洗井。

c. 若上提遇卡，可边转边提解卡。

d. 钻具提出之后，应充分大排量洗井，以保证将磨下的碎屑物冲洗出地面。

8. 对各种胶皮的磨铣

① 落鱼上附带的胶皮在磨铣过程中会引起磨铣速度下降。如遇到这种情况，判断准确之后可采取降低泵压或短时停泵的措施，并反复顿钻，用磨鞋把胶皮捣成碎块。

② 如果胶皮无法清除，起出磨鞋，下钻头将胶皮块从落鱼中清除，或者下入其他打捞工具(如一把抓、反循环打捞篮等)将胶皮处理之后，再进行磨铣。

(五) 工后闭环

① 清理、回收磨鞋及附件。

a. 若硬质合金磨损，必须及时进行维修；

b. 保持水眼通畅；

c. 接头处均匀涂抹丝扣油或防锈油，存放在通风干燥的地方；

d. 磨铣鞋本体无变形，螺纹完好，堆焊层无严重磨损仍可再用；

e. 备用磨铣鞋要除锈涂漆，将螺纹涂油防腐并戴上护丝，鞋底向上摆放在干燥通风处。

② 清理、恢复工作场所。

a. 对钻台面进行清洁，整理保养井口工具；

b. 对清洁保养磨鞋产生的污泥、污水进行清理回收。

③ 关闭PTW，收集、归档工作相关资料。

a. PTW和JSA；

b. 磨鞋及附件草图；

c. 入井钻具组合表；

d. 磨鞋使用保养记录表；

e. 磨鞋出入井照片。

十、使用随钻打捞杯

随钻打捞杯是用来捞取钻井过程中正常钻井液循环无法带出井眼的较重钻屑或金属碎

屑的一种实用、有效的随钻工具。主要用于打捞井下碎块落物，如硬质合金齿、钻头轴承等。它对于保持井底干净，提高钻头的使用寿命，减少和防止井下意外事故具有重要作用。

随钻打捞杯主要由心轴、扶正块、外筒、下接头等组成，杯体(外筒)外径较大，与井眼环形间隙小，而杯口处的心轴直径较小，与井眼环形间隙大。因此，钻井液在杯口处流速陡然下降，形成旋涡，其携带能力也大大减弱，从而使钻井液中较重的碎物落入杯中并随起钻捞出。

（一）安全要点

① 打捞杯组装好后，按照钻具组合表将打捞杯连接在钻柱上，上卸扣时，大钳不能咬在杯体上，以免损坏杯体。

② 打捞杯起下钻应控制速度，平稳操作。

③ 当杯体大于钻铤外径时，起钻至套管鞋处应用低速起钻，以防碰挂，上提过程中，人员应远离井口。

（二）环保要求

① 施工过程中应采取措施降低噪声排放，以达到国家或地方噪声控制标准。

② 工业废水和清洗用水应采取相应措施回收处理后再次使用到钻井液循环系统中，减少废物的处理总量。

③ 作业中应采取措施减少钻井液对环境的污染。

（三）工前准备

① 根据打捞杯外径与井眼尺寸，选择相应的随钻打捞杯，打捞杯的选择见表 1-31。

表 1-31　打捞杯选择表

打捞杯外径/mm	适用井眼直径/mm	打捞杯外径/mm	适用井眼直径/mm
94	114～117	168	191～216
102	117～124	178	219～244
114	130～149	219	244～289
127	152～162	244	292～330
140	165～191	327	375～445

② 检查打捞杯，两端螺纹完好，杯体无变形，杯内清洁无杂物，排液孔畅通。

③ 捞杯外观无异常，杯筒固定螺丝齐全、紧固。

④ 绘制随钻打捞杯草图，并注明尺寸。

⑤ 选择合理的钻具组合。在刮壁器、钻头、磨鞋、铣鞋的上方直接连接打捞杯，应避免中间有配合接头。

（四）工作流程

① PTW 申请。

② 组织所有参与作业人员召开作业前安全会，明确作业人员职责，告知作业步骤、作业风险及风险防控措施。

③ 组合钻具，正常下钻、钻进，钻进中尽量避免严重的憋钻现象。

④ 蹩钻严重时，可适当减轻钻压，把落物磨碎让其容易进入捞杯。

⑤ 起钻前应下钻到底，开泵循环，缓慢下放，轻压慢转，循环 10~15min，停止转动并停泵 2~3min，然后上提钻具。重复以上打捞操作 2~3 次。

⑥ 按照起钻操作流程起出打捞杯，清理打捞杯内碎物。

（五）工后闭环

① 清理随钻打捞杯及附件。

a. 使用后的打捞杯应冲洗干净，仔细检查，必要时可进行探伤，发现有裂纹或其他损伤，不能再次使用；

b. 检查合格的打捞杯，两端佩戴护丝，作防锈处理；

c. 螺纹部位涂抹防腐脂并装配好，妥善保存。

② 清理、恢复工作场所。

a. 对钻台面进行清洁，整理保养井口工具；

b. 对清洁保养打捞杯产生的污泥、污水进行清理回收。

③ 关闭 PTW，收集、归档工作相关资料。

a. PTW 和 JSA；

b. 随钻打捞杯及附件草图；

c. 入井钻具表；

d. 随钻打捞杯使用保养记录表；

e. 随钻打捞杯出入井照片。

十一、穿心打捞

穿心打捞是在地面切断电缆，用打捞筒和钻杆套着电缆下至落鱼处，然后从地面拉断电缆弱点，落鱼被嵌在打捞筒中捞出。

穿心打捞是目前使用最普遍、效率最高、安全性最好的打捞方法，它能一次将仪器和电缆全部捞出。

（一）安全要点

① 井队应配合测井队的作业指令。

② 夜间工作时，井架及钻台上应提供良好的照明，并由专人指挥。

③ 加重杆的重量需大于 30m 电缆的自重，加重杆两头必须是锥形的。

④ 当快速接头接近二层台时，要放慢电测绞车速度。

⑤ 除打捞时可以转动几圈之外，整个起钻和下钻过程中都不允许转动钻具。

⑥ 每下一根立柱，都要在井口仔细检查快速接头各部位，有无损伤、松动，每下十根立柱用管钳紧固快速接头各部位。

⑦ 打捞筒下到目的地开始打捞时，电测车和井口通信要畅通，绞车司机要不断通报张力，司钻和井口人员密切注视指重表，有情况立即停止。

（二）环保要求

① 起井内电缆时要采取有效的清洁方式，避免电缆上附带的钻井液掉落到场地上污染土壤。

② 井内电测仪器如装有放射源，应采取有效的措施减少辐射污染。

(三) 工前准备

1. 组织召开协调会

① 在实施穿心打捞前，组织甲方监督和测井队等有关人员召开协调会，明确各方的职责以及配合中的注意事项。

② 明确二层平台上人员应如何配合司钻和测井队操作。

③ 测井队提供以下信息：

a. 入井仪器型号、规格、几何尺寸；

b. 测井电缆型号、规格、新旧程度、长度和电缆额定张力；

c. 电缆或入井仪器的卡点深度。

2. 测井队选择适用的打捞工具

测井队选择适用的打捞工具包括卡瓦打捞筒、卡紧板、电缆卡、矛形头及打捞接头、开口承托板、配合接头、加重杆、天滑轮、地滑轮、电缆拉力计、专用钳子等，穿心打捞组合示意图见图 1-11。

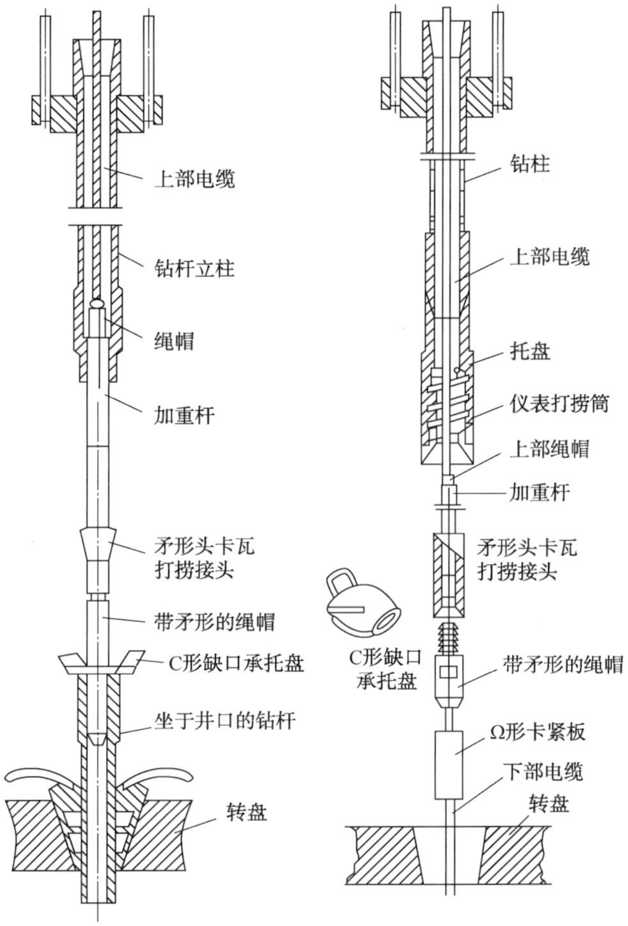

图 1-11　穿心打捞组合示意图

a. 仪器打捞筒，是螺旋式卡瓦打捞筒，卡瓦尺寸必须与仪器打捞部分相配合(卡瓦打捞筒的卡瓦尺寸应小于被打捞仪器打捞部位外径 1~3mm)，打捞筒连接钻柱下部，其下还可以接引鞋或铣筒；

b. 卡紧板，是将电缆卡紧固定并坐于转盘上的工具；

c. 电缆卡，也叫绳帽，把截断的电缆两头套上绳帽，卡紧后再灌铅固定；

d. 矛形头与打捞接头，矛形头连于下部电缆的绳帽上，打捞头连于上部电缆的绳帽上，两者可以快速连接和卸开；

e. 开口承托板，用于将电缆坐于井口钻杆的母接头上；

f. 辅助工具，如入井工具配合接头，增加带卡瓦的矛形头打捞接头的加重杆，用于电缆导向的天、地滑轮，指示电缆拉力的指重计，专门用来拆卸矛形头与打捞接头的钳子。

3. 剪断电缆

① 电测队将遇卡电缆比平常拉力多提 9kN，在转盘面以上 2m 处做好记号，电缆卡点较深时可多留一点。

② 把卡紧板固定在电缆上，卡紧板内补套应与电缆规格相符。然后把卡紧板坐于转盘上，放松电缆，用钢丝绳切刀把电缆从记号处切断。

4. 安装天滑轮

① 先适量下放电缆，使之穿过天、地滑轮。

② 天滑轮安装在天车底座的横梁上（应高于游动滑车上提接钻杆立柱时的高度），横梁上不能有倒角，并用断裂强度大于 150kN 的钢丝绳或铁链绑牢。

③ 井架工在安装天滑轮时，钻台上不能有人停留。

5. 安装地滑轮

用断裂强度大于 150kN 的钢丝绳或铁链将地滑轮固定在转盘底座上或井架底座主梁上。

6. 制作电缆快速接头

① 将井下和绞车两头的电缆末端分别套上绳帽套和外锥套，将电缆外层钢丝在分丝盘中按顺序分开，套上中锥套并用冲子冲紧，用钢锯齐根锯断外层钢丝。

② 用同样的方法装上内锥套，拉入绳帽盒内。

③ 上端接上短节、拆卸头组成母头，在母头装上适量的加重杆，加重杆下方距母接头约 50cm，并用卡子固定加重杆。

④ 下端接上蘑菇头组成公头，在丝扣处抹上黄油，并用管钳上紧。

7. 检查并做记号

电测队测试快速接头连接情况，并在电缆上做记号（方便判断母接头上行到二层台位置和母接头下行到井口位置）。

（四）工作流程

1. 申请 PTW

2. 召开作业前安全会

明确作业人员职责，告知作业步骤、作业风险及风险防控措施。

3. 组合电缆打捞筒

① 电测车匀速上提电缆至母接头到二层台。

② 井架工将母接头放入第一根立柱的水眼里，电测车下放电缆。

③ 司钻提起第一根钻杆立柱配合电测队接上电缆打捞筒，并锁住转盘。

4. 下钻

① 电测车下放电缆至母接头露出钻杆后，接上快速接头。

② 上提电缆拉力超过正常拉力 9kN，静止 5min，检查电缆卡头是否连接牢靠，天、地滑轮是否固定牢固，电缆与游车是否有摩擦，指重计是否灵敏。

③ 保持电缆原来拉力，取掉卡紧板，开始平稳下第一根立柱，电测车司机同时注意张力变化，电测队井口人员站在司钻旁注意指重表的变化，并保持井口与电测车的通信。钻具下放遇阻不能超过 2t(2000kgf)。

④ 第一根钻杆立柱下入井口，用卡盘将公头卡在钻杆上，检查快速接头各部位是否完好，拆开快速接头；电测车匀速上提电缆至母接头到二层平台，井架工将母接头放入第二根立柱的水眼里，然后，绞车下放电缆；司钻提起第二根钻杆立柱至井口钻具母接头上，电测车下放电缆至母接头露出钻杆后，接上快速接头；上提电缆保持原来拉力取掉卡紧板；第二根钻杆立柱和第一根钻杆立柱连接，平稳下放钻具。

⑤ 重复④操作，直至将电缆打捞筒下至距仪器顶部接近一个单根长度时为止。

5. 打捞入井仪器

① 在钻杆母扣内放平、放稳 C 形循环卡盘，缓慢下放电缆，使快速接头公头平稳地坐在卡盘上；卸下母接头并将其固定在井台上(以不妨碍井队干活为准)。

② 接顶驱或方钻杆，按照电测队给定的参数开泵循环和活动钻具(至少一个循环周)。

③ 循环完后，卸开顶驱或方钻杆；接上快速接头，起直电缆，取出卡盘；接上钻杆缓慢下放钻具，电测绞车操作手及司钻严密注视张力变化。

④ 当电缆张力缓慢增加后又快速增加至 1klbs 以上，钻具张力有 1~2t(1000~2000kgf)的变化时，应立即停止下钻。

6. 仪器捞获的判断

① 上提钻具 3~5m，电缆张力明显减小，上提电缆使张力恢复正常，此时上提电缆长度应为 3~5m。

② 再上提钻具一根立柱，电缆张力应明显减小，上提电缆使张力恢复正常，此时上提电缆长度应为 9~10m。

③ 再重复步骤②2~3 次，若为一样，可断定已打捞上仪器。

④ 为确保打捞成功率，可接顶驱或方钻杆开泵循环钻井液，若泵压明显快速上升，停泵后泵压缓慢下降或不降，可断定已打捞上仪器。

⑤ 若无以上情况发生，则没有打捞上仪器，需重新确定遇卡深度，再次打捞。

7. 从弱点处提断电缆

① 确认打捞上仪器后，起紧电缆，用 T 形电缆卡钳在快速接头公头以下 2~3m 处卡住电缆，卸下快速接头，将 T 形卡钳挂到吊卡上。

② 用钻机绞车上提电缆，逐渐增加拉力，每次增加 5~10kN，当指重计张力明显减少，并在钻杆内有少量泥浆流出时，电缆已从弱点拉断。

③ 截去快速接头和加重杆，将两端电缆连接，电测车起出所有电缆。

8. 拆甩天、地滑轮

9. 起钻甩打捞筒和电测仪器

(五) 可能发生的问题及解决办法

① 电缆卡滑脱，电缆落井，下捞矛打捞。

② 电缆卡和矛形头落入钻杆水眼内，应用较大的导向装置和打捞筒下入钻具水眼打捞矛形头。如打捞不成功，只能起出钻具，托盘会把电缆卡托住而将电缆带出。

③ 电缆卡滑脱，电缆落入钻具水眼内。由于水眼的限制，电缆头下行不会很多，应用油管和外钩捞矛在钻具水眼内打捞。如打捞不成，可加压将最上部电缆挤压成饼状，然后起钻，争取托盘把电缆带出。

④ 砂桥遇阻，下钻时如大钩指重表指针下降，而电缆指重表无显示，则可能是井内砂桥遇阻。遇到这种情况时，只能循环钻井液进行冲洗。

⑤ 下放钻具时，电缆拉力突然增加。这种现象表明电缆可能有打结的地方，或者是电缆卡在键槽里，应上提钻具，直到电缆恢复拉力后，再增大电缆拉力，把电缆拉直，再缓慢下放钻具，将电缆挤出键槽，或使较小的电缆结能进入钻具水眼。应反复尝试，不可操之过急。如果仍无法解决，可以起钻，但不要把电缆拉断，起钻后，从电缆旁边下钻杆带捞矛，在电缆打结处如果遇阻，就在该处进行打捞，可以转动 2~3 圈后上起钻柱，同时上起电缆。

（六）工后闭环

① 清理、存放工具和设备。

② 清理、恢复工作场所。

a. 对钻台面进行清洁，整理保养井口工具；

b. 对清洁保养产生的污泥、污水进行清理回收。

③ 关闭 PTW，收集、归档工作相关资料。

a. PTW 和 JSA；

b. 入井钻具表；

c. 井下故障处理报告。

十二、电缆打捞

电缆落井比钻具落井更难处理，因无法获取鱼顶的确切位置，也无法依据地面仪表进行判断，打捞工具有可能被盘绕的电缆咬住，将钻具卡在井内。

（一）安全要点

① 若下钻遇阻，此时已将电缆推下很多，电缆已经盘结，应立即打捞，不可继续下推。

② 当电缆黏附于井壁上，捞绳器无法碰到电缆时，可以将捞绳器下到电测仪器遇卡位置，打捞电缆的下端，把仪器和电缆提到井口后，再用电缆绞车把电缆起出来。

③ 如果捞绳器未装挡绳帽，上提阻力很大，不能下放而能转动钻具时，可转动钻具同时循环钻井液。转动的目的有三个：一是缠紧电缆圈，使外径缩小；二是争取把电缆磨碎；三是争取把捞钩别断。这时首先考虑安全起出钻具，其次考虑打捞电缆。

（二）环保要求

① 施工过程中应采取措施降低噪声排放，以达到国家或地方噪声控制标准。

② 工业废水和清洗用水应采取相应措施回收处理后再次使用到钻井液循环系统中，以减少废物的处理总量。

③ 作业中应采取措施减少钻井液对环境的污染。

（三）工前准备

1. 工具选择

① 根据套管内径或钻头直径选择工具，使用内钩捞绳器时，其外径与套管内径或井眼

直径的间隙不得大于电缆直径。使用外钩捞绳器时，挡绳帽的外径与套管内径或井眼直径的间隙不得大于电缆直径。

② 内钩捞绳器也叫内捞矛，是把厚壁钢管割开，内壁上焊上挂钩制成。挂钩顺时针方向倾斜，电缆被挂钩挂住之后，在转动扭矩的作用下，钩体向内收缩，使打捞更为可靠。内钩捞绳器只有在井眼较大的情况下才可以使用，它的优点是电缆不容易穿越到捞绳器上面。内钩捞绳器的技术规格见表 1-32。

表 1-32　内钩捞绳器技术规格

外径/mm	接头螺纹	挂钩直径/mm	挂钩数目	开口长度/mm	总长/mm
219	NC50	16	6	950	1400
194	NC50	14	5	800	1200
168	NC38	14	4	600	1100
140	NC38	14	3	500	900
102	NC31	14	3	400	800

③ 外钩捞绳器也叫外捞矛，由接头、挡绳帽、本体和捞钩组成。本体的锥体部分焊有直径为 15mm 的捞钩，捞钩与本体轴线呈正旋方向倾角，挡绳帽的外径应比钻头直径小 8~10mm，圆周可以开 6~8 个斜水槽，挡绳帽的用途是挡住电缆避免卡钻。这种工具也可以在现场用废公锥自行制造。

2. 钻具结构

① 捞绳器+一根钻杆+安全接头+钻杆。

② 捞绳器+一柱钻杆+安全接头+钻杆。

a. 钻具结构越简单越好，不许下入钻铤。

b. 下安全接头的目的是在遇卡时可从安全接头处倒开，起出上部钻具，然后下铣筒套铣电缆解卡。

c. 加一根或一柱钻杆是为了方便套铣进鱼头，只要把盘结在一起的电缆铣碎，即可解卡。

d. 考虑到井径不规则的因素，挡绳器以上有可能缠绕许多电缆，则在安全接头以下接一柱钻杆比较有利，这样既便于套铣筒套入，也便于打捞落井的捞绳器。

（四）工作流程

1. 申请 PTW

2. 召开作业前安全会

明确作业人员职责，告知作业步骤、作业风险及风险防控措施。

3. 套管内打捞

① 若断落的电缆头在套管以内，可以用电缆接捞绳器直接打捞，但下捞绳器时也不能一次下入过多，要下一段起一段，逐步深入，看电缆张力是否增加，如发现电缆张力增加，应立即上起。

② 若电缆盘结严重，捞绳器插不进去，可以下铣锥把电缆铣散，但铣锥外径不得小于套管内径 8~10mm。

4. 裸眼内打捞

（1）电测鱼顶

电缆拽断后，起出的电缆可以丈量或估算，而井内的电缆要下落一段距离，很难预测具体位置，此时可以电测井内液体的电阻值，只要仪器碰到电缆，电阻回零或变小，即可确定电缆头的位置。

（2）下捞绳器打捞

① 下捞绳器，在测量点或估算深度以下 20~30m 开始打捞，转动捞绳器 2~3 圈后上提，如无任何显示，可再多下一根立柱，再转动 2~3 圈后上提一根立柱的距离，如无任何显示，可再多下一根立柱，如此继续试探，但最多不许超过 100m，不管有无显示，必须起钻。

② 第一次打捞如捞上电缆，应丈量其长度(若无法丈量，则称重估算)。

③ 根据上次打捞出的电缆长度估算井下电缆头的深度。可以从第一次打捞的深度开始，每下一根立柱，转动 2~3 圈，再上起一根立柱的距离，检查井下情况，最多下入深度不许超过 4 根立柱，必须起钻。

5. 打捞电缆的其他方法

① 用外钩捞矛不带挡绳帽，可以多下几次。

② 钻具结构：外钩捞矛+一柱钻杆+安全接头+钻杆。如发生问题，可以从安全接头倒出，下套铣筒套铣。

③ 下钻深度不受限制，只要不遇阻，可以多下 1km 或 2km，但若发现遇阻，不许强行下钻。

④ 下钻到一定深度，开始转动打捞，转数不受限制，但必须多转，目的是让电缆在钻杆上分段缠绕。

⑤ 起钻时必须慢起，防止遇阻，若发现遇阻，应立即下放，放松后，再转。在转动的过程中，电缆可以进一步缠紧，外径缩小，也可能将电缆磨碎，这时就可以起出来了。

⑥ 如无法起出，可从安全接头处倒开，下套铣筒套铣。

（五）工后闭环

① 清理、存放工具和设备。

② 清理、恢复工作场所。

a. 对钻台面进行清洁，整理保养井口工具；

b. 对清洁保养产生的污泥、污水进行清理回收。

③ 关闭 PTW，收集、归档工作相关资料。

a. PTW 和 JSA；

b. 入井钻具表；

c. 井下故障处理报告。

十三、爆炸松扣

爆炸松扣，就是在被卡钻具施加反扭矩的情况下，利用炸药爆炸的瞬间威力使钻具连接螺纹迅速退扣的办法。松扣点必须选在卡点以上，而用拉伸钻柱的办法测算的卡点误差很大，必须用较为精确的测卡仪器才能测出准确的卡点位置。

磁性测卡仪是目前的主要测卡仪器，磁性测卡的基本原理：是以硬磁性材料在弹性变形时退磁的性质为基础，将仪器下到预计被卡的井段内，在每两根钻杆接头之间做一个磁性记号，并在该井段记录磁性曲线后，给钻杆加以最大允许拉力或扭转力，使钻杆产生弹性变形后，在该井段再次测量出磁性曲线，将两次测量曲线进行对比。可以看出没被卡的钻杆磁性记号消失或幅度大大减小，但被卡井段的钻杆上的磁性记号保持不变。

（一）安全要点

① 装松扣器时，应选择远离人员和设备的安全地带。

② 装松扣器时，井场应断开一切电源，并对井场设备进行漏电检查。

③ 雷雨天气及夜间禁止施工。

④ 不可选用过量的炸药，避免被炸松扣部位造成不规则损伤，给下一步打捞工作带来困难。

⑤ 爆炸松扣点必须选在卡点以上的自由段内。

⑥ 作业区域隔离并拉警示带，非工作人员禁止入内。

⑦ 钻具大幅度活动期间，钻台上下人员要处于安全区域。

（二）环保要求

① 施工过程中应采取措施降低噪声排放，以达到国家或地方噪声控制标准。

② 起井内电缆时要采取有效的清洁方式，避免电缆上附带的钻井液掉落到场地上污染土壤。

③ 井内电测仪器如装有放射源，应采取措施减少辐射污染。

（三）工前准备

1. 组织召开协调会

① 在实施爆炸松扣前，组织甲方监督和测井队等有关人员参加协调会，明确各方的职责以及配合中的注意事项。

② 测井队选择合适的炸药量并制定施工方案。

2. 爆炸松扣工具准备

爆炸松扣工具由电缆接头、加重杆、磁性定位器、爆炸杆、过渡短节、导线接头、上接头和下接头(引鞋)组成。

① 电缆接头：与电缆相连接，承受仪器的全部重量。

② 过渡短节：把电缆的一根导线焊接在导线柱上，接通电流。

③ 加重杆：增加仪器重量，便于顺利下入钻具水眼中。

④ 磁性定位器：主要作用是准确地测定预计要松扣的接头位置，并监视电缆起下是否顺利，爆炸松扣后，还可以校验倒出的钻杆数目。

⑤ 导线接头：上与磁性定位器相接，下与爆炸杆上接头相接，引出的导线与雷管相接。

⑥ 爆炸杆：是一个细长的钢杆，用来固定导爆索以便能顺利下到预定位置。两端的接头外径必须大于已捆扎好的导爆索的外径，以便保护导爆索不使其在下行过程中磨破。同时要注意不能有向上的平台肩，以免在上起过程中遇阻遇卡。

⑦ 上接头和下接头：起引鞋作用，并阻止导爆索下滑。

⑧ 其他爆炸装置：把以上组合中的爆炸杆换成爆炸缆绳，把导爆索捆绑在电缆上，长度按需要而定，但应以能跨越两对接头为宜，争取在爆炸时至少有一对接头松扣，提高爆

炸松扣的成功率。

⑨ 如果测卡点与爆炸松扣在一次下井作业中完成，则应将两套工具组装在一起，工具的组装顺序应为电缆接头→磁性定位器→加重杆→测卡仪→导线接头→爆炸杆。但在此种组合中，要严格控制炸药用量，否则会损坏测卡仪。

⑩ 爆炸杆炸药用量的大小和钻具的尺寸、井深、钻井液密度及炸药性能有关。

3. 选配井口钻具

首先在套管内将井口钻具倒开，用长度不同的方钻杆或短钻杆组合井口钻具，然后对扣，要求：在最大上提拉力时，方钻杆不出转盘补心(顶驱旋转头不高出转盘5m)；在最小上提拉力时水龙头不能坐于转盘；下电缆施工时，方钻杆上接头不能高于转盘面3m以上(顶驱旋转头不高出转盘3m)。这样做的目的是施工安全可靠，避免用卡瓦旋转钻具。

4. 组装松扣器

① 将所需导爆索和爆炸杆捆绑在一起，要顺长摆放，首尾相接，排列均匀，用白纱带自下而上缠紧扎牢。

② 取两只雷管用并联法将一极与缆心线相接为火线，另一极与爆炸杆相接为地线，接触处用砂纸除锈，保证接触良好。

③ 一根雷管插入导爆索端部，另一根雷管紧贴导爆索，各连接点必须用防水绝缘胶布包扎，各处包扎直径不得大于爆炸杆上下接头直径，以防在下入过程中磨损。

④ 爆炸杆接头直径应小于钻具最小内径10~15mm，并不得有向上和向下的齐平台肩，以防在起下过程中遇阻遇卡。

5. 配合电测队安装天、地滑轮

(四) 工作流程

1. 申请PTW

2. 召开作业前安全会

明确作业人员职责，告知作业步骤、作业风险及风险防控措施。

3. 井内钻具分段紧扣

紧扣的目的是使钻柱各连接部位受力均匀，并有足够的紧固程度，以防在施加反扭矩时把钻具倒开。紧扣时根据不同的情况采取不同的方法。

① 第一种方法：紧扣时使用不同的拉力，使未卡钻柱自上而下或自下而上处于不同的中和点，给钻柱施加正向扭矩，该扭矩的最大值不能大于井内最弱钻柱抗扭强度的70%~80%，每200~300m为一段，重复进行2~3次即可。

② 第二种方法：一次加够扭矩，锁住转盘或顶驱，上下活动钻具，使扭矩传到每个接头，这种操作方法对于斜井及摩阻力较大的井尤为重要，上提拉力可以超过自由钻具悬重的15%~20%，下放时的拉力可以为自由钻具悬重的5%~10%，主要是为了克服上起下放时的摩阻力。

③ 第三种方法：将钻具悬重提到卡点位置，给钻柱施加必要的扭矩，锁住转盘或顶驱，逐步下放钻具，使钻具接头从下而上逐个处于中和点位置，逐个进行紧扣，这样连续2~3次，即可达到紧扣的目的。

④ 一般施加正扭矩与反扭矩的参考数据见表1-33。

表 1-33　钻杆紧扣与松扣时扭转圈数

钻杆尺寸/mm	140	127	114	89	73	60
紧扣圈数/(圈/1000m)	3.5	3.8	4.3	5.5	6.7	8.0
松扣圈数/(圈/1000m)	2.5	2.7	3.1	3.9	4.8	5.2

4. 测卡点

① 用电缆将连接好的仪器、工具下至距预计要爆炸松扣点 200m 的位置。

② 上提电缆、测量钻杆接箍曲线。

③ 在测出的每个钻杆中心处注一个磁性记号，注磁电流为 200~250mA。

④ 上提测量注磁后的钻杆接箍曲线。如磁性记号不明显应重新注磁。

⑤ 通过反复提拉钻具消磁。由钻井队配合作业。

⑥ 上提测量消磁后的钻杆接箍曲线。

⑦ 通过对比分析三条曲线，确定卡点位置和松扣接箍。

⑧ 活动电缆，用磁性定位器找准预定要松扣的接头位置，爆炸点一般应选在卡点以上 1~2 个单根的接头处。

5. 施加反扭矩

① 这是爆松倒扣成败的关键所在，施加反扭矩的圈数，见表 1-33。

② 如井下状况良好，扭矩能一次传到卡点，可一次把中和点提到卡点附近，用转盘转够预定的圈数，锁住转盘或顶驱。

③ 如井下摩阻较大，扭矩不易传到卡点，可每转 2~3 圈，上下活动钻具 6~8 次，使扭矩下传，上下活动的最大拉力不超过自由钻具悬重的 15%~20%，最小拉力不低于自由钻具悬重的 80%。

④ 施加反扭矩时，一定要注意是否有倒扣现象，如果听见井下有响声，那是倒开扣的象征，此时绝不能进行爆炸松扣作业，而应重新紧扣，再施加反扭矩。

6. 引爆

① 再次用磁性定位器探测接头位置，把爆炸杆的中点对准接头中点，接通电源引爆。

② 爆炸松扣是否成功，可以从地面仪表和井下情况进行判断：

a. 如果已经引爆，则电流断路，此时应慢速上提仪器，查看有无阻卡现象，如无阻卡，可上提 30~50m；

b. 如果已经倒扣，则转盘扭矩下降，此时再倒转几圈，将连接螺纹完全卸开，即可起钻。

7. 起电缆

起出仪器，开始应慢速上起，查看有无阻力，待摩阻力正常或消失后再逐渐提高速度，在上提仪器的过程中，用磁性定位器检查倒开的钻具根数。

8. 起钻

① 电缆起完后，缓慢上提钻具，校对悬重，判断是否从预定位置倒开。

② 循环钻井液，并探测鱼头，记好方入，为下一步处理提供准确深度。

③ 起钻时不许用转盘卸扣。

④ 根据起出钻具情况，制定下一步打捞方案。

（五）工后闭环

① 清理、存放工具和设备。

② 清理、恢复工作场所。

a. 对钻台面进行清洁，整理保养井口工具；

b. 对清洁保养产生的污泥、污水进行清理回收。

③ 关闭 PTW，收集、归档工作相关资料。

a. PTW 和 JSA；

b. 井下故障处理报告。

十四、倒扣作业

（一）安全要点

① 若井下钻具被埋卡，一定要先套铣，后倒扣。

② 倒扣前，方补心（滚子方补心除外）必须用钢丝绳绑牢。

③ 倒扣时，人员退离到安全位置，多余人员离开钻台。

④ 倒扣时，应根据钻具的钢级和磨损程度限制扭转圈数。

⑤ 低速平稳起钻，按要求进行灌浆，严禁钻具转动，检查起出钻具情况。

（二）环保要求

① 施工过程中应采取措施降低噪声排放，以达到国家或地方噪声控制标准。

② 工业废水和清洗用水应采取相应措施回收处理后再次使用到钻井液循环系统中，减少废物的处理总量。

③ 作业中应采取措施减少钻井液对环境的污染。

（三）工前准备

① 准备强度大于井内钻具强度的反扣钻杆、倒扣接头、反扣公锥、倒扣捞矛、反扣安全接头及井口工具等。

② 准确测量倒扣工具并绘制草图。

③ 全面检查设备，特别是顶驱、转盘、绞车离合器及链条等。

④ 与甲方监督和打捞工程师一起制定打捞方案。

（四）工作流程

1. 申请 PTW

2. 召开作业前安全会

明确作业人员职责，告知作业步骤、作业风险及风险防控措施。

3. 反扣公锥倒扣

适用于从油管、钻杆等有孔落物的内孔造扣、倒扣打捞的工具。对打捞有接箍的管类落物，打捞成功率较高。

① 钻具组合：反扣公锥+反扣安全接头+反扣钻杆。

② 下钻至距鱼顶 1~2m 处开泵冲洗，校正指重表，记录悬重。

③ 小排量循环下探鱼顶，根据下放深度、泵压和悬重变化判断公锥是否进入鱼顶，若

泵压增高、悬重下降，表明公锥已进入鱼顶。

④ 根据落鱼尺寸大小确定造扣的钻压，落鱼尺寸大则造扣钻压也大。造扣时先加压 5~10kN，转动 2 圈，再逐渐增加钻压造扣。最大造扣钻压不应超过 40kN。

⑤ 造扣成功后，上提钻具，使拉力稍大于打捞钻具重量，下压 20~50kN，刹住刹把，开始倒扣。倒扣最大扭矩不能超过反扣钻杆额定扭矩，注意控制倒车。

⑥ 如果钻具扭矩明显减小，上提钻具悬重不增加，说明倒扣工具滑脱；若上提钻具悬重增加，说明井下正扣钻具倒开；若悬重增加为落鱼悬重，说明已解卡，此时应开泵尝试建立循环(排量由小到大)，并缓慢上提下放活动钻具，严禁转动井下钻具。

⑦ 扣倒开后，开泵顶通水眼，即可起钻。

4. 倒扣打捞矛倒扣

倒扣打捞矛是井下被卡钻具进行倒扣作业的一种专用工具。使用时不用安全接头，适用于套管倒扣。根据落鱼内径选择卡瓦尺寸(卡瓦外径大于落鱼内径 1~3mm)。

① 钻具组合：钻具倒扣打捞矛+反扣钻具。

② 下钻至距鱼顶 1~2m 处开泵冲洗，校正指重表，记录悬重。

③ 循环正常后停泵，缓慢正转，同时下放，待指重表显示遇阻，停止下放和正转。

④ 确认打捞矛进入落鱼水眼后，反转 1 圈/1000m，上提钻具捞住落鱼。

⑤ 继续上提 100~200kN，开始倒扣。

⑥ 倒扣最大扭矩不能超过反扣钻杆额定扭矩，倒扣时注意控制倒车。

⑦ 如果钻具扭矩明显减小，上提钻具悬重不增加，说明倒扣工具滑脱；若上提钻具悬重增加，说明井下正扣钻具倒开；若悬重增加为落鱼悬重，说明已解卡，此时应开泵尝试建立循环(排量由小到大)，并慢慢上提下放活动钻具，严禁转动井下钻具。

⑧ 扣倒开后，开泵顶通水眼，即可起钻。

⑨ 若倒扣不成功，下顿钻具，正转 1 圈/1000m，憋住扭矩上提钻具，打捞矛即可退出。

5. 倒扣接头倒扣

倒扣接头易上扣，也易退扣，不需要带安全接头，而且在额定拉力范围内上提拉力越大，承受的力矩越大，因此不容易滑脱。

使用条件：鱼顶应有与倒扣接头下部扣相配合的完整母扣。

① 钻具组合：钻具倒扣接头+反扣钻具。

② 引锥插入落鱼水眼之后，正转 4~5 圈，使胀扣套与落鱼上部接头螺纹旋合。

③ 上提钻具 150~250kN，胀扣套被胀心轴撑大，紧紧地与落鱼接头螺纹配合，开始倒扣。

④ 倒扣最大扭矩不能超过反扣钻杆额定扭矩，倒扣时注意控制倒车。

⑤ 如果钻具扭矩明显减小，上提钻具悬重不增加，说明倒扣工具滑脱；若上提钻具悬重增加，说明井下正扣钻具倒开；若悬重增加为落鱼悬重，说明已解卡，此时应开泵尝试建立循环(排量由小到大)，并缓慢上提下放活动钻具，严禁转动井下钻具。

⑥ 扣倒开后，开泵顶通水眼，即可起钻。

⑦ 若倒扣不成功，下压钻具 50~100kN，上提至对扣悬重，反转便可退开。

（五）工后闭环

① 清理、存放工具和设备。

② 清理、恢复工作场所。

a. 对钻台面进行清洁，整理保养井口工具；

b. 对清洁保养产生的污泥、污水进行清理回收。

③ 关闭 PTW，收集、归档工作相关资料。

a. PTW 和 JSA；

b. 井下故障处理报告。

十五、套铣作业

（一）安全要点

① 套铣时，在钻井液出口槽放置一块磁铁，以便观察出口返出铁屑情况。

② 套铣中，若出现严重蹩跳、无进尺或泵压突然变化时，应立即起钻。

③ 套铣过程中，如泵压突然升高至正常泵压的 1.25 倍，司钻应立即停止套铣，将管柱提离鱼顶，直到泵压恢复正常，才能继续套铣。

④ 套铣或磨铣过程中，如出现意外停泵、泵排量达不到要求，司钻应立即快速将套铣、磨铣管柱起出鱼顶以上至少 20m，并适时上下活动管柱，防止卡钻。

⑤ 防掉套铣工具必须使用配套双级同步螺纹套铣管。

⑥ 高压区用隔离带进行隔离，无关人员不准入内。

（二）环保要求

① 施工过程中应采取措施降低噪声排放，以达到国家或地方噪声控制标准。

② 工业废水和清洗用水应采取相应措施回收处理后再次使用到钻井液循环系统中，减少废物的处理总量。

③ 作业中应采取措施减少钻井液对环境的污染。

（三）工前准备

1. 设备准备

套铣管柱入井前，应保证设备完好，仪表准确、灵敏。

2. 井眼准备

① 用与钻进时相同尺寸的钻头及稳定器通井，保证井下不喷、不漏、井眼畅通。

② 通井时不得碰坏鱼顶。

③ 调整钻井液性能达到套铣作业要求。制定相应的防漏、防塌和防喷措施。

3. 套铣管检查

管体及螺纹均应严格探伤、检查，有下列问题之一时不得入井：

① 螺纹损坏。

② 密封台肩损坏。

③ 管体咬伤深度大于 2mm，长度大于 50mm。

④ 套铣管单根长度的平直度大于 5mm。

⑤ 管体不圆度大于 2mm。

⑥ 检查测量套铣管外径、内径和长度，并做好记录。

4. 套铣筒的选择

① 套铣筒规格的选择见“附件 1-12　套铣筒规格”。

② 套铣筒的长度要根据井身质量、铣鞋质量、地层可钻性及井壁稳定性来确定。若地层松软、井身质量好，一次可下入 300m 左右；若地层硬、井下情况复杂或套铣速度慢，第一次宜用一根套铣管试套，套完起出后再酌情增加 40~70m 套铣管。

5. 铣鞋的选择

① 套铣岩屑或软地层时，宜选用带铣齿的铣鞋，在铣齿上堆焊或镶焊硬质合金。

② 修理鱼顶外径时，应选用研磨型铣鞋，铣鞋的底部和内径应镶焊硬质合金。

③ 套铣硬地层或铣切稳定器时，应选用底部堆焊内外两侧均镶有保径齿的铣鞋。

④ 检查铣鞋、转换接头及其辅助工具，并做好记录。

(四) 工作流程(常规套铣)

1. 申请 PTW

2. 召开作业前安全会

明确作业人员职责，告知作业步骤、作业风险及风险防控措施。

3. 组合套铣筒

① 铣鞋+套铣管+转换接头+上击器+钻铤或加重钻杆+钻杆。

② 铣鞋+套铣管+转换接头+钻杆。

4. 套铣筒下钻

① 下套铣管应控制下放速度，并由专人观察钻井液返出情况。

② 套铣井段较深时，下套铣管过程中应中途分段循环钻井液，以免开泵困难，憋漏地层和卡套铣筒。

③ 下套铣管遇阻时，不能划眼，应起出套铣管，下钻头重新通井。

④ 下钻到距鱼顶位置 1 个单根，开泵循环，缓慢下放探测鱼顶。

5. 套铣

① 开始套铣时，要先低转速，再根据落鱼情况，适当提高转速，一般转速在 40~60r/min；钻压为 5~50kN。

② 硬物套铣原则：高转速、低钻压。

③ 环空沉砂的套铣原则：中低转速、慢速下放管柱。

④ 每套铣 3~5m，应上下活动一次套铣管，但不应把铣鞋提出鱼顶。

⑤ 套铣参数见表 1-34。

表 1-34　套铣参数

套铣筒外径/mm	钻压/kN	排量/(L/s)	转速/(r/min)
114. 30~139. 70	10~40	10~15	40~60
168. 28~177. 80	20~50	15~25	40~60
193. 68~228. 60	20~70	20~40	40~60
244. 48~508. 00	30~80	20~50	40~60

⑥ 每套铣完一个单根，应上提钻具再向下划一次，保证接单根顺利。

⑦ 连续套铣作业，每套铣井段200~300m时，用钻头通井一次。遇到井下异常情况应及时通井。

⑧ 在套管内套铣、磨铣落鱼时，不准用带外铣齿的铣鞋，以防损坏套管。

⑨ 在套铣、磨铣过程中，每套铣2~3m时，应打10~20bbls高黏泥浆，将环空砂子或套铣物带出地面，上提下放无阻无卡时，方可继续进行套铣，严防卡钻。

⑩ 套铣或磨铣期间接单根要准备充分，尽量缩短接单根时间，避免井下风险。

⑪ 套铣连续作业超过20~30h，应上下倒换套铣管一次，连续累计作业150h应探伤检测套铣管。

⑫ 连续套铣作业，每次套铣深度必须超过预倒扣位置1~2m，便于再次套铣时容易引入。

6. 循环

套铣或磨铣到位后应循环洗井，洗井液量不少于井筒容积的1.5倍，出口返出液含砂量小于0.2%，振动筛出无岩屑返出。

7. 起钻

① 起套铣筒时，应控制起钻速度，并向井内灌满钻井液。

② 起出铣鞋，应认真分析磨损情况。

③ 起套铣管时必须逐根检查，发现涨扣、本体挤扁等情况时必须更换。

④ 起套铣管严格控制遇阻吨位不超过50kN，严防硬提卡钻。

⑤ 根据套铣情况，制定下一步打捞措施。

(五) 工作流程(防掉套铣)

对钻头不在井底的卡钻，套铣解卡后，落鱼可能下落。套铣防掉矛能在套铣完成后将落鱼挂在套铣管内，使套铣和打捞一次完成。

1. 申请PTW

2. 召开作业前安全会

明确作业人员职责，告知作业步骤、作业风险及风险防控措施。

3. 套铣钻具组合

① HMC工具：铣鞋+摩擦衬套+套铣管+剪切衬套(对扣接头+H形安全接头+缓冲短节+防掉矛)+所需套铣管+转换接头+上击器+钻链(27~55m)+钻杆。

② ICT工具：铣鞋+套铣管(对扣接头+H形安全接头+防掉矛)+转换接头+下击器+上击器+钻铤(27~55m)+钻杆。

注：HMC、ICT为厂家名称。

4. 套铣工具入井前的检查

(1) HMC工具

① 检查套铣防掉矛摩擦块、卡瓦与套铣管尺寸配合情况。

② 工具和套铣筒应进行无损探伤。

③ 套铣防掉矛卡瓦在槽中应滑动自由。

④ 摩擦块滑套总成转动灵活，滑块进出锁紧槽无阻卡。

⑤ 各固定螺钉无松动，内外不露螺钉头。

⑥ 装好三个剪销丝堵。

（2）ICT 工具

① 检查套铣防掉矛摩擦块、卡瓦、阻尼活塞与套管尺寸配合。

② 工具和套铣管应进行无损探伤。

③ 阻尼活塞、摩擦块和卡瓦应灵活。

④ 节流嘴应畅通。

5. 下入防掉套铣工具

（1）HMC 工具

① 将铣鞋和装有摩擦衬套的套铣管连接，按规定扭矩紧扣，卡在井口。

② 用提升短节提起套铣防掉矛，在其下部依次接上缓冲器、H 形安全接头和对扣接头，按规定扭矩紧扣。

③ 把剪销衬套套在剪销接头外面。

④ 用内六方扳手将 3 个销钉装上。

⑤ 再将所组合的工具与井口套铣管连接。

⑥ 连接其余套铣管，套铣管顶端接转换接头（转换接头内接打捞接头）或转换接头上接下击器、上击器、钻铤和钻杆。

⑦ 计算好对扣方入、套铣方入。

（2）ICT 工具

① 将铣鞋和套铣管连接，按规定扭矩紧扣，卡在井口。

② 把套铣防掉矛吊起，下面接 H 形安全接头和对扣接头，并紧扣。

③ 把套铣防掉矛卡在小鼠洞里，外面套一根套铣管提起。

④ 正转下接头，锥形卡瓦外撑与套铣管内壁卡紧，并与井口套铣管连接。

⑤ 连接其余套铣管，套铣管顶端接转换接头（转换接头内接打捞接头）或转换接头上接下击器、上击器、钻铤和钻杆。

⑥ 计算好对扣方入、套铣方入。

6. 套铣

（1）HMC 工具

① 下钻距鱼顶 2~3m 时，开泵循环钻井液，再缓慢至距鱼顶 0.3~0.5m 处，将鱼顶冲洗干净。

② 缓慢正转并下放，使铣鞋套进鱼顶，进行套铣。

③ 当套铣到对扣接头碰到鱼顶时，正转与落鱼对扣。

④ 转盘做上记号，缓慢转动，记录转动圈数。

⑤ 对扣到位，直到转盘有蹩劲。

⑥ 再转动转盘，剪断防掉矛销钉。

⑦ 钻具可以自由转动，套铣防掉矛已处于抓捞状态，继续套铣至预定深度。

（2）ICT 工具

① 下钻距鱼顶 2~3m 时，开泵循环钻井液，再缓慢至距鱼顶 0.3~0.5m 处，将鱼顶冲洗干净。

② 缓慢正转并下放，使铣鞋套进鱼顶，进行套铣。

③ 在套铣过程中，对扣接头至鱼顶时，自动对扣。

④ 继续套铣至预定深度。

7. 接单根或上提钻具注意事项

（1）HMC 工具

① 直接上提钻具一段距离，若有挂卡显示，则表明落鱼仍然被卡，同时也证明工具工作状况良好。

② 使套铣防掉矛处于自锁状态下，方可上提钻具和进行接单根操作。

③ 套铣防掉矛的自锁操作步骤：

a. 上提钻具，上提拉力 20~30kN，并在方钻杆（或钻杆）上做记号；

b. 反转蹩住，反转圈数一般为 1~2 圈/1000m；

c. 缓慢下放钻具到原位置后（即多提的拉力消失），再往上提；

d. 若无阻卡，套铣防掉矛已自锁，可以继续上提或接单根；

e. 最大允许上提高度为摩擦块进入套铣管底部的摩擦衬套处的距离；

f. 解除自锁，正转下放钻具，滑块即可退出闭锁槽，使工具重新恢复到抓捞状态。

（2）ICT 工具

保持开泵循环，缓慢上提钻具，就可接单根或活动钻具。

8. 起钻

（1）HMC 工具

① 起到有套铣防掉矛的套铣管，当落鱼在套铣管内通不过时，用钻杆+H 形安全接头（不装销钉）与套铣防掉矛对扣，右旋使套铣防掉矛锁住卡瓦；下放钻杆到摩擦衬套处将落鱼悬挂起来，从 H 形安全接头处退开，起出钻杆；起出套铣管后再起落鱼。

② 起到有套铣防掉矛的套铣管，当落鱼能全部通过套铣管时，从套铣管内起出落鱼，再起套铣管。

（2）ICT 工具

① 起到有套铣防掉矛的套铣管，当落鱼在套铣管内通不过时，用钻杆+H 形安全接头（不装销钉）与套铣防掉矛对扣，缓慢下放到第一根套铣管处，正转锥形卡瓦卡紧，退出 H 形安全接头，起套铣管，再起落鱼。

② 起到有套铣防掉矛的套铣管，当落鱼能全部通过套铣管时，从套铣管内起出落鱼，再起套铣管。

（六）工后闭环

① 清理、存放工具和设备。

a. 套铣工具起出井口后，戴好护丝，平稳放下钻台；

b. 冲洗干净，涂上润滑脂，送回厂检修；

c. 整理保养井口工具。

② 清理、恢复工作场所。

a. 对钻台面进行清洁；

b. 对清洁保养产生的污泥、污水进行清理回收。

③ 关闭 PTW，收集、归档工作相关资料。

a. PTW 和 JSA；

b. 井下故障处理报告。

十六、溢流观察

（一）安全要点

① 井口钻具接箍距离钻台面 3m 以上，防止钻具吊卡、顶驱或水龙头碰到工作人员。

② 转盘周围无障碍物或手工具，防止井下落物或绊倒工作人员。

③ 井口工作人员手持观察工具，如手电、镜子等，工具要做好防掉落措施，随身不得携带步话机、手机等物品。

④ 振动筛和灌浆罐处工作人员要站在上风方向的位置，随身佩戴 H_2S 检测仪，充分考虑应急逃生路线。

⑤ 钻头距离井底 3m 以上。

⑥ 在裸眼段溢流观察要间断性活动钻具。

（二）环保要求

① 圆井内要有排污设备，防止溢流出的泥浆漫出圆井。

② 振动筛处采取措施防止泥浆溢出到场地上污染环境。

（三）工前准备

1. 压井施工单、低泵速试验数据

与观察井深对应的低泵速试验数据和压井施工单存放在司钻房内，司钻要核对数据确保准确。

2. 溢流观察井深

司钻要认真核实甲方指令要求溢流观察的井深，以确保数据准确。

3. 压井泥浆储备

进入高压地层或产层前，要储备一定量的压井泥浆。

4. 配加重泥浆准备

溢流观察前，要根据情况准备加重材料。

5. 立压、套压记录表

（四）工作流程

1. 正常钻进溢流观察

① 下述情况需进行溢流检查：

a. 泵压下降时；

b. 泵冲增加时；

c. 泥浆比重降低时；

d. 氯化物增加时；

e. 钻进参数和地层情况不变的情况下，钻速增加时；

f. 遇到快钻时；

g. 甲方要求溢流检查的井段。

② 溢流检查时间：溢流检查最少要 15min。

③ 上提钻具，确认井下钻具无阻卡现象。下放钻具至适合关井位置，停泵。

④ 记录停泵时间，从钻台面观察井内液面高度。溢流观察期间根据井下状况，间断性活动钻具，确保不发生卡钻现象。

⑤ 观察 15min，井内泥浆液面无变化，溢流观察结束。

⑥ 溢流观察期间，发现溢流，立即按照关井程序控制井口。

2. 起下钻溢流观察

① 下述情况需进行溢流检查：

a. 在起钻前；

b. 在起 5~10 柱后；

c. 在打重泥浆压水眼前；

d. 当泥浆灌入、替出量异常时；

e. 当钻头进入套管时；

f. 在起底部钻具组合前。

② 溢流检查时间：溢流检查最少要 15min。

③ 上提钻具，确认井下钻具无阻卡现象。下放钻具至适合关井位置。

④ 从钻台面观察井内液面高度。溢流观察期间根据井下状况，间断性活动钻具，确保不发生卡钻现象。

⑤ 观察 15min，井内泥浆液面无变化，溢流观察结束。

⑥ 溢流观察期间，如发现溢流，立即按照关井程序控制井口。

(五) 工后闭环

① 清理、存放溢流观察辅助工具。

② 把相应闸门恢复至正常状态。

③ 记录溢流观察情况并填写在日报中。

十七、压井作业

(一) 安全要点

① 施工期间，准备好正压式空气呼吸器，施工人员佩戴硫化氢检测仪。

② 施工人员应远离高压区域，施工中若发生刺漏，立即停止压井施工，根据情况采取相应的安全措施后，方可更换刺漏设备。

③ 按照井控标准做好井控管线固定工作，施工中工作人员远离可能发生管线摆动的区域。

④ 压井前，认真检查防喷器组的单流阀和泥浆泵液力端，确保工况正常(避免压井作业期间，气体从井内通过压井管线反窜到泥浆罐)。

(二) 环保要求

① 圆井内要有排污设备，防止溢流出的泥浆漫出圆井。

② 振动筛处采取措施防止泥浆溢出到场地上污染环境。

③ 泥浆加重材料及包装袋中的药品残留物要清理干净，防止污染环境。

④ 泥浆罐连通及上水管线、闸门密封良好，防止泥浆外漏至场地上造成环境污染。

⑤ 泥浆流程管线和井控装置液控管线及其连接按要求做好试压工作，以免刺漏造成环境污染。

⑥ 放喷坑做围堰，采取防渗措施，防止泥浆外漏及渗漏造成环境污染。

(三) 工前准备

1. 收集汇总基础数据

收集汇总井位信息、邻井情况、实钻油气显示、井身结构、钻具组合、井控装备、井眼容积、泥浆罐容量、溢流及关井情况等相关数据。

2. 制定压井方案

根据基础数据判断溢流类型，讨论制定压井方案和应急预案，准确计算并填写压井施工单，上报井控专家审核和甲方同意。

3. 成立压井控制小组

成立现场压井控制小组，包括指挥组、液面计量组、设备维护组、设备操作控制组、数据记录组、点火组等，组长负责整个压井过程的指挥和应急处置，其他组员明确各自分工及职责。

4. 压井泥浆储备

组织压井流程和加重材料，准备压井液，密度均匀。

5. 确保压井施工连续性

施工前仔细检查动力系统、泥浆泵、井控装备等，确保运转正常。

6. 门禁工作

井场入口区域张贴风险告知牌，专人做好门禁工作，风险区域拉警戒线，避免无关人员进入作业区域。

7. 保持良好沟通

多方人员作业，应召开联合作业安全会，检查通信器材，确保通信畅通。

（四）工作流程

1. 召开施工前安全会

压井作业开始前，要召集所有参与作业的人员开会，明确职责，告知作业中的风险点及应急处置措施，确保压井作业顺利完成。

2. 司钻法压井

司钻法压井通过两个循环周完成。第一循环周用原浆循环排出被污染的泥浆；第二循环周用配制好的压井泥浆压井。

（1）第一循环周

① 缓慢启动泥浆泵，泵入原浆，打开节流阀，并适当调节节流阀开度，使套压保持不变，直到泵速达到压井泵速。

② 当泵速达到压井泵速后，调节节流阀开度，使立管压力始终等于初始循环立压不变，直到溢流循环出井。

③ 停泵、关井，此时关井套压应等于关井立压。若关井套压大于关井立压，说明井内仍有溢流，应继续循环排出新的受侵泥浆。

（2）第二循环周

① 待压井重浆准备好后，进行第二循环周。

② 缓慢启动泥浆泵，泵入压井重浆，打开节流阀，并适当调节节流阀开度，保持第一循环周末的关井套压不变，将泵速调整到压井泵速，并保持压井泵速不变，向井内不断注入压井重浆，并调整节流阀，使套压一直等于第一循环周末的关井套压不变，直到重浆到达钻头处。

③ 重浆到达钻头后，调节节流阀，使立压等于终了循环立压不变，直至压井重浆从环空返出地面。

④ 停泵、关井，此时关井套压、关井立压均应等于零，说明压井成功。

⑤ 如果立压、套压相同但大于零，说明有圈闭压力或压井泥浆密度偏低，此时应打开节流阀适当排放泥浆。

⑥ 如果立压、套压回到零且泥浆流动停止，说明压井成功。

⑦ 如果立压不降，泥浆不停地流动，说明压井泥浆密度偏低，应继续压井。

（3）恢复作业

压井成功后开井，调整泥浆性能，恢复作业。

3. 工程师法压井

① 缓慢启动泥浆泵，泵入压井重浆，同时打开节流阀，保持关井套压不变，直到泵速达到选定的压井泵速。

② 重浆由地面到达钻头的这段时间内，通过调节节流阀，按照立压控制图表，控制立压由初始循环立压逐渐降到终了循环立压。

③ 当重浆到达钻头后，调节节流阀使立压始终等于终了循环立压，直到重浆返出井口。

④ 停泵、关井。检查套管和立管压力是否为零，若都为零说明压井成功。

⑤ 开井、调整泥浆性能，恢复作业。

4. 其他压井方法

（1）边循环边加重法

当储备的重泥浆与所需压井泥浆密度相差较大，要加重调整，且井下情况需要及时压井时，采用此法压井。

① 此法在现场施工中，由于钻柱中的压井泥浆密度不同，给控制立管压力以维持稳定的井底压力带来困难。若压井泥浆密度等差递增，并均按钻具内容积配制每种密度的泥浆量，则立管循环总压力也就等差递减，易于控制。

② 将原浆密度提高到压井泥浆密度，密度每提高一次，当其达到钻头时，则循环总压力降低一次，一旦泥浆密度提高到所需的压井泥浆密度并达到钻头后，应保持循环总压力不变，直到压井泥浆返出井口。

（2）平推法

平推法，就是从环空泵入泥浆把井筒的溢流压回地层，特别是含硫化氢的溢流。

具体施工方法是：以最大允许的关井套压作为施工的最高工作压力挤入泥浆。挤入的泥浆可以是钻进用的泥浆或稍重一点的泥浆，挤入的泥浆量至少等于关井时泥浆池的增量，直到井内压力平衡得到恢复。

（3）浅层气压井

① 立即停止钻进或起下钻作业。

② 钻进时迅速将钻杆提出转盘面至少一个单根，起下钻时迅速接顶驱或防喷单根。

③ 关闭导流器，同时自动打开导流管。

④ 以最大泵速用压井泥浆通过导流管线循环排气。

⑤ 如不成功，则根据情况执行不同的措施：

a. 用钻进泥浆或清水继续循环排气，待新的重泥浆配制完毕后，以最大泵速向井内泵入新的重泥浆；

b. 打水泥塞封堵浅层气层；

c. 人员撤离。

5. 作业过程中的异常处理

压井作业过程中，如出现异常情况，暂停压井作业，按照关井程序有序控制井口，并立即汇报指挥组，停等期间，严密监视各压力的变化情况和设备的状态。

(五) 工后闭环

① 清理、存放工具和设备。检测各个设备的相关闸门，恢复到正常作业状态。

② 清理、恢复工作场所。

③ 收集、归档工作相关资料。

a. 压井施工数据；

b. 压井作业分析和总结；

c. 编写压井施工报告。

十八、大绳跳槽

(一) 安全要点

① 在天车上的作业人员必须正确佩戴安全带，所用工具拴保险绳。指定专人负责指挥沟通。

② 大绳跳槽后，井口钻具坐卡瓦，卸掉大钩载荷，严禁硬提硬放，以免拉断大绳。

③ 处理时不能用手提拉大绳，以免挤压伤手。

④ 高处使用撬杠时应抓牢，作业人员和钻台人员要站在安全位置。

⑤ 处理完大绳跳槽，要仔细检查大绳有无断丝等损坏，超出使用标准应倒滑后再恢复作业。

⑥ 作业时人员离开钻台面，以防工具掉落伤人。

⑦ 如果处理时间较长，且钻具在裸眼中，应设法转动钻具，防止粘卡。

(二) 环保要求

① 施工过程中应采取措施降低噪声排放，以达到国家或地方噪声控制标准。

② 按规定处置施工过程中产生的废液和固体废弃物，减少对环境的影响。

(三) 工前准备

1. 处理大绳跳槽前的准备

① Φ12.7mm，长度 3m 的钢丝绳 1 根。

② 20kN 倒链 1 个。

③ Φ25.4mm 扁嘴撬杠 2 根。

④ 1 个与钻机大绳相匹配的绳卡。

⑤ 各种工具拴好保险绳。

2. 处理大绳跳槽前的检查

① 检查井场动力及传动系统是否工作正常。

② 检查绞车及转盘是否工作正常。

③ 检查高处作业的安全带是否符合要求。

④ 检查倒链、卡瓦等需要使用的工具是否符合要求。

(四) 工作流程

① 申请 PTW。

② 组织所有参与作业人员召开作业前安全会，明确作业人员职责，告知作业步骤、作业风险及风险防控措施。

③ 井架工与持有高空作业证的人员佩戴安全带和防坠落设施，到达二层台。

④ 在二层台处选择上下两股大绳用一个匹配的绳卡卡牢，司钻轻提游车，使钢丝绳松劲。

⑤ 井架工与合作人员上天车，将安全带挂在天车支架上。

⑥ 打开天车护罩，卸去挡绳杆。

⑦ 用倒链提起大绳，再用扁嘴撬杠将大绳拨回原滑轮槽内。

⑧ 松倒链，取绳套，装好挡绳杆和天车护罩。

⑨ 清点工具，在二层台处卸下绳卡。

⑩ 恢复正常生产。

（五）工后闭环

① 清理、存放工具和设备。

② 清理、恢复工作场所。

a. 对钻台进行卫生清理；

b. 对工作产生的油污进行清理。

③ 关闭 PTW，收集、归档工作相关资料。

a. PTW 和 JSA；

b. 班报表。

十九、大绳打扭

（一）安全要点

① 放大绳扭劲时，要注意大绳甩动，避免碰伤周围人员。

② 发现大绳打扭后，立即坐卡瓦，卸下大钩载荷，不得强行上提及下放钻具，以防损伤大绳。

③ 穿大绳时，必须使用盘绳器。

④ 根据大绳打扭的严重程度，制定安全防范措施，确保人员安全。

⑤ 钻具在裸眼中且处理时间较长时，应设法转动钻具，防止粘卡。

（二）环保要求

① 施工过程中应采取措施降低噪声排放，以达到国家或地方噪声控制标准。

② 按规定处置施工过程中产生的废液和固体废弃物，减少对环境的影响。

（三）工前准备

1. 处理大绳打扭前的准备

① 准备旋转大钩的绳套 1 根；

② 高处作业佩戴安全带等防坠落设施。

2. 处理大绳打扭前的检查

① 检查大绳打扭的故障现象，并分析原因，制定解决方案。

② 检查钢丝绳及悬吊设备是否有碰、挤及其他损伤。

③ 检查处理所需的绳套、卡瓦等工具是否符合要求。

（四）工作流程

1. 申请 PTW

2. 召开作业前安全会

明确作业人员职责，告知作业步骤、作业风险及风险防控措施。

3. 因新钢丝绳未松劲所致

① 井架工连接游车悬吊绳，悬挂游车。

② 司钻缓慢下放游车，使游车重量施加到悬吊绳上。

③ 将滚筒大绳活绳头松开，释放钢丝绳的扭劲。

④ 如大绳打扭比较严重，松开活绳头仍不能释放，需要将大绳抽出重穿。

4. 因下钻时钻具严重旋转所致

① 立即用卡瓦卡住钻具，卸掉大钩负荷，查看能否解除。

② 如果不能解除，用人力或气动绞车转动大钩，解除大绳打扭。

③ 继续下钻时应控制下放速度，以减少钻具的转动。

5. 因大钩销子未打开所致

① 立即用卡瓦卡住钻具，卸掉大钩负荷。

② 用人力或气动绞车转动大钩，并打开制动销。

6. 因水龙头卡死所致

① 水龙头被卡应立即摘转盘离合器、刹转盘、停泵、刹死刹把。

② 观察大绳打扭，水龙带、悬吊绳索缠绕情况。

③ 钻台人员迅速至安全位置(避开悬吊物)。

④ 水龙带缠方钻杆，拉开大钩锁销；打不开锁销时可用 B 型大钳拉转方钻杆，无效时可卸水龙带。

⑤ 起钻至安全井段更换水龙头。

（五）工后闭环

① 清理、存放工具和设备。

② 清理、恢复工作场所。

a. 对钻台进行卫生清理；

b. 对工作产生的油污进行清理。

③ 关闭 PTW，收集、归档工作相关资料。

a. PTW 和 JSA；

b. 班报表。

第六节　设 备 拆 卸

一、拆甩顶驱

（一）安全要点

① 遇有大风、大雾、雷电、雨雪等恶劣天气，应当停止拆甩作业。

② 顶驱检测探伤报告有效日期必须符合厂家和甲方要求。

③ 顶驱装置的拆甩，应当由具有经验的人员进行。

④ 高空作业人员必须正确穿戴安全带，手工具采取防坠落措施；高空作业期间，其他人员应处于安全区域。

⑤ 顶驱起放必须由专人指挥、专人操作、专人观察，其他人员远离作业区域。

⑥ 工作开始前，应当拉断电源开关，悬挂"严禁合闸"的标志牌。

⑦ 液压系统的拆卸前，应当切断电力、压缩空气等动力源，关闭进出口的阀门并释放蓄能器的压力。

⑧ 顶驱上提下放过程应缓慢平稳，注意指重表的变化，指挥人员、操作人员保持沟通，防止挂碰现象。

⑨ 带班队长必须监管整个作业过程。

(二) 环保要求

① 施工过程中应采取措施降低噪声排放，以达到国家或地方噪声控制标准。

② 如出现溢出的齿轮油、润滑脂要及时回收处理。

③ 按规定处置施工过程中产生的废液和固体废弃物，减少对环境的影响。

(三) 工前准备

1. 拆甩方案交底

① 顶驱装置拆甩前，应当指定拆甩技术负责人和安全负责人，召开专门会议进行技术交底，讨论确定拆甩技术方案，确保所有参与拆甩的人员对拆甩方案和相应的安全措施有清晰的了解。

② 拆甩现场发生的任何技术变更，必须得到技术负责人和安全负责人的确认。

2. 相关设备准备

① 设备及其附件已经到位并保持完好，油品、工具等辅助材料已经就位，避免拆甩过程中由于准备不充分导致停顿。

② 气动绞车、液压猫头、钻机、吊车、叉车工作状态及制动性能良好。

3. 相关工具准备

准备顶驱拆甩的专用钢丝绳套和卸扣、吊带、榔头、撬杠、对讲机等。

(四) 工作流程(北石顶驱)

1. 申请 PTW

2. 召开作业前安全会

明确作业人员职责，告知作业步骤、作业风险及风险防控措施。

3. 系统回到初始位置

① 拆除吊环。

② 将回转头调整到正向初始位置。

③ 将司钻操作台和液压站各个开关和旋钮设至初始位置。

4. 系统断电

将电气柜"系统总起"开关扳到"关"的位置(系统给整流器停机信号，然后延时断开主控，系统停机)。然后依次分断各电源开关。

5. 拆卸电缆和管线

包括进线电缆、动力电源电缆、控制电缆、司钻操作台电缆、液压源电缆、液压管线、水龙带、接地电缆。收集拆下来的电缆及液压管线放入电缆槽，关闭并锁好电控房和液压站所有门窗。

6. 拆卸顶驱本体及导轨

① 将顶驱本体齿轮箱中的齿轮油排尽。

② 调整背钳：利用气动绞车将背钳上提，挂壁固定销装入挂壁倒数第二个销孔或是拆掉背钳导向环，以避免在拆卸顶驱过程中损坏导向环。

③ 拆平衡系统：将平衡油缸卸扣拆离大钩，并固定好平衡液缸和管线。

下放顶驱至导轨最后一节，将导轨与滑车的连接销装入导轨并插入安全销。

④ 拆顶驱反扭矩梁总成：将导轨与反扭矩梁总成脱离。

⑤ 拆顶驱本体：略上提顶驱，将最后一节导轨的导轨销拆除，然后上提顶驱至一定高度，将本体运移架吊至钻台面顶驱的正下方，缓慢下放顶驱至运移架，安装好导轨运输销及锁销。

⑥ 甩顶驱本体：用吊车直接将本体及运移架吊下钻台或用吊车与游车配合通过井架大门滑道将本体及运移架移下钻台。

⑦ 拆甩顶驱导轨：用游车将导轨安装架提至第一节导轨，继续上提游车，取掉调节板和导轨之间的螺栓；缓慢下放导轨至钻台面，取出下端导轨的导轨销，吊车吊下端导轨的前端，下放游车使最后一节导轨至水平位置，吊车接导轨后端，将导轨吊至导轨运移架；重复以上步骤，将剩余导轨逐节拆下并放入导轨运移架；将导轨调节板先固定在井架上，在井架放倒后再进行拆除。

7. 顶驱运输

顶驱装置运输过程中注意正确使用各类支撑，避免对设备造成损坏。各支撑部分见图 1-12~图 1-15。

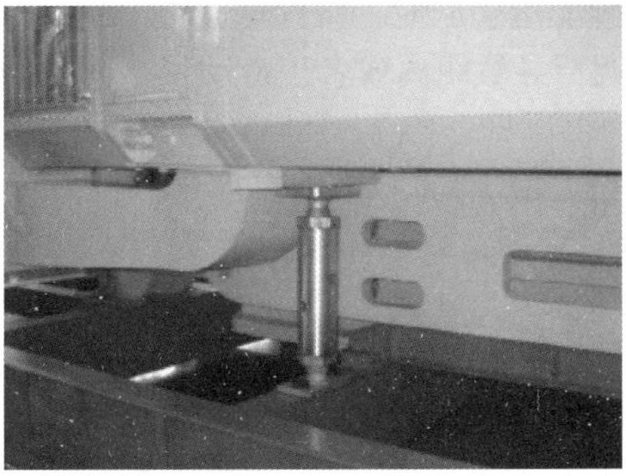

图 1-12　电机支撑

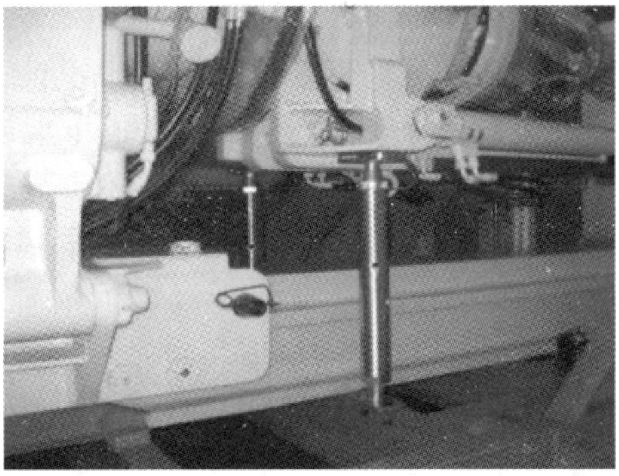

图 1-13　悬挂体支撑

图 1-14　提环支撑

图 1-15　背钳支撑

（五）工作流程（景宏顶驱）

1. 申请 PTW

2. 召开作业前安全会

明确作业人员职责，告知作业步骤、作业风险及风险防控措施。

3. 系统回到初始位置

① 拆除吊环并固定倾斜液缸，防止运输过程中摆动。

② 将回转头调整到正向初始位置。

③ 操作台所有旋钮回到初始位置。

4. 系统断电

① 在综合柜将各功能单元断电。

② 断开进线柜主动力电源开关并关闭 UPS 电源。

5. 拆卸电缆和管线

① 依次拆开司钻台控制电缆、游动电缆与顶驱本体链接、VFD 房的连接电缆，并使用防护帽将电缆插头做防护，以防在拆卸的过程中损坏电缆接头。

② 拆下水龙带与顶驱泥浆管的连接。

6. 顶驱本体拆卸

① 使用吊车将顶驱本体运输架吊放到钻台上，两个气动绞车配合吊车使运输架立起，并使运输架凹槽与导轨面相贴。

② 拆下底部导轨定位销，拆开上部反扭矩梁棘爪，旋转调整丝杠，使底部导轨与运输架导轨对齐。

③ 下放游车大钩，使顶驱沿导轨下滑到接近顶驱运输架时，缓慢下放游车大钩，观察滑车轮能否穿入运输架导轨面，如果不能，前后调节导轨距离或者用液动绞车辅助。待滑车过渡到运输架导轨面后，继续缓慢下放游车大钩至顶驱完全滑入运输架。

④ 旋转调整丝杠将底部导轨复位，安装定位销。

⑤ 穿入导轨滑车锁销，使顶驱本体与运输架紧固，放松游车，将游车大钩与提环拆开。

⑥ 使用钢丝绳采用三点与游车大钩连接（顶驱运输架顶部 2 点、提环 1 点）。

⑦ 使用吊车吊顶驱运输架底部 2 点，游车大钩和吊车配合使用将其放平在钻台面，便于移出钻台的位置。

⑧ 使用随机配备的吊装钢丝绳将顶驱本体移出钻台面放置在便于装车运输的位置。

7. 导轨拆卸

① 将安装小车吊放到钻台上，使用随机配备的承重钢丝绳和 U 形环、吊装锁具与游车大钩连接。

② 在起吊的过程中需要使用气动绞车吊装安装小车的顶部，平衡安装小车的中心，以防起升过程中瞬间翻转伤人。

③ 上提游车，使安装小车沿导轨滑动到导轨顶部。

④ 将导轨运输架吊放到钻台上，放置在大门坡道与导轨垂直方向。便于导轨折叠在导轨运输架内。

⑤ 安装作业人员攀爬至天车下端，协助指导导轨的拆卸过程。

⑥ 指挥游车缓慢上提，使安装小车承受导轨的全部重量。抽拉板将利用自身的重力回落到顶部导轨中。

⑦ 观察指重表变化和导轨的伸缩变化，继续缓慢上提游车，使每节导轨接触面依次打开，每节导轨之间的铰接架全部露出。

⑧ 天车下端作业人员拆开导轨连接板与导轨的卸扣，把连接板固定在井架上并固定牢靠，防止在起放井架作业中，连接板发生摆动与游车发生刮碰。

⑨ 下放游车大钩，使用吊车辅助底部导轨，使底部导轨平行吊放在运输架中，并安装运输架定位销，使导轨和运输架固定牢靠，防止运输过程中前后滑动。

⑩ 继续缓慢下放游车大钩使全部导轨折叠下放到运输架中。

⑪ 拆开游车大钩与安装小车的连接，用气动绞车配合将安装小车固定在导轨运输架中间，防止摆动。

⑫ 使用吊车把导轨移出钻台面，放置易于装车的地方。

⑬ 作业人员对导轨连接板、电缆固定、反扭矩架固定进行最后的捆绑复查，确定捆绑及牢靠。

8. 顶驱运输

顶驱装置运输过程中一定要捆绑牢靠，防止路况不好时发生剧烈颠簸，当晃动较大时对附件造成损坏。

(六) 工后闭环

① 清理、存放工具和设备。

a. 顶驱电缆箱及电缆；

b. 导轨安装架；

c. 导轨运移架及导轨；

d. 本体运移架及本体。

② 清理、恢复工作场所。

③ 关闭 PTW，收集、归档工作相关资料。

a. PTW 和 JSA；

b. 拆甩顶驱前的会议记录；

c. 工作中发现的问题记录。

二、底座下放

本部分参照 DZ585/12-X4《底座操作手册》，与其他底座参数不尽相同。

(一) 安全要点

① 底座下放时风速不得大于五级，环境温度不低于-40℃，雨天、雾天、大雪天、沙尘暴、能见度小于 40m 和夜间禁止起放。

② 底座检测探伤报告有效日期必须符合要求(推荐：1 年关键部位Ⅲ类探伤，5 年Ⅳ类探伤)。

③ 下放底座钢丝绳必须符合安全规定和甲方要求。

④ 底座下放必须由专人指挥、专人操作、专人观察，职责分工见表 1-35。

表 1-35　底座下放人员分工

岗位	人数/人	职责
平台经理	1	居中指挥司钻和机械师操作，并保持和钻台下面的沟通
司钻	1	负责司钻房内的操作
带班队长	1	负责监督配合司钻的操作
机械师	1	负责缓冲装置的操作
井架工	1	负责观察起底座大绳绳轮运转、缓冲油缸的伸缩、接触及井架、底座的到位情况

⑤ 底座前方及两侧 20m 内不准站人，起升期间禁止车辆在附近通行。

⑥ 底座下放整个过程中要求速度缓慢平稳，而且随时注意指重表的变化，如果在下放中间指重表读数突然变化异常或井架构件出现干涉等异常现象，应缓慢停止下放，并将底座起升，仔细检查排除故障后再下放。

（二）环保要求

① 作业过程中应采取措施降低噪声排放，以达到国家或地方噪声控制标准。

② 按规定处置施工过程中产生的废液和固体废弃物，减少对环境的影响。

（三）工前准备

① 申请 PTW。

② 工作相关工具和设备准备和检查见表 1-36。

表 1-36　底座下放相关工具及设备

序号	工具设备名称	型号规格	单位	数量
1	对讲机		台	3
2	缓冲油缸操作箱及管线		套	1
3	2#锂基润滑脂		袋	1
4	钢丝刷		把	1
5	撬杠	1m	把	1
6	榔头	24lbs	把	2
7	安全带	2m	副	2

③ 关键部位检查。

a. 所有滑轮已正确安装挡绳杆；

b. 所有滑轮及其他转动部位注满润滑脂；

c. 起放导绳轮加注黄油一次，挤出新黄油为止，导绳轮必须灵活好用；

d. 井架人字架顶丝活动自如；

e. 绞车盘刹和辅助刹车及紧急停车工作测试。

④ 钻台上下配备正确的通信系统并测试保障畅通。

⑤ 班组人员拆除安全滑梯、斜梯及坡道，拆甩钻台悬吊系统并捆绑，拆甩铺台总成中

的部分铺台，拆除左、右上座前端的连接架。

⑥ 检查底座各处连接的挂卡情况，检查各路管线和绳索的挂卡风险。

⑦ 平台经理组织召开安全会并进行工作分工，安全监督、基地装备人员、平台经理、机械师、电气师、司机长、班组人员按要求就位。

⑧ 司钻缓慢提升大钩收紧快绳，绷紧起升大绳，此时指重表读数应略大于参与起升的游吊系统 1~2t(1000~2000kgf)。绞车速度控制手柄回零，同时压下紧急刹车按钮刹车。

⑨ 副司钻组织人员将人字架后腿上端与左、右上座间的别针和销轴拆掉。

(四) 工作流程

① 平台经理下达下放底座指令后，机械师调整压力控制手柄，使缓冲油缸缓慢伸出推放底座，当油缸头接触井架顶板后指重表读数增加时司钻缓慢松刹车，同时操作绞车速度控制手柄缓慢下放，控制钩速不大于 0.2m/s。

② 当缓冲油缸与底座完全脱离后，机械师操纵控制手柄将所有缓冲液压缸活塞杆全部收回，再将其控制手柄扳回中位。

③ 下放过程中观察导向滑轮的转换过程，及时提醒司钻缓慢控制速度，防止起升大绳在转换滑轮过程中没有进入滑轮槽内。

④ 底座下放到离下基座的支撑部位约 500mm 时缓慢刹车，停稳后再缓慢放到下基座上。司钻刹住刹把，同时按下紧急刹车按钮。

⑤ 底座上座下放到低位初始位置后，副司钻组织人员将上座和基座之间用涂抹润滑脂销轴连接并加上别针。

(五) 工后闭环

① 清理、存放工具和设备。

② 清理、恢复工作场所。

③ 关闭 PTW，收集、归档工作相关资料。

a. PTW 和 JSA；

b. 起放底座大绳使用次数记录；

c. 起底座前会议记录；

d. 工作中发现的问题记录。

三、井架下放

本部分参照 JJ585/48-K3《井架操作手册》，与其他井架参数不尽相同。

(一) 安全要点

① 井架下放时风速不得大于五级，环境温度不低于-40℃，雨天、雾天、大雪天、沙尘暴、能见度小于 100m 和夜间禁止起放。

② 井架检测探伤报告有效日期必须符合要求(推荐 1 年关键部位Ⅲ类探伤，5 年Ⅳ类探伤)。

③ 下放井架钢丝绳必须符合安全规定和甲方要求。

④ 井架下放必须专人指挥、专人操作、专人观察，职责分工见表 1-37。

表 1-37　井架下放人员分工

岗位	人数/人	职责
平台经理	1	居中指挥司钻和机械师操作，并保持和钻台下面的沟通
司钻	1	负责司钻房内的操作
带班队长	1	负责监督配合司钻的操作
机械师	1	负责缓冲装置的操作
井架工	1	负责观察起放井架大绳绳轮运转、缓冲油缸的伸缩、接触及井架、底座的到位情况，快绳放到人字架导向轮

⑤ 井架前方及两侧 20m 内不准站人，起升期间禁止车辆在附近通行。

⑥ 井架下放整个过程中要求速度缓慢平稳，而且随时注意指重表的变化，如果在下放期间指重表读数突然变化异常或井架构件出现干涉等异常现象，应停止下放、视情况对井架起升仔细检查排除故障后再下放。

⑦ 井架起升、下放时不得附带大钩。

⑧ 井架下放附带顶驱导轨时，导轨不得大于 9t，同时不能附带大钩、顶驱本体及顶驱电缆等附件。

（二）环保要求

① 作业过程中应采取措施降低噪声排放，以达到国家或地方噪声控制标准。

② 起放装置滑轮组有可能出现润滑脂溢出，应加入规定适量润滑脂，清洗时对污水进行回收处理，防止污染周边环境。

（三）工前准备

① 申请 PTW，组织人员按照起井架安全检查表进行检查签字。

② 工作相关的工具及设备的准备和检查见表 1-38。

表 1-38　井架下放相关工具及设备

序号	工具设备名称	型号规格	单位	数量
1	信号服		套	2
2	牵引绳	15m	条	2
3	对讲机		台	3
4	缓冲油缸操作箱及管线		套	1
5	2#锂基润滑脂		袋	1
6	钢丝刷		把	1
7	高处作业安全带		套	2
8	吊车	50t	台	1
9	榔头	24lbs	把	2
10	撬杠	1m	把	1
11	管钳	24in	把	2
12	敲击扳手	65	把	2

③ 井架工对各起放导绳轮加注黄油一次，直至挤出新黄油为止，导绳轮必须灵活。

④ 拆掉套管台等有碍井架下放的构件或附件；检查井架上的悬吊绳索和工具清理情况，保证井架无落物的可能。

⑤ 井架整拖架、二层台托盘、井架高支架检查并转运到安装位置就近地点。

⑥ 钻台上下配备正确的通信系统并测试保障畅通。

⑦ 吊车就位起吊载人吊篮或者使用举升车做拆除井架与人字架之间的 U 形螺栓的准备。

⑧ 平台经理组织召开安全会并进行工作分工，安全监督、基地装备人员、平台经理、机械师、电气师、司机长、班组人员按要求就位。

（四）工作流程

① 平台经理下达下放井架指令后，司钻缓慢提升游车收紧快绳，绷紧起升大绳，指重表读数不小于 20t。

② 司钻驻车，脱开绞车动力。

③ 井架工乘坐吊车起吊的载人吊篮拆除井架与人字架之间的 U 形螺栓压板总成，拆除后吊车移动到安全区域。

④ 机械师操作伸出油缸，当油缸头接触井架顶板后指重表读数增加时司钻缓慢松刹车，靠井架自重配合辅助刹车缓慢下放。

⑤ 司钻控制下放速度不大于 0. 2m/s，随着井架的下放，当大绳离人字架的导向轮很近时放慢速度，井架工通过牵引绳调整导向轮位置，将大绳放到导向轮里后撤出牵引绳；井架下放到离高支架约 500mm 时缓慢刹车，停稳后记录指重表读数并对比设计数据，检查高支架位置，再缓慢放到高支架上。

（五）工后闭环

① 清理、存放工具和设备。

② 清理、恢复工作场所。

③ 关闭 PTW，收集、归档工作相关资料。

a. PTW 和 JSA；

b. 放井架前检查表；

c. 起放井架大绳使用次数记录；

d. 放井架前会议记录；

e. 工作中发现的问题记录。

四、井场恢复

（一）安全要点

① 水坑、泥浆坑、放喷坑、油基泥浆坑未回填压实前应围栏防护，防止人员或动物不慎落入。

② 井场的环境恢复必须达到甲方的相关标准。

③ 使用 Lubricator 取 BPV 期间，带班队长必须在现场监督操作过程。

（二）环保要求

① 做好油基泥浆坑、泥浆坑、放喷坑周围堤坝防护，防止自然水、雨水侵入导致油污

溢出和坑间互窜。

② 井场内所有废料、废油和垃圾严禁掩埋，应交由专业机构回收进行处理。

（三）工前准备

① 根据搬迁进度，提前一天通知井场围栏防护服务商和垃圾回收服务商做好施工准备。

② 工作相关工具及设备的准备和检查见表 1-39。

表 1-39　井场恢复相关工具及设备

序号	工具设备名称	型号规格	单位	数量
1	Lubricator		套	1
2	Lubricator 专用摩擦钳		把	2
3	井号牌		个	1
4	榔头	18lbs	把	1
5	敲击扳手	36	把	2
6	相机		台	1
7	棉纱			按需
8	清洗剂			按需
9	值班吊车		台	1
10	叉车	5t	台	1

（四）工作流程

① 按照 BPV 取放操作流程取回井口内 BPV。

② 井口清洗干净，圆井清理无油污无杂物，井号牌安装到井口上。

③ 井场清理无杂物后，叉车刮平地面。

④ 回填压实井场生活污水坑。

⑤ 服务商按要求完成井口和泥浆坑、水坑、油基泥浆坑的围栏防护工作。

⑥ 井口防护和泥浆坑、水坑、油基泥浆坑的围栏防护完成后拍照留存。

⑦ 配合甲方监督完成验收，填写交井检查单并交给甲方监督。

⑧ 收回指向老井的路牌并安放指向新井的路牌。

（五）工后闭环

① 清理、存放工具和设备。

② 持续跟踪泥浆坑、水坑、油基泥浆坑、放喷坑风干情况，安排回填并及时向甲方汇报相关情况直到回填工作完成。

③ 收集、归档工作相关资料。

a. 交井检查单；

b. 井口和井场防护照片。

五、附件

附件 1-1　搬迁计划

搬迁计划

队号：	预搬时间：
当前井号：	预计释放时间：
新井井号：	需要横穿公路(次数和距离)：
高压线最低高度：	需要通过油区大门(数量)：
搬迁距离：	交通运输部门联系电话：
最近的医院联系电话：	监督电话：
审核：	搬迁公司：

1. 井场和道路情况

项目	存在的问题	勘察日期	搬迁公司/井队	整改情况
井场勘察				
道路勘察				

2. 搬迁车辆

类目	吊车/叉车	低平	高平	井架底座拖车	押运车
数量					
车况					

3. 搬迁公司联系人

岗位	公司	联系电话	备注	签名
搬迁队长				
钻井总监				
平台经理				
安全官				

4. 井场装车信息

预搬装车计划

装车顺序	设备名称	长	宽	高	重量	车辆类型
1						
2						
3						

搬迁装车计划

装车顺序	设备名称	长	宽	高	重量	车辆类型
1						
2						
3						

5. 搬迁计划

某井到某井搬迁计划

预搬日期	
搬迁日期	
搬迁日期	
备注	

6. 搬迁路线图

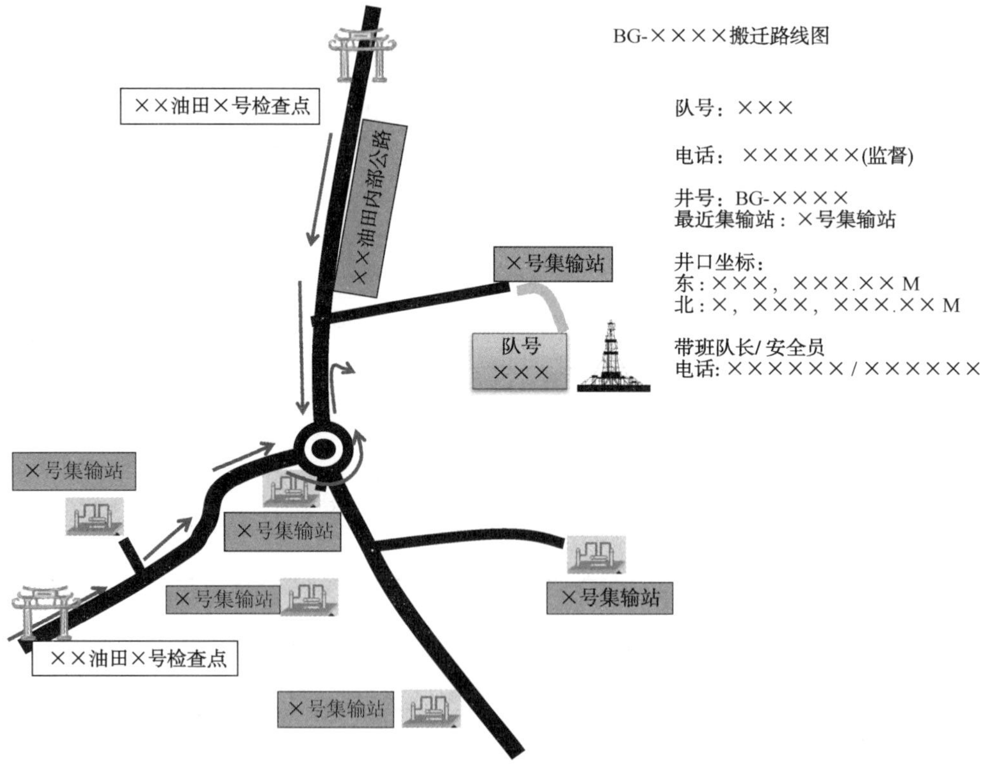

附件 1-2　井架底座整体移运装置的主要技术参数

参数(钻机型号)	ZJ40D	ZJ50D(B)	ZJ70D
钻机底座整体移运系统移运能力/kN	2800	2800	3400
井架和游动系统整体移运能力/kN	1350	1350	1350
底座牵引车承载能力/kN	400×2	500×2	550×2
井架牵引车承载能力/kN	300	400	500
底座移运轴距/mm	23360	25300	26800+4620
底座离地高度(轮胎按标准充气)/mm	600	600	600
底座移运最小转弯半径/m	40	50	50
井架移运轴距/mm	37500	39200	39500
井架移运最小转弯半径/m	53	55	55
推荐最大移运速度/(km/h)	15	15	15
适用环境温度/℃	-17~55	-17~55	-17~55
适用地面条件	硬土路面	硬土路面	硬土路面
最小直线路面宽度/m	≥11.5	≥11.5	≥11.5
底座可通过的弓形路面曲率半径/m	≥114	≥137	≥150

附件 1-3　钻铤外观检查表

钻铤公称尺寸/mm	公称内径/mm	接头螺纹型式	倒角圆直径/mm	新钻铤螺纹台肩宽度/mm		磨损后钻铤螺纹台肩宽度/mm		横向伤（深×长）/（mm×mm）	纵向伤深度/mm	均匀磨损后外径/mm	偏磨限定尺寸/mm	最小紧扣扭矩/（kN·m）
				外螺纹	内螺纹	外螺纹	内螺纹					
88.9	38.1	NC26（$2\frac{3}{8}$IF）	82.9	5.0	4.2	4.6	4.0	4×28	4	85.1	3.8	6.24
104.8	50.8	NC31（$2\frac{7}{8}$IF）	100.4	7.1	6.4	6.5	6.0	5×33	5	100.1	4.0	9.29
120.7	50.8	NC35	114.7	9.9	8.9	9.0	8.2	5×38		113.5	5.2	14.68
127.0	57.2	NC38（$3\frac{1}{2}$IF）	121.0	9.5	8.7	9.0	8.5	5×40		121.8	5.2	17.50
152.4	57.2 71.4	NC44	144.5	13.5	12.7	13.0 10.6	12.5 10.0	6×48	6	144.3 140.0	7.1 6.1	31.85 24.62
158.8	57.2 71.4	NC44 NC46（4IF）	149.2 150.0	15.9 13.6	15.1 12.7	13.3 12.5	12.7 11.8	6×50		144.3 148.4	7.6 6.6	31.85 30.41
165.1	57.2 71.4	NC46（4IF）	154.8	16.0	15.1	14.7 12.5	14.0 11.8	6×52		152.1 148.4	8.1 7.0	37.99 30.41
171.4	57.2	NC46（4IF）	159.5	18.4	17.5	14.7	14.0	6×54		152.1	8.6	37.99
177.8	57.2 71.4	NC50（$4\frac{1}{2}$IF）	164.7	15.7	14.9	15.3 15.3	14.7 14.7	6.5×56	6.5	167.4 164.6	9.0 8.0	52.03 43.76
184.2	71.4*	NC50（$4\frac{1}{2}$IF）	169.5	18.1	17.3	15.5	14.9	6.5×58		164.6	8.5	43.76
196.8	71.4*	NC56	185.3	18.0	17.3	15.8	15.2	6.5×62		181.7	9.4	65.37

续表

钻铤公称尺寸/mm	公称内径/mm	接头螺纹型式	倒角圆直径/mm	新钻铤螺纹台肩宽度/mm		磨损后钻铤螺纹台肩宽度/mm		横向伤（深×长）/（mm×mm）	纵向伤深度/mm	均匀磨损后外径/mm	偏磨限定尺寸/mm	最小紧扣扭矩/（kN·m）
				外螺纹	内螺纹	外螺纹	内螺纹					
203.2	71.4*	NC56	190.1	20.4	19.6	15.8	15.2	7×64		181.7	9.9	65.37
203.2	71.4*	6⅝REG	195.7	21.7	20.8	18.4	17.7	7×66		190.3	9.9	72.33
209.6	71.4*	6⅝REG	195.7	21.7	20.8	18.4	17.7	7×66		190.3	10.4	72.33
228.6	71.4*	NC61	212.7	24.6	23.8	18.0	17.3	7×72	7	205.7	11.8	92.74
228.6	71.4*	7⅝REG	223.8	23.0	21.8	20.6	19.6	7×76		220.3	11.8	114.49
241.3	76.2	7⅝REG	223.8	23.0	21.8	20.6	19.6	7×76		220.3	12.4	120.10
247.6	76.2*	NC70	232.6	23.4	22.6	22.3	21.7	7×78		231.5	12.9	143.25
254.0	76.2*	NC70	237.3	25.8	25.0	22.3	21.7	8×80	8	231.5	13.3	143.25

注：1. 新钻铤螺纹台肩宽度不包括倒角宽度，也不包括外螺纹锥体根部平直部分宽度或加工应力分散槽后所增加的尺寸。

2. 磨损后钻铤螺纹台肩宽度包括倒角宽度。

3. 表中“*”表示允许减少尺寸的钻铤公称内径。

附件 1-4　带台肩钻铤和钻铤吊卡数据表

钻铤外径范围/in	尺寸					吊卡通孔	
	吊卡			卡瓦		+0 顶孔-1/mm	+2 底孔-0/mm
	A/mm	*R*/mm	*C*/(°)	*B*/mm	*D*/(°)		
4~4⅝	5.6	3.2	4	4.8	3.5	*OD*-7.9	*OD*+3.2
4¾~5⅝	6.4	3.2	5	4.8	3.5	*OD*-9.5	*OD*+3.2
5¾~6⅝	7.9	3.2	6	6.4	5	*OD*-12.7	*OD*+3.2
6¾~8⅝	9.5	4.8	7.5	6.4	5	*OD*-14	*OD*+3.2
8¾及以上	11.1	6.4	9	6.4	5	*OD*-15.9	*OD*+3.2

注：1. *A* 和 *B* 的尺寸来自新钻铤的公称外径。

2. *C* 和 *D* 的角度近似，供参考。

3. *OD* 是指新钻铤的外径，mm。

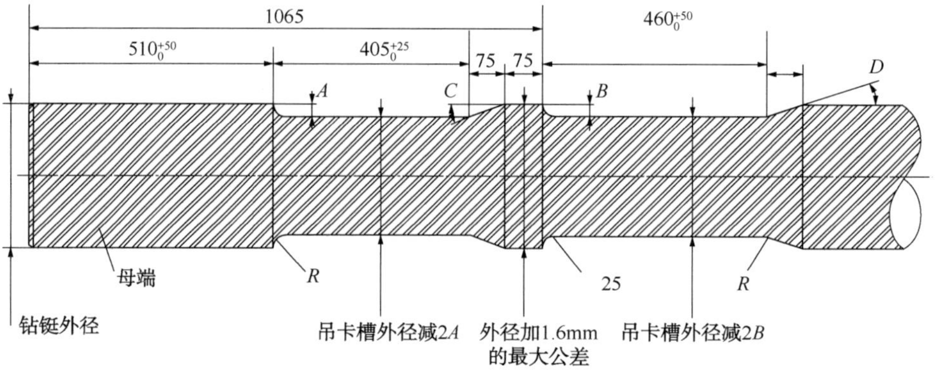

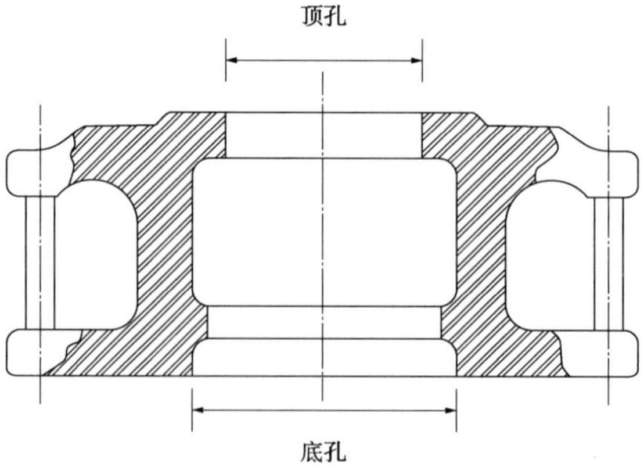

附件 1-5　电子单点测斜仪技术参数

项目	测量范围/(°)	测量允差/(°)
井斜角	0~180	±0.1
磁方位角	0~360	±1（井斜≥5）
高边工具面角	0~360	±1（井斜≥5）
磁性工具面角	0~360	±1（井斜≤5）
延长时间	1~480min	
间隔时间	2~3600s	
采集点数	8000 点	
选点器防爆型式	不低于 Exib Ⅱ BT3Gb	

测量方式	最高环境温度/℃	总成外径/mm	最高承压能力/MPa
自浮	125	38	70
	125	40	95
	125	48	75、95、105、120
	260	48	75、95、105、120
投，吊测	125	25	100
	125	35	120
	260	35	120、230
	125	45	120
	260	45	120、150、230

附件 1-6　单点照相测斜仪技术参数

测量范围		方位/(°)	井斜/(°)
		0~360	0~90
精度	井斜范围/(°)	方位精度/(°)	井斜精度/(°)
	0~10	±0.5	±0.2
	0~20	±0.5	±0.2
	15~90	±0.5	±0.25

型号	总成外径/mm	最高承压能力/MPa	最高环境温度/℃
R	45	80	125
E	35	105	125
D1	45	150	260
D2	50	150	260

附件 1-7 常用套管下入最大允许全角变化率

D/mm	钢级	δ_s/MPa	IADC 标准			API 标准		
			K_1	K_2	DLS/[(°)/30m]	K_1	K_2	DLS/[(°)/30m]
139.7	J55	379.21	1.2	2.0	18.88	1.8	3.0	8.39
177.8	J55	379.21	1.2	2.0	14.84	1.8	3.0	6.59
244.5	J55	379.21	1.2	2.0	10.79	1.8	3.0	4.79
339.7	J55	379.21	1.2	2.0	7.77	1.8	3.0	3.45
139.7	N80	551.58	1.2	2.0	27.46	1.8	3.0	12.21
177.8	N80	551.58	1.2	2.0	21.58	1.8	3.0	9.59
244.5	N80	551.58	1.2	2.0	15.69	1.8	3.0	6.97
339.7	N80	551.58	1.2	2.0	11.29	1.8	3.0	5.02
139.7	P110	758.43	1.2	2.0	37.76	1.8	3.0	16.78
177.8	P110	758.43	1.2	2.0	29.67	1.8	3.0	13.19
244.5	P110	758.43	1.2	2.0	21.58	1.8	3.0	9.59
339.7	P110	758.43	1.2	2.0	15.53	1.8	3.0	6.90

技术套管的最小允许弯曲半径可用下列公式计算：

$DLS=\delta_s/(59.9\times30\times D\times K_1\times K_2)$

DLS——套管允许通过的最大全角变化率，(°)/30m；

D——套管的外径，mm；

δ_s——套管管体的屈服强度，MPa。

IADC 标准：K_1——安全系数，1.2~1.25；K_2——螺纹应力集中系数，2~2.25。

API 标准：K_1——安全系数，1.80；K_2——螺纹应力集中系数，3.0。

＊井眼全角变化率小于表中相应套管允许下入的全角变化率，说明套管抗弯满足要求。

附件 1-8 防喷器连接螺栓、钢圈及上扣扭矩表

防喷器型号	栽丝连接螺栓	法兰连接螺栓	钢圈	上扣扭矩/N·m
7⅙in-5000psi	M36×3×190	M36×3×275	R46	1737
11in-5000psi	M48×3×243	M48×3×354	R54	4516
13⅝in-5000psi	M42×3×220	M42×3×326	BX160	2910
18¾in-5000psi	M52×3×295	M52×3×450	BX163	5505
7⅙in-10000psi	M39×3×205	M39×3×300	BX156	2272
11in-10000psi	M45×3×255	M45×3×388	BX158	3654
13⅝in-10000psi	M48×3×290	M48×3×448	BX159	4516
18¾in-10000psi	M58×3×365	M58×3×576	BX164	7892
7⅙in-10000psi	M39×3×220	M39×3×335	BX156	2272
11in-15000psi	M52×3×315	M52×3×494	BX158	5505
13⅝in-15000psi	M58×3×347	M58×3×540	BX159	7892
18¾in-15000psi	M76×3×440	M76×3×680	BX164	18957
21¼-2000psi	M42×3×210	M42×3×300	R73	2910
21¼-10000psi	M64×3×397	M64×3×626	BX166	10885
26¾-3000psi	M52×3×290	M52×3×442	BX168	5505
29½-500psi	M45×3×220	M45×3×315	R95	3654

附件 1-9　防喷器组 Space Out 图

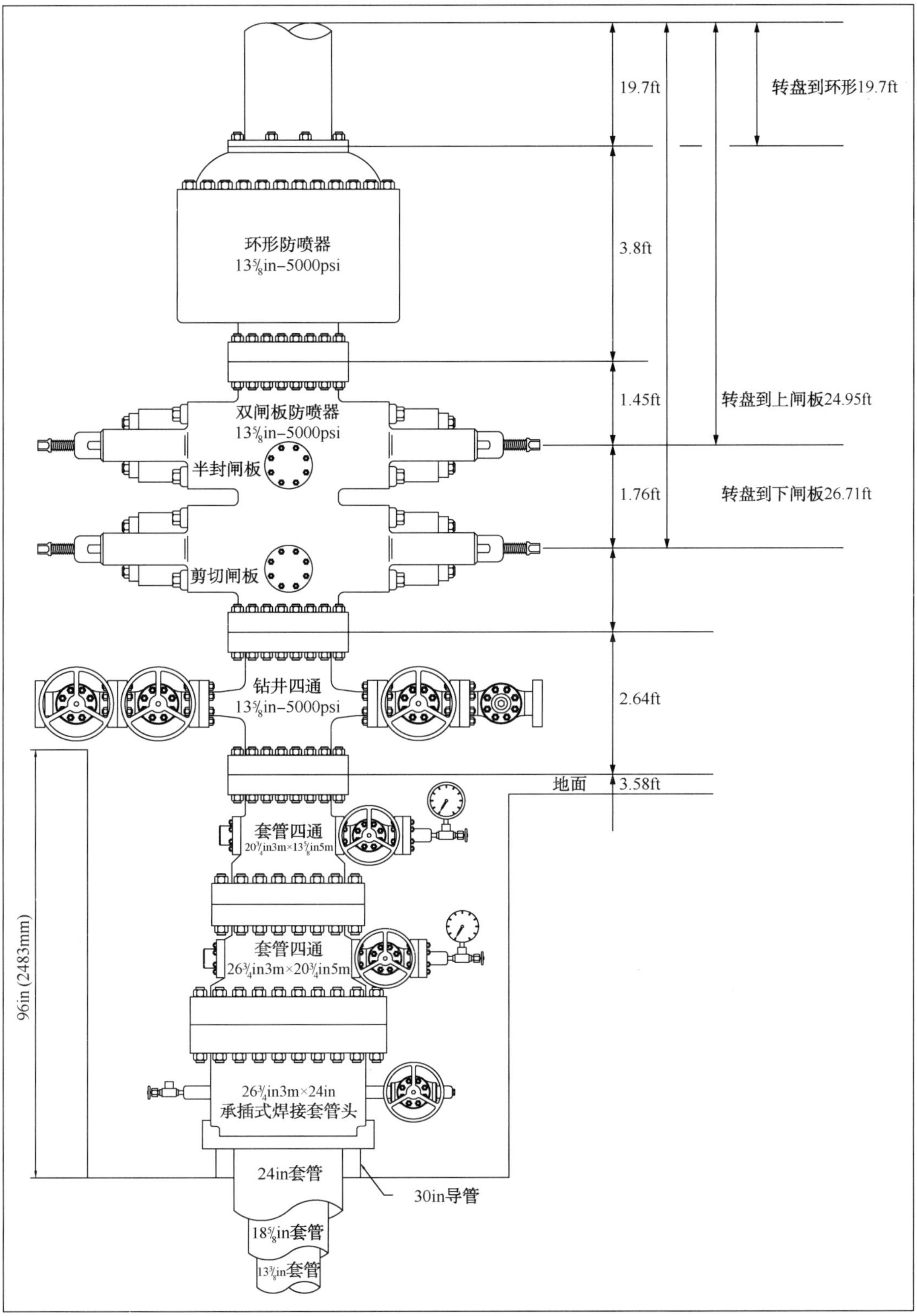

附件 1-10　取心钻进异常情况分析

地面现象		原因分析	处理建议
泵压变化显示	突然升高	1. 钻头切削刃损坏或磨损，在钻头底面磨成一道凹形槽 2. 外来材料、污物堵塞岩心筒 3. 内筒脱扣，落在钻头内体上	1. 每小时检查一次钻井泵冲数，校核排量和泵压，若有变化，首先应确定钻井泵是否有问题，钻具有无刺漏 2. 遇到表内左列所述现象，应立即割心起钻，否则有可能损坏钻头和岩心
	逐渐升高	1. 取心钻头损坏 2. 钻头底面开始磨出凹形槽，逐步加深进而切断流道 3. 流道完全堵死后，扭矩也随之增加	
	波动	内筒岩心受卡，致使钻头受力不匀，扭矩不稳	
	逐渐下降	钻杆、钻铤、岩心筒刺漏	
钻时变化显示	突然成倍增加	卡心、磨心，返出岩屑增多	判断清楚立即割心起钻
	逐步增加	1. 地层变化，由软到硬 2. 钻头切削刃磨钝，返出岩屑变细	分析原因，妥善处理
振动筛返出岩屑有金属碎片		井下有金属落物	起钻打捞或磨铣

附件 1-11　起出岩心分析

情况描述		原因分析
岩心形状	直径粗细不均匀	送钻不均匀，转速不合理，钻压大直径粗，钻压小直径细，转速高直径细
	顶部直径粗，端面粗糙	取心前未修平井底，造心时，钻压偏大，未形成“和尚头”圆顶
	根部未形成锥形	割心前未按操作要求恢复悬重，未从根部割断岩心，井底有“余心”；若无余心，则为硬性拔断面没有磨圆形成“和尚头”
	表面不光滑，有螺旋状刻痕	钻进期间，内筒有转动现象
	表面不光滑，水侵严重	钻井液失水过大，岩心在钻井液中浸泡时间过长

附件 1-12　套铣筒规格

套铣筒外径/mm	壁厚/mm	适用的最小井眼/mm	可套铣的最大钻具/mm
114. 3	7. 37	120. 65	88. 9
127	9. 19	146. 05	101. 6
139. 7	7. 72	155. 58	120. 65

续表

套铣筒外径/mm	壁厚/mm	适用的最小井眼/mm	可套铣的最大钻具/mm
139.7	9.17	155.58	117.48
139.7	10.54	155.58	114.3
168.28	8.94	187.33	142.88
177.8	9.2	200.03	152.4
193.68	9.53	212.73	168.28
193.68	10.93	212.73	165.1
193.68	12.7	212.73	161.93
203.2	9.53	215.9	177.8
206.38	9.4	219.08	180.98
219.08	10.16	244.48	190.5
219.08	12.7	244.48	187.33
228.6	10.8	250.83	200.03
244.48	10.04	266.7	215.9
244.48	11.99	266.7	212.73
273.05	10.16	298.45	244.48
273.05	12.58	298.45	238.13
298.45	11.05	323.85	266.7
298.45	12.42	323.85	263.53
339.73	10.92	365.13	307.98
406.4	12.57	444.5	368.3
473.08	12.32	508	438.15
508	11.18	584.2	479.43

附件 1-13 司钻法压井施工单

司钻法压井施工单	计算方法取自 《法国钻井数据手册》	井 号：________ 日 期：________ 制 表：

基本数据

井别	生产井	单位	井型	直井	单位
井深	2500.00	m	垂深	2500.00	m
钻头直径	215.90	mm	井径扩大率	2.00	%
泥浆密度	1.18	g/cm^3	地面泥浆量	80.00	m^3
加重剂密度	4.20	g/cm^3			
井控设备最大允许关井压力				35.00	MPa

上层套管数据

套管外径	244.50	mm	套管内径	220.52	mm
套管下深	1750.00	m			
套管最大允许抗内压强度			47.30	MPa	

钻具数据

钻杆	外径	127.00	mm	DP
	内径	108.62	mm	
	段长	2120.00	m	
加重钻杆	外径	127.00	mm	HWDP
	内径	76.20	mm	
	段长	200.00	m	
BHA	外径	171.00	mm	BHA
	内径	57.12	mm	
	段长	180.00	m	

CAS

泥浆泵数据

工作排量	1300	L/min	泵冲	80	st/min
泵压	13.00	MPa			
低泵冲排量	650	L/min	泵冲	40	st/min
泵压	3.50	MPa			

地漏试验数据

垂深	1750.00	m	泥浆密度	1.15	g/cm^3
漏失立压	7.7	MPa	破裂压力	27.44	MPa
压漏地层当量泥浆密度				1.60	g/cm^3
井涌时最大允许关井压力				7.16	MPa

关井数据

关井立压	2.30	MPa	关井套压	4.50	MPa
			溢流量	4.00	m^3
安全压井附加值				1.00	MPa
温度压缩比，查表得*K*值				0.95	

容积计算

钻具内容

名称	容积/(L/m)	容积/m^3	冲数/st	时间/min
钻杆	9.15	19.39	1193	29.83
加重钻杆	4.56	0.91	56	1.40
BHA	2.56	0.46	28	0.71
内容积合计		20.76	1278	31.94

钻具环容

钻杆与套管	25.09	43.91	2702	67.55
钻杆与裸眼	24.99	9.25	569	14.22
加重钻杆与裸眼	24.12	4.82	297	7.42
钻铤与井眼	15.12	2.72	168	4.19
环空容积合计		60.70	3735	93.39
其中裸眼		16.79	1033	25.83
累计井筒循环总量		81.46	5013	125.33

加重剂计算

压井钻井液密度	1.32	g/cm^3
最大套压控制(三个压力最小值)	7.16	MPa
循环加重总体积	161.46	m^3
加重剂用量	32.97	t
加重后增加体积	7.85	m^3
加重剂袋数(25kg/袋)	1319	袋
边压井边加重排量	40	st/min
加重所有泥浆所需时间	248	min
每分钟加入袋数	5.31	袋

关井后计算

地层压力	31.24	MPa		
地层压力系数	1.27			类型
初始循环压力	6.80	MPa	≤0.36＞0	气
终了循环压力	3.92	MPa	＞0.36≤0.72	气/液
溢流物质密度	0.25	g/cm^3	＞0.72＜1	油
溢流物质类型	气	——→	≥1≤1.07	水

井眼强度计算

井涌余量(最大允许气体进入井筒的体积)	12.21	m^3
替出溢流物时，薄弱段的最大压力	24.88	MPa
替出溢流物时，最大井口套压值	8.65	MPa
关井时，套管鞋处的压力	24.76	MPa
开始循环时，套管鞋处的压力	25.76	MPa

安全压井

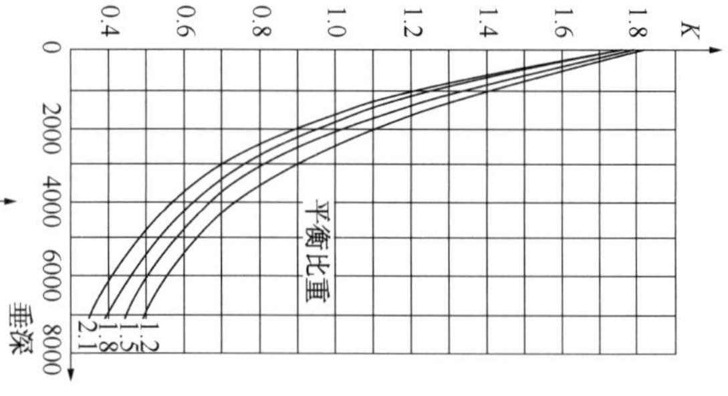

附件 1-13　司钻法压井施工单(续)

<table>
<tr><th>一、第一循环周(节流排气)</th><th>二、第二循环周(循环压井)</th></tr>
<tr><td>1)将泥浆泵冲数计数器复零，低泵冲：[40] st/min 开泵，调节流阀，读套压值 [5.50] MPa。
2)片刻后，钻杆立压应稳定 [6.80] MPa，如果读得的立压小于初始循环压力 [6.80] MPa时，则调节泵冲可能低于 [40] st/min，适当调快泵冲；如果读得的立压大于初始 [6.80] MPa时，则泵速可能高于 [40] st/min，适当调慢泵冲。
3)当立压稳定在 [6.80] MPa 时，应保持初始循环压力不变 [6.80] MPa，至少 [3735] st。
4)开始循环 [1033] st，污染物进入套管，如果此时套压超过 [6.80] MPa，且初始循环压力和压井排量不变时，就无压漏风险。
5)循环 [3735] st后，如井内坍塌，需冲次多些，污染物全部循环出井后，可停泵关井，关井前要记录节流阀开度，此时套压=立压 [2.30] MPa。</td><td>6)将泵冲计数器复零，低泵冲 [40] st 的排量再开泵，恢复节流阀前的开度，从钻杆注压井液密度 [1.32] g/cm³泥浆。
7)调节节流阀保持如下套压 [3.30] MPa，注 [1278] 冲后，立压应由 [6.80] MPa降至 [3.92] MPa。
8)注入 [1278] st 后，保持立压 [3.92] MPa，直到加重泥浆返出地面，冲数共计 [5013] st，压停泵后，立压=套压 [0.00] MPa。</td></tr>
</table>

理论压井压力

泵冲/(st/min)	理论立压/MPa	理论套压/MPa
0	6.80	5.50
1245	6.80	5.90
2490	6.80	8.65
3735	6.80	3.30
5013	3.92	3.30
8749	3.92	0.00

实际压井压力

泵冲/(st/min)	实际立压/MPa	实际套压/MPa
0	6.50	5.80
1000	6.60	6.50
2000	6.70	7.10
3000	6.80	9.00
4000	6.70	6.50
5000	5.20	3.50
6000	3.90	3.20
9000	3.80	0.00

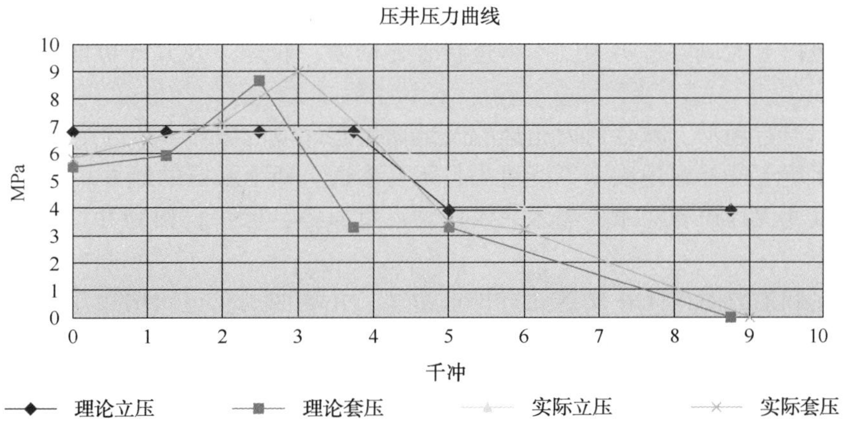

第二章　修 井 作 业

第一节　钻 前 工 程

（一）安全要点

① 井口与周边公共设施距离应符合当地政策和甲方的规定。油、气井井口距高压线及其他永久性设施不小于75m，距民宅不小于100m，距铁路、高速公路不小于200m，距学校、医院和大型油库等人口密集型、高危型场所不小于500m。

② 参与井场建设人员需持有甲方和公司要求的证件。

③ 现场勘察和开挖期间应注意是否有未引爆的爆炸物、对人体有危害的材料，以及毒蛇、蝎子等危险生物。

④ 动土作业期间，注意地层出水、塌方等风险，制定并落实防护措施和应急措施。

⑤ 具有下列情况之一的，经专业勘察和评估存在严重地质灾害风险且现有技术条件和能力无法治理的区域，严禁选为井场和营地：

a. 泥石流的形成、冲击、沉积区域；

b. 50年一遇行洪的河床、河滩；

c. 山沟、溪流、河流交汇口下游100m以内高风险区域；

d. 存在明显滑坡风险的地段。

（二）环保要求

① 施工中应采取措施降低噪声排放，以达到国家或地方噪声控制标准。

② 施工过程产生的废弃物可能会对环境造成影响。应减少材料浪费，控制无毒、无害不可回收利用废弃物的产生量；严格控制有毒、有害废弃物的排放量；提高各类无毒、无害可利用物资的使用量，防止环境污染。

③ 遇有四级以上大风等恶劣天气不得进行土方回填、转运以及其他可能产生扬尘污染的施工。

④ 尽量利用原有地形，减少对原始地貌及地面生态环境的破坏，节约用地。

⑤ 生活污水坑应选择在地表水不能流入且不易渗透至地下水层的地方。

⑥ 最大限度地保存原有树木、灌木、农作物、草原等，保护耕田和井场周围其他植物和设施。

⑦ 修筑井场和道路时应防止堵塞原有排水途径，井场四周及道路两边应根据地形开挖合适的排水沟，但不能与井场内的污水坑相连通。

（三）工前准备

1. 复核确认井位坐标

收到甲方释放信号及开工通知后，施工现场负责人及技术人员应组织实地踏勘，根据坐标参数确定井位桩或井口位置，使用GPS罗盘或Auto CAD软件对井场四个坐标进行确认，根据井场图纸找出区域布置的轮廓线并做好标桩。

2. 地面勘查

根据各施工区域轮廓布置情况，观察并确认所在范围内是否有油田设施、地面管线、高压输电线、废弃物等影响井场建设的表面障碍物，并详细在标准井场图纸上标注障碍物名称、方位、距离、尺寸和走向。

① 检查井口厂家、法兰尺寸压力级别，使用多功能气体检测仪探测圆井内是否存在可燃气体或硫化氢。

② 检查井口压力和圆井内情况并拍照留存。

③ 检查井场现有水坑、泥浆坑、放喷坑、GC 管汇情况并拍照留存。

④ 检查待修井是否停产，生产管线、栅栏、电缆头等是否需要移除。

3. 地下勘察

使用专业的管线、电缆、金属、爆炸物探测仪等探测地下情况，并详细记录区域内的地下障碍物名称、方位、距离、尺寸和走向。

① 禁止测试人员携带金属制品进入现场。

② 探测时应尽可能减少探测区域内的震动与机械冲击。

③ 打开探测设备，设置参数，戴好耳机(根据不同产品及现场需求设置相应的参数)。

④ 使用测试块进行试测(可将已知金属埋至预知的深度及地点，检测仪器的准确性和灵敏度)。

⑤ 进入检测区域，正确手持检测仪，保持仪器在前方，均匀、慢速探测、推进。每次探测宽度不超过 2m，探测路径呈 S 形，探测回合的重叠宽度控制在 50cm 左右。探测过程中，若听到报警声音，立即停止向前，及时插杆标注。

4. 记录汇报

根据地面及地下勘察情况，将影响井场布置的障碍物因素汇总，向甲方提交正式报告，申请移除障碍物。

5. 开挖许可

根据地下探测等情况，如果需要进行开挖动土作业，由获得甲方授权的井建人员前往甲方相关部门申请办理开挖许可，尽量不要进行破土作业，近坑可以用沙土围堵。

6. 工作相关工具及设备准备

井场施工相关工具及设备见表 2-1。

表 2-1　井场施工相关工具及设备

序号	名称	型号规格	单位	数量
1	钢卷尺	5m	把	1
2	钢卷尺	50m	把	1
3	水准仪		台	1
4	金属探测仪		台	1
5	手持 GPS		台	1
6	装载机	5t	台	1
7	多功能气体检测仪		台	1

（四）工作流程

① 通知甲方监督协调甲方相关部门停产并移除井口护栏、生产管线和影响井场建设的表面障碍物。

② 到集输站接井，接井后申请PTW。

③ 根据原始地貌，对井场关键设备区域进行高程测量，根据平均值法，确定需要平整的高度，进行刮平压实。

④ 以井口为中心，根据井场布局图放出各场地的边线，用装载机对施工区域进行地貌平整，完工后用水准仪测量平整度，保证高差控制在±5cm范围内。

⑤ 根据井场布局图和金属探测仪探测结果，确定营地污水坑位置，装载机根据放线的边线，扫出开挖的轮廓线。如果是普通较为松软的地质层，则使用装载机进行开挖，如果遇上坚硬的地层或不便动土的情况，则采取四周围土的方式。

⑥ 以井口为中心，根据井场布局图放出井场泥浆坑和放喷坑的边线，装载机根据放线的边线，扫出开挖的轮廓线，采取四周围土方式进行围坑。

⑦ 开挖完成后及时清理边坡。

⑧ 以井口为中心标记好大小鼠洞位置，根据大小鼠洞长度挖到预定深度，挖出的泥土清理到井场外围适当位置。

⑨ 提前到井安装BPV，连接近坑至远坑和GC管汇的管线，连接采油树侧翼法兰由壬和油管四通法兰由壬。

（五）工后闭环

① 清理、存放工具和设备。

② 清理、恢复工作场所。大、小鼠洞口加盖板，四周设警示带。

③ 关闭PTW，收集、归档工作相关资料。

a. 开挖许可；

b. PTW。

第二节　设 备 搬 迁

（一）安全要点

① 严格执行关于拆搬安作业风险防控有关要求。

② 井队安全官或HSE监督根据车辆检查表、人员证件要求等，对到井车辆、操作人员证件、吊装设备等进行检查。

③ SCR房、柴油机、泥浆泵、泥浆罐、撬装营房等重要设备应使用低平板车辆运输。

④ 车辆离开井场前，安排专人对装车设备的固定进行检查并落实是否超限（高>4.5m，宽>3m，长突出>0.3m，参考当地交通相关规定），对超限和特殊设备要安排有经验人员押车领路。

⑤ 搬迁期间运输设备车辆必须按照预先勘察确认的道路行驶。

⑥ 搬迁车队穿越、途经高速公路或交通要道前，应预先对接甲方，取得封路函；搬迁公司车队负责人 Truck pusher 预先联系交管部门处理封路相关事宜。

⑦ 严禁在夜间进行搬迁作业，如搬迁车队不能在天黑前到达新井场，则应停靠在安全地带，车队前后应设置警示装置(闪灯)，超宽设备在最宽处安装警示装置，留人值守防止设备被盗。

⑧ 两台吊车配合作业时，每台吊车的吊装载荷不得超过其额定起重能力的 80%。

⑨ 吊车不得靠近架空输电线路作业，当必须在线路旁作业时，应设专人监护或进行隔离防护，吊臂或吊物与架空输电线的安全距离应符合表 2-2 规定。

表 2-2　物体与输电线路间的最小距离

电压/kV	<1	10	35	110	220	330	500
安全距离/m	2	3	4	5	6	7	8.5

⑩ 井架主车行驶车速应不大于 30km/h，最大爬坡度不大于 26°，不能在松软路基边上行驶停靠，避免主车自重过大而倾斜甚至翻倒。

⑪ 钢丝绳的选用必须与吊物自重匹配，起吊重物的重量不得超过钢丝绳额定载荷，实际应用中可用下面的经验公式进行估算：钢丝绳破断拉力(kN)= 0.5×钢丝绳直径的平方(mm^2)。

⑫ 钢丝绳安全系数见表 2-3。

表 2-3　钢丝绳安全系数

使用情况	安全系数	使用情况	安全系数
缆风绳用	3.5	吊索无弯曲	6~7
手动起重设备	4.5	捆绑	8~10
机动起重设备	5~6	载人升降机	14

(二) 环保要求

① 设备搬迁过程中应采取措施保护搬迁道路周边和井场周围生态环境。

② 转运泥浆药品等散装物料时应做好防护，如加装篷布，避免物料散落造成二次扬尘环境污染。

③ 保持车辆清洁卫生，控制车速，降低井场设备搬迁过程中产生的扬尘和噪声(特别是在途经居民区和公共设施区时)。

④ 设备在搬迁到新井场之前，应对所有设备进行检查排空和管线封堵，确保在运输过程中不发生流体泄漏。

⑤ 井场应提供移动式卫生厕所并保持干净，安装废物处理装置或污水处理装置。

(三) 工前准备

1. 道路勘察

① 工作相关的工具及设备的准备和检查见表 2-4。

表 2-4　道路勘察相关工具及设备

序号	工具设备名称	型号规格	单位	数量
1	红外测距仪	手持式	件	1
2	GPS	手持式	台	1
3	皮卷尺	30m	把	1
4	铁锹	1.3m	把	1

② 搬迁前 3~5 天，生产协调部门、搬迁公司车队负责人 Truck pusher 及施工井队应联合对确定的搬迁路线进行全程勘察，绘制行车路线图(标明路线名称、里程、地名和重点标志)。

③ 搬迁沿途道路、桥涵满足通过各类搬迁车辆的承载要求。

④ 检查道路上方电线、电缆等障碍物的高度是否允许钻台、泥浆罐等超高设备通过，设备的最高点与电线的距离应大于该电线电压的安全距离。

⑤ 山地丘陵地区井场道路应避开滑坡、泥石流等不良地段。

⑥ 沙漠、草原、海滩等特殊地区搬迁道路能满足运输通行要求。

⑦ 搬迁道路路面宽度应大于 6m，拐弯处加宽 1~2m，转弯半径不小于 19.5m，道路纵坡坡度不大于 8°。

⑧ 雨季泥泞的道路需采取必要的防滑、防陷措施，如铺设钢管排、砖渣、煤矸石等，确保路况良好。

2. 搬迁计划

① 基层队根据生产进度制订搬迁计划。

② 搬迁前 2 天，应以电子邮件方式将搬迁计划发送到搬迁公司和公司相关业务部门；如果需要推迟或提前搬迁，应提前以邮件和电话的方式通知搬迁公司。

③ 搬迁计划中要包含钻机释放时间、预搬迁时间、搬迁开始时间、预计完成时间、装车顺序、需求车辆类型和数量、总装车车次等内容，具体见“附件 1-1 搬迁计划”。

3. 井场画线

① 申请 PTW。

② 工作相关的工具及设备的准备和检查见表 2-5。

表 2-5　井场画线相关工具

序号	工具设备名称	型号规格	单位	数量
1	皮卷尺	30m	把	1
2	钢卷尺	5m	把	1
3	榔头	8lbs	把	1
4	铁钉	100mm	盒	1
5	尼龙绳	2mm	米	500
6	梯子	2m	个	1

③ 预搬迁前 1~2 天，按照设备摆放图，对底座、机房、泵房、循环罐、储水罐、井场营房、材料房、爬犁区摆放位置等在新井场进行放线标识。

4. 预搬迁

① 申请PTW。

② 工作相关的工具及设备的准备和检查见表2-6。

表2-6　预搬迁相关工具及设备

序号	工具设备名称	型号规格	单位	数量
1	信号服		套	4
2	牵引绳	15m	条	4
3	对讲机		台	4
4	钢丝绳套	22m	副	4
5	钢丝绳套	16m	副	4
6	合成纤维吊带	3t	根	4
7	合成纤维吊带	5t	根	4
8	警示带		卷	1
9	卸扣	3t	个	4
10	卸扣	5t	个	4
11	榔头	24lbs	把	2
12	榔头	18lbs	把	2
13	撬杠	1m	把	2
14	吊车	50t	台	4
15	叉车	5t	台	2
16	低平板	60t	台	8
17	高平板	40t	台	5
18	饮用水		箱	充足

③ 平台经理组织召开预搬迁风险分析，进行安全交底，对人员进行合理分工，明确工作任务和要求。

④ 结合下步作业情况，将后续作业用不到的钻具、工具爬犁、甲方材料和泥浆药品、储水水罐等设备转运到新井场。

a. 安排2人在老井场负责安全监督和指挥装车，登记装车情况；

b. 安排2人在新井场负责安全监督和指挥卸车，按要求摆放泥浆罐和爬犁，新井人员应携带通信工具，保持与老井人员的沟通联系，处理突发情况，掌握搬迁车辆动态，确保搬迁安全高效。

⑤ 营房经理准备搬迁期间的饮用水、食品、防暑御寒物资，安排和协调后勤车辆。

⑥ 计划搬迁期间转运柴油所需的油罐车的到井时间，并上报到相关业务部门。

（四）工作流程

1. 申请PTW

2. 工作相关工具及设备

搬迁相关工具及设备见表2-7。

表 2-7　搬迁相关工具及设备

序号	工具设备名称	型号规格	单位	数量
1	信号服		套	4
2	牵引绳	15m	条	4
3	对讲机		台	4
4	钢丝绳套	22m	副	4
5	钢丝绳套	16m	副	4
6	合成纤维吊带	3t	根	4
7	合成纤维吊带	5t	根	4
8	警示带		卷	1
9	卸扣	3t	个	4
10	卸扣	5t	个	4
11	榔头	24lbs	把	2
12	榔头	18lbs	把	2
13	撬杠	1m	把	2
14	管钳	24in	把	2
15	活动扳手	12in	把	2
16	摩擦钳	Lubricator 专用	把	2
17	Lubricator		套	1
18	吊车	50t	台	5
19	叉车	5t	台	1
20	低平板	60t	台	10
21	高平板	40t	台	5
22	饮用水		箱	充足
23	急救药品			按需

3. 召开作业前安全会

平台经理组织召开搬迁安全会，开展作业前安全分析，明确作业人员职责，告知作业步骤、作业风险及风险防控措施。

4. 搬迁装车优先顺序

泥浆罐区→钻台底座→机房区→主车→井场营房区→其他设备。

① 副司钻负责指挥监督泥浆罐区设备的装车，条件允许的情况下先吊装沉砂罐，然后从配浆罐方向依次吊装配浆罐→储备罐→清水罐→消防罐→循环罐。同时负责指挥监督泵房区设备的装车。

② 场地工长负责指挥监督底座区设备的装车，依次吊装远控房→液控管排→强冷罐。同时负责指挥监督其他设备的装车。

③ 司机长负责指挥监督机房区设备的装车，由油罐方向依次吊装柴油罐→柴油机组→

SCR 房→电缆桥架及电缆排。

④ 带班队长负责指挥监督底座和钻台偏房的装车。

⑤ 机械师负责井架下放和驾驶主车从老井到新井。

⑥ 营地经理负责指挥监督井场营房区的装车，由井架前方向依次吊装井场营房→生活污水罐→应急发电机→生活水罐。

5. 搬迁卸车优先顺序

泥浆罐区→钻台底座→主车→机房区→井场营房区→其他设备。

① 泥浆工负责指挥监督泥浆罐区设备的卸车和就位，条件允许的情况下优先就位沉砂罐，然后依次就位循环罐→储备罐→配浆罐→清水罐→消防罐；就位的同时安装各罐间的连接管线、走道踏板、梯子、栏杆；安排水罐车卸水到强冷水罐；连接储备水罐到清水罐。

② 带班队长负责指挥监督底座就位。

③ 机械师负责驾驶主车就位和井架起升。

④ 副司钻负责指挥监督泵房区设备的就位，就位的同时安装泥浆泵与循环罐的上水管线、低压管线、安全阀泄压管线、地面高压管线和泥浆泵高压管线。

⑤ 司机长负责指挥监督机房区设备的就位，由底座方向依次就位 SCR 房→柴油机组→柴油罐→电缆桥架及电缆排，柴油机组就位后安装柴油罐和柴油机组的上油管线、压风机的管线以及柴油机组、SCR 房、电缆桥架、泥浆泵和钻机间的电缆。

⑥ 机房就位后，安排油罐车卸油到柴油罐。

⑦ 司机长负责柴油机组的试启动，电气师检查测试 SCR 房工作情况，正常后给钻台供电，机械师负责钻机的试运转。

⑧ 营地经理负责指挥监督井场营房区的就位，由井架前方向依次就位井场营房→生活污水罐→应急发电机→生活水罐，就位的同时连接污水管线、生活水管线和电缆，安排水罐车卸水到生活水罐。

6. 开钻前准备

① 泥浆罐供电及设备试运转，泥浆罐供水及检查管线连接。

② 根据甲方指令准备压井液。

③ 安装钻台两侧飘台、钻台梯子。

④ 安装钻台气动绞车。

⑤ 安装井架逃生装置。

⑥ 安装大小鼠洞。

⑦ 安装大门坡道、猫道、钻具管排架。

⑧ 安装立管和地面高压管线。

⑨ 安装和调试泥浆罐、泵房、钻台、办公室的仪表。

⑩ 标定和测试 H_2S 报警系统。

（五）工后闭环

① 清理、存放工具和设备。

② 清理、恢复工作场所。

③ 关闭 PTW，收集、归档工作相关资料。

a. PTW 和 JSA；

b. 搬迁计划；

c. 设备车辆装运清单；

d. 搬迁中存在的问题记录；

e. 封路函；

f. 行车路线图。

第三节 井 架 起 升

本部分参照 ZJ30/1700CZ《车载钻机操作手册》，与其他井架参数不尽相同。

(一) 安全要点

① 井架起升时风速不得大于 5 级，环境温度不低于-40℃，雨天、雾天、大雪天、沙尘暴、能见度小于 100m 和夜间禁止起放。

② 井架检测探伤报告有效日期必须符合要求(推荐：1 年关键部位Ⅲ类探伤，5 年Ⅳ类探伤)。

③ 井架起落、伸缩时，井架上不得有人员，不得有遗留工具，井架前后方向涉及范围内不得有人员逗留，起升期间禁止车辆在附近通行。

④ 井架起放必须由专人指挥、专人操作、专人观察，职责分工见表 2-8。

表 2-8 井架起升人员分工

岗位	人数/人	职责
平台经理	1	居中指挥机械师和班组人员配合操作
机械师	1	负责井架起放的操作
司钻	1	负责观察和控制大绳及液压绞车钢丝绳的绷紧度
副司钻	1	负责观察起升液缸活塞伸出顺序，起升过程中随时调整柴油机的转速，以便液缸的顺利顶出
班组其他人员	4	负责观察梳理紧固绷绳

⑤ 井架起升过程中，要仔细观察起升液缸的起升顺序，起升液缸伸出的顺序是一级活塞、二级活塞、三级活塞(活塞杆)。

注： 如果液缸伸出顺序有误，应立即收回，并及时排除故障，确保正确的伸出顺序，因为不正确的伸出顺序会导致井架自行倒下，造成设备损坏和人员伤亡。

(二) 环保要求

① 施工过程中应采取措施降低噪声排放，以达到国家或地方相关噪声控制标准。

② 按规定处置施工过程中产生的废液和固体废弃物，减少对环境的影响。

(三) 工前准备

① 申请 PTW。

② 工作相关工具及设备的准备和检查见表 2-9。

③ 关键部位检查。

a. 井架上不得有异物；

b. 游动系统大绳和液压小绞车钢丝绳无挂缠卡阻现象；

c. 前支架滚轮加注润滑脂，确保滚轮转动灵活。

④ 司钻组织人员拆开井架前支架处的固定螺栓。

⑤ 井架工摘开井架二层台处的照明电路防爆插销。

⑥ 机械师对液、气路进行检测，确保无渗漏现象。检查操作方法为：挂合带泵箱，对管路及部分液缸进行憋压，当压力表显示系统压为 14MPa 时，保压 5min，不允许有压降和渗漏。气路系统在各用气动元件充气情况下，当气压在 0.7~0.8MPa 时，保压 5min，压降不得大于 0.03MPa。

⑦ 机械师排放液压系统内和起升油缸内的空气。

⑧ 平台经理组织召开安全会并进行工作分工，安全监督、基地装备人员、平台经理、机械师、电气师、司机长、班组人员按要求就位。

⑨ 预起升，机械师缓慢抬起起升液缸控制阀手柄 B，使井架离开前支架约 200mm，手柄回中位，井架静止。观察液压系统、起升油缸等各部位应无渗漏、无压力过高、无干涉现象，井架无下滑现象，然后落下井架。

表 2-9　井架起升相关工具及设备

序号	工具设备名称	型号规格	单位	数量
1	水平尺		个	1
2	高处作业安全带		套	2
3	管钳	24in	把	2
4	撬杠	1m	把	2
5	2#锂基润滑脂		袋	2

（四）工作流程

① 准备就绪，平台经理发出开始指令，机械师操作抬起起升液缸控制阀手柄，缓慢起升井架，在井架起升过程中，要仔细观察起升液缸的伸出顺序，在每一级液缸要伸出的过渡时期，要缓慢操作，防止冲击。

② 当井架起升接近垂直位置时，相应减少阀 B 手柄开度，同时减小活塞杆回油路针形截止阀 E 开度，以及减缓井架靠近支架速度。

③ 待井架越过 90°时，通过控制针形截止阀 E，使井架缓慢坐落于 Y 形支架上，上紧锁死螺栓，绷好下体井架防风绷绳，绷绳垂度不大于 100mm。起升时，司钻要及时松开低位刹车，使大绳和液压绞车钢丝绳不要绷得太紧，以免给起升井架造成困难。

④ 伸出井架上体前，必须对伸缩液缸进行排气。关闭针形阀 D，打开伸缩液缸顶部的放气帽，轻微抬起伸缩液缸操作阀 A 手柄，保持压力表压力不超过 1MPa，排除伸缩液缸内空气，手柄回中位，拧紧排气帽。

⑤ 抬起伸缩液缸控制阀 A 手柄，保持井架上体缓慢上升，并注意伸出过程中有无爬行现象，若有则说明液缸内可能仍存有气体，应重复④的操作。同时还要注意伸出过程有无卡阻现象，扶正器能否正确扶正液缸，否则应排除故障后再继续进行。

⑥ 井架上体接近到位时，应减小手柄开度，放慢井架上体上升速度。目测井架上体上升至高于承载位置之上至承载块正常弹出后，将操作阀 A 手柄回到中位，然后打开针形阀

D，井架上体缓慢下放，使承载块完全坐于承载座上，关闭针形阀 D。井架上体到位后，应注意及时松开刹车，使游车大钩接近底面。

⑦ 在下体井架前部前支架处用花篮螺栓拉紧负荷绷绳，在 4 个锚桩处打好上体井架及下体井架的 4 根防风绷绳和 2 根二层台绷绳。

⑧ 井架工佩戴安全带，爬上井架，穿入承载机构安全销，插上电路防爆插销，接通照明及信号电路。

⑨ 班组人员安装高位司钻控制台，连接高位刹车拉杆，对上高位刹车。

⑩ 井架上体落下后，井架工爬上井架，目检锁销装置状态，4 个锁块必须正确就位，插司钻侧锁销装置的安全销，插上体电源插头，安装二层台栏杆。

⑪ 机械师用调节丝杆调节井架的倾斜度 3°，使大钩中心对准井口，然后旋紧井架底座、大梁及井架基础之间的各个拉杆。

⑫ 在起升油缸伸出的三级柱塞、活塞杆、伸缩液缸上涂轻质黄油或高黏度润滑油或用防水耐火帆布保护以防锈蚀。

(五) 工后闭环

① 清理、存放工具和设备。

② 清理、恢复工作场所。

③ 关闭 PTW，收集、归档工作相关资料。

a. PTW 和 JSA；

b. 起放井架前会议记录；

c. 工作中发现的问题记录。

第四节　常 规 作 业

一、拆甩采油树

(一) 安全要点

① 清理转盘周围，确保无杂物坠落。

② 保持圆井区域干净无杂物，探测圆井及周围是否存在硫化氢和可燃气体。

③ 圆井盖板强度和大小应符合要求，防止人员跌落。

④ 敲击扳手应系有尾绳，人员站位合适，防止榔头、敲击扳手伤人。

⑤ 穿戴合适的 PPE，使用符合安全要求的工具，携带便携式硫化氢检测仪。

⑥ BOP 提吊装置应由具有操作经验的人员进行操作。

⑦ 吊装作业由专人指挥，穿戴信号马甲，采油树吊装运移的操作人员要与圆井附近工作人员保持良好沟通。

⑧ 拆除采油树前必须安装好 BPV 或采取其他井控安全措施。

⑨ 采油树运移过程中，所有人员应远离采油树可能坠落的范围。

⑩ 带班队长必须监管整个作业过程。

(二) 环保要求

① 施工过程中应采取措施降低噪声排放，以达到国家或地方噪声控制标准。

② 按规定处置施工过程中产生的废液和固体废弃物，减少对环境的影响。

③ 含硫气井施工，井场应配备充足的硫化氢检测仪器、防护器具和消防器材，制定应急预案，防止硫化氢等有毒、有害气体泄漏造成环境污染和人员伤害。

（三）工前准备

1. 地面准备

① 带班队长、安全官、司钻、井架工、钻工、场地工长等人员到位。

② 吊车、叉车就位，处于正常工作工况。

③ 检查BOP提吊装置压力是否正常，测试上提、移动和刹车工作是否正常，起升绳套目视检查合格。

④ 准备BOP提吊装置、气动绞车、敲击扳手、井口盖板、榔头、吨位合适的吊带、牵引绳、卸扣、不带缓冲包的安全带(适用于5m以下)、梯子、多功能气体探测仪等。

⑤ 穿戴PPE，佩戴便携式硫化氢检测仪。

2. 井眼准备

检查井口油压和套压，如井内有压力，打开井口闸门释放压力到放喷坑，观察压力下降趋势。

① 如压力下降很快，表示这部分压力是井内圈闭压力。

② 如压力下降很慢，表示井内液柱压力不能平衡地层压力，须进行压井作业。

3. 井口准备

① 按操作程序在井口悬挂器上安装BPV，确保拆甩采油树期间的井控安全。

② 检查井口周围的闸门，保持关闭状态。

③ 井口拍照留存。

（四）工作流程

1. 申请PTW

2. 召开作业前安全会

明确作业人员职责，告知作业步骤、作业风险及风险防控措施。

3. 拆卸采油树与井口连接

① 操作BOP提吊装置移动到采油树正上方，将起升专用吊带挂到采油树上，轻微带紧采油树。

② 卸开采油树法兰连接的螺栓，只卸开螺母，不移除螺栓。

4. 吊甩采油树

① 操作BOP提吊装置试吊采油树，采油树与井口脱离10mm左右间隙后，下放采油树，移除采油树与井口连接螺栓，观察液压管线接头等是否有刺漏现象，如果正常，缓慢提升采油树至合适高度。

② 操作BOP提吊装置沿轨道方向将采油树移动到底座边缘(注意平稳操作，确保采油树两端平衡，避开运移途中的障碍)。注意采油树移开后立即用盖板盖住井口，防止井口落物。

③ 吊车配合BOP提吊装置将采油树甩出底座区域，并放置在钢木基础上。

5. 甩采油树后的检查

① 甩采油树后，检查悬挂器的扣型(推荐试连接)，便于防喷器安装后使用相同扣型的联顶节。

② 逐个检查井口顶丝，是否活动自如，是否密封良好。

③ 再次确认 BPV 的安装是否到位，检查悬挂器的密封情况。

④ 测量转盘面到油管头的距离并记录。

（五）工后闭环

① 清理、存放工具和设备。

② 清理、恢复工作场所。

③ 关闭 PTW，收集、归档工作相关资料。

a. PTW 和 JSA；

b. 原井口照片；

c. 气体检测记录。

二、防喷器安装

（一）安全要点

① 防喷器安装后，应校正井口、转盘、天车中心线，偏差不应大于 10mm。

② 具有手动锁紧机构的闸板防喷器应安装手动操作杆，靠手轮端应支撑牢固，操作杆中心线与锁紧轴之间的夹角不应大于 30°，挂牌标明开、关方向和圈数。如手轮离地高度超过 2m，其下方应安装操作台。

③ 根据井口尺寸和压力级别选用合适的防喷器或变径法兰。

④ 禁止从钻台向场地上乱扔手工具、螺帽、螺栓等物品。

⑤ 防喷器安装前，拆开的部位要使用新的垫环，旧垫环不能重复使用。

⑥ 防喷器安装前，应检查螺栓和螺母的尺寸和钢级。

⑦ 操作 BOP 提吊装置的人员应经过培训或有操作经验。

⑧ 高空作业必须正确系挂安全带并挂好速剁。

⑨ 在起吊和移动防喷器时，人员应离开防喷器组周边区域。

⑩ 四通、防喷器、喇叭口下放对正期间，注意手指防护，禁止用手接触法兰底面和上面部位。

⑪ 带班队长必须监管整个作业过程。

（二）环保要求

① 按规定处置施工过程中产生的废液和固体废弃物，减少对环境的影响。

② 清理液压管线和安装液压管线时，管线内的液压油有可能溢出，要做好回收工作，防止污染土壤。

（三）工前准备

1. 防喷器组准备及检查

防喷器设备必须满足以下要求：

① 防喷器设备（环形、闸板、阀门、节流阀、四通、节流管线、软硬管线等）满足甲方要求或其他 API 规范要求并有相应的标识。

② 主要设备包括（但不限于）环形 BOP、闸板 BOP、四通、闸板总成、阀门、节流管汇、节流压井管线、液气分离器等必须有单独的序列号或出厂编号，必须清晰地标记在设备本体上，该序列号或出厂编号必须在合格证中明确标识。

③ BOP 设备在维修时配件必须是原厂或原厂授权认可的可更换件，文件必须由原厂出具。

④ 防喷器组、套管头以及转换法兰的通径要足以容纳最大尺寸的钻头、刮管器、尾管悬挂器、封隔器、试压塞、试压杯、防磨补心或任何尺寸的井下工具。

⑤ 压力控制设备(防喷器、阀门、管线等)的额定压力应高于最大预期井口压力。

⑥ 每口井间拆除 BOP 与四通组合连接，检查法兰、螺栓的腐蚀磨损情况。

⑦ 现场应保存 BOP 元件安装原理图及厂家说明书，应包含闸板总成、顶密封、前密封及环形修理包、侧门密封圈的序列号、尺寸图解及生产日期。

⑧ 防喷器及关联设备必须满足 NACE MR-0175/ISO 15156、API6A 或 API16A 中关于防硫化氢的规定(如有需要)。

⑨ BOP、节流管汇(包括节流阀)及所有关联设备的 OEM 认证或再认证周期必须符合甲方规定和井控要求。

a. ≤3000psi：油、气井，五年 OEM 认证或再认证；

b. ≥5000psi：油井，五年 OEM 认证或再认证；气井，三年 OEM 认证或再认证。

2. 工具及设备准备

① 个人劳保用品：安全帽、安全眼镜、手套、工鞋、安全带、防坠落装置、信号服。

② 工具：吊装绳套、卸扣、防喷器安装所需的螺栓、垫圈、扳手、套筒、榔头、液压扭矩扳手、棉纱、黄油。

③ 设备：运移轨道、小滑车、吊车、叉车、对讲机、便携式气体检测仪。

3. 其他准备

① 检查防喷器 BOP 提吊装置的载荷测试报告及吊装绳套检测期限是否有效。

② 检查 BOP 提吊装置的导轨是否固定，滑轮是否灵活好用。

③ 检查防喷器吊耳、吊装卸扣是否完好无损(有检测合格证书，正确的吊装安全色)。

④ 检查清洗转换法兰、钻井四通及单闸板(双闸板)的钢圈槽。

⑤ 检查所用闸板与使用管具是否匹配。

⑥ 根据需要提前将四通和转换法兰在场地上连接。

(四) 工作流程

1. 申请 PTW

2. 召开作业前安全会

明确作业人员职责，告知作业步骤、作业风险及风险防控措施。

3. 四通的安装

① 使用吊车将四通吊放在小滑车上并固定牢靠，操作气动绞车将小滑车移动到底座下方。

② 使用 BOP 提吊装置吊起四通并移动到油管头法兰上方。

③ 清洁四通下法兰和油管头法兰钢圈槽，放入新钢圈。

④ 对齐螺孔和闸门出口方向，下放四通。

⑤ 将准备的螺栓带齐，余扣均在 2~3 扣，用敲击扳手按顺序上紧扭矩，先对角线上，然后 90°角，最后 45°角。

a. 使用合适的锤击扳手或扭矩扳手上紧扭矩，从而确保法兰间的间隙一致，上下螺母暴露的丝扣数相等。当使用扭矩扳手时，确保使用适当的扭矩值和润滑油。

b. 连接螺栓上紧扭矩见“附件 1-8　防喷器连接螺栓、钢圈及上扣扭矩表”。

4. 防喷器的安装

① 使用吊车将防喷器吊放在小滑车上并固定牢靠，操作气动绞车将小滑车拉到底座下方。

② 使用 BOP 提吊装置吊起防喷器并平稳移动到四通上方。

③ 清洁防喷器底法兰和四通上法兰钢圈槽，放入新的钢圈。

④ 缓慢下放防喷器确保进油口在朝前方中间位置，对齐螺栓孔后，下放防喷器。

⑤ 将准备好的螺栓带齐，余扣均在 2~3 扣，用敲击扳手按顺序上紧扭矩，先对角线上，然后 90°角，最后 45°角。

a. 使用合适的锤击扳手或扭矩扳手上紧扭矩，从而确保法兰间的间隙一致，上下螺母暴露的丝扣数相等。当使用扭矩扳手时，确保使用适当的扭矩值和润滑油。

b. 连接螺栓上紧扭矩见“附件 1-8　防喷器连接螺栓、钢圈及上扣扭矩表”。

5. 安装节流及压井管汇

① 节流和压井管线安装首选钻井四通，在特殊情况下(如空间受阻)，闸板防喷器侧出口也可代替四通使用。

② 所有防喷器侧出口直径至少要与节流管汇管线的直径一致。

③ 节流和压井管线的内侧手动平板阀正常情况下(除非做压力测试)不允许关闭。

④ 压井和应急压井管线上应安装单流阀。

⑤ 节流管汇阀门应挂牌标识编号，并标明开关状态。

⑥ 节流管汇处应放置关井压力提示牌，同时将关井压力提示牌内容打印张贴在节流控制箱箱盖内侧。

⑦ 将准备的螺栓带齐，余扣均在 2~3 扣，用敲击扳手按顺序上紧扭矩，先对角线上，然后 90°角，最后 45°角。

6. 安装喇叭口

① 场地上的气动绞车配合钻台上的气动绞车缓慢将喇叭口提升到防喷器上面。

② 检查清洁喇叭口法兰和防喷器上法兰钢圈槽。

③ 将准备的螺栓带齐，余扣均在 2~3 扣，用敲击扳手按顺序上紧扭矩，先对角线上，然后 90°角，最后 45°角。

④ 没有上栽丝螺杆的螺孔必须清洁和润滑后装上丝堵。

7. 安装泥浆伞

8. 安装泥浆返流槽

依次安装泥浆返流槽的安全绳和支架、连接灌浆管线和泥浆回收管线、连接流量计信号线。

9. 安装液控管线

① 从防喷器主体开始，依次连接液控管线。

② 连接液控管线时，要按照远程控制台上三位四通转阀标识牌上所示全封、半封、环形、放喷等对应连接，同时远程控制底座后槽钢上所标示的“开”和“关”与防喷器本体的“开”和“关”相一致。

③ 油、气管线接头在安装之前都要用压缩空气吹扫干净。

④ 液控管排：配置最少 6m 长管排，内装 1in 钢管 16 根(为减少环形防喷器的关闭时间建议配置 1½in 钢管 2 根，根据远控房出口管线尺寸配置)。

⑤ 液控管线：液控管线和活动弯头应满足承压、防火(在 2000℉±100℉火焰下维持操作压力 3min 不渗漏)、防爆要求。

⑥ 液控管线连接处应系安全绳。

⑦ 车辆行驶处应装过桥盖板，不应在管排架上堆放杂物或将其作为电焊接地线或在其上进行焊割作业。

10. 安装闸板防喷器手动锁紧装置

11. 防喷器固定

用 16mm 钢丝绳和花篮螺栓在井架底座的对角线上固定绷紧防喷器，避免钻具与防喷器组的接触与磨损。

12. 安装液气分离器

① 液气分离器安装在泥浆罐边地面上或者沉砂罐的罐头处，地面要求水平、坚实，液气分离器安装时要固定牢靠，防止气量过大引起振动。

② 排气管线接到井场外的燃烧池，管线出口距离井口不应少于 110m 并且距泥浆坑远边不少于 35m。

③ 排液管线接至循环罐上的振动筛前的分配箱上，悬空长度超过 6m 应支撑固定；不应将管口埋于箱内液体中，出口处固定牢固。

④ 液气分离器钻井液进出口管线、排气管线应采用法兰连接，通径不应小于设计进出口尺寸，转弯处应有预制铸(锻)钢弯头，各管线出口处应固定牢固。

⑤ 按设备的使用说明书安装液气分离器绷绳。

⑥ 抗震压力表安装方向应与井架正面一致，垂直安装，选用低量程(0~250psi)便于读取，严禁安装在液气分离器顶部及排气管线上。

⑦ 安装完成后，应对 8in 排气管线进行密封性测试。

⑧ 液气分离器的压力表和安全阀每年应校验一次。

⑨ 液气分离器每 5 年要经过全面检查和测试。检查包括：表观检查、压力测试、磁粉或渗透探伤和超声波检查壁厚。

13. 安装真空除气器

① 真空除气器进液管线应安装在泥浆液面以下。

② 真空除气器排气管线上应安装一只单流阀，该单流阀应在低压时能顶开以防气体因顶不开单流阀造成回流，推荐使用挡板式单流阀。

③ 真空除气器装在泥浆罐的顶部，要能够处理经过沉砂罐后第一隔舱的泥浆。

14. 安装钻台控制系统

① 连接司钻节流控制箱立套压传感器信号线，连接节流阀控制管线并进行功能测试。

② 连接从远控房到司钻控制台气管束，使用内径为 16mm 的软管作为气管线从机房连接到司钻控制台供气。

15. 安装远程控制台

① 连接电源，电源应为 380V、50Hz 的交流电。系统连接电源前，确认电控箱上的电源开关已经断开，并确认控制装置可靠接地。

② 远程控制台气源使用内径为 32mm 的软管连接。

③ 配置应急电源：准备一条从应急发电机到远控房的电缆，在主发电机停机的情况下便于立即切换电源。

④ 防喷器远程控制台安装在面对井架左侧、距井口不少于25m的专用活动房内，并在周围留有宽度不少于2m的人行通道，周围10m内不得堆放易燃、易爆、易腐蚀物品。

⑤ 远程控制台的电源线、气源管线要从配电房和气瓶房单独接出、单独控制。

⑥ 远程控制台报警系统：远程控制台与司钻控制台分别配备有4个防爆指示灯，用于指示下述功能：

a. 低蓄能器压力(黄色，有声)；

b. 低气压(黄色，有声)；

c. 低液位(黄色，有声)；

d. 电动泵运转(绿色)。

⑦ 远控房内安装两个防爆应急照明灯和两个防爆照明灯。

⑧ 防误操作装置：在远控房、司钻控制台和辅助控制台三处安装全封(剪切)闸板防误操作装置。

16. 安装辅助控制台

在平台经理或者监督值班房附近便于操作的位置安装辅助控制台。

17. 全面检查

设备安装完毕后，检查所有的连接管路是否有误，各种接头是否紧固。

18. 远程控制台功能测试

① 检查确认所有控制手柄在中位后，接通电源和气源。

② 测试各处报警灯、电铃是否正常工作；测试电机正反转。

③ 检查气源压力(75~115psi)，检查压力变送器输入压力(50psi)。

④ 打压前油箱液位应距离油箱顶部200mm左右；打压后油箱液位应高于油标下限的100~150mm。

⑤ 打开管汇泄压阀，电泵控制开关打到自动位置，试运转几分钟，待电机运转正常后再关闭泄压阀。检查各处压力表是否正常升压。

⑥ 司钻控制台、辅助控制台显示的蓄能器压力与远程控制台蓄能器压力表显示压力的误差应≤85psi。

⑦ 司钻控制台、辅助控制台显示的管汇压力和环形压力与远程控制台管汇压力表和环形压力表显示压力的误差应≤28psi。

19. 防喷器和液压放喷阀功能测试

检查液控管线密封情况和开关方向，确保各项功能符合要求。

20. 绘制Space Out图

测量转盘面到万能、双闸板、单闸板和套管头的距离，绘制防喷器组草图见“附件1-9　防喷器组Space Out图”并张贴于司钻房内，便于在关井时使钻具的接头位置避开闸板的位置。

21. 安装放喷管线和排气管线

① 放喷管线及液气分离器排气管线布局要考虑当地季节风向、居民区、道路、油罐区、电力线及其他设施等。

② 放喷管线及液气分离器排气管线均要求用水泥基墩固定，水泥基墩推荐尺寸为0.8m×0.8m×0.8m。每隔10~15m、拐弯处、出口处放置一个水泥基墩，在基墩上面放管线，用卡板固定。

③ 弯脖和活动弯管易受冲蚀，因此放喷管线及液气分离器排气管线要尽可能平直，在转弯处根据需要使用铸(锻)钢弯头或缓冲方块三通。

④ 放喷管线及液气分离器排气管线的出口处应有防砂堵措施，确保管线通畅，出口处严禁增设阀门。

(五) 工后闭环

① 清理、存放工具和设备。

② 清理、恢复工作场所，各闸门及开关手柄挂牌。

③ 关闭 PTW，收集、归档工作相关资料。

a. PTW 和 JSA；

b. 工前会议记录；

c. 防喷器组 Space Out 图；

d. 甲方相关技术指令。

三、防喷器试压

本部分适用于双闸板加万能防喷器组合在井口安装后的全套试压。

(一) 安全要点

① 防喷器试压应从试压单元的上游方向(井内压力出来的方向)建立压力。

② 防喷器组试压原则上从上至下使用清水进行测试。

③ 防喷器试压应先试低压再试高压，禁止先试高压，然后泄压到低压，最安全的泄压通道是通过节流阀，禁止直接开启防喷器泄压。

④ 禁止使用泥浆泵打压，禁止带压倒闸门，禁止紧固或卸松任何带压的连接。

⑤ 打开封井器的过程中，禁止人员在井口处观察。

⑥ 使用试压塞对防喷器组进行压力测试前，应打开套管头阀门，避免因可能的泄漏压裂套管；检查油管头顶丝上紧情况并安装顶丝防护罩，避免试压期间顶丝飞出伤人。

⑦ 试压泵打压期间，试压泵操作人员禁止离开试压操作台，无关人员禁止靠近高压设备。

⑧ 试压工作全部完成后，要根据正常作业要求倒闸门，使各闸门处于正确开位或关位，符合井控要求。

⑨ 带班队长必须监护该作业的全过程。

(二) 环保要求

① 按规定处置施工过程中产生的废液和固体废弃物，减少对环境的影响。

② 从套管头环空闸门放出的泥浆要回收到锥形罐内，试压期间井控装备连接处出现刺漏时要做好防护，防止泥浆落地造成土壤污染。

③ 试压期间操作液控闸门及防喷器开关过程中，液压管线可能发生刺漏，管线内的液压油有可能溢出，要采取措施防止污染土壤。

(三) 工前准备

1. 准备个人防护用品

安全帽、安全眼镜、手套、工鞋、安全带、防坠落装置。

2. 准备相关工具

转换接头、试压塞(或试压杯)及密封件、安全链(或警示带)、榔头、链钳、B 型吊钳、平口起子、内六方扳手、棉纱、黄油。

3. 准备相关设备

① 试压泵及试压记录仪进行功能测试，保证试压期间能够正常打压和记录压力曲线。

② 检查试压单元的开关状态，检查立管及节流、压井管汇压力表。

③ 检查试压塞是否与当前的套管头相匹配(应使用相同生产厂家)，如使用试压杯试压要确保试压杯尺寸适合当前最内层套管。

④ 如果防喷器为初次安装，应进行功能测试，测试防喷器及液动阀的开关是否与远控房三位四通换向阀控制手柄的开关位置相对应。

⑤ 如防喷器试压作业在夜间进行，应准备好照明设备。

⑥ 用吊卡扣好试压单根并提出小鼠洞，组合转换接头(如有需要)、试压塞(或试压杯)，在试压塞下部接两柱加重钻杆，按厂家或 API 标准推荐的扭矩上扣，如果使用试压塞则需卸掉试压塞上的丝堵。

⑦ 从压井管线泵入清水，冲洗防喷器组、节流管汇、液气分离器及放喷管线。

(四) 工作流程

1. 申请 PTW

2. 召开作业前安全会

明确作业人员职责，告知作业步骤、作业风险及风险防控措施。

3. 下入试压工具

① 打开节流阀，泄去可能存在的圈闭压力，放掉四通以上的钻井液。

② 打开全封闸板(或剪切闸板)，完成开井作业。

③ 根据套管头高度，计算方入并在试压单根上做好标记。

④ 按操作程序取出 BPV，下入 TWCV。

⑤ 下入试压钻具组合，由上至下分别是：试压头+试压接头+试压单根(侧面开孔或接侧开孔的试压接头)，将试压单根连接到套管头悬挂器丝扣内，管内灌满清水，将压力源连接到钻台试压单根上。

⑥ 打开套管头一侧闸门。

4. 环形防喷器试压

参考本书“第一章　钻井作业/第四节　常规作业/十一、防喷器试压/(四)工作流程/4. 环形防喷器试压”部分的描述。

5. 上半封闸板、1#、2#、5#闸门试压

参考本书“第一章　钻井作业/第四节　常规作业/十一、防喷器试压/(四)工作流程/5. 上半封闸板、1#、2#、5#闸门试压”部分的描述。

6. 压井 HCR 及节流 HCR1 试压

参考本书“第一章　钻井作业/第四节　常规作业/十一、防喷器试压/(四)工作流程/6. 压井 HCR 及节流 HCR1 试压”部分的描述。

7. 试压 3#阀和 4#阀

参考本书“第一章　钻井作业/第四节　常规作业/十一、防喷器试压/(四)工作流程/7. 试压 3#阀和 4#阀”部分的描述。

8. 下闸板(剪切或盲板)、单流阀、7#、8#、10#阀试压

① 参考本书“第一章　钻井作业/第四节　常规作业/十一、防喷器试压/(四)工作流

程/8. 下闸板(剪切或盲板)、单流阀、$7^{\#}$、$8^{\#}$、$10^{\#}$阀试压”部分的描述。

② 起出试压钻具，取出 TWCV，关闭油管头闸门。

(五) 工后闭环

① 清理、存放工具和设备。

② 清理、恢复工作场所，各闸门开关手柄挂牌，处于待命工况。

③ 关闭 PTW，收集、归档工作相关资料。

④ 当班司钻、带班队长和监督在试压曲线上签字。

a. PTW；

b. 试压报告。

四、解封封隔器

封隔器指连接于井下管柱指定位置，用于封隔油管与油气井套管或裸眼井壁环形空间的井下工具。国外主要使用威德福、贝克休斯和哈里伯顿公司用于分层采油的永久式和可取式封隔器。其显著特点是耐高温、承压能力强、工作寿命长。

解封方式主要有提放管柱、转动管柱、钻铣、液压、下工具。本部分适应于提放管柱解封可取式封隔器。

(一) 安全要点

① 正确穿戴个人安全防护用品，符合现场安全施工标准。

② 钻台面干净整洁、无油污等，防人员滑倒、绊倒。

③ 井口周围无杂物等物品，及时盖井口防落物坠入。

④ 特殊作业解封前，检查指重表、提升、悬吊和刹车系统，井架底座周围禁止人员停留，解封后对井架防落物进行检查，讨论确定最大上提载荷。

⑤ 安排专人坐岗监测返流槽返流情况，保持高度井控意识。

⑥ 安排专人检查油管头顶丝退出长度，确保完全退出；安排专人观察井架地锚情况。

⑦ 携带便携式硫化氢检测仪，熟悉硫化氢泄漏处置程序。

⑧ 带班队长必须监护该作业的全过程。

(二) 环保要求

① 施工过程中应采取措施降低噪声排放，以达到国家或地方噪声控制标准。

② 按规定处置施工过程中产生的废液和固体废弃物，减少对环境的影响。

③ 作业期间管串内液体有可能喷洒到钻台下，应采取措施减少污染。

④ 含硫气井施工，井场应配备充足的硫化氢检测仪器、防护器具和消防器材，制定应急预案，防止硫化氢等有毒、有害气体泄漏造成环境污染和人员伤害。

(三) 工前准备

① 准备全开式安全阀扳手、管钳、链钳、扳手、敲击扳手、铅油、钢丝刷、榔头、卷尺等手工具。

② 准备匹配联顶节的液压钳、卡瓦、安全卡瓦、吊卡等井口工具，检查卡瓦牙、钳牙、安全销等处于良好状态。

③ 准备 2in 水龙带、1502 弯头、循环头、全开式安全阀、内防喷工具、配合接头、联顶节等工具。

④ 防喷器功能测试正常且试压合格。

⑤ 按操作程序取出 BPV 或 TWCV。

⑥ 启动钻机，检查电路、油路、气路是否符合要求，应无跑冒滴漏现象。

⑦ 检查死绳头、活绳头固定，传感器油量，指重表灵敏度，刹车系统、井架绷绳等应正常可靠。

⑧ 根据修井设计，核对油管悬挂器扣型，计算油管管串长度和重量。

⑨ 根据修井设计准备充足的压井液。

⑩ 查看修井设计确定井内封隔器型号，制定合适的解封方案。

（四）工作流程

1. 申请 PTW

2. 召开作业前安全会

明确作业人员职责，告知作业步骤、作业风险及风险防控措施。

3. 安装联顶节

① 安装好吊卡，检查安全销，确保状态完好。

② 上提联顶节，检查丝扣，涂抹铅油。

③ 下放联顶节到油管悬挂器顶部，先逆时针旋转 2~3 圈引扣，再顺时针旋转至满扣，使用链钳拧紧。

④ 接全开式安全阀+循环头+1502 弯头+水龙带。

⑤ 刹住绞车待命。

4. 松开油管悬挂器顶丝

① 使用合适的扳手卸松压帽 2~3 圈。

② 用扳手固定压帽，卸顶丝 8 圈以上，检查顶丝应完全退出井口四通主通径。

注：使用卷尺测量顶丝退出长度，应符合厂家要求。

③ 用扳手上紧压帽。

④ 司钻等关键岗位人员要再次确认顶丝退出长度，确保符合厂家要求。

5. 解封封隔器

① 缓慢上提管柱，观察指重表悬重变化，检查井口居中位置，及时调整。工作人员远离井口等危险区域待命。

② 继续上提管柱到封隔器以下管柱悬重，然后继续上提 60~80kN 解封，停留 5~8min，同时向环空灌入压井液。

③ 如不能正常解封封隔器，上提悬重不能超过设备和井内管柱额定提升拉力的 80%。封隔器解封时可能突然释放引起管柱弹跳，提前检查确认吊卡保险销正确安装。

④ 解封后继续上提管柱到合适高度，及时溢流检查。发现溢流等井控问题，及时关井控制井口，准备压井。

⑤ 解封后应静待至少 15min，保证封隔器充分复位，若下放遇阻避免硬压，根据作业指令充分循环压井液。

⑥ 及时检查悬吊系统、提升系统、井架绷绳、各种仪表，确保正常。及时调整管柱居中情况，使油管悬挂器顺利通过防喷器。

⑦ 卸掉油管悬挂器，根据指令进行下一步施工作业。

（五）工后闭环

① 清理、存放工具和设备。

② 清理、恢复工作场所。

③ 循环时检查油管悬挂器顶丝密封情况。

④ 关闭 PTW，收集、归档工作相关资料。

a. PTW 和 JSA；

b. 解封封隔器的作业指令；

c. 修井设计。

五、起下油管

（一）安全要点

① 起下油管过程中准备好扣型匹配的内防喷工具或油管丝扣转换接头，并制定井控风险预案。

② 按规定控制起下速度，防止大直径工具产生抽汲现象。

③ 油管对扣时严禁人员扶油管公扣和母扣上端，防止手部伤害。

④ 轻质油等易燃易爆油气井起下油管应使用铜质防爆工具。

⑤ 配备并使用防碰天车，设置好电子防碰天车的上碰下砸功能。

⑥ 检查、维修液压钳(更换鄂板)必须切断动力源。

⑦ 井口手工具系保险绳，防范油管和井内落物。

⑧ 特殊工具的下入必须在监督或者服务方的指导下进行。

（二）环保要求

① 施工过程中应采取措施降低噪声排放，以达到国家或地方噪声控制标准。

② 按规定处置施工过程中产生的废液和固体废弃物，减少对环境的影响。

③ 作业中管串中液体有可能喷洒到钻台下，应采取措施减少污染。

④ 应选择环保、安全的套管螺纹脂，避免使用含铅螺纹脂，剩余螺纹脂应密封保存并加以标记，用过的空容器应按照有关规定进行存储和处理。

⑤ 含硫气井施工，井场应配备充足的硫化氢检测仪器、防护器具和消防器材，制定应急预案，防止硫化氢等有毒、有害气体泄漏造成环境污染和人员伤害。

⑥ 辐射井施工，作业时产生的辐射污染物应投入专用的垃圾桶，作业结束之后所有辐射污染物(使用过的一次性防护用品、井下工具、油管等)立即转运至甲方指定存储地，任何污染物不能在井场及周边存放。

（三）工前准备

1. 井下基础数据

① 钻完井生产数据、目前井内状况、施工目的及注意事项。

② 施工井地质方案和工程设计应资料齐全、数据准确。

③ 井内油管规格、根数和长度，井下工具名称、规格深度及井下管柱结构示意图。

2. 工作相关工具和设备准备

起下油管相关工具及设备见表 2-10。

表 2-10　起下油管相关工具及设备

序号	名称	单位	数量
1	液压钳	台	1
2	油管吊卡	个	1
3	单根吊卡	个	1
4	卡瓦	个	1
5	安全卡瓦	副	1
6	全通径安全阀，扳手	个	1
7	联顶节	根	1
8	钩子	个	1
9	铜榔头	把	1
10	油管护丝		按需
11	粉笔		按需

3. 其他准备

① 带班队长制作油管数据表，并交给监督及第三方核对。

② 准备油管、油管附件和一些特殊工具(清洗、通径、丈量)。

(四) 工作流程

1. 申请 PTW

2. 召开作业前安全会

明确作业人员职责，告知作业步骤、作业风险及风险防控措施。

3. 起油管

① 井口操作人员指挥司钻下放游动滑车，当吊环下端距井口 1m 左右时，井口操作人员示意缓慢下放，到达扣吊卡位置时司钻停止下放。

② 井口人员将油管吊卡扣在油管本体上，关紧吊卡并检查自锁情况。

③ 司钻操作绞车密切关注悬重和井口情况，上提游车使下一油管接箍至距转盘面上 0. 8m 左右刹车。

④ 井口人员坐卡瓦并指挥司钻下放游动滑车，使油管坐在卡瓦上，直至上端吊卡离开接箍 0. 05~0. 10m 时刹车。

⑤ 液压钳操作人员将液压钳拉至井口并扣住油管本体，操作手柄，按低、高、低的换挡顺序卸扣，直至油管螺纹全部卸开，对正井口，退出液压钳。

⑥ 井口操作人员指挥司钻上提油管 0. 3m 左右，待井口人员安装油管护丝拉住油管下端后，平稳下放油管于小鼠洞内。

⑦ 井口操作人员打开吊卡并推送至井口扣合至井口管柱，鼠洞内油管上好油管提丝或扣合单根吊卡，用气动绞车吊起，井口操作人员将单根推离大门坡道，气动绞车下放油管至猫道。

⑧ 井口操作人员指挥司钻上提管柱，司钻注意观察作业机指重表悬重变化。

⑨ 重复以上操作，将井内油管及入井工具全部起出。

⑩ 施工过程注意灌浆和坐岗溢流观察。

⑪ 起油管的常规要求：

a. 按照修井设计，一般要求在钻台上立 1000～4000ft 不等的油管，以备压井时使用；

b. 按井控要求，全开式安全阀应打到“打开”位置；

c. 记录施工时间，记录起出油管的规范及带出的工具规范和数量；

d. 填写 Trip Sheet，及时灌浆和准确记录灌浆量，以保证及时发现井涌或漏失；

e. 起出的油管和任何工具都要戴好护丝；

f. 起出的任何非常规或有异常的工具都要经过监督或甲方服务人员的检查，得到允许后再进行下一步作业；

g. 使用气动卡瓦起油管时，待刹车后再卡卡瓦，卡瓦卡好后再开吊卡，严禁猛刹刹车；

h. 起大直径井下工具通过大斜度井段、水平井段、拐点及最后几根油管时，提升速度应不大于 5m/min，防止碰坏井口、拉断拉弯油管或损坏井下工具；

i. 起油管过程中，随时观察并记录油管和井下工具有无异常，有无砂、蜡堵、腐蚀及偏磨等情况。

4. 下油管

① 场地操作人员将入井油管滚动至猫道上并扣上单根吊卡，井口操作人员上提单根并放入鼠洞中。

② 司钻操作绞车调整吊卡到合适位置，井口操作人员将吊卡扣在待入井的油管本体上。

③ 井口操作人员指挥司钻上提游动滑车，当油管公扣距离井口母扣 0.3m 左右时刹车，井口操作人员涂抹丝扣油。再指挥司钻缓慢下放对扣，当上端吊卡离开接箍 0.05～0.10m 时停止下放。

④ 液压钳操作人员将液压钳拉至井口并扣住油管本体，操作手柄，按低、高、低的换挡顺序上扣，直至油管螺纹按照规定扭矩上紧，对正井口，退出液压钳。

⑤ 井口操作人员指挥司钻上提油管，井口人员同时上提卡瓦至转盘面，司钻刹车。

⑥ 司钻密切关注井口和悬重变化将油管下入井内。

⑦ 重复上述程序，将油管全部下入井内。

⑧ 施工过程注意返浆情况和坐岗观察。

⑨ 下油管的常规要求：

a. 司钻落实下油管数量和顺序，并和带班队长确认。

b. 每根油管在管排或井架上按油管数据表顺序编号，每下一单根，司钻在油管数据表上打钩确定。

c. 每根油管上扣时，均需管钳引扣 4 扣以上，再用液压钳快挡上扣，慢挡紧扣。

d. 当油管上至推荐扭矩后，余扣不得大于 2 扣。

e. 下钻过程中严格按甲方指令控制下钻速度，禁止旋转钻具。

f. 下钻过程中严防井口落物。

g. 入井油管螺纹应清洁，连接前应均匀涂密封脂。密封脂应涂抹在油管外螺纹上，不应涂抹在内螺纹处。

h. 大直径工具在通过射孔井段、大斜度井段时，下放速度不应大于 5m/min。

i. 油管未下到预定位置遇阻或上提受卡时，应及时通知监督和服务商分析井下情况，校对各项数据，查明原因及时解决。

（五）工后闭环

① 清理、存放工具和设备。

② 清理、恢复工作场所。

a. 施工完成后工具归位并清理场地；

b. 如果含有原油等污水需要排放至甲方指定的场所。

③ 关闭 PTW，收集、归档工作相关资料。

a. JSA；

b. 钻具表；

c. 坐岗记录。

六、起下抽油杆

（一）安全要点

① 必须在压井结束、开井溢流观察正常后，方可进行起下抽油杆作业。

② 起下抽油杆前，必须在地面对作为全封 BOP 使用的 Gate Valve 试压合格。

③ 必须安装抽油杆 BOP 并试压合格。

④ Gate Valve 和抽油杆 BOP 的压力级别必须和使用的采油树与油管四通一致，两者的内径必须能通过配套使用的 BPV 和 TWCV。

⑤ 严防油管内落物，随时打好抽油杆的叉板，严禁操作吨位大于抽油杆吊卡额定载荷。

⑥ 调节好抽油杆上扣扭矩，严禁未按要求安装使用抽油杆液压钳尾绳。

⑦ 抽油杆对扣、卸扣时不要把手放在接头上，人员之间保持良好的沟通，禁止采用人力的方法使用管/链钳进行抽油杆倒扣。

⑧ 设备工况良好符合操作要求，检查各设备的允许工作负荷。

⑨ 司钻检查确认大钩解锁，操作要平稳，特别是在光杆提出定子时，光杆会旋转。

⑩ 对井内起出的管柱进行辐射测试，井口操作人员做好辐射防护工作。

⑪ 入井的抽油杆本体和接头要清理干净，有问题的严禁入井。

（二）环保要求

① 施工过程中应采取措施降低噪声排放，以达到国家或地方噪声控制标准。

② 按规定处置施工过程中产生的废液和固体废弃物，减少对环境的影响。

③ 作业中管串中液体有可能喷洒到钻台下，应采取措施减少污染。

④ 应选择环保、安全的螺纹脂，避免使用含铅螺纹脂，剩余螺纹脂应密封保存并加以标记，用过的空容器应按照有关规定进行存储和处理。

⑤ 含硫气井施工，井场应配备充足的硫化氢检测仪器、防护器具和消防器材，制定应急预案，防止硫化氢等有毒、有害气体泄漏造成的环境污染和人员伤害。

⑥ 辐射井施工，作业时产生的辐射污染物应投入专用的垃圾桶，作业结束之后所有辐射污染物（使用过的一次性防护用品、抽油杆、油管等）立即转运至甲方指定存储地，任何污染物不能在井场及周边存放。

（三）工前准备

1. 井下基础数据

① 包括钻完井生产数据、目前井内状况、施工目的及注意事项。

② 施工井地质方案和工程设计应资料齐全、数据准确。

③ 井内抽油杆规格、根数和长度，井下工具名称、规格深度及井下管柱结构示意图。

2. 工作相关工具和设备准备

起下抽油杆相关工具及设备见表2-11。

表2-11 起下抽油杆相关工具及设备

序号	名称	型号规格	单位	数量
1	抽油杆吊卡		个	2
2	抽油杆吊钩		个	2
3	专用抽油杆扳手		把	1
4	抽油杆液压钳		台	1
5	抽油杆防掉叉板		个	1
6	管钳	36in	把	1
7	管钳	48in	把	1
8	吊带	1.5t	条	2
9	卸扣	3t	个	2

3. 其他准备

① 带班队长制作抽油杆数据表，并与监督及第三方核对。

② 按要求准备抽油杆和一些特殊工具。

(四) 工作流程

1. 开展JSA风险分析

2. 召开作业前安全会

明确作业人员职责，告知作业步骤、作业风险及风险防控措施。

3. 拆除密封盒(有顶驱装置的螺杆泵)

① 检查确认井口抽油杆BOP打开且井口人员已在安全区域后，缓慢试提抽油杆至转子或活塞出泵筒，上提过程中密切关注悬重变化，最高悬重不能超过抽油杆柱6klbs。

② 上提下放抽油杆必须缓慢，控制好抽油杆的旋转速度。

③ 上提时要提前了解抽油杆的长度，避免抽油杆下接头挂到密封盒。

④ 下放使悬挂抽油杆的卡瓦距离顶驱驱动头上部2ft刹车。

⑤ 卸开密封盒和抽油杆BOP上四通连接处的法兰螺栓或丝扣。

⑥ 使用大钩和小绞车同时上提杆柱和密封盒(顶驱)，将密封盒提离抽油杆BOP上四通上法兰2ft。

⑦ 在抽油杆BOP上四通上法兰放置保护法兰和防落物的插板。

⑧ 将抽油杆卡瓦放在插板上端并卡紧在抽油杆上。

⑨ 下放抽油杆，将抽油杆柱的重量依靠抽油杆卡瓦全部坐在抽油杆BOP上四通上。

⑩ 关闭抽油杆BOP。

⑪ 将密封盒(顶驱)从抽油杆顶部抽出甩掉。

4. 安装抽油杆 BOP 及甩抽油杆

① 将 Gate Valve 连接在抽油杆 BOP 下部，用小绞车将其提起到抽油杆顶部以上，下放让抽油杆从其中孔通过，将抽油杆顶部暴露在抽油杆 BOP 顶端之上。

② 使用大钩上提抽油杆，使抽油杆卡瓦离开抽油杆 BOP 上四通上法兰以上 2ft。

③ 将抽油杆卡瓦卸开并移除。

④ 使用小绞车下放 Gate Valve 和抽油杆 BOP 组合，连接好 Gate Valve 和抽油杆 BOP 上四通。

⑤ 用大钩上提抽油杆，使抽油杆下第一个接头位于四通部位。

⑥ 关闭抽油杆 BOP。

⑦ 从四通处对抽油杆 BOP 试压。

⑧ 试压合格后，上提抽油杆，放置抽油杆吊卡，将杆柱重量坐放在第一个抽油杆上接头下的吊卡上。

⑨ 使用抽油杆专用钳将抽油杆和抽油杆间的连接丝扣卸开。

⑩ 甩抽油杆。

5. 起抽油杆

① 使用配套的、证书齐全的抽油杆吊卡、抽油杆专用钳(液压钳)，按要求起甩井内抽油杆。

② 将起抽油杆动力设施及吊卡等工具用具吊至钻台。

③ 司钻按要求平稳操作，及时向井内灌注压井液平衡地层压力，落实坐岗和井控要求。

④ 在起抽油杆过程中，吊卡和抽油杆小钩必须经常清理检查和保养，确保弹簧弹性良好，锁定回位灵活，确保安全锁定。

⑤ 起出的抽油杆的接头和本体要仔细清洁和检查，有问题的要挑拣出来。

⑥ 起出的抽油杆及转子，按照甲方要求送回指定地点检测或存放。

⑦ 起出的抽油杆、转子，平放时要求每 2.5m 放置一个支撑杆架，以避免变形弯曲。

6. 下抽油杆

① 准备入井的转子、活塞、抽油杆必须清洗干净，认真检查。

② 准备入井的转子、活塞必须和配套入井的定子或泵筒一致，入井前在地面做进入和取出测验。

③ 入井抽油杆的变换接头必须准备齐全。

④ 新的抽油杆 BOP 和总阀门 Gate Valve 要求在地面试压。

⑤ 依次安装生产四通、总闸门(Gate Valve)和抽油杆 BOP，上述井口装置的内径必须能顺利通过 BPV 和连接新的转子。

⑥ 通过生产四通对总闸门试压。

⑦ 下入一根长度合适的抽油杆短节，在其下接头之上的本体处关闭抽油杆 BOP，通过生产四通对总闸门试压。

⑧ 地面排放的抽油杆、转子，平放时要求每 2.5m 放置一个支撑杆架，以避免变形弯曲。

⑨ 依次下入活塞(转子)、短节、抽油杆和光杆。

⑩ 活塞(转子)、短节、抽油杆和光杆的丝扣必须清理干净，避免粘有泥沙，否则会导

致丝扣无法上紧，进而会引起抽油杆柱松扣落井。

⑪ 探到探棒或泵筒底部后做记号，上提抽油杆柱至自由悬重后，继续上提 2ft 作为防冲距。

⑫ 根据抽油杆长度记录表，选择调换下入合适的抽油杆短节和顶部抽油杆来调整下入抽油杆。

⑬ 下放抽油杆使转子或活塞至探棒或泵底，上提抽油杆确保 2ft 的防冲距。

⑭ 继续上提抽油杆 5~7ft，将生产四通和主闸门的连接处卸开。

⑮ 使用小绞车将总闸门和抽油杆 BOP 吊离生产四通 2ft。

⑯ 在生产四通上法兰上放置保护法兰和防落物的插板，将抽油杆卡瓦放在插板上端并卡紧在抽油杆上。

⑰ 下放抽油杆，将抽油杆柱的重量依靠抽油杆卡瓦全部坐在生产四通上，关闭抽油杆 BOP。

⑱ 上提大钩 30ft。

⑲ 使用小绞车将总闸门和抽油杆 BOP 上提并甩下。

⑳ 使用小绞车将抽油杆密封盒套装下放至抽油杆卡瓦上部 2ft。

㉑ 使用大钩上提抽油杆 1ft，拆除抽油杆卡瓦。

㉒ 使用小绞车将抽油杆密封盒下放坐在生产四通上，将两者使用法兰或丝扣连接好。

㉓ 调整好防冲距，按照要求测试泵效。

(五) 工后闭环

① 清理、存放工具和设备。

② 清理、恢复工作场所。

a. 施工完成后工具归位并清理场地；

b. 如果含有原油等污水需要排放至甲方指定的场所。

③ 收集、归档工作相关资料。

a. JSA；

b. 钻具表；

c. 坐岗记录。

④ 工作完成用时依据实际情况而定。

七、套管找漏

(一) 安全要点

① 井口手工具要系保险绳，防范油管和井内落物。

② 泥浆罐安排人员坐岗观察液面，及时汇报异常。

③ 封隔器封窜、堵漏作业，应在封隔器上部接安全接头。

④ 特殊工具的下入必须在监督或者服务方的指导下进行。

⑤ 测试压力必须考虑套管额定抗内压强度。

⑥ 封隔器入井，控制下放速度不大于 0.3m/s，禁止猛提猛放。

⑦ 按规定控制起钻速度，防止大直径工具产生抽汲现象。

⑧ 油管对扣时严禁人员扶油管公扣和母扣上端，防止手部伤害。

⑨ 配备并使用防碰天车，设置好电子防碰天车的上碰下砸功能。

⑩ 带班队长必须监护该作业的全过程。

（二）环保要求

① 施工过程中应采取措施降低噪声排放，以达到国家或地方噪声控制标准。

② 按规定处置施工过程中产生的废液和固体废弃物，减少对环境的影响。

③ 作业中管串内液体有可能喷洒到钻台下，应采取防落地措施减少污染。

④ 应选择环保、安全的套管螺纹脂，避免使用含铅螺纹脂，剩余螺纹脂应密封保存并加以标记，用过的空容器应按照有关规定进行存储和处理。

⑤ 含硫气井施工，井场应配备充足的硫化氢检测仪器、防护器具和消防器材，制定应急预案，防止硫化氢等有毒、有害气体泄漏造成环境污染和人员伤害。

（三）工前准备

① 了解井身结构、井下情况以及施工设计程序。

② 需要使用的井口工具必须提前保养和检查。

③ 封隔器和所有入井的配合接头都需要丈量长度，测量内外径大小并绘制草图。

④ 井场储备足够的生产用水，水罐车装满水井场待命。

⑤ 准备一根短钻杆作为提升短节。

⑥ 准备和检查与工作相关的工具及设备见表 2-12。

表 2-12　检查油管相关工具及设备准备

序号	工具设备名称	型号规格	单位	数量
1	钢卷尺	15m	把	1
2	粉笔	白色	根	若干
3	马克笔	白色	根	1
4	卡尺		把	1
5	铅油刷		把	2
6	棉纱		块	按需
7	清洗剂		瓶	按需
8	通径规	按需	支	按需

（四）工作流程

1. 申请 PTW

2. 召开作业前安全会

明确作业人员职责，告知作业步骤、作业风险及风险防控措施。

3. 工具连接及坐挂

① 按照第三方工程师要求连接工具。

② 根据设计在一定深度对 RBP 和 RTTS 封隔器进行浅层测试。

③ 下找漏管柱至设计位置后坐封。

④ RBP 坐封。

a. 先正转 1~2 圈下放钻具(可以在旋转的同时下放钻具)，观察悬重，如果悬重下降至

15~25klbs，则证明 RBP 下部卡瓦打开。然后上提，如果提至原悬重后悬重继续上升 15~25klbs，证明上部卡瓦打开卡住套管。

b. 反之如果悬重下降吨位不够，钻具能够继续移动则证明卡瓦打滑。需要在原悬重的情况下正转 1 圈，然后上提解封 RBP，重新坐封。

c. 如果反复几次坐封不成功需要考虑套管问题，改换坐封位置再次测试。

d. 如更换位置后多次坐封仍不成功则需要考虑更换新封隔器。

e. 坐封 RBP 后需要将钻具与 RBP 脱开，下放 5klbs 后反转钻具半圈上提，观察悬重如果无变化则证明脱开成功，如若悬重变化则需要重新脱开。

⑤ RTTS 坐封。

a. 在预定坐封位置上下活动钻具几次，记录上提下放悬重；

b. 用链钳卡住钻具反转 1 圈同时下放管柱，悬重开始减小后，根据封隔器工程师的要求下放至需要的悬重，一般放完管柱重量。

⑥ 接泵注设备管线，固定牢靠并进行试压。

⑦ 开泵，对套管试压。正注或反注施加泵压至设计要求的验封压力，承压时间 10min，压降应不大于 0.5MPa 为合格。

⑧ 解封后，下放找漏管柱至设计的找漏处。重复按步骤③~⑤查漏，若其压降值大于 0.5MPa，则表明该井段漏失。

4. 套管找漏

① 按照设计要求，分井段坐封 RBP，上提 10ft 后坐封 RTTS 封隔器。从钻具水眼内打压，对 RBP 和 RTTS 封隔器密封进行试压，如果不漏说明 RBP 和 RTTS 封隔器的密封以及它们之间的套管不漏；如果压力缓慢下降记录下降速度，作为后续作业的参考依据。

② 环空内灌满清水，关闭防喷器后对 RTTS 封隔器以上环空试压。压力不降说明 RTTS 封隔器以上套管不漏，可以进行下一步作业。

③ 压力下降，要先排除封隔器胶皮密封是否失效。保持油管敞开，油管中无液体返出，说明封隔器胶皮密封有效。

④ 封隔器没有问题，则表明 RTTS 封隔器以上套管漏，如需进行注入测试，测试不同压力下的漏速并记录。记录验窜压力、录入排量等数据。

⑤ 注入测试结束后解封 RTTS 封隔器，起钻 1000ft。

5. 分段找漏

① 重复"4. 套管找漏"步骤直到出现 RTTS 封隔器以上环空压力不降的现象，此时 RTTS 的深度为套管渗漏段的上界面。

② 解封 RTTS 封隔器，下钻至 RBP 深度，可以先下压 10~15klbs，然后上提至原悬重，正转 1 圈，然后缓慢上提解封 RBP，根据上提悬重的变化确认 RBP 解封成功，等到胶皮恢复后(3~5min)，开始起钻，进行下一步作业。

6. 测试注意事项

① 作业过程中，必须积极配合工具服务人员，彼此确认层位和 PKR 深度后再进行作业，对每一个套管深度的测试都要记录。

② 灌压井液过程中保持低排量，让环空的空气尽量排出，防止大量气泡上返。

③ 下钻过程中不得转动钻具。

④ 浅层测试一般在不漏的套管(与上一层套管的重合度段)内进行。

⑤ 解封 RBP 后要等待一段时间密封胶皮才能恢复原状。

⑥ 解封 RBP 后需要溢流检查后方可进行下一步作业。

⑦ 作业结束后起钻必须落实井控工作要求。

（五）工后闭环

① 清理、存放工具和设备。

② 清理、恢复工作场所。

③ 关闭 PTW，收集、归档工作相关资料。

a. PTW 和 JSA；

b. 钻具数据表。

八、挤水泥作业

（一）安全要点

① 管线试压和施工时无关人员应离开作业区域。

② 试压时，由第三方人员操作高压管线和井口的开关。

③ 挤水泥钻具一般用 1000ft 的 3½in 油管作为挤水泥管柱（油管长度不小于水泥塞段长）。

④ 若挤水泥中途失败，应采用反循环的方法排出水泥浆，不允许水泥浆通过 BOP。

⑤ 挤水泥前应再次核对入井钻具数量，并与固井工程师和监督确认挤水泥后起出管柱的数量和井深。

⑥ 预留一个泥浆罐来收集顶替水泥浆的返出液。

⑦ 入井的挤水泥管柱按要求通径，认真检查丝扣与本体，不能出现穿孔油管入井，按照标准扭矩上扣。

⑧ 起下钻时井口做好防落物工作，气动卡瓦或者手动卡瓦坐好后，悬重应缓慢释放，防止挤扁管柱本体。

⑨ 水泥顶替到位后应立即起钻至反循环深度，将多余水泥浆反洗出井筒。

⑩ 泥浆泵在使用前 15min 应进行预热，检查好所有阀门开关是否正确。

⑪ 泥浆罐上供液人员确保砂泵连续运转，能够及时给挤水泥泵车供液并准确计量液量变化情况。

⑫ 拆除管线前要确保管线压力为零，防止高压伤人。

⑬ 使用井队泥浆泵稳压时要保持压力平稳，补充压力缓慢，不能超过最高关井压力，并做好压力变化记录。

⑭ 稳压结束后，释放压力要缓慢，并且准确计量溢出液量，推算出地层水泥的挤入量。

⑮ 施工过程中安排专人坐岗，记录返出量和观察井口返出情况，发现异常及时汇报。

⑯ 带班队长必须监护作业的全过程。

（二）环保要求

① 施工过程中应采取措施降低噪声排放，以达到国家或地方噪声控制标准。

② 按规定处置施工过程中产生的废液和固体废弃物，减少对环境的影响。

③ 作业中管串内液体有可能喷洒到钻台下，应采取措施减少污染。

④ 转运水泥、药品等散装物料要做好防护措施，加装篷布，避免物料散落造成二次扬尘。

⑤ 挤水泥施工过程中剩余的水泥做好回收，禁止就地排放污染环境。

⑥ 检查确认施工机械工况正常，地面管线连接部位无刺漏，杜绝跑冒滴漏造成环境污染。

（三）工前准备

1. 资料收集与核实

① 施工井的井别、套管规格、井斜数据和套损情况。

② 挤水泥井段及其他有关井段资料。

③ 目前地层压力系数、温度、产液(气)量和液(气)体性能。

④ 井眼漏失情况以及历次作业措施情况。

⑤ 目前井下情况。

2. 工具准备

① 注水泥管柱相匹配的安全阀与循环头。

② 钻具相匹配的 B 型大钳、上扣扭矩仪、液压大钳等。

③ 固井队上水口相配的接头及管线。

④ 钻杆安全阀(球阀)、扳手、钻杆内防喷器、配合接头与循环头。

⑤ 泥浆泵安全阀压力设定在安全范围内。

⑥ 长度足够的反循环管线。

⑦ 泥浆比重计和取样杯。

（四）工作流程

1. 申请 PTW

2. 召开作业前安全会

明确作业人员职责，告知作业步骤、作业风险及风险防控措施。

3. 下入挤水泥管柱

① 准备 40 根本体与丝扣完好的油管作为挤水泥管串。

② 油管逐根通径，按照标准扭矩上扣后入井。

③ 用钻杆将挤水泥管柱下入设计井深。

④ 在管柱上连接安全阀与循环头，连接循环管线并安装安全绳。

⑤ 使用泥浆泵循环洗井一个迟到时间。全漏失的井应循环两倍的油管容积，确保油管畅通。

⑥ 井队在循环时，固井公司将管线连接至钻台，安排清水罐停靠在固井车旁，连接清水供液管线，检查测试泥浆罐供浆系统。

⑦ 循环结束后，拆除井口循环管线，连接固井队的旋塞阀与挤水泥管线。

⑧ 挤水泥管线按标准进行试压，管线应不刺不漏。

⑨ 固井车测试地层注入速度，根据注入速度确定挤水泥方案。

⑩ 固井队根据设计准备前置液、后置液和水泥浆。

4. 泵入水泥浆，做挤水泥准备

① 水泥浆配置好后，取两个水泥浆样品作为地面观察使用。

② 固井车按照前置液+水泥浆+后置液+顶替液的顺序将水泥浆顶替到设计深度。

③ 起挤水泥管柱至设计灰面以上 200ft。

④ 安装旋塞阀与循环头，连接冲洗管线，反循环冲洗 1.5 倍管柱容积，确保管柱畅通。

⑤ 拆除反冲洗管线再次起钻 200ft 管柱。

⑥ 安装旋塞阀与循环头，连接固井泵车管线并试压。

⑦ 固井泵车洗井，待返出口有液体返出后停泵(或司钻通过灌浆泵灌满环空)。

⑧ 司钻关闭半封闸板防喷器，固井队确认阀门流程正确无误，准备进行挤水泥作业。

5. 挤水泥、候凝

① 固井车通过固井管线缓慢打压，直到设计压力后停泵。

② 保持设计压力 1h，如果压力低于设计压力则持续补压，总挤入水泥浆量要确保在油层顶界以上留有 100ft 的水泥面，避免过量挤入。

③ 固井车保持压力 1h 后关闭管柱上部旋塞阀，地面固井管线泄压。

④ 拆除固井管线，连接井队循环管线，缓慢打压至设计压力，确定压力稳定后，打开井口管柱上的旋塞阀继续观察。

⑤ 保持设计压力 5h，记录压力变化。

⑥ 候凝结束后，缓慢释放压力，同时记录地面返出液量。

⑦ 通过稳压时的泵入量和泄压的溢出量计算挤入地层水泥浆总量。

⑧ 确认压力释放为零，无液体持续返出后，拆除井口循环管线、循环头和安全阀。

⑨ 打开半封闸板防喷器，观察井内环空液面无异常，起出挤水泥管柱。

(五) 工后闭环

① 清理、存放工具和设备。

② 清理、恢复工作场所。

a. 剩余施工材料及固体垃圾进行分类回收处置;

b. 施工场地清理恢复，确认无杂物。

③ 关闭 PTW，收集、归档工作相关资料。

a. PTW 和 JSA;

b. 挤水泥设计;

c. 挤水泥施工过程记录。

九、更换油管头

(一) 安全要点

① 拆卸旧井口前，应拍照留存。

② 拆卸旧井口前，按要求对各套管环空和套管卡瓦试压合格。

③ 拆卸旧井口前，检测圆井及井口周围是否存在有毒、有害和易燃、易爆气体。

④ 作业过程中应采取措施防止井下落物。

⑤ 起吊井口时，指挥人员与操作人员保持良好沟通，避免四通碰井口套管。

⑥ 操作防喷器提吊装置人员应经过培训并有操作经验。

⑦ 上提油管头时，油管头底部与下面井口应对角保有两条卸松的螺栓，避免上提拉力瞬间释放时，油管头弹起伤人或下坠砸坏井口。

⑧ 井口下放对正时，注意手指的防护，禁止用手接触法兰底面和上面部位。

⑨ 安装新井口前，必须与监督确认新井口的安装方向。

⑩ 试压前，应确认套管的抗挤压力强度和井口额定压力。

⑪ 带班队长必须监管整个作业过程。

（二）环保要求

① 施工过程中应采取措施降低噪声排放，以达到国家或地方噪声控制标准。

② 按规定处置施工过程中产生的废液和固体废弃物，减少对环境的影响。

③ 含硫气井施工，井场应配备充足的硫化氢检测仪器、防护器具和消防器材，制定应急预案，防止硫化氢等有毒、有害气体泄漏造成环境污染和人员伤害。

（三）工前准备

1. 工具设备准备

油管头更换相关工具及设备见表 2-13。

2. 人员要求

① 井口作业人员劳动防护用品穿戴应符合要求。

② 井口作业人员熟悉施工程序和安全技术注意事项。

表 2-13 油管头更换相关工具及设备

序号	工具设备名称	型号规格	单位	数量
1	防护栏杆		米	30
2	牵引绳		根	2
3	轴流风机		台	1
4	消防器材	12kg 干粉	个	2
5	吊索具		根	按需
6	气体检测仪		个	2
7	新井口		套	1
8	照明车		台	1
9	铜榔头/铜棒		把	2
10	敲击扳手		把	按需
11	液压油/注塑脂		升	按需
12	试压泵		台	1
13	磨光机		台	1
14	气割设备		套	1
15	防护面罩		个	1
16	钢卷尺		把	1
17	正压呼吸器	30min	套	3
18	举升车		台	1
19	吊车和叉车		台	各 1

3. 工具及材料准备

① 换装的新井口装置应具有检测或试压合格证等资料。

② 压井液符合设计要求。

③ 封井工具或注塞材料，气井井口应准备注脂材料和工具。

④ 相应的割、焊设备和材料。

⑤ 现场应急物资。

4. 井筒准备

① 下钻通井，充分循环，确保井眼稳定，井筒无油、气、水外溢现象。

② 起钻至预定井深，接 STORM 封隔器，下入井内座封并对封隔器试压 2 次，起出送入封隔器管柱并立于钻台上。

③ 清理原井井口，露出原井井口或套管，保持清洁以便观察。

④ 换装井口装置前，井筒稳定时间应能满足换装井口装置时间方可施工。

⑤ 无井口且套管处于封闭状态，应采用安全方法开孔并确定井内压力状况，压力大于 0MPa，应采取泄压或压井的方式使井筒处于稳定状态，必要时应采用背压阀、堵塞器、注水泥塞等隔离措施，进行隔离并试压合格后方可进行换装井口装置施工。

⑥ 割、焊井口装置前，采用封堵工具（或注塞材料）封堵井筒，应对封堵效果进行试压，取得动火许可票证后方可进行割、焊井口作业。

⑦ 在不具备压井条件或需保护油气层等情况下，可采用冷冻井口的方式暂堵井筒。冷冻井口装置前，安装冷冻设备，在井口及井内通道装入冷冻剂。冷冻后对冷冻效果进行试压检验，试验压力符合施工设计规定，最高值不超过套管抗内压强度和原井口装置工作压力两者最小值的 70%，用清水试压，稳压 30min，压降不大于 0.5MPa 为合格，试压合格后卸井内压力，检验井内无泄漏方可施工。

5. 作业空间

① 井口周围具备换井口装置的操作空间，便于人员操作、撤离。

② 在更换井口装置全过程中，应有专人检测有毒、有害气体并记录，若气体浓度超过安全临界浓度，则启动相应应急预案。

（四）工作流程

1. 申请 PTW

2. 召开作业前安全会

明确作业人员职责，告知作业步骤、作业风险及风险防控措施。

3. 拆除旧井口

① 作业区用隔离带进行警示，挂警示牌，作业期间，禁止无关人员进入施工区域。

② 安排专人检测圆井 H_2S 和 LEL 浓度。

③ 拆除灌浆管线、高架槽、喇叭口、压井、防喷管汇及防喷器主体并移出井口。

④ 打开侧翼阀门，放空井口内压井液，检查确认套管环空压力为零。

⑤ 盖住井口防止落物，拆卸旧井口固定螺栓，对角保留两根卸松的螺栓。

⑥ 取掉井口盖板，所有人员站到安全距离以外，由专人指挥，缓慢上提井口，避免上提拉力瞬间释放时，套管头弹起伤人或下坠砸坏井口。

⑦ 旧井口松动后，缓慢下放，放松吊索，拆除预留的对角固定螺栓。

⑧ 系牵引绳，再次缓慢上提旧井口，将旧井口平稳地放在运移小滑车上。

⑨ 缓慢操作移动小滑车，将旧井口移出并放置到安全区域。

4. 安装新井口

① 清洗检查确认原套管头和法兰钢圈槽完好度。

② 测量核对套管头上突出套管长度是否与新井口密封高度一致，若不合适需进行修整，套管顶部打磨合适的倒角。

③ 确认新井口安装方向，若无特殊说明，需与原井口方向保持一致。

④ 将新井口放置在运移小滑车上，缓慢运送至井口。

⑤ 放置新密封钢圈，在套管卡瓦上重新填注液压油并润滑套管头。

⑥ 使用气动绞车或防喷器提吊装置将新井口吊起，缓慢移动到套管头正上方。

⑦ 将新螺栓全部预装在新油管头上，移除井口盖板，确保井口居中方向正确，缓慢匀速下放，检查确认新井口钢圈入槽，密封到位，盖好井口。

⑧ 按照推荐扭矩对角上紧固定螺栓，对新井口密封进行注塑，按照要求对新井口试压合格，测量补心高并记录，更新井口和防喷器示意图数据。

⑨ 安装防喷器、压井、防喷管汇和高架泥浆槽。

⑩ 对防喷器组进行功能测试和试压。

5. 安装要求

① 换装后的井口装置与其连接的套管保持同轴，同轴度误差不大于2°，偏心距误差不大于2mm。

② 手轮方向应符合设计要求。

③ 井口螺栓受力应均匀，两端倒角底面应高于螺母平面。

④ 换装井口装置后，应进行压力密封试验，试验压力符合设计规定，但最高值不超过套管抗内压强度和井口装置额定工作压力两者最小值的70%，用清水试压，稳压30min，压降不大于0.5MPa为合格。

（五）工后闭环

① 清理、存放工具和设备。

② 清理、恢复工作场所。

a. 压井产生的残液要排放到指定的罐（池）内；

b. 剩余施工材料及固体垃圾进行分类回收处置；

c. 施工场地清理恢复，确认无杂物。

③ 关闭PTW，收集、归档工作相关资料。

a. PTW和JSA；

b. 新井口证书、新井口数据和试压合格报告。

十、通井刮管

（一）安全要点

① 检查测试防碰天车，设置好电子防碰天车的上碰下砸功能。

② 组合工具前关闭全封或剪切防喷器，防止工具意外落井。

③ 井口手工具系保险绳，防范油管和井内落物。

④ 如通井中途遇到阻卡，应上下活动，查明下入深度，严禁猛放、硬压，要分析原因，查明情况。

⑤ 严禁将刮管器下出套管进入裸眼井段。

⑥ 下入两个以上的刮管器应仔细核对井深，做好钻具深度调整和提示。

⑦ 油管对扣时严禁人员扶油管公扣下端和母扣上端，防止手部受到伤害。

⑧ 检查、维修液压大钳(更换鄂板)必须切断动力源。

⑨ 特殊工具的下入必须在监督或者服务方的指导下进行。

⑩ 带班队长必须在钻台指挥刮管井段的刮管作业。

（二）环保要求

① 施工过程中应采取措施降低噪声排放，以达到国家或地方噪声控制标准。

② 应选择环保、安全的钻具螺纹脂，避免使用含铅螺纹脂，剩余螺纹脂应密封保存并加以标记，用过的空容器应按照有关规定进行存储和处理。

③ 按规定处置施工过程中产生的废液和固体废弃物，减少对环境的影响。

④ 作业中管串内液体有可能喷洒到钻台下，应采取措施减少污染。

（三）工前准备

1. 工具准备

① 根据套管尺寸及设计要求，准备合适规格的通径规或套管刮管器，确保丝扣完好、水眼通畅，测试刮管器刀体压缩反弹正常，旋转刮管器转动顺畅无卡阻。

② 套管刮削器装配后，刀片、刀板自由伸出外径比所刮削套管内径大 2~5mm。

③ 使用套管刮管器时视井下情况选择合适的工具配合使用，一般选择钻头，检查钻头的水眼、丝扣等状态完好。

2. 钻具准备

① 按设计要求准备合适尺寸的钻具，检查、清洁丝扣，丈量钻具。

② 绘制入井套管刮管器草图，标注各部位尺寸。

③ 制作刮管钻具数据表，并交由监督进行核对。

（四）工作流程

1. 召开作业前安全会

明确作业人员职责，告知作业步骤、作业风险及风险防控措施。

2. 组合通井刮管工具

① 在地面将选择好的通井刮管工具组合及钻具短节连接，用管钳或链钳带紧。

② 用吊车将通井刮管工具组合吊至钻台。

③ 司钻下放游动滑车，钻工将吊卡扣在钻具短节上。

④ 司钻缓慢上提游动滑车，吊车配合游动滑车将通井刮管工具组合送至转盘正上方。

⑤ 关闭 BOP 全封/剪切闸板。

⑥ 使用液压大钳或大钳将各工具连接处紧扣至规定扭矩。

⑦ 打开 BOP 全封/剪切闸板，检查井内正常无溢流。

⑧ 钻工配合司钻缓慢下放工具通过 BOP。

⑨ 下放至合适高度，坐卡瓦，钻工打开吊卡配合司钻上提吊卡，防止碰剐钻具接箍。

3. 通井刮管

① 下钻时应平稳操作，下钻速度控制在 10~20m/min，下钻到距离设计位置或人工井底 50m 时，速度下降到 5~10m/min。

② 若下钻遇阻，下压不应超过 20kN，严禁猛放、硬压，应边洗井边旋转管柱反复刮削至悬重正常，再继续下管柱。

③ 下钻接近刮管井段，开泵循环正常后，边旋转管柱边缓慢下放，再上提管柱反复刮

管，直到钻具起放无阻卡。

④ 通井到预定井深，再次核对通井刮管深度。

4. 循环洗井

① 钻具提离井底。

② 开泵循环洗井至振动筛出口清洁。

③ 洗井期间，计量好漏失或溢流情况。

5. 起甩刮管工具

① 停泵，溢流检查。

② 按照起单根/立柱操作程序将套管刮管器组合起至井口。

③ 关闭 BOP 全封/剪切闸板。

④ 对出井工具进行检查、拍照。详细检查起出的通井刮管工具，记录数据，发现有严重印迹的应采取下一步措施。

⑤ 通过液压大钳自上而下将接头丝扣进行预松扣。

⑥ 与吊车配合将套管刮管器组合吊至地面。

⑦ 盖好井口盖板。

⑧ 打开 BOP 全封/剪切闸板。

⑨ 在地面用管钳将通井刮管工具各部分丝扣卸开。

(五) 工后闭环

① 清理、存放工具和设备。

② 清理、恢复工作场所。

③ 收集、归档工作相关资料。

a. JSA；

b. 刮管器工具草图及出入井照片；

c. 钻具表；

d. 施工设计。

十一、反循环冲砂

(一) 安全要点

① 冲砂施工前制定井控预案，冲砂单根上应接有全通径安全阀。

② 接单根前必须充分循环洗井，防止管柱内外压力不平衡造成冲砂液外溢。

③ 井口人员在接单根过程中应分工明确、配合默契。

④ 高压管线区域严禁人员停留。

⑤ 冲砂施工过程中钻柱下放要平稳缓慢，防止下放过快造成管柱或者管线憋压。

(二) 环保要求

① 施工过程中应采取措施降低噪声排放，以达到国家或地方噪声控制标准。

② 按规定处置施工过程中产生的废液和固体废弃物，减少对环境的影响。

③ 作业过程中管柱上黏附的液体有可能喷洒到钻台下，应采取措施减少污染。

④ 振动筛处设专人观察，防止砂子和冲砂液外溢造成环境污染，冲出来的砂子应及时清理并按照甲方要求进行处理。

⑤ 应选择环保、安全的螺纹脂，避免使用含铅螺纹脂，剩余螺纹脂应密封保存并加以

标记，用过的空容器应按照有关规定进行存储和处理。

（三）工前准备

① 施工班组人员必须认真研读操作要点，明确分工。

② 准备足量的冲砂液和循环罐。

③ 检查动力水龙头或者方钻杆水龙头、泥浆泵，确保油水充足，运转正常。

④ 准备和检查工具。

a. 冲砂笔尖或者刮刀钻头；

b. 反循环头以及备用自封胶芯；

c. 卷尺、压力表、油管丝扣油。

⑤ 调节修井机指重表，确保灵敏针指零。

（四）工作流程

1. 申请 PTW

2. 召开作业前安全会

明确作业人员职责，告知作业步骤、作业风险及风险防控措施。

3. 反循环冲砂

① 探砂面，当油管或冲砂工具下至距油层上界 30m 时，下放速度应小于 1.2m/min，当遇阻 10~20kN 时，判断为探到砂面，连探 3 次，记录砂面位置。

② 上提管柱，提离砂面至少 3m。根据管柱方余决定是否需要甩掉最上面的单根油管。安装动力水龙头或者方钻杆水龙头，井口安装反循环头，并接好冲砂管柱单根。

③ 开泵循环正常后均匀缓慢下放管柱冲砂，冲砂时排量应达到设计要求。

④ 每次单根冲完必须充分循环洗井，确保砂子完全返出井口。洗井时间不得少于 15min。

⑤ 连续冲砂超过 5 个单根后，需彻底循环洗井一周方可继续下冲。

⑥ 当泥浆泵发生故障必须停泵处理时，应上提管柱至原砂面 10m 以上，并保持活动。

⑦ 提升设备发生故障时，必须保持正常循环。

⑧ 冲砂施工中发现地层严重漏失，冲砂液不能返出地面时，应立即停止冲砂，将管柱提至原始砂面以上，并反复活动，采取堵漏措施，再次建立循环以后方可继续进行冲砂施工。

⑨ 冲砂施工中如果发生溢流，应立即启动关井程序，通过冲砂单根上的安全阀关闭油管内部，通过闸板防喷器关闭环空，并及时按程序汇报关井情况。

⑩ 冲砂至井底或设计深度后，应保持上返速度 1.5m/s 以上的排量继续循环，当出口含砂量小于 0.2%为冲砂合格。上提管柱 10m 以上（建议 20m 以上），沉降 4h 后复探砂面，复探深度无明显变化为合格。

（五）工后闭环

① 清理、存放工具和设备。

② 清理、恢复工作场所。

a. 地面工具移动到井场安全区域；

b. 清扫工作区域，废弃物清理回收。

③ 关闭 PTW，收集、归档工作相关资料。

a. PTW 和 JSA；
b. 油管数据表；
c. 油管长度丈量登记表；
d. 工具证书及绘制的技术草图；
e. 甲方相关技术指令。

十二、电测射孔

（一）安全要点

① 用警戒带对施工区域进行隔离，摆放警示牌，非工作人员不得进入施工区域。

② 测井车要安装接地棒且有效接地。

③ 施工区域无线电静默，严禁使用各种报话机、手机。

④ 存放射孔枪的区域要进行隔离，禁止无关人员或车辆靠近。

⑤ 井口作业需和绞车司机沟通时，必须使用规范的手势指挥绞车司机，夜间施工必须确保井口照明充足。

⑥ 操作人员应穿戴防静电劳保用品。

⑦ 收放电缆时，人员应尽量远离转动的部件，如滚筒、导向器、滑轮、电缆等。必须在转动部位附近工作时，要集中精力，避免人身受到伤害。

⑧ 电测射孔过程中，井队不得在井架上进行高空作业。

⑨ 雷电等恶劣天气情况下应避免射孔作业。

⑩ 射孔后可能出现溢流的井，应提前采取井控措施，或改为其他射孔方式。

⑪ 电测射孔期间安排专人坐岗，观察井口溢流情况。

（二）环保要求

① 起井内电缆时要采取有效的清洁方式，避免电缆上附带的钻井液掉落到场地上，污染土壤。

② 井内电测仪器如装有放射源，应按照相关规定采取有效的预防措施，减少辐射污染。

③ 施工过程中应采取相关措施降低噪声排放，以达到国家或地方噪声控制标准。

④ 按规定处置施工过程中产生的废液和固体废弃物，减少对环境的影响。

（三）工前准备

① 研读资料，熟悉井下情况。

a. 井身结构、井眼轨迹参数、人工井底深度、补距、补心差等；
b. 射孔目的层温度、目的地层压力、射孔完井液类型和密度；
c. 电测射孔施工设计、测井综合解释成果图、套管放磁资料。

② 射孔作业前，应采取相应的通井和洗井措施，通井和洗井深度应大于电测射孔设计深度 20m，保证井内无异物，电测射孔工具畅通无阻。

③ 检查井控设备运行是否正常，检查防喷器和节流管汇的开关状态。

④ 电缆剪断钳等工具准备到位。

⑤ 井筒内替换为符合设计的修井液，观察溢流情况。

⑥ 检查射孔枪装弹与设计是否相符。

（四）工作流程

1. 申请 PTW

2. 召开作业前安全会

明确作业人员职责，告知作业步骤、作业风险及风险防控措施。

3. 设备安装

① 清理测井车停放场地，测井队设备就位，绞车距井口应大于 20m，用警示带隔离施工区域。井队安装 shooting nipple 并固定。

② 测井队安装天滑轮、地滑轮、电缆等设备。

③ 关闭全封闸板，安装固定射孔枪，安装电缆防喷器和防喷管。如果在油管内进行电测射孔，需要将电缆防喷器安装到油管或联顶节上。

④ 根据设计要求对射孔枪、电缆防喷器和防喷管进行试压。

4. 电测射孔

① 下入射孔枪前，井筒内应灌满修井液。

② 打开电缆防喷器和防喷管间连接，连接电测射孔工具组合，重新连接好防喷管和电缆防喷器，连接射孔枪时避免敲击和振动。

③ 电缆输送下入电测射孔工具时，仪器操作员平稳操作，上提下放速度不超过 8000m/h，当井内液体密度大于 1.4g/cm^3 时，上提下放速度不超过 3000m/h。

④ 跟踪深度和工具下行情况，电缆下放速度与仪器同步。如不同步应降低电缆下放速度，避免电缆打结事故发生。

⑤ 电测射孔队对设计井段进行电测校深，校深方法如下：

a. 校深仪器入井时，仪器记录点要在井口法兰平面清零；

b. 磁定位校深测量，以不大于 1500m/h 的速度测量接箍曲线，校深实测的接箍长度值与给定的值之差要在±15m 内；

c. 伽马校深测量，以不大于 600m/h 的速度测量伽马曲线。

⑥ 电测射孔队点火起爆射孔。点火起爆前，电测射孔队负责人、带班队长、甲方监督要对目的射孔层段、深度进行确认。

⑦ 坐岗人员监测井内溢流或漏失情况，当发生漏失时立即向带班队长进行汇报；当发生溢流时，及时发出警报，执行关井程序。

⑧ 如果需要剪断电缆，应由监督下令并由电测射孔队实施。

⑨ 仪器操作员起出电测射孔工具，注意观察指重表，遇卡立即停车，避免过提。如果工具卡死，应优先选择穿心打捞，而非从弱点拉断。

⑩ 将射孔枪起至防喷管后，应关闭电缆防喷器全封或下部阀门，打开放压阀放压至零，然后再卸开防喷管，拉出射孔枪。

⑪ 甩测井工具和射孔枪，注意平稳操作，将空枪转运到指定存放区域。

⑫ 检查发射率，录取资料。

5. 拆卸设备

① 拆卸电缆、天滑轮、地滑轮、电缆防喷器、防喷管等设备。

② 拆甩射孔枪。

③ 测井车移出场地。

④ 起出后的射孔枪应及时回收。

（五）工后闭环

① 清理、存放工具和设备。

② 清理、恢复工作场所。

③ 如空枪未在第一时间回收，应存放在安全区域并进行安全警示隔离。

④ 关闭 PTW，收集、归档工作相关资料。

十三、TCP 射孔

油管输送射孔简称 TCP（Tubing Conveyed Perforation），油管输送射孔的基本原理是把每一口井所要射开的油气层的射孔器全部串联在一起连接在油管柱的尾端，形成一个硬连接的管串下入井中。

TCP 的三种引爆方式：

① 投棒撞击引爆方式，在管柱内高速下落的金属棒通过机械撞击引爆射孔器上部起爆装置的雷管，进而引爆射孔器，从而完成射孔过程。

② 压力引爆方式，利用管柱内加压或环空加压的方式引爆射孔器上部起爆装置内的雷管，进而引爆射孔器，从而完成射孔过程。

③ 电能引爆方式，由电缆传送电流或电池提供电能引爆射孔器上部起爆装置内的雷管，进而引爆射孔器，从而完成射孔过程。

本文描述的是压力引爆方式射孔作业操作。

（一）安全要点

① 如遇风速六级及以上、雷雨、暴雨、浓雾、冰雹等恶劣天气时，应中止施工作业。

② 射孔作业宜在白天进行，夜间不应进行射孔作业。

③ 所有作业人员禁止携带手机、对讲机等通信设备。

④ 电测队在测试、组合射孔枪期间，禁止无关人员靠近作业区域。

⑤ 所有入井的工具和油管必须通径合格后方可入井，钻台上只允许使用一支通径规进行通径。

⑥ 游车带通径规上行和二层台通径过程中，人员禁止在二层台下方和转盘区域穿行或停留。

⑦ 下钻期间锁紧转盘制动销，禁止钻具转动。

⑧ 控制下钻速度 14~15 柱/h，发现遇阻立即通知服务人员。

⑨ 电测校对井深时，禁止人员在钻台上走动。

⑩ 射孔后，专人监测油套管压力并记录，若发现溢流，立即汇报并采取措施。

⑪ 如需调整管串下深，短油管应接在井口第一根整油管以下。

⑫ 射孔作业期间，钻台上不得进行其他作业，井场不得进行电焊、热工等施工作业，电测车周围禁止进行吊叉车作业等。

⑬ 射孔后反循环压井做好沟通，确认阀门状态，起钻记录灌浆量并控制速度，防止造成抽汲。

（二）环保要求

① 生产过程中应采取措施降低噪声排放，以达到国家或地方噪声控制标准。

② 按规定处置施工过程中产生的废液和固体废弃物，减少对环境的影响。

③ 作业中管串内液体有可能喷洒到钻台下，应采取措施减少污染。

④ 应选择环保、安全的螺纹脂，避免使用含铅螺纹脂，剩余螺纹脂应密封保存并加以标记，用过的空容器应按照有关规定进行存储和处理。

⑤ 含硫气井施工，井场应配备充足的硫化氢检测仪器、防护器具和消防器材，制定应急预案，防止硫化氢等有毒、有害气体泄漏造成的环境污染和人员伤害。

（三）工前准备

① 油管数据表必须经甲方和服务商复核，下钻前必须再次复核钻台和场地钻具数量。

② 施工方案必须三方交底，班组人员必须认真研读操作要点。

③ 通径、清洗、检查、丈量需要从场地上接入的工具和油管。

④ 检查核对钻台上的油管立柱数量及长度并进行编号。

⑤ 井口工具的准备和检查。

a. 环空防掉板；

b. 油管防落物护帽；

c. 油管钳、上扣扭矩仪；

d. 链钳、活动扳手；

e. 钢卷尺；

f. 油管尺寸所匹配的吊卡、卡瓦、安全卡瓦和单根吊卡；

g. 足够的油管短节、配合接头、内防喷工具、油管循环头和 Flow Tree；

h. 油管尺寸所匹配的通径规；

i. 带有针阀的合适量程的压力表(环空和油管各一块)。

（四）工作流程

1. 申请 PTW

2. 召开作业前安全会

明确作业人员职责，告知作业步骤、作业风险及风险防控措施。

3. 下入射孔枪

① 场地工长配合服务商使用合适索具，指挥吊车吊装射孔枪至钻台大门坡道上，不得碰撞射孔枪。

② 司钻下放游车，钻工配合将吊卡扣在提升短节上，司钻平稳上提游车至射孔枪下部高于井口内工具接头。

③ 服务商根据施工设计使用专用扳手连接射孔枪，组合射孔枪入井(操作刹把要平稳，钻台做好井口防落物，与第三方配合要提前沟通，确认指令后再进行作业)。

④ 按下油管步骤进行下油管作业，在公扣上均匀涂抹套管螺纹脂，禁止在母扣上涂抹螺纹脂(避免螺纹脂过多掉落到球阀座，影响密封)。

⑤ 下钻期间做好工具和油管核对工作，对所有接头和油管通径，同时使用环空防掉板和油管防落物护帽，避免环空和钻具内落物。

⑥ 下钻到预定井深，校对钻具复核井深，溢流检查，做好防落物工作。

4. 电测校深

① 配合服务人员把电缆天滑轮扣在吊卡上，拴安全绳。司钻将天滑轮用游车提至合适高度后刹车，盘刹采用紧急制动方式，大刹把要挂安全链。

② 配合服务人员将电缆地滑轮和链条以“三扣一环”的方式在钻台上固定牢靠。

③ 操作气动绞车将地滑轮提升至合适高度，刹牢气动绞车。

④ 服务人员在猫道上接入井仪器并测试正常后，指挥电测绞车操作人员上提仪器至井口，移开油管护帽，下放仪器进油管。

⑤ 电缆下放到定位短节附近校定井深，校定结束后起出仪器。

⑥ 司钻下放游车，钻工配合服务人员将天滑轮卸下，然后卸地滑轮；钻工操作气动绞车协助将测井工具吊下钻台。

⑦ 根据电测数据，甲方监督和服务商确定射孔枪深度，司钻根据指令进行调整。

5. 压力引爆射孔

① PTW 申请。

② 组织所有参与作业人员召开安全会，进行工作分工、讲解工作要点和安全注意事项。

③ 安装井口，在井口上装油管压力表和套管压力表；配合服务人员接泵车高压管线到井口，高压管线试压 4000psi。

④ 试压合格后，检查各闸门开关状态，开泵顶水眼，以确保油管畅通。

⑤ 卸开循环头，投球，根据井深等待 15~30min，待球落入阀座。

⑥ 接好循环头，由泵车将钢球顶入阀座，求压。

⑦ 建立压力并加压至设计要求(一般 2000psi 左右)，激发射孔枪，激发射孔枪后(射孔枪激发成功，地面会发生震动和轰的声音，同时泵压上下波动)继续打压至 3500psi 左右，剪断阀座销钉，观察泵压下降至 0psi 后，有盐水从高架槽返出，说明旁通阀打开(如射孔后井下发生内漏失，高架槽失返，可小排量开泵观察泵压，如果泵压不持续升高，说明旁通阀打开)。

6. 起出射孔枪

① 射孔后应立即组织起钻，防止射孔枪变形造成卡钻或者压差卡钻，边起钻边溢流观察，将射孔枪起出射孔段后，继续溢流观察(如有溢流，关井求压，按压井程序进行压井)。

② 起钻至地面，检查射孔枪弹孔是否全部激发，如发现未激发的弹孔，应及时下入井内防止二次激发，并汇报甲方和服务人员，做好应对措施后配合服务人员甩掉射孔枪。

(五) 工后闭环

① 清理、存放工具和设备。

② 清理、恢复工作场所。

a. 电测车移动到井场安全区域；

b. 清扫服务商工作区域。

③ 关闭 PTW，收集、归档工作相关资料。

a. PTW 和 JSA；

b. 油管数据表；

c. 油管长度丈量登记表；

d. 甲方相关技术指令；

e. 坐岗记录。

十四、下电泵

(一) 安全要点

① 组合电泵和下电泵中，应制定井控预案，准备扣型匹配的内防喷工具或油管丝扣转

换接头。

② 所有入井的工具和油管必须通径合格后方可入井，钻台上只允许使用一支通径规进行通径，游车带通径规上行和二层台通径过程中，人员禁止在二层台下方和转盘区域穿行或停留。

③ 与服务人员保持良好的沟通与协作，涉及服务商的工具和设备应由其操作和指挥。

④ 应使用保险绳与井口电泵安全卡箍连接，防止工具意外落井。

⑤ 配合服务人员挂天滑轮时，应使用合格的吊索并且安装安全绳，确认卸扣和安全销齐全，保证其稳固牢靠，下钻期间禁止人员在滑轮下走动。

⑥ 严格按照服务人员的要求控制下钻速度，游车下放过程中，钻工注意观察电缆张紧度，及时提醒司钻和服务商。

⑦ 油管坐卡瓦前应确认电缆安全，下钻初期必须使用单根吊卡或安全卡瓦防止油管下滑。

⑧ 服务人员在井口安装电缆卡箍前，应先用井口盖板防护，再用帆布将卡瓦周围的缝隙盖住，防止工具或卡箍部件落井，安装后及时移除防护。

⑨ 单根油管从猫道吊至钻台过程中，禁止人员站在油管正下方。油管对扣时严禁人员扶油管公扣和母扣上端，防止手部受到伤害。

⑩ 配备并使用防碰天车，设置电子防碰天车的上碰下砸功能。

⑪ 检查、维修液压钳(更换鄂板)时必须切断动力源。

⑫ 井口手工具系保险绳，防范油管和井内落物。

⑬ 特殊工具的下入必须在监督或者服务人员的指导下进行。

⑭ 带班队长应在钻台监督电泵组合过程。

(二) 环保要求

① 施工过程中应采取措施降低噪声排放，以达到国家或地方噪声控制标准。

② 按规定处置施工过程中产生的废液和固体废弃物，减少对环境的影响。

③ 作业中管串内液体有可能喷洒到钻台下，应采取措施减少污染。

④ 应选择环保、安全的螺纹脂，避免使用含铅螺纹脂，剩余螺纹脂应密封保存并加以标记，用过的空容器应按照有关规定进行存储和处理。

⑤ 含硫气井施工，井场应配备充足的硫化氢检测仪器、防护器具和消防器材，制定应急预案，防止硫化氢等有毒、有害气体泄漏造成环境污染和人员伤害。

(三) 工前准备

① 施工方案必须三方交底，班组人员必须认真研读操作要点。

② 通径、清洗、检查、丈量需要从场地上接入的工具和油管。

③ 油管数据表必须经甲方和服务商三方复核无误，下钻前必须复核钻台和场地油管数量。

④ 工具的准备和检查。

a. 吊带、卸扣；

b. 防落物插板、盖井口的帆布；

c. 与管柱尺寸相匹配的气动(手动)卡瓦、吊卡、单根吊卡、油管提丝、安全卡瓦、液压钳；

d. 油管安全阀和相应配合接头、安全阀扳手、电缆剪线钳、压力表、油管短节。

⑤ 井口内如装有防磨套，应提前取出并再次检查确认井口居中情况。

(四) 工作流程

1. 申请 PTW

2. 召开作业前安全会

明确作业人员职责，告知作业步骤、作业风险及风险防控措施。

3. 立柱方式下电泵

① 用吊车和气动绞车配合将电泵分段吊至钻台，再将第三方的工具和工作台等吊至钻台，配合第三方人员连接电泵，注意防止井下落物。

② 电泵组装完后，将第三方工具和工作台等物品吊下钻台，清理钻台为下钻做准备。

③ 平稳上提游车吊卡高于母接箍，钻工挂上通径规，继续上提游车大钩至二层台合适位置。

④ 井架工将通径规取下，放入油管内，扣合吊卡和插好安全销。

⑤ 井口人员使用钻杆钩控制所要上提油管。

⑥ 司钻上提油管离开立根盒，井口人员观察确认通径规出管情况并通知司钻，井口人员控制油管至井口。

⑦ 清理检查油管丝扣，少量均匀地将丝扣油涂抹在公扣上。

⑧ 司钻下放油管对扣，井口人员用管钳先逆时针旋转油管认扣，然后顺时针上 2~3 扣。

⑨ 操作液压钳按照要求扭矩紧扣，退出液压钳。

⑩ 井口人员盖好井口，配合第三方人员安装电缆卡箍，移除井口防护盖板后司钻上提油管，移出卡瓦后，匀速下放油管，钻工观察电缆张紧度。

⑪ 司钻下放吊卡至合适高度，服务人员亲自检查电缆的位置，确保卡瓦不会对电缆造成损坏时，坐卡瓦。

⑫ 司钻观察指重表释放悬重，使吊卡离开油管接箍。

⑬ 井口人员摘除安全销，打开吊卡，将防落物护帽戴到油管母扣上。

⑭ 井口人员推出吊卡，司钻上提游车至吊卡高于母接箍，井口人员挂好通径规，上提游车至二层台。

⑮ 重复步骤④~⑭下完完井油管。下钻过程中，司钻严格按照管串表下钻，每 10~15 柱核对一次钻台立柱号，特殊工具如 PKR 等入井前通知服务人员上钻台并再次核对管串表，严防工具下错位置。

⑯ 下完完井油管后，连接油管悬挂器，结合服务人员确认电缆方向，安装 FOSV 保持开位，连接联顶节至悬挂器，服务人员连接电缆并确认。

⑰ 调整电缆方向，检查确认井口四通悬挂器顶丝完全退出，打开四通闸门放空 BOP 内液体。

⑱ 调整管具居中，配合服务井口工程师坐油管悬挂器，上紧顶丝并用 BOP 试压至 1500psi，确认悬挂器密封完好。

⑲ 拆卸联顶节，为下一步工作做准备。

4. 单根方式下电泵

① 用吊车和小绞车配合将电泵分段吊至钻台，再将服务商的工具和工作台等吊至钻台，配合服务人员连接电泵。

② 连接组装完电泵后，将服务商工具和工作台等物品吊下钻台，并清理钻台为下钻做准备。

③ 将油管从管排上移动至猫道上，钻工操作气动绞车下放单根吊卡至猫道。

④ 场地工扣合单根吊卡，并插上安全销。

⑤ 钻工上提油管单根至钻台，井口人员使用保险绳控制油管单根，并将其放入鼠洞中，摘掉单根吊卡后，钻工操作气动绞车将单根吊卡顺大门坡道下放至猫道。

⑥ 司钻平稳下放游车大钩至合适位置。

⑦ 井口人员将吊卡扣合鼠洞内的油管单根。

⑧ 上提游车大钩将油管提出鼠洞，井口作业人员控制其至井口位置。

⑨ 井口人员卸掉护丝，检查丝扣，涂抹丝扣油，下放油管单根对扣。

⑩ 司钻下放油管对扣，井口人员用管钳先逆时针旋转油管认扣，然后顺时针上 2~3 扣。

⑪ 操作液压钳按照要求扭矩紧扣，退出液压钳。

⑫ 井口人员盖好井口，配合第三方人员安装电缆卡箍，移除井口防护盖板后司钻上提油管，移出卡瓦后，匀速下放油管，钻工观察电缆张紧度。

⑬ 司钻下放至吊卡合适高度，服务商人员亲自检查电缆的位置，确保卡瓦不会对电缆造成损坏时，坐卡瓦。

⑭ 司钻观察指重表释放悬重，使吊卡离开油管接箍。

⑮ 井口人员摘除安全销，摘吊卡，将防落物护帽戴到油管母扣上。

⑯ 井口人员推出吊卡，司钻上提游车至吊卡高于母接箍。

⑰ 重复步骤④~⑯下完所有油管单根。下钻过程中，司钻严格按照钻具表下钻，每 30~45 根核对一次油管编号，特种工具如 PKR 等入井前通知服务人员上钻台并再次核对管串表，严防工具下错位置。

⑱ 油管下完后，连接联顶节和油管悬挂器，服务人员连接电缆并进行测试。

⑲ 调整电缆方向，检查确认井口四通悬挂器顶丝完全退出，打开四通闸门放空 BOP 内液体。

⑳ 调整油管居中，配合服务商井口工程师坐油管悬挂器，上紧顶丝后试压至 1500psi，确认悬挂器密封完好。

㉑ 拆卸联顶节，为下一步工作做准备。

(五) 工后闭环

① 清理、存放工具和设备。

② 清理、恢复工作场所。

a. 电缆滚筒、地面工具移动到井场安全区域；

b. 清扫服务商工作区域，废弃物清理回收。

③ 关闭 PTW，收集、归档工作相关资料。

a. PTW 和 JSA；

b. 油管数据表；

c. 油管长度丈量登记表；

d. 工具证书及绘制的技术草图；

e. 甲方相关技术指令。

十五、下螺杆泵

(一) 安全要点

① 组合螺杆泵和下螺杆泵管柱过程中，应制定井控预案，准备扣型匹配的内防喷工具或油管丝扣转换接头。

② 所有入井的工具和油管必须通径合格后方可入井，钻台上只允许使用一支通径规进行通径。

③ 与服务人员保持良好的沟通与协作，涉及服务商的工具和设备应由其操作和指挥。

④ 螺杆泵入井后，井口及时安装防掉板，防止工具落井。

⑤ 严格按照服务人员的要求控制下钻速度，游车下放过程中，注意观察悬重变化，一旦出现扭矩锚遇阻，及时报告服务人员处理。

⑥ 油管对扣时防止手部受到伤害。

⑦ 配备并使用防碰天车，设置电子防碰天车的上碰下砸功能。

⑧ 检查、维修液压钳(更换鄂板)时必须切断动力源并挂牌锁定。

⑨ 带班队长必须全程监督螺杆泵组合入井以及扭矩锚浅层测试的全过程。

(二) 环保要求

① 施工过程中应采取措施降低噪声排放，以达到国家或地方噪声控制标准。

② 按规定处置施工过程中产生的废液和固体废弃物，减少对环境的影响。

③ 作业中管串内液体有可能喷洒到钻台下，应采取措施减少污染。

④ 应选择环保、安全的螺纹脂，避免使用含铅螺纹脂，剩余螺纹脂应密封保存并加以标记，用过的空容器应按照有关规定进行存储和处理。

⑤ 含硫气井施工，井场应配备充足的硫化氢检测仪器、防护器具和消防器材，制定应急预案，防止硫化氢等有毒、有害气体泄漏造成环境污染和人员伤害。

(三) 工前准备

① 施工方案必须三方交底，班组人员必须认真研读操作要点。

② 通径、清洗、检查、丈量需要从场地上接入的工具和油管。

③ 油管数据表必须经甲方和服务商三方复核无误，下钻前必须复核钻台和场地油管数量。

④ 工具的准备和检查。

a. 吊带、卸扣；

b. 防落物插板、盖井口的帆布；

c. 与管柱尺寸相匹配的气动(手动)卡瓦、吊卡、单根吊卡、安全卡瓦、液压钳；

d. 钻具安全阀和相应配合接头、安全阀扳手、压力表、油管短节。

⑤ 井口如装有防磨套，应提前取出。

(四) 工作流程

1. 申请 PTW

2. 召开作业前安全会

明确作业人员职责，告知作业步骤、作业风险及风险防控措施。

3. 下螺杆泵

① 配合第三方人员在地面分别将扭矩锚、螺杆泵、提升短节组合连接，并确保上扣扭矩达到设计要求。

② 按照施工设计要求下入尾管。

③ 用吊车和气动绞车配合将螺杆泵吊至钻台，平稳上提螺杆泵组合高于尾管接箍母扣。第三方人员对扭矩锚进行检查，确保叶片处于正确位置。

④ 钻台工清理检查油管丝扣，在公扣上少量均匀地涂抹丝扣油。

⑤ 司钻下放油管对扣，井口人员用管钳先逆时针旋转油管认扣，然后顺时针上 2~3 扣。

⑥ 操作液压钳按照要求扭矩紧扣，退出液压钳。

⑦ 井口人员移除井口防护盖板后司钻上提油管，移出卡瓦后，匀速缓慢下放油管，井口人员保持管柱处于居中位置，防止扭矩锚在井口碰挂。

⑧ 下放螺杆泵组合至井口后，井口人员坐卡瓦，司钻缓慢释放悬重。

⑨ 摘开吊卡，将防落物护帽戴到油管母扣上。

⑩ 推出吊卡，司钻上提游车至吊卡高于母接箍，挂好通径规，上提游车至二层台。

⑪ 重复步骤④~⑩下完井油管 2 柱以后，上提管柱 1.5m，配合第三方服务人员进行扭矩锚浅层测试。

a. 如果测试合格，则继续下完井管柱。

b. 如果测试不合格，则需要按照服务商要求起出螺杆泵管柱，并对扭矩锚进行维修或者更换，然后下完井管柱。下钻过程中，司钻严格按照管串表下钻，每 10~15 柱核对钻台立柱号，如果有特殊工具，则需要提前通知服务商上钻台并再次核对管串表，严防工具下错位置。

4. 连接油管悬挂器

① 在油管悬挂器上连接全通径安全阀和提升短节。

② 场地工检查油管头顶丝，确保顶丝完全退出。

③ 关闭安全阀，下放管柱将油管悬挂器坐入油管头。

5. 扭矩锚坐锚

① 缓慢上提管柱使悬挂器离开油管头至合适高度。

② 按照第三方服务商指令进行坐扭矩锚施工，确认扭矩锚坐锚合格后，释放管柱悬重，钻工摘吊卡，司钻上提游车至合适高度。

③ 上紧顶丝并将 BOP 试压至 1500psi，确认悬挂器密封完好。

6. 拆甩安全阀

① 打开油管安全阀和油管头闸门，确认井内无压力，井控处于安全状态。

② 拆掉油管悬挂器以上的安全阀和油管，为下一步工作做准备。

（五）工后闭环

① 清理、存放工具和设备。

② 清理、恢复工作场所。

a. 地面工具移动到井场安全区域；

b. 清扫服务商工作区域，废弃物清理回收。

③ 关闭 PTW，收集、归档工作相关资料。

a. PTW 和 JSA；

b. 油管数据表；

c. 油管长度丈量登记表；

d. 工具证书及绘制的技术草图；

e. 甲方相关技术指令。

十六、调防冲距

防冲距是抽油杆下到底以后，为避免抽油杆在生产过程中的弹性伸长对螺杆泵下部的探棒造成磨损，需要将抽油杆提离至安全距离外。

（一）安全要点

① 调防冲距过程中，应做好井控预案。

② 与服务商人员保持良好的沟通与协作，涉及服务商的工具和设备应由其操作和指挥。

③ 井口采取措施防止井口落物。

④ 严格按照服务商人员的要求控制下钻速度。

⑤ 抽油杆对扣时防止手部受到伤害。

⑥ 配备并使用防碰天车，设置电子防碰天车的上碰下砸功能。

⑦ 检查、维修液压钳(更换鄂板)时必须切断动力源。

⑧ 带班队长必须全程监督抽油杆短节、扶正器以及光杆组合入井全过程。

（二）环保要求

① 施工过程中应采取措施降低噪声排放，以达到国家或地方噪声控制标准。

② 按规定处置施工过程中产生的废液和固体废弃物，减少对环境的影响。

③ 作业过程中抽油杆上黏附的液体有可能喷洒到钻台下，应采取措施减少污染。

④ 应选择环保、安全的螺纹脂，避免使用含铅螺纹脂，剩余螺纹脂应密封保存并加以标记，用过的空容器应按照有关规定进行存储和处理。

⑤ 含硫气井施工，井场应配备充足的硫化氢检测仪器、防护器具和消防器材，制定应急预案，防止硫化氢等有毒、有害气体泄漏造成环境污染和人员伤害。

（三）工前准备

① 施工方案必须和第三方交底，班组人员必须认真研读操作要点。

② 提前丈量抽油杆 BOP、光杆 BOP、采油树的高度。

③ 提前和监督沟通确认防冲距的调节高度。

④ 工具的准备和检查。

a. 不同长度的抽油杆短节、抽油杆扶正器、抽油杆和光杆之间的连接变扣；

b. 卷尺、生料带、笔和计算用纸。

⑤ 为避免失误，提前将防冲距计算公式写在计算纸上，并将已经确定的数据填上。

⑥ 防冲距计算公式：一般选取套管四通上平面为基准面，所需抽油杆短节长度=起甩抽油杆的有效长度(抽油杆管柱处于中和点位置时，基准面以下的长度)+防冲距(根据设计标准和螺杆泵深度计算)-顶驱高度(基准面以上至顶驱最高点，通常包含上法兰、光杆 BOP 和顶驱)-抽油杆扶正器长度-变扣长度-光杆有效长度(方卡子以下长度)。

（四）工作流程

1. 申请 PTW

2. 召开作业前安全会

明确作业人员职责，告知作业步骤、作业风险及风险防控措施。

3. 调防冲距

① 抽油杆探底。按照螺杆泵深度和抽油杆丈量记录，计算出需要多少根抽油杆方可探到探棒，最后两根抽油杆下放过程中降低下钻速度，观察抽油杆是否有旋转，根据悬重和抽油杆是否有旋转判断转子是否进入泵筒。

② 抽油杆探到探棒以后，反复上提下放抽油杆，通过悬重变化确定中和点位置，即转子刚离开探棒的位置，并在抽油杆上做标记。

③ 根据光杆、光杆 BOP、顶驱等井口附件的长度以及抽油杆标记位置的高度，计算出需要起甩抽油杆的根数。

④ 对起甩的抽油杆进行丈量，计算出起甩抽油杆的有效长度，然后根据该长度计算出所需的抽油杆短节长度。

⑤ 当抽油杆短节长度和所需短节长度有误差时，通过调节光杆或者六方（法国螺杆泵）的光余长度使得抽油杆短节长度恰好等于计算所需的长度。

⑥ 固定好光杆（或内六方）方卡子以后，依次下入抽油杆扶正器、抽油杆短节、变扣以及光杆（或内六方）。

⑦ 将抽油杆管柱下入井内验证，以套管四通上平面为基准面，确认抽油杆管柱处于中和点位置时，方卡子至套管四通上平面的距离为井口采油树和顶驱的高度加上防冲距的高度，验证无误后进行下一步操作。

（五）工后闭环

① 清理、存放工具和设备。

② 清理、恢复工作场所。

a. 地面工具移动到井场安全区域；

b. 清扫服务商工作区域，废弃物清理回收。

③ 关闭 PTW，收集、归档工作相关资料。

a. PTW 和 JSA；

b. 油管数据表；

c. 油管长度丈量登记表；

d. 工具证书及绘制的技术草图；

e. 甲方相关技术指令。

十七、拆甩防喷器

（一）安全要点

① 拆甩防喷器前必须保证井口无压力，油管悬挂器内已安装 BPV，无油管悬挂器的井口需要有效的机械屏障。

② 拆甩防喷器前必须泄除远控房系统压力及控制管线内压力。

③ 设备、吊具、工具符合作业要求且工况良好，禁止使用打扭、断丝等不符合要求的绳套。

④ 环形防喷器的吊装耳板仅用于提升环形防喷器。

⑤ 严禁将防喷器液缸位置用作吊点。

⑥ 高处作业正确使用安全带及速刹装置，高挂低用。

⑦ 起吊、移动防喷器时应专人指挥、手势规范明确，起吊操作平稳，使用牵引绳，不得多人指挥。

⑧ 在起吊和移动防喷器时，人员应远离防喷器组。

⑨ 小鼠洞拔出后应遮盖孔洞，防止人员踏入和工具掉落。

⑩ 带班队长必须监管整个作业过程。

(二) 环保要求

① 按规定处置施工过程中产生的废液和固体废弃物，减少对环境的影响。

② 拆卸、清理液压管线时，管线内的液压油有可能溢出，应采取措施防止污染土壤。

(三) 工前准备

1. 准备个人劳保用品

安全帽、安全眼镜、手套、工鞋、安全带、防坠落装置。

2. 准备拆卸所需工具

绳套、卸扣、敲击扳手、榔头、液压扭矩扳手、牵引绳、吊带、吊车、叉车。

3. 井口准备

① 如果井口已经坐好油管悬挂器，应安装 BPV。

② 如果井口未坐油管悬挂器，井内需坐封隔器或采取其他封闭措施。

③ 关闭全封闸板，防止落物入井。

4. 其他准备

① 检查防喷器提吊装置的载荷测试报告及吊装绳套检测期限是否有效。

② 检查防喷器提吊装置导轨固定，滑轮灵活好用。

③ 检查防喷器吊装耳板、吊装卸扣完好无损。

④ 准备防喷器转运底座及固定的螺栓、螺帽。

(四) 工作流程

1. 申请 PTW

2. 召开作业前安全会

明确作业人员职责，告知作业步骤、作业风险及风险防控措施。

3. 拆防喷器

① 泄远控房内的储能器压力、管汇压力及防喷器液控管线内的压力，四位三通阀要左右活动两次并置于开启位，确保压力归零。

② 拆开连接防喷器的所有液压管线，封堵液压管线接头，整齐盘好并妥善存放。

③ 移除闸板防喷器的锁紧杆、操作台。

④ 拆除导流管、泥浆伞、喇叭口及节流管线。

⑤ 运移轨道和小滑车安装固定牢靠，测试刹车工作正常，运移过程中注意不要碰井口四通手轮，必要时可以将手轮拆除。

⑥ 操作防喷器提吊装置移动到防喷器正上方，将起升绳套挂到防喷器的提升托盘耳板上，拉紧绳套。注意在安装吊具过程中，人员佩戴好安全带，正确使用防坠器。

⑦ 卸开四通和变径法兰连接螺栓，只卸开螺母，不移除螺栓。

4. 运移防喷器

① 卸掉防喷器连接螺栓，操作防喷器吊移装置试吊防喷器，观察管线接头等是否有刺漏现象，如果正常，缓慢提升防喷器至合适高度，确保避开运移途中的障碍。注意平稳操作，确保防喷器两端平衡。

② 操作防喷器提吊装置沿轨道方向移动到小滑车正上方。注意防喷器移开后立即用盖板盖住井口，防止落物。

③ 操作防喷器提吊装置缓慢下放防喷器置于小滑车上，用螺栓或压板固定牢固，拆除吊移绳套。

④ 通过液压或牵引方式移动小滑车，将防喷器运移至钻台范围外，注意控制运移速度，避免小滑车产生晃动。

5. 吊甩防喷器

① 吊车就位，将吊装钢丝绳套挂在吊车大钩和防喷器吊装托盘耳板上，注意防喷器重量不能高于吊车安全载荷的80%。

② 大钩微微上提，拉紧绳套，拆除防喷器固定螺栓或压板。

③ 吊车吊移防喷器至橇座相对应的法兰盘上。注意清洁法兰平面的钢圈槽，放置好钢圈，避免法兰平面和钢圈槽受损伤。

④ 安装防喷器螺栓，并对角紧固，注意螺栓及螺母要上齐上满。

⑤ 移除吊装绳套。

⑥ 盖上防喷器上部盖板。

⑦ 用铁链从防喷器顶部固定在防喷器转运橇上。至少固定对角4个方向。

（五）工后闭环

① 清理、存放工具和设备。检查防喷器状况及万能胶芯使用情况，防喷器要保持卫生清洁，所有的进出油孔都需要使用专用的堵头，防止风沙及异物进入。拆卸的防喷器附件存放到指定位置。

② 清理、恢复工作场所。

③ 关闭PTW，收集、归档工作相关资料。

十八、安装采油树

（一）安全要点

① 井口作业时应盖好转盘盖板，严禁在钻台上作业，避免落物伤人。

② 安装采油树前，必须安装好BPV或采取其他井控安全措施。

③ 防喷器提升装置轨道及吊索用具的探伤报告必须在有效期内。

④ 采油树运移过程中，所有人员必须远离采油树倾倒可能触及的范围。

⑤ 吊装过程注意专人指挥，吊装区域做好隔离防护。

⑥ 所有敲击扳手应带有尾绳，人员站位合适，穿戴合适的PPE，使用符合安全要求的工具。

⑦ 气动绞车、小滑车、轨道及吊索用具的探伤报告必须在有效期内。

⑧ 带班队长必须监管整个作业过程。

（二）环保要求

① 清洗钢圈槽使用的溶剂和其他清洗剂可能含有有害物质，应遵守有关处理用过溶剂及产生废弃物品的相应规定，采取措施防止污染土壤。

② 按规定处置施工过程中产生的废液和固体废弃物，减少对环境的影响。

（三）工前准备

1. 地面准备

① 吊车、叉车就位，处于正常工况。

② 检查防喷器吊移装置压力正常，测试上提、移动和刹车工作正常，起升绳套目视检查合格，检测证书在有效期内。

③ 运移轨道、小滑车、钢丝绳套、吊装带、敲击扳手、牵引绳、卸扣、安全带、梯子、气动试压泵、手动试压泵等工具准备就位。

2. 井口准备

① 油管悬挂器内装好 BPV 或采取其他井筒封闭措施。

② 井口放置盖板。

3. 采油树检查

① 采油树规格型号符合设计要求，各部件、螺栓螺母、钢圈齐全。

② 采油树各阀门开关灵活，目视检查完好无损并用 BPV/TWCV 进行通径。

③ 采油树原厂资料、配件清单及检测报告齐全。

4. 采油树地面试压

① 隔离试压区域，无关人员禁止进入。

② 在采油树底部法兰上连接对应规格的由壬法兰和试压堵头，连接气动试压泵。

③ 按要求对采油树各处连接和闸门进行试压。采油树的闸门应处于全开或者全关状态，禁止半开。

④ 试压完毕，拆除气动试压泵、试压管线及试压由壬法兰。

（四）工作流程

1. 申请 PTW

2. 召开作业前安全会

明确作业人员职责，告知作业步骤、作业风险及风险防控措施。

3. 安装转换法兰

① 将小滑车移动到钻台外侧，吊车就位。

② 用吊车将转换法兰吊运到小滑车上，使用螺栓或压板固定转换法兰。

③ 通过液压或牵引方式移动小滑车，将转换法兰运移至防喷器吊移装置正下方。

④ 用防喷器吊移装置将转换法兰提起后运移至井口正上方。

⑤ 移除井口盖板，清洁井口法兰平面和钢圈槽，放上合适规格的钢圈，在钢圈内部倒满液压油。

⑥ 在转换法兰下法兰上穿满一端带有螺母的螺栓，操作防喷器提升装置下放转换法兰置于井口，使螺栓穿过对应的法兰孔，如果是电泵井，注意保护好电缆接头。

⑦ 转换法兰螺栓对角紧固到规定扭矩。

4. 转换法兰和井口间内部密封试压

① 检查转换法兰边缘的堵头等是否松动，卸下试压口堵头。

② 手动试压泵内加入清洁的液压油，试压泵管线与法兰试压口连接。注意试压泵及管线压力级别不低于试压压力。

③ 打压至 250psi，稳压 10min，如试压合格，继续打压至额定工作压力的 80%并稳压 18min，泄压。

④ 拆除手动试压泵和管线，上法兰盘试压堵头。

5. 装采油树

① 参照“3. 安装转换法兰”的操作程序，将采油树运移安装到转换法兰上，注意采油树的方向与施工设计方向保持一致。

② 拆除采油树运移轨道和小滑车。

6. 采油树整体试压

① 隔离试压区域，无关人员禁止进入。

② 在采油树底部法兰上连接对应规格的由壬法兰和试压堵头，连接气动试压泵。

③ 取出 BPV 坐入 TWCV，按要求对采油树各处连接和闸门进行试压。采油树的闸门应处于全开或者全关状态，禁止半开。

④ 拆除气动试压泵、试压管线及试压由壬法兰。

⑤ 操作 lubricator 取回井口的 TWCV，采油树各闸门开关状态恢复到交井状态。

(五) 工后闭环

① 清理、存放工具和设备。

a. 防喷器吊移装置移动到合适位置；

b. 小滑车进行保养。

② 清理、恢复工作场所。

③ 关闭 PTW，收集、归档工作相关资料。

a. PTW 和 JSA；

b. 安装采油树的施工安全会记录；

c. 采油树地面试压报告；

d. 采油树整体试压报告。

第五节 非常规作业

一、尾管回接

(一) 安全要点

① 钻台、场地和司钻之间相互沟通应无障碍。大门坡道处应安排专人穿戴信号服，向地面和司钻发出指挥信号。

② 组合尾管和下钻具输送尾管时盖住井口，井口手工具系保险绳，防止尾管内和井内落物。

③ 作业前根据施工情况准备扣型匹配的内防喷工具或套管丝扣转换接头，并制定井控风险预案。

④ 尾管对扣时严禁人员扶尾管公扣和母扣上端，防止伤害手指。

⑤ 尾管吊装过程中防范尾管滑脱掉落，要求吊车吊装尾管上钻台时，必须使用专用吊装带，吨位符合要求，严禁使用钢丝绳直接吊装尾管。

⑥ 员工配合套管队拉套管钳过程中注意扶套管位置不要与套管钳平齐，以防钳体、尾管挤伤手指；尾管上卸扣过程中，套管钳周围严禁站人，防止摆动伤人；严禁非专业人员操作套管钳，防止误操作。

⑦ 禁止使用泥浆泵通过灌浆管线灌浆，以防灌浆管线从尾管内脱出造成人身伤害，应通过灌浆罐的灌浆泵并打开回水阀门控制排量进行灌浆。

⑧ 严禁从钻台向场地扔尾管护丝，防止高空落物伤人。

（二）环保要求

① 施工过程中应采取措施降低噪声排放，以达到国家或地方噪声控制标准。

② 按规定处置施工过程中产生的废液和固体废弃物，减少对环境的影响。

③ 应选择环保、安全的套管螺纹脂，避免使用含铅螺纹脂，剩余螺纹脂应密封保存并加以标记，用过的空容器应按照有关规定进行存储和处理。

④ 固井作业过程中采取相应措施避免干水泥灰泄漏，保护灰罐车周围区域的土壤。

⑤ 配制水泥浆时，应避免水泥浆外溢；倒换固井管线时，应避免水泥浆外流；添加药品后，不能将盛装药品的桶倒放，以免残余药品外流。

⑥ 施工完成后，不得用固井药品水在井场冲洗水泥车，不得随意倾倒固井药品水。

（三）工前准备

1. 尾管准备

参考“钻井常规作业/六、套管准备”准备尾管。

2. 尾管回接工具准备

回接密封插头、节流浮箍、尾管悬挂器、扶正器。

3. 尾管下入表准备

① 校核尾管长度，仔细计算钻杆压缩距，配好送入钻具。为方便配钻具和投球时卸扣，准备 1~2 根短钻杆(5ft、10ft、15ft)，配好钻具后使短钻杆下接头在转盘面附近。

② 校核坐挂位置，悬挂器卡瓦应避开上层套管接箍。

③ 甲方监督、服务商、带班队长三方核对尾管下入数据表。

④ 悬挂器安装前，带班队长应再次核对场地剩余尾管数量。

4. 设备准备

① 校核指重表和泵压表，保证灵敏准确。

② 检查测试套管钳，确保工作正常，扭矩表显示正确。

③ 检修泥浆泵，确保循环期间泥浆泵工况良好。

5. 井口工具准备

检查吊环、尾管吊卡、单根吊卡、尾管卡瓦、安全卡瓦、链钳、全开式安全阀及配合接头、尾管循环头、套管螺纹脂、套管螺纹胶、吊带、套管护丝、快卸护丝等。

（四）工作流程

1. 申请 PTW

2. 召开作业前安全会

明确作业人员职责，告知作业步骤、作业风险及风险防控措施。

3. 清洗回接筒

① 按甲方作业指令连接尺寸合适的专用铣鞋。

② 按要求下至预定深度(提前一个单根)，接方钻杆或顶驱开泵，通知服务人员到钻台，慢慢下放钻具，防止突然遇阻时铣鞋被撞变形。

③ 当铣鞋接触回接筒时(根据泵压和钻压变化判断)，记录铣鞋深度(回接筒顶部深度)。

④ 启动转盘，转速 40～50r/min，正常钻进排量下缓慢下放钻具，下放速度控制在 1.0m/min，反复磨铣回接筒内表面 3～4 次。磨铣到扭矩突然增大(铣到回接筒底部)，加压 20～30kN，再磨铣 2min，并记录此时的铣鞋深度(回接筒底部深度)。

⑤ 大排量清洗回接筒 5min，正常排量循环一周后起钻。

⑥ 检查铣鞋的磨损情况，如果铣鞋底部有 1 圈明显的磨痕，表明已磨铣到底。

4. 下回接管串

① 下入回接套管串，排列顺序为：回接插头+1 根套管+节流浮箍+套管串+悬挂器+送入钻具，均匀涂抹好丝扣密封脂。

② 适当控制下放速度，及时向套管内灌满泥浆。

③ 每根套管加 1 根弹性扶正器或者刚性扶正器。

④ 按要求下完套管后，接套管悬挂器，灌满泥浆，记录上提下放悬重。

⑤ 下钻柱输送套管，当回接插头接近回接筒顶部深度时(此时的深度与磨铣时探的深度存在微小偏差，该偏差是钻杆/套管在自重的情况下伸长量不同所致)，接方钻杆，小排量开泵，缓慢下放。

⑥ 当回接插头通过第一道密封圈进入回接筒时，泵压会突然上升，停泵，缓慢下放直到悬重突然下降 30～50kN，表示回接插头已经接触到回接筒底部，记录方余和井深。

⑦ 开泵憋压 5MPa，检查密封情况。

5. 接固井头循环

① 停泵，上提钻具，泄压，卸方钻杆，调整钻具(便于坐封悬挂器和固井施工)，安装固井头。

② 再次探底，记录并比较井口方入，在钻具上做记号。

③ 上提钻具至回接插头循环孔位于回接筒顶部，开泵循环泥浆 2 周。

6. 悬挂器坐封

① 循环结束，缓慢下放钻具至回接插头接触回接筒底部，上提管柱总悬重之后(确保悬挂器以下套管全部为拉伸状态)，再上提 1～2ft。

② 根据现场使用悬挂器操作规范，坐挂套管悬挂器，建立正常循环。

③ 根据现场使用悬挂器操作规范，倒开送入工具与悬挂器坐封接头之间的连接。

④ 确认倒扣成功后，将钻具放回，下压悬挂器 5～10t，按固井要求循环。

7. 固井

参考“钻井常规作业/二十三、尾管固井”进行固井作业。

(五) 工后闭环

① 清理、存放工具和设备。

② 清理、恢复工作场所。

③ 关闭 PTW，收集、归档工作相关资料。

a. PTW 和 JSA；

b. 套管数据表；

c. 试压记录。

二、电缆坐桥塞

（一）安全要点

① 下桥塞前必须用刮管器通井，用刮管器对桥塞坐封井段进行往复刮削，并循环洗井1~2周。

② 安装 Shooting Nipple 前将全封/剪切闸板关闭，测量井口高度。

③ 检查组装坐封工具、桥塞，保证工具灵活可靠。

④ 施工过程不得停电和倒换发电机。

⑤ 安装电缆滑轮后，拴保险绳。

⑥ 电缆起下期间，禁止人员在钻台和电缆下走动。

⑦ 桥塞接近定位套管时，启动校深仪，降低下放速度至小于800m/h，从定位套管接箍处开始向上或向下跟踪，直至预定坐封位置。

⑧ 桥塞坐封5min后方可上提电缆，然后再缓慢下放电缆探桥塞，确认坐封后，方可起出电缆。

⑨ 工具出井口，先检查泄压头是否泄压，防止残余压力伤人。

⑩ 严格遵守井控要求，对 Shooting Nipple 试压，一旦发现溢流，立即实施关井。

⑪ 桥塞坐封后，试压前检查闸门流程，试压时打压要平稳，泄压要缓慢。

（二）环保要求

① 起井内电缆时要采取有效的清洁方式，避免电缆上附带的修井液掉落到场地上，污染土壤。

② 井内电测仪器如装有放射源，应按照相关规定采取有效预防措施，减少辐射污染。

③ 施工过程中应采取措施降低噪声排放，以达到国家或地方噪声控制标准。

④ 按规定处置施工过程中产生的废液和固体废弃物，减少对环境的影响。

（三）工前准备

1. 工具准备

① 根据施工要求准备合适尺寸的通井规。

② 检查刮管器。

③ 检查坐封工具、桥塞。

④ 检查校深仪，磁性定位器。

⑤ 检查 Shooting Nipple、旋塞阀、循环管线、电缆防喷器、电缆剪断钳。

2. 井口设备安装

① 配合电测队安装电缆天滑轮、地滑轮。

② 关闭全封/剪切闸板，安装 Shooting Nipple，安装旋塞阀并连接试压管线，安装电缆防喷器并固定。

③ 按要求对 Shooting Nipple 和电缆防喷器进行试压，先关闭剪切，再下放 Shooting Nipple。

3. 电测队准备

① 根据井场情况，电测车绞车对准井口，距离井口最少20m，装掩木。

② 连接准备入井的电测管串。

（四）工作流程

1. 申请 PTW

2. 召开作业前安全会

明确作业人员职责，告知作业步骤、作业风险及风险防控措施。

3. 电缆带桥塞下放

① 桥塞入井前断开电缆电源。

② 提升管串时，先用人工配合将管串送到井口附近，使其呈垂直放置，井口人员与绞车操作手密切配合，慢慢将桥塞管串下入井内。

③ 低速下放 300m，情况正常后再增加下放速度，但不超过 4000m/h。

④ 每下放 500m 左右须刹车或上提 1~2m，检查井下阻卡情况，防电缆打结，保证电缆伸直。

4. 校对桥塞位置

① 桥塞接近定位套管时，启动校深仪降低下放速度小于 800m/h，从定位套管接箍处开始校深，直到预定坐封位置。

② 将校深曲线与原图对比，深度校对准确无误后，再计算工具的下放或上提数值。将该值在电缆上丈量准确并做标记，然后将桥塞位置调整准确。

5. 坐封桥塞

① 必须上提电缆坐封桥塞。即桥塞下过桥塞坐封点的深度 2~3m，然后上提电缆使桥塞对准坐封点停车坐封，严禁下放坐封桥塞。

② 点火坐封桥塞时，井口安排专人进行监测。

③ 桥塞点火坐封后，至少等 5min 后方可上提电缆。首先要慢提电缆 2~3m 停车，再慢下电缆 2~4m，探查桥塞是否坐封（慢下放电缆，当电缆张力明显下降时，即说明桥塞已坐封）。确认坐封后，方可上提电缆。

6. 提出坐封工具

① 上提坐封工具，开始使用低速，300m 以后改用高速。但不得超过 4000m/h，井口需要有专人观察电缆运行情况。

② 当起电缆至出现 50m 标记时，改用低速，缓慢将工具起出井口。

③ 起出井口后，看坐封工具上的尼龙泄压头是否冲掉，冲掉后才能拆卸，防止残余压力伤人。

④ 卸开工具上部压帽，将点火头以上部分与坐封工具分开放置。

⑤ 清除工具表面油污，将活塞复位，戴好护丝装车。

7. 拆卸天滑轮、地滑轮和 Shooting Nipple

配合电测队拆卸天滑轮、地滑轮，盘好各条线路和电缆线，井队拆甩 Shooting Nipple。

（五）工后闭环

① 清理、存放工具和设备。

② 清理、恢复工作场所。

③ 关闭 PTW，收集、归档工作相关资料。

a. PTW 和 JSA；

b. 甲方相关技术指令。

三、起下双油管

（一）安全要点

① 起双油管时，采用常规单管闸板，先解封短管，起出短管后解封长管，再起出长管；下双油管时，必须采用双油管闸板。

② 起油管过程中，检查油管本体是否有孔洞、腐蚀；打孔的油管或者腐蚀严重的油管甩出并标记。

③ 解封封隔器前必须对吊卡采取防弹开措施，避免突然解封导致吊卡弹开伤人或井下落物。

④ 长管上的防冲蚀短节没有台阶并且极易粘扣，卸扣时间长，卸开的丝扣不能连接内防喷工具(井控风险很大，制定应急预案，建议先起出立在井架上)。

⑤ 下长管的单管封隔器组合时，由于半封闸板为双管闸板，井涌关井时只能关闭环形防喷器。

⑥ 下双管时，先保证关井方向，不能用 2 个油管装全开式安全阀，应该用短管(或长管)装全开式安全阀和长管(或短管)装低扭矩阀。

⑦ 由于井场受限或其他原因，套管头四通方向可能与双油管方向不平行，因此双油管悬挂器坐挂时，需要旋转方向才能坐挂到井口(存在井控风险，应制定应急预案，尽量缩短坐挂时间)。

（二）环保要求

① 施工过程中应采取措施降低噪声排放，以达到国家或地方噪声控制标准。

② 按规定处置施工过程中产生的废液和固体废弃物，减少对环境的影响。

③ 作业中管串内液体有可能喷洒到钻台下，应采取措施减少污染。

④ 应选择环保、安全的套管螺纹脂，避免使用含铅螺纹脂，剩余螺纹脂应密封保存并加以标记，用过的空容器应按照有关规定进行存储和处理。

⑤ 含硫气井施工，井场应配备充足的硫化氢检测仪器、防护器具和消防器材，制定应急预案，防止硫化氢等有毒、有害气体泄漏造成环境污染和人员伤害。

⑥ 辐射井施工，作业时产生的辐射污染物应投入专用的垃圾桶，作业结束之后所有辐射污染物(使用过的一次性防护用品、井下工具、油管等)立即转运至甲方指定存储地，任何污染物不能在井场及周边存放。

（三）工前准备(起双油管)

1. 研读设计和准备施工方案

① 了解井内管串组成和封隔器类型。

② 了解井口类型和油管悬挂器坐封方向并做记号。

③ 熟悉作业程序和作业风险。

2. 准备和检查设备及工具

① 检查活绳头、死绳固定器，确保工况正常。

② 检查电子防碰、过卷阀和重锤防碰是否工作正常，如有异常要及时调整。

③ 确保绞车刹车经过调节，传动系统控制和阀门工作正常。

④ 确保所使用的液压钳开门即停装置处于工作状态，液压钳牙座和钳牙相匹配。

⑤ 确保补给罐已连接，记录仪(包括气体检测仪)工作良好。

⑥ 工具准备：辐射检测仪、风向标、全身式安全带、便携式气体检测仪、刮泥板和井口围布、井口防滑垫、指挥马甲和口哨、牵引绳、吊带和与工具扣型相匹配的提丝、油管吊卡、卡瓦、全开式安全阀、旋塞阀、B 型大钳(在原井的防冲蚀短节卸不开时，要使用 B 型大钳拉开)。

3. 节流管汇安装及试压

① 节流管汇按要求进行试压。

② 井口四通和节流管汇间使用铠装软管或硬管线连接并试压。

4. 溢流观察

打开井口四通一侧平板阀通过节流管汇卸掉环空圈闭压力，溢流观察 30min。

5. 使用 Lubricator 取出 BPV

① 采油树上安装 Lubricator 并按要求试压。

② 按照 Lubricator 取出 BPV 程序取出短管和长管内 BPV。

6. 循环排污

① 对油管和套管环空进行试压，确认套管完好。钢丝作业连接双油管采油树长管部分，下入工具打开长管 SSD(侧面可开关的滑套)。

② 由采油树长管处泵入干净的盐水，从采油树短管内返出的液体排放到近坑，直到进出口的盐水密度一致。

③ 钢丝作业连接双油管采油树短管部分，下入工具打开短管 SSD。

④ 由采油树短管处泵入干净的盐水，从井口四通环空闸门返出的液体排放到近坑，直到进出口的盐水密度一致。

7. 坐放 BPV

① 采油树上安装 Lubricator 并按要求试压。

② 按照坐放 BPV 程序坐放短管和长管内 BPV。

8. 拆甩采油树和装防喷器

① 按操作流程拆甩采油树。

② 检查双油管悬挂器坐封方向并在油管四通上做记号，拍照留存。

③ 安装防喷器并试压。

9. 安装短管联顶节

① 使用 T-bar 取出双管内的 TWCV，在长管内坐入 BPV。

② 短管联顶节缓慢通过防喷器下入油管悬挂器短管上，做标记。

③ 使用管钳认扣，记录旋转圈数，确认联顶节与短管悬挂器连接到位。

10. 卸松短管悬挂器顶丝

使用尺寸合适的扳手卸松顶丝备帽，然后使用活动扳手卸松顶丝，并用米尺逐个检查每个顶丝出来的长度，长度要均衡，确保不会挂碰悬挂器，最后紧固背帽。

(四) 工作流程(起双油管)

1. 申请 PTW

2. 召开作业前安全会

明确作业人员职责，告知作业步骤、作业风险及风险防控措施。

① 司钻上提原井管柱时要平稳，观察管柱是否处于井口的中心位置，井口要正，以免井口不正造成油管接箍挂井口。

② 管柱上行过程中，井口人员检查油管本体是否有孔洞、腐蚀，如有异常及时汇报监督，采取下一步措施。

③ 油管要摆放整齐，确保编号正确。

④ 起钻期间定时灌浆保持液面，专人观察并及时填写灌浆记录。

⑤ 在起原井管柱期间要使用探测工具对起出管串进行辐射检测，发现异常及时汇报。

⑥ 起原井管柱期间钻台操作人员做好辐射防护工作。

3. 解封短管悬挂器

① 根据井内管柱尺寸和管柱深度计算出管柱悬重，在联顶节与转盘面平齐处做标记，方便司钻观察管柱上移情况。

② 上提悬挂器前，必须对死绳固定器、活绳头、大绳状态进行检查确认，同时确认短管悬挂器的顶丝已卸松到位(此过程长管悬挂器的顶丝一定不要松动)，指定班组人员到4个井架地锚位置进行观察。

③ 甲方监督现场指挥，司钻按照甲方指令，缓慢上提管柱，最大上提悬重不能超过修井机负荷80%和油管抗拉强度80%的最小值。

④ 上提时要循序渐进，每上提10klbs需要停下来观察5~10min。

⑤ 如上提悬重达到修井机负荷80%和油管抗拉强度80%的最小值时仍未解封，应悬吊10min，直至短管插入器从双油管封隔器中拔出。

⑥ 若无解封迹象，缓慢放至原悬重，重复上述操作直到解封，保持油管居中，上提油管悬挂器至转盘面。

⑦ 如不能解封，则讨论制定下一步计划。

4. 甩油管悬挂器

① 使用校验合格的辐射监测仪检测油管和悬挂器NORM值并汇报。

a. 如辐射超标，则立即汇报，等待辐射队人员到井起管柱；

b. 如辐射值在正常范围内，检查油管悬挂器密封圈情况，拍照存档。

② 下放坐卡瓦，卸开连接并甩掉短管悬挂器。

③ 辐射井操作参考“附录二　辐射防护及NORM井施工指南”。

5. 起短管

以立柱或单根方式起出短管管柱。

6. 安装长管联顶节

① 按操作流程使用T-bar取出长管内BPV。

② 长管联顶节缓慢通过采油树下入油管悬挂器长管上，做标记。

③ 使用管钳认扣，记录旋转圈数，确认联顶节与长管悬挂器连接到位。

7. 卸松长管悬挂器顶丝

使用尺寸合适的扳手卸松顶丝备帽，然后使用活动扳手卸松顶丝，并用米尺逐个检查每个顶丝出来的长度，长度要均衡，确保不会挂伤悬挂器，然后紧固背帽。

8. 解封长管管柱

① 根据井内管柱尺寸和管柱深度计算出管柱悬重，在联顶节与转盘面平齐处做标记，方便司钻观察管柱上移情况。

② 上提悬挂器前，必须对死绳固定器、活绳头、大绳状态进行检查确认，同时确认长管悬挂器的顶丝已卸松到位，指定班组人员到4个井架地锚位置进行观察。

③ 甲方监督现场指挥，司钻按照甲方指令，缓慢上提管柱，最大上提悬重不能超过修井机负荷80%和油管抗拉强度80%的最小值。

④ 上提时要循序渐进，每上提10klbs需要停下来观察5~10min。

a. 如上提悬重达到修井机负荷80%和油管抗拉强度80%的最小值修井仍未解封，应悬吊10min，直至管柱自由；

b. 若无解封迹象，缓慢放至原悬重，重复上述操作直到解封，保持油管居中，上提油管悬挂器至转盘面；

c. 如不能解封，则讨论制订下一步计划。

⑤ 起出并甩掉长管悬挂器。

9. 起出长管

以立柱或单根方式起出长管管柱，检查并记录管柱的腐蚀情况。

① 长管串中有2个封隔器，起钻要控制速度，降低抽吸压力对井下的影响。

② 封隔器过井口的时候要扶正居中，避免挂到防喷器和井口。

(五) 工前准备(下双油管)

1. 准备设备及工具

全身式安全带、便携式气体检测仪、刮泥板和井口围布、井口防滑垫、指挥马甲和口哨、牵引绳、通径规、油管扶正台、吊带和提丝、全开安全阀、旋塞阀、双油管闸板、双油管吊卡、双油管气动卡瓦、单根吊卡、专用油管钳。

2. 准备油管和井下工具组合

① 按检查流程对油管清洗通径。

② 井下工具地面检查：短油管、侧面可开关的滑套、双管封隔器、单管封隔器、防冲蚀短节、定位短节、引鞋。

③ 带班队长结合甲方和服务商确定双油管组合下入顺序表。

3. 更换闸板及试压

① 按照更换闸板操作流程将闸板总成更换为双油管闸板总成。

② 安装试压塞和两根试压油管，调整两根油管方向至与双油管闸板孔方向一致，缓慢下放游车至试压塞到油管四通上方，确认试压塞坐到位后，扶正试压油管后缓慢关闭双油管半封闸板，按照甲方要求进行试压。

③ 起甩试压工具。

4. 其他准备

① 安装调试油管扶正台。

② 安装调试双油管气动卡瓦和双油管吊卡(服务商负责)。

③ 检查电子防碰、过卷阀和重锤防碰是否工作正常，如有异常及时调整。

④ 确保绞车刹车、传动系统控制和阀门工作正常。

⑤ 确保所使用的液压钳开门即停装置处于工作状态，液压钳牙座和钳牙相匹配。

⑥ 确保补给罐已连接，记录仪(包括气体检测仪)工况良好。

(六) 工作流程(下双油管)

1. 申请PTW

2. 召开作业前安全会

开展JSA风险分析，明确作业人员职责，告知作业步骤、作业风险及风险防控措施。

① 控制游车下放的速度，司钻与井架工和服务商吊卡操作人员要配合默契，接收到信号后再进行下一步操作，避免下放过快造成吊卡挂扶正台或者砸到管柱。

② 下双油管过程中，保证长管方向吊卡始终受力，如只有短管受力，会造成短管从双油管封隔器上脱开(服务人员操作吊卡和气动卡瓦时，应先扣合长管的卡瓦，确保长管受力后再扣合短管卡瓦)。

③ 两个液压封隔器之间的油管长度必须准确，双油管封隔器以上油管长度根据校深结果进行调整。

④ 根据封隔器坐封压力，更换泥浆泵缸套或与甲方协商安排固井泵车。

3. 组合单封隔器

使用吊车将单油管液压封隔器和完井工具等吊至钻台，配合完井工程师组合连接底部单油管液压封隔器，上扣时要与工程师确认液压钳咬合位置和上扣扭矩，在工程师设定封隔器坐封压力时要盖井口防护盖板和围布，防止所用工具或者销钉等物品掉落井内。

4. 下单油管

单油管封隔器及完井工具等组合连接完毕后，按下油管操作流程下入油管。

5. 连接双油管封隔器及相关完井工具

使用吊车将双油管液压封隔器和完井工具等吊至钻台，配合完井工程师组合连接双油管液压封隔器及相关完井工具，上扣时要与工程师确认液压钳咬合位置和上扣扭矩，在工程师设定封隔器坐封压力时要盖井口防护盖板和围布，防止所用工具或者销钉等物品掉落井内。

6. 下双油管

① 使用双油管吊卡下放双油管液压封隔器入井，坐双油管卡瓦，游车起至油管单根高度以上。

② 司钻缓慢下放游车至吊卡离开油管接箍 5~10cm，钻工打开吊卡后，司钻平稳上提游车至合适位置后刹车。

③ 外钳工盖上油管盖帽。

④ 内钳工打开钻台大门坡道护栏，外钳工操作气动绞车平稳下放两个油管单根吊卡至猫道上。

⑤ 场地工拔出单根吊卡保险销，把单根吊卡扣合到油管单根上，插上保险销后，远离猫道处的危险区域，发出上提油管单根信号。

⑥ 外钳工操作气动绞车从猫道上拉油管单根至钻台后，内钳工使用兜绳控制油管单根，双脚岔开远离油管公扣的正下方。钻台人员禁止站在吊起油管的正下方。

⑦ 两名钻工分别负责卸掉油管护丝、清理检查油管丝扣，少量均匀地将丝扣油涂抹在公扣上。

⑧ 移除油管盖帽、外钳工操作气动绞车缓慢下放 2 根油管，根据 2 根油管长度情况对接长短管母扣，尽可能保证上扣以后两边油管长度相差较小，井口人员用管钳先逆时针旋转油管认扣，认扣 2~3 扣，井架工负责扶正油管，井口工操作气动绞车调整液压钳的高度，以便于上扣。

⑨ 由服务人员操作专用液压钳分别进行上扣，保证扭矩符合要求。

⑩ 按照要求扭矩紧扣完毕后退出液压钳至合理放置。

⑪ 上扣完毕后，井架工打开两副单根吊卡，外钳工下放气动绞车至钻台放好。

⑫ 井架工指挥司钻缓慢下放游车，双吊卡接近两根油管时，井架工使用钻杆钩扶正两根油管，使油管分别穿过吊卡对应的卡瓦牙，当油管伸出吊卡合适高度后，井架工指挥司钻停止下放游车，同时指挥服务人员扣合吊卡，井架工检查扣合情况，然后示意司钻上提双油管管柱。

⑬ 服务人员操作打开双油管卡瓦，司钻下放游车至双油管卡瓦上方合适高度。

⑭ 服务人员扣合双油管卡瓦，司钻观察指重表释放悬重，使吊卡离开油管接箍。

⑮ 重复步骤②~⑭下钻至预定深度。

7. 电缆校深

① 长管安装全通径安全阀，短管安装常规安全阀，连接电缆校深工具，进行校深。

② 根据校深结果，使用调整短节调整长、短管管柱长度一致。

8. 坐双油管悬挂器并试压

① 通常悬挂器下端自带一根油管(或双公短节)，使用双油管吊卡下放悬挂器至钻台。

② 服务人员关闭双油管卡瓦，司钻观察指重表释放悬重，使吊卡离开油管接箍。

③ 连接联顶节与安全阀，按照井口工程师和完井工程师的要求将双油管旋转至油管头坐入方向(定位顶丝必须同时定位长管短管，并且坐封到位时通过四通侧法兰能看到长管或短管中心线与套管头四通中心线同心)，计算长管压缩距，保证 0.8ft 的高度差，使悬挂器的缺口对正井口四通内的定位销完成坐挂。

④ 关闭双油管半封闸板，按设计要求或者监督指令对悬挂器进行试压。

⑤ 试压合格后缓慢泄压至近坑。

9. 坐封封隔器

① 接上联顶节，从长管顶替防腐剂，将环空全部替成含抑制剂的盐水。

② 从短管进行钢丝作业，下塞子，试压到 300psi，稳住压力 10min，测试短管密封总成是否插在双封隔器密封孔中，泄压后取回塞子。

③ 钢丝作业接到长管上，下塞子，打压至要求压力(约 1500psi)，坐封单封隔器，继续打压至最大压力(约 2000psi)，稳住压力 10min，泄压后取回塞子，环空试压 500psi，稳住压力 10min，观察长管无返出，确定封隔器坐封。

④ 将钢丝作业转到短管上，下塞子，打压至要求压力(约 1500psi)，坐封双油管封隔器，继续打压至最大压力(约 2000psi)，稳住压力 10min，泄压后取回塞子，环空试压 500psi，稳住压力 10min，确定双封隔器坐封(注意，一侧油管进行钢丝作业时，另一侧的油管需接上安全阀)。

10. 安装采油树和放喷作业

① 甩钢丝作业工具和联顶节，在两个油管悬挂器中分别安装 BPV。甩掉双油管相关工具，清理收拾钻台。

② 甩防喷器，装双油管采油树，取 BPV，安装 TWCV，对采油树进行试压，试压合格后，取出 TWCV。

③ 根据施工设计进行长、短管放喷作业。

(七) 工后闭环

① 清理、存放工具和设备。

② 清理、恢复工作场所。

③ 关闭 PTW，收集、归档工作相关资料。

a. 双油管下入表；

b. 油管长度丈量登记表；

c. 特殊工具证书及绘制的技术草图；

d. 试压记录；

e. 甲方相关技术指令。

四、钢丝作业

钢丝作业是通过缠绕在绞车上的钢丝和电缆利用机械的上提和下放达到对井下工具进行操作的作业。

钢丝作业特点：设备简单、操作简单、适应范围广、易于下井、带压操作。

钢丝作业现场的主要应用：坐取井下流体控制装置(堵塞器、安全阀等)、探井底砂面或捞井底砂样、开关滑套、油管打孔服务(机械方式)、投捞各种井下测试仪器、强开井下安全阀、井下摄像、配合完井和修井作业。

(一) 安全要点

① 用警示带隔离试压和钢丝作业区域，防止人员进入高压危险区域。

② 作业期间，禁止吊车和叉车在周围进行吊装作业。

③ 作业期间，禁止人员使用钻台前梯子。

④ 当风力达到六级或六级以上、大雨及大雾等能见度低的情况下，停止钢丝作业。

⑤ 仪器或工具通过井口、管柱内径突然变化处、进入液面及遇阻时要注意控制减速。

⑥ 钢丝作业测试车距离井口不应小于 20m。

⑦ 滚筒上的钢丝长度要求：当仪器或工具下到设计深度时，滚筒上最少还剩有两排钢丝。

⑧ 起吊工作由专人指挥，指挥口令及手势准确。严禁在吊臂下工作或停留。

⑨ 防喷管试压作业应遵守甲方相关操作规程。

⑩ 防喷管带压时严禁攀爬，安装前必须泄除内部压力。

(二) 环保要求

① 施工过程中应采取措施降低噪声排放，以达到国家或地方噪声控制标准。

② 按规定处置施工过程中产生的废液和固体废弃物，减少对环境的影响。

③ 起钢丝时要采取有效的清洁方式，避免电缆上附带的液体掉落污染土壤。

(三) 工前准备

1. 作业信息准备

① 了解井内液体类型、井内压力、井下温度、井身结构和完井资料。

② 采油树尺寸和类型、连接地面设备所需要的空间。

③ 确定工作类型。

④ 钢丝作业负责人根据作业需要列出设备清单、材料清单、工具清单。

2. 工具准备

① 井下工具部分：钢丝绳帽、加重杆、震击器、万向节、旋转接头。

② 特殊井下工具：减震器、滚轮加重杆、钢丝剪具、钢丝刷。

③ 辅助工具：通井规、盲锤、铅模、磁性捞具、穿孔器、重磅加速器、油管开孔器、油管末端定位器、油管刮刀、油管胀管器。

④ 特殊打捞工具：捞砂筒、钢丝捞矛、内卡瓦捞具、外卡瓦捞具。

⑤ 其他工具：吊具、牵引绳、卸扣、管钳、全通径安全阀及扳手、井口操作平台。

⑥ 所有入井工具、仪器均应测量并拍照记录。

3. 地面设备准备

① 钢丝作业测试车：钢丝、刹车系统、计数器。

② 地面工具设备：井口短节、快速接头、泄压阀、钢丝卡子、防喷器、防喷管、三通、液压防喷盒、拉力表、地滑轮。

③ 吊车、叉车。

（四）工作流程

1. 申请 PTW

2. 召开作业前安全会

明确作业人员职责，告知作业步骤、作业风险及风险防控措施。

3. 工作交接

① 作业前，第三方钢丝作业队长要向甲方监督和带班队长说明作业内容及要求。

② 在作业区域拉上警示带并挂上警示牌。

③ 在作业期间采油树上的所有操作均由钢丝作业方负责，如需要井队人员操作时，必须征得钢丝作业队长同意，并由钢丝作业人员在场监督和协助下方可进行。

4. 井口准备

① 缓慢打开采油树翼阀处的针型阀，确保清蜡阀门以上无压力。

② 检查采油树清蜡阀门或全开式安全阀，应处于关闭状态。

③ 配合服务人员连接防喷管的井口配合短节。

④ 配合服务人员安装地滑轮。

5. 打绳帽

① 从绞车滚筒上拉出钢丝时不得损伤钢丝，拉出长度应比吊起防喷管与防喷器连接所需长度长 10~20m。

② 穿过液压防喷盒和绳帽孔眼，从绳帽中拉出钢丝并打绳结，打好的绳结放入绳帽后，绳帽应能自由转动。

6. 组合工具串

① 根据井况、作业内容组合工具串。

② 钢丝作业标准工具从上到下为绳帽+加重杆+震击器+万向接头+井下工具。

③ 将绳帽连在工具串上端，防喷器连上液压控制管线及所需要的绷绳。

7. 安装防喷管

① 先将防喷器安装到井口配合短节上。

② 组装防喷管，其长度应超过入井仪器及工具串的总长。

③ 准备防喷盒，槽轮干净，转动灵活自如、无摆动，必要时应更换盘根。

④ 使用吊车或气动绞车吊起防喷管，组装泄压阀和压力表，钢丝装入地滑轮内，绞车绷紧钢丝。

⑤ 卸开护帽和钢丝夹，组装入井工具。

⑥ 将防喷管连接到封井器上。

8. 校正绞车零点

因不同钻井平台和绞车到井口的距离等影响，其零点校正点不同，因此在校正之前，一定要告知第三方井队的补心差，明确零点。

9. 试压防喷系统

调整工具位置，关闭清蜡阀门或全通径安全阀，打开防喷管泄压阀，缓慢启动泥浆泵，排尽管内空气，关闭防喷管泄压阀，按要求对防喷管进行试压。

10. 下入工具或仪器

① 松开绞车刹车，控制绞车速度在60m/min平稳下放，可根据井况、工具情况控制合适的下放速度。检查调正滑轮方向，并调节盘根压帽的松紧，以能顺利下放且不冒油气为准。下入过程中在钢丝表面倒些油润滑，降低盘根对钢丝的摩擦力进而延长盘根的使用寿命。

② 仪器或工具通过井口、管柱内径突然变化处、进入液面及遇阻时要注意控制减速。

③ 下放速度要匀速，严禁猛放猛刹。钢丝始终要保持一定的拉力，防止拖地、打扭和跳槽。

④ 作业期间密切注意防喷管、防喷盒工作状况，随时调节盘根松紧，严防油气泄漏。

11. 起出工具或仪器

① 操作人员挂好滚筒离合传动装置，慢慢松开刹车，缓慢上提工具，启动并平稳上起，不得突然猛起。调节盘根盒压帽，以钢丝不带油水为准。

② 钢丝作业操作人员应密切监视转数表、绞车运转、负荷变化及钢丝情况，钢丝应排列整齐不沾带油水。

③ 操作人员在仪器或工具起至距井口150m时应减速，接近井口附近时，应降低上提速度，当绳帽顶到防喷盒时确定工具已安全进入防喷管内，关闭清蜡阀门或全通径安全阀。

④ 关阀门时记住转动圈数，越接近完全关闭，越应缓慢操作，阀门完全关闭的转动圈数应与完全打开时圈数基本一致，否则有可能夹住工具、仪器或钢丝。

⑤ 关闭过程中若遇阻，切不可强行关闭，应打开阀门并判断故障，待问题解决后方可继续关闭阀门。

⑥ 清蜡阀门或全通径安全阀关闭后，泄防喷管内的压力，操作人员身体任何部位不能正对泄压口。

⑦ 放松起吊防喷管的吊绳，卸开防喷管丝扣，同时下放工具串或仪器，以保证上提防喷管时不会被卡。

⑧ 将防喷管吊离井口，缓慢下放工具或仪器到方便操作的高度，两人配合拆卸工具或仪器。

⑨ 检查起出的仪器和工具，并记录。

⑩ 依次甩掉防喷管和防喷器，恢复井口或采油树至工作前。

（五）工后闭环

① 清理、存放工具和设备。

② 清理、恢复工作场所。

③ 关闭PTW，收集、归档工作相关资料。

a. PTW和JSA；

b. 特殊工具绘制的草图；

c. 甲方相关技术指令；

d. 试压记录。

五、连续油管作业

连续油管作业优点：作业时间短、作业成本低、作业效率高。

连续油管主要作业范围：钻水泥塞和桥塞、切割打捞油管、冲洗井、气举诱喷、油管射孔测试、大斜度井、水平井测井、压裂酸化、井下打捞等。

(一) 安全要点

① 现场作业区域有效隔离并设置安全警示牌。施工期间，高压管线及井口附近严禁人员靠近。

② 根据连续油管施工的需要，配备齐全现场应急处理所需的相关物品。

③ 井口周围清理干净。

④ 承压管线应选择硬管线并试压合格，如发现泄漏，先泄压再维修。

⑤ 施工压力不能超过井口装置额定工作压力和套管抗内压强度两者中的最小值。

⑥ 连续油管作业车进入施工现场时排气管应装有阻火装置。

(二) 环保要求

① 施工过程中应采取措施降低噪声排放，以达到国家或地方噪声控制标准。

② 按规定处置施工过程中产生的废液和固体废弃物，减少对环境的影响。

③ 拆卸液压管线时，管线内的液压油有可能溢出，要采取措施防止污染土壤。

(三) 工前准备

① 施工人员必须持证上岗，满足岗位要求。

② 施工人员必须穿戴整齐劳保用品。

③ 施工人员必须了解井身结构及其他井下情况，熟悉施工设计程序。

④ 岗位人员履行岗位安全操作规程，落实设备操作规程及标准化施工要求。

⑤ 井口工具的准备和检查见表 2-14。

表 2-14 连续油管相关工具及设备

序号	工具设备名称	型号规格	单位	数量
1	撬杠	1.5m	把	1
2	榔头	30lbs/3lbs	把	2
3	安全绳	⅝in	根	1
4	敲击扳手	按需	把	按需
5	低扭矩阀	5000psi	支	2
6	棉纱			按需
7	清洗剂			按需
8	Flow Tree	5000psi	支	1
9	对讲机			按需
10	铁链及紧链器	5t	副	4
11	照明设备			按需
12	吊车	80t	台	1

⑥ 井场必须具备摆放连续油管施工及相关配合作业所需车辆和设备的空间和条件。

⑦ 放喷管线连接至放喷坑并设置管线地锚。

⑧ 井场要有容积足够的废液池，废液池满足施工过程中废液排放的体积、技术及环保要求。

⑨ 核实简易防喷器下部连接方式，检查 Flow Tree 各闸门开关的活动情况及状态，确认 Flow Tree 是否满足连接要求。

⑩ 泥浆罐安排人员坐岗，若在下放连续油管或连续油管井下作业过程中液面异常，需要立即汇报。

⑪ 清理钻台井口周围工具，提供充足的作业空间。

⑫ 连续油管作业车摆放应正对井口，车尾距井口距离不应小于 20m，前后轮放置掩木。

⑬ 连接连续油管作业车和泵车高压管线。

⑭ 将连续油管作业车上的接地线棒插入地中，接地电阻不大于 4Ω。

(四) 工作流程

1. 申请 PTW

2. 召开作业前安全会

明确作业人员职责，告知作业步骤、作业风险及风险防控措施。

3. 井口设备安装

① 井口连接 Flow Tree，并在其侧翼安装一支低扭矩阀，通过高压硬管线连接至放喷管线。

② 连接主车至撬车的动力管线和控制管线。

③ 安装防喷器管线。

a. 吊装防喷器至地面，井口工牵引防喷器，吊车将其放在地面上；

b. 清洗防喷器上的液压管线接头；

c. 液压控制管线移送到防喷器旁，逐一打开液压管线保护套，清洗液压管线接头；

d. 按相应序号将液压管线及井口压力监测管线连接到防喷器上；

e. 液压管线连接到位后，将管线板上的链条悬挂在防喷器本体的挂钩上。

④ 逐一关闭和开启半封闸板、卡瓦闸板、剪切闸板、全封闸板的液动系统，并检查各闸板指示杆运行是否正常。

⑤ 上提防喷器至离地 0.5~1m，清洗防喷器下部与 Flow Tree 相连接的位置。

⑥ 起吊防喷器至井口正上方位置，缓慢下放并坐于 Flow Tree 上，连接 Flow Tree 与防喷器。在这一过程中连续油管井口装置处于悬吊状态，严禁下放所有悬重。

⑦ 连接井口防喷管、注入头、导向器等井口装置，并进行功能测试。

⑧ 将连续油管井口装置固定在液压猫头底座或者其他合适位置，确保固定牢靠。

⑨ 关闭 Flow Tree 下端闸门，冲洗连续油管。

⑩ 冲洗完毕，对连续油管井口装置、Flow Tree 及相应的连接设备进行试压，根据要求逐步打压，稳压 5~10min。

⑪ 确认各连接处无渗漏，试压合格后，释放压力为零，打开 Flow Tree 下端及侧翼闸门。

4. 下入连续油管

① 计数装置校深。

② 保持连续油管内外压差不超过设计要求。

③ 开启井口阀，下入连续油管，初始下放速度小于 5m/min；过井口 50m 后，直井下放速度不超过 25m/min；进入造斜段后速度不超过 10m/min，下放过程中连续油管处于开泵下冲状态。

④ 按设计要求在不同井深校核悬重。

⑤ 根据悬重变化调节夹紧、涨紧和驱动压力。

⑥ 连续油管到底后关闭井口的低扭矩阀，井眼处于封闭状态。

⑦ 根据施工设计进行施工。

5. 起出连续油管

① 根据悬重变化调节夹紧、涨紧和驱动压力，做好起管准备。

② 上提连续油管，水平段和造斜段速度不超过 10m/min；直井段不超过 25m/min；至井口 50m 时不超过 5m/min。在此过程中，通过连续油管向井内注入液体，保持液柱压力。同时需加强坐岗观察，强化井控风险意识。在整个作业过程中，根据情况环空适时进行灌浆，保证环空液柱压力。

③ 确认连续油管起至防喷管内，试关阀门；确认起出后，关闭井口阀门，泄压。

6. 拆卸井口设备

① 调整悬重，用弧形扳手和榔头拧松防喷器与防喷管之间的由壬。

② 拉动葫芦链条，取下注入头的葫芦和绷绳。

③ 牵引注入器，将注入器(带防喷管)吊至开阔地面上。

④ 沿着下连续油管的方向转动滚筒，当连续油管井下工具接头距离地面 0.5~1m 时，用管钳卸下丝扣，取下工具。

⑤ 依次取下其余的工具，拆卸所有的工具呈最小单元，用清洁剂清洗后放回工具箱内。

7. 拆卸防喷管

① 将防喷管坐放到座子里，拧紧下部由壬。

② 用弧形扳手和榔头拧松最下面两个防喷管之间的由壬。

③ 在座子上的防喷管上方用弧形扳手和榔头拧上吊耳，将吊车的吊钩挂在吊耳上，系上牵引绳，将防喷管吊至架子内。

8. 收回连续油管

① 牵引注入头并吊至撬上。

② 沿着连续油管自由端的方向在第二、第三个卡子之间系上柔性吊带，将柔性吊带挂在吊车挂钩上。在距离连续油管自由端 0.8~1m 处系上牵引绳，沿着注入头后方拉出。

③ 吊车缓慢匀速下放钢丝绳，连续油管操作人员配合收回连续油管。

④ 连续油管操作工将注入头液压管线泄压后，拆卸管线。

9. 收回防喷器

① 吊车悬挂防喷器上端，连续油管操作人员拆卸防喷器与 Flow Tree 之间的连接件。

② 吊车将防喷器吊至地面，拆卸防喷器液压管线。

③ 吊车将防喷器吊至撬上。

(五) 工后闭环

① 清理、恢复工作场所。

a. 清理丝扣的棉纱等收集整理到井场相关区域；

b. 清理施工场地并恢复原状。

② 关闭 PTW，收集、归档工作相关资料。

a. PTW 和 JSA；

b. 施工数据。

六、铅模打印

铅模打印是利用铅模与落鱼或套管接触产生塑变性所留下的印痕来探视和验证井下落鱼的鱼顶深度状态和套管变化情况的一项工艺措施。

印模的主要成分是金属铅，其特点是熔点较低、质地柔软、化学惰性强、抗腐蚀性能很高，在井下酸、碱、原油等复杂液体介质中，不易发生化学变化。

印模的外径应小于套管内径 6～10mm，印模长度为 120～200mm，水眼直径为 30mm 左右。

（一）安全要点

① 在铅模搬运过程中必须戴好护帽，轻拿轻放，严禁摔碰。

② 组合工具期间关闭全封/剪切防喷器，防止工具意外落井。

③ 铅模通过井口时要保证居中，避免挂碰井口。

④ 在把单根与井内管柱连接之前，要把合适的丝扣油涂抹到钻具的公扣上，严禁在母扣内涂抹丝扣油，防止丝扣油刷子落井。

⑤ 为防止铅模水眼堵塞，每下钻 300～400m 后，应开泵顶通水眼一次。

⑥ 一个铅印只能加压打印一次，不得重复打印和转动管柱打印。如果已知井筒内可能有钢丝等绳类落物，应在印模与钻柱之间增加叶片式盖板，防止钢丝缠绕在钻柱上，在起出过程中造成卡钻。

⑦ 若铅模遇阻时，应立即起出检查，找出原因，切勿强行下压。

（二）环保要求

① 施工过程中应采取措施降低噪声排放，以达到国家或地方噪声控制标准。

② 按规定处置施工过程中产生的废液和固体废弃物，减少对环境的影响。

③ 作业中管串内液体有可能喷洒到钻台下，应采取措施减少污染。

④ 应选择环保、安全的钻具螺纹脂，避免使用含铅螺纹脂，剩余螺纹脂应密封保存并加以标记，用过的空容器应按照有关规定进行存储和处理。

（三）工前准备

1. 工具准备

① 井口盖板。

② 铅模、照相机、游标卡尺、钻具、扳手、钻杆内防喷器、配合接头。

③ 与钻具尺寸相配套的气动卡瓦和单根吊卡等。

2. 钻具表准备

① 检查铅模是否有缺陷，丈量记录外形尺寸，绘制草图。

② 根据井下落鱼深度，准备钻具并制作钻具下入表。

③ 钻具数据表交由甲方监督和打捞工程师审核。

（四）工作流程

1. 申请 PTW

2. 召开作业前安全会

明确作业人员职责，告知作业步骤、作业风险及风险防控措施。

3. 组合铅模

① 检查铅模柱体四周与底部，不能有影响印痕判断的伤痕存在，如有轻微伤痕，应及时用锉刀将其修复平整。

② 对印模底部照相存档。

③ 将铅模连接在钻铤末端并上紧至规定扭矩。按照下钻铤和钻具安全操作程序下入钻铤和钻具，注意下钻速度不宜过快，以免中途将铅模顿碰变形，影响分析结果。

4. 打铅印

① 下钻至鱼顶以上一单根时接方钻杆或顶驱。

② 铅模下至鱼顶以上 10m 左右开泵冲洗，到鱼顶以上 2m 左右停止下放，大排量冲洗鱼顶。

③ 当铅模下至距鱼顶 0.5m 时，大排量冲洗鱼顶上面的砂子及脏物后停泵，再以 1.0m/min 以下的速度下放，一次加压打印，一般加压 30kN，特殊情况可适当增加，但钻压不能超过 50kN（由于印模硬度非常低，打印时加压的重量过大，将会造成铅印严重变形，甚至有可能造成印模与龙骨分离，导致印模脱落）。

5. 起钻

① 起钻速度不能过快，以防抽汲作用引起井喷。

② 铅模接近井口时，应派专人扶正管柱，缓慢提出，以防将铅模刮坏或刮入井内。

6. 印痕分析

① 起出印模后保持原样，用相机拍照，并绘制草图。

② 对印模的痕迹用直尺或游标卡尺准确测量。

③ 对落物可能的技术状况，找出同类物品在印痕处进行比对验证。

④ 结合经验，全面分析，做出定性结论。

（五）工后闭环

① 清理、存放工具和设备。

② 清理、恢复工作场所。

③ 关闭 PTW，收集、归档工作相关资料。

a. PTW 和 JSA；

b. 绘制的铅模草图；

c. 铅模入井前照片；

d. 铅模起出后照片；

e. 甲方相关技术指令。

④ 工作完成时间根据现场实际情况而定。

七、抽汲作业

（一）安全要点

① 夜间作业，必须配备充足的防爆照明设施。

② 作业期间设警示带，无关人员禁止进入工作区域。

③ 所有进入现场作业人员必须按规定穿戴劳动保护用品。

④ 防喷管长度要大于抽汲工具总长度 1m 以上。

⑤ 滚筒钢丝绳不得少于一层，钢丝绳出口应有明显的记号且不得少于 2 点。

⑥ 抽汲时，抽子沉没度一般在 150m 左右，最大不得超过 200m。

（二）环境保护

① 施工过程中应采取措施降低噪声排放，达到国家或地方噪声控制标准。

② 按规定处置施工过程中产生的废液和固体废弃物，减少对环境的影响。

③ 含硫气井施工，井场应配备充足的硫化氢检测仪器、防护器具和消防器材，制定应急预案，防止硫化氢等有毒、有害气体泄漏造成环境污染和人员伤害。

（三）工前准备

① 收集作业井基础数据，井位、层位、套管结构、油管结构。

② 了解作业井抽汲前施工内容及目前状况。

③ 作业工具准备见表 2-15。

④ 接放喷管线到计量罐，并将管线固定牢固。

⑤ 抽汲车正对井口摆放，距离井口不小于 20m，轮胎下摆放掩木，排气管戴防火罩。

⑥ 井口位置安装地滑轮，并正对抽汲车。校对井架，使天车、防喷盒、井口调整到三点一线，偏差不大于 100mm。

⑦ 将抽汲钢丝穿入地滑轮、防喷盒。将抽汲钢丝绳与绳帽接头连接，拧紧不得松动。

⑧ 组合井下工具。

表 2-15　抽汲相关工具及设备

序号	名称	规格	数量
1	管钳	900mm	2 把
2	手钳		1 把
3	螺丝刀		2 把
4	钢卷尺	30m	1 把
5	钢板尺	1m	1 个
6	抽汲三通		1 套
7	抽汲防喷器		1 套
8	加重杆		3 根
9	抽子支架		4 个
10	绳帽		2 个
11	抽汲胶皮	根据管柱结构选择	按需
12	抽汲胶皮打捞矛		1 个

（四）工作流程

1. 申请 PTW

2. 召开作业前安全会

明确作业人员职责，告知作业步骤、作业风险及风险防控措施。

3. 防喷管安装及试压

① 检查井口油压和套压，关闭采油树清蜡闸门。

② 采油树上连接由壬短节，缓慢上提防喷盒(管)，下端用牵引绳拉住，以免碰撞井口，安装防喷管。

③ 按甲方要求对防喷管进行压力测试。

4. 通井

① 先在钢丝做零点记号，然后在钢丝上再做三个记号，第一个记号距绳帽 50m，后两个记号间隔 20~30m，记号应明显牢固。

② 下入加重杆开始通井，通井深度大于抽子下入深度 100m，下放速度要慢，遇阻时及时上提，解决问题后再下，不允许猛放。

③ 到达通井深度后，上提加重杆到记号出现，放慢速度，将其提至井口。

④ 卸掉防喷盒连接由壬，吊车或气动绞车上提防喷管，起出加重杆。

5. 抽汲

① 将抽子装上胶皮，抽子及胶皮外径应比油管内径小 2~3mm。

② 将装好胶皮的抽子与加重杆连接牢固。

③ 将抽子下入井内，拧紧防喷盒由壬。

④ 下放抽子，速度不应超过 90m/min。探液面后，再下入抽子，抽子沉没深度不得大于 200m。

⑤ 上提抽子，速度控制在 90~160m/min，见记号后减速上提至井口。上提应连续不停顿，钢丝在滚筒上排列整齐。

⑥ 正常抽汲 3~5 次，应起出井内抽汲工具进行检查。

⑦ 在地层供液不足的情况下，抽汲深度要达到抽汲设计最大下深。

⑧ 抽汲期间若出现液面上升速度快、气顶或井口起压等现象，应立即将抽子提至防喷管内，关闭清蜡闸门，放喷排液求产；待喷势稳定后，安装合适油嘴控制放喷压力，使其正常生产。

⑨ 抽汲结束后，起出工具，关闭井口。

6. 抽汲资料录取

① 抽汲结束之前按要求取油、水全分析样品。

② 抽汲时间、油压、套压。

③ 静液面、抽次、抽深、动液面、沉没度。

④ 抽出水量、累计水量、抽出油量、累计油量、含水率。

⑤ 水样密度、pH 值、罐口硫化氢含量。

(五) 工后闭环

① 清理、存放工具和设备。

② 清理、恢复工作场所。

③ 关闭 PTW，收集、归档工作相关资料。

a. PTW 和 JSA；

b. 甲方相关技术指令。

八、防砂

（一）安全要点

① 施工前对所有管线进行试压，确保管线无刺漏。施工期间严禁进入高压管线区域。

② 所有进入现场作业人员必须按规定穿戴劳动保护用品。

③ 现场需要配备洗眼台、防尘呼吸器、防腐蚀橡胶手套等化学药品及试剂防护装备。

④ 若出现管线堵、憋泵等情况，必须立即停泵，泄压后方可进行故障排查及处理。

⑤ 现场使用的砾石需要妥善保管及使用，防止散落到地面。

（二）环境保护

① 施工过程中应采取措施降低噪声排放，以达到国家或地方噪声控制标准。

② 施工过程中采取措施防止化学液体污染井场土壤。

③ 按规定处置施工过程中产生的废液和固体废弃物，减少对环境的影响。

④ 含硫气井施工，井场应配备充足的硫化氢检测仪器、防护器具和消防器材，制定应急预案，防止硫化氢等有毒、有害气体泄漏造成环境污染和人员伤害。

（三）工前准备

① 绕丝防砂管、垫叉、提升短节、管钳等工具。

② 施工用液体系的配置见表 2-16。

表 2-16　施工液用量

序号	施工液名称	用量/m^3	配制（名称、浓度、用量）
1	携砂液	80	瓜尔胶，0.2%，160kg 防膨剂，0.5%，400kg KCl，1%，800kg 助排剂，0.2%，160kg
2	防膨液	30	防膨剂，3%，900kg
3	清洗液	40	清洗剂，4%，1600kg
4	反洗液	40	KCl，2%，800kg

③ 施工设备见表 2-17。

表 2-17　施工相关设备

压裂车	混砂车	卡车	吊车	携砂液罐
按设计排量配备	1 辆	1 辆	2 台	$100m^3$　1 个 $50m^3$　1 个

④ 砾石充填参数见表 2-18。

表 2-18　砾石充填参数

序号	内容	泵压/MPa	液量/m^3	排量/(m^3/min)	砂量/m^3	砂比/%	备注
1	前置液(携砂液)	<15	15	0.5~0.8			开套管正循环返出平稳
2	携砂液	<15	20	0.5~0.8	1	4~6	
3	携砂液	<15	22	0.5~0.8	2	8~10	
4	顶替液(携砂液)	Max20	2.2	0.3~0.5			
5	反洗液	<15	30	0.5			
6	合计		89.2		3		多备 1m^3

(四) 工作流程

1. 申请 PTW

2. 召开作业前安全会

明确作业人员职责，告知作业步骤、作业风险及风险防控措施。

3. 探砂面

下油管探砂面，确保砂面低于防砂管下入深度。

4. 通井刮削处理井筒

下通井规通井至防砂管下入深度以下，然后下刮削器清理套管壁。在油层部位及工具下入部位反复刮削 5 次，边刮边洗，彻底洗井后，起出管柱。

5. 油套查漏

① 施工所用油管下端带油管试压工具，打压 25MPa，5min 内压力下降不超过 0.5MPa 为合格。如油管漏失，则需查出原因更换相应的油管，重新验漏。

② 下封隔器对射孔段顶部 5m 以上套管进行验漏，打压 10MPa，10min 内压力下降不超过 0.5MPa 为合格。

6. 下桥塞至设计位置

液压桥塞的作用是限制砾石充填的空间，一般选择坐封在油层下界以下 10m 左右。投球打压坐封后，可通过上提管柱观察悬重有无上升和下放管柱悬重有无下降来确定桥塞是否完全坐封。坐封完成后，通过打高压脱开桥塞。桥塞坐封施工中一般先打 4MPa，稳压 5min，然后打压 8MPa，再稳压 5min，终了坐封压力设计为 12MPa。封隔器脱手压力一般为 18~22MPa。

7. 清洗油套管

下油管带笔尖，反替入清洗液 40m^3，浸泡井筒 12h 后用 2%KCl 液反替出清洗液。

8. 挤防膨液

打开套管阀门，正替防膨液，关套管闸门，正挤防膨液，顶替 2%KCl 液，关井 12h。

9. 下防砂管柱

① 按以下程序下入：丝堵+盲管+扶正器+绕丝筛管+扶正器+盲管+信号筛管 2m(带一个安全接头)+盲管+扶正器+中心管(下入管柱内部)+充填工具+变扣。

② 将充填工具与油管连接后下钻。

③ 工具到位后，记录悬重。

10. 坐封封隔器

① 连接地面管线，反循环洗井一周，从油管内投入钢球，15min 后用小排量正打压坐封封隔器。

② 试压：4.0MPa 稳压 5min，8.0MPa 稳压 5min，12.0MPa 稳压 5.0min。

③ 卸压：缓慢上提下放管柱，负荷 3t 以内验证充填工具是否成功坐封，如果管柱不移动，证明成功坐封，继续打压至压力突降为 0，至此完成充填工具坐封，充填通道打开。油管压力不超过 25MPa。

11. 加砂

在加砂施工或顶替期间若泵压突然上升至 15MPa，及时降低排量停止加砂，观察压力，如果压力继续上升至 15MPa，进行反洗至出口完全无砂为止。

12. 丢手

反洗完毕，拆井口，正转油管柱丢手，确定丢手后上提管柱，起钻期间严禁猛提猛放。

（五）工后闭环

① 清理、存放工具和设备。

② 清理、恢复工作场所。

③ 关闭 PTW，收集、归档工作相关资料。

a. PTW 和 JSA；

b. 甲方相关技术指令。

九、测试求产

（一）安全要点

① 参与施工人员必须熟悉设计的安全要求、应急预案、井场环境，以及逃生通道和应急集合点。

② 作业人员必须按规定穿戴劳保用品，如防护服、安全帽、防护手套等。

③ 现场安装防爆排风扇、固定式硫化氢检测仪。施工队伍应每人配备 1 套正压式空气呼吸器，并准备足够的备用气瓶，存放在作业人员能迅速取用的位置。

④ 在倒换流程、井口取样、放喷口点火等可能发生 H_2S 泄漏的区域作业时，要配置双岗，佩戴空气呼吸器，一人作业一人监护。

⑤ 井控装备、流程、高压软管等试压以及压井、放喷作业时无关人员应远离井口和高压区。

⑥ 井场火炬或燃烧池应设定隔火带，隔火带距放喷池周边宽度不小于 50m；井场边缘、建筑物、森林等设施与放喷池距离不小于 50m。

⑦ 进出井场的车辆排气管必须安装阻火器，施工车辆通过井场地面裸露的油气管线及电缆，应采取防止碾压的保护措施。

⑧ 施工中要使用防爆工具，避免剧烈撞击出现火花等因素。

（二）环境保护

① 施工过程中应采取措施降低噪声排放，以达到国家或地方噪声控制标准。

② 按规定处置施工过程中产生的废液和固体废弃物，减少对环境的影响。

③ 施工材料、油料、化学药剂等物资集中存放并有专人管理。若发生散失或漏失，应及时采取措施减少对环境的污染。

④ 施工前放喷池、排污池做承压试验，禁止污染居民饮用水水源、农灌水源、河道、农田等，以满足卫生防护要求。

⑤ 施工中压井液、酸液等入井液体以及排出的污水和废液不得流到井场，应将返出井筒的废液排至放喷池和污水池，集中回收处理。

⑥ 含硫气井施工，井场应配备充足的硫化氢检测仪器、防护器具和消防器材，制定应急预案，防止硫化氢等有毒、有害气体泄漏造成环境污染和人员伤害。

（三）工前准备

① 地面放喷整套设备必须满足防硫要求，放喷求产流程级别 EE 级，压力 105－70－70MPa。应包括分离器、热交换器、数据采集系统、点火装置、放喷管线及配件等。放喷主要设备及技术参数见表 2-19。

表 2-19　地面测试设备

序号	设备名称	指标	数量
1	三级节流系统	工作压力：105-70-70MPa，内径：76mm	1 套
2	分离器	工作压力：9.8MPa，温度：－10～125℃，日处理气：$100\times10^4m^3$，日处理水：大于 $240m^3$	1 台
3	热交换器	工作压力：35MPa，热交换量：2.51×10^6kJ	1 台
4	安全控制阀	工作压力：105MPa	1 套
5	数据采集系统	时间/压力/温度/流量数据同步采集，压力级别：105MPa，温度级别：-28.9～121℃	1 套
6	化学注入泵	工作温度：-28.9～121℃，排量：0.01～0.19m^3/h 排放压力：70MPa，化学剂罐容积：0.04m^3	1 套
7	点火装置	长明火，自动点火装置	
8	放喷管线及配件	直径 3½in	1200m
9	连接管线	105MPa、70MPa 的管线	若干
10	管线连接件	包含各个压力级别的弯头、三通、四通、短节等	若干

② 施工工具、材料。作业工具及材料包括井下作业主要工具及材料等见表 2-20。

表 2-20　测试相关工具

序号	名　称	数量	备注
1	88.9mm 90SS 油管	满足井深要求	用于测试管柱
2	和套管尺寸匹配的通井规	1 支	确认套管
3	和套管尺寸匹配的刮削器	1 支	刮削套管
4	光面磨鞋	1 支	处理回接筒坐封位置

③ 修井队对修井机进行检查，提升系统、动力设备、刹车系统、泥浆泵必须运转正常，能满足试油期间管柱的起下操作、循环压井等作业要求，并做好压井准备。

④ 井下工具服务方负责准备井下工具，指导工具入井前的安装、调试及入井后的操作。组下管柱前提供井下工具操作指南，并提出操作要求。

⑤ 试油服务队按照地面流程设计要求安装地面流程，进行地面流程固定并试压合格。对安全通道进行检查，不合格的进行整改。

(四) 工作流程

1. 申请 PTW

2. 召开作业前安全会

明确作业人员职责，告知作业步骤、作业风险及风险防控措施。

3. 通井刮削

① 一口井试油前，一般需要先下通井规通井，通井规外径小于套管内径 6~8mm，大端长度不小于 0.5m。一般通井应通至射孔井段底界 50m。新井通至人工井底，老井及特殊要求的按施工设计进行。

② 替(循环)泥浆。一般用 1.5 倍于井筒容积的压井液替出井筒泥浆，并循环 1.5~2 周。裸眼完成的井，先循环套管内泥浆 1.5~2 周，第 1 次替出裸眼及套管鞋以上 100~300m 内的泥浆，第 2 次起油管完成于套管鞋以上 20~50m，替出井内全部泥浆。达到进出口压井液的一致性，机械杂质含量小于 0.02%。

③ 试压。套管试压时间一般为 30min，允许压力降≤0.5MPa。

4. 射孔

使油气层与地表连通，形成通道。射孔方式多样，目前通用的是油管输送射孔。

5. 替喷

用低相对密度的液体替出高相对密度的液体，从而降低井内液柱压力，使地层流体流出地表。替喷液体多采用加入黏土防膨剂的清水，特殊井也采用柴油、原油等。替喷方式、替喷时间、深度以及替喷液性能按照试油设计执行。

6. 诱喷

降低井筒内液(气)柱对地层的压力，使地层压力高于井筒内的液(气)柱压力，在压差的作用下，地层流体进入井筒或喷出地表。

常用诱喷方法有抽汲、气举、混气水、泡沫排液、液氮、液态 CO_2(液氮泵、连续制氮车、连续油管车等)、泵排(有杆泵、水力泵、电潜泵、螺杆泵等)，具体方案按照试油设计执行。

7. 放喷排出井筒积液

放喷合格的条件：产量稳定、压力稳定、产出流体含水量及所含水的水性稳定。

8. 求产

通过各种计量设备、器具和仪表准确计量地层产出的油、气、水量。

(1) 自喷油层

根据油井自喷能力选择合适工作制度，待井口压力稳定，含水降至<5%，即可进行计量求产。

(2) 产量稳定标准

① 产油量≥500m^3/d，连续求产 8h，2h 计量 1 次，波动不超过 5%。

② 300m^3/d≤产油量<500m^3/d，连续求产 16h，2h 计量 1 次，波动不超过 10%。

③ 100m^3/d≤产油量<300m^3/d，连续求产 24h，2h 计量 1 次，波动不超过 10%。

④ 20m^3/d≤产油量<100m^3/d，连续求产 32h，2~4h 计量 1 次，波动不超过 10%。

⑤ 产油量<20m^3/d，连续求产 48h，4~8h 计量 1 次，波动不超过 15%。

（3）自喷油水同层或水层

① 排出井筒容积一倍以上，证实地层出水后，连续 3 个样品氯离子含量波动<10%，油水比稳定，即可求产。连续 3 个日产量波动<15%。

② 含水稳定的标准：含水 5%~10%，波动<1%；含水 10%~30%，波动<3%；含水>30%，波动<5%。

（4）间喷油层

排液含水<5%，即可确定合适的工作制度，定时或定压开井测试求产，求取连续 3 个间喷周期产量，波动范围不超过 20%。

（5）低产层或干层

① 通过现有的工艺技术，液面降至规定掏空深度，以测液面计算产能，测液面时，两测点间隔不小于 24h，也可通过测液面恢复。

② 液面规定掏空深度：

1500m<油层深度≤2000m，液面深度：1500m；

2000m<油层深度≤3000m，液面深度：1800m；

3000m<油层深度≤4000m，液面深度：2000m；

油层深度>4000m，液面深度：套管允许掏空深度。

（6）气层求产

① 产量稳定标准：

气产量≥$5\times10^4m^3$/d，井口压力及产量稳定 2~4h；

$1\times10^4m^3$/d≤气产量<$5\times10^4m^3$/d，井口压力及产量稳定 4~6h；

气产量<$1\times10^4m^3$/d，井口压力及产量稳定 4~6h。

② 测气时要连续测气，临界速度流量计每 10min 观察记录上流、下流及温度各 1 次，连续 10 次，取稳定值计算日产气量，波动<10%。垫圈流量流量计每 30s 记录 U 形管上下水(汞)面 1 次，连续 10min，取压差平均值计算日产气量。

③ 压力要求：每个油嘴生产在产量稳定时间内，测流压 1 个，时间不少于 2h，测压力恢复时，从关井时间算起，每 5min 读井口压力 1 次，连续 10 次后，每隔 10min 读 1 次井口压力，连续 10 次。最后每隔 1h 读 1 次直到井口压力稳定，待井口压力稳定后读取最高压力。

9. 测压(包括测温度)

① 流压。

② 静压：24h 内压力波动小于 0.1MPa。

③ 压力恢复(或压力降落)：24h 以上，必须出现直线段。

10. 完井

根据测试求产结果，按照甲方指令进行完井。完井方式包括自喷生产、下泵生产、封井等。

11. 现场分析化验

① 排液阶段，开始出油(水)或排出井筒容积及地面水后，应做含水、含砂、含气、氯离子分析：

日产量≥10m^3 的井层，每 8h 分析 1 次；

日产量<$10m^3$ 的井层，每 12h 分析 1 次。

② 在排液求产过程中，发现出砂的地层，每 4h 做含砂分析化验 1 次。

③ 注意取样地点。

④ 高压物性样品取样时要注意取样条件。

12. 试油结论

① 工业油气流标准见表 2-21。

a. 油层：具有工业价值且含水 < 5%的纯油层；

b. 气层：具有工业价值的纯气层或带凝析油者；

c. 油(气)水同层：能计量出油(气)日产量的油水或气水同出层；

d. 低产油气层：日产油气量在工业油气流标准以下、干层标准以上者；

e. 稠油层：地面脱气黏度(50℃)≥2000mPa·s 的产油层；

f. 可能油气层：根据地层录井资料分析，认为有油气储存，但测试或试油未见油(气)流或泥浆污染严重的储层，如钻井井喷、井涌，油气显示良好，试油不出油的层；

g. 含油(气)水层：以产油为主带油花或天然气，但不能计量出日产油或气量的水层；

h. 水层：纯水层；

i. 干层：经措施后，在套管允许掏空深度情况下，日产量低于表 2-21 规定者，若进行地层测试应结合测试资料定论。

表 2-21　工业油气流标准

油层深度/m		<500	500~1000	1000~2000	2000~3000	>3000
油/(m^3/d)	陆地	0.3	0.5	1.0	3.0	5.0
	海洋		10	20	30	50
气/(m^3/d)	陆地	500	1000	3000	5000	10000
	海洋		10000	30000	50000	100000

② 干层标准见表 2-22。

表 2-22　干层标准

油层深度/m	液面深度/m	日产量			观察天数
		油/kg	气/m^3	水/L	
>1500~≤2000	1500	100	200	250	2
>2000~≤3000	1800	200	400	400	2
>3000~≤4000	2000	300	600	500	3
>4000	套管允许掏空深度	400	800	600	3

(五) 工后闭环

① 清理、存放工具和设备。

② 清理、恢复工作场所。

③ 关闭 PTW，收集、归档工作相关资料。

a. PTW 和 JSA；

b. 甲方相关技术指令。

④ 工作完成时间根据现场实际。

第六节 设备拆卸

一、井架下放

本部分参照南阳二机 ZJ30/1700CZ 车载钻机操作手册，与其他井架参数不尽相同。

(一) 安全要点

① 井架下放时风速不得大于五级，环境温度不低于−40℃，雨天、雾天、大雪天、沙尘暴、能见度小于 100m 和夜间禁止起放。

② 井架检测探伤报告有效日期必须符合要求(推荐 1 年关键部位Ⅲ类探伤，5 年Ⅳ类探伤)。

③ 井架起落、伸缩时，井架上不得有人员，井架前后方向涉及范围内不得有人员停留，下放时禁止车辆在附近通行。

(二) 环保要求

① 施工过程中应采取措施降低噪声排放，以达到国家或地方噪声控制标准。

② 起降液缸有可能出现油脂流出，清洗时对污水进行回收处理，防止流入周边环境中。

(三) 工前准备

① 申请 PTW。

② 工作相关工具及设备的准备和检查见表 2-23。

表 2-23 井架下放相关工具

序号	工具设备名称	型号规格	单位	数量
1	高处作业安全带		套	2
2	管钳	24in	把	2
3	撬杠	1m	把	2
4	2#锂基润滑脂		袋	2
5	钢丝刷		把	2

③ 井架上不得有异物；游动系统大绳和液压小绞车钢丝绳无挂缠卡阻；前支架滚轮加注润滑脂，以确保滚轮转动灵活。

④ 机械师对液、气路进行检测，确保无渗漏现象。检查操作方法：挂合带泵箱，对管路及部分液缸进行憋压，当压力表显示系统压为 14MPa 时，保压 5min，不允许有压降和渗漏。气路系统在各用气动元件充气情况下，当气压在 0.7~0.8MPa 时，保压 5min，压降不得大于 0.03MPa。

⑤ 机械师排放液压系统内和起升油缸内的空气。

⑥ 井架工摘开一级和二级井架连接处的照明电路防爆插销和井架承载机构安全锁、拆除二层台上空呼管线和电话线。

⑦ 班组人员放松内负荷绷绳，并解开二层台绷绳和风载绷绳。

⑧ 检查扶正器有无损坏，若有损坏，应先修好再放井架。

⑨ 平台经理组织召开安全会并进行工作分工，安全监督、基地装备人员、平台经理、机械师、电气师、司机长、班组人员按要求就位。

（四）工作流程

① 准备就绪，平台经理发出开始指令，机械师关闭控制伸缩缸的针阀，抬起伸缩液缸控制阀手柄，使井架上体继续向上伸出 250mm 左右，当承载块完全缩回时打开针阀，井架上体平稳缩回。

② 井架上体缩回到位后，关闭针阀。在收回井架上体过程中，司钻配合操作始终使游车大钩处于合适位置，井架上体完全缩回后，如井架不放倒，大钩应靠近钻台面并固定。如井架需放倒，则使其置于大钩托架位置。

③ 井架放倒前，司钻将刹把由高位移到低位，拆下刹车拉杆。

④ 机械师拧开控制起升缸的排气阀，操作起升液缸换向阀手柄，观察气泡观察器，当气泡观察器无气体显示时，说明气缸内空气已排净，使操作阀手柄回中位。

⑤ 井架工打开井架与 Y 形支架的锁紧螺栓。

⑥ 机械师打开高压截止阀。缓慢压下起升液缸控制阀手柄，使井架缓慢、平稳地回收，注意观察起升缸回收时动作顺序，依次应是活塞杆、内缸、中缸。

⑦ 待井架放倒至前支架 200~300mm 时，减慢下放速度，使井架头枕缓慢落在前支架卡槽内。井架头枕落到前支架上后，不要立即关闭截止阀，待起升液缸内压力充分释放，车架大梁变形恢复后，再关闭截止阀，以免造成车架永久变形。

⑧ 所有操作结束后，换挡控制阀置空挡位，调压阀关至最小，其余液气路阀件手柄回中位，发动机熄火。

（五）工后闭环

① 清理、存放工具和设备。

② 清理、恢复工作场所。

③ 柴油机附近各类绷绳挂到井架上的挂钩上。

④ 关闭 PTW，收集、归档工作相关资料。

a. PTW 和 JSA；

b. 起放井架前会议记录；

c. 工作中发现的问题记录。

二、井场恢复

（一）安全要点

① 近坑未回填压实前，在近坑围堤处放置反光警示条，防止人员不慎落入。

② 井场的环境恢复必须达到甲方接受标准。

③ 使用 Lubricator 取 BPV 期间，带班队长必须在现场监督操作过程。

（二）环保要求

① 做好近坑周围堤坝防护，防止自然水、雨水侵入导致油污溢出。

② 严禁掩埋井场内废料、废油和垃圾，必须交由专业机构回收处理。

（三）工前准备

① 根据搬迁进度提前一天通知井场围栏防护服务商和垃圾回收服务商到井时间，及时更新搬迁动态。

② 工作相关工具及设备的准备和检查见表 2-24。

表 2-24 井场恢复相关工具及设备

序号	工具设备名称	型号规格	单位	数量
1	Lubricator		套	1
2	Lubricator 专用摩擦钳		把	2
3	井号牌		个	按需
4	榔头	18lbs	把	1
5	敲击扳手	36in	把	2
6	相机		台	1
7	棉纱			按需
8	清洗剂			按需
9	吊车		台	1
10	叉车	5t	台	1

（四）工作流程

① 按照 BPV 取放操作流程取回井口内 BPV。

② 井口清洗干净，回填大小鼠洞，圆井坑清理无杂物，井号牌安装到井口上。

③ 井场清理无杂物后，叉车刮平地面。

④ 回填压实井场生活污水坑。

⑤ 井口和近坑防护完成后拍照留存。

⑥ 配合甲方监督检查验收，填写交井检查单并交给甲方监督。

⑦ 收回所有指向该井的路牌，重新安放指向新井的路牌。

（五）工后闭环

① 清理、存放工具和设备。

② 清理、恢复工作场所。

③ 收集、归档工作相关资料。

a. 交井检查单；

b. 井口和井场防护照片。

第三章　钻修井特殊工艺和设备

第一节　特 殊 工 艺

一、套管钻井技术

套管钻井技术是指在钻井过程中，直接采用套管(取代传统的钻杆)向下传递机械能量和水力能量，将钻进和下套管合并成一个作业过程，不再需要常规的起下钻作业。

(一) 技术特点

1. 套管钻井优点

① 能大幅提高钻井效率，降低钻机作业费用。

② 提高井筒清洁程度和井壁强度，减少钻井故障和复杂情况的发生。

③ 钻穿压力变化带时，能很好地应对井下复杂地层，特别是针对易漏、易塌地层的钻进。

2. 套管钻井工具

(1) Casing Drive System(CDS)套管驱动设备

① 可以大幅提高下套管的效率与安全性。

② 能够任意时间上下活动、旋转套管和建立循环，有利于处理井下复杂情况，减少非生产时间。

③ 在只下套管、不钻进的情况下，CDS 也被称为 Casing Running Tool(CRT)。

(2) DirectXCD 可钻式钻头

① 可搭配 13mm、16mm、19mm PDC 复合片。

② 本体材料为铜质合金，钻进至目的井深，完成固井后，可由任意常规 PDC 钻头钻穿。钻穿后可以继续钻进下一井段，无须起钻更换钻头，减少起下钻时间。

(3) Multi-Lobe Torque Rings(MLTR)多叶扭矩环

① 有 4 种颜色，对应不同的厚度，适配不同扣长的套管，确保上扣损失长度符合 API 标准。

② 现场选择和安装简便快捷。

(4) Hydro-Formed Casing Centralizer(HFCC)液压成形套管扶正器

① 保持套管居中，减少套管在高研磨性地层中的磨损。

② 螺旋形刀翼设计有利于增强循环、井眼清洁。

③ 扶正器通过压接工艺固定在套管本体上，可以承受套管钻井过程中的高扭矩而不致损坏。注意：压接扶正器前后必须对套管进行通径！

④ 刀翼上可以选择敷焊碳化钨。

(5) Radial Tubular Forming Tool(RTF)径向管状成形工具

① 靠压接工艺可以将扶正器、止退环或耐磨带等附件压接在套管本体上。

② 工具由液压驱动，产生的径向力使附件产生塑性变形，而屈服强度较高的套管只会发生弹性变形，当径向力释放后，套管恢复原状，附件便牢牢地固定在管体上。

（二）工前准备

1. 第三方准备

① 根据甲方设计联系套管钻井服务方和 CRT 服务方。

② 与套管钻井服务人员一起检查到井的工具和设备，检查合格证及其他检测证明等，核对相关技术参数，绘制工具草图，拍照取像，检查第三方设备和钻机的匹配情况。

③ 要求套管钻井服务人员提供书面的操作程序、相关参数和注意事项，对相关操作人员进行专门培训。

④ XCD 钻头和浮箍、分级箍预先在车间与套管相连、紧扣，节省现场组合套管鞋的时间，降低现场安装钻头造成钻头损坏的风险。

2. 井队设备准备

① 为保证套管钻进期间泥浆供应充足（井漏情况下），需增配泥浆储备及配浆系统，与现有泥浆系统进行整改与连接，实现上水、独立配浆和相互转浆的功能。

② 套管钻进前，根据设计及井眼容积需要，泥浆系统内应配足泥浆，如果发生漏失，两套配浆系统同时配浆，以满足套管钻进需要。

③ 检查水罐和水池的水量处于满位，检查水井泵运转正常。为了确保完全漏失时具有足够的清水，水罐车现场待命拉运清水。

④ 对绞车、顶驱、泥浆泵、振动筛、柴油机、SCR 房等关键设备进行保养检查，保障设备状态良好，以满足套管钻进期间的连续作业要求。

⑤ 下套管前再次对井架进行校正，确保下套管以及套管钻进期间的套管居中要求。

⑥ 备用吊车 1 台，防止下套管期间值班吊车出现故障，以及协助备用泥浆系统配浆的需求。

⑦ 班组配备足够人员，若套管钻进期间井下发生全漏失，满足两套配浆系统同时配浆，以保证套管钻进的连续性。

⑧ 调整钻台摄像头位置，为司钻操作 CDS 提供良好视野。

3. 井眼准备

① 为了保证井眼畅通，避免下套管时遭遇复杂井段划眼造成套管钻头先期损坏及降低套管钻进时井下扭矩，上部非套管钻进井眼钻具组合刚性适当增强，推荐采用满眼钻具组合，且入井钻具组合稳定器均为全尺寸稳定器。钻进至套管钻进井段顶部，将井眼循环干净，短起至上层套管鞋，处理井眼至顺畅、无阻卡，下到井底循环 3 周至振动筛处无明显岩屑返出。

② 因套管钻头材质的影响（铜质可钻式），使用寿命不及常规 PDC 钻头，同时钻时较慢，所以要尽可能减少套管井段钻进时间，通常做法是前期使用满眼钻具组合钻进井深位置尽量接近设计套管钻进开始井深。

4. 套管及工具准备

① 与甲方协调，将套管拉运至井场，进行卸护丝、通径、清洗丝扣、丈量、目视检查等。

② 第三方套管钻井服务人员提前入驻井队，检查套管和安装 Torque Rings，逐根检查套管公扣的末端厚度和母接箍内端长度是否满足要求，移走不符合要求的套管，需备用套管不少于 30 根。

③ 为缩短下套管时间和降低钻台操作相关风险，提前检查和功能测试钻头及套管附件，根据入井套管串结构，在前几根套管上提前连接套管钻头及附件。

④ 准备至少 5 个套管母接箍，当母接箍丝扣损坏时便于更换。

⑤ 检查 XCD 钻头完好无损，喷嘴通畅，记录钻头尺寸、型号、序列号及喷嘴数量、尺寸。

⑥ 检查 CDS，其芯轴、卡瓦、密封皮碗规格是否与套管尺寸、段重匹配。

⑦ 井口工具和设备准备见表 3-1。

表 3-1　套管钻进相关工具及设备

序号	工具	数量	备注
1	套管卡瓦	1	
2	安全卡瓦	1	
3	单根吊卡	2	
4	吊钳	2	
5	套管动力钳	1	备用
6	套管通井规	1	每种尺寸套管各一个
7	CDS	1	Casing Drive System
8	XCD 钻头	1	DirectXCD Drillable Casing Bit
9	浮箍	2	
10	分级箍	1	
11	多叶扭矩环	按需	Multi-Lobe Torque Rings
12	多叶扭矩环工具箱	1	
13	套管扶正器	按需	Hydro-Formed Casing Centralizer
14	径向管状成形工具	1	Radial Tubular Forming Tool

（三）工作流程

1. 下套管

① 申请 PTW，召开安全会，进行 JSA 分析，厘清人员分工和职责，详细说明下套管安全注意事项、CRT 使用注意事项、各项技术措施和应急预案等。

② 取出井口耐磨套，更换防喷器闸板为相应套管闸板，试压合格。

③ 安装 CRT，安装下套管工具。

④ 根据套管串结构，入井前再次检查钻头，并核对附件序列号；对浮箍进行功能测试。

⑤ 套管上扣和下钻全程按照套管钻井服务人员指令进行 CRT 操作。

⑥ 前几根带附件的套管，均匀涂抹套管胶，其余套管涂抹丝扣油，安装 Torque Rings 后，上扣扭矩严格按照操作指令进行，每根上完后都需要查看三角符号。

⑦ 下套管时，使用 CRT 每根灌浆 1 次，每 5 根灌满，裸眼段内每 1500ft 循环 1 次。

⑧ 套管上扣时尽量避免损坏丝扣，若发现丝扣损坏，井口的套管可直接更换母接箍。

⑨ 进入裸眼段前，更换气动卡盘，以便于后期井口操作。

⑩ 如中途有遇阻现象，立即告知甲方监督和套管钻井服务人员，不得擅自处理。不要下压过多造成卡套管，可开泵冲下或划眼处理。

⑪ 继续下套管至井底，最后 2 根开泵冲到底，记录管柱重量、扭矩、循环泵压。

2. 套管钻进

① 每次套管钻头接触井底以前，需将排量调整至正常钻进排量，设定钻进扭矩不超过套管上扣扭矩的 80%。

② 缓慢接触井底(最大 5klbs)，上提，提离井底 1ft，循环 5min，记录悬重、泵压、扭矩等参数，校准指重表。缓慢下放接触井底，低参数(钻压 5~6klbs，转速 60~70r/min)造型钻进 3ft。

③ 逐步强化钻压和转速至设计参数进行正常钻进，ROP(机械钻速)控制在 30~40ft/h。

④ 钻完单根套管后，待钻压至少降至正常钻压的一半，再将管柱提离井底，5ft 范围上下旋转活动套管，循环 5~10min，让岩屑离开井底，并确认扭矩、泵压正常后尽快利用 CRT 接单根。

⑤ 在较软岩层、中硬岩层中，ROP 通常与排量和钻头水马力成正比。

⑥ 套管钻进期间，密切观察悬重、泵压、扭矩、出口流量、循环罐液面体积、出口返出岩屑等参数，发现异常及时汇报处理。若扭矩平稳，无波动，机械钻速变慢，泵压异常升高，考虑钻头泥包的可能性，可以提离井底 5ft，停泵后转速 90r/min，然后开大排量冲洗钻头，解除泥包现象。

⑦ 钻至完钻井深，开始固井前，用 50~80bbls 高黏泥浆循环 2 周清洗井眼。

3. 固井作业和扫水泥塞

① 井眼循环干净，接固井水泥头，召开固井作业安全协调会，讲述试压要求、固井程序、取样要求及安全注意事项等。

② 钻头应距离井底越近越好，尽量不超过 1ft，固井作业期间推荐旋转套管柱，有利于提高固井质量。

③ 钻水泥塞使用 PDC 钻头，推荐排量=钻头尺寸(in)×(60~70)(gal/min)。

④ 钻水泥塞时密切注意出口返出钻屑，收集返出的胶皮和铜屑。

⑤ 钻至套管钻头顶部时，扭矩就会增高，会观察到一些额外的波动。缓慢提离井底，然后以低钻压和转速再次探底，排量降低至定向工具允许的最小流量，以避免钻头损坏。

⑥ 钻套管钻头时，如果扭矩稳定，保持钻进参数钻穿钻头。如果有扭矩波动或振动迹象，将钻头提离井底 3ft，保持旋转和循环，清理钻头上的碎屑，然后缓慢下放至井底，钻压 2~3klbs，逐渐增加钻压。

⑦ 钻套管钻头时 ROP 很低，可在钻杆上做标记易于判断是否有进展，钻穿套管钻头至少需要 60min，要有耐心，不可盲目加大钻进参数。

⑧ 钻穿套管钻头，不要立即上提，继续往下钻进至该单根或立柱钻完。

⑨ 钻穿套管钻头进入地层至少 10ft 后，可以逐渐加大钻进参数以获得理想的 ROP。

⑩ 往下继续钻进 3 个立柱，每次钻头接触井底前，应大排量冲洗井底至少 1min，最大限度地清理井底沉积岩屑和钻头上的碎屑。

二、欠平衡钻井技术

(一) 概述

欠平衡压力钻井是钻井过程中允许地层流体进入井内，循环出井，并在地面加以控制的钻井技术。简称 UBD，即 Under Balanced Drilling。

其工艺流程就是在常规环形防喷器的上部安装一套旋转防喷器，钻井时采用低密度常规钻井液或在钻井液中注入氮气或天然气，或采用干气、泡沫钻井液等，使环空液柱压力低于地层压力。利用旋转防喷和节流管汇，控制井口压力和井底负压，使井内油气有控制地进入井眼，经环空→节流管汇→液气分离器→撇油罐→真空除气器等有效分离，最终实现连续钻进。

(二) 优缺点

1. 优点

① 减轻或消除钻井液对地层的损害。

② 良好的产层显示，有利于达到勘探目的。

③ 大幅提高钻井速度。

④ 降低井漏风险，节约钻井成本。

⑤ 减少压差卡钻的风险。

⑥ 在钻井过程中生产油气。

⑦ 及时对地层进行较为准确的评价。

2. 缺点

(1) 钻井成本增加

① 设备增多，井场占地面积增大。

② 设备投入与管理费用高。

③ 如果采用钻井液中注入氮气的方式，特别是在边远地区采用现场制氮方式时，制氮设备的费用较高。

④ 采用氮气、天然气等作为钻井液减轻剂时，需要制备、压缩、充入等设备；完井时要采用强行起下钻设备等。

(2) 安全风险增加

① 如采用空气钻井，可能引起井下爆炸、起火和钻具腐蚀。

② 因为不可能在整个施工期间都维持井筒内的欠平衡钻井状态，如进行起下钻、电测(如需要)、完井等施工作业时，还需要注入重钻井液使地层压力基本处于平衡，所以对地层的伤害也不可能完全避免。

③ 由于欠平衡，钻井液不能在井壁上形成滤饼，在不能维持欠平衡时，钻井液滤液和有害固相就会乘机侵入。

(三) 安全要点

① 井控问题，欠平衡钻井的井控不同于一般钻井的井控，是边喷边钻，需要地层流体溢流出地面，因此井控问题更加复杂。

② 溢流井喷的识别问题，在钻井过程中允许地层流体进入井眼，伴随着如何识别溢流情况的复杂，同时识别井喷的难度也增加了。

③ 防火防爆问题，因为欠平衡钻井是边喷边钻，伴随地层油气需要漏出地面，防火防爆问题比一般钻井更复杂，出现的问题更严重。

④ 机械伤害，欠平衡钻井所用的设备多，工艺复杂，在地面上有很多大型设备，容易造成机械伤害。在进行泡沫钻井和气雾钻井时，需要制气装置，这些装置具有高压性，造

成机械伤害的严重程度会更大。

⑤ 应制定有毒气体和井控的应急预案。硫化氢浓度超过安全临界浓度时，应压稳地层，停止欠平衡钻井作业。

⑥ 作业区应设置安全警戒线，禁止非作业人员及车辆进入作业区内，禁止携带火种或易燃易爆物品进入作业区域。

⑦ 井场所有电器的安装应符合 SY/T 5957 的相关规定。所有电器及电控箱应符合 GB 3836.1的规定。

⑧ 防火、防爆按 SY/T 5225、SY/T 6426 的规定执行。

⑨ 燃烧管线应用地锚固定好，火炬高度要合适，燃烧池或火炬应距离井口下风向 75m 以上，距离各种设施不小于 50m。

（四）环保要求

① 要配置足够的储油罐，并用管汇与撇油罐连接，以便产出的原油能安全、及时地运走，装油时注意油不落地。

② 受油污染的岩屑应用专门容器存放，并到指定地点进行处理。

③ 欠平衡钻井有钻井液和压井重浆，钻井液使用量大，钻井液需要无害化处理，减少环境危害。

④ 地层产生的天然气等有害气体，通过燃烧管线充分燃烧后排放，减少空气污染。

（五）地层条件

在实施欠平衡钻井时，要考虑钻井地质、储层、产量、作业者水平、工程难度等因素。

1. 适合实施欠平衡压力钻井的地层

① 高渗并胶结良好的结晶砂岩地层和碳酸岩地层。

② 高渗胶结较差的砂岩地层。

③ 微裂缝地层。

④ 枯竭油气层。

⑤ 对水基钻井液敏感成分含量过高的地层。

⑥ 与钻井液滤液严重不相容的地层。

⑦ 低束缚水或低含油饱和度的脱水地层。

2. 不易实施欠平衡压力的地层

① 高压和高渗透率相结合的地层。从地层损害观点看，虽然埋藏较深的高压、高渗透率地层比较适合欠平衡钻井，但在地面可能会出现安全和井控问题。

② 受压力束缚的地层。具有不同压力的多个产层的油气藏或在给定目的层中存在明显的压力变化的油气藏，不适合欠平衡钻井。

③ 常规地层。对于常规地层，如渗透率低的均匀晶间地层以及具有流体敏感性的地层，设计合理的过平衡作业与价格较高、风险较大的欠平衡作业相比，效果可能更好。

④ 地层孔隙压力不清或井壁稳定性差，需要足够钻井液密度才能控制井塌的地层。

⑤ 含大量硫化氢和二氧化碳气体的产层。

⑥ 人口密集区、重要设施附近和环境保护特别严格的地区。

（六）欠平衡钻井装置

① 井口控制设备：旋转控制头、旋转防喷器。

② 地面处理设备：液气分离器、撇油罐、自动点火装置、四相分离器、防回火装置、火炬及排气管线。

③ 不压井起下钻装置。

④ 充氮设备：压缩机、膜纤维、增压机、液氮储备罐、液氮泵、汽化器、运输液氮车辆。

⑤ 其他设备、工具：常规防喷器组合(钻机底座要有足够高度)、六棱方钻杆、斜台肩钻杆、内防喷工具、重泥浆储备罐、消防安全器材。

(七) 欠平衡钻井密度范围

欠平衡钻井密度范围见表 3-2。

表 3-2　欠平衡钻井密度范围

序号	欠平衡钻井液类型	欠平衡钻井液密度/(g/cm^3)	欠平衡钻井方式
1	气体	0.0012~0.012	气相欠平衡钻井
2	雾化	0.012~0.036	雾化钻井
3	泡沫钻井液	0.036~0.48	泡沫钻井
4	充气钻井液	0.48~0.84	充气钻井
5	液体	0.84~2.28	液相欠平衡钻井

(八) 根据地层压力优选钻井液

钻井液类型选择见表 3-3。

表 3-3　钻井液类型选择

地层压力系数	优化钻井液类型	地层压力系数	优化钻井液类型
0~0.02	空气、天然气、氮气	0.9~1.0	油或油基钻井液
0.02~0.07	雾化钻井液	1.0~1.3	水(盐水)
0.07~0.60	泡沫钻井液	1.3 以上	常规水基钻井液
0.60~0.9	充气钻井液		

(九) 循环流程及地面布置

① 溢流钻井地面布置图见图 3-1。

② 充气钻井地面布置图见图 3-2。

(十) 钻进准备

1. 纯液相欠平衡钻井

① 用配制好的钻井液替换井内原浆，停泵检查。

a. 循环罐中的泥浆量；

b. 液气分离器是否正常工作；

c. 旋转控制头(或旋转防喷器)的情况，确定是否需要换胶芯；

d. 节流阀开关是否灵活可靠。

② 按常规井控要求进行低泵冲试验。

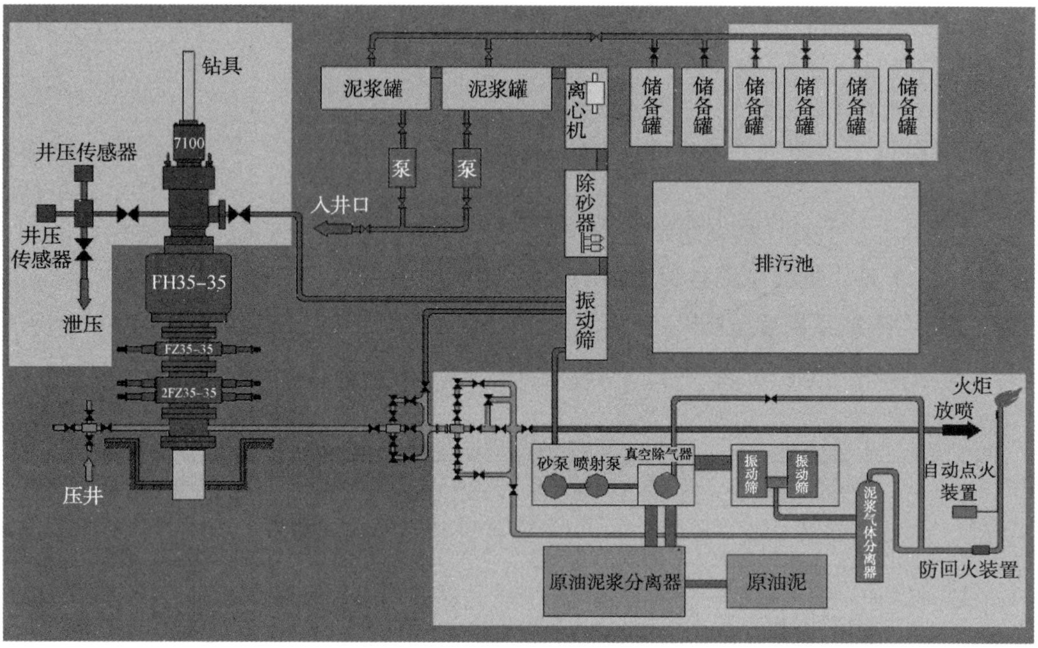

图 3-1　溢流钻井地面布置图

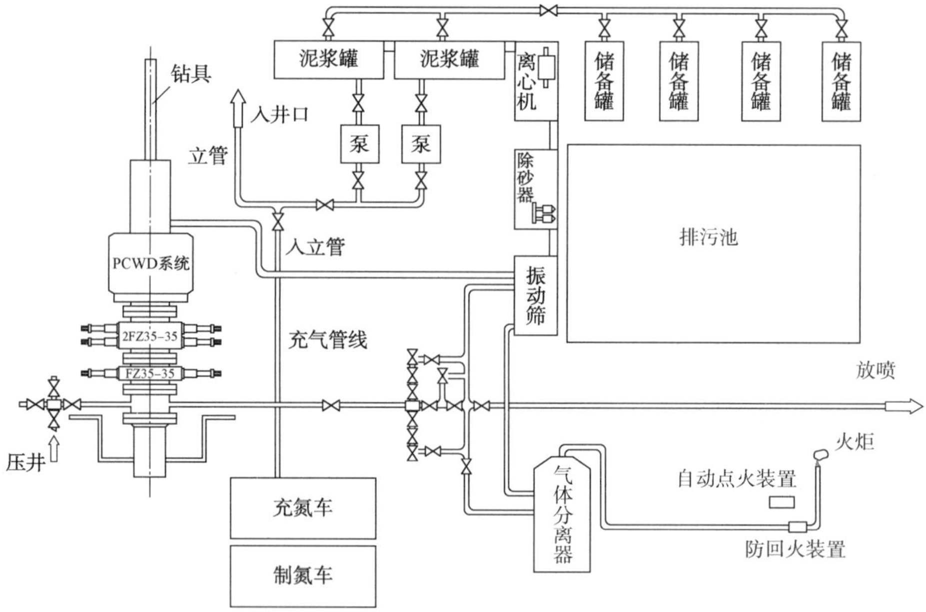

图 3-2　充气钻井地面布置图

③ 按设计流量开泵循环，记录初始循环立管压力，作为井底压力控制的依据。

④ 钻进时注意监测地层流体产出情况。

2. 充气钻井液钻井

① 用基浆替换井内原浆，停泵检查。

a. 循环罐中的泥浆量；

b. 液气分离器是否工作正常；

c. 检查进、出口的流量计是否正常工作；

d. 检查旋转控制头(或旋转防喷器)的泄漏情况，确定是否需要换新胶芯。

② 先开钻井泵，后充气，进行充气钻井液的循环。应缓慢开泵，以免产生太高的瞬时压力，导致过平衡。

③ 井内充满充气钻井液，达到设计的气液量时，测量循环罐中的基液增量，并根据基液增量计算井底压力的减小值。当与理论计算相比小于10%时，气液混合与速度是适宜的。

④ 如果按基液增量计算出的井底压力减小偏低，可采取以下措施：

a. 提高流体黏度，但应确保液气分离效率；

b. 增加流体流速，流体的返速大于0.5m/s，要保证间歇流返出缓慢、平稳，间歇流的间隔不应大于2min；

c. 在水基钻井液中，可加入大分子聚合物降低气体滑脱速度。

(十一) 钻进过程

① 进行钻井操作之前，确保井下循环稳定。监督或者欠平衡作业工程师确定循环速率。在开始钻进后尽可能保持井底压力稳定。欠平衡作业工程师确保泵速和注氮气速率在作业窗口之内，以确保取得设计欠平衡值、良好的井眼清洁及足够的马达动力。

② 监测分析扭矩和摩阻(防止卡钻)。

③ 监测分析钻井液漏失和地层流体入侵(欠平衡情况下，漏失层可以转化成生产层)。

④ 监测分析立管压力的变化。

⑤ 监测分析岩屑尺寸和数量(确保良好的井眼清洁)。

⑥ 监测分析地层流入速率和井口压力。

⑦ 监测分析井眼不稳定的信号(防止卡钻)。

⑧ 调解节流管汇阀门(分离器作业人员)，在欠平衡工程师的指导下控制井口回流。

⑨ 根据欠平衡工程师的指示调整泵速(司钻)和注液/气项速率(欠平衡作业人员)。

⑩ 确保最大钻速不要超过欠平衡工程师的要求，以保证固相含量在2.5%左右。

⑪ 如果出现钻进放空或者立管压力显著减少的情况，有可能出现了一次产层流体的井侵。停止钻进，将钻头提离井底，将钻杆接头提至钻台以上为井控做准备。按照钻井设计继续循环。通知欠平衡现场监督，任何时候出现井侵时，所有相关欠平衡作业人员都必须被通知到并且必须到场进行处理。

⑫ 监督和工程师评价返出情况，直到井侵的情况完全明了，判断情况是否可控，如果需要，可以通过增加节流阀回压来控制返出气体和流体体积的增加。

⑬ 继续上面操作，直到整个系统稳定，根据现场监督或者现场工程师的要求继续钻进。

(十二) 井口返出流体流程选择和处理

1. 无油气侵入时

环空→井口→高架槽→振动筛→钻井液循环系统。

2. 少量气侵入时

环空→井口→旋转防喷器旁通→专用节流管→液气分离器→振动筛→钻井液循环系统。

3. 大量油气侵入时

① 环空→井口→钻井四通→节流管汇→液气分离器→撇油罐→振动筛→钻井液循环系统。

② 环空→井口→钻井四通→节流管汇→放喷管线→放喷池。

4. 处理

① 分离出的气体经燃烧管线燃烧。

② 分离出的油、水运到指定地点进行处理。

（十三）接单根

① 司钻和现场欠平衡工程师是作业指挥的关键，整个作业过程中保持沟通通畅。

② 使用钻井转速进行旋转并上下活动钻具，接头过胶芯时要放慢速度。

③ 司钻通知第三方准备接单根。

④ 最少循环半个周期，时间由现场工程师根据钻井液注入速率和地层产出进行计算。

⑤ 司钻关闭泥浆泵。通知第三方关闭泥浆预填充泵。

⑥ 分离器作业人员缓慢地关闭节流阀。节流阀的压力提高到欠平衡工程师建议的接单根时的压力，这个压力将在现场根据每天的模拟计算进行更新。

⑦ 继续泵入液/气，将两相流挤压到最上面的一个浮阀下面。

⑧ 司钻通知第三方打开液/气装置旁通，然后将立管进行泄压（接单根过程中制液/气装置是不停止的）。

⑨ 第三方确认液/气已经被旁通，并再次确认钻杆内已经泄压至零。

⑩ 司钻确认立管压力已经泄压到零。

⑪ 按作业程序接单根。

⑫ 接单根完毕后，关闭泄压管线。

⑬ 司钻通知第三方启动泥浆预填充泵。

⑭ 司钻开启泥浆泵。

⑮ 司钻通知第三方开始注入液/气（开注液/气阀门、关闭旁通阀门）。

⑯ 司钻确认泥浆返出、立管压力以及井底循环压力稳定后，开始继续钻进。

（十四）起下钻

1. 安装套管阀的起下钻作业

① 起钻前，充分循环，确保井眼干净，并逐渐降低井底压差，停气、停泵。

② 充气钻井时，将钻柱内的压力泄放到零，然后卸开连接。

③ 通过旋转控制头（或旋转防喷器）胶芯起立柱，当起到钻具止回阀时，应放掉钻具内的压力，才能卸扣。

④ 起钻时应控制上提速度并及时灌浆。

⑤ 当钻头起至套管阀以上 20m 左右的位置时停止起钻作业，打压关闭舌板。

⑥ 起出旋转控制头（或旋转防喷器）轴承总成，进行正常起钻。

⑦ 当钻头起至井口时，应降低起钻速度，防止钻头损坏井口设备。

⑧ 起钻作业后，检查钻具止回阀是否失效，更换钻头，立即下钻。

⑨ 下钻至套管阀以上 20m 左右的位置时停止下钻作业，安装旋转控制头（或旋转防喷器）轴承总成，打压打开舌板。

⑩ 如果套管阀气动泵输出压力高于额定开启压力，不返油，应进行管内憋压辅助开启作业。

⑪ 按正常程序继续向套管阀开始管线打压且开启套管阀；当套管阀完全开启后继续下钻作业。

⑫ 每下钻 10~15 柱，向钻柱内灌满钻井液。

2. 安装强行起下钻装置的起下钻作业

① 执行“1. 安装套管阀的起下钻作业”中步骤①~④。

② 当起钻至钻具浮重不足以抵消井压所产生的上顶力时，启用强行起下钻装置。

③ 钻头过闸板全封位置后，关闭全封。

④ 起出旋转控制头(或旋转防喷器)轴承总成，更换。

⑤ 钻具止回阀出井后应检查是否失效，更换钻头。

⑥ 安装旋转控制头(或旋转防喷器)轴承总成，下钻。

⑦ 钻头下至全封上部，启用强行起下钻装置，打开全封，下钻。

⑧ 下钻至旋转防喷器底部钻具浮重超过井压所产生的上顶力后，终止使用强行起下钻装置。

⑨ 每下钻 10~15 柱，向钻柱内灌满钻井液。

⑩ 如设计使用强行起下钻装置，则在钻具设计时，不使用扶正器等不规则钻具。

(十五) 紧急关井

① 钻进或起下钻时，旋转防喷器(或旋转控制头)失效，应实施紧急关井。

② 停止钻进或起下钻，关闭环型防喷器。

③ 根据需要维修旋转防喷器(或旋转控制头)，或者实施压井作业。发现胶芯刺漏，应停止钻进，上提钻具，坚持循环一段时间后再更换。

(十六) 更换胶芯流程

停转盘→上提钻具→停气→关半封闸板或环形防喷器→卸钻具内气体压力→打开旋转总成卡箍→用气动绞车配合游车将旋转头提出转盘面→坐吊卡→卸钻杆扣→更换新胶芯→将旋转头下放到位→卡紧旋转总成卡箍→开半封闸板或环形防喷器→注气→正常后开始钻进。

(十七) 数据采集与工作记录

1. 数据采集

包括气体注入流量、液体注入流量、油气产量、立压、套压等。

2. 工作记录

① 欠平衡钻井设备的工作日志，包括气体注入设备、井口控制设备、地面处理设备和数据采集系统的运转记录等。

② 欠平衡钻井施工日报表，除了施工工序的记录外，还应记录能显示欠平衡状态的情况，如燃烧时间、火焰高度、停泵时的溢流程度等。

③ 欠平衡钻井作业完成后，应提交欠平衡钻井施工技术总结等。

三、狮虎兽复合钻头

狮虎兽复合型钻头是一种把牙轮钻头和固定切削齿钻头特征相结合，并能同时发挥两种钻头功效优势的新型钻头。该钻头特点是：快，同 PDC 钻头类似的攻击性；稳，同牙轮钻头类似的低扭矩特性。

(一) 优点

1. 大尺寸井眼

改善振动情况，提高工具可靠性及表现的连续性。

2. 有难度的定向钻井

大尺寸井眼条件下具有牙轮钻头类似的工具面控制及PDC钻头的机械转速特性。

3. 硬地层及夹层地层

可钻铁矿石和燧石。

4. 达到钻机输出扭矩及功率极限

通过控制振动水平达到更高的切削效率。

（二）操作程序

1. 接钻头

① 带班队长、司钻必须检查工具及钻头状况，核实内外径，牙轮转动是否正常，检查PDC切削齿及牙轮切削齿、喷嘴是否畅通、喷嘴尺寸是否正确、拍照存档。

② 场地工长指挥吊车用吊带把带有专用钻头盒的钻头整体吊至钻台面，在钻台指挥人员手势指挥下把钻头平稳放置在钻台面，摘除吊车钩指挥吊臂远离钻台区域待命。

③ 钻台操作人员使用钻台气动绞车将钻头与钻头盒整体吊装至转盘位置，坐好钻头盒，去掉吊装带，钻台操作人员将丝扣清洗干净，均匀涂抹密封（螺纹）脂，同时锁住转盘止动销。

④ 司钻下放游车，井口操作人员扶正钻铤对扣。

⑤ 井口操作人员先手动旋满扣，司钻配合使用B型大钳紧扣至额定扭矩，在此操作期间安排专人观察提升短节是否倒扣。

⑥ 司钻上提游车使钻头离开转盘面2m以上。

⑦ 井口操作人员移除钻头盒，扶正钻具使钻头入井，根据钻头尺寸决定是否需要取出大小方瓦。如取放大小方瓦，按照取放方瓦安全操作规程执行。

⑧ 打开转盘止动销，组合BHA正常下钻。

2. 钻进

① 提前一柱接顶驱，缓慢开泵直至返出正常，司钻下放钻具使钻头缓慢接触井底后以小参数井底造型约1ft，钻具组合中有螺杆时，使用推荐的最低排量。

② 在推荐参数范围内进行钻压-转速组合钻速试验，找到最优钻速，并按此参数条件钻进。当地层变化时，应重做此试验。

③ 钻进期间刹把操作平稳，均匀送钻，防止顿、溜钻。

④ 专人观察返出岩屑，是否有大量掉块、铁屑、石英等特殊岩屑，注意观察扭矩、立压等参数异常情况。

⑤ 当机械钻速连续变慢或出现蹩跳钻等异常显示时，首先判断是否地层的原因。如钻时逐渐上涨或明显异常，判断井下钻头情况，准确判断，及时起钻。

⑥ 钻遇软硬交错地层或不均质地层出现蹩跳现象时，应适当降低钻压、转速。当钻遇较硬的均质地层时，钻速会明显下降，这时可采用上限钻压-下限转速的参数组合。在均质地层中钻进时发生蹩跳钻现象，一般采用提高转速的方法可恢复平稳状态。

3. 起钻判断

① 钻井参数和地层岩性未变，钻压逐渐上涨或明显异常，判断井下钻头磨损或钻头泥包不能解决时，及时起钻。

② 钻进过程中，泵压、扭矩异常或出现蹩跳钻时，及时弱化参数观察，分析若由于钻头原因引起，应立即起钻。

③ 正常钻进中发现砂样中有不明原因的铁屑，立即起钻。

④ 钻遇石英砂岩等强研磨性地层，钻时有明显变化时，立即起钻。

⑤ 顿钻、溜钻吨数超过该尺寸钻头最大允许钻压一倍的，立即起钻。

⑥ 因处理井涌、井喷，泥浆内有硫化氢，或在高温高压条件下，浸泡 2 天以上的，复杂处理完毕后立即起钻。

4. 卸钻头

① 起钻前根据井内钻具计算带钻头的最后一柱钻具的高度是否合适，提前做好起甩计划。

② 起钻至钻头配合接头出转盘面刹车，井口操作人员用转盘方瓦专用钩，操作气动绞车将方瓦提出转盘。

③ 提钻头出井口，及时盖住井口，检查钻头情况，先拍照取像，简单清洗后再次拍照。

④ 井口操作人员使用气动绞车将专用钻头盒吊装至井口坐在转盘上，司钻下放游车，井口人员将钻头扶正放入钻头盒。

⑤ 井口操作人员扣 B 型大钳，关转盘制动销，司钻操作液压猫头松扣，用链钳和人力卸扣。

⑥ 司钻上提钻具，井口操作人员使用气动绞车和吊装带将钻头与专用钻头盒整体吊起移至吊车可以吊装的位置。

⑦ 用转盘方瓦专用钩将方瓦放入转盘，盖井口盖板。

⑧ 专人指挥吊车将钻头及钻头盒整体吊至地面，场地工长使用钻头提丝将钻头吊出钻头盒进行清洗。

⑨ 带班队长检查钻头磨损情况，并记录在日报内。

（三）安全注意事项

① 司钻操作平稳，起钻换钻头时严禁用钻头将转盘大方瓦带出转盘。

② 吊出钻头盒、转盘方瓦时，人员应站在安全区域。

③ 禁止用转盘上、卸扣，用液压猫头上、卸扣时人员应站在安全区域。

④ 井口不用时应盖住，防止井口落物。

⑤ 钻台保持干净，逃生路线(滑道、梯子)等保持畅通。

⑥ 开始作业前，带班队长组织召开安全会，让每个作业人员了解作业内容及安全操作程序。

⑦ 小心搬运钻头，防止损坏复合片。

⑧ 下入钻头前确保井眼通畅正常。

⑨ 复合钻头原则上不允许划眼。少量井段因井眼缩径需划眼时，应采用低参数缓慢扩划。如遇大段地层垮塌遇阻下不到井底，应果断起钻下牙轮钻头通井。

四、PBL 多次开关旁通阀

PBL 旁通阀是一种钻具工具，当井内可能出现严重漏失或井下工具堵塞时，可通过激活旁通阀实现外循环处理。常规钻具旁通阀在丢球后仅能实现一次开启动作，之后必须起钻取出钢球，使阀座复位，才能恢复正常作业，增加了辅助作业时效。但 PBL 钻具旁通阀不受底部钻柱尺寸、钻头水眼限制，可在井下实现多次开关作业，减少起下钻次数，有效提高复杂工况处理的灵活性，减少复杂情况处理时间，缩短钻井周期。

PBL 旁通阀优势：

① 可实现不起钻堵漏等特殊作业，缩短钻井周期，降低井控风险。

② 停泵时旁通阀自动关闭，减少可能出现的 U 形管效应或井控问题。

③ 不受井下工具、仪器、钻头水眼限制，可实现大排量循环。

④ 有效清除定向、水平井段岩屑床。

⑤ 有效保护井下仪器及动力钻具。

⑥ 可实现多次井下开关作业等。

（一）地面检查

① 工具到井后，核实送井清单和序列号，工具合格证、探伤及检验报告。

② 核实规格与型号，连接扣型，确认满足现场 BHA 设计要求。

③ 检查外观，丈量，绘制工具草图，拍照取像。

④ 核实送井激活球、复位球、锁定球数量与尺寸符合要求。

⑤ 记录工具本体上标注的球座剪切压力和旁孔开孔压力。

⑥ 确认入井 PBL 工具以上钻具内径尺寸大于 PBL 投球最大外径。

（二）地面测试

① 申请 PTW，召开安全会。

② 按照标准吊装程序将 PBL 吊至钻台。

③ 钻台鼠洞内按规定扭矩上紧提升短节、旁通短节、球篮短节连接。

④ 上提检查滑套短节及球篮短节是否保养到位，滑套活动平滑功能正常，通过旁通孔观察内部滑套处于关位，内部滑套球座锥面向上。

⑤ 井口座卡瓦，卸开提升短节，连接循环短节和顶驱，下放钻具确保旁通孔在转盘面以下，刹住刹把。

⑥ 缓慢开泵灌浆，确认泥浆返出正常，待泵压稳定，记录排量泵压，停泵卸开顶驱连接，投入激活球，接顶驱，小排量（不超过 200gal/min）将激活球送至球座，激活球到达球座后，泵压上升后急剧下降（此处压力一般小于 250psi），记录打开压力和排量，上提钻具观察钻井液从旁通流出情况。

⑦ 停泵卸开顶驱，停泵后弹簧自动复位推送内部滑套至关位，滑套短节工作正常。投入 2 只复位球，接顶驱慢泵速推送，泵压上涨，判定复位球入座。缓慢打压，泵压逐渐上涨至剪切压力后突然下降，继续循环，泵压稳定，旁通阀关闭，记录剪切压力和循环压力，根据具体井型，井内钻井液密度及推送排量不同实际剪切压力会有 10%～20%的差异，地面测试完毕。

⑧ 卸顶驱，鼠洞卸开旁通短节与球篮短节连接，取出激活球、复位球并检查。注意：使用过的激活球不允许再次使用。

（三）操作程序

① 当井下发生漏失或其他复杂情况，需要打开 PBL 旁通阀进行循环作业时，根据钻杆内容积和井型，理论计算激活球和复位球到位所需时间。

② 上提钻具至设计旁通循环深度，卸顶驱，投入激活球，泵冲清零，接顶驱缓慢开泵，观察泵压无异常后，逐步提高至正常排量，顶替到钻具内容积一半体积时，降低排量继续输送激活球至球座，送球过程中确保立压不超过球座剪切压力的 80%。

③ 激活球到达球座位置时，泵压会上涨 100~200psi，此时滑套位于开位，旁通已打开，继续保持循环。

④ 旁通阀打开流程见图 3-3。

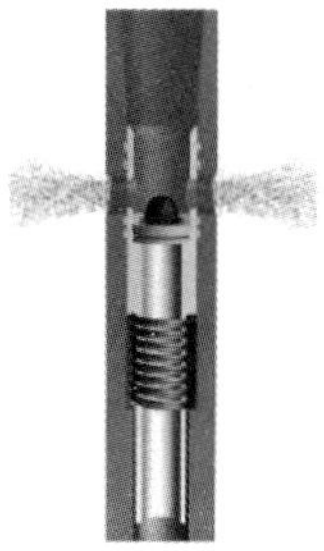

图 3-3　旁通阀打开流程

⑤ 按照设计将上水仓倒换为堵漏浆或需替入井内流体，泵入后，再次倒换上水至常规泥浆顶替，直至替入预定位置后停泵。

⑥ 恢复正常循环，关闭 PBL 旁通阀，上提钻具卸开连接，投入 2 只复位球，第 1 只复位球与第 2 只复位球时间间隔 5~10s。

⑦ 连接顶驱开泵，使用常规泥浆输送复位球，替浆排量控制在正常排量的一半以内，替浆期间尽可能保持排量不变，当钢球到达球座时，泵压升高，旁通孔关闭，继续低泵速输送，泵压升高至剪切压力突然下降，激活球与复位球先后通过球座进入球篮，滑套回到关闭位置，建立正常循环通道。

⑧ 旁通阀关闭流程见图 3-4。

图 3-4　旁通阀关闭流程

⑨ 如需再次使用 PBL 旁通阀，重复上述步骤，最多可以使用 5 次。

（四）注意事项

① 保持钻台整洁，避免井口落物。

② 要求服务方提供所租赁旁通阀完整的操作手册，现场必须提前掌握旁通阀操作相关参数和注意事项。

③ 在组合工具时注意 B 型大钳等上扣工具卡在合适的位置。

④ 地面测试及入井后使用时做好各项参数记录。

⑤ 选用标准通径规，确保通径规直径大于投球直径，所有入井钻具通径，重点检查各转换接头内径，确保各个功能球的通过性良好，严格执行通径起下钻作业安全操作规程，防止通径规入井。

⑥ 在泵送激活球和复位球过程中，立压严禁超过剪切压力的80%。

⑦ 泵送激发球后期低泵冲缓慢推送至球座，确保轻柔接触滑套球座，防止因下行速度过快导致球面损伤，密封不严或直接剪切通过球座滑套重新关闭。

⑧ 旁通阀处于开位后，建议使用恒定排量循环，避免中途停泵，造成滑套复位，泥浆相对密度高，上浮激活球，导致堵漏浆通过滑套进入下部钻具。

⑨ 如进行堵漏作业，堵漏材料颗粒直径不超过旁通孔直径的1/3，顶替堵漏浆时建议钻具内容积后附加200ft钻具内容积原浆，以确保钻具内部清洁。

⑩ 关闭旁通阀需投入2只复位球，间隔5~10s分开投球，避免双球在钻柱内同时下行导致钻柱内台阶部位通过性差，同时避免在水平井内相互撞击损伤球体抛光面，影响表面密封。

⑪ 复位球到达球座后，缓慢开泵至激活球剪切压力，注意检查泥浆泵安全阀上限是否大于旁通阀剪切压力，避免误判断。

⑫ 定向、取心等工况一般配合使用钻杆过滤网，使用PBL旁通阀注堵漏浆之前取出钻杆过滤网，防止堵漏浆堵塞过滤网造成憋泵，关闭旁通阀之前应加入过滤网，冲洗至少一个钻柱内容积，避免循环系统内残留堵漏材料附着在复位球表面，影响复位球与旁通孔密封导致关闭旁通阀失败。

⑬ 泵完堵漏浆后及时冲洗、清理上水管线，避免过度沉积影响泥浆泵上水。

第二节　特殊设备

一、铁钻工

TP100铁钻工是一种石油钻井自动化设备，主要用途是完成管子的上卸扣作业，其结构紧凑、操作简便，整机由液压驱动，控制设计有互锁程序，具有自动化程度高、安全性高的特点。

(一) 性能参数

TP100铁钻工性能参数见表3-4。

表3-4　TP100铁钻工性能参数

序号	名称	规格/参数
1	型号	TP100
2	适应钻具范围	$2\frac{7}{8}$~10in(73~254mm)
3	最大卸扣扭矩	120000ft·lbs
4	最大上扣扭矩	100000ft·lbs
5	上扣角度	2点夹持，±30°
6	旋扣扭矩(5in DP)	3000ft·lbs
7	旋扣速度(5in DP)	80r/min
8	最大工作半径	3400mm
9	水平行程	2540mm

续表

序号	名称	规格/参数
10	垂直移动距离	1000mm
11	运输最大外形尺寸/mm	2300×1750×2550(长×宽×高)
12	质量(不含运输撬)	5600kg
13	液压系统压力	3000psi(21MPa)
14	额定流量	43gal/min
15	环境温度：-20~55℃；相对湿度≤95%(20℃)	
16	防爆等级满足 API RP505 的规定，防护等级不低于 IP55	

（二）一键自动操作

① TP100 铁钻工由可编程逻辑控制器(PLC)控制，同时配置油缸位移传感器、编码器以及压力传感器以提供精确的扭矩和速度控制。

② TP100 铁钻工支持分步式一键自动操作，能够在较短时间实现一键定位和一键上卸扣，为用户提供安全、可靠的服务。在自动操作无法实现的工况时，用户可以选择手动操作来完成特定的任务。

③ TP100 铁钻工独特的钻具配置功能允许操作者在 HMI 上预设 10 种不同类型的管具，操作者一旦选中了某种类型的管具，系统将直接调用该管具预设的参数完成每一个接头的上卸扣流程。因此在不需要任何调整的情况下，系统能够保证相同钻具上卸扣的一致性。

（三）安全可靠性

① TP100 铁钻工提供完善的诊断功能，能够有效提高故障处理的速度和准确度。带屏蔽的铠装电缆以及防爆电控箱等防护手段能够延长设备在恶劣环境下的使用寿命。

② TP100 铁钻工具备轻便、易操作等特点，能够在最低需求的钻台活动空间内提供最优的动作灵活性。

③ TP100 铁钻工可选配远程无线遥控功能，允许操作者在钻台任意位置操作铁钻工进行作业，选择最优的操作视野，有效提高设备作业的效率和安全性。

④ TP100 铁钻工具备完善的安全互锁功能，防止由于误操作而造成的损伤或事故，以保证人员及设备安全，同时在铁钻工本地控制台以及遥控器上均配置有急停按钮以应对紧急情况。

（四）组成及功能

TP100 铁钻工主要由立柱总成、支撑臂总成、旋扣器总成、钳体总成、铁钻工液压系统、电控系统等部件组成。

1. 立柱总成

① 是由回转支撑和立柱座、回转支座、立柱主体通过螺栓连接。

② 立柱总成承受整个铁钻工的重量，并在马达的驱动下，实现±90°回转。

③ 滑车总成在升降油缸的驱动下，沿立柱体上下移动，实现钳头高度的调整。

2. 支撑臂总成

① 铁钻工通过带编码器的回转支撑以及支撑臂，可以实现钳体的准确定位，使得铁钻

工的功能部件能够准确到达储藏位或井眼以及其他任意需要的位置。支撑臂总成一端和滑车连接，另一端和钳体总成连接。为钳体提供水平位移，采用平行四边形机构，通过油缸驱动左上连杆实现支撑臂的张开和收缩。

② 铁钻工钳头水平位移通过安装在左下连杆架的编码器测量。

3. 旋扣器总成

① 旋扣器采用柔性设计，包括前后浮动装置、滑动支架总成、悬挂支架总成、支撑架总成、旋轮总成、升降悬挂总成、夹紧油缸、润滑系统总成、卸扣。旋扣器前后浮动装置通过螺栓固定在钳体安装架上，滑动支架及其以上部分可沿前后浮动装置摆动，实现旋扣过程自适应对中。

② 旋扣器有 4 个旋轮，采用单马达驱动双旋轮的设计。两个旋轮总成是左右对称结构，安装在支撑架总成的导向轴上。旋轮组件采用悬挂设计及前后浮动设计，可以很好地处理钻杆扣不对中的情况。

③ 夹紧油缸两端销孔与两个旋轮总成上的销孔通过销轴连接。

④ 在夹紧油缸的作用下，旋轮总成可在支撑架总成的导向轴上水平左右滑动。

4. 钳体总成

① 包括主钳、背钳、钳体安装架、过渡架、主钳驱动油缸、主钳上导轨压盖、润滑装置。

② 铁钻工钳体总成能够对不同规格尺寸的管具进行上卸扣操作，覆盖管具尺寸范围 2~10in。钳头可以通过立柱总成内的滑车上下移动以适应管具的接头高度。钳牙座采用三齿设计，可实现对大管径钻具的更好夹持；钳牙采用小齿高弧形齿板，从而减少对管具的伤害。

③ 主钳驱动油缸内置位移传感器，通过位移及压力的转换从而得到更加准确的上扣扭矩，减少了重复上卸扣的次数。

④ 背钳和主钳通过导轨槽定位连接，两者可以相对导轨槽旋转。主钳和背钳上均有两个夹紧油缸，左右对称分布，推动钳牙座实现对钻具的夹紧作业。

5. 铁钻工液压系统

① 主要用于驱动铁钻工完成紧扣、卸扣、伸展、回转等各项功能动作，同时还实现一些辅助性功能，如应急关断功能等。

② 主控制阀为多路换向阀，每个执行机构采用一个多路阀片控制。

③ 多路换向阀采用电磁铁控制。

④ 液压系统采用了流量调节和压力调节阀，可根据设备需要实现流量和压力的控制。

⑤ 紧急卸荷功能：铁钻工液压系统主进油路上设有高压进油模块，该模块上集成了紧急卸荷功能，紧急卸荷由手拍阀或电磁阀两路均可实现。出现紧急情况时，可本地手动控制或者远程电控紧急卸荷。

⑥ 扭矩调节功能：铁钻工设有主钳驱动上扣扭矩的电比例调节和应急手动调节功能，不同钻具需要的最大上扣扭矩不同，通过调节主钳油缸工作压力，实现上扣最大扭矩的设置。上扣扭矩值可通过本地控制面板上的扭矩表读出，也可在遥控器面板及司钻控制台上显示。

⑦ 钳体夹持压力调节功能：铁钻工设有主、背钳夹持的电比例调节和应急手动调节功能，不同钻具需要的夹持力不同，通过调节主、背钳夹持油缸的工作压力，实现钳体夹持力的设置。夹持压力值可通过本地控制面板上的压力表读出，也可在遥控器面板及司钻控

制台上显示。

6. 电控系统

① 铁钻工控制箱独立于铁钻工本体，需安装在司钻房或司钻偏房等有加热系统的地方，防止内部元件被冻坏。控制箱上预留有铁钻工控制系统外部电源接口(220VAC/50Hz)、外部信号接口和以太网接口的格兰。

② TP100 铁钻工 PLC 利用主钳驱动油缸位移来确定每一个上/卸扣周期是否结束、主钳是否回中以及极限位置保护，油缸位移传感器为 PLC 提供精确的支撑臂油缸位移以及主钳驱动油缸位移。

③ PLC 将系统压力、由上/卸扣压力换算而来的上/卸扣扭矩、旋扣马达压力以及主/背钳夹持压力发送至 HMI 进行显示，同时利用系统压力信息进行安全联锁，利用主钳扭矩确定上扣是否完成。

④ TP100 铁钻工回转液压马达上安装有两个绝对值编码器，为 PLC 提供精确的铁钻工回转角度和支撑臂伸缩位移，从而实现铁钻工在井眼、鼠洞、存储位的精准定位，同时可以实现运动过程中的相关保护功能，使得操作更加安全可靠。

二、动力猫道

DLMD45/8 动力猫道(以下简称动力猫道)是自动化机具系统的重要配套设备之一，用于替代传统机械猫道，在钻杆架和钻台面间往返输送管具。动力猫道可与钻杆自动处理装置、二层台钻具自动排放装置、铁钻工、气动卡瓦等联合使用，实现井口钻杆操作全自动化或半自动化，大大提高了钻井工作效率，增强了施工的安全性。

动力猫道配有无线遥控器、本地控制箱和司钻集成控制，操作方便，可进行自动送钻杆和甩钻杆操作。

(一) 技术参数

动力猫道技术参数见表 3-5。

表 3-5　动力猫道技术参数

概述		工作占地面积	
代号	DLMD030.00	长(从台面边线到小绞车支架边线)/m	22.745
型号	DLMD45/8	宽/m	8.6
生产商	宏华	适应管具规格	
安全工作载荷/kg	4500	质量/kg	4500
适应钻台高度/m	7.5~8	最大长度	13.7m(44.95ft)
猫道整体质量(含平移装置)/t	约 39	最大直径	508mm(20in)
液压站		平移系统	
泵	两台电机驱动	平移质量/t	12×4
工作温度/℃	-20~55	步进距离/mm	400
总体运输尺寸(无辅助绞车)		平移方向	X，Y，±45°
长/m	15.4	地基承载能力/MPa	≥0.17
宽/m	2.8	平移速度/(m/h)	18
高/m	1.85		

（二）性能

① 动力猫道适应7.5~8m钻台面高度的管具运送，可实现自动操作，管具运送轨迹可控，安全可靠。

② 动力猫道可整体折叠运输，安装使用方便。

③ 自动化动力猫道在主电机停电状态下，可以当作普通猫道使用。

④ 钻具支撑梁可伸到井口附近，大大减轻甩钻具劳动强度。

⑤ 具有应急下放功能。

⑥ 快速安装，移运功能。

⑦ 猫道底座预留钻机平移接口和猫道平移接口。钻机平移接口作备用，当钻机机具液压站故障时，使用猫道液压站作为钻机平移动力源。

⑧ 动力猫道操作模式分为两种，可本地控制也可远程控制。

（三）安全可靠性

① 动力猫道取代了传统钻井作业过程中依靠气动绞车或吊车等设备吊装钻具上、下钻台的方式，采用PLC控制与液压驱动相结合的方式，所有操作均通过无线遥控方式实现，能够很好地保证操作人员及设备的安全。

② 动力猫道由可编程逻辑控制器（PLC）控制，同时配置滑靴编码器、滑车编码器、旋臂位置传感器、接近开关以提供精确的位置和速度控制。

③ 具有应急下放功能，用于应急断电时的操作，但严禁作为钻具支撑梁下放的常规操作。

（四）组成及功能

1. 动力猫道构成

动力猫道主要部件见表3-6。

表3-6　动力猫道主要部件

序号	名称	数量	序号	名称	数量
1	底座	1	6	支腿	4
2	坡道	1	7	步进式平移系统	4
3	支撑梁	1	8	液压系统	1
4	滑车	1	9	电气控制系统	1
5	旋臂	1			

2. 底座

① 底座为动力猫道其他组件提供支撑，安装动力猫道时，底座的中心线与井口中心线尽量在同一条直线上，同时为了安全使用动力猫道，底座必须水平且支撑牢靠。

② 底座的尾端与坡道铰接，为坡道提供支撑，内部有钢轨，滑车可沿着钢轨运动。

3. 坡道

① 坡道由上、下两段组成。

② 坡道上装有导轨和导向轮，当钻具支撑梁运动时为其提供支撑和导向。坡道与底座尾端铰接，使得坡道可以折叠以方便猫道运输。

③ 钻具支撑梁位于底座中时，坡道可用作普通猫道来起升和下放钻具。

4. 钻具支撑梁

① 钻具支撑梁前端有滚轮，尾端与旋臂铰接，在旋臂的推动下，能沿着坡道起升和下降。钻具支撑梁为管具提供支撑，将管具从地面钻杆架输送到钻台井口，或从钻台井口将管具输送并卸放到地面钻杆架上。支撑梁上还安装有挡料机构和翻料机构，安全销用于阻止管具从支撑梁中滚落，位于支撑梁前端的液压马达驱动滑靴往复运动可前后推拉管具。滑靴可以通过链条张紧器进行张紧调节。链条张紧器位于支撑梁旋臂耳板端。

② 挡料机构在钻具支撑梁进料时和支撑梁运输管具的过程中将管具挡在支撑梁内，起安全防护的作用。共 2 组挡料机构，每组 2 个，分别对称布置在司钻侧和背离司钻侧。

5. 滑车

滑车上安装有滑车马达，同时滑车与旋臂油缸、旋臂铰接。滑车可沿着底座内钢轨运动，通过旋臂推动钻具支撑梁，实现钻具支撑梁的第一次起升。

6. 旋臂(起升臂)

① 旋臂用于支撑钻具支撑梁，旋臂前端与滑车铰接，中部与旋臂油缸铰接，后端与钻具支撑梁铰接。

② 旋臂在旋臂油缸的推动下旋转，实现钻具支撑梁的第二次起升。

7. 支腿

① 动力猫道底座上有 4 个支腿，分别成对布置在猫道的司钻侧和非司钻侧。支腿具有存储管具、运输管具的功能。

② 支腿前端通过销轴连接在猫道底座上，后端由带脚印板的油缸支撑，通过油缸的伸和缩，实现支腿相对于底座形成转角，从而实现管具在支腿上的向前滚动和向后滚动。

③ 在猫道运输工况时，支腿需收回且固定在猫道侧面，以减小猫道整体运输时的宽度尺寸。

8. 分料销

为保证管具进入猫道时的数量有且只有一根，需要依靠分料销对后面的管具进行阻挡。动力猫道上有 4 个分料销，分别成对布置在猫道的司钻侧和非司钻侧。

9. 平移系统

平移系统包括 4 套平移装置，液压操作箱及管线等，主体为平移装置，由猫道液压站提供动力。平移装置可带动猫道实现横向、纵向及斜向 45°方向的平移，采用步进式平移方式，通过平移操作箱控制顶升油缸及平移油缸完成猫道的顶升及平移。

10. 液压系统

① 液压系统为猫道各个机构的运行提供驱动力，可采用液压系统中的手动阀操作猫道输送管具。

② 液压系统主要包括液压站、猫道本体液压、平移系统液压三部分。

③ 动力猫道带有专门的液压站为其供应液压源，液压站集成在猫道尾部，这样的设计可以使得猫道更为紧凑，且便于整体拖运。液压站为负载敏感系统，泵采用的是负载敏感柱塞变量泵。液压站根据工况需要的推力和速度来提供相应的压力和流量。当所有液压设备停止运行时，液压站没有对外输出任何流量，柱塞泵变量后其流量只需满足泵本体的内泄漏。这种负载敏感系统能够有效降低能量消耗、系统的发热量，并且能有效提高寿命、减少维修。

④ 猫道本体液压系统主要包含以下几个部分：高压阀组、多路阀组、控制阀组、执行

机构、电气元件管路组件。平衡阀用于猫道的各油缸和马达，主要有两个作用：一个是液压锁，另一个是背压阀。液压锁的作用是利用平衡阀的阀芯封闭油液，保证机构在任意位置长时间不发生移动。背压阀的作用主要是滑车机构下放时，滑车在远离井眼中心方向运动过程中为负负载，整个机构在重力的作用下移动，需要平衡阀产生足够的背压来支撑整个外载的自重，避免在重力的作用下失速。

⑤ 钻具在各个位置的存储和传输，分别由支腿油缸(实现钻具的存储和移动)、进料油缸(实现钻具从存储位到支撑梁内的移动)、翻料油缸(实现钻具从支撑梁内到走台位置的移动)、出料油缸(实现钻具从走台位置到存储位的移动)、挡料油缸(预防钻机从支撑梁内翻出)、滑靴马达(实现钻具在支撑梁内的前后移动)、滑车马达(实现滑车到底座内的前后移动)、旋臂油缸(实现支撑梁的起升和下放)实现。

⑥ 猫道底座预留钻机平移接口和猫道平移接口。钻机平移接口作备用，当钻机机具液压站故障时，使用猫道液压站作为钻机平移动力源。

⑦ 猫道平移液压系统包含平移操作箱、执行机构、管路组件三个部分，由顶升油缸和平移油缸来实现猫道的整体平移。

11. 电气控制系统

① 电气控制系统对液压系统进行控制，实现本地控制箱及远程遥控器的自动操作。主要由液压站电控箱、猫道控制箱、操作箱、无线遥控器、传感器组成。

② 控制箱采用 PLC 对猫道所有动作的控制和数据监视，操作台提供操作接口，由手柄、人机界面、指示灯、按钮、遥控器接收器组成，控制台安装在猫道尾部靠近液压站的位置。

③ 传感器主要包括滑靴编码器、滑车编码器、旋臂位置传感器、接近开关，用以实现对滑靴、滑车、旋臂、翻料油缸的速度和位置的精确控制。

④ 操作台提供操作接口，由手柄、人机界面、指示灯、按钮、遥控器接收器组成。控制台安装在猫道尾部靠近液压站的位置。猫道配备遥控器，在位于操作箱侧面的选择开关打到远程模式后，无线遥控器可用。

12. 应急操作系统

① 动力猫道在主电机停电状态下，可以当作普通猫道使用。

② 作为普通猫道使用时，需要把猫道支撑梁恢复到水平位置，滑靴机构退回初始位置。

③ 考虑到支撑梁到高位时发生停电的情况，把支撑梁恢复到水平放置的初始位置，需要操作旋臂油缸和滑车机构。

三、二层台排管机

本文以宏华 ZJ50D 钻机配备的二层台排管机为例描述。

二层台排管机是自动化机具系统的重要配套设备之一，安装在井架上，是针对钻井过程中起、下钻作业时二层台作业劳动强度大、危险性高等研究、设计的专用设备，是完成在井口(或鼠洞)与二层台之间移运和排放立根作业的机械化设备，可通过推拉立根的方式，引导井口(或鼠洞)的立根到二层台指梁，或反向引导二层台指梁的立根到井口(或鼠洞)；通过与液压吊卡配合可实现起、下钻时二层台无人化作业。

(一) 性能及安全性

① 通过与液压吊卡配合可实现起、下钻时二层台无人化作业，高效、安全。

② 采用 PLC 技术和伺服系统控制，控制精度高，运行平稳。

③ 具有优异稳定性、快速响应性和对负载变化自适应能力。

④ 电驱方式节能环保、无污染。

⑤ 全方位视频监控，全面故障诊断。

⑥ 钳头自动识别抓取钻具状态。

⑦ 指梁可将钻杆约束在指定位置。

⑧ 满足现场快速安装和拆卸要求。

⑨ 维修台安装于动力二层台后部，维修和维护便捷、安全。

（二）组成及功能

二层台排管机主要包括动力二层台、二层台机械手、运输支架总成、维修台、电控系统、气控系统等。各部件配置和功能描述见表 3-7。

表 3-7 二层台排管机功能机配置

序号	部件名称	功能和配置描述
1	动力二层台	满足钻杆、钻铤高位排放
		每根指梁端部安装有气动的钻具挡板
		钻具和钻铤挡板有传感器，反馈开合状态
		每根钻铤位置安装有气动的钻铤挡板
		配套有电动绞车、拖拽装置等附件
2	二层台机械手	行走小车：实现机械手从井眼中心到储存位的往返行走
		伸缩臂组件：实现钳头伸缩到井眼中心或钻具存放位抓取钻具
		钳头总成：钳头不同开度可以匹配不同规格钻柱的抓取
3	运输支架总成	二层台主体和机械手集成运输，满足现场快速安装和拆卸要求
		运输支架分为运输支架和调试支架两部分，满足运输高度并保证低位调试功能。在不限高运输的地区也可将其连接起来，不单独运输
4	维修台	二层台尾部配套维修台，实现高空维护
5	电控系统	实现远程控制
		控制台、电控箱
		视频监控系统
6	气控系统	为指梁挡杆、钻铤卡板、大门挡杆气缸提供动力源
		采用阀岛控制，并放置在二层台左右走台下方
		气源入口处设置有气源处理二联件，也可用于调气源压力

1. 动力二层台

① 动力二层台用井架连接座和斜撑杆连接在井架上。

② 行走梁由销轴安装在动力二层台台体上，二层台机械手在行走梁轨道上运动，行走梁上设置有小车限位销以防运动过程中与小车碰撞。行走梁内设置有行走小车拖链和托盘组件，拖链一端固定在行走梁上的托盘组件上，另一端固定在行走小车尾部。

③ 动力二层台后侧安装防坠落装置，主要用于悬挂防坠设施。

2. 二层台机械手

① 二层台机械手主要负责从井眼中心取钻柱到指梁处排放，或从指梁处取钻柱送往井口位置。二层台机械手主要由行走小车、伸缩臂及钳头组成。除钳头拨杆由气缸驱动外，其余所有运动机构均由电机驱动。

② 二层台机械手在二层台上根据功能不同主要有三个基本工位：等候工位、运输工位、维护工位。

a. 等候工位：是二层台机械手最靠近井眼中心的工位，二层台机械手在此工位主要完成从井眼中心取放钻具，并回转到指梁方位的功能；

b. 运输工位：在二层台排管机运输时，二层台机械手必须停放到此工位，并用小车限位销锁定在行走梁上；

c. 维护工位：二层台机械手维护时停放的工位。当二层台排管机进行吊装前，二层台机械手必须在此工位用小车限位销锁定。

③ 行走小车负责二层台机械手在行走梁上的移动。其上设置有行走机构，下部设置有负责伸缩臂旋转的回转机构。小车两侧各设置有一对复合滚轮及下滚轮，复合滚轮侧向与行走梁的间隙可调，下滚轮与行走梁轨道下平面间隙可调。小车架端部设置有一挂耳，用于在小车行走机构故障时拖拽小车到维护工位。小车架上面有一对限位孔，当需固定小车时，必须将行走梁上的小车限位销插入孔中并固定。

④ 伸缩臂主要执行二层台机械手伸缩动作，从井口拿取钻柱和将钻柱送到指梁中存放。伸缩臂由电动推杆组件驱动。钳头安装在伸缩臂前端，其主要作用是推扶钻柱。主要是由钳头外筒、钳头内筒、手指和拨杆组成。电动推杆组件控制左右手指的开度，以适应不同直径的钻柱。拨杆由气缸控制开合，从而控制钻柱。

⑤ 钳头可以适应 $3\frac{1}{2}$~10in 的钻柱。

3. 运输支架总成

① 运输支架为二层台排管机专用运输工装，为便于二层台排管机运输与现场安装调试。

② 运输支架分为两层，上层为运输支架，下层为调试支架。维修台安装于动力二层台后部，主要用于对二层台机械手的维护。维护模式下，机械手的行走小车可以运动到维修台前端，钳头可朝向维修台方向，以便于维修和维护。

4. 维修台

维修台安装于动力二层台尾部，主要用于对二层台机械手的维护。维修人员可以在维修台上对二层台机械手进行维修。

5. 电控系统

① 动力二层台上设置有两个电控箱和两个气控箱。电控箱内装有 PLC 和伺服控制器，用于控制动力二层台上所有电气设备和二层台机械手的伺服电机。二层台两侧各有一个气控箱，分别控制各自侧的指梁锁。

② 排管机控制系统由 4 轴伺服组成并安装在二层台上。伺服系统具有优异的稳定性、快速响应性和对负载变化自适应能力，消除了排管机在运动过程中因机械负载的惯量大范围变化所带来的不良影响。通过司钻房内的集成操作，排管机械系统能自动/手动完成钻杆排管与送杆作业，将立根从指梁内精确往返移运到井眼中心。四个伺服电机自带位置检测，实现精准定位。

③ 伺服轴用于控制小车机构在二层台的平移、回转支撑的旋转、手臂的伸缩、手指的开合。

6. 气控系统

① 气动控制系统功能主要包括二层台指梁控制和二层台机械手钳头控制功能。分为两个气控箱，气控箱采用气动阀组控制指梁挡杆的打开和关闭，两侧指梁挡杆各受一个气控箱控制，与控制箱通过总线收发控制指令。气控箱内有接近开关输入模块，能够接收接近开关的开合信号并反馈给 CPU，实现判断各挡杆开合的反馈作用。

② 二层台指梁控制：二层台指梁气控箱中的阀岛对应控制 18 个指梁和 10 个钻铤，以及 2 个大门挡杆。阀岛通过电磁阀得电失电，控制指梁挡板的打开与关闭。指梁挡杆和钻铤卡板的开合状态反馈通过接近开关输入模块实现。

③ 二层台机械手钳头控制：二层台机械手本体上控制两个钳头气缸的气源来源于气控箱阀岛，通过阀岛电磁阀控制钳头拨杆的打开与关闭。钳头上的 3 个接近开关(管子探测、左右手指头打开)均接入气控箱内。

四、自动化一键联动

自动化机具系统(或管具处理系统，Pipe Handling System)，包括动力猫道、排管机、钻台面机械手、铁钻工等一系列自动化工具，以及对这些工具进行集中操作、控制的一体化终端(集控台/司钻椅)和控制软件。

自动化机具集控系统软件一共包含机具集控、区域管理系统 ZMS、起下钻一键联动三个部分，其能够实现整套机具的集中控制，以及套管段内起下钻过程的“一键联动”，在保证安全的同时，提高作业效率。

(一) 一键联动

① 一键联动功能是整个软件系统的核心部分。当“一键联动”功能没有启用时，系统在集控程序的指挥下，只能完成基于单个自动化机具设备的独立操作，无法在同一时间控制两个或多个设备。而当“一键联动”功能启用后，系统能够根据选择的工况，自动执行预设好的作业流程。流程进行中，系统会自动触发一个或多个设备的控制指令，达到联动的效果。同时由于流程的合理化设计和 ZMS 的实时保护，以保证流程的安全执行。

② 在使用一键联动功能起、下钻之前，需要注意以下几点：

a. 该功能为单司钻操作，要求司钻熟悉该功能，并具备相应的操作能力。安全起见，建议安排另一名司钻坐在另一把司钻椅工位上，观察作业安全。如有危险情况发生，需立即按急停按钮停车。

b. 各个摄像头画面角度调整到位，能够清晰、直观地观察到各设备的关键区域。

c. 钻机系统中，绞车、顶驱(带动力吊卡)、排管机、钻台机械手、铁钻工、动力卡瓦为一键联动功能必需设备，要求以上所有设备功能正常，各机具目标位已标定完成，无任何传感器屏蔽。防溅盒为可选设备，根据其状态以确定在流程中是否启用防溅盒，如不需要，在“一键联动-设置-起/下钻设置”界面提前取消“启用”。

d. 在“一键联动-设置-起/下钻设置”界面，检查各个运行参数是否正确(系统应用前期，需要厂家专业人员进行指导和设置，熟练使用后，司钻需具备相应能力)。

e. 为实现安全控制，系统采用了“授权”机制。在单个设备完成对应授权后，一键联动功能才能正式启用。如果运行中，某个设备授权条件丢失，一键联动流程会立即中断，等待条件重新具备以后，系统才允许再次回到流程。

（二）ZMS

① ZMS 是一套应用于钻机现场的安全系统，用于避免钻井过程中可能出现的设备碰撞和人员伤害。如果两个设备挨得很近，ZMS 将通过向双方设备均发出停止命令，以避免设备造成碰撞。除了设备碰撞外，系统对管具的安全移运也会有连锁保护。

② ZMS 是针对正常钻井工艺进行过程区域管理和保护，归纳为以下三种情况。

a. 设备间的运动干涉：钻台面各钻井设备和机具设备在相互配合运动过程中，ZMS 会监控各设备的实时位置和状态并进行判断和控制，以避免操作过程中，设备发生意外碰撞和干涉。

b. 管具的防掉落：系统将针对钻井过程中可能出现的钻井设备误操作导致钻具掉落的情况进行保护。比如钻机如果配备有排管系统，那么起下钻过程中，顶驱将与排管设备存在管具传递交互，在该过程中，系统将实时监控顶驱和排管设备夹持状态，以避免误操作夹持器均被开启，发生管具掉落的情况。

c. 管具的防拉扯：除了管具的防掉落，另一种情况则是管具的防拉扯。比如在顶驱与排管设备传递管具的过程中，如果顶驱还未开启吊卡，排管设备在做收回动作，则将对管具产生拉拽，这将损坏排管设备的夹持器，系统也将对此类情况实施保护。

五、柴油发电机组尾气净化装置(DPF)

柴油机具有低油耗、高热效率的特点，广泛使用于钻井设备配套中，但是其尾气中含有大量的微粒(PM)，是重要的污染源之一。随着全球内燃机技术的不断提升，柴油机排放法规的日趋严格，颗粒捕捉器(DPF)作为公认的最有效的节能减排设施开始被投入使用，DPF 的使用可以减少柴油机排气中 70%以上的颗粒物排放。

以下内容以卡特彼勒柴油发电机组 DPF 装置为例介绍。

（一）构成和工作原理

CATDPF 旨在减少柴油发电机的颗粒物(PM)、一氧化碳 CO 和碳氢化合物 HC 的排放。DPF 安装在柴油机排气管上，排气通过时，微粒被过滤器吸附过滤，并发生化学反应。当废气与陶瓷过滤器上的催化剂相互作用时，就能实现一氧化碳和碳氢化合物的减少。催化剂浸渍在陶瓷基板的壁上，当尾气与催化剂相接触时，会发生化学反应，使气体氧化。氧化过程将一氧化碳转化为二氧化碳，将碳氢化合物转化为水和二氧化碳。

对于 CAT DPF，这些反应可以在低至 180℃ 的温度下开始发生，到 230℃ 还原量超过 90%。CAT DPF 的投用可以减少柴油机排气中 85%以上颗粒物的排放。

（二）DPF 再生

DPF 是一个非常关键的部件，当系统内颗粒物积聚到一定程度后，DPF 就需要再生，原理就是通过高温将颗粒物燃烧转化为无害的灰分。

颗粒收集过程在柴油机启动的时刻就开始并在机器运行时持续进行。在低负荷和低排气温度下，PM 在过滤器中积累，排气通过 DPF 的压降增加，影响柴油机的动力。当排气条件达到最优时，催化剂促进颗粒物与排气中的氧气或二氧化氮之间的氧化，这个过程成为再生，此时 PM 脱离过滤器的基板，产生一个更加清洁的过滤器。

再生过程取决于排气温度、发动机负荷、排气成分和燃料硫含量。在一定的排气条件下，氧化速率超过了 PM 被过滤器捕获的速度，这种排气条件下的温度成为再生温度。虽然排气温度不必一直高于再生温度，但在此温度以上的时间越长，过滤器就越干净，背压也越低。在再生温度以上运行，意味着过滤器将不断再生和清洗。

六、储能装置

目前的石油钻机绞车普遍采用能耗制动的方式将再生制动时产生的能量通过电阻或制动器进行消耗，这种方法不仅造成了能量的巨大浪费，增加了设备的维护成本，还会缩短传动系统部件的寿命，因此选用合适的储能元件和储能方式，对石油钻机绞车位能和制动能等潜在能源进行回收储存和再利用，以此来提高能源的利用效率，是当前石油钻机使用的发展方向。

储能系统利用电池管理系统和钛酸锂电池实现对钻机下钻、降速等工况下的能量回收，储能系统的投入不仅节约燃油，而且减少母线电压的波动，减少二氧化碳及其他污染物排放达 40%，节能减排效果明显。

本文以宏华 ZJDB50 钻机的储能装置为基础介绍。

（一）技术参数

储能系统整体技术参数见表 3-8。

表 3-8　储能系统整体技术参数

技术参数	单位	值
额定放电功率	kW	900
额定充电功率	kW	900
额定电量	kW · h	370
充/放电倍率	P	3C/3C
额定交流电流	A	860
输出交流电压	V	600
交流频率	Hz	50/60
电池类型（锂离子电池）		LTO
单体电池循环寿命（25℃，衰减至原始容量的 80%）		≥10000
环境温度	℃	-20~50
湿度范围（25℃）	%	<95（相对湿度）
不降容海拔	m	2000
消防系统		FM-200
通信协议		Modbus Tcp/UDP

（二）性能

① 使用集装箱结构，满足油田道路运输要求。

② 适用于柴油或天然气发电机组驱动的陆地钻机。

③ 满足接入钻机 VFD 交流 600V 母线的要求。

④ 满足额定功率下连续运行。

⑤ 满足钻机“削峰填谷”的应用要求。

⑥ 具备平抑发电机负载波动的功能。

⑦ 具备独立供电(黑启动)的功能。

(三) 组成及功能

1. 系统拓扑

系统拓扑参见图 3-5。

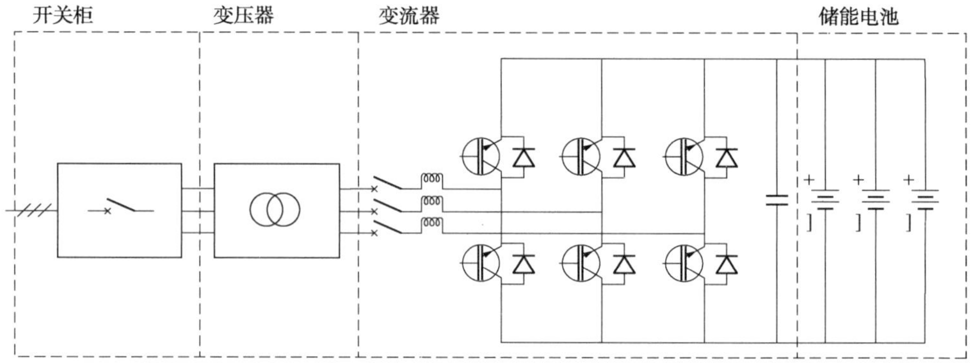

图 3-5　系统拓扑

2. 电池系统

① 电池系统主要由钛酸锂电池、电池管理系统、低压辅助系统、高压配电系统组成。

② BMS 功能：对电池组的状态进行监控和保护，当充放电使用过程中，出现过流、短路、欠压、过压、过温等故障时，系统会根据严重程度执行相应的保护和告警，以提高系统的安全可靠性和使用寿命，绝缘电阻≥100MΩ。

③ 冷却方式：PACK 箱风冷，室内使用。

④ 电池系统低压供电由自身提供，主控唤醒信号引至用户控制系统。

3. 电池管理系统

电池管理系统能够实现电池状态监视、运行控制、绝缘监测、均衡管理、保护报警及通信功能等，通过对电池状态的实时监测，保证系统的正常稳定安全运行；监测电池的一致性，通过均衡对电池进行在线式维护，保证电池的使用效率及寿命。

4. BMS 控制策略

① 在保证 SOC 精度的同时，在充放保护时采用多元化的保护策略，实际使用过程中采用过压、过流、过温等多重保护避免电池过充。系统中采用直流断路器、熔断器等保护器件，对系统形成多级保护，在极大电流乃至短路时可以及时切断回路防止着火的发生。

② BMS 基本参数：

a. 电池管理模块应用于储能电池管理系统，电池管理单元与电池紧密结合在一起，除对单体电池(电压、温度等)进行实时监测外，还具有主动均衡与热管理功能，并通过 CAN 总线接口与 BCU 系统进行实时通信。

b. BMU 可以通过外部电源 12V/24V 为其提供工作电源，BMU 可将采集到的电池电压、箱体温度等信息通过 CAN 总线传输到电池管理控制模块 BCU。

c. 电池单体电压功能，具有采集精度高、速度快的特点；可广泛应用于各种电池类型，兼容磷酸铁锂、锰酸锂、钛酸锂、三元电池；单个从控采样数量灵活可配。

d. 温度采样功能：采集具有高精度和高可靠性等特点，采样数量可配。12 串从控可采 14 路外部温度。

e. 主动均衡功能：相邻电池间实现电量转移，具有周期性自检功能。

f. ISOSPI 通信：从控采样信息通过菊花链通信上传给主控，单路 ISOSPI 通信上最多可串联 30 个。

g. 12 串从控、15 个 24 串从控或者 10 个 36 串从控，如需要大于此数量需要与技术人员沟通确认。

h. 485 通信功能：实现主控与从控和从控间的串联通信，可用于程序升级，风扇控制与诊断，地址自动分配等功能。

i. 2 路高边输出：单个高边开关最大可持续输出 1A，两路同时打开时，输出电流和最大 2A。内部设有状态检测，实现硬件自检。

j. GPIO 输出与输入：2 路 IO 开漏输出，支持 PWM 波，两路 IO 输入。

k. 具有丰富的自诊断功能，支持功能安全认证要求。

l. 所有材料采用 UL-94V0 阻燃等级。

m. 符合 1500V 安规要求，支持过 1500V 系统 UL 认证。

n. 具备风扇管理功能。

5. BCU 电池组控制管理单元

① BCU 主要是对整组电池运行信息的收集，采集整组电池的各单体信息、总电压和电流，对电池组出现的异常进行报警和保护；能根据安全处理规则的要求对电池组进行保护，以确保电池系统的安全、稳定运行。当电池严重过压、欠压、过流(短路)、漏电(绝缘)等异常故障情况出现时，电池组管理控制单元控制整组电池的开断，避免电池被过充、过放和过流；同时 BCU 根据各种信息进行综合判断，挑选出需要进行均衡维护的单体电池。

a. 具备系统上电自检功能，主要包括所有传感器、系统状态等；

b. 具备电池组端电压、电流、温度等检测功能；

c. 对 BMU 数据进行收集，同时转发数据；

d. 具有电池正负极对机壳的绝缘检测功能；

e. 具有管理主接触器控制及主接触器反馈信号检测功能；

f. 异常报警及硬接点保护控制功能；

g. 具备 CAN/RS485 总线通信功能。

② BCU 电池组技术参数见表 3-9。

表 3-9　BCU 电池组技术参数

名称	数量	参数	最小	典型	最大	说明
辅助电源	2	电压/V	7.5	24	32	来自 AC/DC 或者电池
		电流/A		0.4/0.2		
总电压采样	1	电压/V	0	400	900	总压、预充电
		精度		±1%FS	±1%FS	电压 20~800V 时

续表

名称	数量	参数	最小	典型	最大	说明
充放电流采样	1	电流/A	-500	0A	+500A	根据分流器，霍尔传感器型号
		精度		±1%FS	±1%FS	充放>30A 时
				±300mA	±300mA	充放≤30A 时
绝缘电阻	1	报警误差/%		±10	±10	
数字量输入输出	6					可用于高压互锁和地址分配等
模拟量输入	7					用于温度等
高边开关输出	6	电压/电流	—	1A	1.5A	$V_{max}=36V$
CAN 口	4					四路
高压继电器状态检测	3					
RS485 口	1					可选焊

6. 高压箱设计

① 高压箱内包含电池簇管理单元和电气元器件，用于对整个电池簇运行状态的管理与保护。

② 高压箱至少应满足以下功能。

a. 设计参数：电压 1000V，内部相关元器件应选择市场主流品牌；

b. 具有继电器、熔断器、断路器三级保护，且具备继电器粘连检测功能；

c. 具有预充电路；

d. 具有电池簇就地保护。

7. 储能双向变流器

① 储能系统集装箱内配置 1 台 900kW 储能双向变流器。本系统方案设计电池簇直接汇流至 PCS 直流侧，PCS 系统由进线开关柜、有源滤波柜和整流单元柜以及控制软件组成。能实现黑启动，U-f 和 PQ 控制，恒压、恒功率和恒流充电。进线柜主回路内置交流断路器，PCS 柜能够调制出受控的直流电压，当电网波动时，直流电压仍然能够保持恒定(电网电压必须保持在允许公差范围内)。

② 技术参数见表 3-10。

表 3-10 储能双向变流器技术参数

交流侧参数	
交流接入方式(隔离方式)	三相三线(变压器隔离)
额定功率/kW	900
最大容量/kVA	1000
额定电网电压/V	400
电压运行范围(并网)/V	320~480(可设定)
电压运行范围(离网)/V	400×(1±5%)
额定电流/A	1400

续表

交流侧参数	
额定电网频率/Hz	50/60
频率范围/Hz	45~55/55~65(可设定)
THDI(并网)	<3%(额定功率)
THDU(离网)	<1%(线性负载)

8. 开关柜

开关柜的主要作用是为集装箱内交流输出汇流、交流用电设备提供交流电源，整合集装箱内自耗电情况、各部分开关门状态、箱内温湿度情况以及消防状态信息，并将这些信息上报至BMS系统。同时作为系统内总配电柜，在发生消防事故或者其他紧急事故下可以完成自动或者手动控制下的急停。本方案还集成隔离变压器交流出线侧的开关及计量功能。

9. 消防系统

储能系统配备消防系统，消防系统主要灭火物质为FM-200(七氟丙烷)，在系统防护区内设置高灵敏度的火灾报警系统，配备温感、烟感探测器，在检测到火灾险情后通过警铃和声光报警器发出火灾报警，把火灾信息上传至消防主机，并同时启动灭火系统进行灭火。

10. 温控系统

储能系统采用智能温控方案，实时监控电池模组内电芯的温度变化情况，根据电芯温度实时控制空调的制冷制热等动作，实现快速响应、高效控制。温控系统主要由PLC控制空调的制冷、送风、待机、加热或自动控制等模式。

七、发电机控制系统

(一) 系统组成

① 发电机控制系统由柴油发电机和发电机控制柜组成，每一台柴油发电机独有一台用来控制的发电机控制柜。

② 发电机控制柜内主要器件为发电机断路器、调速模块、调压模块、同步保护模块。调速模块通过调节发动机的油门开度来控制发电机的速度并使其稳定在设定值；调压模块通过调节励磁机的励磁电流来控制发电机的电压并使其稳定在设定值；同步保护模块能够微调发电机的频率和电压从而使多台并列运行的发电机能够均分负载，而且它能够保护发电机的工作，控制发电机断路器的分合。

③ 网络系统构架：PLC通过Moudle bus TCP/IP通信方式与CAT EMCP和EASYGEN3200进行通信，实现数据的快速传输。

(二) 柜体布局

3台发电机配备4台发电机控制柜。

(三) 断路器

发电机断路器实现发电机电源的分合，具有过载保护、短路保护和欠压保护功能。断路器采用框架式结构，方便将主体抽出检修和更换。发电机断路器的分合控制由同步保护模块负责，所以断路器本体上的分合闸按钮被保护罩覆盖，操作人员不得按动该分合闸按钮。

（四）指示灯组

柜门的三个指示灯用来指示发电机控制系统的状态。

1. 运行指示灯(绿色)

当发电机运行检测到有转速时，该指示灯点亮；当发电机停止运行时，该指示灯熄灭。

2. 故障指示灯(黄色)

当发动机有故障、发电机有故障或者急停按钮被拍下时，该指示灯点亮；当故障被消除并成功复位后，该指示灯熄灭。

3. 并网运行指示灯(绿色)

当发电机断路器合闸后，该指示灯点亮；当发电机断路器分闸后，该指示灯熄灭。

（五）急停按钮

① 急停按钮采用拍下触发旋转复位的方式，并配有防误碰的保护罩，防止人员误动作急停按钮。该按钮用于紧急情况下，停止发电机。一旦按钮被拍下，发电机断路器立即分断，发电机将最快停止。

② 通过发电机控制柜柜门的急停按钮，将停止该发电机控制柜对应的发电机，立即分断发电机断路器。

③ 通过司钻操作椅、VFD 房外或队长办公室的系统急停按钮，将停止所有运行的发电机，立即分断所有发电机断路器。

（六）发电机模式旋钮开关

模式旋钮开关用来选择发电机的工作模式，共有五个挡位，分别是停止、怠速、运行、并网和自动。

（七）同步保护模块

同步保护模块主要功能是实现并列发电机的负荷分配和发电机的保护。它能够显示如发电机有功功率、无功功率、电压、电流等参数，也能够显示故障信息。它能够和发动机 ECU 通信，采集发动机的水温、油压、轴承温度等信息。它能够和上位机通信，从而将发电机和发动机的运行状态信息传输给上位机，也接收上位机的控制信息。

（八）速度调节模块

速度调节模块直接驱动油门执行器，实现发动机速度的调节。它能够实现怠速和额定转速两段速度。

（九）电压调节模块

电压调节模块控制发电机的励磁电流，实现发电机电压的调节。

（十）功率限制单元

1. 功率限制单元的作用

① 该单元为避免发电机组过负荷而设立，当发电机输出的有功功率或总电流达到设定值时，对负载进行限制，以防机组过载，即防止柴油机关机或发电机断路器脱扣。

② 当负载突然增加时，使柴油机组的负载逐渐增加，保护机组。

③ 机组欠频时，对负载进行限制。

2. 功率限制单元的实现方法

① 运行在交流母线上的任一台发电机组，当总电流或有功功率达到额定值的90%时，功率限制器就自动封锁负荷，并在触摸屏上显示“功率超限”，发出消息提示必须再启动一台机组才能满足钻井的负荷要求。

② 当收到发电机功率限制信号或总功率超90%时，主电机转速降低，并在触摸屏上弹出发电机功率超90%的报警。

③ 当功率达到总功率的85%时，在触摸屏的状态栏上显示“功率超限”报警，此时应保持转速给定或减小转速给定，避免发电机功率过度超限，引起发电机跳闸；同时在触摸屏上不能向增大转速方向给定，增大转速方向的按钮变为灰色，只有当功率不超限后，在参数设置屏上按了“功率超限复位”按钮后，才能重新增大给定。

④ 若在触摸屏增加给定过程中，不能增加泥浆泵的冲程和转盘的转速，则表明钻机已达到功率限制值，也就是说，进一步增加给定不会使柴油发电机组提供更大的功率。

⑤ 如果目前钻井作业良好，就无须增加机组上线。实际上，保持机组运行在接近机组最大功率是最好的运行状态，对保养机组节省燃料都有好处。功率限制提示对任何设备都不会产生不良影响。

⑥ 如钻井作业需要更大的功率，那就必须增加上线机组。

⑦ 由于负荷增加等原因，使交流电源频率降到48Hz以下时，PLC系统输出功率限制信号。

（十一）接地故障检测电路

接地故障检测电路的功能是检测交流母线的接地或漏电故障，并显示出来。该电路设置在电源柜，包括绝缘监测仪及辅助电路。

（十二）发电机控制电源单元

① 控制电源的可靠程度直接影响到整个控制系统的运行，因此它在整个系统中显得特别重要。发电机控制柜的控制电源为24V_{dc}，通过三种途径提供。

② 当系统无发电机工作时，由蓄电池提供发电机控制柜的控制电源，当发电机启动完毕并向外供电后，切换为开关电源供电。

③ 当系统有发电机工作即母线上有600V时，稳压电源（开关电源）提供24V直流电源。稳压电源输入220V_{ac}电源，输出24V_{dc}直流电源至发电机二次控制回路。

④ 电源柜内安装蓄电池，为柴油机控制电路各提供1路24V直流电源，每路电源容量为连续10A或间断20A，包括充电器、蓄电池、变压器、微型断路器等。

第四章　固　　井

第一节　油井水泥实验操作规程

一、总体要求

① 试验人员上岗前要求正确穿戴劳保用品，规范使用各种安全器具、防护用品和消防器材。

② 必须定期检查仪器的线路状况、漏电保护及接地装置。上岗前还要对仪器设备进行检查。

③ 所有试验仪器电源开关和漏电保护器必须满足规定的额定电压和额定功率。

④ 设备不能超负荷工作，发现问题及时汇报和整改。

⑤ 在试验期间，工作人员不得脱岗，应时刻注意试验情况，尤其是高温高压试验需关注釜体的密封、温控、压力等状况。

⑥ 仪器在工作期间，非试验人员不得触碰仪器开关及电闸。

⑦ 高温试验完毕后，应先冷却至95℃以下再进行拆洗。

⑧ 加压或高压试验，禁止未泄压强行拆卸，必须将压力释放至常压再拆解清洗。

⑨ 试验结束，废料应放在指定位置，严禁乱丢乱倒。

⑩ 油井水泥试验方法应符合 GB/T 19139—2012。

二、取样

（一）袋装水泥取样

① 采用散装水泥取样器随机取样，通过转动取样器内管控制开关，在适当位置将取样器插入水泥一定深度，关闭内管开关后小心抽出。

② 将所取样品放入洁净干燥密封良好的容器中，每次抽取的单样量应尽量一致。

③ 罐内纯水泥可参照现场水泥混料的取样方式。

（二）现场水泥混料取样

① 水泥混料样品可从称重混合器、散装运输罐中抽取，或在输送过程中从输送管线中抽取。

② 在取样之前，应将水泥和固体外加剂充分混拌均匀。

③ 从计量罐和运输罐中取样可选择散装水泥取样管、自动探管取样器以及其他合适的取样器。

④ 在输送过程中从输送管线抽取样品时，可通过安装在输送管线上的取样阀、分流阀、分流取样器或自动在线取样器进行取样。

⑤ 样品量应满足试验的需要。

（三）液体外加剂的取样

① 取样工具可视容器大小、液体黏稠度、是否为多相液体，选择合适的取样器。

② 取样容器必须清洁干燥，严禁使用能与被采样物料起化学反应的材料，取样过程中需防止被采物料受到污染或变质。

③ 取样前应充分搅拌容器中的液体，使产品成分保持均匀。如果固相物质的沉降速度快，最好使用机械搅拌。如果不可能连续搅拌，应在停止搅拌后当液体还处于运动状态时快速取样。

(四) 配浆混合水的取样

① 在配制配浆混合水时，应充分考虑外加剂的性能，确定水、各类外加剂的加入顺序及操作过程中的注意事项，并充分循环，确保配浆水混合均匀。

② 根据现场条件选择合适的取样器及时抽取配浆混合水，以避免配浆混合水中外加剂有效成分的离析、悬浮或沉降。

③ 取样容器必须清洁干燥，严禁使用能与被采样物料起化学反应的材料，取样过程中需防止被采物料受到污染或变质。

三、水泥和药品称量

① 选择天平：称量水泥及外掺料选择称量精度为 0.1g 的天平。称量外加剂选择称量精度为 0.01g 的天平。

② 在使用前应观察水平仪，如水泡偏移，需调节水平调节脚，使水泡位于水平仪中心。

③ 称量水泥前用 0.85mm(20 目)的金属筛将水泥过筛。

④ 根据称量物的体积及状态选择合适的托盘或容器，被称量物的质量不能大于天平的最大载荷。对于有一定腐蚀性的称量物，需选择具有防腐蚀的托盘或容器。

⑤ 称物前需清零，称量过程保持天平平稳、清洁。

⑥ 称量结束，要关闭电源，并及时清洁天平及称量盘，天平上不允许放置任何物体。

四、制备水泥浆

① 混合装置：用于制备水泥浆的混合装置为容量 1L、具有底部驱动的叶片式搅拌器。搅拌杯和搅拌叶应由耐腐蚀材料制成。

② 水泥浆的体积应满足实验室大多数试验的需要量，一般为 600mL 左右。配浆体积量过大，浆体上部水泥浆的剪切速率大幅降低，配浆不能满足设计要求；配浆量过少，配浆水易在高速搅拌下飞溅出来，造成与设计上的水灰比不符。

根据下列公式计算实验室混料需要量(为便于计算，假设相对密度和密度相等)：

$$V_s = V_c + V_w + V_a$$

$$M_s = M_c + M_w + M_a$$

$$\rho_s = \frac{M_s}{V_s}$$

$$V_c = \frac{M_c}{\rho_c}$$

$$V_w = \frac{M_w}{\rho_w}$$

$$V_a = \frac{M_a}{\rho_a}$$

式中 V_s——水泥浆体积，cm^3；

V_c——水泥体积，cm^3；

V_w——水的体积，cm^3；

V_a——外加剂的体积，cm^3；

ρ_s——水泥浆的密度，g/cm^3；

ρ_c——水泥的密度，g/cm^3；

ρ_w——水的密度，g/cm^3；

ρ_a——外加剂的密度，g/cm^3；

M_s——水泥浆的质量，g；

M_c——水泥的质量，g；

M_w——水的质量，g；

M_a——外加剂的质量，g。

③ 在水泥与水混合之前，加入固体外加剂的水泥混料需充分混拌均匀。

④ 如果配浆水中有外加剂，则在加入水泥之前先以 4000r/min±200r/min 转速搅拌，使外加剂在水中完全分散。

⑤ 安装搅拌杯时，确保浆杯底座与驱动轴充分咬合，平稳不晃动。

⑥ 在搅拌杯中加入配浆水，启动电机并保持 4000r/min±200r/min 的转速。在 15s 之内，将水泥及固体外加剂混料均匀地加入搅拌杯中。

⑦ 当固体材料全部加入配浆水中之后，盖上搅拌杯盖，并在 12000r/min±500r/min 的转速下继续搅拌 35s±1s。

五、测定水泥浆密度

(一) 加压液体密度计的操作

① 将水泥浆注入样品杯中，注入高度应略微低于样品杯上缘 6mm±0. 5mm。

② 将杯盖放在样品杯上，此时杯盖上的单向阀处于向下(开启)位置。把杯盖向下推入杯口，直到杯盖外圈与样品杯上缘表面接触为止。多余的水泥浆通过单向阀排出(水泥浆也可能喷出)。盖上杯盖后，将单向阀向上拉到关闭位置，用水冲洗样品杯和螺纹，并将螺帽拧在样品杯上。

③ 将加压泵总成的前端浸没在水泥浆中，活塞杆完全进入泵筒内，然后向上拉活塞杆，水泥浆便进入加压泵筒内。

④ 将加压泵的前端推到与单向阀配套的 O 形圈表面上，在加压泵套筒上施加一个向下的力，使单向阀处于向下(开启)位置，同时向里压活塞杆，从而样品杯施加压力，在活塞杆上保持约 230N 或更大的力。

⑤ 杯盖上的单向阀通过压力驱动，即样品杯中的压力使单向阀关闭，单向阀一经关闭，就释放活塞杆上的压力，然后取下加压泵。

⑥ 样品杯外壳洗净擦干，然后将密度计放在支架的刀刃上，左右移动游码直到游梁平衡为止(观察水平气泡是否居中确定平衡)，读出游码箭头一侧的刻度值，即水泥浆的密度值。

⑦ 重新连接加压泵总成，向下压单向阀，并向下推加压泵套筒，释放样品杯中的压力，然后倒掉样品杯和加压泵总成中的水泥浆，彻底清洗干净所有部件，为了便于操作，

单向阀、杯盖和套筒应涂一层薄润滑脂。

（二）常压液体密度计的操作

① 取下样品杯盖，在洁净干燥的样品杯中注满需测定的水泥浆，若水泥浆中浸有气泡，需捣拌样品杯中的水泥浆 25 次或从底部向上轻轻敲击，帮助排出气泡。

② 杯盖放在注满水泥浆的样品杯上并转动杯盖，使多余的水泥浆从杯盖的中间小孔中挤出。

③ 将密度计外表面及杯盖上多余的水泥浆擦拭干净。

④ 将密度计主刀刃对准主刀口，放于支撑座上。

⑤ 将砝码移动到主刀刃附近，然后缓缓向右移动砝码，使杠杆主尺保持水平的平衡位置(观察水平气泡是否居中确定平衡)。

⑥ 砝码左侧线所对的刻度线就是所测水泥浆的密度值。

⑦ 测量完毕，彻底清洁所有部件。

（三）密度计的校正

仪器应经常用蒸馏水校正。在 21℃±3℃时，可在样品杯中放满清洁的蒸馏水，按正确的使用方法进行测量，所得密度值为 1.0g/cm³，如不符，可调整平衡筒的重物(铅粒)。

六、水泥浆稠化试验

（一）仪器准备

① 检查确定电路无老化，接地正常，工作电压正常。

② 检查确定各个阀门灵活、密封良好，各种仪表显示正常，各回路畅通，油箱内有足够的试验用油。

③ 组装好浆杯各部件备用，将与水泥浆接触的部位均匀薄涂凡士林油或高温润滑脂。

④ 浆叶轴转动平稳灵活，浆叶与杯壁及底无摩擦。

（二）校准

1. 稠度校准

① 电位计应至少每月校准一次，更换电位计上的弹簧、接触片或电阻丝后，应及时对电位计进行校准。校准使用负载型电位计校准装置。每个电位计对应相应的釜体，并做相应的标识。

② 将电位计置于校准装置支架上，将带有尼龙吊线的锲块插入电位计的开口内，开口应朝向校准人方向。使尼龙吊线绕过电位计和滑轮，将砝码钩挂在尼龙线上。

③ 电位计校准装置放在工作台边缘，挂上砝码后自然垂直且不接触工作台。

④ 按顺序将校准装置的接线夹子与电位计的三个接触片连接，将接线插头插入稠化仪面板上相应的插孔内，拧紧锁紧环。

⑤ 打开电源开关，有数据采集系统的打开所对应仪器中的稠度校准。

⑥ 无负载的情况下电位计稠度应为零，若不为零，调整指针触点到零点。挂钩上放上 400g 砝码，电位表上应指向 10V，数据采集系统上对应稠度应为 100BC。如果稠度显示小于 100BC，可放松弹簧；如果稠度大于 100BC，则拉紧弹簧。对于老弹簧，需要反复调节弹簧松紧或者更换弹簧。

⑦ 在挂钩上依次挂上质量为 50g、100g、150g、200g、250g、300g、350g 和 400g 的砝

码，轻敲校准装置底板以消除摩擦带来的误差，其对应的电压值及稠度值见表4-1。有数据采集系统的每加一次砝码后，应采集相应的数据。推荐采用有电脑数据采集系统的稠化仪，其稠度校准精确度更高些。

表4-1　砝码质量、稠度与直流电压的关系

砝码质量/g	50	100	150	200	250	300	350	400
电压/V	1.25	2.5	3.75	5.0	6.25	7.5	8.75	10
稠度/Bc	9	22	35	48	61	74	87	100

2. 温度测量系统

温度测量系统的准确度应校准至±2℃，校准每季度不少于1次。

3. 电机转速

电机转速应为150r/min±15r/min，每半年校准1次。

4. 计时器

计时器每半年检查1次，精度应在每小时±30s之内。

5. 压力测量装置

应每年用净重测试仪或标准压力表校准1次，其准确度应校准至整个量程的0.25%，至少在满刻度的25%、50%和75%处进行校准；温度、压力的校准，若化验室不具备条件，应由有资质的部门进行校准。

（三）稠化仪的操作

1. 打开仪器

打开电源开关，有数据采集系统的打开电脑，点击相应的仪器图标，进入准备状态。

2. 温度调控

根据试验条件调整温控器设置。

3. 制备浆体

制备设计要求的水泥浆。

4. 浆杯灌浆

灌浆分为倒置灌浆和正灌浆。

（1）倒置灌浆

① 检查浆杯各部件，应清洁干燥、无破损。

② 将与水泥浆接触的所有部件及丝扣均薄涂润滑脂，包括浆杯内壁及丝扣、浆叶、橡胶隔膜、支撑环、顶盖丝扣、底盖内部及丝扣、底塞内部及丝扣。

③ 组装浆杯，依次上好底塞、底盖，放入浆叶、隔膜支撑环、橡胶隔膜、压紧板、顶盖，以确保搅拌叶自由转动。

④ 将驱动滑块安装在浆叶轴上，安装位置以浆叶轴顶部与电位计万向轴承平行为最佳，不可过低或过高。

⑤ 倒置浆杯总成，卸下底盖及底塞备用。

⑥ 配浆，将水泥浆用搅拌棒边搅边倒入，至浆杯丝扣底部、顶端6mm以内，并轻轻拍打或用木棒轻敲浆杯外壁，除去夹带的空气。

⑦ 将浆杯底盖拧紧到位，并确保水泥浆从底盖中心孔溢出，否则应通过中心孔将水泥浆加满。

⑧ 将底塞(轴尖支撑座)拧入浆杯底盖。

⑨ 擦掉浆杯外表面上的水泥浆，检查有无漏浆，如有则应重新配浆、灌浆。

⑩ 正置浆杯，重新检查浆叶，确保其转动平稳灵活。

(2) 正灌浆

① 清理和润滑浆杯螺纹，将与水泥浆接触的所有部件及丝扣均薄涂润滑脂。

② 检查橡胶隔膜。

③ 组装浆杯及底盖，将浆叶总体正位置放入浆杯内，安装隔膜支撑环。

④ 确保浆叶转动自由。

⑤ 倒入水泥浆至隔膜支撑圈的位置。

⑥ 轻轻拍打浆杯外部，除去夹带的空气。

⑦ 依次安装隔膜、隔膜压紧板、锁紧环(或防溢顶盖)。

⑧ 将驱动滑块安装在浆叶轴上，安装位置以浆叶轴顶部与电位计万向轴承平行为最佳位置，不可过低或过高。

⑨ 重新检查搅拌叶，确保其转动平稳灵活。

5. 浆杯放入釜体

用 Φ5mm 挂钩将浆杯总成放入增压稠化仪釜体内，应注意不要碰撞稠化仪釜体螺纹和釜内金属密封圈，顺时针转动浆杯，使底盖上的开口销嵌入釜底驱动盘的两孔中，取出挂钩，打开电机开关，浆杯开始转动，浆杯及浆叶轴应转动平稳。

6. 调整电位计

在电机启动状态下，用 Φ3mm 挂钩将电位计放入，使电位计上的 3 个触片与釜体内的 3 个电极相接触，电位计底部凹形块与浆杯的驱动滑块衔接。此时应有稠度显示，若无显示或显示波动过大，应调整电位计。

7. 锁紧釜盖

旋紧釜盖，将热电偶插入釜盖中心孔中，插入时应向外推升降釜盖的吊架(如有吊架)，以方便热电偶的插入。拧入锁紧螺母，余 1/4~1/2 扣。

8. 进气

打开气源及进油阀，使油进入釜体，当热电偶锁紧螺母处溢出油时拧紧螺母。

9. 参数调整

调整温度、压力控制器参数，根据要求打上初压，运行已调试好的温控器，打开加热器、计时器、记录仪，有数据采集系统的开始采集，若需自动控压的还需将泵开关放至自动调节上。试验应在水泥浆制备终止后 5min 内开始。

(四) 试验过程

增压稠化仪运转过程中应观察并记录运转状况，温度、压力、稠度、数据采集是否正常，有情况及时处理。稠化试验的记录包括且不限于以下内容:

① 升温过程中的温度、压力、稠度。

② 可泵时间，指从开始升温升压至稠度达到 40Bc 所经历的时间。

③ 稠化时间，指从开始升温升压至稠度达到 100Bc 所经历的时间。

④ 稠化时间前 3/4 段产生稠度突变及其他异常状况时，应记录所发生的时间、温度、压力、稠度及其他异常情况的描述。

⑤ 试验结束后拆出水泥浆状况的描述。

（五）试验结束

① 试验结束时应依次关闭温控器、加热器、电机、自动控压、计时器、记录仪或数据采集系统，若试验温度高于95℃，应打开冷却水，将釜体温度冷却至95℃以下再拆卸。

② 若水泥浆中含有发气型膨胀剂，应根据水泥石强度形成的速度等待10~30min再拆卸，防止浆杯内压力过高而使水泥浆窜至釜体内，污染釜体、油及回油管路。

③ 关闭气源，打开排气阀，排出管线内空气。

④ 缓慢打开高压释放阀，释放釜体压力，当压力释放为0时阀门开至最大。

⑤ 打开空气至釜阀门，将釜体内油排至油箱，听到排气声时表示油已排完，关闭空气至釜阀门。

⑥ 拧松热电偶锁紧螺母，用软布捂住螺母，防止油雾喷出，拔出热电偶，旋开釜盖，取出电位计及浆杯，必要时将浆杯放入冷却水中冷却。

⑦ 卸下滑块，将浆杯上盖及底盖卸掉，取出隔膜压板、橡胶隔膜、隔膜支撑环，握住浆叶轴将浆体拔出或使用专用装置将已硬化的浆体从底部向前推出，禁止用金属敲击浆杯外壁。

⑧ 若上下底盖均卸不动时表示可能憋有压力，将浆杯继续冷却，如果仍不能拆卸用扳手拧松底盖上的底塞，此操作应在空旷处进行，底塞不应朝向人或近距离墙壁，防止造成人身伤害。

⑨ 将浆叶轴上的浆体除掉，清洗所有组件，擦干水分，将浆杯内壁、上下丝扣、叶片各方向、橡胶隔膜内面、隔膜支撑环、隔膜压板、底盖、杯底塞螺纹及锥形孔均匀薄涂一层凡士林油或高温润滑脂。

（六）保养与维护

① 金属O形密封圈保养与维护。

a. 釜体内放入或提出浆杯及电位计或其他操作，不得触碰釜体金属O形密封圈；

b. 每次试验完毕，应检查金属O形密封圈，擦净表面油污及水泥颗粒；

c. O形密封圈有凹陷或损伤，应及时更换，更换时应小心操作。

② 试验或拆卸过程中水泥浆溢至釜体中，污染釜体及回油管线，应及时清缸、清过滤器、吹洗回油管线。

③ 电位计应保持清洁与完好，每次试验结束后应清理电位计上残留的油污及水泥颗粒。检查螺丝有无松动，接触片与电阻丝接触是否良好。

④ 釜体进油过慢时，应清洗进油滤芯，并用压缩空气吹净。

⑤ 增压泵进气端的油雾器是为泵提供润滑的附件，旋转顶部螺丝，将润滑油滴落的油量调整至泵柱塞每往返2~3次滴1滴油。

⑥ 油脏时应及时清洗油箱，并更换新油。

七、水泥浆的滤失试验

（一）操作前的准备

① 滤失仪的气源应由氮气等恒定气压提供。组装好主体及高压管汇等配套系统并连接电源、气源进行调试，证明仪器良好后，方可投入使用。

② 滤网的技术要求：过滤面积为22.6cm^2、45μm（325目）的滤网，滤网背面装有一个250μm（60目）的衬网。如果使用装有多孔金属衬垫的滤网，则失水仪端盖应有径向凹槽为

水泥滤液提供通道。

③ 当滤网出现可见的磨损、损坏或变形时，应更换滤网。

④ 检查阀杆、回压接收器是否畅通，O 形密封圈是否完好，关闭阀杆检查端盖的密封性，发现问题及时解决。

（二）校准

热电偶、温控器、压力表应每年检定和校准 1 次。若化验室不具备条件，应由有资质的部门进行校准。

（三）操作步骤

1. 温度等于或低于 90℃ 的试验方法

① 在制备完水泥浆后的 1min 内，将水泥浆倒入常压稠化仪浆杯中。

② 将常压稠化仪升温至检验确定的温度再恒温搅拌 20min，或按照最接近现场实际条件的试验方案将水泥浆加热至井底循环温度，再搅拌一定的时间。

③ 调节滤失仪温控器，使滤失仪浆筒快速升温至试验温度。

④ 在水泥浆搅拌结束前 2min 内，取出已预热的滤失仪筒。

⑤ 搅拌结束后，关闭常压稠化仪马达，取出搅拌叶，用刮刀不断搅拌水泥浆以确保水泥浆均匀。

⑥ 将水泥浆倒入滤失仪浆筒至滤网支撑台下 2.5cm±0.6cm 处(对于膨胀型水泥浆可进一步降低水泥浆的液面，至滤网支撑台下 5~7cm 处)。

⑦ 将滤网和 O 形圈放入滤失仪浆筒，并将端盖固定在滤失仪浆筒上，拧紧试验阀。

⑧ 倒置滤失仪浆筒，使滤网位于滤失仪底部，打开顶阀，晃动浆杯，有利于排出水泥浆的气体(因灌浆及倒置过程中水泥浆中易夹带气泡)。

⑨ 关闭浆筒的顶阀，将滤失浆筒置入滤失仪中。

⑩ 将氮气管线与顶阀连接，然后打开滤失仪顶阀，给滤失仪浆筒施加并保持 7000kPa±300kPa 的压差，打开滤网下面的试验阀开始滤失试验。

⑪ 从完成水泥浆搅拌到滤失试验开始的时间不应超过 6min。

2. 温度高于 90℃ 的试验方法

① 将滤失仪预热至 90℃±3℃。

② 选择增压稠化仪进行水泥浆的搅拌。

③ 将制备好的水泥浆倒入增压稠化仪的浆杯中，按最接近现场实际条件的水泥浆稠化时间试验方案或检验确定的方案进行升温升压，并恒温 20min。

④ 搅拌结束时，关闭加热器，并尽可能快速地冷却水泥浆，冷却过程中不可释放压力。

⑤ 在水泥浆被冷却至约 90℃之后，缓慢释放压力(放压速率约为 1400kPa/s)。

⑥ 从稠化仪中取出浆杯，保持浆杯直立向上，以免油混入水泥浆。

⑦ 拧下浆杯顶部锁紧环，从浆叶轴上取下驱动片、垫圈和橡胶隔膜盖。

⑧ 用注射器和纸巾吸去橡胶隔膜上面的油。

⑨ 取下橡胶隔膜和支撑环。

⑩ 用注射器和纸巾吸去水泥浆上面所有残留的油，如果油污染严重，则废弃该水泥浆并重新开始试验。

⑪ 取出搅拌叶，用刮刀不断搅拌水泥浆以确保水泥浆均匀。

⑫ 将水泥浆倒入滤失仪浆筒，从完成水泥浆搅拌到滤失试验开始的时间不应超过 6min。

⑬ 对于长度为 12.7cm 的滤失仪浆筒，将水泥浆倒入滤失仪浆筒至滤网支撑台下 2.5cm±0.6cm 处；对于长度为 25.4cm 的滤失仪浆筒，将水泥浆倒入滤失仪浆筒至滤网支撑台下 2.5~5.7cm 处。如果滤失仪浆筒中水泥浆过满，由于热膨胀，水泥浆从滤失仪浆筒中溢出可导致危险，水泥浆的加入量应考虑水泥浆的热膨胀性以及因外加剂引起的膨胀性。在 100~316℃温度下水的蒸汽压和体积膨胀率见表 4-2。

⑭ 将滤网和 O 形圈放入滤失仪浆筒，并将端盖固定在滤失仪浆筒上。

⑮ 倒置滤失仪浆筒，使滤网位于滤失筒底部。

⑯ 将回压接收器(或冷凝器)连接到滤液出口阀杆上，并将氮气管线与顶阀连接。如果使用回压接收器，应给回压接收器施加足够的压力，以防止水泥滤液在试验温度下沸腾。

⑰ 将氮气与顶阀连接，然后打开失水仪浆筒顶阀，给失水仪浆筒施加并保持 3500kPa±300kPa 的压力(或足够的压力以防止水泥浆在高温下沸腾)。

⑱ 快速使失水仪温度由 90℃左右升温至试验温度，待温度升到设计温度时，给滤失仪施加 7000kPa±300kPa 的压差，打开滤网下面的试验阀开始滤失试验。

表 4-2　在 100~316℃温度下水的蒸汽压和体积膨胀率

温度/℃	水的蒸汽压/kPa	水在饱和蒸气压下的体积膨胀系数
100	100	1.04
120	210	1.06
149	460	1.09
177	930	1.12
204	1700	1.16
232	2910	1.21
260	4690	1.27
288	7200	1.36
316	10620	1.47

3. 滤失试验及数据处理

① 在倒置滤失筒后 30s 内打开底阀，开始滤失试验。在试验期间保持规定的试验温度。

② 收集滤液并记录 30s、1min、2min、5min、7.5min、10min、15min、25min 和 30min 的滤液体积，精确至±1.0mL。

③ 如果试验不到 30min 就发生“气穿”，则记录发生“气穿”时滤液的体积和时间。关闭滤失仪上所有的阀门并关闭加热器。

④ 计算滤失量，用 mL/30min 表示。对于满测量所收集的滤液体积，乘以 2 作为滤失值。对于不到 30min 发生“气穿”的试验，用公式(4-1)计算滤失量。

$$\text{计算的滤失量}=2V_t\sqrt{\frac{30}{t}} \tag{4-1}$$

式中　V_t——发生“气穿”时所集的滤液体积，mL；

t——发生“气穿”的时间，min。

⑤ 在水泥浆的滤失试验报告中，试验满 30min 的滤失应记录为“滤失量”，试验不到 30min 发生“气穿”的滤失应记录为“计算的滤失量”。

4. 试验结束及清洗

① 将滤失筒冷却至安全可操作的温度，然后释放压力。应注意：即使打开或卸下阀杆，滤失筒内仍可能存在压力。

② 确保压力释放完后，拆卸滤失筒，检查滤网的网孔或破损情况。如果 O 形密封圈或滤网有破损，则废弃该试验结果并重新进行试验。

③ 小心清洗滤网，洗掉滤网上的残留物。

④ 清洗并干燥滤失筒，以准备下一次试验用。要特别注意滤失筒内和阀杆上的 O 形圈。将端盖及阀杆清理干净，用氮气吹阀杆，确保畅通。再装到端盖上，拧紧之后再松半扣，氮气吹洗，确保畅通。拧紧再吹，应无泄漏。

⑤ 关闭电源，清洁现场。

八、水泥石抗压强度测定

（一）试模的准备

① 用于水泥石抗压强度试验试模应为 50.8mm×50.8mm×50.8mm 立方体，可分解为两部分或更多，试模材料应由不受水泥浆腐蚀的硬金属制成，使用中的试模允许偏差为 0.05mm，相邻内表面之间及内表面和上下平面之间的角度应为 90°±0.5°，试模应至少每两年进行一次误差校准。

② 底板和盖板应由耐腐蚀材料制作。底板应为金属板，盖板最小厚度为 6mm，在与水泥接触的盖板表面上可开凹形槽。不推荐使用玻璃盖板。

③ 在试模内表面和与底板接触面涂一薄层脱模剂并保持清洁、干燥。组装好的试模应不渗水，试模内没有多余的密封脂。

（二）水泥浆的装模

将制备好的水泥浆倒入准备好的试模至试模一半左右深度。当所有试模都倒入水泥浆后，用捣棒捣拌每个试样 27 次左右。手工搅拌剩余的水泥浆，以防止水泥浆发生离析。然后倒满每一个试模至溢出后，按前面同样方法进行捣拌，倒浆顺序与第一次相反。捣拌结束后，用直尺刮掉试模上部多余的水泥浆，将盖板盖在试模顶部。若试模漏浆，则废弃该试样。每次试验至少需要三块试样。

（三）常压养护

常压养护使用常压水浴箱进行，建议用于 70℃或以下温度的养护：

① 将水浴箱按设计要求预先升至试验温度，水浴箱的水质应清洁，通常一星期更换一次水。

② 装满水泥浆的试模盖上盖板后，立即放入已升温至所需养护温度的水浴箱中养护。在养护期间，水应能在试样周围循环。

③ 对于常压下养护的试样，试样放入养护水浴中的时间为养护时间的开始，在试样进行强度测试之前约 45min，从水浴箱中取出试模并将试样脱模后立即放入 27℃±3℃的冷却水浴中，直至试样进行强度测试。

（四）加压养护

加压养护使用增压养护釜进行：

① 养护釜在使用前，检查各阀门是否处于关闭状态。

② 打开电源开关，打开进水阀，使釜体水面淹盖到外电偶处，然后关闭进水阀。

③ 试验方案有初始温度要求的，应将电偶转换开关拨到外电偶，手动进行预加热使养护釜内的水预先升至初始温度。

④ 将装满水泥浆的试模盖上盖板后放入养护釜中，旋上釜盖，用扭力扳手对角上紧螺钉。

⑤ 插入内电偶，并将电偶转换开关拨到“内电偶”。

⑥ 打开进水阀，直到水从内电偶螺丝处溢出，然后拧紧内电偶螺丝。

⑦ 打开气源阀和泵开关，根据试验要求加压，使压力值达到所要求的压力。

⑧ 调节温控器，按试验方案升温加压。

⑨ 养护周期是从试样在养护釜内开始升温到强度测试所经过的时间。对于温度等于或低于 90℃ 养护的试样，养护温度和压力保持到试样进行强度测试之前的 45min 时为止。对于养护温度高于 90℃ 的试样，在其强度测试之前应停止加热并将试样冷却，在试样进行强度测试之前的 45min 时，试样温度应降至 90℃ 或更低，在冷却过程中应保持养护釜内的试验压力。

⑩ 养护周期结束后，缓慢释放压力，打开空气至釜阀、排水阀，使釜体中的水排掉。

⑪ 关闭供气阀、空气至釜阀、排水阀，取出内电偶。

⑫ 卸开釜盖取出试模，然后立即将试样脱模并放入温度为 27℃ ±3℃ 的水浴中，直到试样进行强度测试。

（五）试样的强度测试

① 从水浴中取出试样。将每个试样擦净，清除表面上的松散物质。

② 打开压力试验机控制箱预热 5min，待整个系统稳定后方可使用。

③ 将试样放在试验机上部支撑块下方，侧面向上，不可加缓冲垫或稳固垫。在测试时，应采取相应的安全措施和操作方法，如人应侧身站在试验机旁，尤其是面部不能低于试验机。压力试验机破型过程中，禁止用手调整试块，防止造成伤害；强度高的试块可能在破型时发生碎块迸溅伤人，可在试验机支撑块外围加防护套防止水泥碎块迸溅。

④ 启动试验机油泵马达，使油泵正常运转。

⑤ 设置参数，对于预期强度大于 3.5MPa 的试样，其加荷速率应为(71.7±7.2)kN/min，对于预期强度等于或小于 3.5MPa，其加荷速率应为(17.9±1.8)kN/min。设置参数也可包括日期、养护周期、编号、数量、定荷等参数。定荷的设置只能在“启动”后的运行状态下进行。

⑥ 按试验机的“启动”键后，系统进入控制状态。在与试模平面接触过的试样表面上施加负荷。在试样受压期间至破型前，不能调整试验机的控制部分。

⑦ 当试块破型后活塞自动回落，显示破型时的峰值。此时将破型的试块及时取出，并将上、下接触面清理干净，将下一块试块放入试验机压板上，活塞会在设定的时间内(一般设定为 10s、20s)自动上升进行破型。

⑧ 若破型后活塞不能自动回落，则当加压速率显示为负并持续 5s 时，手动按“停止”键及“卸载”键，将破型的试块取出，并清理上、下接触面，将下一块试块放到压台上，按“启动”键，活塞会重新上升将试块破型。

⑨ 抗压强度等于试样破型所需的力除以与抗压强度试验机承载接触的最小横截面积。

求出由同一水泥浆制成并在同一时间测试的所有合格试样的抗压强度平均值并精确至0.1MPa。记录抗压强度结果和试验方案。

⑩ 每次试验至少需要三块试样。过大或过小异常值应剔除，用于计算抗压强度的数值不少于2个，否则应重新进行试验。

九、流变性试验

① 检查仪器用电和各转动部件是否安全可靠。

② 取下外转筒，将内筒逆时针方向旋转并向上推与内筒轴锥端配合。动作要轻柔，以免仪器的内筒轴变形和损伤。

③ 装上外转筒，将仪器以300r/min和600r/min转动，观察外转筒不得有摆动，如有摆动，应停机重新安装外转筒。

④ 以300r/min转动，检查刻度盘指针零位是否摆动，如指针不在零位，应进行校正。

⑤ 将制备好的水泥浆按照试验方案选择常压稠化仪或增压稠化仪进行搅拌。

a. 对于易受热冲击的水泥浆，倒入常压稠化仪浆杯内的水泥浆初始温度应为室温，然后在常压稠化仪中升温至试验温度，试验温度不超过90℃，或者选择增压稠化仪，按相应的试验方案升温升压。

b. 对于不受热冲击影响的水泥浆，若选择常压稠化仪，可选择预先将常压稠化仪升温至试验温度±2℃以内。

c. 在升到所需的试验温度后，继续搅拌水泥浆20min。如果水泥浆在增压稠化仪中搅拌，试验温度高于90℃，在释放稠化仪的压力之前，必须将水泥浆尽快冷却到90℃以内，然后才能将增压稠化仪安全打开。

⑥ 取出稠化仪中的浆杯，保持杯盖向上，以免油混入水泥浆。用注射器和纸巾吸去水泥浆上所有残留的油，如果油的污染严重，则废弃该水泥浆并重新开始试验。

⑦ 移除搅拌叶，用刮刀迅速搅拌水泥浆5s，重新分散可能沉降在浆杯底部的所有固相。

⑧ 将水泥浆立即倒入黏度计浆杯中至刻度线。常压黏度计的最高试验温度不超过90℃。

⑨ 当转子以最低转速旋转时，升高浆杯直至水泥浆液面位于转子上的刻度线位置。

⑩ 在转子以最低转速连续旋转10s后，读取初始刻度盘读数。剩下的所有读数应首先按转速递增次序，然后按递减次序，在转子以每一转速连续旋转10s后读取。在读取每一读数后应立即将转速调到下一档。最高转速应为300r/min。

⑪ 流变参数按照公式(4-2)和公式(4-3)计算。

$$n = 2.096 \times \lg\left(\frac{\theta_{300}}{\theta_{100}}\right) \tag{4-2}$$

式中 n——流性指数；

θ_{300}——转速为300r/min时的黏度计读数；

θ_{100}——转速为100r/min时的黏度计读数。

$$k = \frac{0.511 \times \theta_{300}}{511^n} \tag{4-3}$$

式中 k——稠度系数，$Pa \cdot s^n$；

θ_{300}——转速为300r/min时的黏度计读数；

n——流性指数。

⑫ 清洁与保养。

a. 测试完后必须清洁仪器与样品接触的部件，如外转筒、内筒和样品杯等，并及时将仪器擦拭干净，放置在干燥环境处；

b. 内筒拆卸时应逆时针旋转向下用力，以免内筒轴弯曲变形；

c. 内筒为空心式结构，清洗时应手指堵住锥孔，以免脏物和液体进入腔孔内，并用洁净干燥的毛巾擦去水分；

d. 内筒锥孔面不得划伤碰撞，内筒内腔不允许有任何杂物和液体，以免影响测试精度；

e. 在操作和保存扭力弹簧组件时，要轻拿轻放，以免变形。

第二节 固井设备操作规程

一、固井水泥车操作和保养

（一）安全行驶

① 按车辆巡回检查项目做好出车前的检查工作。

② 起动前应把换挡杆放在空挡位置，拉好手制动，起动机每次起动不允许超过5s，一次起动不成功时，停歇15s后方可进行下一次起动，以免损坏蓄电池和起动机。

③ 起步前，注意观察周围环境和附近人员，避免撞人、撞物。

④ 起步后先低速行驶5km，观察仪表指示、发动机运转声音是否正常，正常后方可高速行驶。

⑤ 正常行驶中应严格按照设备安全操作规程和该车型的使用说明书进行操作，严禁违规。

⑥ 严格遵守道路交通安全法，根据不同的路况合理控制车速。

⑦ 当发现发动机过热时，不要立即熄火，应以怠速运转1~2min后再熄火检查。

⑧ 发动机长时间大负荷运转后，不许立即熄火，应继续低速运转5min，让发动机逐渐降温后再熄火。

⑨ 夜间行车时灯光要保持完好，在城市有路灯的街道行驶用近光灯，两车交会要关闭远光使用近光，在险要地段会车时应关闭灯光，主动停车让对方先行。

⑩ 在风、雨、雾中行车应控制在20km/h以内，并尽量避免靠路边行驶、急刹车和迅速转向，注意分清行人、车、马动态，会车时选择适当地点，停车让对方先行，防止路边松软掉沟。

⑪ 拖车时必须选用牢固可靠的拖车绳，方向或刹车失灵时需选用硬连接，前后两车应约定行车停车联系信号，互相配合保持一致，应保持20km/h左右匀速行驶，行驶中尽可能不用制动，不可忽快忽慢使拖车绳时松时紧产生冲撞。被拖后车应注意前车动态和联系信号，停车时轻踏刹车，保持绳子受力不松不落。

⑫ 避免在密闭环境中长时间怠速或在空调打开、车窗关闭状态下长时间待在车里，以防一氧化碳中毒。

⑬ 感到疲劳、反应迟钝、身体不适或服用具有安眠作用的药物时应停止驾驶。

⑭ 应做好行驶中、收车后的例行检查。特别是在夏季长途行驶时，应注意检查轮胎气压。气压因过热而上升时，应停车休息，不得用放气或泼冷水的办法降压。

(二) 施工前水泥车的检查与注意事项

① 当设备到达使用场地时应按要求停放好，尽可能摆放在上风或侧风向位置，使井内可能溢出的气体或流体被风吹起时能远离操作者和设备，保证现场设备和人员安全。

② 按巡回检查路线逐点认真检查。

③ 倒好进口闸门，检查管线是否连接紧固。

④ 选择合理挡位检查柱塞泵上水是否良好。

⑤ 按施工要求进行试压，泵及各管线连接处不得刺漏。

⑥ 加压运行后，发现高压管线连接处有泄漏时，必须停泵放压后才能检修或紧固，严禁带压检修紧固。

⑦ 在试压过程中应注意人身安全，高压区严禁入内。

(三) 设备的启动

① 启动底盘车发动机(注意：启动发动机时不能突然加大油门，连续启动时间不得超过 10s；多次启动过程中每次要保持 1min 间隔，启动后立即观察油压表，若运转 30s 后，油压低于 0.15MPa，应立即关闭发动机并检查以排除故障)。

② 打开操作台供气阀。

③ 打开主电源开关。

④ 置传动箱于空挡。

⑤ 旋松所有离心泵控制阀。

⑥ 启动柴油机并在怠速下运转。

a. 启动柴油机后应立即观察机油压力，运转 30s 后当压力低于 0.15MPa 时，发动机应立即停机检查；

b. 柴油机预热至少 5min，然后加速到 1800r/min，动力端润滑油压力应低于 1.2MPa，检查各指示仪表是否正常；

c. 检查转动部位有无障碍物及各种卡滞情况，排除故障。

⑦ 检查控制系统。

a. 通过液压阀手动操作干灰计量阀和清水流量控制阀，通过电脑运行屏幕观察阀的实际位置和反馈位置是否一致；

b. 操作气控蝶阀，保持打开和关闭灵活。

⑧ 检查超压保护停机装置是否安全有效，如有必要，重新调整超压保护数值。

⑨ 检查离心泵和搅拌器。

a. 关闭循环泵、高能混合器喷射口蝶阀，打开计量水柜清水泵吸入阀；

b. 关闭流量控制阀，然后打开 20%左右；

c. 打开清水控制阀；

d. 往混浆罐加水到搅拌器的中间位置，在加水的同时观察运行屏幕上的水流监控；

e. 关闭主水阀，运行发动机速度提升到高转速，观察清水泵的压力，压力不小于 0.8MPa，不高于 1.2MPa；

f. 打开循环泵，使柱塞泵被灌注满，再次加水到混浆罐使水位到搅拌器的中间位置，在柱塞泵吸入管汇充满后关闭混浆罐排出阀；

g. 检查搅拌器的运转是否良好。

⑩ 循环混浆罐并检查密度计。

a. 打开主循环阀和密度计流出阀；

b. 在运行屏幕上观察密度计的读数在“0”位置。

⑪ 倒好大小旋塞阀，选择合理挡位，最大泵况循环，检查泵上水是否良好。

（四）水泥车操作

① 按施工要求进行试压，泵及各管线连接处不得刺漏。加压运行后，发现管线连接处有渗漏时，必须停泵放压后才能检查或紧固，严禁带压检修紧固。在试压过程中应注意人身安全，高压区应设立安全警示标识，严禁人员入内，并有专人负责看管。

② 检查干灰罐是否准备就绪，确认混合器干灰输送主阀处于关闭状态。

③ 将干灰计量阀开至20%位置，流量控制阀相应先开至20%位置。

④ 打开液力端润滑系统总阀。

⑤ 开循环泵，使其达到最高转速，并将发动机转速提高到正常工作速度，此时不要打开喷射泵。

⑥ 搅拌器的转速要满足混拌均匀的要求。

⑦ 打开阀门给高能混合器供灰。开始配制水泥浆，打开干灰输送主阀，同时灰罐缓慢上灰。

⑧ 待混拌罐内水泥浆密度接近设定值时，根据供灰能力慢慢开启喷射泵，通过调节清水流量和灰阀的开度配制符合设计要求的水泥浆。施工中注意观察主车、柴油机、变矩器、柱塞泵、各液压表、气压表、各润滑油表、各离心泵的工作状态。

⑨ 在固井作业时的注意事项。

a. 根据井深和井壁的情况确定所需的排量和泵压，合理选择柴油机转速和挡位，柴油机、柱塞泵在额定功率的70%~80%为宜；

b. 液力机械传动箱的换挡：从高向低换挡时，液力机械传动箱必须在闭锁离合器解锁状态下换挡，这对柴油机、传动箱均有保护作用；

c. 碰压操作：在碰压时，将柴油机降速或怠速运转，完成碰压作业；

d. 如果固井作业时设备发生故障，按照先停灰后停水的原则，立即关闭干水泥灰阀；

e. 柴油机在运转时被意外停车，则应立即脱开负载重新启动，以免损坏涡轮增压器。

（五）施工结束

① 施工注入量完成后，先通知停止供灰，扫线并调低清水排量；停泵向现场技术人员示意，等待下一步指令。

② 接到冲洗指令后，开始外排清洗液。

a. 当施工作业完成后，设备所有的高低压管汇、混浆罐、离心泵、高能混合器、分散桶、密度计、柱塞泵等都需要清洗干净，清洗过程中不要停止循环泵；

b. 反复清洗密度计，直到计算机上密度值为1.00g/cm^3；

c. 设备洗干净后，置传动箱于空挡，脱开液力传动箱取力器，关闭润滑油罐的开关。

③ 降低发动机转速，使其处于怠速运转，并关闭所有的液压系统，待发动机怠速运转冷却后，关闭发动机，下载工作数据。

④ 关闭电气或空气系统电源。

⑤ 清理施工现场，确保无环保和安全隐患以后，离开现场。

(六) 水泥车柱塞泵

1. 柱塞泵的总体要求

① 柱塞泵周围及管汇都要保持清洁和足够的照明。

② 柱塞泵护罩要完好、紧固。

③ 柱塞泵液力端的螺栓、螺帽应当保持完好、紧固。

④ 维修保养柱塞泵时，要执行上锁挂牌程序。

⑤ 柱塞泵要装配超压保险阀，要遵照生产厂家的说明安装维护这些保险阀。

⑥ 要遵守在高压设备周围工作的注意事项。

⑦ 只有指定的人员才允许操作固井水泥车。

⑧ 在进入搅拌罐之前，应当先关掉搅拌机的开关，并把它锁住。

⑨ 维修柱塞泵之前，要先申请工作许可。

⑩ 在对水泥车做任何检查维修之前，必须先隔断、锁好动力源。

⑪ 在每台泵的排水管线上，必须安装一个保险阀(压力排泄阀)。

⑫ 在任何维修工作开始之前，必须先把“有人作业”的标识贴到操作台上。

⑬ 所用的泵配件必须是正规厂家的规范产品。

⑭ 柱塞泵配件必须储存在干净、干燥的容器内。

⑮ 所有的柱塞泵配件，都必须按照生产厂家的要求安装。

⑯ 必须严格执行中国石化的柱塞泵保养程序。

2. 更换柱塞

① 工作开始之前，必须先把“有人作业”的标识贴到操作台上。

② 工作开始之前，先把泵内的压力放掉。

③ 确保所有的工具和设备处于良好的备用状态。

④ 根据工作许可的要求，必须隔断机械动力。

⑤ 更换柱塞时，必须把回水闸门打开。

⑥ 关掉润滑油管闸门，卸掉润滑油管线。

⑦ 卸掉拉杆。

⑧ 从缸套内取出拉杆和柱塞。

⑨ 用水冲洗清理柱塞，检查柱塞是否有磨痕。

⑩ 在新柱塞外部涂一层黄油。

⑪ 把新柱塞和拉杆装到泵内。

⑫ 装上拉杆，用锤击扳手按标准扭矩上紧。

⑬ 把润滑油管接上。

⑭ 打开润滑油闸门，检查润滑油是否正常。

⑮ 装回柱塞泵盖。

⑯ 按照“工作许可”的要求，接通动力。

⑰ 打开上水闸门。

⑱ 开泵，排空气。

3. 更换凡尔体和凡尔座

① 在作业开始之前，进行能量隔离。

② 打开泵的回水闸门。

③ 用撬杠和榔头把凡尔盖丝扣圈打松。

④ 取下凡尔盖、垫子及凡尔弹簧，取出凡尔体。

⑤ 观察凡尔座、凡尔体、凡尔弹簧的外观，若被刺或者达到了生产厂家限定的磨损程度，均应当更换。

⑥ 如果更换凡尔座，要用下列方法安装液压凡尔座拉拔器：

a. 把适当尺寸的拉拔器伸到凡尔座下边，上扣把拉拔杆提紧；

b. 把液压活塞缸装到拉拔杆上头；

c. 确认活塞缸被完全压到底；

d. 把拉拔杆上的锁紧螺帽上到液压缸上；

e. 链子把活塞绑到泵上，凡尔座被拔除时，液压缸会向上一跳；

f. 用液压泵顶液压缸的活塞，直到把凡尔座拔出来，也可以用榔头敲击拉拔杆，把凡尔座震松。

⑦ 取出凡尔座，检查冲蚀情况，如果发现任何损坏或冲蚀，需要更换新凡尔座。

⑧ 冲洗清理缸内的凡尔座部位，检查是否有损伤。

⑨ 在装新凡尔座之前，先用细砂纸把凡尔缸转着打磨光滑，不能上下打磨。

⑩ 擦掉凡尔座上的防腐油，把它放到缸内。

⑪ 一定要用专用工具敲击凡尔座适当入位。凡尔座适当坐入缸内非常重要。如果不能适当坐入，就会被刺坏。

⑫ 确认新凡尔座与凡尔体匹配入位后，再把凡尔弹簧装上。

⑬ 把凡尔盖子涂上黄油，盖到缸上。

⑭ 把凡尔盖丝扣涂上黄油，上到缸上。

⑮ 把丝扣圈上紧，再砸紧。

⑯ 做低压循环排空气，直到上水正常。

(七) 水泥车日常维护与保养

① 检查发动机冷却液面高度。

② 检查、排除转向、制动以及离合器故障。

③ 检查、排除各仪表、指示灯、灯光开关、雨刷器故障。

④ 检查、补充柱塞泵动力端润滑油至规定的液面高度。

⑤ 检查、补充柱塞泵液力端润滑油至规定的液面高度。

⑥ 清洁设备各部位，清除管线、混浆罐中的水泥块，疏通水柜、混浆罐中的滤网。

⑦ 保养各阀门。

⑧ 检查、更换柱塞泵柱塞盘根。

二、压风机和水泥立罐

(一) 压风机操作前检查

1. 引擎部分

① 检查润滑油、冷却液是否变质或缺少。

② 检查各部、机件的螺丝固定情况，做到不松、不锈、不缺。

③ 检查皮带松紧度以及各仪表工作情况。

2. 压风机部分

① 检查油底壳油面及冷却液。

② 检查压风机油路管线的畅通紧固情况。

③ 检查皮带轮紧固及皮带松紧情况。

④ 检查气管线、接头及附件是否齐全、完好。

3. 启动引擎和挂上压风机进行检查

① 检查压风机离合器是否摘掉，不准挂压风机启动引擎。

② 启动后观察引擎转动情况，各种仪表显示是否正常，有异常立即停车检查。

③ 确认正常后，挂压风机试运转。

④ 观察气压变化情况。

⑤ 检查气包、接头有无松动漏气、安全阀是否灵活好用。

⑥ 停车检查压风机离合器是否发热，机油管线有无渗油现象。

⑦ 检查胶管有无损伤，油轮连接是否完好。

⑧ 检查并排出气包内油污。

（二）压风机操作

① 按施工需要及时送气。

② 施工中，气包必须保持足够的气量，中途不得间断。

③ 经常检查引擎工作情况，并注意仪表指示数据。

④ 压风机气压要保持在规定范围内。

⑤ 施工完毕，停机关闭送气闸门。

⑥ 放掉气包内空气。

⑦ 回收管线、工具、附件，并妥善保管。

（三）装卸灰操作

① 从立罐向外倒灰时，立罐内气压不得超过规定范围，气包压力不得超过规定气压。如不下灰，要立即停机进行检查。

② 从罐车上向立罐内卸灰时，把立罐的放空闸门打开，打开快速接头，注意观察上灰情况。

③ 装卸灰时必须做到闸门先开后关，按规定进行立罐装卸灰，不得超压或外溢。

④ 工作完毕，打开立罐排空闸门，关闭其他闸门。

⑤ 保管好快速接头、堵头。

⑥ 打开气包排空闸门，关闭立罐进气管线闸门。

⑦ 上灰管线用完后，收拾摆放整齐。

⑧ 所用工具附件妥善保管，不得丢失。

（四）下灰操作

① 按施工要求及时下灰，并和水泥车配合好。

② 下灰要平稳且连续，倒罐和管线要及时和正确。

③ 操作符合要求，注意不能有水泥散落井场，做到文明生产、文明施工。

④ 施工中罐内压力不得高于规定范围。

⑤ 施工完毕，先关进气闸门，然后关闭下灰闸门，再开排气闸门排空。

⑥ 使用自带压风机时，先摘泵挡，后排空泄压，严禁未摘挡前动车。

⑦ 使用的工具、附件妥善保管。

三、固井设备搬迁

（一）基本要求

① 运输工具：吊车、卡车、平板车等。

② 装载的设备：水泥立罐、固井水罐和压风机等。

③ 搬家前所需信息：井场条件、搬家道路情况、装车数量、搬迁时间要求、搬迁距离、搬家计划、搬家路线。

④ 检查水罐、立罐内是否有剩余水或水泥，如果有剩余物料不得搬迁。

⑤ 严禁夜间吊装、搬迁设备。

⑥ 规章制度：不论何时搬迁，搬迁公司、承包商以及其雇员都必须遵守甲方制定的安全规则和交通规则。

（二）准备工作

① 固井队长和搬迁公司负责人提前商议好搬迁程序和装车顺序。

② 固井人员和搬迁公司人员在施工前必须开安全会，对搬迁作业进行 JSA 分析。

③ 搬迁公司负责人在安全会议上提醒司机遵守搬家路线，并注意路途安全。

④ 司机要听从指挥，队车行驶并注意路途障碍物的位置。

⑤ 司机在装运所有的超宽超长货物上做好标记：使用警示带和警示灯。

（三）工作程序

① 吊车必须在稳定平坦的位置垫好支腿后起吊。

② 使用与货物重量相匹配的绳套，所有绳套必须检验合格。

③ 绳套要安全地挂在起吊物上，起吊前先拉紧绳套。

④ 吊车在起吊时必须注意周围的障碍物，特别是高压电缆。

⑤ 指挥人员必须穿戴马甲且站在吊车司机能看到的位置。

⑥ 所有搬迁车辆必须走搬迁指定路线。

⑦ 当货物超标时，要在货物两边和卡车前、后设置醒目的标识。

⑧ 货物装车后，要用紧链器固定牢固。

⑨ 绳套安全挂好且系好牵引绳。

⑩ 卸车前松开固定货物的紧链器。

第三节　固井作业流程

一、常规固井

（一）安全要点

① 为防止固井漏失，根据井况，优先考虑使用部分低密度水泥浆体系，降低静液柱压力和施工压力，以确保固井模拟的施工压力低于漏失和破裂压力。同时，固井前进行地层承压试验。

② 易漏井固井前，可在隔离液中加入堵漏纤维，提高入井流体的预堵漏能力，并提前制定固井前、固井中和固井后的井漏预案。

③ 固井施工期间，严格控制排量，要求排量缓慢平稳过渡，杜绝骤升骤降。根据前置液、水泥浆等进入裸眼井段的节点、施工泵压及稠化时间等，及时合理调整替浆排量。

④ 如果固井期间发生井漏，固井结束后，根据水泥返高情况和钻井要求，及时进行返灌、返挤等补救作业。对有井控风险的井，关防喷器候凝。

⑤ 若环空憋压候凝，井口安装压力表和泄压阀，定时观察，控制压力在设计范围内。若套管内憋压，根据水泥稠化时间，及时放压。

（二）环保要求

① 严格遵守环境部门的有关规定及甲方有关 HSE 要求。

② 不得将生活、工业废物乱扔、乱放，必须统一处理。

③ 配制混合水时，不得使固井药品水外溢，在倒换管线时，用容器盛接，避免管线内药水外流，添加药品后，不能将盛装药品的桶倒放，以免残余药品外流。

④ 施工时水泥排空管线必须进行除尘处理。

⑤ 施工时水泥车柱塞润滑机油不得直接排放到井场上。

⑥ 施工结束后，在钻井队指定地点规范排放剩余药品水及洗车水。

⑦ 钻井队配备足量的废液回收装置，防止环境污染。

（三）工前准备

1. 井队准备

参照“第一章 钻井作业/第四节　常规作业/十四、常规固井”。

2. 固井队准备

（1）固井设计和水泥浆实验

① 上井收集地质数据、井下复杂情况及钻井参数等，进行固井模拟计算，编写固井设计。

② 取固井用水、钻井液、水泥和添加剂样品，进行水泥浆初试、复试和混浆污染实验。必要时做实验温度和水泥浆密度发散实验。

（2）材料

① 严格按照化验室配方干混或者水混添加剂材料。

② 固井水泥、添加剂必须和取样做实验的材料属于同一批次。

③ 固井队应做好油井水泥储存、混拌及运输各个环节的防潮工作。

④ 对送到井上的水泥、添加剂和药品水进行抽样复试。

（3）设备

① 固井设备状况良好，满足施工要求，并且有备用设备。

② 施工前检查柱塞泵上水效果，排出泵内空气，避免柱塞泵上水不良造成管线振动，导致退扣影响管线密封效果和产生安全隐患。

③ 对固井管线由壬连接处进行细致的清洁、维护保养，连接后砸紧。

（4）应急预案

① 运灰车应配备供气接头和供气管线，做到车载压风机和独立压风机互相备用。

② 观察井口、高压管汇及低压供水管线，发现刺漏及时处理。

③ 观察施工压力变化，发现异常现象应及时汇报现场施工指挥及甲方监督，及时采取措施处理。

④ 替浆过程中，出现高泵压(大于最高设计压力)或井漏时，根据现场实际情况降低排量顶替或改用水泥车顶替，直至碰压。

⑤ 替浆计量以井队罐面计量为主，流量计和累计泵冲作为辅助校核手段。如果替浆到设计量没有碰压，最多附加阻位以下套管内容积的50%，若仍不碰压，则停止替浆，避免替空。

⑥ 替浆结束后，放回水，检查浮箍、浮鞋密封情况，若密封不好，憋压候凝。

⑦ 若固井中发生漏失，根据要求，在固井结束后进行井口吊灌、反挤水泥等补救作业。

（四）工作流程

① 冲洗管线并试压到设计压力，稳压5min，观察有无漏失。

② 倒换水泥头闸门，泵注设计量隔离液。

③ 倒换水泥头闸门，打开下挡销，释放下胶塞。

④ 按照设计要求数量和密度泵注领浆、中间浆、尾浆水泥。

a. 在注水泥过程中及时留取水泥浆样品，记录取样种类、密度和时间，并留存到候凝结束；

b. 安排专人取样测量水泥浆密度，并及时与车载密度计核对，以确保入井水泥浆密度符合设计要求。

⑤ 倒换水泥头闸门，打开上挡销，释放上胶塞。

⑥ 水泥车或大泵替浆2~4m^3，观察胶塞指示器，验证胶塞是否落井。

a. 如果胶塞确定落井，关闭上下挡销，继续替浆；

b. 如果无法判断胶塞是否落井，应及时向甲方汇报，必要时可打开水泥头进一步验证。

⑦ 按照设计排量和数量替浆，直到碰压，控制碰压压力不高于试压值的80%。

a. 替浆过程中，至少使用泵冲、泥浆罐液面人工测量及固井流量计三种计量方式当中的两种方式；

b. 如果顶替量达到设计允许最大值，无论是否碰压，都应停止替浆，避免替空。

⑧ 放回水，检查回压凡尔密封情况。如果密封失效，采取憋压候凝。

⑨ 按照固井设计要求的时间和方式候凝，候凝期间，井队不得提升、旋转套管或在套管内进行任何作业。

（五）工后闭环

① 清理、存放工具和设备。

② 清理、恢复工作场所。

a. 组织人员对场地进行清理，消除垃圾和散落水泥；

b. 对施工工作中产生的油污、污水进行清理回收。

③ 收集、归档工作相关资料。

a. 相关作业许可和JSA；

b. 和甲方、钻井队、第三方核对时效和参数，填写固井施工报告及结算单等。

④ 固井质量分析和总结。

a. 关注固井质量测井，及时取得质量曲线；

b. 开展质量分析，做固井总结和改进。

二、分级固井

（一）安全要点

① 分级箍的安放位置，应依据油气水层及漏层位置决定，同时考虑地层、井径、井斜方位及垮塌情况。主要油气层间隔距离较大时，其位置选择在上部油气层底界以下40~60m处。易漏失地层，一般选在漏失层以上50~80m处。分级箍以下必须有足够长度的套管，一般不少于450m，以保证分级箍顺利打开。

② 易漏井固井前，可在隔离液中加入堵漏纤维，提高入井流体的预堵漏能力。

③ 为防止固井漏失，根据井况，优先考虑部分低密度水泥浆体系，降低静液柱压力和施工压力，确保固井模拟的施工压力低于漏失和破裂压力。同时，下套管前做好地层承压试验。

④ 施工期间，固井严格控制施工排量，要求排量缓慢平稳过渡，杜绝骤升骤降。根据前置液、水泥浆等进入裸眼井段的节点、施工泵压及稠化时间等，及时调整替浆排量。

⑤ 替浆过程时，当下胶塞(挠性塞）通过分级箍处时要减小替浆排量。当重力塞(打开塞）下行到分级箍时，小排量顶开循环通孔，在憋压的情况下，通孔滑板剪断锁销，建立循环。上胶塞(关闭塞）在二次固井结束时受阻碰压，剪滑套锁销，封闭循环通孔。

⑥ 如果固井期间发生井漏，固井结束后，根据水泥返高情况和钻井要求，及时进行返灌、反挤等补救作业。对有井控风险的井，关防喷器候凝。

⑦ 若环空憋压候凝，井口安装压力表和泄压阀，定时观察，控制压力在设计范围内。若套管内憋压，根据水泥稠化时间，及时放压。

（二）环保要求

① 严格遵守环境部门的有关规定及甲方有关HSE要求。

② 不得将生活、工业废物乱扔、乱放，必须统一处理。

③ 配制混合水时，不得将固井药水外溢，在倒换管线时，用容器盛接，避免管线内药水外流，添加药品后，不能将盛装药品的桶倒放，以免残余药品外流。

④ 施工时水泥排空管线必须进行除尘处理。

⑤ 施工时水泥车柱塞润滑机油不得直接排放到井场上。

⑥ 施工完成后，在钻井队指定地点规范排放剩余药品水及洗车水。

⑦ 钻井队配备足量的废液回收装置，防止环境污染。

（三）工前准备

1. 井队准备

参照“第一章 钻井作业/第四节　常规作业/十五、双级固井”。

2. 固井准备

（1）固井设计和水泥浆实验

① 上井收集地质数据、井下复杂情况及钻井参数等，进行固井模拟计算，编写固井设计。

② 取固井用水、钻井液、水泥和添加剂样品，进行水泥浆初试、复试和混浆污染实验。必要时做实验温度和水泥浆密度发散实验。

（2）材料

① 严格按照化验室配方干混或者水混添加剂材料。

② 固井水泥、添加剂必须和取样做实验的材料属于同一批次。

③ 固井队应做好油井水泥储存、混拌及运输各个环节的防潮工作。

④ 对送到井上的水泥、添加剂和药品水进行抽样复试。

（3）设备

① 固井设备状况良好，满足施工要求，并且有备用设备。

② 施工前检查柱塞泵上水效果，排出泵内空气，避免柱塞泵上水不良造成管线振动，导致退扣影响管线密封效果和产生安全隐患。

③ 对固井管线由壬连接处进行细致的清洁、维护保养，连接后砸紧。

（4）应急预案

① 运灰车应配备供气接头和供气管线，做到车载压风机与独立压风机互相备用。

② 观察井口、高压管汇及低压供水管线，发现刺漏及时处理。

③ 注水泥时如固井车发生异常，则立即启用备用固井车；备用固井车在固井施工前必须进行试运行；替浆过程中若钻井队大泵异常，则立即启用备用大泵，保证施工过程连续。

④ 观察施工压力变化，发现异常现象应及时汇报现场施工指挥及甲方监督，及时采取措施处理。

⑤ 替浆过程中，出现高泵压(大于最高设计压力)或井漏时，根据现场实际情况降低排量顶替或改用水泥车顶替，直至碰压。

⑥ 替浆计量过程以井队罐面计量为主，流量计和累计泵冲作为辅助校核手段。如果替浆到设计量没有碰压，最多附加阻位以下套管内容积的50%，若仍不碰压，则停止替浆，避免替空。

⑦ 碰压后如果回压凡尔失效，应重新顶替放回的液体体积或者一直到碰压，再次放压验证回压凡尔密封效果或排除杂物影响。如果经过多次顶压、放压后仍然失效，则关闭井口闸门，等尾浆稠化后再投重力塞。

⑧ 如果分级箍无法打开，则上报甲方，研究下一步措施。

⑨ 如果二级固井到量后不碰压，继续顶替一定量的钻井液至碰压，如果碰压后分级箍无法关闭则提高压力再碰，确实无法关闭则憋压候凝。

⑩ 一级固井施工之前发生漏失，根据漏失情况合理调整一级水泥浆量，重新进行一级固井设计；一级固井施工过程中发生漏失，根据水泥浆稠化时间适当降低施工排量，罐面做好漏失量计量，根据漏失情况合理调整水泥浆量，一级施工结束后正常开孔建立循环，若达到一级水泥浆领浆初凝时间时能够建立循环，则正常进行二级固井；若无法建立循环，则二级固井结束后做好环空反挤水泥作业准备。

⑪ 二级固井施工过程中发生漏失，根据水泥浆稠化时间适当降低施工排量，罐面做好漏失量计量，根据漏失情况合理调整水泥浆量，等二级固井施工结束，水泥浆起强度后进行井口吊灌或者环空反挤水泥。

（四）工作流程

① 冲洗管线并试压到设计压力，稳压5min，观察有无漏失。

② 倒换水泥头闸门，泵注设计量隔离液。

③ 按照设计要求泵注领浆、中间浆和尾浆水泥。

a. 在注水泥过程中及时留取水泥浆样品，记录取样种类、密度和时间，并留存到候凝结束；

b. 安排专人取样测量水泥浆密度，并及时与车载密度计核对，以确保入井密度符合设计要求。

④ 倒换水泥头闸门，打开挡销，释放挠性塞。

⑤ 水泥车或大泵替浆 2~4m^3 后，观察胶塞指示器，验证挠性塞是否落井。

a. 如果胶塞确定落井，关闭上下挡销，继续替浆；

b. 如果无法判断胶塞是否落井，应及时向甲方汇报，必要时可打开水泥头进一步验证。

⑥ 按照设计排量和数量替浆，直到碰压。

a. 替浆过程中，至少使用泵冲、泥浆罐液面人工计量及固井流量计三种计量方式当中的两种方式；

b. 如果顶替量达到设计允许最大值，无论是否碰压，都应停止替浆，避免替空。

⑦ 放回水，检查回压凡尔密封情况。如果密封失效，采取憋压候凝。

⑧ 无倒流，投重力塞，再开泵憋压，剪断打开套销钉，迫使滑套下行露出循环孔，循环钻井液两周以上。

⑨ 循环时调整钻井液性能达到固井设计要求，待一级水泥浆初凝后，开始二级注水泥。

⑩ 冲洗管线并试压到设计压力，稳压 5min，观察有无漏失。

⑪ 倒换水泥头闸门，泵注设计量隔离液。

⑫ 按照设计要求泵注领浆、中间浆和尾浆水泥。

a. 在注浆过程中，及时留取水泥浆样品，记录取样种类、密度和时间，并留存到候凝结束；

b. 安排专人取样测量水泥浆密度，并及时与车载密度计核对，以确保入井密度符合设计要求。

⑬ 倒换水泥头闸门，打开挡销，释放关闭塞。

⑭ 水泥车或大泵压塞 2~4m^3，观察胶塞指示器，验证关闭塞是否落井。

a. 如果胶塞确定落井，关闭挡销，继续替浆；

b. 如果无法判断胶塞是否落井，应及时向甲方汇报，必要时可打开水泥头进一步验证。

⑮ 按照设计排量和数量替浆，直到碰压，在碰压信号明显的情况下，控制碰压压力不高于试压值的 80%。

a. 替浆过程中，至少使用泵冲、泥浆罐液面人工计量及固井流量计当中的两种方式；

b. 如果顶替量达到设计允许最大值，无论是否碰压，都应停止替浆，避免替空。

⑯ 放回水，检查分级箍密封情况。如果密封失效，采取憋压候凝。

（五）工后闭环

① 清理、存放工具和设备。

② 清理、恢复工作场所。

a. 组织人员对场地进行清理，消除垃圾和散落水泥；

b. 对工作产生的油污、污水进行清理回收。

③ 收集、归档工作相关资料。

a. 相关作业许可和 JSA；

b. 和甲方、钻井队、第三方核对时效和参数，填写固井施工报告及结算单等。

④ 固井质量分析和总结。

a. 关注固井质量测井，及时取得质量曲线；

b. 开展质量分析，做固井总结和改进。

三、尾管固井

（一）安全要点

① 易漏井固井前，可在隔离液中加入堵漏材料，以提高其预堵漏能力。

② 为保证漏失井施工，根据井况，优先考虑部分低密度水泥浆体系，降低静液柱压力和施工压力，确保固井模拟的施工压力低于漏失和破裂压力。同时，下套管前做好地层承压试验。

③ 施工期间，严格控制施工排量，要求排量缓慢平稳过渡，杜绝骤升骤降。根据井口泥浆返出情况、常规密度水泥浆进入裸眼情况、实际泵压和稠化时间，及时调整替浆排量。

④ 如果固井发生井漏，固井结束后及时拔出中心管，开泵灌满环空、循环，循环结束后关闭封井器候凝。

⑤ 如果憋压候凝，井口安装压力表和泄压阀，定时观察，控制压力在设计范围内。

（二）环保要求

① 严格遵守环境部门的有关规定及甲方有关 HSE 要求。

② 不得将生活、工业废物乱扔、乱放，必须统一处理。

③ 配制混合水时，不得将固井药品水外溢，在倒换管线时，用容器盛接，避免管线内药水外流，添加药品后，不能将盛装药品的桶倒放，以免残余药品外流。

④ 施工时水泥排空管线必须进行除尘处理。

⑤ 施工时水泥车柱塞润滑机油不得直接排放到井场上。

⑥ 施工完成后，在钻井队指定地点规范排放剩余药品水及洗车水。

⑦ 钻井队配备足量的废液回收装置，防止环境污染。

（三）工前准备

1. 井队准备

参照“第一章 钻井作业/第四节　常规作业/二十三、尾管固井”。

2. 固井准备

（1）固井设计和水泥浆实验

① 上井收集地质数据、井下复杂情况及钻井参数等，进行固井模拟计算，编写固井设计。

② 取固井用水、钻井液、水泥和添加剂样品，进行水泥浆初试、复试和混浆污染实验。必要时做实验温度和水泥浆密度发散实验。

（2）材料

① 严格按照化验室配方干混或者水混添加剂材料。

② 固井水泥、添加剂必须和取样做实验的材料属于同一批次。

③ 固井队应做好油井水泥储存、混拌及运输各个环节的防潮工作。

④ 对送到井上的水泥、添加剂和药品水进行抽样复试。

（3）设备

① 固井设备状况良好，满足施工要求，并且有备用设备。

② 施工前检查柱塞泵上水效果，排出泵内空气，避免柱塞泵上水不良造成管线振动，导致退扣影响管线密封效果和产生安全隐患。

③ 对固井管线由壬连接处进行细致的清洁、维护保养，连接后砸紧。

（4）应急预案

① 固井前如果发现回压凡尔失效，应配置高密度顶替液，以平衡套管内外压差，确保水泥返高。

② 固井过程中若井下发生漏失，适当降低注替排量。施工结束后，根据施工泵压判断水泥返高；同时按照固井设计中的井漏应急措施进行挤水泥等下一步补救作业。

③ 施工期间若车辆出现故障，马上启用备用设备。

④ 观察井口、高压管汇及低压供水管线，发现刺漏及时处理。

⑤ 观察施工压力变化，发现异常现象应及时汇报现场施工指挥及甲方监督，及时采取措施处理。

⑥ 替浆过程中，出现高泵压(大于最高设计压力)或井漏时，根据现场实际情况降低排量顶替或改用水泥车顶替，直至碰压。

⑦ 碰压结束后，放回水，如果发现回压凡尔失效，应重新顶替放回的液体体积或者一直到碰压，再次放压验证回压凡尔密封效果或排除杂物影响。如果密封确实失效，则立即拔出中心管，强行起钻，让套管内外液体自找平衡，等候凝完毕后根据电测结果再确定下一步措施。

（四）工作流程

① 冲洗管线并试压到设计压力，稳压 5min，观察管线有无刺漏。

② 倒换水泥头闸门，泵注设计量前置液。按照设计要求泵注领浆、中间浆及尾浆水泥。

a. 注完前置液，放压观察回压凡尔密封情况，如有返流及时汇报并采取措施；

b. 在注水泥过程中及时取水泥浆样品，记录取样种类、密度和时间，并留存到候凝结束；

c. 安排专人取样测量水泥浆密度，并及时与车载密度计核对，以确保入井密度符合设计要求。

③ 倒换水泥头闸门，打开挡销，释放钻杆胶塞。

④ 水泥车或大泵替浆 $2m^3$，验证钻杆胶塞是否落井。

a. 如果钻杆胶塞确定落井，关闭挡销，继续替浆；

b. 如果无法判断钻杆胶塞是否落井，及时向甲方汇报，必要时可打开水泥头进一步验证。

⑤ 水泥车或大泵替浆在钻杆胶塞到达尾管胶塞前 $2m^3$ 降低排量，观察压力变化。在钻杆胶塞碰到尾管胶塞时，注意观察压力和排量的变化。

⑥ 水泥车替后保护液，大泵继续替浆，水泥车最后替清水 $2\sim3m^3$ 至碰压，稳压 5min。

a. 替浆过程中，至少使用泵冲、泥浆罐液面人工计量、固井流量计中的两种方式计量替入量；

b. 如果顶替量达到设计允许最大值，无论是否碰压，都应停止替浆，避免替空。

⑦ 放回水，检查回压凡尔密封情况。如果密封失效，则立即拔出中心管，强行起钻，让套管内外液体自找平衡。

⑧ 钻井队与固井队配合安全快速卸下水泥头。接方钻杆或顶驱，憋压后上提中心管，开泵循环出多余水泥浆，大泵排量正循环至少 2 周，循环过程中应保持旋转或上下活动钻具，防止钻具遇卡，循环过程派专人观察返出口情况。

⑨ 起钻，灌满泥浆，按要求候凝。

（五）工后闭环

① 清理、存放工具和设备。

② 清理、恢复工作场所。

a. 组织人员对场地进行清理，消除垃圾和散落水泥；

b. 对施工产生的油污、污水进行清理回收。

③ 收集、归档工作相关资料。

a. 相关作业许可和 JSA；

b. 与甲方、钻井队、第三方核对时效和参数，填写固井施工报告及结算单等。

④ 固井质量分析和总结。

a. 关注固井质量测井，及时取得质量曲线；

b. 开展质量分析，做固井总结和改进。

四、插入式固井

（一）安全要点

① 下套管后，开泵建立循环，确定送入钻具与套管内的环空无返浆现象，方可固井施工。

② 若固井过程中发生漏失，待起出全部送入钻具后，从井口进行反灌水泥浆，直至水泥浆返到地面。

（二）环保要求

① 严格遵守环境部门的有关规定及甲方有关 HSE 要求。

② 不得将生活、工业废物乱扔、乱放，必须统一处理。

③ 配制混浆水时，不得使水和添加剂外溢，在倒换管线时，用容器盛接，避免管线内混浆水外流，不得将空添加剂桶倒放，以免残余添加剂外流。

④ 施工时水泥排空管线必须进行除尘处理。

⑤ 施工时水泥车柱塞润滑机油不得直接排放到井场上。

⑥ 施工完成后，在钻井队指定地点规范排放剩余药品水及洗车水。

⑦ 钻井队配备足量的废液回收装置，防止环境污染。

（三）工前准备

1. 井队准备

参照“第一章 钻井作业/第四节　常规作业/十三、插入法固井”。

2. 固井准备

(1) 固井设计和水泥浆实验

① 上井收集地质数据、井下复杂情况及钻井参数等，进行固井模拟计算，编写固井设计。

② 取固井用水、泥浆、水泥和添加剂样品，进行水泥浆初试、复试和混浆污染实验。

(2) 材料

① 严格按照化验室配方干混或者水混添加剂材料。

② 固井水泥、添加剂必须和取样做实验的材料属于同一批次。

③ 固井队应做好油井水泥储存、混拌及运输各个环节的防潮工作。

④ 对送到井上的水泥、添加剂和药品水，进行抽样复试。

（3）设备

① 固井设备状况良好，满足施工要求，并且有备用设备。

② 施工前检查柱塞泵上水效果，排出泵内空气，避免柱塞泵上水不良造成管线振动，导致退扣影响管线密封效果和产生安全隐患。

③ 对固井管线由壬连接处进行细致的清洁、维护保养，连接后砸紧。

（4）应急预案

① 观察井口、高压管汇及低压供水管线，发现刺漏及时处理。

② 观察施工压力变化，发现异常现象应及时汇报现场施工指挥及甲方监督，及时采取措施处理。

③ 若在注水泥过程中，发现插入头和插入座密封失效时，先观察悬重表，判断失效原因。若因下压吨位不够，则应增加下压吨位 1~2t，密封正常后继续施工；若采取上述措施后，送入钻具与套管的环空返浆现象依然存在时，停止注水泥，按照设计要求替浆，替浆完成后直接起出全部入井钻具，从井口反灌或反挤水泥。

④ 替浆结束后，放回水，检查浮箍、浮鞋密封情况，若浮箍、浮鞋密封不好，用水泥车泵入清水 100~160L，反复顶 2~3 次，检查回水，若仍不坐封，强行起出全部钻具。

（四）工作流程

① 冲洗管线并试压到设计压力，稳压 10min，观察有无漏失。

② 倒换水泥头闸门，泵注设计量隔离液。

③ 按照固井设计要求泵注水泥浆。

a. 在注水泥过程中及时取水泥浆样品，记录取样种类、密度和时间，并留存到候凝结束；

b. 安排专人取样测量水泥浆密度，并及时与车载密度计核对，以确保入井密度符合设计要求。

④ 水泥车或大泵按照设计量替浆。

⑤ 起出入井的所有钻具。

⑥ 候凝。

（五）工后闭环

① 清理、存放工具和设备。

② 清理、恢复工作场所。

a. 组织人员对场地进行清理，消除垃圾和散落水泥；

b. 对施工产生的油污、污水进行清理回收。

③ 收集、归档工作相关资料。

a. 相关作业许可和 JSA；

b. 与甲方、钻井队、第三方核对时效和参数，填写固井施工报告及结算单等。

④ 固井质量分析和总结。

a. 关注固井质量测井，及时取得质量曲线；

b. 开展质量分析，做固井总结和改进。

五、挤水泥

（一）安全要点

① 挤水泥分为井口法挤水泥和承转器法挤水泥，应根据作业目的和井下实际情况选择适当的方法。

② 不能确认挤入位置以上有无漏层，不应采用井口法挤水泥。

③ 如果挤入位置以下无水泥塞，挤水泥可能压漏下部裸眼地层时，应在挤入位置以下用可钻式或可回收式桥塞封隔下部井段。

④ 井口法挤水泥与注水泥塞相比，增加了关井口挤注的工序，其安全要点与注水泥塞一致。

⑤ 承转器法挤水泥作业应使用由可钻材料制成的承转器，坐封后能满足作业的最大压差要求。

⑥ 承转器法挤水泥作业使用的注水泥插头应与承转器插座配套；使用的内管扶正器应与作业内管柱和套管尺寸相符。

⑦ 施工前更换封井器闸门芯子与入井管串一致并按规定试压合格。

⑧ 检查循环系统，检查计量用泥浆罐与其他泥浆罐是否有效隔离，保证计量准确。

⑨ 承转器法挤水泥作业中，在注水泥插头插入承转器前，注水泥管柱外的静液柱压力不应低于管内静液柱压力。

⑩ 承转器坐封后上下压差要求如下：

a. 承转器承受的正压差低于额定工作正压差；

b. 承转器承受的负压差低于额定工作负压差；

c. 如果承转器承受的正压差超过承转器额定工作正压差，应在承转器以上使用密度较低的液体；

d. 如果承转器承受的负压差超过承转器的额定工作负压差，应在承转器以上环空施加平衡压力，或更换额定工作压差更高的承转器。

⑪ 补注环空返高不够的挤水泥作业，用设计水泥返深处的静止温度养护水泥浆至强度达到设计要求，记录养护时间，候凝时间不少于该养护时间。承转器法挤水泥作业，用承转器处的静止温度养护水泥浆至强度达到设计要求，记录养护时间，候凝时间不少于该养护时间。

⑫ 下钻头或磨鞋探塞，快接近水泥塞面时，开泵缓慢下放，遇阻加压 10~20kN。上提钻具，再次下放至上次遇阻吨位，深度相符时的钻头位置即为水泥塞面。如下探无塞面，应立即起到原位，防止钻具被卡。

（二）环保要求

① 严格遵守环境部门的有关规定及甲方有关 HSE 要求。

② 不得将生活、工业废物乱扔、乱放，必须统一处理。

③ 配制混合水时，不得将固井药品水外溢，在倒换管线时，用容器盛接，避免管线内药品水外流，添加药品后，不能将盛装药品的桶倒放，以免残余药品外流。

④ 施工时水泥排空管线必须进行除尘处理。

⑤ 施工时水泥车柱塞润滑机油不得直接排放到井场上。

⑥ 施工完成后，在钻井队指定地点规范排放剩余药品水及洗车水。

⑦ 钻井队配备足量的废液回收装置，防止环境污染。

（三）工前准备

1. 固井准备

（1）挤水泥设计和水泥浆实验

① 上井收集地层资料、事故及复杂情况等，编写挤水泥设计，并由甲方签字批准。

② 取固井用水、泥浆、水泥和添加剂样品，进行水泥浆初试、复试和混浆污染实验。必要时做温度和密度发散实验。

③ 水泥浆化验包括稠化时间、抗压强度、沉降稳定性、游离液、滤失量、相容性、流变性实验等内容。

④ 流体相容性试验，混合后流动性满足施工要求，稠化时间大于施工时间。

（2）材料

① 严格按照化验室配方干混或者水混添加剂材料。

② 固井水泥、添加剂必须与取样做实验的材料属于同一批次。

③ 固井队应做好油井水泥储存、混拌及运输各个环节的防潮工作。

④ 对送到井上的水泥、添加剂和药品水进行抽样复试。

（3）设备

① 固井设备状况良好，满足施工要求，并且有备用设备。

② 施工前检查柱塞泵上水效果，排出泵内空气，避免柱塞泵上水不良造成管线振动，导致退扣影响管线密封效果和产生安全隐患。

③ 对固井管线由壬连接处进行细致的清洁、维护保养，连接后砸紧并试压。

（4）应急预案

① 运灰车应配备供气接头和供气管线，做到车载压风机与独立压风机互相备用。

② 观察井口、高压管汇及低压供水管线，发现刺漏及时处理。

③ 注水泥前井下如出现异常情况，应在异常情况处理完成后重新评估井下状况，重新编写挤水泥设计。

2. 井队准备

① 检查钻机动力系统、提升系统和循环系统，确保施工正常，替浆正常。

② 对入井管串进行检查、通径、丈量、编号，必要时应探伤。

③ 根据需要在设计注水泥塞段以下坐桥塞。

④ 将作业管柱下（或起）至设计注水泥塞段底部位置，循环 2 周以上。

⑤ 根据作业管柱类型检查防喷器闸板芯子，如尺寸不匹配，应更换闸板芯子，并按规定进行试压。

（四）工作流程

1. 下桥塞

如果挤入位置以下无水泥塞，挤水泥可能压漏下部裸眼地层时，应在挤入位置以下用可钻式或可回收桥塞封隔下部井段。

2. 射孔

根据测井曲线确定射孔位置及孔数，下射孔工具射孔，射孔应避开套管接箍。

3. 冲洗炮眼

用冲洗液或冲洗工具冲洗炮眼。

4. 试挤

挤水泥作业前，应使用设计的介质进行试挤，确定挤入压力和挤入排量。可采用以下试挤方法：

① 关井试挤：下作业管柱至设计挤入位置，关封井器，分别从作业管柱内外试挤，记录试挤排量、压力和挤入量。

② 下封隔器试挤：用钻杆(或油管）下送封隔器至设计位置坐封，从管柱内试挤，记录试挤排量、压力和挤入量。

5. 井口法挤水泥作业

① 按设计注入前置液、水泥浆、顶替液。注替期间核对和复算各种作业流体的注入量，避免超量顶替或顶替不到位。

② 将作业管柱起至前置液以上井段(或起出井口）。

③ 循环1周，井口返出液中应无水泥浆、前置液和混合物。

④ 关防喷器。

⑤ 按设计挤水泥。

⑥ 憋压候凝。

6. 承转器法挤水泥作业

① 将承转器下至设计位置坐封。

② 根据使用的承转器类型进行下一步作业。

a. 用电缆下入式的承转器，起出电缆；

b. 承转器的送入管柱不能作为挤注管柱时，起出送入管柱；

c. 承转器的送入管柱能作为挤注管柱时，按“6 承转器法挤水泥作业④” 进行。

③ 将作业管柱下至承转器位置，将注水泥插头插入承转器。

④ 打开循环通道，从管内再次试挤，记录试挤压力、排量和挤入量。

⑤ 将注水泥插头提离承转器。

⑥ 按设计调整承转器以上管内钻井液密度。

⑦ 按设计注入前置液、水泥浆和顶替液。注替期间核对和复算各种作业流体的注入量，避免注水泥插头提前插入或水泥浆返至作业管柱外。

⑧ 将注水泥插头插入承转器。

⑨ 按设计注顶替液，挤水泥。

⑩ 将注水泥插头提离承转器。

⑪ 循环不少于1周。

⑫ 候凝。

7. 探钻水泥塞

按设计要求钻承转器和水泥塞。

(五）工后闭环

① 清理、存放工具和设备。

② 清理、恢复工作场所。

a. 组织人员对场地进行清理，消除垃圾和散落水泥；

b. 对工作产生的油污、污水进行清理回收。

③ 收集、归档工作相关资料。

a. 相关作业许可和 JSA；

b. 与甲方、钻井队、第三方核对时效和参数，填写挤水泥施工报告及结算单等。

④ 挤水泥质量分析和总结。

a. 关注探塞、钻塞及试压情况；

b. 开展质量分析，做好总结和改进。

六、打水泥塞

（一）安全要点

① 裸眼段注水泥塞宜避开井眼垮塌、井径不规则和地层渗透性好的井段。

② 套管段注水泥塞应清理套管内壁，尤其是老井，应将黏附的原油及蜡清理干净。

③ 封井水泥塞应在套管鞋和井口各注一段水泥塞，射过孔的井应在射孔井段和井口各注一段水泥塞，已钻开的油气水层，应全部封固。

④ 设计水泥塞段长超过 500m 时宜采用分段注水泥塞，注长水泥塞时，可以先从设计塞段底部开始，注第一段水泥塞，然后起钻至实塞段，注第二段水泥塞，塞段应连续。

⑤ 一次注完水泥后可能压漏地层时，应分段注水泥塞。

⑥ 悬空水泥塞应在下部提前泵入黏度大于 200s 的稠塞或下入桥塞。

⑦ 为降低井控风险，应保证全程压稳，施工前更换与入井管串一致的封井器闸门芯子并按规定进行试压，准备内防喷工具；施工过程中全程关注环空返出情况；起钻过程中及时灌浆补充工作液，保证液面高度；候凝过程中应关井或憋压候凝，防止水泥浆失重产生油气水窜。

⑧ 如果具备反循环洗井条件，在井眼正循环干净后，使用反循环流程循环半周，检验相关接头、管线的可靠性。

⑨ 确保入井管串处于自由活动状态，施工前上提 2 柱入井管串后再下入，记录悬重，为处理异常状态提供数据参考。

⑩ 检查循环系统，检查计量用泥浆罐与其他泥浆罐是否有效隔离，以保证计量准确。

⑪ 注替水泥浆过程中要一直旋转或(并)上下活动管串。

⑫ 替浆结束时管内静液柱压力应大于管外静液柱压力，一般可让管内水泥面比管外高 100m 左右。

⑬ 用水泥塞顶部的静止温度养护水泥浆至强度达到设计要求，记录养护时间，候凝时间不少于该养护时间。

⑭ 下钻头或磨鞋探塞，快接近水泥塞面时，开泵缓慢下放，遇阻加压 10~20kN。上提钻具，再次下放至上次遇阻吨位，深度相符时的钻头位置即为水泥塞面。如下探无塞面，应立即起到原位，循环并活动钻具。

（二）环保要求

① 严格遵守环境部门的有关规定及甲方有关 HSE 要求。

② 不得将生活、工业废物乱扔、乱放，必须统一处理。

③ 配制混合水时，不得将固井药品水外溢，在倒换转管线时，用容器盛接，避免管线内药品水外流，添加药品后，不能将盛装药品的桶倒放，以免残余药品外流。

④ 施工时水泥排空管线必须进行除尘处理。

⑤ 施工时水泥车柱塞润滑机油不得直接排放到井场上。

⑥ 施工完成后，在钻井队指定地点规范排放剩余药品水及洗车水。

⑦ 钻井队配备足量的废液回收装置，防止环境污染。

（三）工前准备

1. 固井准备

（1）注水泥塞设计和水泥浆实验

① 上井收集地层资料及复杂情况等，编写注水泥塞设计，并由甲方签字批准。

② 水泥浆量：设计注水泥塞段的井筒容积加上附加量，附加量根据甲方指令或本地区作业经验确定。

③ 取固井用水、泥浆、水泥和添加剂样品，进行水泥浆初试、复试和混浆污染实验。必要时做温度和密度发散实验。

④ 水泥浆化验包括稠化时间、抗压强度、沉降稳定性、游离液、滤失量、相容性、流变性实验等内容。

⑤ 稠化时间：注水泥浆、注顶替液、起钻、循环 1 周+安全附加时间 60~120min。

⑥ 滤失量：套管内小于 250mL，裸眼小于 150mL，油气层小于 100mL。

⑦ 24h 抗压强度：应不低于 14MPa，堵漏水泥塞宜在 3.5~7MPa。

⑧ 流体相容性试验：混合后流动性满足施工要求，稠化时间大于施工时间。

（2）材料

① 严格按照化验室配方干混或者水混添加剂材料。

② 固井水泥、添加剂必须与取样做实验的材料属于同一批次。

③ 固井队应做好油井水泥储存、混拌及运输各个环节的防潮工作。

④ 对送到井上的水泥、添加剂和药品水，进行抽样复试。

（3）设备

① 固井设备状况良好，满足施工要求，并且有备用设备。

② 施工前检查柱塞泵上水效果，排出泵内空气，避免柱塞泵上水不良造成管线振动，导致退扣影响管线密封效果和产生安全隐患。

③ 对固井管线由壬连接处进行细致的清洁、维护保养，连接后砸紧。

（4）应急预案

① 运灰车应配备供气接头和供气管线，做到车载压风机与独立压风机互相备用。

② 观察井口、高压管汇及低压供水管线，发现刺漏及时处理。

③ 注水泥前井下如出现异常情况，应在异常情况处理完成后重新评估井下状况，重新编写注水泥塞设计。

2. 井队准备

① 检查钻机动力系统、提升系统和循环系统，确保施工正常，替浆正常。

② 对入井管串进行检查、通径、丈量、编号，必要时应探伤。

③ 根据需要在设计注水泥塞段以下坐桥塞或注高黏泥浆段塞。

④ 将作业管柱下(或起)至设计注水泥塞段底部位置，循环 2 周以上。

（四）作业流程

① 地面设备试压。

② 注前置液。

③ 注水泥浆。
④ 注后置液。
⑤ 注顶替液。
⑥ 起钻至设计塞面位置 30m 以上，循环 1 周。
⑦ 继续起钻不少于 100m 或将作业管柱起出井口。
⑧ 关井候凝。
⑨ 探水泥塞、钻水泥塞。

（五）工后闭环

① 清理、存放工具和设备。
② 清理、恢复工作场所。
a. 组织人员对场地进行清理，消除垃圾和散落水泥；
b. 对工作产生的油污、污水进行清理回收。
③ 收集、归档工作相关资料。
a. 相关 JSA；
b. 与甲方、钻井队、第三方核对时效和参数，填写注水泥塞数据表、施工报告等。
④ 注水泥塞质量分析和总结。
a. 关注探塞、钻塞及试压情况；
b. 开展质量分析，做好总结和改进。

第五章　钻　井　液

第一节　钻井液的组成和功用

一、钻井液组成成分

在配制钻井液时是将膨润土加入水中使之充分水化分散，再加入一些必要的增稠剂、降滤失剂、胶凝剂(或称结构剂)，配制成性能良好的膨润土-水溶液。在油气井钻井过程中，被破碎的土、砂、砾石和其他矿物和岩石会混入钻井液，有时地层中的一些可溶性盐类如氯化钠、硫酸钙等会在钻井液中溶解，产生相应的化学阴离子和阳离子。在井内压力和地层压力的压差作用下，钻井液滤液会渗入地层。如钻遇油气水层、钻井液密度偏低或因上提钻具速度太快，地层中的流体也可能进入井筒。所有这些都会使钻井液中的液相和黏土、钻屑等固相的含量不停地变化。为调节和控制其性能，会在钻井液中添加一些化学添加剂和材料，这样会将一些空气带入，一般情况下混入的空气量不会很多，可认为钻井液中只有固相和液相两相。然而，如混入的空气量过多，或钻入油气层发生气侵和钻入含有 CO_2、H_2S 气体的地层，或使用泡沫或气雾钻井液，则钻井液会成为一种气液固三相流体。

(一) 液体

钻井液中的液体主要是水和油。

1. 水

水是钻井液的最主要成分，要根据地层和作业情况，适时补充水以保持钻井液中必要的水含量和控制其中的黏土和钻屑等固体含量。钻井液中水的来源有：

① 配浆用水。配浆用水因地制宜选择，但必须进行分析化验，最好使用矿化度1000mg/L 以下的淡水，否则应进行处理。

② 钻井液维护处理用水。钻井液维护处理用水同样必须化验，也希望使用矿化度低于1000mg/L 的淡水。在缺少淡水的地区和海边，也可使用矿化度水和海水，这时必须先对其进行化学分析，然后对其进行处理。在制定钻井液配方和处理方案时，必须考虑维护处理用水的类型和其中各种离子的含量。

③ 地层中的水进入井中。要及时正确判断是否有地层水进入井内，如确实有地层水浸入，应调节钻井液密度或进行封堵，并对其进行化验，根据其化学成分，调整钻井液维护处理方案。

④ 工程作业或洗涤设备、工具的水进入井内。应限制作业用水流入井内，防止其损害钻井液性能。

⑤ 雨水和雪。雨水和雪落入钻井液中会使钻井液中水的含量升高，特别是在大雨或暴雨时，要及时采取措施，防止雨水进入钻井液池。

如钻井液用水矿化度超过 1000mg/L 和其中含有大量的 Ca^{2+}、Mg^{2+}、CO_3^{2-}、HCO_3^-和

SO_4^{2-}等离子时，则应在使用前对水进行处理。

2. 油

钻井液中油来源于以下途径：

① 人为加入的油，如为增加钻井液润滑性或降低钻井液密度加入的原油、柴油和油类润滑剂。

② 工程作业使用的油流入钻井液，如解卡剂中的油。

③ 添加剂中的油，如润滑剂中的基液。

④ 地层中的油进入井内。

（二）固体

1. 钻井液中的固体按用途可分为有用固体和有害固体

（1）有用固体

① 配浆用的优质膨润土、凹凸棒土、海泡石土等，这是形成膨润土——水胶体溶液所需的基本胶体颗粒。

② 加重材料，如重晶石粉、赤铁矿粉、钛铁矿粉或石灰石粉等。

③ 堵漏材料和桥堵剂。

④ 固体添加剂（如羧甲基纤维素、氧化沥青等多为粉状固体）。

（2）有害固体（或称无用固体）

① 可分散或可溶解性固体（黏土、泥页岩、岩盐、石膏等）。

② 惰性固体（风化土、砂、石英、长石、石灰岩、方解石、白云岩、燧石、花岗岩、硅藻土、铁矿石等）。

2. 钻井液中的固体按其密度分为低密度和高密度固体

① 低密度（黏土和钻屑等，其密度在 2.20~2.60g/cm^3）。

② 高密度（重晶石、铁矿粉等，其密度在 4.20g/cm^3 以上）。

3. 钻井液中的固体按其来源分为人为加入钻井液中的固体和钻进过程中侵入钻井液中的固体

① 人为加入钻井液中的固体：为配制和调控钻井液性能人为加入的膨润土、加重材料、固体处理剂和堵漏材料等。

② 钻进过程中侵入钻井液中的固体：为被钻碎的地层岩石碎块、黏土颗粒等，这类固体统称为钻屑。

（三）气体

钻井液中的气体来源于以下途径：

① 地层中的石油气。

② 混入和带入的空气：配制钻井液和往钻井液中加入处理剂以及钻井液在地面循环和用钻井液枪（俗称泥浆枪）冲刺时，会使空气混入钻井液和钻井泵吸入的空气等。因此，应尽量避免钻井液中混入大量空气，否则会使钻井液密度降低，并会使 CO_3^{2-}、HCO_3^-等离子破坏钻井液性能。

③ 地层中的 CO_2、H_2S 等气体：应根据钻井液性能的变化，及时发现这些气体的侵入。一旦发现此类情况，应及时处理。

④ 化学添加剂分解产生的 CO_2、H_2S、N_2 等气体。

二、钻井液的功用

（一）控制地层压力防止井喷井漏

一般来说，如果地层压力相当于淡水或盐水液柱的压力，即它的压力梯度处于 0.100~0.107（kg/cm^2）/m（0.433~0.463psi/ft），这种地层就称为正常压力层。低于正常压力的地层称为异常低压层，其地层压力梯度为 0.055~0.09（kg/cm^2）/m（0.238~0.390psi/ft）。而高于正常压力的地层称为异常高压层，其地层压力梯度为 0.107~0.231（kg/cm^2）/m（0.463~1.000psi/ft）。有些异常高压层的压力梯度可能会超过 0.231（kg/cm^2）/m（1.000psi/ft）。

如果钻井液密度很高，它的静液柱压力会大大超过地层压力，就会对产层造成严重伤害，或压裂地层，造成漏速很大的井漏。反之，如果钻井液的密度很低，其静液柱压力大大低于含油或含水地层压力，那就会导致强烈的井喷。如果钻入一个大的盐丘，而钻井液的密度不够高，岩层的蠕动会卡死钻具。所以，钻井液密度对地层压力控制、防止井漏和卡钻是非常重要的。

（二）从井底和井筒清除和携带钻屑

在钻进时，被钻头钻碎的地层岩屑应及时从井底和井筒被携带走，这样就不会将动力和时间消耗在重复破碎已钻出的钻屑上，而钻入新的地层。有时会出现地层岩石剥落和掉块，它们会比正常的钻屑尺寸要大很多，应将它们带出井筒以维持正常钻进。

钻井液清除井筒内钻屑的能力取决于下列因素：

① 钻井液的流变性能，即合适的 *PV*、*YP*、*YP/PV*、*n*、*K* 值。

② 泵的排量、环空几何尺寸、钻屑在环空的上升速度和机械钻速。

③ 钻屑密度和钻井液密度的差值。

④ 钻屑的尺寸和形状。

⑤ 钻井技术措施。

在上述影响因素中，钻井液的清洗能力主要取决于它的动塑比 *YP/PV* 或 *n* 值和泵的排量。但是一些钻井技术措施也有助于提高钻井液的井筒清洗能力。例如，钻具的旋转可帮助钻屑在环空中沿着一个螺旋轨迹上升，这会比垂直上升更容易。另外，在起钻之前循环几周同时大幅度上下活动钻具，这会使下次下钻较为顺利。

（三）悬浮钻屑

在钻井过程中会短时间停止循环，钻屑应被悬浮以降低其沉降速度，避免在环空中形成岩屑床和岩屑在井底堆积。环空中钻屑的沉降速度取决于钻屑的形状和尺寸、钻井液的黏度、静切力、钻屑与钻井液的密度差值。静切力可以降低钻屑的沉降速度，避免钻屑和加重材料颗粒沉淀。然而，静切力过高会造成高的开泵和钻具提放压力激动，造成井漏、地层剥落或被压裂，以及伤害储层。因此，应恰当地设计和调整钻井液的塑性黏度、屈服值和静动力。

（四）防止地层剥落和坍塌保持地层稳定

井径扩大是由于一系列原因造成的，如水沿沉积面浸入地层、机械撞击、倾斜的地层、强度低的地层、悬空的地层和台阶等。钻井液通过以下途径可提高井壁的稳定性和减缓井径扩大的趋势：

① 通过对其密度的调节，形成足够大的静水压头和支撑力，使地层稳定。

② 降低其滤失量，减轻黏土类岩石的水化和分散，防止水沿其他类岩石沉积面浸湿地层降低其强度。

③ 在井壁形成致密和坚韧的滤饼，致密和坚韧的井壁滤饼和低的滤失量有利于巩固井壁和防止地层的剥落和坍塌。

(五) 防止地层伤害

应特别注意保护产层的原始渗透率和产能，采取以下措施防止受到伤害：

① 根据地层压力和其破裂强度，设计和调整钻井液的密度。

② 控制钻井液的滤失效应，防止地层因钻井液滤液和固体颗粒造成伤害。

③ 注意控制开泵、挤压和抽汲压力激动。

④ 使用桥堵技术，建立对地层的临时屏障，防止钻井液滤液和固体颗粒对地层的进一步伤害。

⑤ 对钻井液滤液进行化学分析，防止在地层中产生沉淀物和乳化物，以及防止因改变地层岩石表面的润湿性造成的伤害。

(六) 冷却和润滑钻头钻具

钻头在井底以一定转速在一定钻压下破碎岩石，它是在高温、高压、撞击和研磨状态下工作的，特别是在极坚硬、研磨性极强的地层岩石中和井很深时更是如此。在正常地层温度梯度的地区，井深1000m时井底温度会超过100℃，且由于钻头与岩石的撞击和摩擦会使井底温度更高。钻井液的一个重要功用就是在其循环的过程中，不断地冷却和润滑钻头与井底环境，使其能正常工作并取得理想的钻进速度。通过调整控制钻井液的固相含量、膨润土含量和胶体溶液状态，并加入优选的润滑剂，使其在井壁形成的滤饼具有较低的摩擦系数和良好的润滑性，从而降低钻柱运动时与井壁的摩擦和静止时与井壁的黏附力，降低其旋转和提放阻力，减少粘吸卡钻事故概率。

(七) 满足地质和测井数据收集工作的要求

钻井液随井深增加需不断处理和调整其性能，以保证在井壁形成薄、坚韧且润滑性好的滤饼，否则测井时会发生卡电缆事故或者井壁取心时得到的不是地层岩石而是滤饼。钻井液的滤失量不能过高，否则会使从井口捞出的地质砂样被滤液浸泡而失去代表性。选取的未经钻井液滤液浸入的岩心而使用示踪剂钻井液进行密闭取心时，必须选择和加入适当的示踪剂，它能正确显示钻井液滤液浸入岩心的深度，确保用于化验的岩心是未被滤液污染的，而且必须与钻井液的其他添加剂匹配，使钻井液仍保持各项良好性能。

第二节　水基钻井液现场检测程序

一、钻井液密度

(一) 仪器

① 钻井液密度计：精确度达到足以测量0.01g/cm^3。

② 加压式钻井液密度计：精确度达到足以测量0.01g/cm^3。可用于测定含有一些气泡的钻井液。

③ 温度计：量程0~105℃，分度值1℃。

（二）常规密度计测量程序

① 放好密度计支架使之处于水平位置。

② 将待测钻井液注入清洁干燥的密度计杯中。

③ 将杯盖缓慢旋入杯中并盖紧，使少量钻井液从盖子的小孔溢出。

④ 用手指堵住盖孔，洗净溢出的钻井液和杯盖以及液杯。

⑤ 将密度计的刀口放在支架的刀口架上，轻轻移动密度计杆上的游码，使密度计杆上水平管中的气泡处于二刻度线之间并使密度计杆处于水平位置。

⑥ 读取游码左侧线指示的密度值(精确到 $0.01g/cm^3$)。

（三）加压密度计测量程序

① 将钻井液样品注入杯中，直到样品液面低于液杯上缘 6mm 处。

② 用注塞筒吸入钻井液样品。

③ 将单向阀端口接到单向阀 O 形圈的表面上，推注塞杆，将钻井液样品通过单向阀注入杯中(注入力>222.5N)。缓慢退回注塞筒，将单向阀关闭。

④ 洗净并擦干样品杯外部，将密度计放在支架刀口架上，测密度。

（四）单位换算

1. 密度

$1g/cm^3 = 8.331b/gal = 62.43lb/ft^3$

$1b/gal = 0.12g/cm^3$

$1b/ft^3 = 0.01603g/cm^3$

2. 压力梯度

$1psi/ft = 19.251b/gal$

$1psi/ft = 2.62kPa/m$

$1psi/ft = 141b/ft^3$

$1psi/ft = 2.31g/cm^3$

$1g/cm^3 = 10^{-1}kg/cm^2/m = 0.433psi/ft$

二、马氏漏斗黏度

（一）仪器

① 马氏漏斗：漏斗上带有 12 目的筛网，漏斗内容积 $1500cm^3$，流出 1 夸脱($946cm^3$) 21℃±3℃的淡水所需时间为 26s±0.5s。

② 带刻度钻井液杯：有 1 夸脱和 $1000cm^3$ 的刻度线。

③ 秒表。

④ 温度计：量程 0~105℃。

（二）测试程序

① 清洁漏斗和带刻度的泥浆杯。

② 用手指堵住漏斗的出口管，将经过充分搅拌的钻井液样品通过漏斗上面的筛网注入直立状态的漏斗内，直至钻井液液面达到筛网底部为止(应有 $1500cm^3$)。

③ 移开堵住出口管的手指同时按动秒表，测量钻井液从出口管流入带刻度的泥浆杯达到 1 夸脱或 1 升的刻度线位置时所需的时间。

④ 测量并记录钻井液的温度。

⑤ 以秒为单位记录马氏漏斗黏度。

三、塑性黏度、表观黏度和动切力

（一）仪器

① 直读式旋转黏度计：目前通用的有手摇式、12V 电动式、115V 电动式(6 速型)、115V 或 220V 电动式(无级变速型)。

② 秒表。

③ 温度计：量程 0~105℃。

④ 可加热恒温的泥浆样品杯(备用)。

（二）操作步骤

① 将钻井液样品注入泥浆样品杯中(必要时用可加热恒温的泥浆样品杯)，使黏度计的转筒浸入钻井液样品中时液面刚好到达外筒的刻度线。应尽量减小钻井液样品搅拌后的耽误时间(小于 5min)，且测量时钻井液温度与取样处钻井液的温度相差不应大于 6℃。记录取样地点和测量时钻井液的温度。

② 使外筒以 600r/min 的转速旋转，读取黏度计表盘上已恒定的指针所指示的刻度值，记为 $\phi600$。

③ 将转速改为 300r/min，再读取表盘上所指示的刻度值，记为 $\phi300$。

④ 将转速改为 600r/min，转动 10s 以上，然后静止 10s，立即开动仪器使外筒以 3r/mim 的转速转动，读取开始旋转时表盘指针所指示的最大值除以 2，得到的数据记为初切 $G_{10''}$，单位是 Pa。

⑤ 再以 600r/min 的转速转动 10s 以上，然后静止 10min，立即开动仪器使外筒以 3r/min 的转速转动，读取开始旋转时表盘指针所指示的最大值除以 2，得到的数据记为终切 $G_{10'}$，单位是 Pa。

⑥ 测量完毕后，及时清洗内外转筒并擦干。

（三）计算

1. 宾汉模式

表观黏度(MPa·s)：$AV=\phi600/2$

塑性黏度(MPa·s)：$PV=\phi600-\phi300$

屈服值(Pa)：$YP=(2\phi300-\phi600)/2$

初切力(Pa)：$G_{10''}=\phi3/2$

终切力(Pa)：$G_{10'}=\phi3/2$

2. 幂律模式

流型指数：$n=3.22\lg(\phi600/\phi300)$

稠度系数($Pa\cdot s^n$)：$K=\phi600/1022^n$

四、室温中压滤失量

（一）仪器

① API 失水仪：过滤面积为(7.1±0.1)in^2($4580mm^2 \pm 60mm^2$)。

② 滤纸：Whatman No. 50 型或相当的产品，直径为 9cm。

③ 秒表。

④ 带刻度量筒：容量 10~25mL，分度值为 0.1mL。

⑤ 钢板尺：刻度精确至 1mm。

⑥ 压力源：用无危险的流体施压。若带有加压器及压力调节器，可使用二氧化碳小型气弹提供压力。

（二）操作步骤

① 确保失水仪过滤杯各部件清洁干燥，密封垫圈未变形或损坏。

② 将钻井液样品注入过滤杯中，液面距杯子顶端约 1cm。放上滤纸，盖上过滤盖。

③ 在过滤杯排出管下面放好量筒以便接收滤液。

④ 迅速加压，要求在 30s 内使压力达到(100±5) psi(690kPa±35kPa)。在加压的同时开始计时。

⑤ 时间达到 30min 时，测量滤液体积，关闭压力。若测定时间不是 30min，应加以注明。

⑥ 以 mL 为单位记录滤液的体积(精确到 0.1mL)，同时记录钻井液样品的初始温度。保留滤液以便用于化学分析。

⑦ 释放掉过滤杯内的压力，小心拆开杯盖，倒掉钻井液，取出滤纸时应避免损坏滤纸上的滤饼，小心地用缓慢的水流冲去滤饼表面的钻井液，用钢板尺测量滤饼的厚度，精确到 1mm 或 1/32in。以 mm 或 1/32in 为单位记录滤饼厚度并注明其软、硬、韧、致密、疏松或坚硬情况。

（三）注意事项

① 当钻井液样品的滤失量大于 8mL 时，过滤进行到 7.5min 时的滤液体积乘以 2 可近似等于实测 30min 时的滤失量。

② 使用小型失水仪(通常其过滤面积是标准失水仪过滤面积的一半)时，测定的结果与用标准失水仪测定的结果没有严格的互换性，当滤失量较低时，用小型失水仪测定 7.5min 所得滤液体积乘以 4 作为 API 滤失量将存在较大误差。

五、高温高压滤失量

（一）仪器

① 高温高压失水仪：失水仪的过滤杯容积为 300~400mL，过滤面积为 2258mm^2，用于 150℃以下的试验时，过滤杯的设计耐压强度应为 7092kPa，而用于 150℃以上的试验时，过滤杯耐压强度则应为 10132kPa 以上。

② 滤液接收器：应能承受 3546kPa 的压力。

③ 压力源：可用氮气或二氧化碳气体。

④ 过滤介质：当测试温度低于 200℃时，用 Whatman No. 50 型滤纸或相当的产品，如果测试温度高于 200℃，则需用 Dynalloy X-5 型滤纸或相当的多孔介质圆盘，一片只能使用一次。

⑤ 计时器：时间间隔为 30min。

⑥ 温度计：量程可达 260℃，可采用金属温度计。

⑦ 量筒：25mL 或 50mL。

⑧ 高速搅拌器。

⑨ 钢板尺：刻度分度值为 1mm。

（二）温度低于 150℃ 时的操作步骤

① 将温度计插入加热套，预热直至比所需试验温度高 10℉（6℃）为止，保持恒温。

② 将用高速搅拌器搅拌 10min 之后的钻井液样品注入过滤杯中，液面距顶部 13mm，装上滤纸。

③ 安装好过滤杯并关紧上下阀杆，放入加热套内，插上温度计。

④ 将滤液接收器连接到过滤杯底部阀杆上并锁好。将可调节压力的调压器连接压力源并安装到上部阀杆上，同样锁好。

⑤ 在上下阀杆关紧的情况下分别调节上下压力调节器至 100psi（690kPa）。打开上部阀杆，将 100psi 压力施加到过滤杯内。维持此压力直至达到试验所需温度，保持此温度恒定。过滤杯内的钻井液从预热达到试验温度的过程不应超过 1h。

⑥ 当温度达到后，将顶部压力增加到 600psi（4140kPa），并同时打开底部阀杆开始收集滤液，计时开始，在保持试验温度在±5℉（±3℃）的范围内，收集滤液 30min。如果在测定过程中，接收器的回压超过 100psi，可以小心地从滤液接收器中排出一部分滤液，使压力降至 100psi。

⑦ 记录滤液体积、试验温度、压力和时间。

⑧ 试验完毕后，关紧过滤杯的上下阀杆，压力调节器释放掉压力（过滤杯内仍有 500psi 的高压）。

⑨ 在确保上下阀杆关闭的情况下（并且压力调节器已释放压力）拆除滤液接收器和压力调节器，设法使过滤杯冷却至室温，保持过滤杯垂直向上，小心打开上阀杆，释放出杯内的压力（不要对着身体!），然后打开杯盖，倒掉钻井液，取出滤饼，用缓慢的水流冲去滤饼表面疏松的物质，用钢板尺测量滤饼厚度，精确到 1/32in 或 1mm。最后清洗过滤杯各个部件。

（三）计算和记录

① 钻井液：HTHP FL（cm^3）= 2×（滤液体积 cm^3/30min）。

② 钻井液滤饼厚度（mm）= 钢板尺测量值。

（四）温度高于 150℃ 时的测定步骤

① 首先了解所用仪器的生产厂家对仪器使用的说明，必须严格遵守厂家对钻井液样品体积、测试温度及压力等方面的规定。

② 将温度计插入加热套，将加热套预热升温至比所需试验温度高出 6℃ 并使之恒温。

③ 用高速搅拌器搅拌钻井液样品 10min 后，将样品注入过滤杯中并使液面距顶部 38mm。放好过滤介质。

④ 安装好过滤杯并关紧上下阀杆，把过滤杯放入加热套内，并插上一支温度计。

⑤ 将滤液接收器连接到底部阀杆上并锁好。

⑥ 将可调节的压力源连接到顶部阀杆上并锁好。

⑦ 在上下阀杆关紧的情况下，对顶部和底部施加试验温度下推荐的回压压力，见表 5-1。样品加热升温期间，打开顶部的阀杆，使压力施加到过滤杯内。

⑧ 确保在 1h 左右，使过滤杯达到试验所要求的温度，接着将顶部的压力增加到获得

500psi 的压差(或根据井下实际压差规定试验的压差，但必须在仪器所能承受的范围内)，同时打开底部阀杆，收集滤液并开始计时，在保持试验温度在±3℃的波动范围内及保持合适回压和压差情况下，收集 30min 滤液。如果回压上升，可小心地排出一些滤液以降低回压到规定值。

⑨ 试验结束后，关紧顶部和底部上下两个阀杆，从压力调节器放掉压力，拆除压力源。等温度下降后，从滤液接收器中放出全部滤液，记录 30min 所收集到的全部滤液体积，同时记录试验温度、压力和时间。

⑩ 内仍有极高压力。保持过滤杯直立状态并使之冷却到室温，然后小心打开上阀杆(不要对着人)，放出过滤杯中的压力，再打开过滤杯，倒掉钻井液，取出滤饼，用缓慢的水流冲去滤饼表面松散物质，用钢板尺测量滤饼厚度，精确到 1/32in 或 1mm。

表 5-1　不同测试温度的推荐回压值

测定温度		蒸气压		最低回压	
℉	℃	psi	kPa	psi	kPa
121	100	14.7	101	100	690
250	121	30	207	100	690
300	149	67	462	100	690
以上是现场测试常用的温度及回压					
350	177	135	932	160	1104
400	204	247	1704	275	1898
450	232	422	2912	450	3105

六、用 pH 试纸的测定步骤

① 取一小条 pH 试纸放进待测样品表面，当液体浸透 pH 试纸时(30s 内)取出试纸。

② 将变色的试纸条与色标进行比较，确定颜色相同的色标，读取其代表的 pH 值。

③ 如果用广泛 pH 试纸时颜色不好识别，可用近似范围的精密 pH 试纸进行测定。精密 pH 试纸可读至 0.2pH 值单位。

七、钻井液水、油和固相含量

(一) 仪器

① 蒸馏仪：蒸馏杯的容积为 10mL(精度±0.05mL)或 20mL(精度±0.1mL)。

② 带刻度量筒：与蒸馏杯容积相对应，$10cm^3$ 或 $20cm^3$，刻度分度值为 0.1mL，精度为±0.1mL。

③ 钢丝毛。

④ 高温密封润滑脂。

⑤ 试管刷。

⑥ 专用刮刀。

(二) 操作步骤

① 用高温密封脂薄薄涂敷蒸馏杯的丝扣。

② 将不含气泡的钻井液样品注入蒸馏杯，样品应先通过 20 目筛以除去堵漏材料和大的钻屑。

③ 在蒸馏杯上部的蒸馏室中填充钢丝毛，数量要适中，太少时会使钻井液中的固相随蒸汽蒸馏出来，造成试验误差。

④ 小心地盖上蒸馏杯盖，应有过量样品从杯盖中间的小孔中溢出。擦掉蒸馏杯外部和杯盖上面的钻井液，将蒸馏杯安装到蒸馏器上并拧紧。

⑤ 将安装好的蒸馏器放入加热套，并在下部排出管下面放置接收冷凝器的量筒。

⑥ 加热蒸馏器，收集冷凝液，直到无冷凝液滴出后 10min 可停止加热。

⑦ 冷却至室温后，读取量筒内水和油的体积，最后清洁蒸馏器和蒸馏杯。

(三) 计算

钻井液含水量 $V_w(\%)=100\times$(蒸馏出水体积，mL)/(样品体积，mL)

钻井液含油量 $V_o(\%)=100\times$(蒸馏出油体积，mL)/(样品体积，mL)

钻井液固相含量 $V_s(\%)=100-(V_w+V_o)$

对于盐水钻井液，利用钻井液的氯离子浓度计算悬浮固相体积百分数：

$$V_{sc}=V_s-V_w\frac{C_{Cl}}{1680000-1.21C_{Cl}}$$

式中 V_{sc}——悬浮固相体积百分数，%；

C_{Cl}——氯离子浓度，mg/L。

利用钻井液密度可计算低密度固相体积百分数：

$$V_{LG}=\frac{1}{(\rho_{WM}-\rho_{LG})}[100\rho_{WC}+V_{SC}(\rho_{WM}-\rho_{WC})-100\rho_m-V_O(\rho_{WM}-\rho_O)]$$

式中 V_{LG}——盐水钻井液中低密度固相体积百分数，%；

ρ_{WM}——加重材料密度，g/cm^3；

ρ_{LG}——低密度固相平均密度(通常取 2.6)，g/cm^3；

ρ_{WC}——盐水钻井液滤液的密度(对于氯化钠水溶液，$\rho_{WC}=1+0.00000109C_{Cl}$)，g/cm^3；

V_{SC}——盐水钻井液中修正了的中固相体积百分数，%；

ρ_m——盐水钻井液密度，g/cm^3；

V_O——盐水钻井液中油相体积百分数，%；

ρ_O——油的密度(通常为 0.84)，g/cm^3。

加重材料体积百分数可由如下计算：

$$V_{WM}=V_{sc}-V_{LG}$$

按下式计算低密度固相，加重材料及悬浮固相的质量含量：

$$W_{LG}=10(V_{LG}\times\rho_{LG})$$

$$W_{LG}=10(V_{WM}\times\rho_{WM})$$

$$W_{SC}=W_{WM}+W_{LG}$$

式中 V_{WM}——加重材料体积百分数，%；

W_{LG}——低密度固相浓度，kg/m^3；

W_{WM}——加重材料浓度，kg/m^3；

W_{SC}——悬浮固相浓度，kg/m^3。

八、钻井液含砂量

（一）仪器

含砂量测定仪：由直径 2.5in 的 200 目筛子、与筛子配套的漏斗及有刻度的玻璃测量管组成。

（二）测定步骤

① 将钻井液样品注入玻璃测定管内达到“泥浆”标记处，再加水至另一个标记处。

② 用拇指堵住管口激烈振荡。将上层稀液倒到清洁的 200 目小筛上，弃掉液体。再给玻璃管内加水，冲洗出黏附在管内的固体颗粒并倒入小筛中，重复冲洗直至玻璃管内干净为止。

③ 用水冲洗筛子上的砂子以除去残留的钻井液。

④ 将漏斗套在筛子上，并使漏斗的出口管套入玻璃测量管中，翻转筛子以便砂子能掉入玻璃测量管内，用小股水流冲洗筛子以便使砂子冲入玻璃测量管中。

⑤ 静置玻璃测量管，使砂子沉降，从玻璃测量管刻度读出砂子的体积百分数。

九、钻井液亚甲基蓝容量

（一）仪器和试剂

① 亚甲基蓝溶液：用标准试剂级亚甲基蓝配制，浓度是 3.20g/L（1mL=0.01mg 当量）。每次配制时，必须先测定亚甲基蓝的含水量。可将 1.000g 亚甲基蓝在（93±3）℃温度下干燥至恒重，用下式对样品质量进行校正：

② 取样质量（g）= 3.20/甲基蓝干燥恒重质量。

③ 过氧化氢：3%的溶液。

④ 稀硫酸：约 5N。

⑤ 注射器：2.5mL 或 3mL。

⑥ 锥形瓶：250mL。

⑦ 滴定管：10mL

⑧ 微型移液管：0.5mL。

⑨ 带刻度移液管：1mL。

⑩ 量筒：30mL。

⑪ 搅拌棒。

⑫ 加热板。

⑬ 滤纸或亚甲基蓝试验纸。

（二）测试程序

① 用注射器极准确地将 2mL 钻井液样品（不含有气泡）加入装有 10mL 水的锥形瓶中，加入 3%的过氧化氢溶液 15mL 和 5N 的硫酸 0.5mL，然后缓慢地煮沸 10min，再加入蒸馏水稀释至约 50mL。

② 以每次 0.5mL 的量将亚甲基蓝溶液逐次加入锥形瓶中，旋转 30s，在黏土颗粒仍悬浮的情况下，用搅拌棒取一滴悬浮液滴在滤纸上，当滤纸上的固体颗粒周围显现出蓝色或蓝绿色时，表明已达到滴定终点。

③ 再旋转锥形瓶 2min，又取一滴悬浮液滴在滤纸上，如果蓝色环明显显示，证明终点

的确已达到。如果蓝色环不再出现，则再加入 0.5mL 亚甲基蓝溶液继续试验，直到摇 2min 后取一滴滴在滤纸上能显示出蓝色环为止。

(三) 计算

① 亚甲基蓝容量 MBT＝亚甲基蓝溶液用量(mL)/钻井液样品量(mL)。

② 钻井液的膨润土含量为：

$$钻井液中膨润土含量(kg/m^3)= 14.25\times 亚甲基蓝溶液用量(mL)$$

十、氯离子含量

(一) 仪器和试剂

① 硝酸银溶液：浓度为 0.0282N 和 0.2820N。

② 铬酸钾溶液：5g/100mL 水。

③ 硫酸或硝酸溶液：0.02N 标准溶液。

④ 酚酞指示剂：将 1g 酚酞溶于 100mL 浓度为 50%的酒精水溶液中配制而成。

⑤ 沉淀碳酸钙：化学纯。

⑥ 蒸馏水。

⑦ 带刻度的移液管：$1cm^3$ 和 $10cm^3$ 的各 1 支。

⑧ 滴定瓶：$100\sim150cm^3$，白色。

⑨ 搅拌棒。

(二) 测定步骤

① 取 1mL 或几毫升滤液于滴定瓶中，加入 2~3 滴酚酞溶液。如果显示粉红色，则边搅拌边用移液管逐滴加入酸，直至粉红色消失。如果滤液的颜色较深，则先加入 2mL 0.2N 硫酸或硝酸并搅拌，再加入 1g 碳酸钙并搅拌。

② 加入 25~50mL 蒸馏水和 5~10 滴铬酸钾指示剂。在不断搅拌下，用移液管逐滴加入硝酸银标准溶液，直至颜色由黄色变为橙红色并能保持 30s 为止。记录达到终点所消耗的硝酸银的毫升数。如果硝酸银溶液用量超过 10mL，则取少一些滤液进行重复测定。如果滤液中的氯离子浓度超过 1000mg/L，应使用 1mL＝0.01g 氯离子的硝酸银溶液(0.2820N 的浓度)。

(三) 计算

① 氯离子浓度(mg/L)＝1000(硝酸银溶液用量，mL)/滤液样品体积(mL)。

② 如果所用的硝酸银溶液 1mL＝0.01C_{Cl}(0.2820N 的浓度)，则：

$$氯离子浓度\ C_{Cl}(mg/L)= 1000(硝酸银溶液用量，mL)/滤液样品体积(mL)$$

$$滤液\ NaCl\ 含量(mg/L)= 1.65(氯离子浓度，mg/L)$$

③ 若用 μg/g 为单位表示氯离子浓度，则：

$$氯离子浓度\ C_{Cl}(\mu g/g)=(氯离子浓度，mg/L)/(滤液密度，g/mL)$$

式中，滤液密度可由 Cl^- 浓度(mg/L)通过查表而得到，如果滤液的盐较复杂，不是单纯的 NaCl、$CaCl_2$ 或 KCl 等，则滤液密度难以从表中查到，只能实际测定。对于淡水钻井液，由于滤液密度近似 1g/mL，因此，用 mg/L 表示的氯离子浓度近似等于用 μg/g 表示的数值。

十一、钻井液碱度与石灰含量

（一）仪器与试剂

① 硫酸溶液：0.02N 标准溶液。

② 酚酞指示剂溶液：将 1g 酚酞溶于 100mL 浓度为 50%的酒精水溶液中配制而成。

③ 甲基橙指示剂溶液：将 0.1g 甲基橙溶于 100mL 水中配制而成。

④ pH 计。

⑤ 滴定瓶：100~150mL，最好为白色。

⑥ 带刻度移液管：1mL 和 10mL 各 1 支。

⑦ 搅拌棒。

（二）测定 P_f 和 M_f 步骤

① 用注射器或移液管取 1mL 或更多一些滤液于滴定瓶中，加入 2 滴或更多一些酚酞指示剂溶液。如果显示粉红色，则用移液管逐滴加入 0.02N 的硫酸并不断搅拌，至粉红色恰好消失为止。如果样品颜色较深不能判断颜色变化，则可用 pH 计测定试样的变化，当 pH 值降至 8.3 时即为滴定终点。

② 记录所消耗的 0.02N 硫酸溶液的体积 V_1(mL)。

③ 在上述试样中再加入 2~3 滴甲基橙指示剂溶液，用移液管逐滴加入 0.02N 硫酸溶液并不断搅拌，直到颜色从黄色变为粉红色为止(如果用 pH 计，则 pH 值降到 4.3 时即达到滴定终点)。

④ 记录加入甲基橙指示剂后所滴加的 0.02N 硫酸溶液的体积 V_2(mL)。

⑤ 计算：

$$滤液酚酞碱度\ P_f(mL)=V_1/滤液试样体积(mL)$$

$$滤液甲基橙碱度\ M_f(mL)=(V_1+V_2)/滤液试样体积(mL)$$

（三）测定 P_m 步骤

① 用注射器或移液管取 1mL 或更多一些泥浆于滴定瓶中，加入 25~50mL 蒸馏水，再加入 4~5 滴酚酞指示剂溶液。边搅拌边用 0.02N 的硫酸溶液迅速滴定到粉红色消失。若用 pH 计测定试样的变化，则当 pH 值降至 8.3 时即为滴定终点。

② 记录所消耗的 0.02N 硫酸溶液的体积 V_3(mL)。

③ 计算：

$$钻井液酚酞碱度\ P_m(mL)=V_3/钻井液试样体积(mL)$$

十二、水或滤液的总硬度

总硬度以钙离子浓度表示。

（一）仪器和试剂

① EDTA 标准溶液：0.01mol/L 的二水合乙二胺四乙酸二钠盐溶液，1mL=1000mg/L 的 $CaCO_3$ 或 1mL=400mg/L 的 Ca^{2+}。

② 缓冲溶液：67.5g NH_4Cl 加入 570mL NH_4OH(15N)，然后用蒸馏水稀释至 1000mL。

③ 硬度指示剂溶液：1g/L 的[1-(1-羟基-4-甲基-2-苯偶氮)-2-萘酚-4-磺酸]水溶液或相当的药品。

④ 冰醋酸。

⑤ 滴定瓶：150mL 烧杯。

⑥ 带刻度移液管：5mL 和 10mL 的各 1 支。

⑦ 移液管：1mL、2mL 和 5mL 的各 1 支。

⑧ 加热板。

⑨ 掩蔽剂：体积比为 1∶1∶2 的三乙醇胺、四乙烯基戊胺和水混合液(备用)。

⑩ pH 试纸。

⑪ 次氯酸钠溶液：5.25%的次氯酸钠去离子水溶液(Clorox 或相当的试剂)，要确保新鲜且不含次氯酸钙或草酸。

⑫ 蒸馏水或去离子水：如果有一定的硬度，则测定结果应进行校正。

（二）测定步骤

① 取 1.0mL 或更多一些试样于 150mL 烧杯中。如果试样颜色较深，可加入 10mL 次氯酸钠溶液并混匀，再加入 1mL 冰醋酸混匀，后煮沸试样以除去氯气。为了保持试样体积不减少，应适时补充蒸馏水或去离子水。将 pH 试纸浸入试样中，如果试纸被漂白，表明氯气已被除净，否则要继续煮沸。氯气除净后，冷却试样并用蒸馏水或去离子水冲洗烧杯内壁。

② 用蒸馏水或去离子水稀释试样至 50mL，加入 2mL 硬度缓冲溶液并混匀。如果试样中存在可溶性铁，则滴加 1mL 掩蔽剂。

③ 加入足够的硬度指示剂(2~6 滴)并混匀。如果存在钙和/或镁离子，试样将显示酒红色。

④ 边搅拌边用 EDTA 溶液滴定，当试样由红色变成蓝色时，继续加入 EDTA 溶液而不再有由红到蓝的颜色变化即为终点。记录所用 EDTA 溶液的体积。

（三）计算

以钙离子表示的总硬度 *TH*(mg/L)＝400×EDTA 溶液体积(mL)/试样体积(mL)

十三、钙离子含量与镁离子含量

（一）仪器和试剂

① EDTA 标准溶液：0.01mol/L 的二水合乙二胺四乙酸二钠盐溶液，1mL＝1000mg/L 的 $CaCO_3$ 或 1mL＝400mg/L 的 Ca^{2+}。

② 缓冲溶液：1N 的氢氧化钠溶液。

③ 钙指示剂：羟基萘酚蓝或 Calver Ⅱ。

④ 冰醋酸。

⑤ 滴定瓶：150mL 烧杯。

⑥ 带刻度移液管：1mL 1 支和 10mL 的 2 支。

⑦ 移液管：1mL、2mL 和 5mL 的各 1 支。

⑧ 加热板。

⑨ 掩蔽剂：体积比为 1∶1∶2 的三乙醇胺、四乙烯基戊胺和水混合液(备用)。

⑩ pH 试纸。

⑪ 次氯酸钠溶液：5.25%的次氯酸钠去离子水溶液(Clorox 或相当的试剂)，要确保新鲜且不含次氯酸钙或草酸。应测定其钙离子含量。

⑫ 蒸馏水或去离子水：应测定其钙离子含量。

⑬ 量筒：50mL。

（二）测定步骤

① 取 1.0mL 或更多一些试样于 150mL 烧杯中。如果试样颜色较深，可加入 10mL 次氯酸钠溶液并混匀，再加入 1mL 冰醋酸混匀，然后煮沸试样以除去氯气。为了保持试样体积不减少，应适时补充蒸馏水或去离子水。将 pH 试纸浸入试样中，如果试纸不被漂白，表明氯气已被除净，否则要继续煮沸。氯气除净后，冷却试样并用蒸馏水或去离子水冲洗烧杯内壁。

② 用蒸馏水或去离子水稀释试样至约 50mL，加入 2mL 硬度缓冲溶液并混匀。如果试样中存在可溶性铁，则滴加 1mL 掩蔽剂。加入 10~15mL NaOH 缓冲溶液使试样 pH 值达到 12~13。

③ 加入适量的钙指示剂(0.1~0.2g)并混匀。如果存在钙离子，试样将显示粉红色至酒红色。指示剂加得太多时，终点将会不明显，可同时加入几滴甲基橙指示剂以改善终点的判断。

④ 边搅拌边用 EDTA 溶液滴定至红色变成蓝色时，再继续加入 EDTA 溶液而不再有由红到蓝的颜色变化即为终点。记录所用 EDTA 溶液的体积。

（三）计算

① 钙离子含量 Ca^{2+}(mg/L)= 400×EDTA 溶液体积(mL)/试样体积(mL)

注意：如果所用的次氯酸钠溶液和蒸馏水中含有钙离子，测定结果应校正。

② 镁离子含量 Mg^{2+}(mg/L)= [(以钙离子计总硬度所消耗的 EDTA 体积-钙离子所消耗的 EDTA 体积)×243]/滤液样品体积

十四、钾离子含量

（一）氯化钾浓度高于 9.98kg/m^3(或钾离子含量高于 5000mg/L)时的测定

1. 仪器和试剂

① 高氯酸钠溶液：150.0g $NaClO_4$/100mL 蒸馏水。

② 氯化钾标准溶液：14.0g 氯化钾溶于去离子水或蒸馏水配制成 100mL 溶液。

③ 离心机：手摇或电动水平悬摆式，转速能达到 1800r/min。

④ 离心试管：10mL，Kolmer 型，Corning #8360。

⑤ 移液管：0.5mL、1.5mL、2.5mL 和 3.0mL 各 1 支。

⑥ 注射器或带刻度移液管：10mL。

⑦ 蒸馏水或去离子水。

2. 标准曲线的绘制步骤

① 对不同类型的离心机必须分别绘制其标准曲线，见图 5-1。

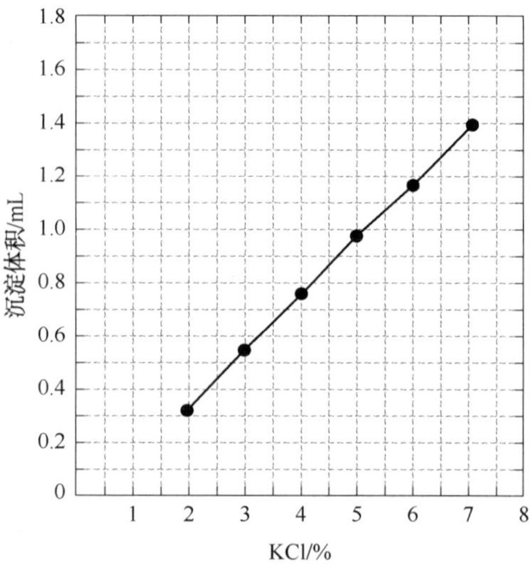

图 5-1　标准曲线

② 用氯化钾标准溶液配制三种样品：分别取 0.5mL、1.5mL 及 2.5mL 氯化钾标准溶液于

三支离心试管内（最后能得到 10kg/m^3、30kg/m^3 和 50kg/m^3 的溶液）。

③ 在离心管内，用蒸馏水将试样稀释至 7mL 的刻度并搅匀。

④ 加入 3mL 高氯酸钠标准溶液（不要搅拌）。

⑤ 在恒定转速（约为 1800r/min）下离心 1min 并立即读出沉淀体积。

⑥ 用过的离心试管应立即清洗。

⑦ 在直角坐标纸上以沉淀物体积对氯化钾含量（kg/m^3）作图，绘制出标准曲线。

3. 测试程序

① 参考表 5-2 取样置于离心管中。

② 当滤液试样取样体积小于 7mL 时，在离心试管内用蒸馏水稀释至 7mL 并搅匀。

③ 加入 3mL 高氯酸钠标准溶液（不要搅拌），如果有 K^+存在，溶液立即会出现沉淀。

④ 在恒定转速（约 1800r/min）下离心 1min，然后立即读取沉淀体积。

⑤ 再加入 2~3 滴高氯酸钠溶液于离心试管中，如果仍有沉淀生成，则证明没有测定出全部钾离子，应当再参考取样体积表将试样体积减小，并重复上述测定步骤，直至加入 2~3 滴高氯酸钠溶液后不再有沉淀生成，测定结果以这次为准。

表 5-2　不同浓度下滤液试样的取样体积

浓度范围		滤液试样体积/mL
KCl/（kg/m^3）	K^+/（mg/L）	
10~51	5250~27000	7.0
51~100	27000~52500	3.5
100~200	52500~105000	2.0
200 以上	105000 以上	1.0

⑥ 将所测定的沉淀体积与标准曲线相比较即可确定氯化钾浓度。如果经过计算获得的氯化钾浓度超过 45kg/m^3，测定的准确度会变差，为了较为准确地测定，可按表中规定的取样体积，另取一份较少体积的滤液试样重复测定一次。

4. 计算

滤液氯化钾含量（kg/m^3）=（7×标准曲线所得值）/滤液试样体积（mL）

滤液钾离子含量（mg/L）= 525×滤液氯化钾含量（kg/m^3）

（二）氯化钾浓度低于 9.98kg/m^3（或钾离子含量低于 5000mg/L）时的测定

1. 仪器和试剂

① 四苯硼酸钠标准溶液：8.754g 四苯硼酸钠溶于 800mL 去离子水中，加入 10~12g 氢氧化铝，搅拌 10min 并过滤，加入 2mL 浓度为 20%的氢氧化钠溶液至滤液中，再用去离子水稀释至 1L。

② 季铵盐溶液：500mL 去离子水中溶解 1.165g 溴化十六烷基三甲基铵。

③ 氢氧化钠溶液：20g/80mL 去离子水。

④ 溴酚蓝指示剂：0.04g 溴酚蓝溶于 3mL 浓度为 0.1N 的氢氧化钠溶液中，再用去离子水稀释至 100mL。

⑤ 去离子水或蒸馏水。

⑥ 带刻度的移液管：刻度值为 0.01mL。2mL 的 1 支，5mL 和 10mL 的各 1 支。

⑦ 量筒：25mL 和 100mL 的各 2 个。

⑧ 烧杯：250mL 的 2 个。

⑨ 漏斗。

⑩ 滤纸。

2. 测试程序

① 参照表 5-3 中规定的滤液试样用量，取适当滤液试样体积于 100mL 量筒中。

表 5-3 测定低浓度 KCl 时不同浓度下滤液试样的取样体积

浓度范围		滤液试样体积/mL
KCl/(kg/m^3)	K^+/(mg/L)	
0.57~3.705	250~2000	10.0
3.705~7.695	2000~4000	5.0
7.695~19.095	4000~10000	2.0

② 加入 4mL 浓度为 20%的氢氧化钠溶液和 25mL 四苯硼酸钠溶液，然后用定量的去离子水稀释至 100mL。

③ 搅拌后静止 10min。

④ 过滤至 100mL 量筒内，如果溶液仍为浑浊，必须再过滤 1 次。

⑤ 取 25mL 上述滤液于 250mL 烧杯中。

⑥ 加入 10~15 滴溴酚蓝指示剂。

⑦ 用季铵盐溶液滴定至颜色从紫蓝色变为淡蓝色为止。

3. 计算

滤液钾离子含量(mg/L)= 1000×(25-季铵盐溶液用量)/(滤液用量)

滤液氯化钾含量(kg/m^3)= 滤液中钾离子含量×1.91×10^{-3}

第三节 油基钻井液现场检测程序

一、电稳定性

油包水乳状液的相对稳定性是以破乳电压来表示的。稳定状态的油包水乳状液是不导电的，但在试验时，当浸在油包水乳状液内的电极增加电压时，最终会破坏乳状液而有电流通过。油包水乳状液越稳定，出现电流通过时的最低电压就越高。温度对电稳定性有影响，故测量应在(50±2)℃的温度下进行。

(一) 仪器

① 电稳定性测定仪：电压范围在 0~2000V，最好是 0~1500V，频率为 330~350Hz。当乳状液被击穿时，瞬时电流 61mA。电极间距为 1.59mm(0.016in)。

② 温度计：量程为 1~105℃。

(二) 测试程序

① 将油基钻井液样品过筛以除去大于 12 目的颗粒(可用马氏漏斗上的筛子)，然后放入容器内并用电极搅拌 30s。

② 将样品温度调至(50±2)℃。记录下样品的温度。

③ 将电稳定性测定仪的电极浸入样品内，但不应接触到容器。测量时不得移动电极。

④ 接通电源，从零读值开始按顺时针方向转动旋钮增加电压，其递增速度为100~200V/s，直至指示灯发亮为止。

⑤ 记录表盘上的读值，然后将其归零。

⑥ 用绢纸清洁电极，然后再用电极搅拌样品30s，照上述过程再重复测定一次。两次测定的结果最大偏差应为±5%。

二、油基钻井液水相活度

该项试验是确定油基钻井液中被乳化的水相的活度，也可用于测定地层活度系数(F. A. C)。

(一) 仪器和药品

① 湿度计：数字显示式。

② 配制饱和溶液用的各种盐：$CaCl_2$、$Ca(NO_3)_2$、NaCl 和 KNO_3，均为试剂级。

③ 带胶塞的广口瓶：约150mL的容量。

④ 适合放置广口瓶的泡沫塑料保温套。

⑤ 蒸馏水或无离子水。

(二) 测试程序

标准湿度曲线的绘制：

① 按照表5-4所规定的加盐量，将盐溶于100mL蒸馏水或无离子水中，在66~93℃温度下搅拌0.5h，然后冷却到24~27℃，容器底部将出现盐的结晶，如果无结晶析出，应加入少量同类盐的晶体以诱发结晶析出。

表5-4 标准盐溶液的活度和配制用量

盐的名称	活度	100mL水中溶解的盐量/g
氯化钙	0.295	100
硝酸钙	0.505	200
氯化钠	0.753	200
硝酸钾	0.938	200

② 孔的大小应足以容纳探测头并具有气密作用。

③ 准备好上述已配制好的各种盐水，每份40mL，加盖存放，不得受污染。

④ 用一个平口烧杯(250mL)装入无水硫酸钙或硅胶，最好装入无水 $CaCl_2$。将探测头连带胶塞置于烧杯上面10~15min，探测头与干燥剂之间应有12mm的距离。探测头干燥状态时湿度计读数应是≤24%相对湿度(RH)。

⑤ 将探测头连带胶塞一起移到具有最低活度(表5-4)的标准溶液上停放30min，探测头应和溶液面保持12mm的距离。平衡后，记录溶液温度和湿度计显示的相对湿度值。

⑥ 然后按活度从低到高依次对每个标准溶液进行同样的测定，并记录每个溶液的温度和相对湿度读值。应确保每个溶液温度都是24~25℃。

⑦ 测完全部溶液后，在方格坐标纸上以相对湿度对活度(图5-2)作曲线。

(三) 油基钻井液活度的测定

① 像上述那样将探测头置于干燥剂上方干燥10~15min。

② 样品杯中放入40mL油基钻井液样品。将探测头从干燥杯中移到钻井液上方12mm处。开启湿度计，等候30min，记录相对湿度读数(%RH)及温度。钻井液样品的温度应为24~25℃。

③ 利用测得的相对湿度，通过标准湿度曲线查出油基钻井液样品的活度值。

注意：钻井液样品不应出现油水分离现象，否则，测定结果是错误的。同时，务必保证试样杯和盖子干净和没有黏附盐晶体。

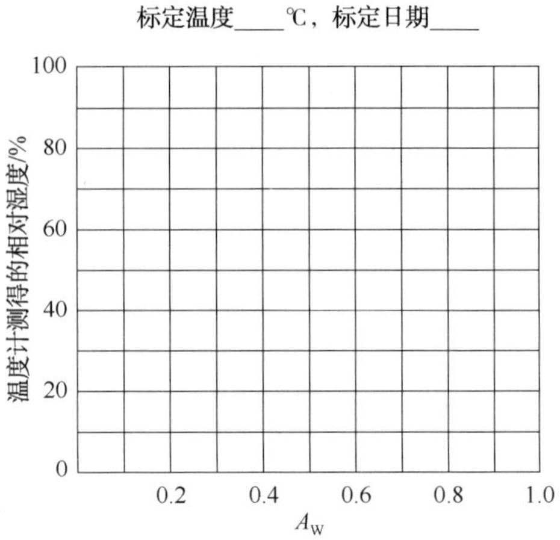

图 5-2　湿度计标定曲线

④ 为了测定页岩钻屑的活度，可从振动筛上取得钻屑，用柴油洗去钻井液，再用纸擦干油迹或油基钻井液的污迹，然后像测定钻井液一样用湿度计进行测定。当用淡水或盐水钻井液钻井时，必须进行专门的取心作业，并且取岩心内部的页岩块进行测定。

三、油基钻井液碱度和石灰含量

油基钻井液的碱度采用化学滴定法进行测定，所用的标准酸液是0.1N(N/10)的硫酸标准溶液。油基钻井液碱度的符号为P_{om}，其单位是mL/mL。

(一) 仪器和试剂

① 溶剂：二甲苯(分析纯)和异丙醇(分析纯)按50/50体积比混合，使用时请注意，此两种化学试剂有毒性。

② 硫酸(分析纯)标准溶液：0.1N。

③ 酚酞指示剂：100mL 50%异丙醇水溶液中溶解1g酚酞。

④ 滴定容器：400mL烧杯或锥形瓶。

⑤ 注射器：5mL的医用注射器。

⑥ 移液管：1mL和10mL的各1支，应带有刻度。

⑦ 磁力搅拌器：带有长为1.5in的外包塑料的金属搅棒。

⑧ 蒸馏水或去离子水。

(二) 测试程序

① 在400mL的烧杯或锥形瓶中加入100mL二甲苯与异丙醇50/50的混合溶剂。

② 用5mL的注射器抽取3mL油基钻井液样品，注入2mL油基钻井液样品到上述烧杯或锥形瓶中。

③ 用磁力搅拌器进行搅拌并加入200mL蒸馏水或去离子水。

④ 加入15滴酚酞指示剂。

⑤ 粉红色在1min之内未再出现则停止搅拌。停止搅拌后使之两相分离，以便观察水相中指示剂的颜色变化。

⑥ 样品静置5min，如果未再出现粉红色，则表明已达到终点。若粉红色在5min内重新出现，则需用标准硫酸溶液进行第二次滴定。第二次滴定后又出现同样情况时，则仍需

进行第三次滴定。经过三次滴定仍然同样出现粉红色则可认为已达到终点，不必再增加滴定。

⑦ 最后达到终点时，以所消耗的全部标准硫酸溶液的体积计算油基钻井液的碱度。

（三）计算

油基钻井液碱度(P_{om})= 0.1N 硫酸消耗量(mL)/钻井液样品量(mL)

油基钻井液石灰[$Ca(OH)_2$]含量(kg/m^3)= P_{om}×3.705

油基钻井液生石灰(CaO)含量(kg/m^3)= P_{om}×2.795

四、油基钻井液氯离子含量

采用滴定法确定油基钻井液的氯根浓度。可以利用刚测完碱度后的钻井液样品，其 pH 值已低于 7.0。油基钻井液的氯根含量符号为 Cl_{om}，单位是 mg/L。

（一）仪器和试剂

① 溶剂：二甲苯(分析纯)和异丙醇(分析纯)按 50/50 体积比混合。

② 硫酸标准溶液：0.1N。

③ 酚酞指示剂：100mL 的 50%异丙醇水溶液中溶解 1g 酚酞。

④ 滴定容器：400mL 的烧杯或锥形瓶。

⑤ 注射器：5mL 的医用注射器。

⑥ 移液管(滴管)：带有刻度的 1mL 和 10mL 的各 1 支。

⑦ 磁力搅拌器：带有外包塑料的长 3~4cm 的搅棒。

⑧ 铬酸钾指示剂：5g/100mL 水溶液。

⑨ 硝酸银溶液：0.282N，即每升含有 47.91g 硝酸银(分析纯)，相当于 0.01g/mL 氯离子。应储存在棕色瓶中。

⑩ 蒸馏水或去离子水。

（二）测试程序

① 在 400mL 的烧杯或锥形瓶中加入 100mL 二甲苯与异丙醇的混合溶剂。

② 用 5mL 的注射器抽出 3mL 油基钻井液样品，并注入 2mL 到上述烧杯或锥形瓶中。

③ 硫酸溶液 2~5 滴以保证样品达到酸性(pH 值低于 7.0)。可以利用刚进行碱度测定后的钻井液样品进行以下步骤测定氯根含量，为了确保样品的 pH 值低于 7.0，应再多加 1~2滴硫酸标准溶液。

④ 加入 10~15 滴铬酸钾指示液，在磁力搅拌下慢慢用滴管滴入 0.282N 的硝酸银标准溶液，直至出现橙红色并至少保持 1min 不变。在滴定期间可根据需要补充几滴铬酸钾指示剂。必要时可停止搅拌使之产生两相分离，以便观察水相中颜色的变化。

⑤ 记录所用 0.282N 硝酸银溶液的体积。

（三）计算

油基钻井液氯根含量 Cl_{om}(mg/L)= 10000×0.282N 硝酸银(mL)/钻井液样品体积(mL)

① 若水相是单一的 NaCl 溶液，则：

$$NaCl\ 含量(kg/m^3) = 硝酸银毫升数 \times 16.46/样品毫升数$$

② 若水相是单一的 $CaCl_2$ 溶液，则：

$$CaCl_2\ 含量(kg/m^3) = 硝酸银毫升数 \times 15.61/样品毫升数$$

五、油基钻井液钙离子含量

采用化学滴定法确定油基钻井液的钙离子含量。油基钻井液钙离子含量符号为 Ca_{om}，单位是 mg/L。

所测得的钙离子来自配制油基钻井液时加入的 $CaCl_2$ 及石灰，也可能有些钙离子来自钻井时所遇到的石膏或硬石膏地层。本测定方法也包括油基钻井液中可能存在的镁离子及其他可水溶的碱土金属离子，但都算作钙离子。

（一）仪器与试剂

① 溶剂：二甲苯（分析纯）和异丙醇（分析纯）按 50/50 体积比混合。

② 钙缓冲溶液：1N 氢氧化钠（分析纯，新鲜的 NaOH，其碳酸钠质量百分含量小于 1%），应密闭保存以减少空气中的二氧化碳侵入。

③ 钙指示剂：Calver Ⅱ或羟基萘酚兰（分析纯）。

10000mg/L 二氯化钙＝4000mg/L 钙离子，也可以用维尔烯酸钠或其他同类产品代替 EDTA。

④ 滴定容器：400mL 的锥形瓶。

⑤ 蒸馏水或去离子水。

⑥ 注射器：5mL 的医用注射器。

⑦ 量筒：25mL 的带刻度量筒。

⑧ 磁力搅拌器：带有塑料包覆的搅拌棒。

⑨ 移液管或滴管：1mL 和 10mL 的带刻度移液管或滴管。

（二）测试程序

① 在 400mL 的锥形瓶中，加入 100mL 二甲苯和异丙醇按 50/50 体积比的混合物。

② 用 5mL 的注射器吸取 3mL 油基钻井液样品，并挤出 2mL 到上述锥形瓶内，盖紧锥形瓶，用力摇动 1min。

③ 向锥形瓶中加入 200mL 蒸馏水或去离子水，再加入 3.0mL 1N 氢氧化钠缓冲溶液。

④ 加入 0.1～0.25g Calver Ⅱ或羟基萘酚兰指示剂粉。

⑤ 再盖紧锥形瓶，用力摇动 2min，然后静置几分钟，以便上下层分离。如果水相中出现红色，表明有钙离子存在。

⑥ 用磁力搅拌器搅动，但应以不使上下层相混合为度，同时用移液管一滴一滴地慢慢滴入 EDTA 溶液，当红色明显变为蓝绿色时表明达到终点。记下所加入 EDTA 溶液的体积用于计算钙离子。

（三）计算

油基钻井液钙离子含量 Ca_{om}（mg/L）＝4000×0.1mol/L EDTA（mL）/钻井液样品量（mL）

六、油基钻井液固相水润湿判断试验

如果怀疑油基钻井液有固相水润湿问题，用本试验可以确定其严重程度，并且可以用本试验确定加入油润湿剂处理的合适加量。

（一）设备和材料

① 高速搅拌器。

② 配油基钻井液所用基础油（柴油或白油）。

③ 二甲苯与异丙醇以 1∶1 体积的混合物。

④ 一个 500mL 的广口玻璃瓶。

（二）测试步骤

① 将高速搅拌后的油基钻井液样品倒入 500mL 的玻璃瓶内。

② 加入 100mL 柴油，摇匀(不要搅拌)。

③ 加入 50mL 二甲苯和异丙醇(1∶1)混合溶剂并摇匀(不要搅拌)。

④ 倒掉试验样品，腾空玻璃瓶，将瓶口朝下干燥后进行判断。

（三）结果分析

① 如果玻璃瓶壁干净，表示不存在固相水润湿问题。

② 如果玻璃瓶壁不透明，表示出现严重的固相水润湿问题。按照 2.85～5.70kg/m^3 润湿剂加量进行小型试验，再用本试验进行判断。

③ 如果玻璃壁稍为不透明，表示存在轻度固相水润湿。再用 1.425kg/m^3 加量油润湿剂进行小型试验，并再用本试验方法进行判断。

④ 如果玻壁稍为半透明，表示水湿问题较严重，需要立即加入润湿剂处理。先用 2.85kg/m^3 油润湿剂处理，再用本试验进行试验。

七、油基钻井液抗黏土承受量测定

本试验的目的在于确定油基钻井液在加入黏土时的稳定性，从而了解钻井液抵抗黏土污染的能力。

（一）仪器和材料

① 电稳定性测定仪：电压范围为 0～2000V，最好是 0～1500V，频率为 330～350Hz。当乳状液被击穿时，瞬时电流为 61mA。电极间距为 1.59mm(0.061ft)。

② 膨润土粉。

（二）测试程序

① 将油基钻井液样品过 12 目筛。

② 将样品搅拌 5min 后，用电稳定性测定仪测定其击穿电压。

③ 在油基钻井液样品中加入 75g/L 的膨润土粉，搅拌 5min，再用电稳定性测定仪测定其击穿电压。

④ 重复加入膨润土粉和测定击穿电压，直至膨润土粉的加量达到 225g/L 为止。

八、钻屑黏附油测定

用蒸馏方法可测定用油基钻井液钻井时钻屑黏附的油量。必须特别注意，钻屑样品的取样地点、取样方法和取样频率。

（一）仪器和材料

① 钻井液蒸馏器：蒸馏器样品杯容量为 50mL，精确度为±0.25mL。加热套功率为 350W。温度能控制在 500℃±38℃。

② 接受冷凝液的量筒：10mL 和 20mL，精度值为±0.05mL，刻度线标志值为 0.10mL。

③ 台式天平：最大称量 2000g，精确度 0.1g。

④ 细钢丝毛。

⑤ 螺纹密封/润滑脂：高温润滑脂。

⑥ 试管刷。

⑦ 样品专用刮刀。

⑧ 螺丝刀。

(二) 测定步骤

① 将钢丝毛充填蒸馏器本体。

② 给蒸馏杯和蒸馏器本体上的螺纹涂上密封脂。

③ 称量蒸馏器本体(连带钢丝毛)与蒸馏杯及其盖子的总质量(A)，单位为 g。

④ 将钻屑样品装入蒸馏杯(不要完全装满)，盖好杯盖。

⑤ 再将蒸馏杯(已盖好杯盖)拧到蒸馏器本体上。称量蒸馏器的总质量(B)，单位为 g。

⑥ 安装冷凝器，并将蒸馏器放进加热套内。

⑦ 称量干净的液体接收器的质量(C)，单位为 g。将这个接收器安置在冷凝器出口下面。

⑧ 加热蒸馏至少 1h。如果冷凝液中带有固相物质，应重新做试验，并向蒸馏器本体充填更多的钢羊毛。

⑨ 停止加热并冷却，记录接收器接收到的水的体积(V)，单位为 mL。如果油水界面有一层乳化液带，可通过加热使乳化液破乳。

⑩ 称量接收器及冷凝液的总质量(D)，单位为 g。

⑪ 取下已冷却的冷凝器。称重已冷却的蒸馏器总成(不带冷凝器)，记录其质量(E)，单位为 g。

⑫ 清洁蒸馏器各部件。

(三) 计算

① 湿钻屑质量：$M_w(g)=B-A$。

② 蒸馏后干钻屑质量：$M_d(g)=E-A$。

③ 油的质量：$M_o(g)=D-(C+V)$。

④ 检验质量平衡：如果$(M_d+M_o+V)/M_w$ 不在 0.95~1.05(1±5%)范围内，试验应重做。

⑤ 干钻屑的含油量：$O_d(g/1000g)=M_d\times1000/M_o$。

注意：由于蒸馏时钻屑中的水已被蒸馏出来，因此，上述测定的干钻屑含油量要比含水钻屑计算的含油量高一些。

第四节 钻井液体系

钻井液体系分属水基、油基和含气钻井液三个系列。水基钻井液应用最广泛，因为它使用方便、价格低廉，一般对环境污染较和缓。油基钻井液可根本免除泥页岩的水化，并可有效保护油气层。含气钻井液主要用于钻易漏和低压的地层。

合成基钻井液近年来已在许多井中成功应用，它是一种对环境较安全的油基钻井液。选择和设计适用于一个地区、一口井或一段地层的钻井液体系主要是根据其工业应用时的技术和经济效果。各种钻井液体系是人们在钻井液技术发展过程中不断实践所创造和应用的。不应把它们看作一成不变的，而应在解决所遇到各种问题的实践中对其灵活应用，不断地将其改进和完善。

一、膨润土浆

(一) 应用范围

① 膨润土浆用于代替清水开钻和用于巩固上部地层井壁，防止井漏。

② 储备钻井液，防止钻井过程中发生的各种事故。

(二) 配方

使用预水化膨润土和水配制，也可用一些处理剂稍加处理，见表5-5。

表5-5 常规膨润土的配方

材料和处理剂	功用	用量	
		lb/bbl	kg/m^3
膨润土	增稠	8.8~17.5	25~50
NaOH	控制pH值	0.25~0.50	0.7~1.5
CMC(选用)	降滤失	0.35~1.05	1.0~3.0
Na_2CO_3	促进膨润土水化和控制Ca^{2+}含量(<150mg/L)	0.70~1.05	2.0~3.0

(三) 配制方法

① 将配浆用水软化：如配浆水含有大量Ca^{2+}和Mg^{2+}或其矿化度超过1000mg/L时，应用Na_2CO_3预处理，以提高造浆率和使配出的膨润土浆得到理想的黏度。

② 膨润土预水化：将所需数量的膨润土、水和烧碱或纯碱在罐中搅拌，并用泵循环2~4h，然后将其静置16~24h。

③ 如有必要，加入一定数量的降滤失剂和增稠剂。

(四) 性能

膨润土浆性能见表5-6。

表5-6 膨润土浆性能

FV/s	30~55	$G_{10'}/G_{10''}$/($lb/100ft^2$)	5~15/10~30
PV/MPa·s	8~12	*FL*/mL	不控制(通常<20mL)
YP/($lb/100ft^2$)	10~20	pH值	8~10

(五) 应用

通常会出现以下问题，处理措施如下：

1. 膨润土浆增稠(黏土和泥页岩岩屑侵入)

① 排放在用膨润土浆或用水稀释。

② 加入电解质抑制剂(NaCl、CaO、KCl或石膏)控制地质造浆。

③ 加入聚合物包被絮凝剂。

④ 启动和使用固控设备。

⑤ 加入降黏剂。

2. 滤失量控制

加入降滤失剂(CMC、PAC或淀粉类降滤失剂)。

3. 井漏处理

① 加入膨润土或结构形成剂、增稠剂或电解质，提高 *YP* 和 *PV*。

② 降低泵排量。

③ 加入堵漏剂。

4. 将膨润土浆转化成下一层套管段使用的钻井液

首先将膨润土浆用水稀释将其膨润土含量降至尽可能低(20~25kg/m^3)，然后进行必要的处理。

二、盐水钻井液

(一) 特点及应用范围

盐水钻井液经常用于钻盐水层、盐岩层和盐丘，也用于钻大段剥落和崩散性的页岩层以保持井筒的稳定。

(二) 分类

盐水钻井液分为以下三类：

① 海水钻井液(含盐量约 3%)。

② 盐水钻井液(含盐量 8%~12%)。

③ 饱和盐水钻井液(含盐量>30%)。

(三) 配方

含盐量 8%~12%的盐水钻井液配方见表 5-7。

表 5-7 含盐量 8%~12%的盐水钻井液配方

材料和处理剂	功用	用量		备注
		lb/bbl	kg/m^3	
NaCl	提供 NaCl	根据需要		
FCLS	降黏剂	1.40~2.80	4~8	供选择
SMT	降黏剂，降失水剂	2.80~5.26	8~15	
SMC	降黏剂，降失水剂	2.80~5.26	8~15	
SMK	降失水剂	3.50~7.00	10~20	
CMC	降失水剂	2.80~4.20	8~12	供选择
PAC	降失水剂	11.40~2.80	4~8	
淀粉类衍生物	降失水剂	3.50~5.26	10~15	
SPNH	高温降失水剂	3.50~7.00	10~20	用于>3500m
SMP-2	高温降失水剂	3.50~7.00	10~20	
RH-3	润滑剂	5.26~10.50	15~30	
烧碱	pH 值调节	1.75~4.20	5~12	
FT-1	井壁稳定	1.75~7.00	5~20	
Defoam	消泡剂	0.035~0.105	0.1~0.3	
QS-2	桥堵剂	14.0~21.00	40~60	

(四) 应用

① 加入 NaCl 后经常会使 pH 值降低，应不断补充烧碱，以使 pH 值保持在 9.5~11.0。

② 使用盐水钻井液经常会出现发泡现象，因其液相表面张力较高，加入适量消泡剂消泡。

③ 应经常检测钻井液中盐的含量，在钻井过程中应不断补充盐，以保持钻井液中盐的含量。同时应加入相应数量的降黏剂、降失水剂和其他添加剂，以使钻井液具有要求的性能。

④ 海水钻井液是由原使用的钻井液经不断加海水及进行相应的处理转化而来的，盐水和饱和盐水钻井液按配方应不断加入大量食盐。而当钻遇未预见的盐水层和岩盐层时，盐水和饱和盐水钻井液则可通过让地层盐水、岩盐溶解进入原使用的钻井液再经相应的处理而成。

三、KCl 聚合物钻井液

（一）特点及应用范围

广泛使用 KCl 聚合物钻井液钻进相对浅的（3000m 以上）软地层，以抑制黏土和泥页岩的水化膨胀、分散和裂解。KCl 聚合物钻井液中有效的 KCl 含量为 4%～11%。

（二）配方

KCl 聚合物钻井液配方见表 5-8。

表 5-8　KCl 聚合物钻井液配方

材料和处理剂	功　用	用　量		备　注
		lb/bbl	kg/m^3	
KCl	提供 K^+	24～39	70～110	
KOH	调节 pH 值，提供 K^+	2.80～5.26	8～15	
PHPA，M.W=10^6	包被增稠剂	根据需要		供选择
PHPA，M.W=10^7	包被增稠剂			
KPAM	包被增稠剂	3.50～7.00	10～20	
NH_4-HPAN	降黏剂，降失水剂	1.05～2.10	3～6	
PAC	降失水剂	1.05～2.10	3～6	供选择
CMC	降失水剂	1.05～2.10	3～6	
SPNH	高温降失水剂	1.75～7.00	5～20	用于>3500m
MMH	胶凝剂	1.05～1.75	3～5	供选择
XC	胶凝剂	1.05～2.10	3～5	
RH-3	润滑剂	5.26～10.50	15～30	
FT-1	井壁稳定	1.75～7.00	5～20	

（三）应用

① 经常检测 K^+ 含量，并不断加入 KCl 以保证钻井液中 K^+ 含量。

② 保持钻井液中包被增稠剂（相对分子质量为 3×10^6～3×10^7 的 PHPA 或 KPAM）和降失水剂的含量，以保证钻井液具有良好的流变性能和滤失量。

③ 加入 KOH，保持 pH 值在 9.5～11.0。

④ KCl 聚合物钻井液通常是由上部使用的膨润土浆转化而成，其转化的程序是：

a. 将上部使用的钻井液加水稀释至其膨润土含量为25～35kg/m^3；

b. 加入PHPA或KPAM；

c. 再加降黏剂和降失水剂，以使钻井液达到设计的性能；

d. 转化最好在地面进行，因为，如果KCl聚合物钻井液中的膨润含量过高，同时加入KCl和包被增稠剂PHPA或KPAM，往往会使黏度升得极高而不能使用。应在最初膨润土含量低于规定的下限时加入KCl，达到设计的K^+含量，然后不断补充KCl，以保持K^+的含量，并同时加入降黏剂和降失水剂处理。

⑤ 如原浆的膨润土含量高于规定的数值，应预先加水稀释，并加入降黏剂和降失水剂，将性能调整后再加入KCl和PHPA或KPAM。

四、硅基钻井液

（一）特点及应用范围

硅基钻井液是一种具有很好的页岩抑制性能、对油气层伤害较小、对环境友好和成本低廉的钻井液体系。它的缺点是对Ca^{2+}很敏感，应用于无含钙地层的3000m或更浅的井。

（二）配方

硅基钻井液配方见表5-9。

表5-9　硅基钻井液配方

材料和处理剂	功　用	用　量		备　注
		lb/bbl	kg/m^3	
KPAM	包被增稠剂	1.40～1.75	4～6	
硅酸盐	页岩抑制剂	14.0～28.0	40～80	
FCLS	降黏剂	1.05～2.80	3～8	供选择
NH_4HPAN	降黏剂，降失水剂	1.05～2.80	3～8	
PAC	降失水剂	1.40～2.10	4～6	供选择
CMC	降失水剂	1.40～2.10	4～6	
MMH	胶凝剂	1.05～1.75	3～5	
XY-27	胶凝剂	1.05～2.80	3～8	供选择
FT-1	井壁稳定	1.75～7.00	5～20	供选择

（三）应用

① 硅基钻井液的井壁稳定能力主要是由其中的硅酸盐含量而来，应经常加入和不断补充来保持其含量的稳定。通常由钻井液的pH值来判断，硅基钻井液的pH值应保持在11～13。在配方中，既可使用硅酸钾也可使用硅酸钠，模数（硅钠比）为2.6的较为适宜，但因硅酸钾有更强的泥页岩抑制效应，故应优先选用。

② 硅基钻井液对Ca^{2+}很敏感，应注意使其总硬度低于200mg/L，当出现大段钙侵地层时，应迅速确定所面临的问题是否可通过化学处理来克服，或应将其转化为可抗Ca^{2+}侵入的另一种钻井液。

③ 一次性加入硅酸盐使其达到规定含量会使钻井液滤失量升得很高。建议事先用降失水剂处理，然后再缓慢加入硅酸盐至规定的含量。

五、油基钻井液

（一）特点及应用范围

油基钻井液在这里是指纯油基钻井液，或称全油基钻井液。它与油包水逆乳化钻井液的区别在于它的液相接近纯油，纯油基钻井液或全油基钻井液中水的含量应不超过3%，常用于地质资料井和有特别复杂地层或强污染地层的井。

（二）油基钻井液的优缺点

1. 优点

① 良好的井壁稳定和页岩抑制性能。

② 油气层损害大大改善。

③ 良好的润滑性和低的卡钻概率。

④ 不被化学污染。

⑤ 高温稳定。

⑥ 井径规矩，起下钻和测井作业通畅。

⑦ 降低了设备腐蚀。

⑧ 可回收和反复使用。

⑨ 耐钻屑侵。

⑩ 泥页岩地层中机械钻速快。

2. 缺点

① 初始成本高。

② 有火灾危险。

③ 有环保和排放问题。

④ 对人的皮肤和呼吸系统有刺激和危害。

⑤ 降低橡胶配件的寿命。

⑥ 油气显示监测和录井困难。

⑦ 不能及时发现油气侵。

⑧ 处理井漏费用高。

⑨ 脱气困难。

⑩ 人体和设备遭到污染后不易清洗。

（三）配方

油基钻井液配方见表5-10。

表5-10　油基钻井液配方表

材料和处理剂	功　用	用　量		备　注
		L/m³	kg/m³	
白油或柴油	液相	1000		
亲油膨润土	胶体		20～40	
氧化沥青	胶体		30～60	供选择
主乳化剂	乳化剂		20～50	
辅助乳化剂	乳化剂		20～50	

续表

材料和处理剂	功用	用量		备注
		L/m³	kg/m³	
润湿剂	润湿剂		10~15	
降滤失剂	降滤失剂		25~50	
石灰	乳化剂，控制液相pH值		30~60	
重晶石	加重剂	根据需要		

油基钻井液配方应根据工程和地质要求按下列步骤确定：

① 确定井深和井底温度。

② 确定油基钻井液的性能。

③ 选择基础油、有机土、氧化沥青、主乳化剂、辅助乳化剂、降滤失剂、润湿剂和其他化学添加剂和材料的类型并掌握其技术标准。

④ 初步设计一个配方并进行室内试验。

⑤ 调整配方，重新进行室内试验，直至得到满意性能的配方。

（四）性能

油基钻井液性能见表5-11。

表5-11 油基钻井液性能

性能参数	指标	性能参数	指标
ρ/(g/cm³)	按要求	API *FL*/mL	<3
AV/MPa·s	30~80	HTHP *FL*/mL	<8
PV/MPa·s	30~60	含水量/%	<3
YP/(lb/100ft²)	10~30		

（五）维护和处理

① 非常重要的是，要堵死所有可能浸入油基钻井液的水源（包括地面的和地下的），以保证其含水量一直低于3%。

② 在钻井过程中始终保持固控设备正常运转，防止钻屑在钻井液中积存。

③ 每天正常测定钻井液性能，不仅测定流变参数、滤失量等常规性能，还要测定电阻率、含水量、破乳电压和高温下的密度稳定性。根据需要进行室内试验，以确定详细具体的处理方案。

六、近油基钻井液

（一）特点及应用范围

近油基钻井液是一种以≥20%近油基基液为基础，配套降失水剂、流型调节剂、封堵剂等处理剂，形成的抑制防塌及润滑防卡性能与油基钻井液相当，且绿色环保的水基钻井液。适用于大段高活性泥岩、长水平段泥页岩等地层，满足井壁稳定及绿色钻井的需求。

（二）近油基钻井液的技术特点

① 超强抑制不水化，井壁稳定能力强。

② 润滑性能好，K_f≤0.06。

③ 抗温达 180℃，抗污染能力强。

④ 无生物毒性，EC_{50}值为 128400mg/L，远高于 30000mg/L 的排放标准。

（三）配方

含有近油基基液 20%~25%的近油基钻井液配方见表 5-12。

表 5-12　近油基钻井液配方

材料和处理剂	功　用	用　量		备　注
		lb/bbl	kg/m³	
AMC	聚合物降失水剂	1.753~3.505	5~10	
MSG	流型调节剂	0.351~1.052	1~3	
KPAM	包被增稠剂	0.351~1.052	1~3	供选择
SPNH	高温降滤失剂	7.010~14.020	20~40	用于>3500m
FT-1	井壁稳定剂	7.010~14.020	20~40	
KCl	提供 K^+，辅助抑制剂	17.525~24.536	50~70	
NaOH	调节 pH 值	0.351~1.052	1~3	
QS-2	封堵剂	3.510~10.520	10~30	

（四）配制

① 按照“（三）配方”的步骤配制合格的预水化膨润土浆，合格的预水化膨润土浆是配制近油基钻井液的基础，非常重要。

② 水化好的膨润土浆需要用聚合物护胶 4h 以上后使用。

③ 以近油基钻井液配方为基础，进行现场小型实验，得到现场配制的最佳配方。

④ 根据步骤③得到的配方，计算所需的预水化膨润土浆、水、加重材料、近油基基液及其他钻井液处理剂量，配制过程中，先用配方所需的聚合物、沥青、封堵材料等配制胶液，用胶液与预水化膨润土浆充分混合后，再均匀加入 KCl、近油基基液等，调整钻井液性能至设计性能。

（五）维护及处理

① 确保钻井液中近油基基液含量≥20%。钻井液中 K^+ 含量保持在 20000~25000mg/L。Ca^{2+} 含量保持在 300~500mg/L。

② 采用胶液细水长流的形式补充钻井液消耗，胶液中基液含量为 20%，聚合物及封堵剂等其他处理剂实际加量应根据现场钻井液实际性能进行调整。

③ 根据现场实际情况，合理使用固控设备，控制固相含量的变化，降低固相对钻井液性能的污染。

④ 每班至少测试 2 次钻井液全套常规性能，依据钻井液性能的变化，及时进行调整，

调整方案通过室内小型实验制定。

第五节　固控设备使用要点

一、振动筛的使用要点

① 振动筛应处理全部的钻机循环钻井液。所有的钻井液或其他再循环的液体没有经过振动筛不允许进入循环系统。

② 及时更换或黏补破损的筛网，在振动筛不跑浆的情况下尽量使用细目筛布，尽量清除钻井液中的有害固相。

③ 对双层振动筛，粗筛网安装在上层，细筛网安装在下层。粗筛网至少比细筛网的目数高两个规格(设计牌号)，应观察下层筛网的情况。为了最大限度地利用筛网有效面积，钻井液应覆盖下层筛网面积的75%~80%。

④ 对于单层振动筛，应使用同一目数的筛网。如果为了防止钻井液漏失而使用粗筛网，在振动筛上同时使用的筛网不允许超过两种规格，将较细的筛网安装在靠近钻井液分配器处，两种规格筛网的筛孔大小要相近，为了利用筛网面积，钻井液应覆盖筛网总面积的75%~80%。

⑤ 不应让钻井液绕过筛网或者使用破损的筛网，否则易导致水力旋流器堵塞。当细目筛网破损时，使用粗筛布作为细目筛布衬布更具优越性。

⑥ 为了提高钩边筛网的寿命，要确保筛网张紧系统的部件(如橡胶支撑条、螺栓、螺母、弹簧等)位置正确、干净和不变形。周期性地更换橡胶支撑条，检查清洗里面和外部。根据制造商推荐的安装程序安装筛网。

⑦ 钩边筛网的安装要从中心到末端逐渐进行张紧，重复这一过程直到达到适当的张力。运转15~30min再检查张力，以后每运转1h检查1次。

⑧ 每运转100h检查1次轴承的润滑或者根据制造商的维修手册检查，润滑和维修振动筛要根据制造商的说明书进行。

⑨ 根据制造商的指南检查振动筛电机的旋转方向是否符合制造商的标记方向。

⑩ 当使用一台以上振动筛时应有钻井液分配器。

⑪ 当处理水泥、解卡液等时允许使用上游旁通。

⑫ 如果钻井液固相有严重磨蚀、大量的黏土或钻速特别快时，应使用粗筛网。

⑬ 当使用的振动筛筛架角度可调时，应观察固相在框架正角度处的沉降和摩擦，尤其是框架角度大于+3°时。在较软的地层，如果在废池坑发现成块的固相表明将发生严重的磨损。如果怀疑发生磨损，则应减小框架的角度。

二、除气器的使用要点

① 除气器应位于振动筛的下游和所有需要离心泵供液的固控设备的上游，除气器的吸入部分应安装在沉砂池的下游和任何离心泵的上游。

② 除气器的吸入口应距其吸入的隔仓底部上方0.3m，该仓要求有良好的搅拌能力。

③ 在除气器的吸入和排出仓之间应安装一个高位流量平衡器。

真空除气器射流泵的压力钻井液来自除气器的排出仓，真空除气器真空度不应小于0.3MPa，抽真空时间不大于45s，除气器的排气管不允许有大量滴状液体排出，排出管滴液量应小于 180mL/h。

④ 离心泵必须提供足够的压力或扬程，在喷射器处安装一个压力表或扬程表来检测喷射器的压力。

⑤ 确保除气器处理气侵钻井液的能力大于钻机循环能力。

⑥ 定期检查除气器的部件(如三通阀、真空泵、真空喷嘴)，执行制造商推荐的润滑和维修手册。

⑦ 按照制造商的推荐指南进行装配、操作或者维修服务以确保设备工作在最优工况。

三、水力旋流器的使用要点

① 水力旋流器一般尺寸在 25~305mm，圆锥直径大于或等于 152mm 的旋流器称作除砂器，圆锥直径小于 152mm 的旋流器称作除泥器。水力旋流器既可用于加重钻井液，也可用于非加重钻井液，其底流视应用情况、液相的价值或环境的需要，可废弃、过筛或者经离心机回收。

② 安装足够数量的旋流器以处理进入旋流器吸入仓的全部液体，或者控制最大的固相载荷，或者选择更大的旋流器。

③ 使用低位流量平衡器保持正确的流程，旋流器的溢流要求返回旋流器吸入仓下游的一个仓。而旋流器的排出仓必须能回流到旋流器吸入仓，这是通过在两个仓之间安装的一个底部连通管来完成的。连通管设计尺寸满足最大钻井液流速为 1.5~2.4m/s，而且其间不允许关闭。

④ 在旋流器处理仓一般通过机械式搅拌器以保证进入旋流器的钻井液更加均匀。因为钻井液枪使旋流器易发生旁通，一般不推荐使用，尺寸适当的搅拌器效果更好。

⑤ 水力旋流器的排出物呈伞状而不是束状，束状排出物不仅固相处理效率较低，而且容易发生更多的磨损或者堵塞问题。如果出现束状底流，可通过增加锥筒底流口的开口、增加锥筒的数量或者更换较细的筛网等措施来修正。

⑥ 及时清理旋流器的入口或底流口来保持旋流器的清洁。

⑦ 直径较小的水力旋流器更容易堵塞，为了防止 51mm 的水力旋流器堵塞，必须确保大多数的 API 砂(大于 74μm)和大于 API 泥(74~2μm)被细筛网、除砂器、除泥器联合除去。

⑧ 为了防止旋流器偶然停止工作时由于重力作用导致所有钻井液漏失，水力旋流器的进口要求位于活性钻井液罐内最高钻井液的液面之上。

⑨ 在旋流器的周围提供一定的空间和通道以方便维修。

⑩ 在旋流器的进液口安装一个球阀或隔膜阀等来维持一个工作压力或表压。

⑪ 在溢流口安装一个虹吸断路器。

⑫ 钻井液不应绕过振动筛或者使用破损的筛网，如果有大的固体堵塞水力旋流器底流口，则表明有一些钻井液绕过了振动筛。

⑬ 安装一个离心泵给旋流器吸入口供液。

⑭ 根据旋流器需要的扬程(通常 22.9m)或压力(大约为钻井液密度的 4 倍)，进而确定离心泵的叶轮直径和电机的转速。

⑮ 吸入管和排出管的尺寸大小适当，以保持管内钻井液流速在 1.5~3m/s。

⑯ 取消管汇，使用单目标离心泵，确保一台泵用于一台旋流器装置。

四、钻井液清洁器的使用要点

① 钻井液清洁器由旋流器和振动筛组成，振动筛和水力旋流器指南亦可用于钻井液清洁器。通常参考制造商的使用说明。

② 在非加重钻井液中只将钻井液清洁器当作除泥器使用(封住筛网)，除非环境强迫或经济决定使用最细的筛网。对旋流器或筛网的底流进行离心分离可更好地处理固相颗粒。

③ 对于加重钻井液：当振动筛除砂不到50%或更少时(砂测试管的总量)，应使用钻井液清洁器检查加重材料的损失。平均损失重晶石40%~50%的情况下，测量钻井液清洁器筛网上排出总固相的质量，重晶石的质量应为28%~95%。当比较相同目数和相同钻井液中加重材料损失时，一般钻井液清洁器损失的比振动筛多。

④ 对于水基钻井液：通过增加稀释水基液到旋流器底流筛网，或让更多的钻井液从旋流器的底流或者从溢流管汇回流到筛网等办法来减少加重材料的损失。

⑤ 对于油基钻井液：通过增加稀释油基液到旋流器底流筛网，或让更多的钻井液从旋流器的底流或者从溢流管汇回流到筛网等办法来减少加重材料的损失。

五、离心机的使用要点

钻井液固控主要使用倾注式离心机，又称沉降式离心机，其核心部件有滚筒、螺旋输送器和变速器。离心机工作时，钻井液通过进浆管进入离心机，然后在输送器轴筒上被加速，并通过在轴筒上开的进浆孔流入滚筒内。由于滚筒的转速极高，在离心力作用下，密度或体积较大的颗粒被甩向滚筒内壁，分离固液两相。

① 离心机在加重水基钻井液中的主要作用是清除细小钻屑颗粒和钻井液中的黏土来控制钻井液黏度以及回收重晶石。在非加重钻井液中主要是以清除粒径很小的钻屑颗粒，以及对旋流器的底流进行二次分离，回收液相，排除钻屑。

② 在选择离心机时，应保证离心机处理能力满足5%~15%的钻井施工最大所需循环排量要求。

③ 离心机的进液量不允许大于制造商推荐的给定钻井液密度下的最大进液量和推荐的转速。

④ 为提高离心机的分离效率，一般需对供给离心机的钻井液用水适当稀释，以使钻井液的漏斗黏度降至34~38s范围内为宜，稀释水的加入速度为0.38~0.5L/s。

⑤ 长时间使用离心机时，应补充足够的胶液或钻井液来保持循环钻井液液面和钻井液性能。

⑥ 密度大于1.80g/cm^{3}的加重钻井液，最好同时使用钻井液清洁器和离心机。

第六节　复杂情况的钻井液处理要点

一、堵漏处理要点

井漏是钻井液的漏失，在地层的任何深度都有可能发生。只要钻井液的液柱总压力超过地层可承受的总压力，那么漏失随时可能发生。

(一) 井漏发生的地层类型

① 粗胶结渗透性地层，如砂、砾石层。

② 有溶洞、孔洞的地层，如砾石层、生物礁及石灰岩层。

③ 裂缝性地层/或地质破碎带。这种裂隙可能是自然发生的，也可能是因为施加压力/或过平衡钻进时人为造成的。

（二）检测井漏的手段

常用的方法有：

① 转子流量计检测。

② 温度检测。

③ 辐射示踪检测。

④ 热电阻测量法。

⑤ 压力传感器检测。

（三）预防措施

① 起下钻具应缓慢平稳，减小因此产生的感应压力或机械压力。

② 控制钻速以避免因钻屑造成环空相对密度提高或阻塞而引起的环空过负荷。

③ 停止循环时要平稳停泵，必要时使用立管节流管汇。

④ 调整钻井液性能及流量，减小当量循环相对密度（ECD）。

⑤ 将套管下至正确的深度。

⑥ 若发生严重的井漏而地层较稳定，可采用空气钻进-空气、泡沫、充气钻井液。

（四）水基钻井液渗漏的解决

① 如有可能，通过稀释或清除固相的办法降低相对密度。

② 降低泵压。

③ 调整钻井液性能：降低当量循环相对密度，对于非加重钻井液可使用坂土或絮凝剂提高黏度及切力。

④ 加入降失水剂及孔隙封堵剂如坂土。

⑤ 加入0.5%～1.5%的由云母、果壳、木屑、碎玻璃、纸片等细颗粒组成的随钻封堵剂。

注意：为保证随钻封堵剂在循环体系中正常发挥作用，在循环中必须避开固控设备。

（五）水基钻井液部分或全部漏失的解决措施

由于所用架桥材料的不同，可有多种桥接堵漏剂的配制方法，常用的桥接剂有：

1. 贝壳渣-聚丙烯酰胺钻井液

① 既能堵漏又能酸化解堵，有利于保护油气层，在裂缝发育的生物灰岩中取得了良好的效果。

② 胶状聚丙烯酰胺加量为钻井液体积的1%～1.5%，水泥（或其他多价金属化合物）加量为钻井液体积的0.5%～1%。贝壳渣（贝壳焙烧后除去烧成细粉的剩余物）加量为钻井液体积的3%～5%，其粒度分布为：0.075～0.5mm占20%，0.5～5mm占20%，5～15mm占60%。配制时，先把聚丙烯酰胺和水泥加入钻井液中，用钻井液枪冲刺或用搅拌机搅拌，混合均匀，使钻井液黏度上升到50s以上，然后加入贝壳渣，再混合均匀，注入漏层部位。

2. 柔性堵漏剂

① 橡胶粒和改性石棉、皮屑等复配，加入钻井液中，其中胶粒起架桥作用，改性石棉和皮屑起充填和固化作用，因橡胶粒密度在1.17～1.27g/cm^3，能够均匀地分散在钻井液中，并能吸附钻井液中的黏土等物质形成一层吸附膜，具有一定的黏接作用。胶粒有弹性，

容易进入较小的裂缝，且胶粒呈不规则的多面体，能与缝壁产生较大的摩擦力，这种堵漏剂对付裂缝性漏失很有效。使用时，应根据裂缝宽度选择胶粒粒度，大于裂口宽度的胶粒应占40%~50%，相当于裂缝宽度1/2~1倍的胶粒占10%~20%，小于裂缝宽度1/2倍的胶粒占30%~40%是比较合适的，它所形成的堵塞物不仅有一定的强度，而且比较致密。

② 沥青类型的堵漏剂：产品名称OP-1，软化点160℃，颗粒为不规则体，能通过60~200目筛的颗粒占90%，不溶于水，但能很好地分散于水中。OP-1颗粒在软化点以下有一定的强度，进入漏层后，形成桥接骨架，进而形成垫层和泥饼，起到充填和桥堵漏层的作用。

③ OP-1堵剂：有可塑性，可进入小于颗粒尺寸的裂缝，井下温度接近软化点时，颗粒变形，可涂敷在井壁上，形成致密而坚韧的泥饼，不但可以防漏，而且还可以防塌。

3. 膨胀型堵漏剂

现场使用的主要有以下几种：

① 聚氨酯泡沫膨体堵漏剂：聚氨酯泡沫膨体(PAT)颗粒堵漏剂的特点是吸水后自身体积可迅速膨胀。在显微镜下观察，PAT为网状连通结构，网格由直径0.1~0.2mm的网丝构成，孔眼直径为0.4~0.5mm，具有良好的弹性和强度。由于它在孔隙中的堆集，形成一个渗透性的层段，同时它的网格可以捕集各种微粒来充填其间，形成致密的泥饼而起堵漏作用。

② TP-1090：TP-1090是由无机金属盐与聚丙烯酰胺反应而成，为固体颗粒状物，在常温下，40min开始吸水膨胀，6h后可膨胀达50倍。当该堵剂进入漏层后，吸水膨胀，即可堵住漏层。

③ SYZ膨胀性堵漏剂：是一种高分子聚合物，具有很强的吸水膨胀性，可吸收自身重量50~60倍的水，其吸水膨胀性主要发生在与水接触后的前30min内，因此在进入漏层以前，不能让该剂与水直接接触，也就是说，该剂不能用水基钻井液直接携带。使用该剂时必须分三步：第一步，用油包水乳状液携带该剂至漏层就位。第二步，注入含破乳剂的液体，使之流经漏失通道，并将桥塞孔隙内的油包水乳状液驱出。为了充分发挥破乳剂的作用，应间歇驱动，使破乳剂与油包水乳状液有充分的接触时间和接触面积。第三步，在SYZ吸水膨胀后，再用钻井液挤堵，可形成坚实的堵塞层。

4. 复合堵漏剂

即将不同粒径的刚性颗粒、柔性颗粒、纤维物质、片状物质按一定的比例混合，加入高黏切高失水的钻井液中，泵送至漏层位置堵漏。因为井漏后，很难确定漏层的性质，若是裂缝性漏失，其裂缝宽度绝不会是均匀一致的，而混合型堵漏剂的适用范围是比较广泛的。

刚性颗粒先在孔道内架桥，然后是纤维物质、片状物质及特小的黏土粒子进行充填，形成了坚实的堵塞物质。

典型的复合堵漏剂为以下几种：

① 橡胶粒复合堵漏剂：橡胶粒35%，核桃壳20%，贝壳粉15%，锯末10%，棉籽壳12%，花生壳5%，稻草3%。

② 桥接堵漏剂：核桃壳：云母：橡胶粒：棕丝：蛭石：棉籽壳：锯末=3：2：3：0.1：2：1：1。

③ FDJ复合堵漏剂：是以惰性硬堵材料为主要原料，以无机盐为增强剂，以聚合物为助效剂，优选配比而成。该剂分为三种：有适应小漏速的FDJ-1，适应中漏速的FDJ-2和

适应大漏速的 FDJ-3。加入 5%~8%(质量与体积比)的 FDJ-1 可堵 2mm 以下的裂缝，加入 5%~10%的 FDJ-2 可堵 2~5mm 的裂缝，加入 5%~12%的 FDJ-3 可堵 5~10mm 的裂缝。

④ 915、917 复合堵漏剂：915 复合堵漏剂由 30%的核桃壳、45%的棉籽壳与锯末、25%的蛭石与云母片组配而成。917 复合堵漏剂由 20%的核桃壳、15%的橡胶粒、15%的棉籽壳、20%的锯末、15%的蛭石、15%的云母片组配而成。

⑤ 棉籽壳丸堵漏剂：将 50%的棉籽粉、31%的棉籽壳、1%的棉绒、18%的膨润土和 0.1%的表面活性剂(如氧化乙烯、氧化丙烯、聚乙二醇的三甲基醚等)混合均匀，在管状炉中用蒸汽加热至 100~160℃，然后将加热后的混合料压缩，用制丸机挤压成直径 6.3mm、长 6.3~25.4mm 的丸剂，以备应用。钻遇漏失层时，在钻井液中加入 10%~25%的棉籽壳丸，泵入漏层，经过一段时间后，棉籽壳丸吸收大量的水分，引起膨胀和分裂，封堵漏层。

5. 高失水浆液堵漏

这种浆液到达漏层后，水分迅速跑掉，固体物质可留在孔道或缝隙内，形成堵塞物。可以有不同的配方，如：

① 高黏切高失水混合稠浆：按每立方米水加入凹凸棒石或海泡石 46~57kg 或膨润土 14~57kg 的比例配制新浆，再加入 1.4kg/m^3 石灰、143kg/m^3 硅藻土、14kg/m^3 细云母片、14kg/m^3 核桃壳、11.4kg/m^3 中细纤维和 3kg/m^3 皮屑，使其滤失量达 30~40mL，黏度在 80s 以上，将其泵送至漏失井段堵漏。

② DTR 堵漏剂：DTR 堵剂是由具有良好渗透性的物质、纤维状物质及聚凝剂等复合而成的粉状材料，可根据现场需要配制出 DTR-1 型(软塞)和 DTR-2 型(硬塞)高失水堵剂。该剂既具有高失水堵漏性能，又能部分酸溶解堵，有利于保护油气层。DTR 浆液可以用清水配制(DTR 粉剂∶水=1∶6)，也可以用钻井液配制，不过用钻井液配制时应把钻井液加水稀释，以增大其失水量。根据现场需要，可以在 DTR 浆液中加入桥接剂或加重剂。

③ Diacel 堵漏剂：该剂是由细碎的纸屑、硅藻土、石灰按一定比例配制成的混合物。纸屑是悬浮剂，最佳用量是 9%~11%。硅藻土是堵漏材料，最佳用量是 80%~85%。石灰是助滤剂，并可提高浆液的黏度和动切力，其最佳用量为 8%~10%。

④ 类似的堵剂：Diacel M 堵剂是硅藻土与细石棉纤维的混合物。狄塞耳(DSL)堵漏剂是硅藻土、惰性材料和聚凝剂的混合物。

⑤ 钻井液与水泥浆混合堵剂：以含钙黏土粉配成钻井液，与低密度水泥浆按 2∶1 或 1∶1的容积比进行掺和，再加入各种絮凝剂(如聚氧乙烯、聚丙烯酰胺)以及“泥渣”类型的细散淤塞添加剂，具有高失水性，可以封堵漏层。必要时也可以加入各种桥接剂，提高封堵效果。

6. 酸溶性堵漏

PCC 是由硅藻土、惰性材料、絮凝剂和石灰石粉等复配而成，从外观上看，是由絮状、纤维状、细颗粒状的物质组成。在压差的作用下，能迅速地失去水分，体积压缩，密度增加，形成机械强度很高的堵塞物质。随着 PCC 浓度的增加，滤失速度也增加。随着黏土量的增加，滤失速度有所下降，所以不要混入钻井液。如果漏失通道较大，可加入桥接物质 2%~4%，会增大堵漏效果，但并不影响 PCC 的高失水性。加重剂对流动性影响不大，但密度不宜超过 1.5g/cm^3。PCC 形成的堵塞，能用酸化解堵，其滤饼酸溶率可大于 80%，所以特别适宜于油气层堵漏。加 PCC10%~18%的浆液，可承受一定的压差，浓度增加，承压能力也增加。

在使用时，与水复配可成为具有良好流动性的悬浊液，边搅拌边泵送至漏混入桥接剂，可提高堵塞的强度，能承受4MPa以上的压差。该剂适用于在开口4mm以下的裂缝性漏层的堵漏。如果是完全漏失，堵漏浆液进入漏层一定量后，就会建立循环。这时将钻具上提100~200m，靠循环加压的方式，增加滤饼的强度，1h之后，即可恢复作业。如果是部分漏失，可先提起钻具，然后关井挤压，压力以2~6MPa为限，不能超过地层破裂压力。

7. 失返性漏失且常规桥塞堵漏无法解决的漏失

(1) 坂土/柴油/水泥堵漏

① 配制方法：坂土/柴油堵漏浆一般配比为每桶柴油3袋坂土。柴油(L)/坂土(kg)/水泥(kg)堵漏浆一般配比10∶4∶8。堵漏浆与水或钻井液混合后会变得黏稠。需要两套固井设备，一台用于将坂土/柴油堵漏浆混合并从钻杆注入。同时另一台将水或钻井液从环空注入。

② 顶替措施：如果可能的话无返出强行钻过漏失层。起钻，接上混合短节(15ft长的钻杆，其上分布15~20个孔)并下钻至漏失层以上30~50ft。泵入10桶柴油作为前置液。替入堵漏剂并打5桶柴油作为后置液。当10桶的前置冲洗液到达混合短节时，关闭防喷器同时从环空替入钻井液。控制泵速使堵漏液与钻井液的混合比例为2∶1。以4bbl/min的速度将一半的堵漏液挤入地层，上下活动钻具以确定堵漏液是否上升至环空。如果上提阻力增加，短起几柱钻具直到钻具处于自由状态并且继续顶替。将另外的1/4堵漏浆以前述泵送速度一半的速度替入，剩余的1/4堵漏浆则以此速度的一半替完。起钻，恢复钻进前候凝最少8h。

(2) 坂土水泥堵漏

在井口安装三通，使用水泥车泵入相对密度为1.89的常规水泥浆，排量0.5~1m^3/min，同时使用钻井液泵往井内泵入4%的预水化坂土浆，排量0.5~1m^3。保持水泥浆和坂土浆的泵入排量相等。打入漏层后，钻具提到套管内静置4~8h。此法为坂土水泥堵漏，可以封堵较大的裂缝，具有较好的堵漏效果。

(3) 硅酸盐-石灰乳-钻井液堵漏

① 基本材料为黏土、石灰、烧碱和水玻璃，由于这些材料组成的比例不同，而有不同的特性，常用的有低比例石灰乳钻井液、高比例石灰乳钻井液及速凝石灰乳钻井液三种。

a. 低比例石灰乳钻井液：常用配方是石灰乳(密度1.4g/cm^3)与钻井液之体积比为(1~5)∶10，这种配方在高温条件下固化速度慢，流动度差，可塑性大，适用于中深井低压水层的堵漏。

b. 高比例石灰乳钻井液：常用的配方为石灰乳(密度1.4g/cm^3)与钻井液(密度1.4g/cm^3)之体积比为(1~2)∶1，这种配方在70~80℃下经过一定时间将产生固化现象，固化后强度较低，适用于深井堵漏。可酸化解堵，在浓度15%的盐酸中，溶解度可达40%~60%。

c. 速凝石灰乳钻井液：这种配方是在高比例石灰乳钻井液的基础上加入水玻璃和烧碱作性质与高比例石灰乳钻井液基本相同，其配方是按石灰乳钻井液总体积加入烧碱2%(质量)、水玻璃1%~3%(体积)。

② 使用石灰乳堵漏，应注意以下事项：

a. 配制时，烧碱必须先加入石灰乳中，因它能改变石灰乳的流动度，其方法是预先将烧碱溶于配制石灰乳所用之定量水中。

b. 水玻璃在一切施工条件准备就绪后直接加入新浆中，应搅拌均匀，并不停地搅拌，不然会很快凝固成块，以致泵送困难。

c. 烧碱石灰乳液和水玻璃钻井液在地面配制时两者应严格分开进行。注入时，一边用水泥车注入石灰乳，一边用水泥车或钻井泵注入钻井液或水玻璃钻井液，使其在钻柱内混合，但必须使两者的排量符合设计要求。注完石灰乳浆液后，再用钻井液将其顶替至漏失层段。如果不漏失，可以关井挤压。

d. 注石灰乳钻井液的钻柱以不带钻头和钻铤为宜，可将钻柱下至漏层附近。

e. 施工必须连续，不论遇到任何情况都不能中断，特别是在石灰乳钻井液替至井底以前，哪怕是短时间的停顿，也会造成憋泵。当泵压在10MPa以上时，应停止注石灰乳，争取把混合好的石灰乳钻井液替出钻柱，挤入地层。在石灰乳钻井液替出钻柱以后，必须经常不断地上下活动钻柱，以防卡钻。

f. 起钻至技术套管内候凝。

g. 候凝24h后，循环钻井液，如果不漏，即可下钻头通井，恢复钻进。在石灰乳井段，要逐根划眼，注意憋泵或卡钻。在漏失层位不宜过多循环划眼，以防冲漏。

h. 在封堵有进无出的漏层时，可以从钻柱内注石灰乳，同时从环空注入加有水玻璃的钻井液，其排量应控制在使石灰乳与水玻璃钻井液两者同时到达井下混合，推至漏层位置。

（4）化学固结堵漏

① 化学堵漏技术是一种可用于裂缝、大孔洞的广谱性堵漏浆体系。化学固结堵漏体系由多种组分复合而成，主要为阳离子型物质和阴离子型物质等。可根据实际需要调整加量，以满足现场施工。

② 该堵漏浆体系固相材料尺寸分布合理，不会造成封门而堵漏浆不能进入漏层现象。堵漏浆自身要具有好的滞流性能和胶结能力，不会源源不断在漏失空间流失。堵漏浆充满漏失通道空间的基础上，其活性组分能快速与地层发生化学稠化固结作用，提高地层承压能力。另外化学堵漏施工不同于水泥堵漏，化学堵漏浆在剪切流动状态下不会发生固结，仅发生稠化现象，正常堵漏施工中不会发生固结钻杆事故。存留井眼中的堵漏剂硬度较低，不会造成掉块卡钻事故。

③ 根据地层漏失压力的不同，化学固结堵漏体系分为低密度化学固结堵漏剂和高密度化学固结堵漏剂，前者主要用于低压漏失地层的堵漏，如一开及二开井段的堵漏。后者用于高压漏失地层的封堵。

④ 化学堵漏技术的特点：

a. 化学交联时间可控、可调；

b. 化学固结硬度可控、可调，承压能力高；

c. 堵漏液流动性可控、可调，具有良好的剪切稀释性；

d. 堵漏液密度可控、可调；

e. 该体系具有良好的酸溶性，可用于储层段大型漏失治理，不会对储层造成伤害；

f. 化学堵漏剂一次堵漏成功率高，一次堵漏成功率在90%以上；

g. 堵漏施工时间短(堵漏时间小于2h，起下钻时间能保证化学堵漏浆的稠化固结)。

对失返性漏失地层的堵漏，根据漏失段的长度及裂缝、孔洞空间的大小，化学堵漏剂的加量为20%~60%，一般配制使用10~20m^3堵漏浆就能达到较好的堵漏效果。

化学固结堵漏技术注意事项：深部地层需使用光钻杆堵漏，带钻头施工具有较高风险。

⑤ 化学固结堵漏技术施工程序：

a. 将光钻杆下至漏层位置。

b. 将固井水泥车管线与钻井液高压循环管线连接，保证高压管线不刺不漏。

c. 首先由水泥车注入 2~3m^3 清水，充分冲洗漏层段。

d. 接着注入 10~15m^3 化学堵漏浆。控制化学堵漏浆的密度范围为 1.25~1.30g/cm^3。密度超过设计标准时，降低化学堵漏剂的加量或提高水的加量。密度低于设计标准时，提高化学堵漏剂的加量或降低水的加量。

e. 化学堵漏浆注入结束后，马上改为钻井液泵用钻井液顶替，将钻杆中堵漏浆全部替出。

f. 将钻具上提 200m 或至套管安全位置内。如果是完全漏失，堵漏浆进入漏层一定量以后，钻井液即可恢复循环。如果是部分漏失或不漏失，为使堵漏浆大部分能进入漏层，需要关井憋压挤注。

g. 挤注压力一般控制在 2~6MPa，注意：挤注工程中不能超过地层破裂压力，并注意观察立压和套压的变化，套压基本不变后 30~60min 开防喷器低排量循环钻井液，观察漏失情况，如不漏静置候凝。

h. 静置候凝 5~8h 后下钻探塞面时，下放钻具需缓慢，禁止下钻硬压，以防卡钻。

(六) 油基钻井液堵漏

如果堵漏方案均无效的话，建议改用适合的水基钻井液体系。

1. 渗漏处理

加入 0.5%~1.5% 的 LO-WATE(碳酸钙)及/或 0.5%~2% 的 VenFyber 201 进行随钻堵漏。

2. 较严重漏失时使用桥塞堵漏

① 配置 30~100 桶的桥堵浆。使用以下配方：井浆+3% LO-WATE(碳酸钙)+3% VenFyber 201+12%细目云母+20%中粗果壳。

② 堵漏工艺。

a. 配制方法：按上述配方在一个隔开的罐中配好；

b. 顶替措施：下入光钻杆，将钻具内灌满该堵漏浆，以 0.3~0.6m^3/min 的速度替入 3~5m^3，等候 20~30min，重复以上步骤(泵送/等候)直至替完。如井眼内为充满状态，关防喷器缓慢地以 100~500psi 压力挤注，保持压力 20~30min，开防喷器放压，等候 4h 或更长的时间。若井眼充满，即可恢复正常工作，如不成功，还需重复以上步骤。

二、卡钻的处理要点

(一) 卡钻类型

① 压差卡钻。

② 砂桥/沉砂卡钻。

③ 井壁坍塌卡钻。

④ 狗腿/键槽卡钻。

⑤ 泥岩/盐岩层缩径卡钻。

⑥ 落物卡钻。

⑦ 欠尺寸井眼卡钻。

⑧ 水泥掉块卡钻。

⑨ 套管变形卡钻。

(二) 砂桥/沉砂卡钻

① 原因：井径不规则。钻井液携砂能力低，井眼净化差，斜井岩屑床滑动，钻井液悬浮性差。

② 特征：钻井液出口流量减少甚至完全不能返出，泵压增高，钻具不能活动。

③ 预防措施：保持井壁稳定，防止出现大肚子井眼。提高钻井液的携带能力和悬浮性能，在可能的情况下提高钻井液的排量。起钻或接单根前增加钻井液循环时间。

(三) 井壁坍塌卡钻

1. 特征

部分坍塌卡钻与砂桥卡钻相似。如果是完全坍塌卡钻，一般无钻井液返出。泵压急剧升高，钻具完全不能活动。

2. 解卡措施

井壁部分或完全坍塌卡钻时，一般可导致丧失井眼，需要重钻或侧钻才能达到目的层。根据卡钻的严重程度，通过倒扣、震击器处理或套铣有时也可以解除卡钻。

3. 原因

(1) 胶结不好的地层

通常出现在上部井段，主要是松散的砂子、砾石和泥土等，它们能够向井内流动造成卡钻，应采取以下预防措施：

① 提高钻井液密度并不能直接解决胶结不好地层的卡钻，但是可以帮助形成泥饼起到稳定地层的作用，好的泥饼要比高的过平衡压力更有效。

② 钻井液必须能够形成一个坚韧、低渗透性的泥饼。适当提高钻井液黏切，保持钻井液具有较好的悬浮能力和结构力，改变钻井液的流态至层流，防止钻井液对地层冲蚀。

③ 适当降低钻井液排量，太高的返速会冲蚀已形成的泥饼及地层。

④ 靠近胶结不好的地层处，要尽可能避免转动钻头和稳定器，否则会导致泥饼脱落并引起地层的不稳定。

⑤ 起下钻通过复杂地层时，应特别小心，尽量减少泥饼的脱落，尽量简化钻具组合。

(2) 裂缝或断层性地层

与裂缝和断层有关的井眼失稳问题是难以防止的，最多只能使之减少。一般随着井眼垮塌到一定程度，井壁的不稳定性会逐渐消失。提高钻井液密度对井眼的稳定性没有多大作用，反而在一定情况下会使问题恶化，应采取以下预防措施：

① 在钻穿潜在的严重漏失层位(如断层或煤层)前，要停止钻进，然后进行循环做好准备工作。干净的环空有利于在严重井漏发生时防止环空堵塞并卡钻。

② 下钻时要进行冲洗和划眼，钻进前先清除沉砂，划眼时要限制转速，以尽量减少对地层的影响。

③ 严格控制通过裂缝性地层时的起下钻速度，以减少对地层的干扰。

④ 钻进时要限制循环压力以避免引起井漏。

⑤ 一旦在灰岩中发生卡钻，如果裂缝井段不长的话，应考虑泵入酸液解卡。

(3) 异常地应力地层

由于井壁上的应力超过了地层的抗压强度，由此而导致岩石破坏，大块的岩石碎片剥落入井，引起卡钻。井壁损坏导致井径扩大，进而引起井眼的净化问题，还会引起别的类型的卡钻。由于页岩比砂岩的抗压强度低，所以页岩地层比较容易发生井壁破坏，应采取以下预防措施：

① 保持井眼的清洁，提高排量有利于井眼的净化，由于排量大而增加了当量循环密度，有利于井壁的稳定。

② 在可能的条件下要监测地层压力，地层压力高会增加井壁的不稳定性，因而需要提高钻井液密度。

③ 一旦发现问题，要尽快提高钻井液密度。抑制失稳井壁所需的钻井液密度要比防止井壁失稳所需的最初钻井液密度高得多。

④ 钻井液密度的增量应随井斜和方位的变化而变化，一般而言，相对于直井，井斜每增大 30 度，钻井液密度应增加 0.5lb/gal 或 0.06g/cm^3。

（四）缩径卡钻

1. 水敏地层因素

水敏性泥岩会因吸收钻井液中的水分而膨胀，泥岩膨胀黏住钻具而造成卡钻。这种问题大多出现在水基钻井液的情况下，但对油基钻井液而言，当地层水矿化度大于油基钻井液中水矿化度时，也会出现同样的结果，改变钻井液的密度对此问题几乎没有什么作用。

应采取以下预防措施：

① 尽快地钻穿水敏性地层并下入套管，尽量减少钻具在裸眼中的暴露时间。

② 保证钻井液的抑制性，水基钻井液中的包被聚合物、KCl 等抑制剂的量必须加够。

③ 当使用水基钻井液时，必须密切监测 MBT 值，如果 MBT 值变大，表明泥岩正在与钻井液发生反应。

④ 钻进时，要有规律地进行通井。

⑤ 在地层水化非常严重的情况下，应考虑换成油基钻井液。

2. 流塑性地层因素

最常见的流塑性地层有岩盐和塑性页岩，这些地层可产生塑性变形并向井眼内蠕动。通过提高钻井液密度可防止或减轻地层的蠕动，应采取以下预防措施：

① 使用偏心钻头钻一个稍大点的井眼或在钻具组合中使用扩眼器。

② 下钻时要划眼，钻进时每个单根或每个立柱都进行划眼。

③ 在裸眼中要保持钻具活动，要有规律地进行通井。

④ 在打开已知的流塑性地层前要提高钻井液的密度，在最初的几米中最容易发生卡钻。

⑤ 在盐岩中解除卡钻，可以泵入淡水浸泡钻具组合底部周围以溶解盐层，与此同时还要进行上击，一旦解卡应进行划眼来调整井眼。

⑥ 在页岩中解除卡钻，可以采用泵入油和清洗剂或润滑剂并配合上击的方法，一旦解卡应划眼以调整井眼。

（五）键槽卡钻

1. 原因

钻直井时由于地层硬度的变化或层位的改变而使井眼偏斜和改变方位，定向井的人为造斜和扭方位，所产生的称为“狗腿”的弯曲井段，钻杆在该处连续接触而在井壁上研磨出一道沟或一道槽，当起下钻具时，钻杆接头或者底部钻具组合有时会被拉入键槽而发生卡钻。

2. 特征

键槽卡钻一般发生在接单根或起钻时，很少影响钻井液循环。虽然不能上提，但一般能够转动，应采取以下预防措施：

① 减少狗腿度，不要超过特定的增斜率和降斜率。

② 缩短套管鞋下的口袋长度，长的口袋容易造成套管鞋的磨损而形成键槽。

③ 当存在键槽卡钻的可能时，要避免使用直台肩稳定器。

④ 破坏键槽时，要转动和上下活动钻具。

⑤ 为了预防出现键槽并破坏键槽，下钻时应下入划眼器或键槽破坏器进行划眼。

⑥ 起钻时通过狗腿处要小心，避免由于拉力太大进入任何已形成的键槽而导致卡钻。

3. 解卡

下击或转动下放钻具来解卡，活动时要快，否则可能引发压差卡钻。在石灰岩或白垩岩中形成的键槽可以用盐酸解卡。

(六) 压差卡钻

1. 原因

钻井作业中大多数卡钻问题属于压差卡钻，出现压差卡钻必须存在三个条件。

① 静液柱压力必须大于地层压力。

② 要有渗透性地层且其上形成了厚泥饼。

③ 钻杆必须和泥饼接触。

2. 特征

① 初期显示是扭矩和拉力加大，这与井内摩擦力增加有关，但这种现象也可能由其他原因造成。

② 压差卡钻后钻井液循环不受影响，这是压差卡钻的最主要特点。

③ 钻杆不能活动或转动，是压差卡钻的另一主要特点。

④ 压差卡钻一般是钻具长时间静止不动造成的，接单根也会发生压差卡钻，但一般都需要更长的静止时间。

3. 预防

① 维持钻井液低的滤失量特别是高温高压滤失量，形成薄而坚韧的泥饼。

② 使用该井段所必需的最低钻井液密度。

③ 在有压差卡钻危险的井段中钻进时，要选择一个与井壁接触最少的钻具组合。

④ 任何时候都应尽可能坚持活动钻具和循环钻井液，接单根、测斜需静止时应尽可能缩短静止时间。

⑤ 提高钻井液的润滑性，在钻井液中加入固体润滑剂以降低摩阻。

⑥ 密切监测地层压力，如果过平衡压力增大了，压差卡钻的机会就会增多，当过平衡压力大于 3.5MPa 时，随着井斜角增大，发生压差卡钻的危险就会急剧增加。

⑦ 使用封堵技术或者非渗透钻井液技术降低近井地带地层渗透率，将地层压力与钻井液液柱压力分隔开，并减少压力传递，消除压差卡钻形成的因素。

4. 解卡方法

发生压差卡钻以后，有三条途径可供选用，即注入解卡液、降低液柱压差解卡(U 形管法）和机械解卡。

（1）注入解卡液

① 解卡液应该在卡钻后的4h内泵入，以便得到最佳的效果。解卡液浸泡时间通常的原则是最少20h，最多40h，由于解卡液浸泡最初数小时解卡的可能性最大，随着浸泡时间的延长，解卡的可能性是逐渐降低的，因此浸泡时间最多不超过40h，此时解卡的成功概率已经非常低了。

② 配制解卡液。所需的解卡液体积要比卡钻或可能卡钻的渗透性井段的环空容积大1.5倍，解卡液的密度应等于或大于钻井液密度0.1~0.2g/cm^3。

③ 准备8~16m^3的低屈服值隔离液，根据地层情况隔离液可以是基础油、盐水、海水。

④ 以可能的最大排量把隔离液和解卡液泵入井内，一定要使解卡液处在卡钻的位置，而且在钻杆内要留有足够数量的解卡液，以便能间断向外泵送。环空解卡液流动会增加解卡液的效能，一般做法是每小时向外泵出一桶。

⑤ 让解卡液对地层进行浸泡，直到钻具解卡或决定放弃。

⑥ 在浸泡过程中始终要活动钻具。下放悬重10t，给钻具施加正转扭矩（大约是每300m 0.75圈）并使之向下传递，然后释放扭矩并上提钻具。这样活动钻具会使卡点向下移动，每次活动可能使卡点下移几厘米或几十厘米，持续活动钻具直到其突然上提解卡。

（2）机械解卡

① 施加的解卡力其方向始终要与卡钻前的运动方向相反。

② 如果可能，要进行循环。

（3）降低液柱压差解卡（U形管法）

① 将低密度的液体循环到卡点以上的环空中，以降低造成压差卡钻的过高压差，结合机械方法进行解卡。

② U形管法是一种快速并且行之有效的解卡方法，但是在使用时有一定的局限性，它绝不能用于那些容易引起井控事故的地方，也不可以使用在那些不稳定的地层。

需要注意的是，上述三种解卡方法一般都需配合使用才能快速有效地解除卡钻。

5. 解卡液配方

① 非加重钻井液的解卡液配方（表5-13）：一桶柴油加一加仑进口解卡剂PIPE-LAX（一方柴油加解卡剂24L）。

② 加重钻井液的解卡液配方（表5-14）：机械解卡在任何情况下，对于解卡的第一反应就是设法用机械方式来解除卡钻。

表5-13 进口解卡剂PIPE-LAX配方

密度/（g/cm^3）	柴油/L	PIPELAXW/L	水/L	重晶石/kg
1.08	537	86.3	314	256
1.2	537	86.3	277	413
1.32	536	86.3	241	570
1.44	533	86.3	208	727
1.56	528	86.3	176	884
1.68	520	86.3	146	1038

续表

密度/(g/cm^3)	柴油/L	PIPELAXW/L	水/L	重晶石/kg
1. 8	510	86. 3	120	1192
1. 92	498	86. 3	95	1343
2. 04	484	86. 3	73	1497
2. 16	468	86. 3	53	1651

表 5-14 国产解卡剂 SR-301 配方

密度/(g/cm^3)	SR 301/t	柴油/L	水/L	重晶石/kg
0. 95	0. 27	0. 65	0. 16	0
1. 1	0. 258	0. 603	0. 155	0. 19
1. 2	0. 25	0. 6	0. 15	0. 32
1. 3	0. 242	0. 58	0. 145	0. 45
1. 4	0. 234	0. 562	0. 14	0. 58
1. 5	0. 226	0. 542	0. 135	0. 71
1. 6	0. 218	0. 523	0. 131	0. 83
1. 7	0. 209	0. 506	0. 126	0. 97
1. 8	0. 201	0. 484	0. 121	1. 10
1. 9	0. 194	0. 456	0. 116	1. 18
2	0. 186	0. 445	0. 116	1. 36

（七）其他解卡方法

1. 淡水解卡

本方法适用于盐岩地层中的卡钻，使用前需确认无井控方面的问题。

① 淡水的量应该足以覆盖卡钻地层，并且在钻柱内留有 $3m^3$ 的量。淡水中可以加入清洗剂来去除井壁上的泥饼。

② 如果井内是油基钻井液，要在淡水之前泵入一些具有较高黏度的加重隔离液。

③ 当隔离液和淡水进行准备和泵入时，要持续活动钻具。在淡水进行浸泡的同时，保持对钻具的最大拉力。

④ 如果在浸泡 2h 后仍未能够解卡，要循环出井内的淡水，重复上述步骤再次尝试。

2. 盐酸解卡

本方法适用于水泥、灰岩中的卡钻，使用前需确保无井控问题。

① 酸液的体积应能覆盖卡钻的层位。典型的酸液是 7. 5%～10%的盐酸。

② 快速地泵送酸液，用大量的水来做隔离液以减少钻井液污染。

③ 在酸液对地层进行浸泡的同时，必须持续活动钻具。由于酸液反应迅速钻具应该在数分钟内解卡，酸液应在 5min 后循环出来。

④ 如果是孔隙发育、渗透性好的灰岩地层，为了防止酸液漏失到不到卡点的现象发生，且需要长时间浸泡 2～4h 时，必须使用 1%缓速剂和 1%～2%缓蚀剂。减缓酸液漏失和对钻具的腐蚀，并提高解卡的成功率。

第七节 钻井液污染的预防和处理

一、钙、镁污染和处理

淡水黏土型钻井液受 Ca^{2+}/Mg^{2+} 的污染后黏度和失水增加，Ca^{2+}/Mg^{2+} 来源于配浆水、地层水或挥发岩中。处理方法如下：

（一）从地层或配浆水溶解出来的 Ca^{2+} 一般用纯碱处理

$$Ca^{2+}+Na_2CO_3 = CaCO_3\downarrow +2Na^+$$

1mg/L Ca^{2+} 需 2.65mg/L 的 Na_2CO_3，pH 值升高有助于减少钙的溶解。

（二）硬石膏/石膏的污染（$CaSO_4/CaSO_4\cdot H_2O$）

石膏地层从只有几英寸到几千英尺厚度不等，钻这种地层会由于 Ca^{2+} 浓度增大引起钻井液絮凝和失水失控等问题。如果石膏层不太厚，就用纯碱处理：

$$CaSO_4+Na_2CO_3 = CaCO_3\downarrow +Na_2SO_4$$

需要添加抗高温淀粉或聚阴离子纤维素来控制失水，用铁铬盐降黏度，若是巨厚的石膏层，可能要转换成与石膏相容的钻井液体系，这可以通过增加铁铬盐、烧碱和降失水剂转换成石膏钻井液体系来达到。

（三）Mg^{2+} 的污染

若用海水作为配浆水便会遇到 Mg^{2+} 的污染问题，污染的影响与 Ca^{2+} 污染相似，Mg^{2+} 污染常用烧碱处理，体系中大部分的 Mg^{2+} 在 pH 值大于 10.5 时沉淀下来：

$$Mg^{2+}+2NaOH=Mg(OH)_2\downarrow +2Na+ \text{（1.0mg/L } Mg^{2+} \text{需 3.33mg/L 的 NaOH）}$$

（四）水泥/石灰的污染

当固井作业或钻开水泥塞时便造成水泥污染，污染的严重性与污染时钻井液状态和水泥状态有关，钻井液状态包括固相含量、抗絮凝剂的浓度等，水泥状态指水泥的胶结程度，胶结差的水泥（有时叫绿水泥）比胶结好的水泥造成更严重的污染，水泥由几种复杂的钙化合物组成，这些化合物与水反应都会生成 $Ca(OH)_2$，100 当量的水泥会生成 79 当量的 $Ca(OH)_2$，石灰会使淡水黏土型钻井液絮凝，引起黏度和失水的上升，处理 $Ca(OH)_2$ 的污染涉及降低 pH 值和控制 Ca^{2+} 的浓度。

（五）处理方法

可用下述一种或几种方法结合来处理水泥污染。

1. 废弃

如果污染严重，处理不实际时，把污染最严重的那部分钻井液废弃不要或按石灰钻井液来处理。

2. 小苏打（$NaHCO_3$）处理

小苏打与 Ca^{2+} 反应生成不溶的 $CaCO_3$，由于在钻水泥时 pH 值较高，Ca^{2+} 的浓度一般不超过 200mg/L：

$$Ca(OH)_2+NaHCO_3 = CaCO_3\downarrow +NaOH+H_2O$$

（1.0mg/L Ca^{2+} 需 2.1mg/L 的 $NaHCO_3$）

这反应只中和了一半的 OH^-，另一半转变为 NaOH，这会导致 pH 值升高，可通过有机酸(铁络盐或腐殖酸)与小苏打一起加入来解决。

3. 焦磷酸钠(SAPP)处理

SAPP 与 $Ca(OH)_2$ 反应生成不溶的 CaP_2O_7：

$$Ca(OH)_2+Na_2P_2O_7 = CaP_2O_7\downarrow +2NaOH+H_2O$$

(1.0mg/L Ca^{2+}需 5.5mg/L 的 SAPP)

SAPP 与 $Ca(OH)_2$ 的反应不够彻底，所以往往要加入过量的 SAPP，反应的结果同样也会造成 pH 值升高，如果井底温度大于 175℃，SAPP 就会变成一种絮凝剂。

4. 有机酸(铁铬盐或腐殖酸)处理

大约 1mg/L 的 $Ca(OH)_2$ 可中和 7~8mg/L 的有机酸。

(六) 处理方法的评价

1. 纯碱

除非能小心监测 pH 值的升高，否则不推荐用纯碱来处理水泥污染，因为纯碱与水泥反应没有 OH^-被中和会导致过高的 pH 值：

$$Ca(OH)_2+Na_2CO_3 = CaCO_3\downarrow +2NaOH$$

2. 高温

当温度大于 250℃时，水泥污染的钻井液可能会固化，这时加入 3~9g/L 的抗高温降絮凝剂(MIL-TEMP 或 MELANEX-T)便能稳定被污染钻井液的稳定性。

(七) 预处理

用小苏打预处理钻井液能造成 CO_3^{2-}污染，所以一般预处理量不应超过 1.5g/L。用有机酸铁络盐或腐殖酸预处理会有助于缓解 pH 值的升高。

二、盐污染

盐污染可来源于配浆水、盐水侵、盐层或蒸发盐层，从化学上讲可以是钠盐、钾盐、镁盐或钙盐或是这些盐的混合物，最普遍的是氯化钠。盐会絮凝淡水钻井液造成黏度和失水出现问题，如果盐污染更加严重或受二价离子(Ca^{2+}、Mg^{2+})污染严重时，黏土颗粒的聚沉会导致黏度降低和失水量的进一步加大。处理方法有以下几种：

① 由于盐无法用化学方法来使其沉淀，盐浓度的降低只能靠加清水稀释的方法解决，除了稀释，还要添加降絮凝剂和降失水剂，可加铁络盐和烧碱来降絮凝，可加对盐不敏感的淀粉和聚阴离子纤维素来降失水。

② 出现大量不断的盐污染导致黏度降低时，用预水化坂土浆能提黏和降失水。但随着时间的推移，已水化的坂土会发生去水作用，除非能降低盐的浓度。有效的做法是先用铁络盐和烧碱处理预水化坂土浆后再加入钻井液中去。

③ 有时随着盐的增加 Ca^{2+}的浓度也增加，这时便需加入纯碱来除钙。

④ 当需加入能起化学作用的材料到盐污染或盐水钻井液中时，这些材料必须预水化或预溶解以能达到最佳效果。

三、碳酸根/碳酸氢根(CO_3^{2-}/HCO_3^-)污染

当水基钻井液被碳酸盐污染时，流变性与失水便会出现问题，碳酸盐依钻井液中 pH 值的不同以三种不同形式出现，即 H_2CO_3、HCO_3^-、CO_3^{2-}。当 pH 值低于 5 时，主要是

H_2CO_3；pH 值为 8~9 时，主要是 HCO_3^-；pH 值大于 12 时，主要是 CO_3^{2-}。

（一）碳酸盐来源

① 处理钙或水泥污染时处理量过大。

② 从地层气、配浆泵和钻井液泵进入钻井液的 CO_2 气体的积累。

③ 有机化合物如铁铬盐、木质素等在温度大于 300℃时的热降解。

④ 受污染的重晶石。

（二）碳酸盐的检测

若要准确检测碳酸盐，需使用一套叫 GARRETT GAS TRAIN 的装置，这里不详细介绍。现场工程师往往用检测 M_f 和 P_f 来粗略估算碳酸盐的污染情况，当 M_f/P_f 大于 3 时，认为有 HCO_3^- 污染；当 M_f/P_f 大于 5 时，有较严重的 CO_3^{2-} 污染。

（三）碳酸盐污染的处理

大多数钻井液中碳酸根的浓度约在 1200~2400mg/L，有些钻井液在该浓度超过一倍时不受影响，而有些在 1200mg/L 浓度时却大受影响，钻井液所能接受的碳酸根浓度取决于该钻井液的固相含量、温度和各种化学材料的浓度。

① 如果已证实流变性和失水的问题是由碳酸根污染所引起的，处理的方法就是加入 Ca^{2+} 使其生成 $CaCO_3$ 沉淀，Ca^{2+} 以石灰或石膏的形式加入。

② 如果用的是石膏，石灰或烧碱必须同时加入以使 HCO_3^- 转变成 CO_3^{2-}，否则 HCO_3^- 与 Ca^{2+} 是不起反应的。

③ 如果使用石灰，pH 值将增加，可能需要加入石膏或铁络盐来缓解 pH 值的增大，不要加入木质素，因为木质素会与石膏和石灰反应其结果会影响后者别的化学反应，另外推荐不要把所有的碳酸盐都反应完，至少要留有 1000~2000mg/L 浓度的碳酸盐在钻井液中，所发生的化学反应和处理浓度如下：

a. 加石灰：$2Ca(OH)_2+HCO_3^-+CO_3^{2-}=\!=\!=2CaCO_3\downarrow+3OH^-+H_2O$；

b. 加石膏和石灰或石膏和烧碱：$2Ca^{2+}+OH^-+HCO_3^-+CO_3^{2-}=\!=\!=2CaCO_3\downarrow+H_2O$；

c. 处理所需量如下：

1.0mg/L CO_3^{2-} 需 1.23mg/L 石灰；

1.0mg/L CO_3^{2-} 需 2.27mg/L 石膏；

1.0mg/L HCO_3^- 需 1.23mg/L 石灰；

1.0mg/LHCO_3^- 需 0.66mg/L 烧碱。

④ 确认是碳酸根污染问题时，滤液中钙的存在并不表明无碳酸根污染，测总硬度时检出的钙可能不与碳酸根反应，通常螯合作用会降低反应速率化合价的变化，也使所测到的钙难以和碳酸盐反应，至少应有 200mg/L 的钙离子浓度才能确保有足够量的游离钙与碳酸根反应。

⑤ 按常规钻井液的碱度与钻井液中的 CO_3^{2-}、HCO_3^- 和 OH^- 是密切相关的，但其他的碱性物质也会增加钻井液的碱度，这些干扰因素的存在以及检测时的局限性使分析碳酸根的碱度滴定只是个近似值，所以若用 GARRETT GAS TRAIN 检测碳酸盐会更精确。

不管采用哪种方法，推荐在处理钻井液中的碳酸根时应做一个彻底的小型试验。

四、硫化氢污染

H_2S 的毒性和腐蚀性都很强，空气中含量很少，几分钟内便使人致命，当测有 H_2S 时，预先要完全熟悉防护措施，H_2S 对钻井液的黏度、失水和化学性质都有不利影响，但安全问题是最重要的。

（一）H_2S 的检测

从安全考虑，任何平台在 H_2S 潜在地区必须装有 H_2S 检测器和警报系统。检测钻井液中 H_2S 的最可靠方法是使用 GARRETT GAS TRAIN。

（二）H_2S 的处理方法

最有效的处理 H_2S 方法是，在适当提高钻井液相对密度的基础上，控制好钻井液中 pH 值的同时用碱式碳酸锌处理：

① 用烧碱或石灰把 pH 值调到 10.0 以上。

② 加入 6~9g/L 的碱式碳酸锌。1mg/L H_2S 需 6mg/L 的碱式碳酸锌。

注意：不能单纯依靠控制 pH 值来控制 H_2S 污染。

第六章 复杂与处理

第一节 井下复杂表现形式

井下故障与复杂情况虽然不能直观，但通过各种现象可以察其端倪、寻其规律。利用现有的条件，根据泵压、悬重、钻井液进出口流量、机械钻速的变化，以及钻具上下活动、转动时的阻力变化情况，把发生井下复杂情况的各种现象列于表6-1中，利用表6-1基本上可以把井下复杂情况判断清楚。发生井下故障的各种现象列于表6-2中，利用表6-2基本上可以把发生的井下故障类型判断清楚。

井下复杂情况有时是单一的，有时是复合的，但发生的初期基本是单一的。若处理不当，会产生连锁反应。如井漏可能引起井塌；井塌可能引起卡钻；钻具刺漏可能导致钻头泥包或干钻，甚至会造成钻具断落或卡钻。

井下故障也是一样，有时是单一的，有时是复合的。如井喷与卡钻、钻具断落与卡钻、井塌与卡钻都可能同时存在。

一、井下复杂情况诊断

井下复杂情况的各种现象见表6-1。

表6-1 井下复杂情况的各种现象

判据		井漏	井塌	砂桥	溢流	泥包	缩径	键槽	钻具刺漏	钻头牙轮卡	钻头水眼刺	钻头水眼掉	钻头水眼堵
转盘转动情况	扭矩正常										B	B	
	扭矩增大		A	A		A_1	A_1		B	A_1			
	蹩钻					A_2	A_2			A_2			
钻具上下活动情况	上提有阻		A	A		A	A	A					
	上提无阻												
	下放有阻		A	A			A						
	下放无阻							A					
泵压变化情况	正常						B	A		B			
	上升		A	A		B	B						A_1
	缓慢下降				B				A		A		
	突然下降	A										A	
	憋泵												A_2
井口流量变化	正常					B	B	A	B	B	B	B	
	增大				A								
	减小	A_1	A_1	A_1									
	不返	A_2	A_2	A_2									A

续表

判据		井漏	井塌	砂桥	溢流	泥包	缩径	键槽	钻具刺漏	钻头牙轮卡	钻头水眼刺	钻头水眼掉	钻头水眼堵
机械钻速	加快	A			A								
	减慢					A			B	A	B	B	

注：1. 表中 A 项为该类复杂情况的充分条件，据此可为井下复杂情况定性。
2. 表中 B 项为该类复杂情况的必要条件，可作为辅助判断的依据。
3. 角码 1、2 表示同一判据中的两项可能同时存在，也可能只有一项存在。

二、井下故障情况诊断

井下故障情况的各种现象见表 6-2。

表 6-2 井下故障情况的各种现象

判据		钻具断落	卡钻	严重井塌	井喷	钻头落井	落物	
							在钻头上	在钻头下
转盘转动情况	扭矩正常							
	扭矩增大			B			A_1	A_1
	扭矩减小	A				A		
	跳钻							A_2
	蹩钻						A_2	A_3
	不能转动		A					
钻具活动情况	上提遇阻		A	A			A	
	下放遇阻		A	A				
悬重变化	正常					B		
	下降	A			B			
泵压变化	正常						B	B
	上升			A	B			
	下降	A				A		
钻井液井口返出量变化	正常	B	B				B	B
	增大				A			
	减小			A_1				
	不返			A_2				

注：1. 表中 A 项为该类事故的充分条件，据此可为该类事故定性。
2. 表中 B 项为该类事故的必要条件，可作为辅助判断的依据。
3. 角码 1、2、3 表示同一判据中的三项可能同时存在，也可能只有两项或一项存在。

第二节 卡钻故障

一、卡钻概述

卡钻是钻具失去了活动的自由，既不能转动又不能上下活动，这是钻井过程中常见的井下故障。卡钻可以由各种原因造成，如粘吸卡钻、坍塌卡钻、砂桥卡钻、缩径卡钻、键槽卡钻、泥包卡钻、干钻卡钻、落物卡钻等。各种卡钻产生的机理不同，处理的方法也各异，所以当卡钻故障发生后，首先要弄清卡钻的性质，通过各种现象及可能获得的各种信息分析卡钻原因，才能制定出合适的处理方案。

卡钻总是发生在钻进、起钻、下钻三个不同的过程中。为了叙述方便起见，把各个工序中发生的各类卡钻故障的诊断方法以简明的表格形式列举出来，如表6-3、表6-4、表6-5所示。

表6-3　钻进时发生卡钻故障的诊断

判据		运行状态	卡钻类型						
			粘吸	坍塌	砂桥	缩径	泥包	干钻	落物
卡钻前各种显示	钻进中的显示	跳钻							A_1
		蹩钻				A_1	A_1	A_1	A_2
		扭矩增大		B	B	A_2	A_2	A_2	A_3
	钻具上下活动时的显示	上提有阻短距离内阻力消失				A			
		上提一直有阻力忽大忽小		A	A		A		
		上提一直有阻力越来越大						A	A
		下放有较大阻力		B	B				
		下放有较小阻力					B		
	泵压显示	泵压正常	B						B
		泵压逐渐上升		A_1	A_1	A	A_1	A_1	
		泵压逐渐下降					A_2	A_2	
		泵压波动忽大忽小		A_2	A_2				
	返出液量显示	进出口流量平衡	B			B	B	B	B
		井口返出量减少		A_1	A_1				
		井口不返钻井液		A_2	A_2				
	钻速变化	机械钻速急剧下降						A	A
		机械钻速缓慢下降					A		
	钻屑显示	返出量增多有大量坍塌物		B	B				
		返出量减少					B	B	B
	钻具运行状态	钻具静止时间较长	A						
		钻具在上下活动时遇卡		A	A				A_1
		钻具在转动中遇卡				A	B	A	A_2
	卡点位置	在钻头附近				A	A	A	A
		在钻铤或钻杆上	A	A	A				
卡钻后显示	泵压显示	泵压正常	A			A			A
		泵压上升		A	A				
		泵压下降					A	A	
	钻井液循环情况	可以正常循环	A						A
		可以小排量循环		A_1	A_1			A_1	
		失去循环		A_2	A_2			A_2	

注：1. A项为充分条件，据此可为卡钻故障定性。

2. B项为必要条件，可以帮助判断。

3. 角码1、2表示两项可同时存在，也可能只有一项存在。

表 6-4　起钻时发生卡钻故障的诊断

判据		运行状态	卡钻类型						
			粘吸	坍塌	砂桥	缩径	泥包	干钻	落物
卡钻前各种显示	钻具运行显示	钻柱静止时间较长	A						
		钻柱上行突然遇阻				A_1	A_1		A
		钻柱在一定阻力下可以上行		A_1	A_1			A	
		上行遇阻而下行不遇阻				A_2	A_2		A
		上行遇阻下行也遇阻		A_2	A_2			B	
		循环活动正常停泵就有阻力		A_3	A_3				
		无阻力时转动正常				B	B	B	
		无阻力时转动不正常		B	B				A
	井口显示	钻柱上起环空液面不下降		B	B			B_1	
		钻井液随钻柱上起返出井口						B_2	
		钻柱内孔反喷钻井液		A					
卡钻后显示	卡点位置	在钻头附近				A	A_1	A	A
		在钻铤顶部					A_2		
		在钻铤或钻杆上	A	A	A				
	泵压显示	泵压正常	A			A	A		A
		泵压下降						B	
		泵压上升		A_1	A_1			B	
		憋泵		A_2	A_2				
	井口显示	钻井液进出口流量平衡	A			A	A	B	A
		井口返出液量减少		A_1	A_1				
		井口不返钻井液		A_2	A_2				

注：1. A 项为充分条件，据此可以判定卡钻类型。

2. B 项为必要条件，可以帮助判断。

3. 角码 1、2、3 表明三项可能同时存在，也可能只有一项存在。

表 6-5　下钻时发生卡钻故障的诊断

判据		运行状态	卡钻类型				
			粘吸	坍塌	砂桥	缩径	落物
卡钻前显示	钻柱运行显示	钻柱静止时间较长	A				
		下行突然遇阻				A	
		下行不遇阻上行遇阻					A
		下行遇阻上行也遇阻		A_1	A_1		
		下行遇阻阻力越来越大		A_2	A_2		
		下行遇阻阻力点相对固定				A	
		下行遇阻阻力点不固定		B	B		
		循环时可下行停泵则有阻力		A_3	A_3		
		无阻力时转动正常				B	
		无阻力时转动不正常		B	B		A
	井口显示	下钻柱时井口不返钻井液		A_1	A		
		钻柱内孔反喷钻井液		A_2	B		

续表

判据		运行状态	卡钻类型				
			粘吸	坍塌	砂桥	缩径	落物
卡钻后显示	卡点位置	在钻头附近				A	A
		在钻铤或钻杆上	A	A	A		
	泵压变化	泵压正常	A			A	A
		泵压上升		A	A		
	钻井液井口返出情况	进出口流量平衡	A				A
		出口流量减少		A_1	A_1		
		井口不返		A_2	A_2		

注：1. A 项为充分条件，据此可为卡钻故障定性。

2. B 项为必要条件，可以辅助判断。

3. 角码 1、2、3 表示其中一项存在即可作为主要判据，也可能有其中两项同时存在的情况。

卡钻故障中，粘吸卡钻是相对简单的一种。但在一种卡钻故障发生之后，往往又会诱发另一种卡钻，如在缩径卡钻、键槽卡钻、落物卡钻发生之后，由于钻柱失去了自由运动的能力，可能会发生粘吸卡钻。粘吸卡钻发生之后，由于处理不当，可能会诱发坍塌卡钻。所以在一种卡钻发生之后，要采取适当的措施防止另一种卡钻的发生，避免形成复合式卡钻，增加处理难度。

当卡钻故障发生之后，首先要考虑的问题是为顺利解除故障创造条件。

1. 必须维持钻井液循环畅通

防止钻头水眼或环空堵塞，因为一旦无法循环，就失去了注解卡剂的可能，也很容易诱发井塌和砂桥的形成，而且从钻杆水眼内下爆炸松扣工具也很难下到预定位置。

2. 要保持钻柱完整

如钻柱提断或扭断，断点以下的钻柱便失去钻井液循环，由于钻屑和井壁坍塌落物的下沉，有可能堵塞钻头和钻柱水眼，或者在环空形成砂桥。同时如果鱼顶正好处于大井径位置，打捞钻具时，寻找鱼头也非常困难。

3. 不能把钻具连接螺纹扭得过紧

任何卡钻故障的发生，都有可能走到套铣倒扣的那一步，如果扭力过大，一则可能使母螺纹胀大，使钻具从中间脱开；二则造成了倒扣的困难，甚至使卡钻无法继续处理下去。

4. 限制扭转圈数公式

① 计算限制扭转圈数的公式(6-1)如下：

$$N=\frac{100\tau H}{\pi GSD}=\frac{100H}{\pi GSD}\sqrt{(\sigma_1^2-\sigma_2^2)/3}=1.53\times10^{-5}\frac{H}{D}\sqrt{\sigma_1^2-(qH/F)^2} \tag{6-1}$$

式中 N——限制扭转圈数；

H——卡点深度，即卡点以上钻柱长度，m；

D——卡点以上钻柱外径，cm；

G——剪切系数，8×10^4，MPa；

τ——限制剪切力　$\tau=\sqrt{(\sigma_1^2-\sigma_2^2)/3}$，MPa；

σ_1——钢材屈服强度，MPa；

σ_2——钻柱危险断面处所受的实际拉应力$=qH/F$，MPa；

q——每米钻柱在钻井液中的重量，N/m；

F——管体切面积，cm^2；

S——安全系数，取1.5。

② 常用的API标准钻杆限制扭转圈数见表6-6，使用时要注意：

a. 本表所列数据为一级钻杆的限制扭转圈数，如使用的是二级钻杆、三级钻杆，情况就比较复杂，由使用者做适当的调整；

b. 当大钩悬重等于自由钻具在钻井液中的重量时，公式(6-1)有效；

c. 当大钩悬重小于自由钻具在钻井液中的重量即中和点不在卡点位置而在卡点以上时，公式(6-1)可以应用，但自由钻具长度应以中和点以上的钻具长度来计算；

d. 当大钩悬重大于自由钻具在钻井液中的重量时，不能直接应用公式(6-1)，而应将公式(6-1)改写为公式(6-2)：

$$N=1.53\times10^{-5}\frac{H}{D}\sqrt{\sigma_1^2-(10W/F)^2} \tag{6-2}$$

e. 式中W为大钩悬重，kN，其他符号与公式(6-1)相同，此时不能应用表6-6所列数据，而应按公式(6-2)进行计算。

表6-6　API钻杆限制扭转圈数

钢级	外径/mm	自由钻柱长度/m						
		1000	2000	3000	4000	5000	6000	7000
S-135	62.3	21.0	42.0	62.0	80.0	97.0	111.0	121.0
	73.0	17.0	34.0	51.0	66.0	79.5	91.0	99.7
	88.9	14.0	28.0	41.8	54.0	65.0	74.8	81.8
	102.0	12.5	24.7	36.6	47.0	57.0	65.5	71.5
	114.0	11.0	22.0	32.5	42.0	50.8	58.0	63.5
	127.0	10.0	19.7	29.0	38.0	45.7	52.3	57.3
	140.0	9.0	17.9	26.5	33.7	41.5	47.6	52.0
	168.0	7.5	14.9	22.0	28.0	34.5	39.5	43.2
G-105	60.3	16.4	32.3	47.0	59.8	70.0	76.3	77.2
	73.0	13.5	26.5	38.6	49.2	57.5	62.7	63.4
	88.9	11.1	21.8	31.7	40.5	47.2	51.5	52.0
	102.0	9.7	19.0	27.9	35.4	41.5	45.1	45.5
	114.0	8.6	16.9	24.8	31.5	36.9	40.0	40.5
	127.0	7.8	15.2	22.3	28.3	33.2	36.0	36.5
	140.0	7.0	14.0	20.0	25.7	30.2	32.7	33.5
	168.0	5.8	11.6	16.7	21.3	25.1	27.2	27.5

续表

钢级	外径/mm	自由钻柱长度/m						
		1000	2000	3000	4000	5000	6000	7000
X-95	60.3	14.8	28.9	41.7	52.7	60.0	63.3	59.2
	73.0	12.2	23.9	34.5	43.5	49.7	52.3	48.8
	88.9	10.1	19.6	28.3	35.7	40.8	42.9	40.1
	102.0	8.8	17.2	24.8	30.9	35.7	37.5	35.1
	114.0	7.9	15.2	22.0	27.5	31.7	33.4	31.2
	127.0	7.1	13.7	19.8	24.5	28.6	30.0	28.0
	140.0	6.4	12.5	18.0	22.5	26.0	27.3	25.5
	168.0	5.3	10.4	15.0	18.7	21.6	22.7	21.2
E	60.3	11.6	22.4	31.5	38.0	39.2	31.7	
	73.0	9.6	18.5	26.0	31.4	32.4	26.0	
	88.9	7.9	15.2	21.4	25.7	26.6	21.5	
	102.0	6.9	13.3	18.7	22.5	23.3	18.8	
	114.0	6.1	11.8	16.6	20.0	20.7	16.7	
	127.0	5.5	10.6	15.0	18.0	18.6	15.0	
	140.0	5.1	9.7	13.6	16.3	16.9	13.7	
	168.0	4.2	8.0	11.3	13.6	14.0	11.3	

二、粘吸卡钻

(一) 粘吸卡钻的原因

1. 粘吸卡钻的内在原因

① 井壁上有滤饼的存在是造成粘吸卡钻的内在原因，因为大多数钻井液是固、液两相流体，或者是固、液、气三相流体，其中的固相颗粒吸附在井壁上就形成了滤饼。

② 滤饼的形成有三种原因：

一是吸附，钻井液中的固相颗粒吸附在岩石表面，无论砂岩、泥岩都有这种特性。

二是沉积，钻井液在流动过程中，靠近井壁的流速几乎等于零，钻井液中的固相颗粒便沉积在井壁上。泥页岩井段的井径要比砂岩井段的井径大得多，沉积作用更为显著，所以泥页岩井段容易形成厚滤饼。

三是滤失作用，它加速了钻井液中固相颗粒在渗透性岩层表面的沉积。

2. 粘吸卡钻的外在原因

① 地层孔隙压力和钻井液液柱压力的压差存在，是形成粘吸卡钻的外在原因。

② 外因是变化的条件，内因是变化的根据，外因通过内因而起作用，在同一裸眼井段中，地层的孔隙压力梯度不会是同一的，而钻井液液柱压力总是要平衡该井段中的最高地层孔隙压力，对那些压力梯度相对低的地层必然会形成一个正压差。

③ 当钻柱被井壁滤饼粘吸之后，紧靠井壁一边钻柱的一侧(粘吸面上)所受的是通过滤饼传来的地层孔隙压力，另一侧所受的是钻井液液柱压力，如果后者大于前者，即有正压差存在，可把钻柱压向井壁，进一步缩小吸附面之间的间隙，增强了吸附力，并进一步扩

大了钻柱与井壁的接触面积。

3. 粘吸卡钻的主要原因

① 水基钻井液在井壁上所形成的滤饼有很强的负电力场，具有一定的自由表面能储量，它力图吸附异性离子以降低这个表面能储量到最小值。

② 钻柱的表面要游离一部分铁离子，具有很强的正电荷，形成一个正电力场，也具有一定的自由表面能储量，它也力图吸附异性离子以降低这个表面能储量到最小值。

③ 钻柱在静止时，由于井都有一定的斜度，钻柱因其自身重量所产生的水平分力而压向井壁的下侧，驱走了中间的隔离层(水分子或胶体离子)，使钻柱与滤饼之间的距离缩小，当缩小到两者之间的极性分子互相起作用的范围内时，便发生了吸附作用，这就是发生粘吸卡钻的主要原因。

(二) 粘吸卡钻的象征

① 粘吸卡钻是在钻柱静止的状态下发生的。因此，卡钻前钻具上下活动、转动均不会有阻力(正常摩阻力除外)，至于静止多长时间才会发生粘卡，和钻井液体系、性能、钻具结构、井眼质量有密切关系，少则2~3分钟，多则几十分钟，但必须有一个静止过程。

② 粘吸卡钻后的卡点位置不会是钻头，而是在钻铤或钻杆部位。

③ 粘吸卡钻前后，钻井液循环正常，进、出口流量平衡，泵压没有变化。

④ 粘吸卡钻后，如活动不及时，卡点有可能上移，甚至直移至套管鞋附近。

(三) 粘吸卡钻的预防

① 使用中性钻井液如油基钻井液、油包水钻井液，或者阳离子体系钻井液，最好是高价阳离子(如 Fe^{3+}、Al^{3+}、Si^{4+})聚合物体系的钻井液，而且阳离子数量必须加足。

② 钻柱静止时间不超过3min。

a. 钻具不能转动的情况下，要上下活动；

b. 钻具不能上下活动的情况下，要争取转动；

c. 每次活动都要达到无阻力为止，如上下活动时，要看到指重表指针回摆至正常悬重；用转盘旋转时，要达到无倒车为止。

③ 对于阴离子体系的钻井液来说，要求有较好的润滑性、较小的滤失量、适当的黏度和切力，必要时要加入润滑剂、活性剂、塑料球等以减少滤饼的摩阻系数。

④ 无论何种钻井液，都应该做好固控工作，把无用的固相尽量清除干净。因为无用的固相粒子不仅会形成劣质滤饼，还会造成循环系统的磨损。

⑤ 只要没有高压层、坍塌层存在，没有特殊需要，要使用该井段最低的钻井液密度，做到近平衡压力钻进。如钻井液液柱压力超过地层压力3.5MPa时，卡钻的可能性增大。

⑥ 钻井液加重时，要用优质的加重材料，并要均匀加入，最好的办法是先在地面储备罐中加重，经充分搅拌水化后再混入井浆中。

⑦ 设计合理的钻柱结构，特别是下部钻柱结构。增加支撑点，减少接触面，如使用螺旋式钻铤、欠尺寸稳定器、加重钻杆等。

⑧ 如果钻头在井底，无法上提和转动，将钻柱悬重的1/2~2/3压在钻头上，以求把下部钻柱压弯，以减少钻柱与井壁滤饼的接触面积，减少总的黏附力。

⑨ 要测斜的话，在测斜前最好短起下一次。在测斜时除必要停止的几分钟外，要使钻具一直处于活动状态中。

⑩ 指重表、泵压表、扭矩表必须灵敏可靠，以防做出错误的判断。

⑪ 要保持良好的井身质量，因为在井斜或方位变化大的井段，钻柱由于其自重分力的作用紧紧靠向井壁一边，增加了粘吸卡钻的可能性。

⑫ 在钻柱中要带上随钻震击器，因为在粘卡发生的最初阶段，震击解卡是很有效的。

⑬ 无论是钻进还是起下钻过程，都要详细记录与钻头或稳定器相对应的高扭矩大摩阻的井段，并分析所在地层的岩性，因为这些往往是容易卡钻的地层。

(四) 粘吸卡钻的处理

1. 强力活动

① 粘吸卡钻的最初阶段，应在设备(特别是井架和悬吊系统)和钻柱的安全负荷以内尽最大的力量进行活动，上提不超过薄弱环节的安全负荷极限，下压不受限制，可以把全部钻柱的重量压上，也可以进行适当的转动，但不能超过规定扭转圈数。

② 如强力活动若干次(一般不超过 10 次)无效，应在适当的范围内活动未卡钻柱，上提拉力不要超过自由钻柱悬重 200kN，下压力根据井深及最内一层套管的下深而定，可以把自由钻柱重量的 1/2 甚至全部压上，使裸眼内钻柱弯曲，减少与井壁的接触点，防止卡点上移。但必须注意，钻柱只能在受压的状态下静止，不许在受拉的状态下静止。

2. 震击解卡

① 如钻柱上带有随钻震击器，应立即启动上击器上击或启动下击器下击，以求解卡，这比单纯的上提、下压的力量要集中，见效也快。

② 如未带随钻震击器，可先测卡点位置，用爆松倒扣法从卡点以上把钻具倒开，然后选择适当的震击器(如上击器、下击器、加速器等)下钻对扣。钻具组合：对扣接头+安全接头+震击器+70~100m 钻铤+钻杆。对扣后循环钻井液，调整钻井液性能，然后震击。

③ 如震击不能解卡，可考虑注解卡液浸泡，边浸泡边震击。

3. 浸泡解卡剂

① 解卡剂种类很多，从广义上讲，包括原油、柴油、煤油、油类复配物、盐酸、土酸、清水、盐水、碱水等，它们的密度是自然密度，难以调整。

② 从狭义上讲，是指用专门物料配成的用于解除粘吸卡钻的特殊溶液，有油基的，也有水基的，它们的密度可以根据需要随意调整。

③ 如何选用解卡剂，要视各个地区的具体情况而定，低压井可以随意选用，高压井只能选用高密度解卡剂。

4. 井口憋压解卡

① 井口憋压时，钻井液渗入地层的速度加快，造成井壁岩石孔隙压力升高。憋压一段时间后，放掉井口压力，此时井壁岩石内的液体压力大于井内钻井液液柱压力，会有一个负压作用在滤饼上，有将被卡钻具推离井壁的趋势，有利于解卡。

② 憋压需要满足的条件：

a. 最好是下过技术套管的井，而且有完整的井口装置。

b. 憋压时要慢慢升压，不能把地层憋漏。

c. 憋压时间的长短，应能使井壁流体压力充分升高。地层较疏松，憋压时间可以短些；地层较致密，憋压时间应该长些。

d. 井口憋压越高，对解卡越有利。

e. 裸眼井段不能太长，渗透层不能太多，否则所憋压力被其他低压层所吸收，则憋压时间很长，甚至憋不起压力来。

(五) 粘吸卡钻的处理程序

粘吸卡钻的处理程序见图 6-1。

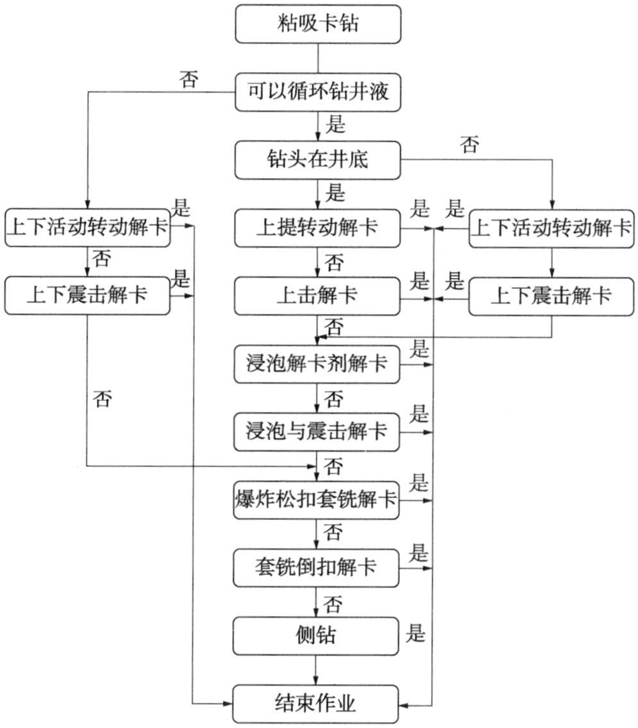

图 6-1　粘吸卡钻的处理程序

三、坍塌卡钻

坍塌卡钻是井壁失稳造成的，是卡钻故障中性质最为恶劣的一种故障。因为处理这种故障的工序最复杂，耗费时间最多，风险性最大，甚至有全井或部分井眼报废的可能，所以在钻井过程中应尽力避免这种故障的发生。

在钻井过程中，轻微的井塌是经常出现的，从返出井口的岩屑中可看出，20%~40%的岩屑不是新钻岩屑而是坍塌碎屑。从电测井径的数据也可以看出，井径扩大的现象是普遍存在的，而扩大的井段主要是泥页岩井段。不过，这种轻微的坍塌不会给钻井施工造成困难。但是若遇到裂缝发育而吸水性又强的泥页岩，在短期内就会形成大规模坍塌，裸露一层，剥蚀一层，连续不断，致使钻井作业无法进行，甚至埋死钻具，造成坍塌卡钻。

(一) 坍塌卡钻的原因

1. 地质方面的原因

(1) 原始地层应力的存在

当井眼被钻穿以后，钻井液液柱压力代替了被钻掉的岩石所提供的原始应力，井眼周围的应力将被重新分配，被分解为周向应力、径向应力和轴向应力。在斜井中，还会产生一个附加的剪切应力，当某一方向的应力超过岩石的强度极限时，就会引起地层破裂(有些地层本来就是破碎性地层或节理发育地层)。

（2）地层的构造状态

大多数地层都保持一定的倾角，随着倾角的增大，地层的稳定性变差，60°左右的倾角，地层的稳定性最差。

（3）岩石本身的性质

以下这些岩石是容易坍塌的：

① 未胶结或胶结不好的砂岩、砾岩、砂砾岩。

② 破碎的凝灰岩、玄武岩。

③ 节理发达的泥页岩。

④ 断层形成的破碎带。

⑤ 不成岩的地层，如煤层、流沙、黏土、淤泥等。

⑥ 泥页岩的组分，伊利石和蒙脱石混层。

⑦ 盐膏层、膏盐层、膏泥岩、软泥岩等特殊岩层。

（4）泥页岩孔隙压力异常

若泥页岩孔隙里是高压气体，泥页岩就会被崩散，落入井内。

（5）高压油气层的影响

泥页岩一般是砂岩油气层的盖层，或者与砂岩交互沉积而成为砂岩的夹层，如果这些砂岩油气层是高压的，井眼钻穿之后，在压差的作用下，地层的能量就沿着阻力最小的砂岩与泥页岩的层面而释放出来，使交界面处的泥页岩坍塌入井。

2. 物理化学方面的原因

① 泥页岩吸水后，强度将直线下降，这是造成坍塌的主要原因。

② 地下泥页岩水化后可产生很大的膨胀压力，而膨胀压力又增加了井眼周围的圈闭应力，若使圈闭应力超过了泥页岩的屈服强度，井眼稳定性便下降。

③ 膨胀又使泥页岩体积增大，向压力小的方向扩展，因而使井眼缩径，或被循环液冲刷而垮塌入井。

3. 工艺方面的原因

① 钻井液液柱压力不能平衡地层压力。

② 钻井液体系与流变性能和地层特性不相适应：钻井液的排量大、返速高、呈紊流状态容易冲蚀井壁岩石，引起坍塌，特别是在某一井段长期循环，很容易形成大井径。

③ 井斜与方位的影响：在同一地层条件下，直井比斜井稳定，而斜井的稳定性又和方位角有关系，位于最小水平主应力方向的井眼稳定，位于最大水平主应力与最小水平主应力中分线的井眼较稳定，而位于最大水平主应力方向的井眼最不稳定。

④ 钻具组合的影响：为了保持井眼垂直或稳斜钻进，下部钻具往往采用刚性组合，但如钻铤直径太大、稳定器过多，下部钻具与井眼之间的间隙太小，起下钻时很容易产生压力激动，导致井壁不稳。

⑤ 钻井液液面下降会使环空液柱压力下降，使某些地层失去支撑力而发生坍塌。

⑥ 压力激动：如开泵过猛，下钻速度过快，易形成压力激动，使瞬间的井内压力大于地层破裂压力，而压裂地层。

⑦ 井喷引起井塌：井喷后，由于高速油气流的冲刷，破坏了井壁滤饼，也破坏了井眼周围结构薄弱的岩层，所以井喷时总是夹带着大量的砂石喷出地面，当冲落的砂石达到一定数量、油气流无力将其举升到地面时，就堵塞了环空。

⑧ 气体钻井对井壁的支撑力最低，从井壁力学方面促使井壁不稳定，尤其是有水层、水敏性地层同时存在时易发生井眼不稳。

（二）坍塌卡钻的象征

1. 钻进过程中的象征

① 如果是轻微的坍塌，则使钻井液性能不稳定，密度、黏度、切力、含砂量要升高，返出钻屑增多，可以发现许多棱角分明的片状岩屑。

② 如果坍塌层是正钻地层，则钻进困难，泵压上升，扭矩增大，钻头提起后泵压下降至正常值，但钻头放不到井底。

③ 如果坍塌层在正钻层以上，则泵压升高，钻头提离井底后，泵压不降，且上提遇阻下放也遇阻，甚至井口返出流量减少或不返。

2. 起钻过程中的象征

① 正常情况下，起钻时不会发生井塌。

② 在发生井漏后，或在起钻过程中未灌钻井液或少灌钻井液，则随时有发生井塌的危险。

③ 井塌发生后，上起遇阻下放也遇阻，而且阻力越来越大，但阻力不稳定，忽大忽小。钻具可以转动，但扭矩增加。开泵时泵压上升，悬重下降，井口流量减少甚至不返，停泵时有回压，起钻时钻杆内反喷钻井液。

3. 下钻前发生的井塌的象征

① 井塌发生后，由于钻井液的悬浮作用，塌落的碎屑没有集中，下钻时可能不遇阻，但井口不返钻井液，或者钻杆内反喷钻井液。

② 如果塌落的碎屑集中，则下钻遇阻，当钻头未进入塌层以前，开泵泵压正常，当钻头进入塌层以后，则泵压升高，悬重下降，井口返出流量减少或不返，但当钻头一提离塌层，则一切恢复正常。

③ 向下划眼时，虽然阻力不大，扭矩也不大，但泵压忽大忽小，有时会突然升高，悬重也随之下降，井口返出的流量也呈现忽大忽小的状态，有时甚至断流。

④ 从返出的岩屑中可以发现新塌落的带棱角的岩块和经长期研磨而失去棱角的岩屑。

4. 划眼过程中的象征

如果是坍塌造成的遇阻，划眼时经常憋泵、蹩钻，钻头提起后放不到原来的位置，越划越浅，比正常钻进要困难得多。有可能划出一个新井眼，使井下情况更加复杂。

（三）坍塌卡钻的预防

1. 采取适当的工艺措施

（1）设计合理的井身结构

① 表层套管应封掉上部松软容易坍塌的地层。

② 明显的漏层如古潜山风化壳、石灰岩裂缝溶洞，其上部应用套管封隔。

③ 在同一裸眼井段内不能让喷、漏层并存。因为在这种情况下，防喷则漏，防漏则喷，无论喷、漏，都会引起地层坍塌。

（2）要尽量减少套管鞋以下的口袋长度

一般要求以 1~2m 为宜。因为较长的口袋容易导致下部岩屑在此聚集，同时也容易引起水泥块掉落。

(3) 合理的钻井液性能

调整钻井液性能使其适应钻进地层。

(4)要有意识地保护薄弱地层

① 对于结构薄弱或有裂缝的地层，钻进时要限制循环压力，以免压漏地层。

② 起下钻通过该层时要严格控制速度，减少对地层的外力干扰。

2. 使用具有防塌性能的钻井液

① 使用油基钻井液(不含或含少量的水)，不会使泥页岩水化膨胀，也不受盐、钙等的污染，钻出的井眼比较规则。

② 使用油包水钻井液可在井壁与钻井液之间形成一层半透膜，当钻井液中的矿化度大于地层水的矿化度时，地层中的水向钻井液渗透，不仅避免了钻井液中的水对泥页岩的浸润，还可以利用反渗透压力和泥页岩的吸附压力相抗衡，使水很少进入井壁。

③ 使用含有各种堵塞剂的钻井液，在钻井液中加入各种堵塞材料，减小或防止渗透作用和毛细管作用，以降低钻井液滤液向井壁岩石的渗透速度。堵塞剂的加量一般为5%~15%，在钻井过程中还要随时补充。

(四) 坍塌卡钻的处理

1. 可以小排量循环的情况

① 必须控制进口流量与出口流量的基本平衡。在循环稳定之后，逐渐提高钻井液的黏度和切力，以提高其携砂能力，然后逐渐提高排量，争取把坍塌的岩块带到地面。

② 如小排量可以循环，稍微增加排量就发生漏失或返出量不增加，停泵后，钻井液外吐不止，考虑倒扣或填井侧钻。

2. 无法建立循环的情况

① 如失去循环，只能采取套铣倒扣。

② 如确定是钻具下部塌卡，应及早倒扣。倒扣的时间越早，可能倒出的钻具越多，给下一步留下的困难就越少。

③ 如确定是钻具上部塌卡，不要盲目倒扣。应考虑是否下炸药把钻头炸掉或把钻铤炸裂，为以后恢复循环创造条件，然后再倒扣。

(五) 坍塌卡钻的处理程序

坍塌卡钻的处理程序见图6-2。

四、缩径卡钻

缩径卡钻，就是小井径卡钻。无论何种原因，钻头通过的井段，其直径小于钻头直径，均可造成卡钻。这些小于钻头的井径，有些是缩径造成的，有些是原本就存在的。

(一) 缩径卡钻的原因

1. 地层方面的原因

(1) 砂砾岩的缩径

砂岩、砾岩、砂砾混层如果胶结不好甚至没有胶结物，在井眼形成之后，由于其滤失量大，在井壁上形成一层厚的滤饼，而缩小了原已形成的井眼。

(2) 泥页岩缩径

① 泥页岩井段一般表现为井径扩大，但有些泥页岩吸水后膨胀，也可使井径缩小。

② 表层泥页岩，主要成分为钠蒙脱石，具有较高的含水量，在钻进中易出现塑性变形。

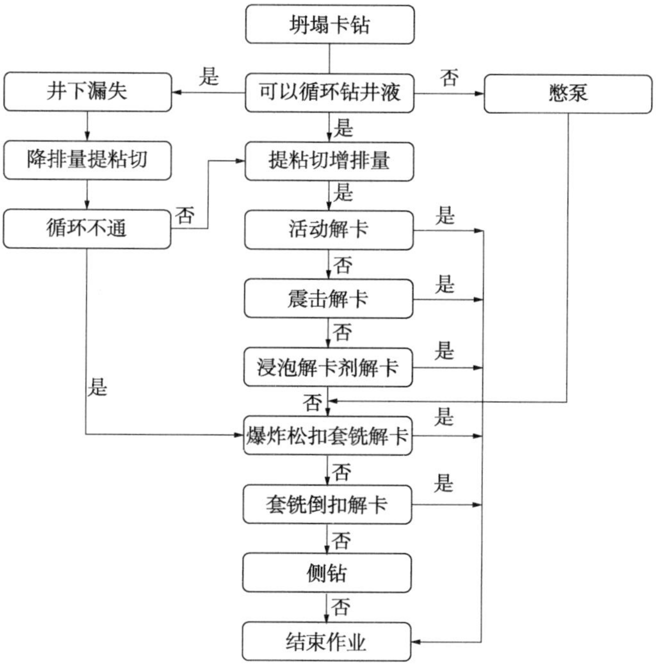

图 6-2　坍塌卡钻的处理程序

③ 未固结的黏土，内摩擦角为零，一旦剪切应力大于胶结强度，便发生塑性变形。

④ 在压力异常带的泥页岩，因其含水量和孔隙压力都远远超过正常值，也就容易发生塑性变形。

（3）盐膏层缩径

① 盐岩在 100℃以前，蠕变量很小，由于钻井液中水的溶解作用，井径不会缩小，反而扩大。从 100~200℃，蠕变速率急剧增加。200℃以上，盐岩层几乎完全变成塑性体，在一定的压力作用下，很容易产生塑性流动。

② 在盐层中钻进，井眼缩径速率还和井径大小有关系，即缩径速率和井眼直径成正比，也就是说，10in 井眼的缩径速率是 5in 井眼的两倍。

③ 随着埋藏深度的增加，温度、压力也相应地增加，盐岩层逐渐失去了自持能力，如没有一定的钻井液液柱压力与之相抗衡，一旦钻孔形成，它就向钻孔蠕动，从而使井眼缩小，如发现不及时，就会立刻造成卡钻。

（4）深部沉积的石膏层

一般认为在上覆岩层压力下把结晶水挤掉，成为无水石膏。当钻开时，石膏又吸水膨胀，减弱强度，缩小井径。

2. 其他方面的原因

（1）原已存在的小井眼

钻头使用后期，外径磨小，形成一段小井眼，刮刀钻头尤为显著。有些取心钻头，其外径小于正常钻进的钻头，或者在使用后期外径磨小，也会形成一段小井眼。

（2）弯曲井眼

有些井由于下部钻具结构刚性不够，形成弯曲井眼。当下部钻具结构改变，刚性增强，或者下入外径较大、长度较长的套铣工具或打捞工具时，在弯曲井眼处容易卡住。

（3）地层错动造成井眼的横向位移

由于所钻地层有断层和节理存在，当钻井液滤液浸入断层面或节理面后，引起孔隙压力的升高，产生了沿断层面或节理面的滑动，导致井眼的横向错动。

（二）缩径卡钻的象征

① 阻卡点固定在井深某几点，因为小井径总是个别井段，所以下钻遇阻时，提离该点，则无遇阻现象，起钻遇阻时，则下放不会遇阻，而且遇阻点相对固定在某一井深。有时会有若干个遇阻点，但每个遇阻点的井深相对固定。

② 多数卡钻是在钻具运行中造成的，而不是在钻具静止时造成的。只有少数卡钻是在钻进时造成的，如钻遇蠕动的盐岩、含水软泥岩、沥青层很容易就在钻进过程中缩径卡钻。

③ 离开遇阻点则上下活动、转动正常，阻力稍大则转动困难。

④ 下钻距井底较近处遇阻，可能有两种情况：一种是沉砂引起遇阻，另一种是上一只钻头在使用后期直径磨小，形成了小井眼。

⑤ 如钻遇蠕变性的盐岩层、沥青层、含水软泥岩层，往往是机械钻速加快，转盘扭矩增大，并有蹩钻现象，提起钻头后，放不到原来井深，划眼比钻进还困难。若蠕变速率较小，泵压没有多大变化。若蠕变速率较大，可以发现泵压逐渐上升，直至憋泵。

⑥ 缩径卡钻的卡点是钻头或大直径工具，而不可能是钻杆和钻铤。

（三）缩径卡钻的预防

① 下入钻头、稳定器或其他直径较大的工具时，应仔细丈量其外径，不能把大于正常井眼的钻头或工具下入井内。使用打捞工具时，其外径应比井眼小 10~25mm。

② 起出的旧钻头和稳定器，应检查其磨损程度，如发现外径磨小，表明已钻成了一段欠尺寸井眼。下入新钻头时应提前划眼，不能一次下钻到底。划眼井段的多少依据实际情况来定，一般为 1~3 个单根。总的原则是下放钻具时不允许有 30kN 以上的遇阻。即使是毫无遇阻显示，最后 1 个单根也必须划眼下放。

③ 在用牙轮钻头钻进的井段，下入金刚石、PDC 及足尺寸的取心钻头时要特别小心，遇阻不许超过 50kN。

④ 取心井段必须用常规钻头扩眼或划眼。特别是连续取心的井段，软地层每 100m、硬地层每 50m 左右需用常规钻头扩、划眼一次。

⑤ 改变下部钻具结构，增加了钻具的刚性，如增加稳定器数量或加大钻铤外径以及下入外径较大的套铣工具和打捞工具时应控制速度慢下。绝不允许在阻力超过 50kN 的情况下强行下入。

⑥ 下钻遇阻绝不可强压。一般的规律是遇阻后上提的力量要比下压的力量大，下压力量越小，上提解卡越主动。当然也可以用渐进法进行试验，如果上提时的阻卡力不超过下压遇阻的力量或者超过的不多(在一倍以内)，还可以逐步增加下压的力量，有些井段，增加一点力量或者多活动几次就可以过去了。但如果发现上提时阻卡力增加很多，就不能盲目下压了，应立即循环钻井液，向下划眼，消除阻力。渐进法就是每次增加的力量不可过多，以 30~50kN 为宜。一般要求起、下钻遇阻不允许超过 50kN，采取渐进法增加力量的最大限度也不允许超过 200kN。当钻具悬重较轻时，上提力量不能超过钻具重量的 1/3。

⑦ 起钻遇阻绝不能硬提。因为下压解卡的力量往往比上提时的阻力大得多。如果上提遇阻而下放很松快，也可以采取渐进法进行试验，逐步加大上提力量，有些井段上下活动几次就可以起出来了。如果发现下压解卡力大于上提阻卡力很多，就不能再加大力量上提了，应循环钻井液，采取倒划眼的办法起出。

⑧ 控制钻井液滤失量及固相含量。

⑨ 钻遇特殊岩层如盐岩层、沥青层及含水软泥岩层，必须提高钻井液密度，增大钻井液的液柱压力，以抗衡围岩的蠕动或塑流。

(四) 缩径卡钻的处理

1. 大力活动钻具解卡

① 在下钻过程中遇卡，应在钻具和设备的安全负荷限度以内大力上提，但绝不能多压。

② 在起钻过程中遇卡，应大力下压，甚至将全部钻具的重量压上去，但绝不能多提。

③ 在钻进过程中遇卡，只能多提或强扭，下压是没有意义的。

④ 要敢于用大力，可能三下五除二就解决问题了。如果大力活动数次(一般不要超过10 次)不能解卡，此时应循环钻井液，在适当的拉力压力范围内定期活动钻柱，最好每10~15min活动 2~3 次，保持钻柱不被粘卡，再进行第二步的工作。

2. 用震击器震击解卡

① 如钻柱上带有随钻震击器，在起钻过程中遇卡时，应启动下击器下击。在下钻过程中遇卡或钻头在井底遇卡时，应启动上击器上击。

② 如钻柱上未带随钻震击器，要设法接入震击器，因为震击是缩径卡钻中最有效、最经济的解卡办法。

a. 如果是起钻遇卡，而且有足够的钻柱重量，可以在井口接地面下击器下击；

b. 如果是下钻遇卡或在井底遇卡，最好是把钻柱从卡点以上倒开，把上击器接到距卡点较近的位置，然后连续上击。

③ 在活动钻具及震击的过程中，要随时注意钻具的活动范围，在钻柱的某一部位打一个记号，如果该记号随钻柱的下击而下移，或随钻柱的上击而上移，说明震击活动有效，解卡有望。如果在同样的拉压范围内，发现钻柱的活动范围越来越小，说明已有粘卡发生，此时继续震击的效用就不大了。

3. 其他情况解卡

① 如果缩径是盐层蠕动造成的，而且还能维持循环的话，可以泵入淡水或淡水钻井液至盐层缩径井段以溶化盐层，同时配合震击器震击。

② 如果是泥页岩缩径造成的卡钻，可以泵入油类和清洗剂或润滑剂，并配合震击器进行震击。

③ 如果大力活动钻具与震击均无效，那就只好走爆炸松扣和套铣、倒扣的道路。最好是从钻头附近或钻铤顶部倒开，井下留的落鱼越少越好。

(五) 缩径卡钻的处理程序

缩径卡钻的处理程序参见图 6-3。

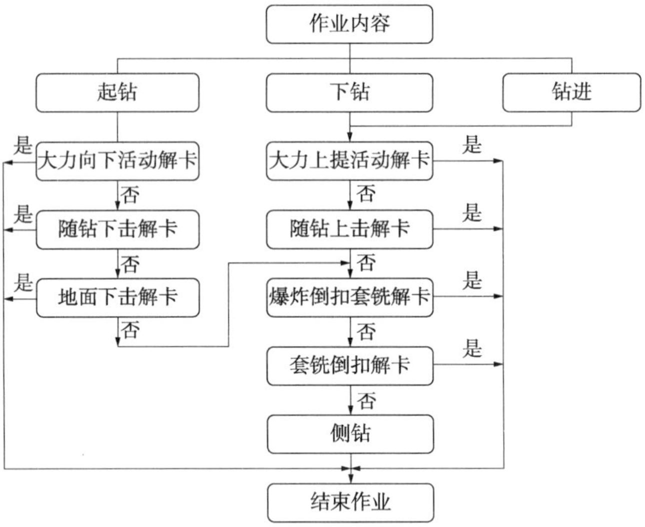

图 6-3　缩径卡钻的处理程序

五、键槽卡钻

（一）键槽形成的条件

① 键槽形成的常见条件是井身轨迹不是一条直线而产生了局部弯曲，形成了狗腿。

② 还有一种键槽叫壁阶式键槽，是在特定情况下产生的，在大段的易坍塌的泥页岩中夹有薄层砂岩，当泥页岩坍塌井径扩大之后，薄层砂岩仍保持着钻头井径。任何直井都有一定的斜度，即使井斜及方位不发生任何变化，钻柱由于自身的重量也总是靠向井眼低边的，只有这部分较硬砂层的壁阶支持着钻柱的侧向力，当大部分井径扩大至钻头直径与钻杆接头直径之和以上时，在此种壁阶上也会产生键槽。

③ 键槽的形成是一个渐变过程。

第一阶段，狗腿处尚为原始状态，大眼无变化，小眼刚开始产生。

第二阶段，狗腿处已出现了浅的键槽，其深度不超过钻杆接头直径的一半，起下钻正常，尚无阻卡现象。

第三阶段，狗腿处出现了较深的键槽，其深度已超过钻杆接头直径的一半，但尚不及钻铤直径的一半，若不采取破槽措施，将会发生卡钻。起钻时钻杆接头可以顺利通过，但直径大于钻杆接头的钻铤及钻头等起至此处将会遇阻遇卡，能通过转动方向并上下活动把钻具起出。若落鱼鱼头正处于此等键槽处，小直径打捞工具易捞着落鱼，而大直径打捞工具只能碰到鱼头而捞不着落鱼。

第四阶段，键槽已相当深，钻杆接头已完全处于小眼中，其深度已超过钻铤直径的一半，当钻铤或钻头起至该点时，严重遇阻遇卡，拉力稍大，就转不动转盘。若落鱼鱼头正处于此等键槽中时，大直径打捞工具及套铣工具都碰不到鱼头，可以从落鱼侧的大眼中顺利下入。

（二）键槽卡钻的象征

① 键槽卡钻只会发生在起钻过程。因为在下钻时，钻头及较大的工具进不了键槽，只有在起钻时，钻柱在自重分力的作用下，靠向键槽一边，在键槽中运行，当直径较大的钻铤、钻头进入键槽时，便发生遇阻遇卡情况。

② 如果钻铤外径大于钻杆接头，则钻铤顶部接触键槽下口时即遇阻遇卡。如钻铤外径不大于钻杆接头，只有钻头或其他直径较大工具接触键槽下口时，才发生遇阻遇卡。

③ 在键槽中遇阻，拉力稍大，转动转盘很困难，但只要下放钻柱脱离键槽则旋转自如。

④ 在键槽中遇阻遇卡，开泵循环钻井液时，泵压无变化，钻井液性能无变化，进出口流量平衡。

⑤ 在岩性均匀井径规则的地层中键槽是向上下两端发展的，如果井径规则，每次起钻的遇阻点是向下移动的，而且移动的距离不多。如果岩性不均匀井径不规则，如长段泥岩中夹有薄层砂岩，而这个井段又是井斜方位变化较大的井段，在泥岩垮塌之后，只有砂岩承受来自钻杆接头的切削，在砂岩上形成键槽，这种键槽的位置固定，不会向上下发展，因此，遇阻点也是固定不变的。

（三）键槽卡钻的预防

① 钻直井时要控制井斜，井斜不要有忽大忽小的变化。在井斜超过 2°后，要控制方位，不要有大的变化，以减少产生狗腿度的可能。

② 钻定向井时在地质条件允许的情况下，尽量简化井身轨迹，多增斜、少减斜。

③ 用套管封掉易产生键槽的井段。这对于多目标井、大位移井、水平井尤为重要。

④ 每次起钻都要详细记录遇阻点井深，阻力大小，以便综合分析井下情况，辨明引起井下遇卡的原因。

⑤ 发现键槽后应主动破除键槽，即在钻柱中间接键槽破坏器，键槽破坏器下接一段钻杆，其长度要大于预计的键槽长度，其下再接足够数量的钻铤，使其能产生足够的侧向力。同时要注意控制下划速度，若划眼顺利，其下行速度也不能大于该井段机械钻速的 1/3，若划眼不顺利，那就耐着性子去划，因为这正是划眼器起作用的时候，不可操之过急。

⑥ 在钻柱上带随钻震击器，一旦遇卡时可启动下击器下击解卡。但绝不允许上击，上击只能越击越死。

（四）键槽卡钻的处理

1. 大力下压

键槽遇阻遇卡时，如上提拉力不大，利用钻具的重量可以压开，此时就不要逐渐加压，而应一次将钻具重量全加上去，直至解卡为止。如全压尚不能解卡，就应在全压的情况下，变动泵压循环钻井液，使钻具产生脉动现象，有助于解卡。

2. 用下击器下击

下击是解除键槽卡钻最好的办法，如钻柱上带有随钻震击器，应立即启动下击器下击。如未带随钻震击器，可接地面震击器下击。必要时，可把钻柱从下部倒开，把下击器接在靠近卡点的地方进行下击。

3. 套铣解卡

① 如震击无效，只好原钻具直接倒扣，或爆松倒扣，然后套铣解卡。

② 倒扣时要从键槽上部的主井眼内倒开，这样在套铣时好从鱼顶套入。

③ 如果鱼顶在键槽内，铣筒是进不了键槽的。如盲目套铣，很容易钻出一个新井眼，失去了打捞的目标。

④ 如果发现鱼顶在键槽内，要有意识地改变鱼顶位置，就是在鱼顶上再栽上一段钻杆，把鱼顶引入主井筒内，再进行套铣。

⑤ 如果能一次套铣到卡点，最好用带防掉矛的套铣筒，防止铣开后落鱼再掉入井底。如果一次套铣不到卡点，最好再加长套铣筒套铣，而不要轻易倒扣。

4. 泡酸解卡

如果是在石灰岩、白云岩地层形成的键槽卡钻，可以用抑制性盐酸来浸泡解卡。

(五) 键槽卡钻的处理程序

键槽卡钻的处理程序参见图 6-4。

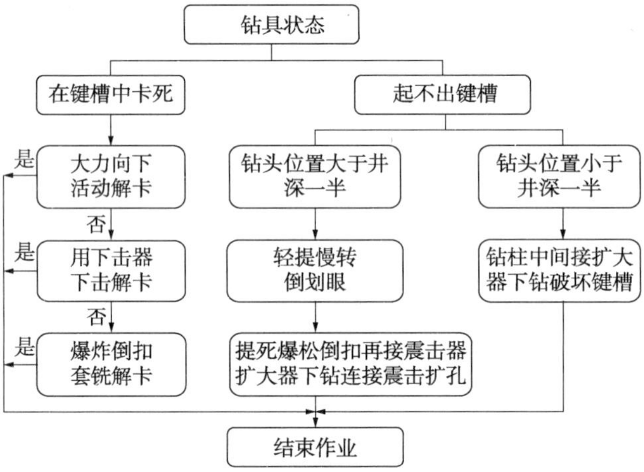

图 6-4　键槽卡钻的处理程序

第三节　钻 具 失 效

一、钻具失效发生的原因

造成钻具失效的原因不外乎疲劳破坏、腐蚀破坏、机械破坏，但它们之间不是独立存在的，往往是互相关联互相促进的。

(一) 疲劳破坏

疲劳破坏是钢材破坏的最基本、最主要的形式。金属在足够大的交变应力作用下，会在局部区域产生热能，使金属结构的聚合力降低，形成微观裂纹，这些微裂纹又沿着晶体平面滑动发展，逐渐连通成可见的裂纹。据统计，70%的钻柱失效是疲劳破坏导致断裂失效。

① 钻具在长期工作中承受着拉伸、压缩、弯曲、剪切等复杂应力，而且在某些区域还产生频繁的交变应力，如正常钻进过程中中和点附近的钻具、处理卡钻事故时的自由段钻具以及在弯曲井眼中运转的钻具，当这种应力达到足够的强度和足够的交变次数时，便产生疲劳破坏。

② 临界转速引起的振动破坏，钻柱旋转速度达到临界转速时，会使钻具产生振动，有纵向振动和横向摆动两种形式，同时在一定的井深这两种形式的振动还会重合在一起，这种振动会使钻具承受交变应力，促使钻具过早地疲劳。

③ 钻进时的跳钻、蹩钻，既使钻具产生纵向振动，又使钻具产生横向振动，对受压部

分的钻具破坏极为严重，所以在砾石层中钻进，最容易发生钻铤失效。

④ 钻具在弯曲的井眼中转动，必然以自身的轴线为中心进行旋转，这部分钻杆靠井壁的一边受压力，离井壁的一边受拉力，每旋转一圈，拉、压应力交变一次，如此形成频繁的交变应力，促使钻具早期破坏。

⑤ 天车、转盘、井口不在一条中心上，转盘本身形成了一个拐点，井口附近的钻具就好像在弯曲井眼中转动一样，产生了交变应力。

（二）腐蚀破坏

钻具在恶劣的环境中储存或工作，都会产生腐蚀，有时几种腐蚀会同时发生，但是总是以某一种腐蚀形式为主要破坏原因。由于腐蚀使管壁变薄，表面产生凹痕，甚至使钢材变质，降低了钢材的使用价值和使用寿命。

1. 氧气的腐蚀

氧气的腐蚀首先是坑蚀，然后由点到面发展，覆盖整个钻具表面。

2. 二氧化碳的腐蚀

二氧化碳与水反应后形成一种弱酸即碳酸，也会在钻具表面造成蚀疤。

3. 硫化氢的腐蚀

硫化氢溶解于水形成一种弱酸，对钻具有腐蚀作用。但它的主要作用不在于腐蚀，而在于使钢材发生氢脆破坏。

4. 各种酸类的腐蚀

酸类的腐蚀作用是由于它降低了钻井液的 pH 值和损害了管材的保护膜，同时也加强了钻井液的导电性，使电化学腐蚀作用增强，并且还会产生氢原子，如果有硫化物同时存在，会产生氢脆作用。

5. 电化学腐蚀

钻具在钻井液中类似于电极在电解液中，也可以产生导电反应，不同金属之间、不同的钢材化学成分之间就会产生导电现象，当电流流过钢材时，会带走微量的金属分子，并沉积于电流的另一端，这样就会形成伤疤，引起应力集中或造成疲劳破坏。

（三）机械破坏

① 钻具制造中形成的缺陷。

a. 轧制过程形成的夹层；

b. 调制过程发生结晶组织变化；

c. 公母螺纹连接螺纹的临界断面模数配比不合理，不是母强公弱，就是公强母弱；

d. 钻杆加厚过渡带几何形状设计不合理，最容易造成应力集中的地方；

e. 钻铤公螺纹未车应力减轻槽，往往会导致钻具早期损坏。

② 钻具在长期使用过程中的腐蚀与磨损，某些区域管壁变薄或存在微细裂纹，强度大为减弱，在外力的作用下，钻杆最容易从最薄弱的地方被拉断或扭断。

③ 处理井下复杂和故障时，不恰当的大力活动，当应力超过其屈服极限时，就会产生变形，把钻杆拉细拉长。当应力超过其强度极限时，就会把钻杆拉断。

④ 搬运或使用过程中造成了外伤，如卡瓦牙痕，井下落物（钻头牙齿、钳牙、卡瓦牙等）造成的横向刻痕以及撞伤、砸伤等，往往成为应力集中点，由此而向外扩展，而且各种腐蚀也容易从这里开始，造成钻具的局部损坏。

⑤ 上扣不紧。

a. 不按规定扭矩上扣，接头台肩靠不紧，一方面台肩失去密封作用，螺纹容易被钻井液刺坏；

b. 另一方面，由于失去台肩的支撑力，公母螺纹产生频繁的交变应力，会使螺纹疲劳折断。

⑥ 钻进时加压过大，或发生连续蹩钻，或在遇阻遇卡时强扭，把钻杆母螺纹胀大、胀裂，造成钻具脱落。

⑦ 对各种连接螺纹特别是配合接头的连接螺纹长期使用而不定期卸开检查，以致螺纹磨损造成钻具脱落。

⑧ 在接头或钻杆加厚部分的内径突变处，流动的钻井液形成涡流，冲蚀管壁，甚至会把管壁刺穿，降低了钻杆的抗拉抗扭强度。

⑨ 中途测试挤坏钻杆：为了进行地层测试，测试工具要用钻杆连接下到测试层位，在测试阀打开之前，钻杆内是空的，底部钻杆处于钻井液的静压下，如超过钻杆的抗挤强度，就会把钻杆挤坏。

二、钻具失效的表现形式

(一) 过量变形

过量变形是指在过大载荷作用下，钻柱接头的螺纹部分伸长以及钻柱本体的弯曲和扭转超过了极限范围见图 6-5 和图 6-6。

图 6-5　钻杆过量变形

图 6-6　钻杆拉断

(二) 断裂

在钻柱事故中占的比例较大，危害也很严重，见图 6-7、图 6-8、图 6-9、图 6-10，主要有以下两种。

① 过载断裂，如钻杆遇卡提升时焊缝热影响区的断裂、钻柱体折断等。

② 低应力脆断，它在整个钻柱失效中占相当大的比例，钻杆、钻铤和转换接头处均能发生，如钻杆焊缝的脆性断裂、钻挺和转换接头螺纹部位的脆性断裂等。

(三) 表面损伤

包括均匀腐蚀(如钻具锈蚀)、小孔腐蚀(即点蚀，如钻杆存放或使用过程中内外表面的点蚀)和焊缝腐蚀(如钻杆表面皱折处的钻井液腐蚀，内外螺纹接头处啮合部位的腐蚀等)，见图 6-11 和图 6-12。

图 6-7　钻铤本体脆性断裂

图 6-8　螺纹根部疲劳断裂

图 6-9　钻铤外螺纹疲劳断裂

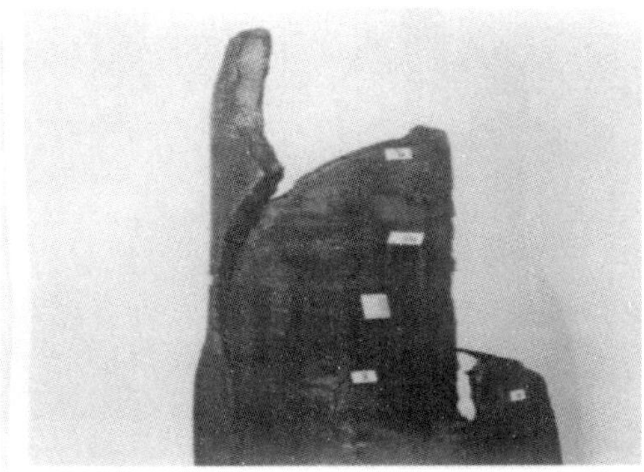

图 6-10　H_2S 导致钻杆应力腐蚀断裂

图 6-11　钻具腐蚀(1)

图 6-12　钻具腐蚀(2)

(四) 磨损

包括黏着磨损(如钻杆接头、钻挺及转换接头螺纹部分的磨损)、磨料磨损(如钻井液和井壁对钻柱的磨损、螺纹脂中的杂质对螺纹的磨损)和冲蚀磨损，见图 6-13 和图 6-14。

(五) 机械损伤

如表面碰伤、烧伤、大钳卡瓦及其他工具的压痕等，见图 6-15 和图 6-16。

图 6-13 钻杆接头磨损

图 6-14 钻铤螺纹磨损黏扣

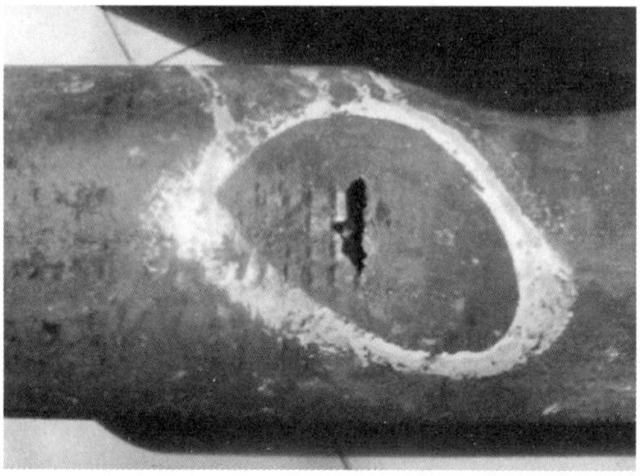

图 6-15 钻杆卡瓦咬伤管体刺漏

图 6-16 钻杆卡瓦咬伤管体

(六) 钻杆管体刺漏失效

钻杆管体加厚过渡带短(距接头 500~800mm 处)，过度不平缓，应力集中，而且钻井液在该处易形成涡流，进而导致本体刺漏失效，见图 6-17 和图 6-18。

图 6-17 钻杆管体刺漏

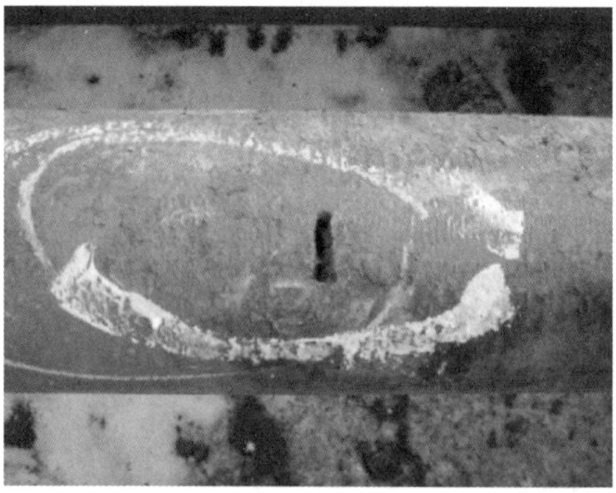

图 6-18 钻杆刺漏

(七) 钻具螺纹刺漏失效

由于钻具上扣扭矩不标准，上扣扭矩过大或者过小；螺纹脂不标准，螺纹脂里混有机油等；或者没有使用钻铤、耐高温等专用螺纹脂造成螺纹刺漏现象，见图 6-19 和图 6-20。

图 6-19　钻具外螺纹刺漏

图 6-20　钻具内螺纹刺漏

（八）钻杆的冲蚀失效

在水平井和斜井施工过程中，为了过滤钻井液中的杂质和异物损伤定向仪器，在钻杆内螺纹端放置了管状多孔滤清器，导致此处钻杆冲蚀失效屡次发生，见图 6-21 和图 6-22。

图 6-21　内涂层失效

图 6-22　滤清器对钻杆内壁的冲蚀坑

三、钻具失效的预防

（一）钻具维护

① 钻具上下钻台，公、母螺纹必须戴好护丝，并且要平稳起下，不允许碰撞钻杆两端的接头。

② 钻具连接前要将公、母螺纹及台肩清洗干净，仔细检查，确认没有问题，方可涂抹合格的螺纹脂进行连接。特别是顶驱保护接头或方钻杆保护接头更要注意，因为它要和每个钻杆母接头连接一次，该接头若有损伤，会造成许多钻杆母接头的损伤。

③ 上、卸扣时，绝不允许用大钳咬钻杆本体。

④ 当钻具悬重超过 1100kN 时，井口不许用短体卡瓦夹持钻具，以免挤伤钻杆，此时应改用长体卡瓦或用双吊卡进行起下钻和接单根等工作。

⑤ 空吊卡、钻具立柱或单根均不许撞击井口钻具的母接头台肩。

⑥ 上扣时公、母接头必须对中，当有摇摆和阻卡现象时，不能快速旋扣。当发现有错扣现象时，必须卸开重上，不能用大钳硬上。

⑦ 上扣时，必须按标准扭矩紧扣，不能松也不能过紧。

⑧ 钻铤的提升短节也必须用大钳紧扣。防止下边钻具上扣时，上边倒扣，使钻铤掉入井中。

⑨ 卸扣时，大钩弹簧要承受一定的拉力，保证被卸开的螺纹不受压力，同时也要防止钻具立柱在弹簧力的作用下撞击井口的母接头。

⑩ 要避免产生刻痕，特别是横向刻痕，这些刻痕大部分是由大钳、卡瓦和井下落物造成的。

⑪ 除处理故障外，弯钻杆不许入井，特别是不许使用弯曲的方钻杆，如发现方钻杆弯曲，应立即换掉。

⑫ 不能用钻杆作电焊时的搭铁线，因为容易烧成伤疤。

⑬ 在任何情况下，都不允许超过钻具的屈服强度提拉或扭转。

⑭ 使用高矿化度钻井液时，应加防腐剂，以保护钻具。

⑮ 钻井液的 pH 值应维持在 9.5 以上，这样可以减少腐蚀和断裂。实验表明，pH 值低于 6 时，腐蚀速度急剧加快；pH 值在 9~10.5 时，可使腐蚀速度大大降低。

⑯ 在硫化环境中，应使用 E 级钢以下的钻杆，各种配合接头也不得用高级合金钢制造。

⑰ 井下温度超过 148℃时，在钻井液处理剂和螺纹脂中，要避免含有硫的成分。

（二）钻具管理

① 在井使用钻具要实行定期上下倒换制度，抽上加下，或抽下加上均可，目的是改变钻具的受力状态，使整套钻具各个部分的受力趋于一致。

② 执行错扣检查制度，如果是 3 个单根组成 1 个立柱，每起一趟钻，错 1 个单根螺纹卸扣，三趟钻即可错完。

③ 执行定期探伤制度，钻具的暗伤，特别是螺纹部分的暗伤，用肉眼是难以检查出来的，必须用超声波或磁粉进行探伤。钻铤和各种连接接头的螺纹，每运转 200~300h 应探伤一次，这是经验做法，各地区可以根据自己的实际情况，确定合理的探伤时间。

④ 在腐蚀性的作业环境中，最好使用有内涂层的钻杆，并要定期检查内涂层剥蚀情况。利用内窥镜检查内涂层是比较麻烦的，可以用测厚仪测量钻杆不同部位的壁厚，判断内涂层的好坏状态。

⑤ 各种连接接头必须定期卸开检查，如有问题，应及时予以更换。

⑥ 要经常用肉眼观察，钻具表面有无麻坑、横向刻痕和裂纹，防腐层是否损坏，接头台肩是否平整，宽度是否磨薄，螺纹是否磨尖、变形及损伤，钻具是否弯曲，接头是否偏磨，发现以上情况，应将该钻具降级使用或维修。

⑦ 严禁在钻杆内使用滤清器。如必须使用时，应使用专用的滤清器接头或者在管路上加装过滤装置，降低钻杆过渡区刺漏失效的发生概率。

⑧ 钻具卸入场地存放时，应用清水清洗钻具内外表面及螺纹，清除腐蚀性物质，在接头螺纹及台肩上涂上防腐油，并戴好护丝。

⑨ 加工应力分散槽及适当减小螺纹附近的本体刚度是提高钻铤螺纹疲劳寿命的有效措施。

⑩ 对使用过的钻铤不进行常规修扣，由以前切掉部分旧扣改为全部切掉旧扣，重新进行车扣，彻底清除疲劳源。

四、钻具失效特征

钻具失效特征见表6-7。

表6-7　钻具失效特征

序号	类型	发生部位	主要特征	主要原因	预防措施
1	钻杆折断	靠近内螺纹端本体	1. 悬重突降 2. 泵压下降 3. 扭矩减少 4. 无进尺	1. 扭矩与拉力超过钻杆屈服极限	1. 处理事故时拉力与扭矩应在安全范围内
				2. 本体有伤痕(卡瓦牙刻痕)蚀坑或制造缺陷(裂纹)	2. 严格检验入井钻具，不符合要求的钻具严禁使用
				3. 过度磨损、疲劳破坏	3. 编组倒换
2	钻铤及井下工具折断	常发生在中和点附近钻铤及井下工具的外螺纹根部	1. 悬重突降 2. 泵压下降 3. 扭矩减少 4. 无进尺	1. 钻铤受力复杂，易疲劳破坏	1. 定期倒换或卸扣
				2. 螺纹加工质量欠佳，应力集中	2. 定期探伤
				3. 存在裂纹或缺陷	3. 提高加工质量，不合格严禁入井使用
3	滑扣	螺纹纵向受力后滑开	1. 悬重突降 2. 泵压下降 3. 扭矩减少 4. 无进尺	1. 螺纹严重磨损，接触面减少	1. 不合格或有缺陷的螺纹严禁入井使用
				2. 扣型不标准，不易上紧	2. 使用液压大钳按规定扭矩紧扣
				3. 未按规定扭矩紧扣	
4	脱扣	螺纹磨损扭转时自行退开	1. 悬重突降 2. 泵压下降 3. 扭矩减少 4. 无进尺	1. 蹩钻后打倒车造成倒扣	1. 在夹层砾岩中钻进时，严重蹩钻
				2. 未按规定扭矩紧扣，致使外螺纹接头膨大(磨薄)	2. 使用液压大钳按规定扭矩紧扣
5	刺扣	螺纹连接处被钻井液刺蚀	螺纹或者管体刺穿后，部分短路循环，泵压下降，钻速下降。长期刺漏冲刷将造成断钻具故障	1. 密封脂不合格，或未涂抹均匀	1. 使用合格的螺纹密封脂，并涂抹均匀
				2. 螺纹未上紧或螺纹有缺陷	2. 按规定扭矩紧扣
				3. 直接变化处产生紊流，刺坏管壁和螺纹	3. 泵压下降时及时起钻检查
6	黏扣	螺纹连接处黏合一体不能卸开	螺纹不能卸开(接合面咬合)	1. 夹层或者硬地层中钻进时严重蹩跳引起纵横振动导致螺纹互相咬合	1. 钻头上加减震器
				2. 螺纹加工质量不规范，表面硬度不一致	2. 严格检验螺纹加工质量，采用相同的钢级
				3. 螺纹自动紧扣或密封脂不合格	3. 采用合格密封脂，并按规定扭矩紧扣

第四节 浅 层 气

浅层气是指埋藏深度比较浅(一般在 1500m 以内)、储量比较小的各类天然气资源。主要包括生物气、油型气、煤层甲烷气、水溶气等。

一、浅层气特征

(一) 埋藏浅，成因复杂

浅层气最主要的特点就是埋藏浅，一般从地表以下 20～1500m 的各类地层均有分布，而又相对集中在第四系和第三系。个别地区存在于石炭—二叠系，更老的地层因受储盖层条件的限制而分布较少。从气源条件来看，既有生物气，又有煤层气、油型气、水溶气，甚至还有生物降解气和低成熟气等。从分布的地层来看，第四系以生物气为主，第三系以油型气为主，石炭—二叠系含煤地层以煤层气为主。

(二) 储量小，丰度低

虽然浅层气类型较多，分布较广，资源量较大，但由于受成藏条件的限制，单个气藏的储量都不大，而且随气藏埋深的储量减少也相应减少。从地质条件来看，埋藏 0～150m 内的地层不具备形成大气藏的条件，只能形成一些小气包，但可能在平面上大面积展布，单个气藏的储量从几万立方米到百万立方米，只有埋深逾 500m 的地层在生储盖条件较为优越时才能形成较大规模的气藏。

(三) 类型多，分布广

与常规气藏一样，浅层气藏的类型也是多种多样的，除构造圈闭气藏，还有断层遮挡圈闭气藏、岩性圈闭气藏、水溶性气藏等各种复杂类型的气藏。与常规气藏不同的是，浅层气藏的分布不受含油气区的控制，只与气源条件相关。

二、浅层气钻井问题

(一) 预警时间短，难以控制

气层埋深浅，表层较为松软薄弱。在钻井过程中，由于气层埋深浅，天然气喷出时间也很短，通常来不及报警就喷出地表，造成井喷。发生井喷时，由于表层较松软，不能强行关井，否则将憋漏表层，造成烧毁钻机等事故。

(二) 压力高，压力变化快

浅层气压力高，高压导致井喷一开始就异常猛烈，难以控制，必须在开钻前准备好浅层气井喷的应急措施。浅层气一旦喷出，井眼会迅速泄压，井喷后地层压力释放还可能导致地层下陷。

(三) 预测难度大，认识不足

浅层气通常体积小，使得对浅层气的预测难度增加。施工人员对浅层气危险性认识不足也是引起井下故障的重要因素之一。

三、浅层气失控原因

① 起钻时灌浆不及时和抽吸作用导致液柱压力降低后，浅层气体就会迅速进入井眼引起井喷。

② 拔活塞起钻时，起出钻具的体积和拔出钻井液的体积由钻具内钻井液来补充，导致钻具内和环空液面压降较多，液柱压力降低，浅层气体就会迅速进入井眼引起井喷。

③ 在静止状态下，气体主要通过扩散作用侵入井眼，在一段时间内，气体会逐渐产生积聚现象，慢慢地形成气柱。由于天然气密度低，具有可压缩、易膨胀的特点，在置换作用下，气柱会逐渐上升，在上升过程中，随着作用在气柱上压力的降低，气柱体积不断膨胀，并最终导致井喷。

④ 井漏后，液柱压力下降，在浅层气已钻开的情况下，容易发生井喷。

⑤ 由于固井时低密度隔离液的加入，以及水泥浆候凝时会产生失重现象，使得环空液柱压力降低，在固井及候凝期间也会发生井喷事故。

⑥ 对浅层气井，泡油或替解卡剂容易引起环空钻井液液柱压力下降，从而导致油气浸入井内，如果发现不及时，井喷是不可避免的。

四、浅层气钻井技术

（一）浅层气位置的预测

利用高分辨率地震数据可以对浅层气进行预测。目前具备了对900m以内的浅沉积层进行预测的技术和新的地球物理设备。高分辨率的电火花地震勘探和亮点分析技术可以有效地预测浅层气；电力机动浅剖面仪能分辨出120m以内有关活动的和非活动的储气层的资料；水柱气泡检测仪可以发现气体渗漏，气体渗漏是浅层含气的直接显示；无泡电火花测量仪可以进行沉积速度分析，并能对300m以内的活动与非活动的气体储层进行分辨。在钻井设计之前，必须对相关资料进行认真论证，弄清是否有浅层气的存在，钻井设计必须有钻浅层气的专门论述。

（二）浅层气钻井前的准备

① 组织相关人员认真了解浅层气的危险性，掌握钻探浅层气的工艺技术，提高人员的防范意识。明确各岗位的职责，加强监控，尽可能早地发现浅层气的存在。

② 压井钻井液的准备。准备井筒容积3~4倍的压井液。

③ 井控装备的准备。使用导流器或者防喷器系统。如30in导管+变径升高短节+导流器四通+导流器。

④ 报警装置的准备。安装钻井参数监控仪，并检测其可靠程度，特别是钻井液出口流量传感器，必须灵敏可靠。

⑤ 检查防喷器组的单流阀和泥浆泵，确保工作正常（以防压井作业期间，气体从井内通过压井管线反窜到泥浆罐）。

（三）浅层气技术措施

① 加强对参与人员的技术培训，关键岗位必须持证上岗，施工中要高度重视井下异常情况。

② 高标准安装导流器并按要求试压合格，检查节控箱上的套压和立压传感器，确保灵敏好用。

③ 钻具内安装浮阀。

④ 使用8½in领眼钻穿表层。

a. 对预测有浅层气的地区，首先用8½in钻头钻完设计井深，目的是减少气层裸露面积，井眼容积小，一旦发生井喷，喷出物体积也较少，有利于压井作业；

b. 钻进过程中，每打完 1 个单根，用单泵划眼 1 次，保证上部井眼畅通，在钻进过程中派专人进行坐岗观察；

c. 为了利用大排量钻井液有效携带岩屑和防止钻头泥包，施工中开双泵加大钻井液排量；

d. 钻遇浅层气时，必须及时停钻循环，调整钻井液性能，随后短起下到套管鞋，疏通上部井段，在保证上部井眼畅通、起钻无拔活塞现象的情况下继续钻进，快速穿过浅气层；

e. 泥浆液柱压力略大于气层压力，泥浆抗气侵性能要好。

⑤ 钻达目的井深严格执行起钻预防措施。

a. 要准确计量灌入的钻井液量是否与起出的钻具体积相等，发现异常及时分流关井；

b. 起钻控制速度降低抽汲作用，发现拔活塞现象立即接顶驱或方钻杆进行灌浆；

c. 起到钻铤要溢流观察，提前准备好整体式提升短节(母扣扣型与顶驱或方钻杆保护接头扣型匹配)，使用提升短节进行起钻铤(便于控制井口)。

⑥ 浅层气井涌关井后，循环排气是主要措施，但不宜用重泥浆压井，因为过重的泥浆压漏地层后，会恶化井下情况。禁止在井口观察溢流情况，溢流转换成井喷往往就是一瞬间的事，避免井喷带出的井内液体或井口方瓦伤人。

⑦ 电测 8½in 裸眼，确认浅层气是否存在。

⑧ 对表层井段，按所需尺寸进行扩眼，而后进行下套管作业。

⑨ 固井设计施工中，考虑水泥浆在凝固的过程中会出现失重现象导致井眼液柱压力下降的问题，应采取相应措施。

⑩ 固井施工完成 4~6h 后，观察井内无异常后，方可进行后续作业。

⑪ 掌握天然气气体滑脱速度的计算：由于天然气滑脱运移不能膨胀的性质，井口和井底压力不断上升，会造成井口设备损坏或井漏事故的发生。压力上升快慢，取决于天然气上升速度。

⑫ 井内气体的运移速度公式如下，前提是气体体积和温度保持不变。

$$V=H/\Delta t(V=102\Delta P/\rho\Delta t)$$

式中，ΔP 为关井后两个时刻的套压升高值，MPa；ρ 为井液密度，g/cm^3；Δt 为时间差，h；V 为天然气上升速度，m/h。

第七章 附 录

一、滑/割大绳计算

（一）割绳标准

表 7-1 所列出的是金属芯、6mm×19mm、强化犁钢材质的钻井大绳在安全系数为 5 的情况下割绳前大绳所做的累计功的参考数据。在选用该数据时，主要参照标准为钢丝绳公称直径与地层硬度，井架高度只作为参考，说明井架和钢丝绳的一般配合规范。

表 7-1 钢丝绳第一次割断前的累计功

井架高度/m(ft)	地层硬度	钢丝绳直径/mm									
		25.4		28.6		31.8		34.9		38.1	
		10kN·km	t·mile	10kN·km	t·mile	10kN·km	t·mile	10kN·km	t·mile	10kN·km	t·mile
24.3~26.5(80~87)	非常难	716	500								
	难	716	500								
	中等	716	500								
	低	859	600								
28.6~30.5(94~100)	非常难	716	500	859	600						
	难	716	500	1003	700						
	中等	716	500	1146	800						
	低	859	600	1289	900						
38.4~39.9(126~131)	非常难			859	600	1432	1000				
	难			1003	700	1575	1100				
	中等			1146	800	1719	1200				
	低			1289	900	1862	1300				
40.5~42.0(133~138)	非常难			859	600	1432	1000				
	难			1003	700	1575	1100				
	中等			1146	800	1719	1200				
	低			1289	900	1862	1300				
43.3~44.8(142~147)	非常难					1432	1000	2292	1600		
	难					1575	1100	2578	1800		
	中等					1719	1200	2864	2000		
	低					1862	1300	3008	2100		
57.0~57.6(187~189)	非常难							2292	1600	2864	2000
	难							2578	1800	3150	2200
	中等							2864	2000	3437	2400
	低							3008	2100	3724	2600

大绳的使用寿命与其配套时设计安全系数以及使用方法有关，各类钢丝绳最小安全系数见表 7-2 和图 7-1。

表 7-2　常用钢丝绳最小安全系数

项　　目	1	2	3	4	5	6	7
钢丝绳使用工况	顿钻钻机大绳	转盘钻机大绳	捞砂钢丝绳	起升井架大绳	下套管作业	处理事故	常规吊装作业
安全系数	3.0	3.0	3.0	2.5	2.0	2.0	3.0

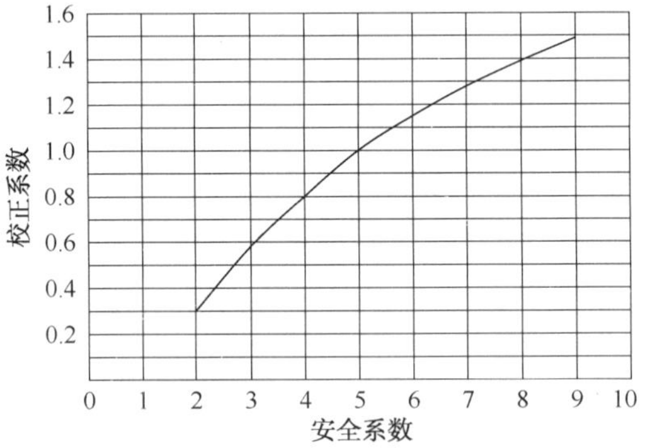

图 7-1　钢丝绳安全系数校正曲线

安全系数的计算方法如下：

（1）计算快绳拉力 F

$$F=W/(A\times N)$$

式中　W——钩载，t；

A——缠绳效率（表 7-3）；

N——大绳绳数。

表 7-3　不同轴承与绳数的游动系统的钻井大绳缠绳效率

轴承类型	绳　数						
	2	4	6	8	10	12	14
滑动轴承（$K=1.09$）	0.880	0.810	0.748	0.692	0.642	0.597	0.556
滚柱轴承（$K=1.04$）	0.943	0.907	0.874	0.842	0.811	0.782	0.755

（2）计算安全系数 SF

$$SF=T/F$$

式中　T——大绳抗拉强度，t；

F——快绳拉力，t。

对于不同的钻井工序，首先根据现场作业情况求出大绳的安全系数，然后结合安全系数校正曲线得出校正系数，在此基础上，结合钻机结构参数（井架高度与大绳尺寸）和地层硬度即可获得某一钻机在各种工况下割绳时的大绳累计功的参考数据。

（二）确定滑切长度

不同高度的井架和各类钻机不同尺寸的滚筒直径，API 推荐割绳长度见表 7-4。

以某钻机为例，井架高度为 138ft，大绳直径 1¼in，绞车滚筒直径 28in，所钻地层为硬地层，大绳安全系数为 3，则割绳标准和切除长度的计算方法如下：

首先从表 7-1 中查出该井架使用安全系数为 5 的钢丝绳时，割绳标准为 1575t・km。再从表 7-2 中查出安全系数为 3 时的校正系数为 0. 58，则该钻机的割绳标准为：1575×0. 58 = 914t · km。最后确定割绳长度，根据钢丝绳和绞车滚筒直径，从表 7-4 中查出该钻机推荐的切除长度为 25. 7m，相当于滚筒上的 11. 5 圈。

表 7-4　不同井架高度和滚筒直径推荐的切除长度

井架高度/m(ft)	滚筒直径/in													
	11	13	14	16	18	20	22	24	26	28	30	32	34	36
	割绳长度/m 滚筒上遮程圈数													
≥46. 0 (≥151)										34. 6 15. 5	34. 7 14. 5	34. 5 13. 5	33. 9 12. 5	33. 0 11. 5
43. 3~45. 7 (141~150)								25. 9 13. 5	25. 9 12. 5	25. 7 11. 5	27. 5 11. 5	26. 8 10. 5		
40. 5~42. 7 (133~140)						24. 7 15. 5	25. 5 14. 5	23. 9 12. 5	23. 9 11. 5	25. 7 11. 5	25. 1 10. 5	24. 3 9. 5		
36. 6~40. 2 (120~132)				22. 3 17. 5	22. 3 15. 5	23. 1 14. 5	21. 9 12. 5	23. 9 12. 5	23. 9 11. 5	23. 5 10. 5	22. 7 9. 5	24. 3 9. 5		
27. 7~36. 3 (91~119)		20. 2 19. 5	19. 6 17. 5	18. 5 14. 5	18. 0 12. 5	18. 4 11. 5	18. 4 10. 5	18. 2 9. 5	19. 7 9. 5	19. 0 8. 5				
22. 2~27. 5 (73~90)		18. 2 17. 5	16. 2 14. 5	16. 0 12. 5	16. 5 11. 5									
≤21. 9 (≤72)	11. 0 12. 5	12. 0 11. 5												

注：1. 遮程圈数即吊环刚好接触转盘面位置时，滚筒上应该缠绕的大绳圈数。
2. 为改变滚筒上钢丝绳的磨损点，推荐割断长度为滚筒 1/2 圈的倍数。
3. 实际井架高度和滚筒直径可选择表中最接近的数值。

在每两次割绳之间都应该进行滑绳，滑绳的次数一般取 2~3 次。在上述例子中，如钢丝绳在累计做功达 914t · km 时应该割绳 25. 7m，那么，当实际大绳累计功达到 400t · km 时，对应的滑绳长度应该为 11. 25m。

经过数次滑绳后，当大绳累积功达到割绳标准时，累计滑绳的长度也应恰好等于推荐割绳长度。割绳后，累计功从零开始重新计算，准备下一轮次的滑绳与割绳。

(三) 钢丝绳做功估算

1. 起下钻作业

$$T_r = 0.98\left[D \times W_m \times (D + L_{st}) + 4D \times \left(M + \frac{C}{2}\right)\right] \times 10^{-6}$$

式中 T_r——所做的功，10kN · km；

D——井深或起下钻井深，m；

L_{st}——立根长度，m；

W_m——钻井液中每米钻杆的质量，kg/m；

M——游车、大钩、卡瓦、顶驱装备的质量，kg；

C——钻铤和钻头造成的附加质量(钻井液中钻铤总质量-钻井液中同等长度钻杆质量)，kg。

2. 钻进/取心作业

$$钻进时：T_d = 2\times(T_{r2}-T_{r1})$$

$$取心时：T_d = 3\times(T_{r2}-T_{r1})$$

式中 T_d——钻进时做的功，10kN · km；

T_{r1}——本次起下钻钢丝绳吨公里数，kN · km；

T_{r2}——上次起下钻钢丝绳吨公里数，kN · km。

3. 下套管作业

$$T_c = \frac{0.98}{2}\times[D\times W_c\times(D+L_c)+(4D\times M)]\times10^{-6}$$

式中 T_c——所做的功，10kN · km；

D——套管下深，m；

L_c——套管接头的平均长度，m；

W_c——钻井液中的套管质量，kg/m。

二、辐射防护及NORM井施工指南

(一) 辐射的特性及防护

1. 辐射井存在的α、β和γ三种辐射

(1) α、β和γ外照射

① α粒子质量大、电荷多，在物质中的射程很短。能量最大的α粒子在空气中的射程只有几厘米，也难以穿透人体皮肤外表的角质层。因为角质层是一层无生命组织，由此可知，α粒子几乎不存在外照射危害的问题。

② 与α粒子相比，β粒子在空气中的射程较远，能量较高的β粒子才能穿透人体皮肤进入浅表组织几毫米。因此，β粒子具有外照射的危害，不过它只能造成人体皮肤和浅表组织的损害，是一个轻微的外照射源。

③ γ射线在空气或其他物质中射程很远，穿透力强，即使人体距辐射源很远，辐射源也可能对人体造成外照射的危害。当人体处于γ射线辐射场中时，可能会使所有的器官和组织均受到照射。因此就外照射而言，γ射线与α、β粒子相比具有更大的危害性。

(2) α、β和γ内照射

① 若α粒子进入人体，被人体活组织所包围，损伤几乎都集中在α粒子源点的附近，α粒子沉积在人体内的某个器官，α粒子的能量就会被器官全部吸收，该器官就会受到严重的伤害。因此α粒子的内照射危害是很值得重视的。

② β粒子同样也有内照射的危害，但与α粒子相比，其危害性要小些。因为β粒子在人体器官组织中射程较远，在某个小体积内释放出的能量较α粒子小，因此这个小体积内组织的损伤也较小。

③ γ射线在空气或其他物质中的射程很远，甚至可以贯穿人体，因而投射到人体器官组织某一小体积内的能量较少，造成的损伤也较小。就内照射而言，γ射线对人体的危害要比α、β粒子小很多。

2. 辐射的防护

(1)放射性物质进入人体的途径

放射性物质主要通过吸入、食入和从伤口或皮肤等途径进入人体。

① 通过吸收进入人体：空气被放射性物质污染，空气中的放射性物质可能被吸入肺部；通过食入进入人体：食用或饮用了受到放射物质污染的食物或饮料；另外，用被放射性物质沾污的手触摸口角、嘴唇也有可能咽入放射性物质。

② 通过伤口(或皮肤)进入人体：由于接触放射性物质而通过破损的皮肤进入人体内。

③ 极个别的放射性核素可能通过完好的皮肤渗透入人体内。放射性物质进入人体后，只有通过放射性物质自然衰变和人体的生理排泄(如呼气、大小便、出汗或吐痰等)逐渐减少。

(2) 内照射的防护

射源在人体内对人体形成的照射，叫作内照射，内照射的防护方法有：

① 防止放射性物质从口腔进入人体内：在控制区内或在放射性操作现场(如放射性废物运输)不准进食、喝水和吸烟。平时养成良好的个人习惯，不吮指头、不咬笔头，工作时不触摸面部，工作后及时洗手等。

② 防止放射性物质从伤口和皮肤进入人体内：放射性物质经伤口能直接进入组织血液中。因此从事放射性操作必须按规定穿戴好个人防护用品，尽量减少皮肤裸露的面积，防止皮肤被刺伤、割破；如果皮肤受伤，无论伤口在何处，应立即停止工作，及时通知职业医疗医生处理。不准带裸露的伤口进入控制区，如确因工作需要，伤口较小，可用防水的敷料妥善包扎后再工作；如果伤口较大，则必须暂时脱离放射性工作。不要用有机溶剂清洗皮肤，减少放射性物质渗透入体内的可能性。

③ 防止放射性物质从呼吸道进入人体内：被放射性物质污染的空气经呼吸道进入人体是造成内污染的主要途径之一。防止吸入放射性物质的方法，对辐射工作人员个人而言，就是在有空气污染的工作条件下佩戴呼吸保护器。

(3) γ 外照射的防护

① 辐射源在人体外对人体形成的照射，叫作外照射。由于形成外照射的辐射源在体外，当人员离开辐射源(或辐射区域)时，就不会受到辐射照射。当人员与辐射源之间存在阻挡物时，受到的照射就会小一些。另外，外照射剂量的大小与剂量率和受照时间成正比。

② 外照射的防护就是采用一定的方法减小人员可能受到的外照射剂量。因此能减小工作场所剂量率或减少放射性工作时间都能有效地减小外照射剂量。一般而言，外照射的防护有时间防护法、屏蔽防护法和源项控制法。

a. 时间防护法：所谓时间防护法，就是尽量减少辐射源对人体的照射时间，以减少受照剂量。一般说来，减少受照时间有下述几种方法：在进入控制区前做好准备工作。进入工作现场后就能立即开展工作，顺利地完成任务，避免在放射性区域内无谓地等待和滞留。就工作人员个人而言，应提高技巧，熟悉操作，有效缩短工作时间。对于难度较大的操作，应事先组织培训，进行模拟练习，达到熟练自如的程度。熟能生巧，事半功倍，花费时间自然就少。

b. 屏蔽防护法：所谓屏蔽防护法，就是在人与辐射源之间设置屏蔽物以减小人员接触的剂量率，从而减小人体受照剂量。射线穿过物质，与物质相互作用，射线将被减弱或吸收。屏蔽物的材料，应根据辐射类型进行选择。一般说来，屏蔽 γ 射线要用密度较大的物质，即原子序数(Z)较大的物质，如铅、铁、水泥、铅玻璃等；而屏蔽中子则要先用原子序数较小的物质，最好是含氢(H)较多的物质，如水、石碏、塑料、石墨等，然后用吸收中子能力强的物质，如硼、锂、镉等。除了屏蔽材料性能的考虑，还应考虑经济费用、占用空间、结构强度等因素，权衡利弊，综合分析。

c. 源项控制法：上述两种方法主要与人在操作时的行为有关，我们把它们叫作与人相关的防护方法。此外，在某特殊的工作条件下，还可使用源项控制法。所谓源项控制法就是工作前采取控制辐射源的方法。比如，我们用放射源进行射线探伤或刻度仪表，如果同样能达到工作目的，那么选用小源而不用大源。又如，工作场所辐射水平高或污染程度严重，在工作准备时如条件许可，先采取放射性自然衰变或去除污染等措施，就相当于减少了工作现场的辐射源。可以说，在可能的情况下采取控制辐射源的方法无疑是降低集体剂量最有效、最根本的防护方法。这种方法直接与辐射源项有关，因此，我们把它叫作与源相关的防护方法。

（二）NORM 井施工

NORM 是 Naturally Occurring Radioactive Materials 的缩写。

α、β 辐射主要作用为内照射，在空气中射程只有几厘米或者很短，关键在于防止污染物质通道吸入、食入和从伤口或皮肤等途径进入人体；NORM 井施工要重点做好 γ 辐射的监测和防范。

按照辐射强度不同，可以划分为三类区域或者等级见表 7-5。

表 7-5　辐射强度等级

辐射强度	等级划分	安全要求
γ 辐射≤0.5μSv/h α、β 辐射≤5CPS	正常施工区域	常规安全要求；讲究个人卫生
0.5μSv/h<γ 辐射≤10μSv/h α、β 辐射>5CPS	NORM 控制区域	停止作业，汇报监督，安排专业第三方提供现场技术支持
		执行 PTW；设置警示牌
		使用专用 PPE
		安排专业人员监测 NORM 数值
		安全培训；尽量远离放射源
大于 10μSv/h	NORM 隔离区域	井队停止作业，由专业人员接管

1. NORM 井监测主体

根据修井作业程序，作业过程中有三个阶段分别由不同主体负责 NORM 监测。井场准备阶段，井队负责井口、钻井液辐射监测；起油管和电潜泵阶段，井队和电潜泵公司共同负责油管和电潜泵辐射监测；发现辐射值异常后，停止施工，立即汇报监督，由监督协调第三方公司辐射检测到井，由辐射检测公司主要负责辐射监测和辐射污染物处理。

2. NORM 井监测程序

（1）进入井场的准备

进入老井场作业前，井队必须使用辐射检测仪对井场所在地的地表平均辐射值和采油树根部外表面辐射值进行检测，并做好记录。钻井队在侧钻井井场准备前，修井队在所有井场准备前都要进行辐射值测量。根据甲方的 NORM 井作业程序，甲方相关人员也必须执行测量作业和记录。

（2）循环压井

钻机就位之后开始循环压井，井队必须使用辐射检测仪对井内循环出来的流体进行辐射监测。

（3）移除采油树

移除采油树后，井队须使用辐射检测仪对采油树法兰内侧、井口内壁进行辐射监测。

（4）起油管作业

① 在起油管的过程中，电潜泵作业井，由井队协调电潜泵公司，协同使用辐射检测仪每 5 根单根在接头处进行测量，直至起出电潜泵。

② 无第三方电潜泵作业队：井队自己使用辐射检测仪每 5 根单根在接头处进行测量，直至起出所有井下管串及工具。

（5）辐射异常处理

① 在以上任意步骤中，如果测量值大于井场地表的平均值，则属于辐射读数异常，必须报告甲方监督，安排辐射检测公司上井服务。

② 井队继续开展作业并持续监测 NORM 读数，如果有辐射检测公司人员在现场则在其指导下继续开展作业。

③ 如果检测值持续升高，接近、达到或者超过任一门限值，则井队立即进入 NORM 井施工程序。

3. NORM 井施工程序

① 当辐射检测公司确定的辐射测量数值达到 0.5μSv/h 与 10μSv/h 之间或者大于 0.4Bq/cm^3 时，该井确定为 NORM 井，井队关井、停止作业，报告总监和监督，人员撤离到安全区域，等待进一步指令。

② 在监督确认井队继续开展 NORM 井作业之后，井队开具 PTW，并对施工区域进行警示，司钻和钻工穿戴防护设备，如辐射服、呼吸器等，并在防辐射专业公司指导和配合下施工。其他人员必须了解和掌握现场的工况，准确记录井队人员每次参与作业的工作起止时间，并根据不同时段的最大辐射测量值计算辐射照射剂量。

③ 当测量数值达到或超过 10μSv/h 时，井队立即关井、停止作业，报告总监和监督，等待进一步指令。原则上，当测量数值达到 10μSv/h 时，作业现场即属于辐射隔离区，非专业人员不得继续参与作业，由辐射检测公司人员负责井口作业施工。

④ 施工期间，人员要加强轮换，施工结束后要按照程序洗漱并及时清洗劳保用品。

4. 关闭 NORM 井施工程序

① 井筒内施工作业结束后，必须对修井机钻台进行再次检测，确认没有辐射异常。如果有辐射异常，则需要在辐射检测公司的指导下对修井机设备进行清洁处理，直至可检测到的辐射值低于 NORM 井响应门限。

② 现场施工完成之后，必须确保所有的辐射污染物已经被转移离开井场。

③ 施工周期的界定为上一口非 NORM 井释放到下一口非 NORM 井开钻。

④ 施工结束后要建立台账。

5. 辐射污染物的处理

① 在施工过程中需接触放射性油管、电潜泵，施工人员需穿戴一次性防护服、口罩、乳胶手套等，施工完毕后交辐射检测公司专业人员处理。

② 辐射检测公司负责在 NORM 井钻台和井场 100m 外分别设置足够大小的辐射污染物

垃圾桶。作业时产生的辐射污染物投入专用的垃圾桶，作业结束之后所有辐射污染物必须立即转移至远处垃圾桶，并尽快移除。

③ 辐射检测公司负责及时转移井内起出的辐射污染物(电潜泵、油管等)至指定存储地，任何污染物不能在井场及周边存放。

(三) 其他注意事项

① 甲方有组织专业人员对签署 NORM 井补充协议井队进行培训的义务。

② 井队或者电潜泵公司测量的辐射读数接近或者达到门限值之后，井队人员必须穿戴辐射检测公司提供的 PPE，且在有辐射检测公司专业人员现场指导的情况下，方可继续作业。严禁在没有穿戴 PPE 或者没有辐射检测公司专业人员在场的情况下作业。

③ NORM 作业期间，在井场进出口道路中间摆放辐射警示标识牌，标注“Caution：Radioactive Material”或“Danger：Radioactive Material”字样，且安排兼职人员观察井场入口，以免有人误入现场。

④ 在距离井场 100m 处指定区域用警示带明显标志划出控制区，用以摆放辐射检测公司的辐射污染物垃圾箱临时存放辐射污染物。在控制区内，非工作需要不得有人进入。

⑤ 必须掌握辐射源的辐射防护基础知识，并能初步判断工作场所是否符合辐射防护要求。特别是需要参与配合操作的司钻和钻工岗位人员，必须受过辐射防护的专门训练，才能进行作业。

⑥ 分装、倒装辐射污染物等辐射源，容易受到较大的照射。必须由受过专门训练的人员在专用设施内或采取有效防护措施后进行。

⑦ 对所用辐射源要熟悉它的性能，如辐射特性、强度和结构等，以及辐射源工作或不工作状态时的剂量场强度的分布情况。

⑧ 要合理使用配备的个人防护用品，如口罩、手套、工作鞋帽、服装等；遵守个人防护规则，在开放型放射性工作场所中，禁止一切可能使放射性元素侵入人体的行为，禁止饮水、吸烟、进食、化妆等。

⑨ 工作前应做好专门的准备工作，一切操作要求准确、迅速。

⑩ 减少照射时间，外照射的总剂量与总照射时间成正比，因此必须减少受照射时间。可采取减少不必要的停留时间、轮换作业，提高操作技术等措施，减少个体受照射时间。

⑪ 合理饮食，提高免疫力。从事放射性工作建议多吃些高蛋白的食物，如肉、蛋、奶等，和富含 VC 的水果和蔬菜，如橙子、苹果等，在注意增加营养的同时保持良好休息，提高自身免疫力。

三、开钻验收

(一) 人员要求

1. 人员数量

井队人员数量应符合合同规定的岗位和数量。

2. 岗位能力

① 合同规定内的人员须经过甲方批复。

② 人员工作经历满足合同规定的要求。

③ 岗位持证和培训满足合同和公司要求。

④ 其他证件。

3. 健康管理

① 所有员工进行健康风险评估且结果适合岗位工作。

② 井队应建立人员健康档案，包括国内的体检档案，施工所在地甲方、当地政府要求的体检，以及基层队自行组织开展的日常健康检查情况。

③ 患有职业禁忌证人员应立即调整岗位。

4. 倒休周期

井队所有人员(包括分包商)的倒休周期必须符合甲方合同规定。

（二）安全要求

① 井场安全标志齐全，按规定设置风向标、紧急逃生通道和紧急集合点；各种报警装置齐全、灵敏，标定在有效期内。

② 井场电气设备安装和电路架设应按照 SY/T 6202 的规定执行。

③ 井场易燃、易爆物应有专人管理，并按照 SY/T 522 的规定执行。

④ 含硫油气井设备安装、井场布置、硫化氢监测、空气呼吸、人员和设备防护做法应按 SY/T 5087 的规定执行。

⑤ 井控设施的配备，后续安装、检查和验收应按照 SY/T 5225、GB/T 31033 等相关规定执行。

⑥ 井场消防器材应按照 SY/T 5974 的规定配备，其环境温度超过 40℃时，灭火器应采取隔热防爆措施，确保能正常工作。

⑦ 根据季节的不同，应制订相应的安全预案，如防洪防汛、防冻保温等。

⑧ 消防泵试运转。

⑨ 喷雾系统测试。

⑩ H_2S 系统标定及测试。

⑪ 医疗设施和药品配备符合合同要求，应急救护车车况良好并保持待命工况。

⑫ 组织开展专项应急预案演练。

（三）设备要求

1. 一般要求

① 关键设备探伤报告在甲方规定的有效期内，见“附件 7-1 现场关键设备探伤周期”。

② 设备应按规定的位置摆放，并按规定的程序安装，做到“平、稳、正、全、牢”，无跑冒滴漏。

③ 设备部件、附件、安全装置、护罩应齐全、完好，不得缺损、变形，且固定牢靠。

④ 设备运转部位转动灵活，不旷不卡；各种阀件灵活可靠，安全保险；油气水路畅通，不渗不漏。

⑤ 紧固件、连接件应紧固牢靠，销子应有锁紧保险装置；紧固件螺纹外露部分要涂抹润滑脂。

⑥ 仪器仪表工况正常，仪表检测在有效期内。

2. 绞车制动系统

① 绞车制动系统能迅速、有效地进行制动与解除。

② 电子防碰、重锤式防碰、绞车过卷阀三种天车防碰工具工作灵活、可靠。

③ 绞车离合器能快速离合，刹车冷却水量充足，压力符合要求。

（四）整机试运转

设备安装完后，进行整机试运转，连续运转90min，各部件正常工作，保证可靠。

（五）高压试运转

进行高压试运转时，试运转压力按开钻检查表的要求进行，泥浆泵运转30min以上，所有管线不刺不漏，油气水路畅通。

（六）钻工具准备

① 开钻前应根据甲方钻井设计书的要求，制订出该井的施工技术措施。

② 根据钻井设计，准备各类一开工具、仪器、井口装置，其规格应符合规定要求。

③ 检查、丈量钻具和表层套管，检查出厂合格证或探伤证书。

④ 检查各种配合接头，包括长度、内径、螺纹类型，做好原始记录，检查出厂合格证或探伤证书。

⑤ 准备井口工具，如果需要打捞工具，提前咨询工具租赁公司。

⑥ 建立钻具及工具档案，内容包括入井时间、出井时间、纯钻时间，入井后处理复杂情况或钻井事故时间，钻具、工具检验（探伤）报告。

（七）钻井液准备

① 钻井液性能测定仪器达到要求。

② 按设计要求配制钻井液，性能达到要求。

③ 按设计和施工要求，储备足量的轻、重钻井液，加重材料，堵漏材料和其他处理剂。高含硫钻井液需配备足量的除硫剂。

④ 根据设计，开钻所需各种符合技术要求的处理剂应一次到位。

⑤ 钻井液需储备在有搅拌系统的专业储备罐中。

⑥ 根据甲方的设计和要求安装岩屑不落地设备，装置安装、调试合格，具备处理能力。

（八）生产保障

① 燃油、润滑油（脂）等油料规格和数量满足生产要求。

② 开钻前应有足够的储水量（水坑满水，必要时生产水罐车拉水供给），水源及供水设备完好，保证钻井生产需要。

③ 储备足够数量的各种钻井液材料和生产物资。

④ 井场物资应有防潮、防晒、防污染设施。

⑤ 施工过程中易损件配备满足生产要求（常用易损件现场配备、其他配件基地配备，保证规定时间内送达现场）。

⑥ 井场通信设施畅通，应急联系方式张贴在甲、乙方办公室。

⑦ 井场道路保持通畅无障碍。

（九）生活保障

① 员工食堂操作间、储藏间（库房和冷库）、餐厅干净卫生，具备本单位全体员工集体用餐的条件。

② 宿舍采取必要的防寒、隔热措施。有充足的照明和通风条件。室内用电线路和用电设施安全、完好。

③ 配置满足现场人员使用需要的洗衣房。洗衣房应配备公用洗衣机、烘干机。

(十) 环境保护

① 油罐下铺防渗膜或采取其他防渗漏措施。

② 按照甲方的要求制定钻屑处置方案。

③ 在井场和营房区安装废物处理系统或污水处理装置，提供移动式卫生厕所。工业垃圾与生活垃圾应分类存放，危险废弃物应合规处理。

④ 井场柴油机、发电机应装有消音装置。

⑤ 根据本地区的具体情况，制定出切实可行的环境保护应急预案。

(十一) 职业健康

① 建立健全职业卫生档案和劳动者健康监护档案。

② 对工作场所职业病危害因素进行监测。

③ 在加料口处安装除尘装置，为员工配发高密透气性能良好的防尘口罩。

④ 对现场高声源设备采取噪声消减措施，为员工配发个人防护用品。

⑤ 关键岗位人员应具备相应资质，如特殊工种证或技能资质等，井队厨师和服务人员应取得健康证。

附件 7-1　现场关键设备探伤周期

钻修井提升设备	厂家推荐的探伤方法和程序	
	现场关键部位无损探伤	拆解探伤
井架	1 年	5 年(API RP 4G)
扶正台	1 年	5 年(API RP 4G)
Monkey Board 二层台	1 年	5 年(API RP 4G)
底座 & 转盘大梁	1 年	5 年(API RP 4G)
天车	6 个月	5 年(API RP 4G)
游车	6 个月	5 年(API RP 4G)
大钩	6 个月	5 年(API RP 4G)
吊环	6 个月	1 年(API RP 8B)
吊卡	6 个月	1 年(API RP 8B)
气动吊卡	6 个月	1 年(API RP 8B)
转盘	6 个月	5 年(原厂)
大补心	6 个月	2 年(原厂)
补心内衬	6 个月	2 年(原厂)
气动卡瓦	6 个月	1 年(原厂)
大钳	6 个月	1 年(原厂)
液压大钳	6 个月	1 年(原厂)
刹带	1 年	2 年(原厂)
刹车连杆	1 年	2 年(原厂)
死绳固定器	6 个月	2 年(API RP 8B)
提升装置	1 年	5 年(API RP 8B)

续表

钻修井提升设备	厂家推荐的探伤方法和程序	
	现场关键部位无损探伤	拆解探伤
提升短节/提丝	6个月	2年(原厂)
气动绞车	1年	2年(BS 1757)
提升滑轮(绳套，卸扣)	6个月	1年
顶驱吊环	6个月	1年

钻修井承压设备	厂家推荐的探伤方法和程序	
	现场关键部位无损探伤	拆解探伤
钻井四通 21¼in 2m	3年(原厂)	
钻井四通 13⅝in 5m	3年(原厂)	
双面栽丝法兰 13⅝in 5m×11in 5m	3年(原厂)	
双面栽丝法兰 20¼in 2m×20¾in 3m	3年(原厂)	
双面栽丝法兰 13⅝in 5m×9in 5m	3年(原厂)	
导流器 29½in 500psi	3年(原厂)	
环形防喷器 21¼in 2m	3年(原厂)	
双闸板防喷器 21¼in 2m	3年(原厂)	
环形防喷器 13⅝in 5m	3年(原厂)	
双闸板防喷器 13⅝in 5m	3年(原厂)	
远控房	2年(原厂)	
节流管汇 3⅛in 5m	2年(原厂)	
节流管线和液动阀 3⅛in 5m	2年(原厂)	
压井管线	2年(原厂)	
空气包	3年(原厂)	
立管和闸门组	1年	2年(原厂)
高压软管	1年	2年(原厂)
水龙带	1年	2年(原厂)
固井管线	1年	2年(原厂)
切克森管和低扭矩阀	1年	2年(原厂)
循环头和水龙头	1年	2年(原厂)
压力气瓶		2年(原厂)
压力气瓶安全阀		2年(原厂)

移动的提升设备	厂家推荐的探伤方法和程序	
	现场关键部位无损探伤	拆解探伤
吊车	1年	3~5年(无损探伤)
手拉葫芦	1年	2年(磁粉探伤)
叉车	1年	3~5年(无损探伤)
药品吊架	1年	4年(磁粉探伤)
液压大钳尾桩&耳板	1年	2年(磁粉探伤)

四、钻修井常用数据表

(一)常用钻杆规范

规格/in	外径/mm	壁厚/mm	内径		内容积		总体积	排代量		公称质量		抗扭屈服强度 N·m		最小抗拉强度 kN		最小抗挤压强度 MPa		最小抗内压强度 MPa	
			mm	in	L/m	bbl/m	L/m	L/m	bbl/m	kg/m	lb/ft	G级	S级	G级	S级	G级	S级	G级	S级
2 3/8	60.3	4.83	50.7	2	2.02	0.0127	2.86	0.84	0.0053	7.22	4.85	9030	11606	609.7	783.9	106.6	131.5	101.4	130.3
2 3/8	60.3	7.11	46.1	1 13/16	1.67	0.0105	2.86	1.19	0.0075	9.89	6.65	11850	15239	861.5	1107.6	150.6	193.6	149.3	192.0
2 7/8	73.0	5.51	62.0	2 7/16	3.02	0.0190	4.19	1.17	0.0073	10.19	6.85	15321	19700	847.1	1089.1	96.6	117.6	95.6	122.9
2 7/8	73.0	9.19	54.6	2 1/8	2.34	0.0147	4.19	1.84	0.0116	15.48	10.40	21896	28147	1336.0	1717.8	159.3	204.9	159.6	205.1
3 1/2	88.9	6.45	76.0	3	4.53	0.0285	6.20	1.67	0.0105	14.13	9.49	26805	34465	1210.9	1556.9	90.0	108.8	92.0	118.2
3 1/2	88.9	9.35	70.2	2 3/4	3.87	0.0243	6.20	2.34	0.0147	19.79	13.30	31156	45189	1692.7	2176.3	136.2	175.1	133.2	171.3
3 1/2	88.9	11.40	66.1	2 5/8	3.43	0.0216	6.20	2.77	0.0174	23.06	15.49	39956	51372	2011.9	2586.7	161.9	208.1	162.5	209.0
4	101.6	8.38	84.8	3 5/16	5.65	0.0355	8.10	2.45	0.0154	17.63	11.85	44132	56727	1778.7	2286.9	109.6	139.0	104.5	134.4
4	101.6	9.65	82.3	3 1/4	5.32	0.0334	8.10	2.79	0.0175	20.83	13.99	48904	62883	2020.5	2597.5	124.4	160.0	120.4	154.7
4 1/2	114.3	8.56	97.2	3 13/16	7.41	0.0466	10.26	2.84	0.0179	24.70	16.60	58368	75045	2060.4	2649.0	95.3	115.8	94.9	122.0
4 1/2	114.3	10.92	92.5	3 5/8	6.71	0.0422	10.26	3.54	0.0223	29.76	20.00	69920	89891	2570.3	3304.6	125.1	160.8	120.1	155.7
5	127.0	7.52	112.0	4 7/16	9.84	0.0619	12.66	2.82	0.0177	24.20	16.26	66394	85376	2044.9	2629.2	59.4	68.0	75.0	96.5
5	127.0	9.19	108.6	4 1/4	9.26	0.0583	12.66	3.40	0.0214	29.01	19.49	78000	100290	2465.8	3170.3	89.6	108.3	91.7	118.0
5 1/2	139.7	9.17	121.4	4 6/8	11.56	0.0727	15.32	3.76	0.0236	32.58	21.89	96807	123542	2724.6	3503.0	74.1	87.6	83.2	106.9
5 1/2	139.7	10.54	118.6	4 11/16	11.05	0.0695	15.32	4.27	0.0269	36.75	24.69	107191	137819	3099.2	3984.7	96.5	117.6	95.6	122.9

（二）常用加重钻杆规范

规格/in	外径/mm	壁厚/mm	内径		内容积		总体积	排代量		单根质量		推荐上扣扭矩	
			mm	in	L/m	bbl/m	L/m	L/m	bbl/m	kg	lbs	kN·m	klbf·ft
3½	88.9	18.25	52.4	2 1/16	2.16	0.0136	6.21	4.05	0.0255	370	814	13.4	9.89
4½	114.3	21.45	71.4	2 13/16	4.00	0.0252	10.26	6.26	0.0394	585	1287	29.6	21.84
5	127.0	25.40	76.2	3	4.56	0.0287	12.67	8.11	0.0510	700	1540	40.0	29.52
5½	139.7	23.80	92.1	3⅝	6.66	0.0419	15.33	8.67	0.0545	730	1606		

（三）常用钻铤规范

规格/in	外径/mm	壁厚/mm	内径		内容积		总体积	排代量		线密度		上扣扭矩			
												最小		最大	
			mm	in	L/m	bbl/m	L/m	L/m	bbl/m	kg/m	lb/ft	kN·m	klbf·ft	kN·m	klbf·ft
3½	88.9	25.40	38.1	1½	1.14	0.0072	6.21	5.07	0.0319	39.78	26.73	6.25	4.61	6.9	5.09
4⅛	104.8	26.99	50.8	2	2.02	0.0127	8.62	6.60	0.0415	51.83	34.82	9.00	6.64	9.9	7.31
4¾	120.7	34.93	50.8	2	2.56	0.0161	11.43	8.87	0.0592	74.50	50.06	12.50	9.23	13.5	9.96
6	152.4	47.63	57.15	2¼	2.56	0.0161	18.24	15.68	0.0986	123.10	82.71	31.65	23.36	35.0	25.83
6¼	158.8	43.68	71.4	2 13/16	4.00	0.0252	19.79	15.79	0.0993	123.98	83.30	30.00	22.14	33.0	24.35
6½	165.1	46.85	71.4	2 13/16	4.00	0.0252	21.41	17.41	0.1095	136.66	91.82	38.00	28.04	42.0	31.00
7	177.8	53.20	71.4	2 13/16	4.00	0.0252	24.83	20.83	0.1310	163.51	109.86	43.50	32.10	48.6	35.87
7¼	184.2	56.38	71.4	2 13/16	4.00	0.0252	26.63	22.63	0.1424	177.68	119.39	43.50	32.10	48.0	35.42
7¾	196.9	62.73	71.4	2 13/16	4.00	0.0252	30.43	26.43	0.1663	207.51	139.43	65.00	47.97	71.5	52.77
8	203.2	65.90	71.4	2 13/16	4.00	0.0252	32.43	28.43	0.1788	223.17	149.95	72.00	53.14	79.0	58.30
9	228.6	76.20	76.2	3	4.56	0.0287	41.04	36.48	0.2295	286.39	192.44	92.00	67.90	101.0	74.54
9½	241.3	82.55	76.2	3	4.56	0.0287	45.73	41.17	0.2590	323.19	217.16	119.5	88.19	131.5	97.05
11	279.4	101.60	76.2	3	4.56	0.0287	61.31	56.75	0.3570	445.50	299.34	194.00	143.17	214.5	158.30

（四）钻杆接头分级和机紧扭矩

钻杆				接头螺纹型式	新接头			一级接头			二级接头		
公称尺寸/mm(in)	壁厚/mm	加厚形式及钢级			外径/mm	内径/mm	机紧扭矩/(kN·m)	最小外径/mm	内螺纹最小台肩宽度/mm	机紧扭矩/(kN·m)	最小外径/mm	内螺纹最小台肩宽度/mm	机紧扭矩/(kN·m)
60.3 (2⅜)	7.11	外加厚	E	2⅜IF	85.7	44.4	4.7	80.5	2.0	3.3	80.0	1.6	3.0
			G		85.7	44.4	4.7	83.0	3.2	4.4	82.5	2.8	4.1
73.0 (2⅞)	9.19		E	2⅞IF	104.8	54.0	8.0	96.5	3.6	6.2	95.0	2.8	5.2
			G		104.8	50.8	8.9	100.0	5.2	8.3	98.0	4.4	7.2
			S		111.1	41.3	11.8	103.0	6.7	10.4	101.5	6.0	9.3
88.9 (3½)	9.35		E	3½IF	120.7	68.3	12.3	114.0	4.4	9.9	112.5	3.6	8.5
			G		127.0	61.9	15.1	118.0	6.4	13.4	116.5	5.6	12.0
			S		127.0	54.0	18.0	122.0	8.3	17.1	119.5	7.1	14.9
127.0 (5)	9.19	内外加厚	E	4½IF	161.9	95.3	25.5	149.0	6.0	21.4	147.5	5.2	19.1
			G		165.1	82.5	34.9	155.0	8.7	29.7	152.0	7.5	26.1
			S		168.3	69.9	43.0	160.0	11.5	38.5	157.0	9.9	33.4

（五）常用 API 套管规范

规格/mm(in)	钢级	外径/mm	壁厚/mm	内径/mm	内容积		总体积	排代量		线密度		挤毁压力/MPa	管体屈服强度/kN	最小内压屈服压力/MPa			
														圆螺纹		偏梯形螺纹	
					L/m	bbl/m	L/m	L/m	bbl/m	kg/m	lb/ft			短	长	同钢级	较高钢级
114.3 (4½)	K55	114.3	5.21	103.9	8.48	0.0533	10.26	1.79	0.0112	14.14	9.5	22.8	676	30.2	—	—	—
	K55	114.3	5.69	102.9	8.32	0.0523	10.26	1.94	0.0122	15.63	10.5	27.6	734	33.0	—	33.0	33.0
	K55	114.3	6.35	101.6	8.11	0.0510	10.26	2.15	0.0135	17.26	11.6	34.2	819	36.9	36.9	36.9	36.9
	N80	114.3	6.35	101.6	8.11	0.0510	10.26	2.15	0.0135	17.26	11.6	43.8	1157	—	53.6	53.6	53.6
	N80	114.3	7.37	99.6	7.79	0.0490	10.26	2.48	0.0156	20.09	13.5	58.9	1366	—	62.2	62.2	62.2
	P110	114.3	6.35	101.6	8.11	0.0510	10.26	2.15	0.0135	17.26	11.6	52.3	1633	—	73.7	73.7	73.7
	P110	114.3	7.37	99.6	7.79	0.0490	10.26	2.48	0.0156	20.09	13.5	73.6	1878	—	85.6	85.6	85.6
	P110	114.3	8.56	97.2	7.42	0.0467	10.26	2.84	0.0179	22.47	15.1	98.9	2518	—	99.4	92.8	99.4

续表

规格/mm(in)	钢级	外径/mm	壁厚/mm	内径/mm	内容积		总体积	排代量		线密度		挤毁压力/MPa	管体屈服强度/kN	最小内压屈服压力/MPa			
														圆螺纹		偏梯形螺纹	
					L/m	bbl/m	L/m	L/m	bbl/m	kg/m	lb/ft			短	长	同钢级	较高钢级
127(5)	K55	127.0	5.59	115.8	10.54	0.0663	12.67	2.13	0.0134	17.11	11.5	21.1	810	29.2	—	—	—
	K55	127.0	6.43	114.1	10.23	0.0644	12.67	2.44	0.0153	19.35	13.0	28.5	925	33.6	33.6	33.6	33.6
	K55	127.0	7.52	112.0	9.84	0.0619	12.67	2.82	0.0178	22.32	15.0	38.3	1072	39.3	39.3	39.3	39.3
	N80	127.0	7.52	112.0	9.84	0.0619	12.67	2.82	0.0178	22.32	15.0	50.0	1557	—	57.2	57.2	57.2
	N80	127.0	9.19	108.6	9.27	0.0583	12.67	3.40	0.0214	26.79	18.0	72.4	1878	—	69.9	68.3	69.9
	N80	127.0	11.10	104.8	8.63	0.0543	12.67	4.04	0.0254	31.85	21.4	88.0	2229	—	74.5	68.3	84.4
	N80	127.0	12.14	102.7	8.29	0.0521	12.67	4.38	0.0276	34.53	23.2	95.4	2416	—	74.6	68.3	92.3
	P110	127.0	7.52	112.0	9.84	0.0619	12.67	2.82	0.0178	22.32	15.0	61.0	2140	—	78.6	78.6	78.6
	P110	127.0	9.19	108.6	9.27	0.0583	12.67	3.40	0.0214	26.79	18.0	92.9	2581	—	96.1	93.9	96.1
	P110	127.0	11.10	104.8	8.63	0.0543	12.67	4.04	0.0254	31.85	21.4	121.0	3065	—	102.5	93.9	116.0
	P110	127.0	12.14	102.7	8.29	0.0521	12.67	4.38	0.0276	34.53	23.2	131.1	3324	—	102.6	94.0	126.9
139.7(5½)	K55	139.7	6.20	127.3	12.73	0.0801	15.33	2.60	0.0164	20.83	14.0	21.5	988	29.4	—	—	—
	K55	139.7	6.99	125.7	12.41	0.0781	15.33	2.91	0.0183	23.07	15.5	27.9	1103	33.2	33.2	33.2	33.2
	K55	139.7	7.72	124.3	12.13	0.0763	15.33	3.20	0.0201	25.3	17.0	33.9	1215	36.7	36.7	36.7	36.7
	N80	139.7	7.72	124.3	12.13	0.0763	15.33	3.20	0.0201	25.3	17.0	43.3	1766	—	53.4	53.4	53.4
	N80	139.7	9.17	121.4	11.57	0.0728	15.33	3.76	0.0237	29.76	20.0	60.9	2073	—	63.4	62.0	63.4
	N80	139.7	10.54	118.6	11.05	0.0695	15.33	4.28	0.0269	34.23	23.0	76.9	2358	—	68.1	62.0	72.8
	P110	139.7	7.72	124.3	12.13	0.0763	15.33	3.20	0.0201	25.3	17.0	51.6	2429	—	73.4	73.4	73.4
	P110	139.7	9.17	121.4	11.57	0.0728	15.33	3.76	0.0237	29.76	20.0	76.5	2852	—	87.2	85.2	87.2
	P110	139.7	10.54	118.6	11.05	0.0695	15.33	4.28	0.0269	34.23	23.0	100.3	3243	—	90.7	85.2	100.1

续表

规格/mm(in)	钢级	外径/mm	壁厚/mm	内径/mm	内容积		总体积	排代量		线密度		挤毁压力/MPa	管体屈服强度/kN	最小内压屈服压力/MPa			
														圆螺纹		偏梯形螺纹	
					L/m	bbl/m	L/m	L/m	bbl/m	kg/m	lb/ft			短	长	同钢级	较高钢级
177.8 (7)	K55	177.8	6.91	164.0	21.12	0.1328	24.83	3.71	0.0233	29.76	20.0	15.7	1406	25.8	—	—	—
	K55	177.8	8.05	161.7	20.54	0.1292	24.83	4.29	0.0270	34.23	23.0	22.5	1628	30.1	30.1	30.1	30.1
	K55	177.8	9.19	159.4	19.96	0.1256	24.83	4.87	0.0306	38.69	26.0	29.8	1846	34.3	34.3	34.3	34.3
	N80	177.8	8.05	161.7	20.54	0.1292	24.83	4.29	0.0270	43.15	29.0	26.4	2367	—	43.7	43.7	43.7
	N80	177.8	9.19	159.4	19.96	0.1256	24.83	4.87	0.0306	38.69	26.0	37.3	2687	—	49.9	49.9	49.9
	N80	177.8	10.36	157.1	19.38	0.1219	24.83	5.45	0.0343	34.22	23.0	48.4	3008	—	56.3	56.3	56.3
	N80	177.8	11.51	154.8	18.82	0.1184	24.83	6.01	0.0378	43.15	29.0	59.4	3315	—	62.5	58.3	62.5
	N80	177.8	12.65	152.5	18.27	0.1149	24.83	6.56	0.0413	38.69	26.0	70.2	3622	—	63.7	58.3	68.7
	N80	177.8	13.72	150.4	17.76	0.1117	24.83	7.07	0.0445	34.22	23.0	78.5	3902	—	63.7	58.3	74.5
	P110	177.8	9.19	159.4	19.96	0.1256	24.83	4.87	0.0306	43.15	29.0	43.0	3693	—	65.6	68.7	68.7
	P110	177.8	10.36	157.1	19.38	0.1219	24.83	5.45	0.0343	38.69	26.0	58.8	4133	—	65.6	77.4	77.4
	P110	177.8	11.51	154.8	18.82	0.1184	24.83	6.01	0.0378	34.22	23.0	74.3	4560	—	65.6	80.3	81.3
	P110	177.8	12.65	152.5	18.27	0.1149	24.83	6.56	0.0413	43.15	29.0	89.8	4979	—	65.6	80.3	81.3
	P110	177.8	13.72	150.4	17.76	0.1117	24.83	7.07	0.0445	38.69	26.0	104.4	5361	—	65.6	80.3	81.3
244.5 (9⅝)	K55	244.5	8.94	226.6	40.33	0.2537	46.94	6.62	0.0416	53.57	36.0	13.9	2509	24.3	24.3	24.3	24.3
	K55	244.5	10.03	224.4	39.55	0.2488	46.94	7.39	0.0465	59.53	40.0	17.7	2803	27.2	27.2	27.2	27.2
	N80	244.5	10.03	224.4	39.55	0.2488	46.94	7.39	0.0465	53.57	36.0	21.3	4075	—	39.6	39.6	39.6
	N80	244.5	11.05	222.4	38.84	0.2443	46.94	8.10	0.0510	48.06	32.3	26.3	4471	—	43.6	43.6	43.6
	N80	244.5	11.95	220.6	38.21	0.2404	46.94	8.73	0.0549	69.94	47.0	32.8	4832	—	47.4	47.4	47.4
	N80	244.5	13.84	216.8	36.91	0.2322	46.94	10.03	0.0631	79.62	53.5	45.6	5535	—	54.7	54.7	54.7

续表

规格/mm(in)	钢级	外径/mm	壁厚/mm	内径/mm	内容积		总体积	排代量		线密度		挤毁压力/MPa	管体屈服强度/kN	最小内压屈服压力/MPa			
														圆螺纹		偏梯形螺纹	
					L/m	bbl/m	L/m	L/m	bbl/m	kg/m	lb/ft			短	长	同钢级	较高钢级
273.1 (10¾)	K55	273.1	8.89	255.3	51.18	0.3219	58.56	7.38	0.0464	60.27	40.5	10.9	2799	21.6	—	21.6	21.6
	K55	273.1	10.16	252.7	50.17	0.3155	58.56	8.39	0.0528	67.71	45.5	14.4	3181	24.7	—	24.7	24.7
	K55	273.1	11.43	250.2	49.16	0.3092	58.56	9.39	0.0591	75.90	51.0	18.6	3564	27.8	—	27.8	27.8
	N80	273.1	11.43	250.2	49.16	0.3092	58.56	9.39	0.0591	75.90	51.0	22.2	5183	40.4	—	40.4	40.4
	N80	273.1	12.57	247.9	48.27	0.3036	58.56	10.29	0.0647	82.59	55.5	27.7	5677	44.5	—	44.5	44.5
339.7 (13⅜)	K55	339.7	9.65	320.4	80.64	0.5072	90.65	10.01	0.0629	81.11	54.5	7.8	3795	18.8	—	18.8	18.8
	K55	339.7	10.92	317.9	79.37	0.4992	90.65	11.28	0.0710	90.78	61.0	10.6	4280	21.3	—	21.3	21.3
	K55	339.7	12.19	315.3	78.10	0.4913	90.65	12.54	0.0789	101.20	68.0	13.4	4756	23.8	—	23.8	23.8
406.4 (16)	H40	406.4	9.53	387.3	117.84	0.7412	129.72	11.88	0.0747	96.73	65.0	4.3	3275	11.3	—	—	—
	K55	406.4	11.13	384.1	115.90	0.7290	129.72	13.82	0.0869	111.61	75.0	7.0	5241	18.1	—	18.1	18.1
	K55	406.4	12.57	381.3	114.16	0.7181	129.72	15.55	0.0978	125.01	84.0	9.7	5900	20.5	—	20.5	20.5
473.1 (18⅝)	K55	473.1	11.05	451.0	159.73	1.0047	175.77	16.04	0.1009	130.22	87.5	4.3	6082	15.5	—	15.5	15.5
508 (20)	H40	508.0	11.13	485.7	185.31	1.1656	202.68	17.37	0.1093	139.89	94.0	3.6	4792	10.5	10.5	—	—
	K55	508.0	11.13	485.7	185.31	1.1656	202.68	17.37	0.1093	139.89	94.0	3.6	6585	14.5	14.5	14.5	14.5
	K55	508.0	12.7	482.6	182.92	1.1506	202.68	19.76	0.1243	158.49	106.5	5.3	7497	16.5	16.5	16.0	16.0
	K55	508.0	16.13	475.7	177.76	1.1181	202.68	24.92	0.1568	197.93	133.0	10.3	9455	16.5	16.5	16.0	16.0

（六）API 油管上扣扭矩

外径/mm(in)	钢级	公称重量/(kg/m)		上扣扭矩/(N·m)					
		不加厚	加厚	短圆扣			长圆扣		
				最佳	最小	最大	最佳	最小	最大
	C-90	4.09	4.32	827	624	1030	1763	1315	2196
60.3 (2⅜)	J-55	5.95	—	827	624	1030	—	—	—
		6.85	6.99	990	746	1234	1749	1315	2183
	N-80	5.95	—	1152	868	1437	—	—	—
		6.85	6.99	1383	1044	1735	2440	1830	3051
		8.63	8.85	1979	1491	2481	3037	2278	3796
	C-90	5.95	—	1234	922	1546	—	—	—
		6.85	6.99	1464	1098	1844	2603	1952	3268
		8.63	8.85	2102	1573	2630	3240	2440	4054
	P-105	6.85	6.99	1735	1302	2169	3078	2305	3851
		8.63	8.85	2495	1871	3118	3837	2874	4800
73.0 (2⅞)	J-55	9.52	9.67	1424	1071	1776	2237	1681	2793
	N-80	9.52	9.67	1993	1491	2495	3118	2346	3905
		11.61	11.76	2657	1993	3322	3756	2820	4705
		12.80	12.95	2996	2251	3742	4095	3078	5125
	C-90	9.52	9.67	2129	1600	2657	3335	2508	4176
		11.61	11.76	2834	2129	3552	4027	3023	5030
		12.80	12.95	3213	2400	4013	4379	3281	5478
	P-105	9.52	9.67	2508	1885	3132	3945	2956	4935
		11.61	11.76	3349	2508	4189	4745	3566	5938
		12.80	12.95	3783	2834	4732	5166	3878	6454

续表

外径/mm(in)	钢级	公称重量/(kg/m)		上扣扭矩/(N·m)					
				短圆扣			长圆扣		
		不加厚	加厚	最佳	最小	最大	最佳	最小	最大
	C-90	4.09	4.32	827	624	1030	1763	1315	2196
88.9 (3½)	J-55	11.46	—	1641	1234	2047	—	—	—
		13.69	13.84	2007	1505	2508	3091	2318	3864
		15.18	—	2332	1749	2915	—	—	—
	N-80	11.46	—	2305	1735	2888	—	—	—
		13.69	13.84	2807	2102	3512	4339	3254	5423
		15.18	—	3268	2454	4081	—	—	—
		18.90	19.27	4352	3268	5437	5816	4366	7267
	C-90	11.46	—	2468	1844	3078	—	—	—
		13.69	13.84	3010	2264	3769	4650	3484	5816
		15.18	—	3512	2630	4379	—	—	—
		18.90	19.27	4664	3498	5830	6250	4678	7810
	P-105	13.69	13.84	3552	2671	4447	5491	4122	6860
		18.90	19.27	5505	4135	6888	7362	5518	9206
101.6(4)	J-55	14.14	—	1681	1261	2102	—	—	—
		—	19.27	—	—	—	3471	2603	4339
	N-80	14.14	—	2359	1776	2956	—	—	—
		—	16.37	—	—	—	4881	3661	6101
	C-90	14.14	—	2535	1912	3173	—	—	—
		—	16.37	—	—	—	5247	3932	6562
114.3(4½)	J-55	18.75	18.97	2359	1776	2956	3878	2915	4854
	N-80	18.75	18.97	3308	2481	4135	5450	4095	6820
	C-90	18.75	18.97	3566	2685	4461	5871	4406	7335

（七）API 圆螺纹套管上扣扭矩

外径/mm(in)	钢级	公称重量		上扣扭矩/(N·m)					
				短圆扣			长圆扣		
		kg/m	lb/ft	最佳	最小	最大	最佳	最小	最大
114.3 (4½)	J-55	14.14	9.5	1369	1030	1708	—		
		15.63	10.5	1790	1342	2237	—		
		17.26	11.6	2088	1573	2617	2196	1654	2752
	K-55	14.14	9.5	1519	1139	1898	—		
		15.63	10.5	1979	1491	2481	—		
		17.26	11.6	2305	1735	2888	2440	1830	3051
	N-80	17.26	11.6	—	—	—	3091	2318	3864
		20.09	13.5	—	—	—	3742	2807	4678
	P-110	17.26	11.6	—	—	—	4095	3078	5125
		20.09	13.5	—	—	—	4962	3728	6210
		22.47	15.1	—	—	—	5966	4474	7457
127.0 (5)	J-55	17.11	11.5	1803	1356	2251	—	—	—
		19.35	13.0	2291	1722	2861	2468	1857	3091
		22.32	15.0	2807	2102	3512	3023	2129	3783
	K-55	17.11	11.5	1993	1491	2495	—	—	—
		19.35	13.0	2522	1898	3159	2725	2047	3403
		22.32	15.0	3091	2318	3864	3335	2508	4176
	N-80	22.32	15.0	—	—	—	4257	3200	5328
		26.79	18.0	—	—	—	5423	4067	6779
		31.85	21.4	—	—	—	6711	5030	8393
		35.86	24.1	—	—	—	7755	5816	9694
	P-110	22.32	15.0	—	—	—	5654	4244	7064
		26.79	18.0	—	—	—	7199	5393	9003
		31.85	21.4	—	—	—	8921	6698	11158
		35.86	24.1	—	—	—	10304	7728	12880

续表

外径/mm(in)	钢级	公称重量		上扣扭矩/(N·m)					
				短圆扣			长圆扣		
		kg/m	lb/ft	最佳	最小	最大	最佳	最小	最大
139.7 (5½)	J-55	20.83	14.0	2332	1749	2915	—	—	—
		23.07	15.5	2739	2061	3430	2942	2210	3674
		25.30	17.0	3105	2332	3878	3349	2508	4189
	K-55	20.83	14.0	2562	1925	3200	—	—	—
		23.07	15.5	3010	2264	3769	3240	2427	4054
		25.30	17.0	3417	2562	4271	3688	2766	4610
	N-80	25.30	17.0	—	—	—	4718	3539	5898
		29.76	20.0	—	—	—	5803	4352	7254
		34.23	23.0	—	—	—	6806	5111	8515
	P-110	25.30	17.0	—	—	—	6264	4705	7837
		29.76	20.0	—	—	—	7715	5789	9640
		34.23	23.0	—	—	—	9057	6793	11321
177.8 (7)	J-55	29.76	20.0	3173	2386	3973	—	—	—
		34.23	23.0	3851	2888	4813	4244	3186	5301
		38.69	26.0	4528	3403	5667	4976	3728	6223
	K-55	29.76	20.0	3444	2590	4312	—	—	—
		34.23	23.0	4189	3145	5233	4623	3471	5776
		38.69	26.0	4935	3701	6169	5437	4081	6793
	N-80	34.23	23.0	—	—	—	5993	4501	7498
		38.69	26.0	—	—	—	7037	5274	8799
		43.16	29.0	—	—	—	8094	6074	10114
		47.62	32.0	—	—	—	9111	6833	11389
		52.09	35.0	—	—	—	10114	7593	12650
		56.55	38.0	—	—	—	11036	8284	13802

续表

外径/mm(in)	钢级	公称重量		上扣扭矩/(N·m)					
				短圆扣			长圆扣		
		kg/m	lb/ft	最佳	最小	最大	最佳	最小	最大
177.8 (7)	P-110	38.69	26.0	—	—	—	9396	7050	11741
		43.16	29.0	—	—	—	10806	8108	13504
		47.62	32.0	—	—	—	12162	9125	15199
		52.09	35.0	—	—	—	13504	10128	16880
		56.55	38.0	—	—	—	14738	11050	18426
244.5 (9⅝)	J-55	53.57	36.0	5342	4013	6684	6142	4610	7674
		59.53	40.0	6128	4596	7660	7050	5288	8813
	K-55	53.57	36.0	5735	4298	7172	6630	4976	8284
		59.53	40.0	6589	4949	8243	7606	5708	9504
	N-80	59.53	40.0	—	—	—	9992	7498	12487
		64.74	43.5	—	—	—	11185	8393	13978
		69.94	47.0	—	—	—	12270	9206	15334
		79.62	53.5	—	—	—	14399	10806	18005
	P-110	64.74	43.5	—	—	—	14995	11253	18751
		69.94	47.0	—	—	—	16446	12338	20554
		79.62	53.5	—	—	—	19280	14467	24106
273.1 (10¾)	J-55	60.27	40.5	5694	4271	7118	—	—	—
		67.71	45.5	6684	5017	8352	—	—	—
		75.90	51.0	7660	5749	9572	—	—	—
	K-55	60.27	40.5	6101	4583	7633	—	—	—
		67.71	45.5	7159	5369	8948	—	—	—
		75.90	51.0	8216	6169	10277	—	—	—

续表

外径/mm(in)	钢级	公称重量		上扣扭矩/(N·m)					
				短圆扣			长圆扣		
		kg/m	lb/ft	最佳	最小	最大	最佳	最小	最大
273.1 (10¾)	N-80	75.90	51.0	10901	8176	13626	—	—	—
		82.59	55.5	12135	9098	15172	—	—	—
	P-110	75.90	51.0	14643	10982	18304	—	—	—
		82.59	55.5	16310	12229	20392	—	—	—
		90.33	60.7	18141	13612	22683	—	—	—
		97.77	65.7	19958	14968	24947	—	—	—
339.7 (13⅜)	J-55	81.10	54.5	6969	5233	8718	—	—	—
		90.78	61.0	8067	6047	10087	—	—	—
		101.20	68.0	9152	6860	11443	—	—	—
	K-55	81.10	54.5	7416	5559	9274	—	—	—
		90.78	61.0	8582	6440	10725	—	—	—
		101.20	68.0	9735	7308	12175	—	—	—
	N-80	101.20	68.0	13057	9789	16324	—	—	—
		107.15	72.0	14101	10575	17626	—	—	—
	P-110	101.20	68.0	17585	13192	21978	—	—	—
		107.15	72.0	19009	14263	23767	—	—	—
508.0 (20)	J-55	139.89	94.0	—	10630	—	—	12297	—
		158.49	106.5	—	12379	—	—	14331	—
		197.93	133.0	—	16161	—	—	18710	—
	K-55	139.89	94.0	—	11172	—	—	12948	—
		158.49	106.5	—	13016	—	—	15090	—
		197.93	133.0	—	16988	—	—	19700	—

（八）法兰、钢圈、螺丝图示及基本数据表

图　示

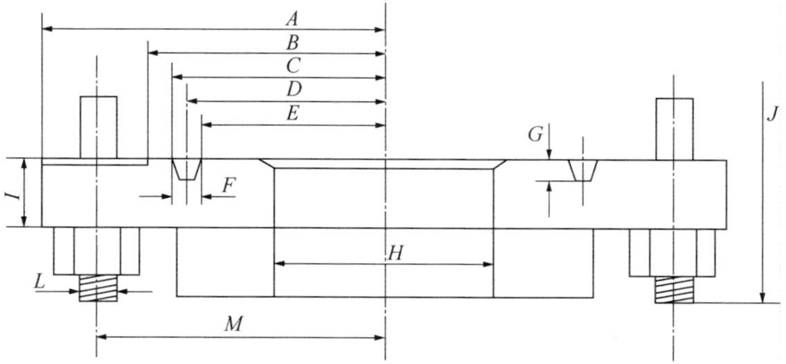

基 本 数 据

公称尺寸		压力级别/MPa	法兰数据					钢圈数据						螺丝数据			
mm	in		外径/mm A	台阶/mm B	槽深/mm G	通孔/mm H	厚度/mm I	型号 标准	型号 耐压	外径/mm C	轴距/mm D	内径/mm E	宽度/mm F	长度/mm J	数量 K	直径/mm L	轴距/mm M
46.0	1 13/16	68.95	187	104.8	5.56	46.0	42.1	—	BX151	77.77	—	—	11.84	133.35	8	19.05	146.1
46.0	1 13/16	103.43	208	106.4	5.56	46.0	45.2	—	BX151	77.77	—	—	11.84	146.05	8	22.23	160.3
46.0	1 13/16	137.90	257	117.5	5.56	46.0	63.5	—	BX151	77.77	—	—	11.84	196.85	8	25.40	203.2
52.4	2 1/16	13.79	165	—	7.94	52.4	33.3	R23	RX23	94.46	82.55	70.64	11.91	127.00	8	15.88	127.0
52.4	2 1/16	34.48	216	—	7.94	52.4	46.0	R24	RX24	107.16	95.25	83.34	11.91	165.10	8	22.23	165.1
52.4	2 1/16	68.95	200	111.1	5.95	52.4	44.1	—	BX152	86.23	—	—	12.65	139.70	8	19.05	158.8
52.4	2 1/16	103.43	222	114.3	5.95	52.4	50.8	—	BX152	86.23	—	—	12.65	158.75	8	22.23	174.6
52.4	2 1/16	137.90	287	131.8	5.95	52.4	71.4	—	BX152	86.23	—	—	12.65	215.90	8	28.58	230.2
65.1	2 9/16	13.79	191	—	7.94	65.1	36.5	R26	RX26	113.51	101.60	89.69	11.91	139.70	8	19.05	149.2

续表

基本数据																		
			法兰数据					钢圈数据						螺丝数据				
公称尺寸		压力级别/MPa	外径/mm	台阶/mm	槽深/mm	通孔/mm	厚度/mm	型号		外径/mm	轴距/mm	内径/mm	宽度/mm	长度/mm	数量	直径/mm	轴距/mm
mm	in		A	B	G	H	I	标准	耐压	C	D	E	F	J	K	L	M
65.1	$2\frac{9}{16}$	34.48	244	—	7.94	65.1	49.2	R27	RX27	119.86	107.95	96.04	11.91	177.80	8	25.40	190.5
65.1	$2\frac{9}{16}$	68.95	232	131.8	6.75	65.1	51.2	—	BX153	102.77	—	—	14.07	158.75	8	22.23	184.2
65.1	$2\frac{9}{16}$	103.43	254	133.4	6.75	65.1	57.2	—	BX153	102.77	—	—	14.07	177.80	8	25.40	200.0
65.1	$2\frac{9}{16}$	137.90	325	150.8	6.75	65.1	79.4	—	BX153	102.77	—	—	14.07	241.30	8	31.75	261.9
79.4	$3\frac{1}{8}$	13.79	210	—	7.94	79.4	39.7	R31	RX31	135.74	123.83	111.92	11.91	146.05	8	19.05	168.3
79.4	$3\frac{1}{8}$	20.69	241	—	7.94	79.4	46.0	R31	RX31	135.74	123.83	111.92	11.91	165.10	8	22.23	190.5
79.4	$3\frac{1}{8}$	34.48	267	—	7.94	79.4	55.6	R35	RX35	148.44	136.53	124.62	11.91	196.85	8	28.58	203.2
77.8	$3\frac{1}{16}$	68.95	270	152.4	7.54	77.8	58.3	—	BX154	119.00	—	—	15.39	177.80	8	25.40	215.9
77.8	$3\frac{1}{16}$	103.43	287	154.0	7.54	77.8	64.3	—	BX154	119.00	—	—	15.39	196.85	8	28.58	230.2
77.8	$3\frac{1}{16}$	137.90	357	171.5	7.54	77.8	85.7	—	BX154	119.00	—	—	15.39	260.35	8	34.93	287.3
103.2	$4\frac{1}{16}$	13.79	273	—	7.94	103.2	46.0	R37	RX37	161.14	149.23	137.32	11.91	165.10	8	22.23	215.9
103.2	$4\frac{1}{16}$	20.69	292	—	7.94	103.2	52.4	R37	RX37	161.14	149.23	137.32	11.91	190.50	8	28.58	235.0
103.2	$4\frac{1}{16}$	34.48	311	—	7.94	103.2	61.9	R39	RX39	173.84	161.93	150.02	11.91	215.90	8	31.75	241.3
103.2	$4\frac{1}{16}$	68.95	316	184.9	8.33	103.2	70.2	—	BX155	150.62	—	—	17.73	209.55	8	28.58	258.8
103.2	$4\frac{1}{16}$	103.43	360	193.7	8.33	103.2	78.6	—	BX155	150.62	—	—	17.73	241.30	8	34.93	290.5
103.2	$4\frac{1}{16}$	137.90	446	219.1	8.33	103.2	106.4	—	BX155	150.62	—	—	17.73	317.50	8	44.45	357.2
130.2	$5\frac{1}{8}$	13.79	330	—	7.94	130.2	52.4	R41	RX41	192.89	180.98	169.07	11.91	184.15	8	25.40	266.7
130.2	$5\frac{1}{8}$	20.69	349	—	7.94	130.2	58.7	R41	RX41	192.89	180.98	169.07	11.91	209.55	8	31.75	279.4
130.2	$5\frac{1}{8}$	34.48	375	—	7.94	130.2	81.0	R44	RX44	205.59	193.68	181.77	11.91	266.70	8	38.10	292.1
130.2	$5\frac{1}{8}$	68.95	357	220.7	9.53	130.2	79.4	—	BX169	176.66	—	—	16.92	228.60	12	28.58	300.0

续表

基本数据																		
法兰数据									钢圈数据						螺丝数据			
公称尺寸		压力级别/MPa	外径/mm	台阶/mm	槽深/mm	通孔/mm	厚度/mm	型号		外径/mm	轴距/mm	内径/mm	宽度/mm	长度/mm	数量	直径/mm	轴距/mm
mm	in		*A*	*B*	*G*	*H*	*I*	标准	耐压	*C*	*D*	*E*	*F*	*J*	*K*	*L*	*M*
179.4	7¹⁄₁₆	13.79	356	—	7.94	179.4	55.6	R45	RX45	223.05	211.14	199.23	11.91	190.50	12	25.40	292.1
179.4	7¹⁄₁₆	20.69	381	—	7.94	179.4	63.5	R45	RX45	223.05	211.14	199.23	11.91	215.90	12	28.58	317.5
179.4	7¹⁄₁₆	34.48	394	—	9.53	179.4	92.1	R46	RX46	224.63	211.14	197.65	13.49	285.75	12	34.93	317.5
179.4	7¹⁄₁₆	68.95	479	301.6	11.11	179.4	103.2	—	BX156	241.83	—	—	23.39	292.10	12	38.10	403.2
179.4	7¹⁄₁₆	103.43	505	304.8	11.11	179.4	119.1	—	BX156	241.83	—	—	23.39	330.20	16	38.10	428.6
179.4	7¹⁄₁₆	137.90	656	352.4	11.11	179.4	165.11	—	BX156	241.83	—	—	23.39	450.85	16	50.80	554.0
228.6	9	13.79	419	—	7.94	228.6	63.5	R49	RX49	281.78	269.88	257.97	11.91	215.90	12	28.58	349.3
228.6	9	20.69	470	—	7.94	228.6	71.4	R49	RX49	281.78	269.88	257.97	11.91	241.30	12	34.93	393.7
228.6	9	34.48	483	—	11.11	228.6	103.2	R50	RX50	286.55	269.88	257.97	16.67	317.50	12	41.28	393.7
228.6	9	68.95	552	358.8	12.70	228.6	123.8	—	BX157	299.06	—	—	26.39	336.55	16	38.10	476.3
228.6	9	103.43	648	381	12.70	228.6	146.1	—	BX157	299.06	—	—	26.39	406.40	16	47.63	552.5
228.6	9	137.90	804.9	441.3	12.70	228.6	204.8	—	BX157	299.06	—	—	26.39	574.68	16	63.50	685.8
279.4	11	13.79	508	—	7.94	279.4	71.4	R53	RX53	335.76	323.85	311.94	11.91	234.95	16	31.75	431.8
279.4	11	20.69	546	—	7.94	279.4	77.8	R53	RX53	335.76	323.85	311.94	11.91	254.00	16	34.93	469.9
279.4	11	34.48	584	—	11.11	279.4	119.1	R54	RX54	340.52	323.85	307.18	16.67	361.95	12	47.63	482.6
279.4	11	68.95	654	428.6	14.29	279.4	141.3	—	BX158	357.23	—	—	29.18	387.35	16	44.45	565.2
279.4	11	103.43	813	454	14.29	279.4	187.3	—	BX158	357.23	—	—	29.18	495.30	20	50.80	711.2
279.4	11	137.90	882.7	504.8	14.29	279.4	223.8	—	BX158	357.23	—	—	29.18	609.60	16	69.85	749.3
346.1	13⅝	13.79	559	—	7.94	346.1	74.6	R57	RX57	392.91	381.00	369.09	11.91	241.30	20	31.75	489.0
346.1	13⅝	20.69	610	—	7.94	346.1	87.3	R57	RX57	392.91	381.00	369.09	11.91	273.05	20	34.93	533.4

续表

基本数据																		
法兰数据									钢圈数据						螺丝数据			
公称尺寸		压力级别/MPa	外径/mm	台阶/mm	槽深/mm	通孔/mm	厚度/mm	型号		外径/mm	轴距/mm	内径/mm	宽度/mm	长度/mm	数量	直径/mm	轴距/mm
mm	in		*A*	*B*	*G*	*H*	*I*	标准	耐压	*C*	*D*	*E*	*F*	*J*	*K*	*L*	*M*
346.1	13⅝	34.48	673	457.2	14.29	346.1	112.7	—	BX160	408.00	—	—	19.96	323.85	16	41.28	590.6
346.1	13⅝	68.95	768	517.5	15.88	346.1	168.3	—	BX159	432.64	—	—	32.49	444.50	20	47.63	673.1
346.1	13⅝	103.43	886	541.3	15.88	346.1	204.8	—	BX159	432.64	—	—	32.49	546.10	20	57.15	771.5
346.1	13⅝	137.9	1162.1	614.4	15.88	346.1	292.1	—	BX159	432.64	—	—	32.49	768.35	20	76.20	1016.1
425.5	16¾	13.79	686	—	7.94	425.5	84.1	R65	RX65	481.81	469.90	457.99	11.91	273.05	20	38.10	603.3
425.5	16¾	20.69	705	—	11.11	425.5	100.0	R66	RX66	486.57	469.90	453.23	16.67	311.15	20	41.28	616.0
425.5	16¾	34.48	772	535.0	8.33	425.5	130.2	—	BX162	478.33	—	—	17.91	374.65	16	47.63	676.3
425.5	16¾	68.95	872	576.3	8.33	425.5	168.3	—	BX162	478.33	—	—	17.91	450.85	24	47.63	776.3
476.3	18¾	34.48	905	627.1	18.26	476.3	165.9	—	BX163	563.50	—	—	25.55	450.85	20	50.80	803.3
476.3	18¾	68.95	1040	696.9	18.26	476.3	223.0	—	BX164	577.90	—	—	32.77	577.85	24	57.15	925.5
476.3	18¾	103.43	1162.1	722.3	18.26	476.3	255.6	—	BX164	577.90	—	—	32.77	685.80	20	76.20	1016.1
527.1	20¾	20.69	857	—	12.70	527.1	120.7	R74	RX74	604.04	584.20	564.36	19.84	381.00	20	50.80	749.3
539.8	21¼	13.79	813	—	9.53	539.8	98.4	R73	RX73	597.69	584.20	570.71	13.49	311.15	24	41.28	723.9
539.8	21¼	34.48	991	701.7	19.20	539.8	181.0	—	BX165	632.56	—	—	27.20	482.60	24	50.80	885.8
539.8	21¼	68.95	1143	781.1	19.20	539.8	241.3	—	BX166	647.88	—	—	34.87	628.65	24	63.50	1022.4
679.5	26¾	13.79	1041	804.9	21.51	679.5	126.2	—	BX167	768.32	—	—	22.19	355.60	20	44.45	952.5
679.5	26¾	20.69	1102	831.9	21.51	679.5	161.1	—	BX168	774.22	—	—	25.86	438.15	24	50.80	1000.1
762	30	13.79	1122.4	908.1	22.60	762.0	134.1	—	BX303	862.30	—	—	27.40	368.30	32	41.28	1039.8
762	30	20.69	1185.9	922.3	22.60	762.0	167.1	—	BX303	862.30	—	—	27.40	457.20	32	47.63	1090.6

（九）套管钢级色带

钢级	标记符号	接箍颜色	环带颜色
H-40	H	黑或不涂	黑或不涂
J-55	J	绿	一条鲜绿
K-55	K	绿	二条鲜绿
N-80	N	红	一条红色
C-75	C-75	蓝	一条蓝色
L-80	L-80	红、棕色带	红、棕各一条
C-95	C-95	棕	一条棕色
P-110	P	白	一条白色

（十）常用公英制单位换算

量的名称	换算关系	
长度	1ft = 12in	1m = 3.281ft
	1ft = 0.3048m	1m = 39.37in
	1in = 25.4mm	
	1mile = 1.6093km	1km = 0.6214mile
	1mile = 1.852km	1km = 0.540nmile
面积	$1in^2 = 645.16mm^2$	$1m^2 = 10.764in^2$
	$1ft^2 = 0.0929m^2$	$1m^2 = 1550in^2$
体积	1US bbl = 159L = 42US gal	
	$1UK\ bbl = 163.654L = 0.164m^3$	$1m^3 = 6.29US\ bbl = 6.11UK\ bbl$
	1US gal = 3.785L	$1m^3 = 264.17US\ gal = 219.97UK\ gal$
	1UK gal = 4.546L	$1m^3 = 35.315ft^3$
	$1ft^3 = 28.32L$	
重量	1lb = 0.4536kg	1kg = 2.205lb
	1oz = 28.35g	1t = 0.9842lt = 1.1023sht
体积流量	1US gal/min = 0.0631L/s	1L/s = 15.85US gal/min
	$1US\ gal/min = 2.65L/s = 0.159m^3/min$	$1m^3/min = 6.29US\ bbl/min = 264US\ gal/min$
扭矩	1lb · ft = 1.3558N · m	1N · m = 0.738lb · ft
		1kgf · m = 9.8N · m
功率	1hp = 0.7355kW	1kW = 1.3596hp
功	1tf · mile = 14.3MJ ≈ 1.43tf · km	1tf · km ≈ 0.7tf · mile
密度	$1lb/US\ gal = 0.1198g/cm^3$	$1g/cm^3 = 8.3454lb/US\ gal$
	$1lb/ft^3 = 16.02kg/m^3$	$1g/cm^3 = 62.4lb/in^3$
	$1lb/in^3 = 27.68g/cm^3$	$1g/cm^3 = 0.036lb/in^3$
压强	$1kPa = 0.001MPa = 0.145lb/in^2$	$1lb/in^2 = 6.895kPa = 0.006895MPa$
温度	n℉ = [(n-32)×5/9]℃	n℃ = [(n×9)/5]+32℉

参 考 文 献

[1] 杜晓瑞，李华泰．钻井工具手册[M]．北京：中国石化出版社，2012.
[2] 魏风勇，康永华．钻井井下工具操作手册[M]．北京：中国石化出版社，2019.
[3]《石油工程 HSE 标准整编手册》编委会．石油工程 HSE 标准整编手册[M]．北京：中国石化出版社，2020.
[4] 邱传俊．涉外钻井实务手册[M]．北京：中国石化出版社，2013.
[5]《钻井井控标准整编手册》编委会．钻井井控标准整编手册[M]．北京：中国石化出版社，2023.
[6] 法国石油研究院．钻井数据手册[M].6 版．王子源，等，译．北京：地质出版社，1995.
[7] 蒋希文．钻井事故与负责问题[M]．北京：石油工业出版社，2002.
[8] 中国石油化工集团公司．电动钻机井架和底座整体搬迁操作规程：Q/SH 0412—2011[S]．北京：中国石化出版社，2012.